科学出版社"十四五"普通高等教育本科规划教材
普通高等学校自动化类一流本科专业建设系列教材

惯性器件与惯性导航系统

(第二版)

邓志红 付梦印 尚克军 肖 烜 编

科学出版社
北京

内 容 简 介

惯性器件(陀螺仪和加速度计)是各类惯性导航系统的核心部件。本书以惯性器件及其系统技术发展为主线,系统介绍惯性技术理论基础、机械转子式陀螺仪、光学陀螺仪、振动陀螺仪、原子陀螺仪、加速度计、捷联式惯性导航系统、平台式惯性导航系统、旋转捷联式惯性导航系统、组合导航技术、惯性测试技术等内容。本书不但注重已有原理的阐述,而且注重前沿性,如加入原子陀螺仪、旋转捷联式惯性导航系统技术以及地球物理辅助导航技术等,使读者在掌握基本原理的同时也能把握学科方向的发展前沿。

本书可作为自动化类相关专业本科生、研究生的教材,也可作为相关领域专业人员的参考书。

图书在版编目(CIP)数据

惯性器件与惯性导航系统 / 邓志红等编. -- 2 版. 北京 : 科学出版社,2025.6. --(科学出版社“十四五”普通高等教育本科规划教材)(普通高等学校自动化类一流本科专业建设系列教材). -- ISBN 978-7-03-082614-5

Ⅰ. TN96

中国国家版本馆 CIP 数据核字第 2025VX2286 号

责任编辑:于海云 / 责任校对:胡小洁
责任印制:师艳茹 / 封面设计:马晓敏

科学出版社 出版
北京东黄城根北街 16 号
邮政编码:100717
http://www.sciencep.com
三河市骏杰印刷有限公司印刷
科学出版社发行 各地新华书店经销
*
2012 年 6 月第 一 版 开本:787×1092 1/16
2025 年 6 月第 二 版 印张:20 3/4
2025 年 6 月第五次印刷 字数:490 000

定价:98.00 元

(如有印装质量问题,我社负责调换)

前　言

惯性技术是兼具自主性、实时性、连续性、隐蔽性、不易受电磁干扰等优点的运动信息感知技术，它可以为各类运载体提供实时运动状态信息，是实现载体导航控制、精确打击和运动测量等的关键技术，是国防工业和国民经济高技术领域的重要研究方向和核心研究内容。

随着相关技术发展的推动，惯性技术的发展也日新月异，新原理、新形态惯性器件和惯导系统不断出现，教材内容也必须与时俱进，将最新的成果展示给学生和读者。于是，作者决定对《惯性器件与惯性导航系统》进行修订，在原有体系基础上，对内容进行了系统性梳理，增加和丰富了硅光子光学陀螺仪、原子陀螺仪、半球谐振陀螺仪、钟形振子式角速率陀螺仪、MOEMS 加速度计等；单独用一章介绍惯性导航系统的新形态——旋转捷联式惯性导航系统，以展示其最新技术成果；同时，丰富了对非惯性导航系统的原理性及组合方式的介绍。

由于惯性技术是一门多学科交叉、理论和实践紧密结合的技术，第二版新增科研实例，并附加部分数字资源，使读者了解各类惯性系统的功能设计、调试及测试过程，培养读者对所学相关课程的知识运用能力，增强感性认识，加深理解。本书理论与实践并重，对于从事相关领域研究的人员既有理论上的指导，又有具体实例的参考。惯性器件及惯性导航系统是卡脖子关键技术，本书结合其在国防领域和民用领域的应用，加强对学生的价值引导，强调报国担当精神、爱国情怀，提升责任意识，提高学生的使命感和责任感。

本书为惯性技术领域的创新发展提供特色突出、内容丰富的高质量学习资源。各章节之间既相互联系，又相对独立，读者可以选择学习。

对本书所有参考文献的作者表示感谢。限于作者的水平，若书中存在不妥之处，恳请读者批评指正。

作　者

2025 年 6 月

目　　录

第 1 章　惯性技术理论基础

1.1　基本概念与原理

通常所说的惯性技术，是惯性器件(陀螺仪和加速度计)、惯性测量、惯性导航、惯性制导和惯性稳定等技术的统称。惯性技术既是一门学科，也是一门工程技术，在陆、海、空、天各个领域有着广泛的应用。经典惯性器件、惯性导航系统都是以牛顿力学定律为基础的，而量子力学正在推进惯性技术的新发展。

1.1.1　惯性导航的基本原理

惯性导航系统通过加速度计测量载体运动的加速度，在指定的导航坐标系内经积分运算得到载体的速度和位置信息。图 1.1 是一个平面上二维空间运动的载体惯性导航系统原理图。假设在载体内部有一个导航平台(物理平台或数学平台)，取 OXY 为导航坐标系，将两个加速度计 A_x、A_y 的测量轴分别稳定在 OX 轴和 OY 轴方向上，分别测量沿两个轴向的加速度 a_x 和 a_y，则载体运动的速度和位置分量可分别计算如下：

$$v_x = v_{x0} + \int_0^t a_x \mathrm{d}t \tag{1.1a}$$

$$v_y = v_{y0} + \int_0^t a_y \mathrm{d}t \tag{1.1b}$$

$$x = x_0 + \int_0^t v_x \mathrm{d}t \tag{1.1c}$$

$$y = y_0 + \int_0^t v_y \mathrm{d}t \tag{1.1d}$$

式中，v_{x0}、v_{y0} 和 x_0、y_0 分别为载体的初始速度和初始位置。

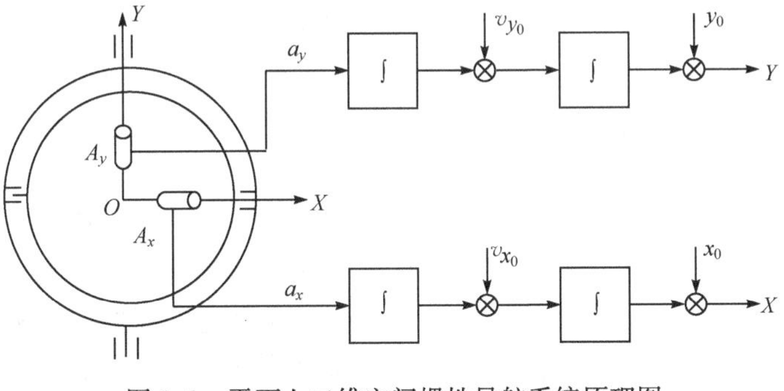

图 1.1　平面上二维空间惯性导航系统原理图

在实际的导航系统中，也可以采用地理经度 λ 和纬度 φ 来表示位置信息，如果 OX 和 OY 轴分别指示地理坐标系的北向和东向，则用经纬度表示的载体位置为

$$\varphi = \varphi_0 + \int_0^t \frac{v_x}{R} \mathrm{d}t \tag{1.2a}$$

$$\lambda = \lambda_0 + \int_0^t \frac{v_y}{R} \sec\varphi \mathrm{d}t \tag{1.2b}$$

式中，R 为地球半径；λ_0、φ_0 分别为载体的初始经度和初始纬度。

如何在载体运动(平动、转动)过程中，保证加速度计的输出是沿导航坐标系的矢量，这是实现精确导航定位的基础。要满足这一条件有两种途径：第一种途径是利用陀螺稳定平台建立一个相对某一空间基准的三维空间导航坐标系，将其作为测量基准，陀螺稳定平台始终跟踪所指定的导航坐标系，稳定平台由陀螺仪来控制，加速度计安装在陀螺稳定平台上；第二种途径是通过坐标系之间的变换，解决加速度计测量方向确定的问题，即将加速度计和陀螺仪都直接固联安装在载体上，陀螺仪的输出角速度信息用来解算载体相对导航坐标系的姿态变换矩阵，经姿态变换矩阵将加速度计的输出变换至导航坐标系，相当于建立了一个数学平台。因此，惯性导航系统是以陀螺仪和加速度计为敏感元件，根据陀螺仪的输出建立导航坐标系，结合初始运动状态，根据加速度计的输出推算出载体的瞬时速度和位置等导航参数的解算系统，其原理示意图如图 1.2 所示。

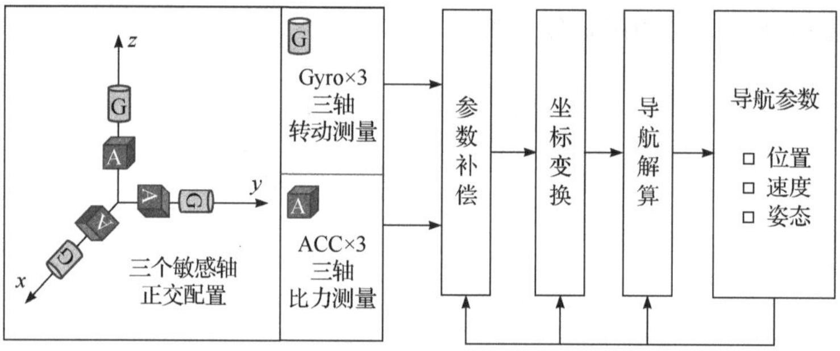

图 1.2　惯性导航系统原理示意图

1.1.2　惯性导航系统的组成及分类

惯性导航系统一般由惯性测量单元、导航解算模块、电路系统、电源模块、滤波模块和支撑结构/外壳等部分组成，如图 1.3(a)所示为基本惯性导航系统的外形图，图 1.3(b)为其内部结构示意图。其中，惯性测量单元是惯性导航系统的核心，一般由三个陀螺仪和加速度计通过正交装配构成。

根据构建导航坐标系方法和途径的不同，可将惯性导航系统分为两种类型：采用物理平台模拟导航坐标系的系统称为平台式惯性导航系统；采用数学平台确定导航坐标系的系统称为捷联式惯性导航系统。平台式惯性导航系统是用物理平台直接模拟导航坐标系，导航计算比较简单。陀螺稳定平台能够隔离载体的角运动，给惯性器件提供良好的工作环境，系统的精度较高，但是物理平台本身结构复杂、体积大、制造成本高。捷联式惯性导航系统由于没有实体物理平台，结构简单、体积小、维护方便，但惯性器件直接安装在载体上，工作环境恶劣，对惯性

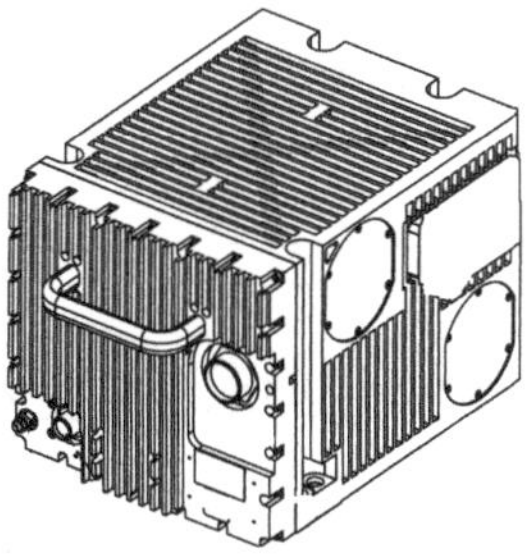

(a) 惯性导航系统外形图

动画

(b) 惯性导航系统内部结构

图 1.3　惯性导航系统组成结构示意图

器件的环境适应性要求很高。同时，由于加速度计输出的加速度分量是沿载体坐标系轴向的，需经计算转换到某一指定导航坐标系中去，计算量大。

惯性导航完全不依赖于外部的声、光、电、磁等传播信号，可以实时地输出所需要的全部导航参数信息，自主地进行定位、导航，不受地域的限制，不受自然环境和人为干扰的影响，隐蔽性好，不论外太空、空间、地面、地下、水面及水下都能全天候地可靠工作，这是其他导航技术，如天文导航、无线电导航与定位、卫星导航等无法实现的。这些独特的优点使其成为国防、航天、航空、船舶与海洋、陆地交通等领域不可替代的导航手段。本书主要介绍惯性器件和惯性导航基本原理。

1.2　地球参考椭球和重力场

导航的任务就是确定载体相对参照系的位置、速度、航向及姿态。在地球上对载体进行导航，其参照系就是地球，而星际导航则以宇宙空间的天体作为参照系。本书主要讨论以地球作为参照系的导航，下面介绍一些与地球有关的知识。

1.2.1　地球的形状

地球不是一个规则的球体，地球内部是熔岩，地球表面上有山脉河流、陆地海洋，形成了高低起伏、形状复杂的不规则的物理实体，而且由于自转的影响，地球呈扁圆状，沿赤道的方向突出，南极稍微凹入，形状似梨。因此，地球表面是一个不规则的曲面，在实际导航问题中难以按照这个真实表面来确定地球的形状和建立模型，通常采用以下三种几何模型来对地球作近似描述。

1）圆球

该模型把地球视为一个圆球体，球心位于地心，半径采用1964年国际天文学会通过的数据，即$R=6371.02\pm0.05$km，满足

$$x^2+y^2+z^2=R^2 \tag{1.3}$$

这种把地球视为圆球体的近似称为第一近似，在精度要求不高的场合可用于近似分析。

2）大地水准体

该模型在确定地球形状时，采用海平面作为基准，把“平静”的海平面延伸到全部陆地所形成的表面称为“大地水准面”，它所包围的几何体称为“大地体”或“地球体”。大地体的表面是地球重力场的一个等位面，也可认为地球体的法线方向和重力方向一致。通常所说的海拔高度就是相对大地水准面的。

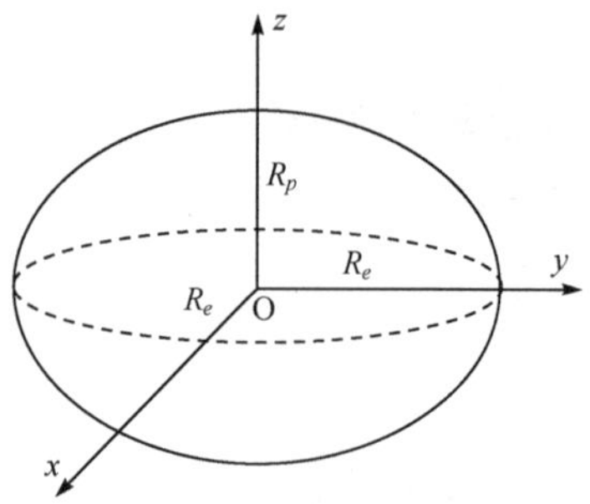

图1.4　地球参考旋转椭球体

3）参考旋转椭球体

这种模型将大地体近似为一旋转椭球体，中心位于地心，旋转轴为地球的自转轴。如图1.4所示，以R_e和R_p为长半轴和短半轴的椭圆，绕地球自转轴旋转所形成的椭球体称为参考旋转椭球体。可见，参考旋转椭球体的赤道平面是一个圆平面。参考旋转椭球体可用二次方程描述为

$$\frac{x^2}{R_e^2}+\frac{y^2}{R_e^2}+\frac{z^2}{R_p^2}=1 \tag{1.4}$$

式中，R_e和R_p通过大地测量确定。

在大地测量中，还常用扁率和偏心率来描述参考旋转椭球体的形状。扁率定义为

$$\varepsilon=\frac{R_e-R_p}{R_e} \tag{1.5}$$

扁率也称为椭球度，用来描述参考旋转椭球体。

通常存在两个偏心率定义，分别为第一偏心率

$$e^2=\frac{R_e^2-R_p^2}{R_e^2} \tag{1.6}$$

和第二偏心率

$$e'^2=\frac{R_e^2-R_p^2}{R_p^2} \tag{1.7}$$

由于地球表面大部分是海洋，在三种模型中，大地水准体对地球的近似度最好，而参考旋转椭球体与大地水准体非常接近，在垂直方向的最大误差约为150m，垂线偏离真垂线（大地水准面的法线）最大误差为3″，因此在惯性导航系统中常采用参考旋转椭球作为地球的模型描述。常用的参考旋转椭球体参数如表1.1所示。

表 1.1 常用的参考旋转椭球体参数

参考旋转椭球体名称	长半轴 R_e/m	短半轴 R_p/m	扁率 $\varepsilon=\frac{R_e-R_p}{R_e}$	使用国家或地区
克拉索夫斯基	6378254	6356803	$\frac{1}{298.3}$	俄罗斯、中国
海福德	6378389	6356912	$\frac{1}{297.0}$	西欧
1975 年国际推荐	6378140	6356755	$\frac{1}{298.275}$	—
克拉克	6378206	6356584	$\frac{1}{295.0}$	美国
WGS84	6378137	6356752	$\frac{1}{298.257}$	全球

1.2.2 参考旋转椭球体的曲率半径

平面曲线的曲率表明了曲线偏离直线的程度，曲率的倒数就是曲率半径。曲率半径主要用来描述某处曲线弯曲变化的程度。对于圆球面，其上任意点沿任何方向的曲率半径都是相等的，但是对于参考旋转椭球体来说，其球面上同一点沿不同方向的曲率半径是不同的。

导航问题中经常要从载体相对地球的位移或速度信息中求取载体经、纬度的变化率，因此当把地球近似为参考旋转椭球体时，必须研究参考旋转椭球表面各方向的曲率半径。显然，椭球体表面上不同点的曲率半径是不同的，同一点沿不同方向的曲率半径也是不同的。下面分别介绍子午圈曲率半径和卯酉圈曲率半径。

1. 主曲率半径的定义

图 1.5 所示的参考旋转椭球体模型中，设 P 点为参考旋转椭球面上的某一点，$\boldsymbol{n}$ 为 P 点处的法线，NS 为椭球面的对称轴。过 P 点做 NS 的垂直平面，截椭球面所得的平面曲线 lPl 称为 P 点处的纬圈；过 P 点和直线 NS 做平面截椭球面所得的平面曲线 mPm 称为 P 点处的经圈（子午圈），其所形成的椭圆面称为子午面；过 P 点做纬圈 lPl 的切线 tPt，用 tPt 和法线 $\boldsymbol{n}$ 形成的平面截椭球面所得的平面曲线 rPr 称为 P 点处的卯酉圈。P 点处沿子午圈 mPm 的曲率半径 R_M 和沿卯酉圈 rPr 的曲率半径 R_N 称为参考旋转椭球面在 P 点处的主曲率半径。

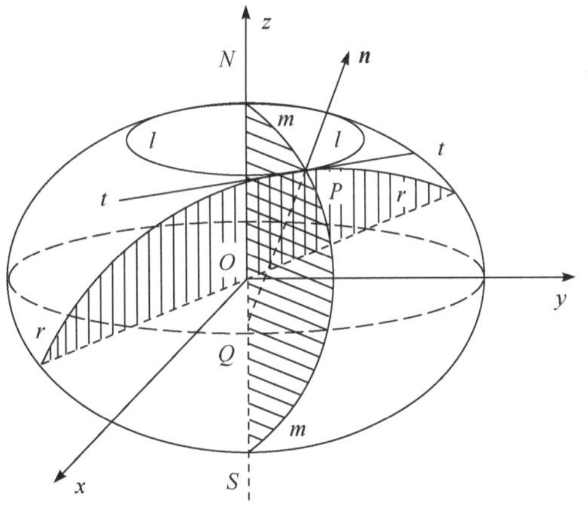

图 1.5 参考旋转椭球面上的主曲率半径

动画

2. 曲率半径的求取

1）子午圈曲率半径 R_M 的求取

在纬度 φ 处，用参考旋转椭球体长半轴 R_e、第一偏心率 e 表示的子午圈曲率半径 R_M 为

$$R_M=\frac{(1-e^2)}{(1-e^2\sin^2\varphi)^{\frac{3}{2}}}R_e \tag{1.8}$$

或用参考旋转椭球体长半轴 R_e、扁率 ε 表示子午圈曲率半径 R_M 为

$$R_M=\frac{(1-\varepsilon)^2}{[(1-\varepsilon)^2\sin^2\varphi+\cos^2\varphi]^{\frac{3}{2}}}R_e\approx R_e(1-2\varepsilon+3\varepsilon\sin^2\varphi) \tag{1.9}$$

在赤道上，$\varphi=0$，子午圈的曲率半径最小，$R_M=R_e(1-2\varepsilon)$；在地球南北极，$\varphi=\pm 90°$，子午圈的曲率半径最大，$R_M=R_e(1+\varepsilon)$。

如图 1.6(a)所示，若已知载体的北向速度 v_N，则根据子午圈曲率半径 R_M，可以求出载体纬度的变化率为

$$\frac{\mathrm{d}\varphi}{\mathrm{d}t}=\frac{v_N}{R_M} \tag{1.10}$$

同时，可确定载体绕东向轴的转动角速度为

$$\omega_E=-\frac{v_N}{R_M} \tag{1.11}$$

2) 任意纬圈半径 R_L 的求取

显然，随着纬度 φ 不同，纬圈半径 R_L 也不同，可以证明，R_L 与纬度 φ 的关系为

$$R_L=\frac{R_e\cos\varphi}{(1-e^2\sin^2\varphi)^{\frac{1}{2}}} \tag{1.12}$$

或

$$R_L=\frac{R_e\cos\varphi}{[(1-\varepsilon)^2\sin^2\varphi+\cos^2\varphi]^{\frac{1}{2}}}\approx R_e(1+\varepsilon\sin^2\varphi)\cos\varphi \tag{1.13}$$

当载体绕纬圈运动时，纬度不变，经度在变。若已知载体的东向速度 v_E，则根据纬圈的半径 R_L 可以求出载体经度的变化率为

$$\frac{\mathrm{d}\lambda}{\mathrm{d}t}=\frac{v_E}{R_L} \tag{1.14}$$

3) 卯酉圈曲率半径 R_N 的求取

如图 1.6(b)所示，P 点处卯酉圈的曲率半径 R_N 与纬圈的半径 R_L 之间的关系为

$$R_L=R_N\cos\varphi \tag{1.15}$$

结合式(1.13)，可得出卯酉圈的曲率半径与纬度之间的关系

$$R_N=\frac{R_e}{[(1-\varepsilon)^2\sin^2\varphi+\cos^2\varphi]^{\frac{1}{2}}}\approx R_e(1+\varepsilon\sin^2\varphi) \tag{1.16}$$

在地球赤道上，卯酉圈就是赤道圆。此时卯酉圈的曲率半径最小；在南北极卯酉圈就是子午圈，此时卯酉圈的曲率半径最大。

综合式(1.14)和式(1.15)，有

$$\frac{\mathrm{d}\lambda}{\mathrm{d}t}=\frac{v_E}{R_N\cos\varphi} \tag{1.17}$$

同时，根据载体东向速度和卯酉圈曲率半径，可以确定载体绕北向轴和天向轴的运动角速度分别为

$$\omega_N = \frac{v_E}{R_N\cos\varphi}\cos\varphi = \frac{v_E}{R_N} \tag{1.18a}$$

$$\omega_\xi = \frac{v_E}{R_N\cos\varphi}\sin\varphi = \frac{v_E}{R_N}\text{tg}\varphi \tag{1.18b}$$

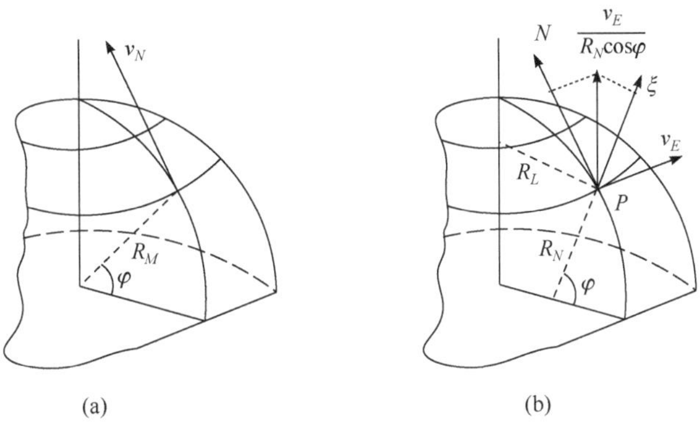

图 1.6　载体运动速度引起经、纬度变化

1.2.3　地球重力场特性

与地球形状直接相关的是地球的重力场特性。假如地球是一个匀质球体，悬浮在空中且不旋转，则地球表面各点的引力都相等。但是对于实际的地球来说，受地球自身旋转运动的影响，地球表面物体的单位质量除了受地心引力 $\boldsymbol{J}$ 外，还受地球自转带来的离心力 $\boldsymbol{F}$ 的作用，如图 1.7 所示，重力 $\boldsymbol{G}$ 是 $\boldsymbol{J}$ 和 $\boldsymbol{F}$ 的合力，即

$$\boldsymbol{G} = \boldsymbol{J} + \boldsymbol{F} \tag{1.19}$$

其中，$\boldsymbol{F} = -m\boldsymbol{\omega}_{ie}\times(\boldsymbol{\omega}_{ie}\times\boldsymbol{r})$，$\boldsymbol{\omega}_{ie}$ 为地球自转角速度向量；m 为物体的质量；$\boldsymbol{r}$ 为地心到物体所在点的位置向量。由于地球形状的不规则，$\boldsymbol{J}$ 和 $\boldsymbol{F}$ 存在差异，重力 $\boldsymbol{G}$ 的方向不是指向地心的。

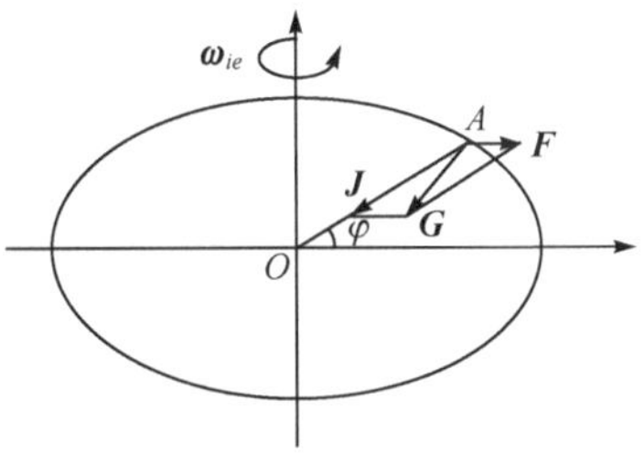

图 1.7　地球重力场示意图

单位质量在重力场的作用下所获得的加速度称为重力加速度，通常用符号 $\boldsymbol{g}$ 来表示，重力加速度 $\boldsymbol{g}$ 是重力的大小和方向的一种表征，用公式表示为

$$\boldsymbol{g} = \boldsymbol{G}_e - \boldsymbol{\omega}_{ie}\times(\boldsymbol{\omega}_{ie}\times\boldsymbol{r}) \tag{1.20}$$

式中，$\boldsymbol{G}_e$ 为地球的引力加速度。

在地球上，随着纬度 φ 和距离地面高度 h 的变化，重力加速度 $\boldsymbol{g}$ 的大小和方向也要发生变化，其大小随纬度的变化规律可近似为

$$g(\varphi)=g_0(1+0.0052884\sin^2\varphi-0.0000059\sin^2 2\varphi) \tag{1.21}$$

式中，$g_0=978.049\text{cm/s}^2$。

重力加速度 $\boldsymbol{g}$ 的变化规律也可近似为

$$\boldsymbol{g}(\varphi)=\boldsymbol{g}_0(1-0.0026373\cos 2\varphi+0.0000059\cos^2 2\varphi) \tag{1.22}$$

式中，$\boldsymbol{g}_0=980.616\text{cm/s}^2$。式(1.22)称为达朗贝尔方程。

重力加速度随高度的变化规律为

$$\boldsymbol{g}(h)=\boldsymbol{g}_0\frac{R_e^2}{(R_e+h)^2}\approx\boldsymbol{g}_0\left(1-\frac{2h}{R_e}\right) \tag{1.23}$$

在实际应用中，综合考虑纬度和高度变化的影响，也可采用如下公式：

$$\boldsymbol{g}(\varphi)=\boldsymbol{g}_0(1+0.0052884\sin^2\varphi-0.0000059\sin^2 2\varphi)-0.0000003086h \tag{1.24}$$

对于高精度的惯性导航系统，重力加速度误差的影响相当于加速度计的漂移，因此必须实时加以补偿，比如用重力仪的实时测量结果或者采用地球重力场模型(如 EGM2008)解算查表的方式，代替式(1.22)或式(1.24)进行补偿。

1.2.4　垂线与纬度

地球表面某点的纬度，是该点的垂线方向和赤道平面之间的夹角。由于地球是不规则的椭球体，纬度的定义变得复杂，首先给出垂线的定义。

垂线主要有以下三种定义：

地心垂线——地球表面一点和地心的连线。

测地垂线(大地垂线)——地球椭球体表面一点的法线方向。

重力垂线——垂线方向沿重力方向，有时也称天文垂线。

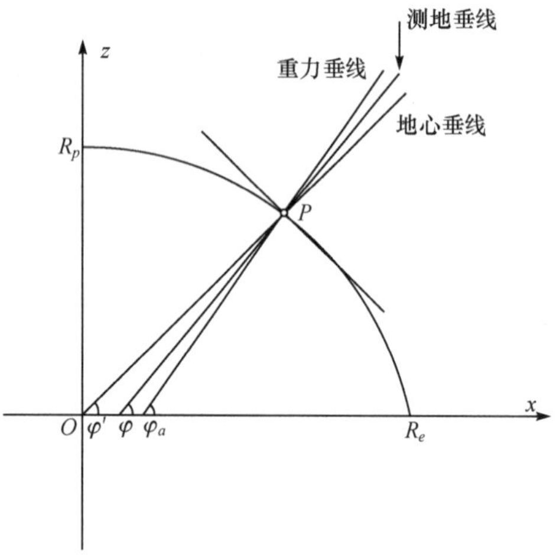

图 1.8　几种垂线及纬度的定义

当考虑地球为椭球体时，三种垂线的方向各不相同，如图 1.8 所示。由于参考旋转椭球体的表面和大地水准面不完全相符，因此重力垂线和测地垂线也不完全一致。但是地球参考旋转椭球体已很接近大地体的形状，所以这两个垂线之间的偏差是很小的，一般不超过 30″，实际上可以认为重力垂线和测地垂线方向相同。

对应于上述三种垂线定义，有以下三种纬度定义：

地心纬度——地心垂线和赤道平面之间的夹角，如图 1.8 中的 φ'。在研究一般的导航问题时，采用的就是地心纬度，这实际上是把地球看作一个圆球体。

测地纬度——通过大地测量方法定出的纬度，也称为大地纬度。即椭球法线方向和赤道平面之间的夹角，如图 1.8 中的 φ。目前，大地测量及精确导航中均采用该纬度。在惯性导航中，经纬度的推算也是建立在此基础上的。

天文纬度——通过天文方法测定的纬度，即重力方向和赤道平面之间的夹角，如图 1.8 中的 φ_a。在惯性导航系统中，加速度计放置在与重力方向垂直的定位面上，因此根据加速度计输出信号所求得的纬度，实际上就是天文纬度。

如上所述，由于重力垂线和测地垂线之间的偏差角很小，一般不超过 30″，因此测地纬度和天文纬度可以不加区别，统称为地理纬度。

地理纬度 φ 和地心纬度 φ' 之间的偏差角 δ 有各种表达式，其近似表达式为

$$\delta = c\sin 2\varphi \tag{1.25}$$

式中

$$c = \frac{R_e^2 - R_p^2}{2R_eR_p} \approx \frac{R_e - R_p}{R_e} \tag{1.26}$$

偏差角 δ 最大值可达 11.5′，所以在导航系统中必须对地理纬度和地心纬度加以区分。

1.2.5　地球运动和时间的定义

地球相对惯性空间的运动是由多种运动形式组成的，包括地球绕自转轴的逐日旋转（自转）、相对太阳的旋转（公转）、进动和章动、极点的漂移以及随银河系的一起运动等。科学家们对此进行了长期研究，从所得结论来看，其中大部分运动对惯性导航系统来说没有实际意义，因为它们的值太小，还不能作为惯性器件的干扰源。

对于惯性导航系统来说，重要的数据是地球相对惯性空间的旋转角速度，这个值能被惯性器件所敏感。陀螺仪和加速度计所能测得的角速度和加速度已经达到了相当的精度，但是要有明确的时间单位，运动的角速度和加速度才有确切的意义。

在自然界中，地球的自转运动是非常稳定的，具有连续、均匀的特点，所以人们自然将其作为计时标准。在地球上观察地球的自转运动，可以有两种参考系，即太阳和其他恒星，相应的就出现了两种计时标准——太阳时计时系统和恒星时计时系统。把相对恒星测得的地球自转运动周期作为计时单位，就是恒星日，把一个恒星日分成 24 份，就是恒星时。利用太阳的视运动来计量时间，就是另一个计时单位——太阳日。地球相对于太阳自转一周的时间叫作真太阳日。由于地球围绕太阳公转的轨道为椭圆，这使得真太阳日不是很均匀，一年中最长和最短的太阳日相差 51s，这样按照真太阳日来计时就很不准确，于是天文学家假想了一个太阳，其视运动速度是均匀的，为真太阳视运动速度的全年平均值，这个假想的太阳称为“平太阳”，地球相对平太阳自转一周的时间叫作平太阳日。一个平太阳日可等分为 24 个平太阳时，这就是我们日常生活中采用的计时单位——小时。

天文学上的测量表明，地球围绕太阳公转一周需要 365.2422 个平太阳日。由于地球除自转外，还有围绕太阳的公转，一个平太阳日中，地球相对太阳转动了一周，但在相同的时间内，地球相对恒星的转动并不止 360°，而是比 360°多一点，即地球绕太阳公转一周，地球相对恒星转动的转数比相对太阳转动的转数正好多一转，于是有

365.2422 平太阳日＝366.2422 恒星日

这样就有

1 恒星日＝0.9972696 太阳日＝23h56min4.1s

1 平太阳日＝1.0027379 恒星日

1 平太阳时＝1.0027379 恒星时

有了平太阳日和恒星日的定义，就可以确切地给出地球的自转角速度：地球在一个恒星日相对恒星准确地转动 360°，其自转角速度为

$$\begin{aligned}\omega_{ie} &= 360°/\text{恒星日} = 15°/\text{恒星时}\\ &= 15.041069°/\text{平太阳时}\\ &= 7.2921158\times10^{-5}\,\text{rad/s}\end{aligned}$$

显然,上述地球自转角速度就是地球相对惯性空间的自转角速度,即绝对运动角速度。

1.3 参考坐标系的建立

宇宙中的一切物体都在不断地运动着,但运动是相对的,离开参照物,对单个物体是无运动可言的。一个物体在空间的位置只能相对于另一个物体而确定,这样,后一个物体就成为描述前一个物体运动的参考系。为了表征参考系,可以在其上建立参考坐标系,通常采用直角坐标系。在研究陀螺仪或载体的运动时,同样需要建立参考坐标系。本节以圆球作为地球模型,介绍惯性导航系统研究中常用的参考坐标系。

1.3.1 确定地球相对惯性空间运动的坐标系

为确定地球相对惯性空间的运动,常采用惯性坐标系来描述惯性空间。由于宇宙间的一切物体,包括空间都在运动,因此,绝对不动的或做等速直线运动的惯性空间是不存在的,要采用惯性坐标系来表示适用于牛顿定律的惯性空间,只能根据需要选择某些近似系统作为惯性坐标系,惯性导航中常用的有两种惯性坐标系,即地心惯性坐标系和日心惯性坐标系。

为描述惯性坐标系,首先介绍一下春分点的概念。以地球为球心,半径无穷大的球体称为天球。地球赤道面无限延伸后截天球所得的圆称为天球赤道,地球公转平面无限延伸后截天球所得的圆称为天球黄道。天球赤道和天球黄道在天球上相交得春分点和秋分点,如图 1.9 所示。由于天球赤道平面垂直于地球自转轴,天球黄道平面垂直于地球绕太阳的公转轴,而地球的自转轴和公转轴在惯性空间内保持指向不变,所以春分点和秋分点在惯性空间内保持位置不变,且位于无穷远处。其中春分点的位置确定如下:若自地心向春分点引矢量 OS,则 OS 的单位矢量为

$$\boldsymbol{u}=\frac{\boldsymbol{\omega}_{\text{公}}\times\boldsymbol{\omega}_{\text{自}}}{|\boldsymbol{\omega}_{\text{公}}\times\boldsymbol{\omega}_{\text{自}}|} \tag{1.27}$$

根据春分点可定义出惯性坐标系 $Ox_iy_iz_i$(简称 i 系),其原点位于地心 O,x_i 轴指向春分点,z_i 轴沿地球自转轴,y_i 轴与 x_i、z_i 轴构成右手直角坐标系。

由于春分点在无穷远处,所以在地球的公转轨道上,无论地球运行到何处,地心与春分点的连线始终保持平行,因此 $Ox_iy_iz_i$ 的各轴相对惯性空间的指向保持不变,这样定义的坐标系也称为地心惯性坐标系。坐标系 $Ox_iy_iz_i$ 不与地球固联,不参与地球的自转,惯性器件的测量输出都是相对该坐标系的。当载体在地球附近运动时,多采用此坐标系作为惯性坐标系。

日心惯性坐标系 $O_sx_sy_sz_s$ 以太阳系作为惯性空间,如图 1.10 所示,坐标原点设在太阳中心,z_s 轴垂直于地球公转的轨道平面,x_s 和 y_s 轴在地球公转轨道平面内构成右手坐标系。日心惯性坐标系主要用于行星际间的航行定位。

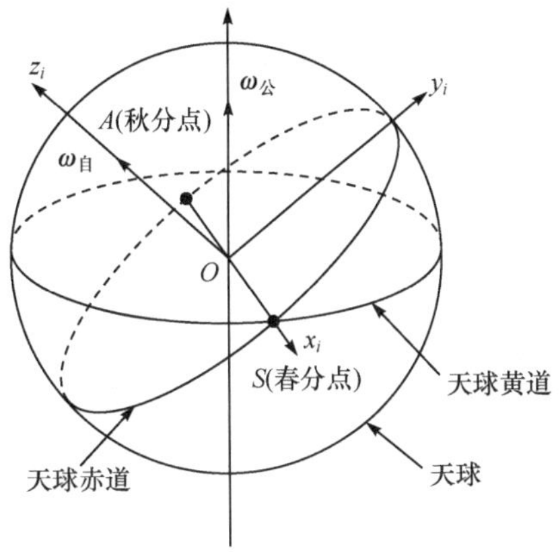

图 1.9　春分点及地心惯性坐标系的定义

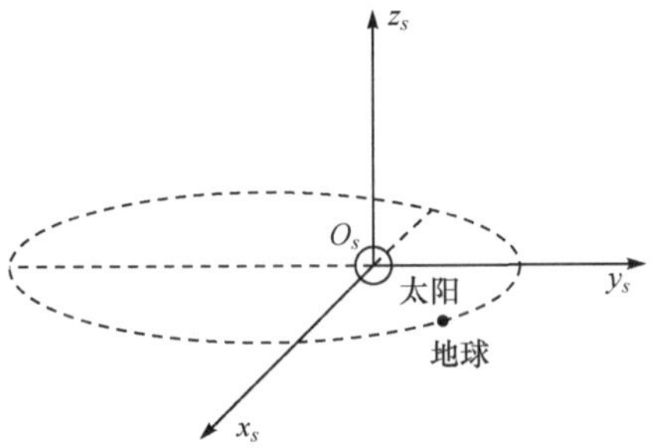

图 1.10　日心惯性坐标系的定义

1.3.2　确定载体相对地球表面位置的坐标系

1. 地球坐标系 $O_ex_ey_ez_e$(简称 e 系)

如图 1.11 所示,地球坐标系的原点 O_e 在参考椭球的中心,z_e 轴和地球自转轴重合,x_e 轴在赤道平面内指向格林威治本初子午线,y_e 轴在赤道平面内指向东经 90°子午线,$x_ey_ez_e$ 轴

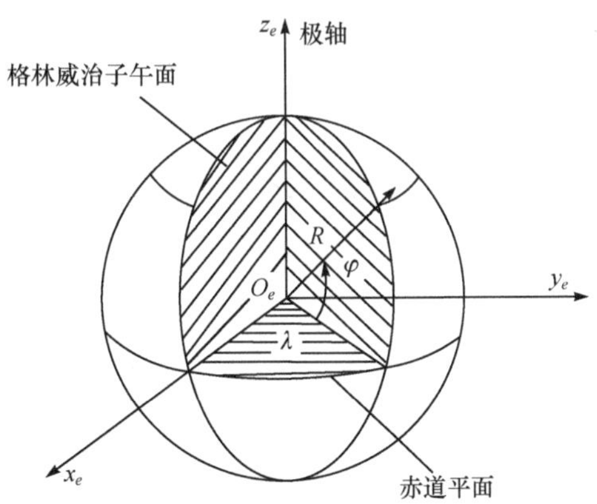

图 1.11　地球坐标系

构成右手直角坐标系。地球坐标系与地球相固联，参与地球自转，它相对于惯性坐标系的转动角速度等于地球自转角速度 $\boldsymbol{\omega}_{ie}$。因此，地球相对惯性空间的转动，可用地球坐标系相对于惯性坐标系的转动来表示。

2. 地理坐标系 $OEN\xi$

如图 1.12 所示，地理坐标系 $OEN\xi$ 的原点 O 取在载体的重心，E 轴在当地水平面内指东，N 轴在当地水平面内指北，ξ 轴沿当地地垂线的方向，$EN\xi$ 轴构成右手直角坐标系。地理坐标系跟随载体运动，有时称为动地理坐标系或当地地理坐标系。可以按“东、北、天”、“北、西、天”或“北、东、地”顺序构成，本书中采用“东、北、天”地理坐标系。

3. 大圆弧坐标系

如图 1.13 所示，定义武器发射点 A、目标点 B 和地球中心 O 三点构成的平面为新赤道面，发射点和目标点的距离用大圆弧 λ_c 表示，通过地心作新赤道平面的垂线，构成新极轴，飞行器偏离新赤道平面的距离用新纬度 φ_c 表示，距地面的距离用 R_c 表示。大圆弧坐标系常用于武器制导系统设计。

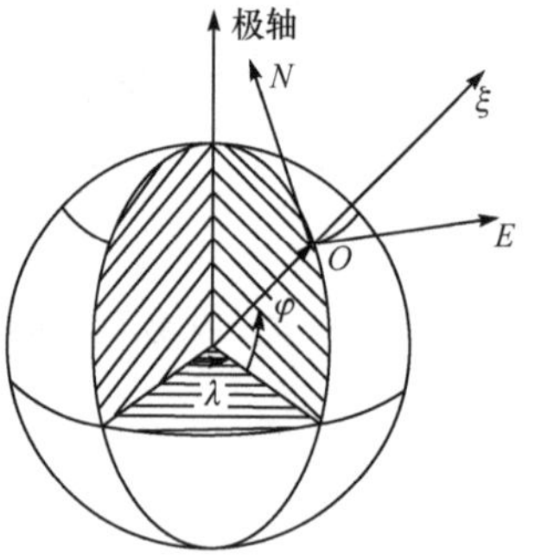

图 1.12 地理坐标系

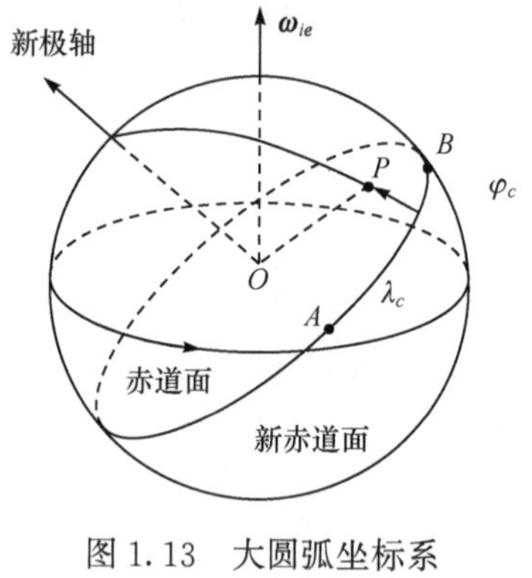

图 1.13 大圆弧坐标系

A-发射点；B-目标点；P-飞行器位置

1.3.3　载体和导航仪表坐标系

1. 载体坐标系 $O_bx_by_bz_b$（简称 b 系）

如图 1.14 所示，载体坐标系的原点 O_b 取在载体的重心，与载体固联，x_b 轴沿载体的横轴方向，y_b 轴沿载体的纵轴方向，z_b 轴沿载体的竖轴方向，$x_by_bz_b$ 轴构成右手直角坐标系，其相对地理坐标系的方位为载体的姿态和航向。

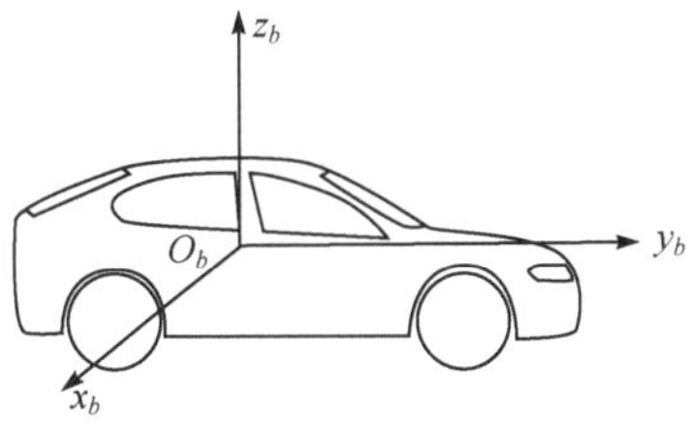

图 1.14　载体坐标系

当载体在地球上运动时，载体相对地球的位置不断改变；同时，地球上不同点的地理坐标系相对地球坐标系的角位置是不相同的。也就是说，载体相对地球运动引起地理坐标系相对地球坐标系转动。这时地理坐标系相对惯性坐标系的转动角速度应包括两个部分：一个是地理坐标系相对地球坐标系的转动角速度；另一个是地球坐标系相对惯性坐标系的转动角速度。确定载体的地理位置，就是确定地理坐标系相对地球坐标系的方位关系，即经度 λ、纬度 φ 和到地心的距离 R；确定载体的姿态和航向实际上就是确定载体坐标系相对地理坐标系的方位关系。

2. 平台坐标系 $O_px_py_pz_p$（简称 p 系）

在研究平台式惯性导航系统时，三轴稳定平台中三轴的指向用平台坐标系 $O_px_py_pz_p$ 来描述。如对于指北方位平台式惯性导航系统，x_p 轴指向平台的东向，y_p 轴指向平台的北向，z_p 轴垂直平台台面，并与 x_p、y_p 轴构成右手直角坐标系。由于误差总是存在的，平台坐标系和当地地理坐标系之间的夹角就是平台的姿态角。

3. 导航坐标系（简称 n 系）

导航坐标系是惯性导航系统求解导航参数时所采用的坐标系。例如，指北方位惯性导航系统的平台，在理想情况下完全模拟了当地地理坐标系，载体位置是根据平台上加速度计输出的加速度信息（正东、正北向加速度）在当地地理坐标系中解算得到的，因此地理坐标系就是水平指北惯性导航系统的导航坐标系。对捷联式惯性导航系统来说，测得的载体加速度是沿载体坐标系轴向的，必须将加速度信息分解到某个便于求解导航参数的坐标系内，再进行导航计算，这个坐标系就是导航坐标系。在本书中通常将地理坐标系取作导航坐标系。

4. 计算坐标系（简称 c 系）

由于惯性导航系统只能根据系统本身计算获得的载体位置来描述导航坐标系，该坐标系必然存在着误差，有时为了与理想的导航坐标系相区别，将这种根据惯性导航系统本身计算出的、由载体位置确定的导航坐标系称作计算坐标系，在分析惯性导航系统误差时要用到这种坐标系。

1.4 坐标变换及姿态矩阵描述

在分析惯性导航系统的运动特性时，将用到多种坐标系，如 1.3 节提及的惯性坐标系、地球坐标系、地理坐标系及载体坐标系等，这些坐标系之间并不是相互孤立的，空间任意两个坐标系可以通过坐标变换联系起来。在不同的坐标系中，同一向量的坐标表示是不同的，但是通过坐标变换，同一向量在一个坐标系中的坐标可以转化为另一个坐标系中的坐标。变换方法是由坐标系之间的位置和角度关系决定的，即这种变换包括平移和旋转。在惯性导航系统中，我们更加关心的是两组坐标系之间的角度关系，即旋转坐标变换。本节将详细介绍各种坐标变换的描述方法。

1.4.1 方向余弦矩阵表示的坐标变换

1. 矢量的乘积

两个矢量的乘积包括点积与叉积两种运算。

设两个矢量 $\boldsymbol{a}$ 与 $\boldsymbol{b}$，将其在同一直角坐标系 $Oxyz$（坐标系基为 $\boldsymbol{i}$，$\boldsymbol{j}$ 和 $\boldsymbol{k}$）中投影，其投影形式为 $\boldsymbol{a}=[a_x \quad a_y \quad a_z]^{\mathrm{T}}$ 和 $\boldsymbol{b}=[b_x \quad b_y \quad b_z]^{\mathrm{T}}$，则两个矢量可表示为

$$\boldsymbol{a}=a_x\boldsymbol{i}+a_y\boldsymbol{j}+a_z\boldsymbol{k} \tag{1.28}$$

$$\boldsymbol{b}=b_x\boldsymbol{i}+b_y\boldsymbol{j}+b_z\boldsymbol{k} \tag{1.29}$$

定义矢量 $\boldsymbol{a}$ 与 $\boldsymbol{b}$ 的点积为

$$\begin{aligned}\boldsymbol{a}\cdot\boldsymbol{b} &=(a_x\boldsymbol{i}+a_y\boldsymbol{j}+a_z\boldsymbol{k})\cdot(b_x\boldsymbol{i}+b_y\boldsymbol{j}+b_z\boldsymbol{k})\\ &=a_xb_x\boldsymbol{i}\cdot\boldsymbol{i}+a_xb_y\boldsymbol{i}\cdot\boldsymbol{j}+a_xb_z\boldsymbol{i}\cdot\boldsymbol{k}+a_yb_x\boldsymbol{j}\cdot\boldsymbol{i}+a_yb_y\boldsymbol{j}\cdot\boldsymbol{j}\\ &\quad+a_yb_z\boldsymbol{j}\cdot\boldsymbol{k}+a_zb_x\boldsymbol{k}\cdot\boldsymbol{i}+a_zb_y\boldsymbol{k}\cdot\boldsymbol{j}+a_zb_z\boldsymbol{k}\cdot\boldsymbol{k}\end{aligned} \tag{1.30}$$

又

$$\boldsymbol{i}\cdot\boldsymbol{i}=\boldsymbol{j}\cdot\boldsymbol{j}=\boldsymbol{k}\cdot\boldsymbol{k}=1,\quad \boldsymbol{i}\cdot\boldsymbol{j}=\boldsymbol{i}\cdot\boldsymbol{k}=\boldsymbol{j}\cdot\boldsymbol{k}=0 \tag{1.31}$$

所以有

$$\boldsymbol{a}\cdot\boldsymbol{b}=a_xb_x+a_yb_y+a_zb_z \tag{1.32}$$

向量点积的几何意义是表征或计算两个向量之间的夹角、计算一个向量在另一个向量方向上的投影或者判断向量的方向关系。若两个矢量之间的夹角为 θ，则有

$$\boldsymbol{a}\cdot\boldsymbol{b}=|a||b|\cos\theta \tag{1.33}$$

下面给出矢量叉乘的定义。设矢量 $\boldsymbol{c}=\boldsymbol{a}\times\boldsymbol{b}$，且有 $\boldsymbol{c}=c_x\boldsymbol{i}+c_y\boldsymbol{j}+c_z\boldsymbol{k}$，则

$$\begin{aligned}\boldsymbol{c} &=\boldsymbol{a}\times\boldsymbol{b}=(a_x\boldsymbol{i}+a_y\boldsymbol{j}+a_z\boldsymbol{k})\times(b_x\boldsymbol{i}+b_y\boldsymbol{j}+b_z\boldsymbol{k})\\ &=\begin{vmatrix}\boldsymbol{i} & \boldsymbol{j} & \boldsymbol{k}\\ a_x & a_y & a_z\\ b_x & b_y & b_z\end{vmatrix}\\ &=(a_yb_z-a_zb_y)\boldsymbol{i}+(a_zb_x-a_xb_z)\boldsymbol{j}+(a_xb_y-a_yb_x)\boldsymbol{k}\\ &=c_x\boldsymbol{i}+c_y\boldsymbol{j}+c_z\boldsymbol{k}\end{aligned} \tag{1.34}$$

将式(1.34)写成投影形式，则有

$$\begin{bmatrix} c_x \\ c_y \\ c_z \end{bmatrix} = \begin{bmatrix} a_y b_z - a_z b_y \\ a_z b_x - a_x b_z \\ a_x b_y - a_y b_x \end{bmatrix} \tag{1.35}$$

将式(1.35)右端写成两矩阵的乘积形式，即

$$\begin{bmatrix} a_y b_z - a_z b_y \\ a_z b_x - a_x b_z \\ a_x b_y - a_y b_x \end{bmatrix} = \begin{bmatrix} 0 & -a_z & a_y \\ a_z & 0 & -a_x \\ -a_y & a_x & 0 \end{bmatrix} \begin{bmatrix} b_x \\ b_y \\ b_z \end{bmatrix} = -\begin{bmatrix} 0 & -b_z & b_y \\ b_z & 0 & -b_x \\ -b_y & b_x & 0 \end{bmatrix} \begin{bmatrix} a_x \\ a_y \\ a_z \end{bmatrix} \tag{1.36}$$

令

$$\boldsymbol{A} = \begin{bmatrix} 0 & -a_z & a_y \\ a_z & 0 & -a_x \\ -a_y & a_x & 0 \end{bmatrix}, \quad \boldsymbol{B} = \begin{bmatrix} 0 & -b_z & b_y \\ b_z & 0 & -b_x \\ -b_y & b_x & 0 \end{bmatrix}$$

于是有

$$\boldsymbol{c} = \begin{bmatrix} c_x \\ c_y \\ c_z \end{bmatrix} = \boldsymbol{A} \begin{bmatrix} b_x \\ b_y \\ b_z \end{bmatrix} = -\boldsymbol{B} \begin{bmatrix} a_x \\ a_y \\ a_z \end{bmatrix} \tag{1.37}$$

式中，$\boldsymbol{A}$ 和 $\boldsymbol{B}$ 分别称为矢量 $\boldsymbol{a}$ 和 $\boldsymbol{b}$ 的反对称矩阵，其对角线元素为零，其他元素由其投影值构成，且位于主对角线两侧的对称元素反号。

矢量 $\boldsymbol{a}$ 和 $\boldsymbol{b}$ 的矢量积的方向与这两个矢量所在平面垂直，且遵守右手定则；共起点的前提下，设两个矢量之间的夹角为 $\theta(0°\leqslant\theta\leqslant180°)$，其模值满足

$$|\boldsymbol{a}\times\boldsymbol{b}| = |\boldsymbol{a}|\cdot|\boldsymbol{b}|\cdot\sin\theta$$

2. 方向余弦的物理意义

设有一矢量 $\boldsymbol{R}$ 在二维平面 Oxy 坐标系中有分量 $R_x\boldsymbol{i}$ 和 $R_y\boldsymbol{j}$，当与 Oxy 坐标系重合的坐标系 $Ox'y'$ 相对 Oxy 旋转角度 α 时，矢量 $\boldsymbol{R}$ 在二维平面 $Ox'y'$ 坐标系中有分量 $R_{x'}\boldsymbol{i}'$ 和 $R_{y'}\boldsymbol{j}'$。图 1.15 表示出了这种关系，用公式可以表示为

$$\boldsymbol{R} = R_x\boldsymbol{i} + R_y\boldsymbol{j} \tag{1.38}$$

$$\boldsymbol{R} = R_{x'}\boldsymbol{i}' + R_{y'}\boldsymbol{j}' \tag{1.39}$$

由式(1.38)和式(1.39)有

$$R_x\boldsymbol{i} + R_y\boldsymbol{j} = R_{x'}\boldsymbol{i}' + R_{y'}\boldsymbol{j}' \tag{1.40}$$

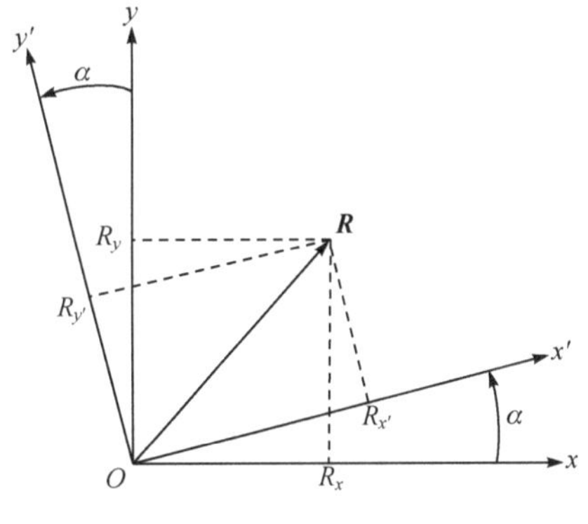

图 1.15　同一矢量在两坐标系之间的关系

对式(1.40)两边同时乘以 $\boldsymbol{i}'$ 或 $\boldsymbol{j}'$，则有

$$R_{x'} = \boldsymbol{i}'\cdot\boldsymbol{R} = \boldsymbol{i}'\cdot\boldsymbol{i}R_x + \boldsymbol{i}'\cdot\boldsymbol{j}R_y \tag{1.41}$$

$$R_{y'} = \boldsymbol{j}'\cdot\boldsymbol{R} = \boldsymbol{j}'\cdot\boldsymbol{i}R_x + \boldsymbol{j}'\cdot\boldsymbol{j}R_y \tag{1.42}$$

用矩阵形式表示，有

$$\begin{bmatrix} R_{x'} \\ R_{y'} \end{bmatrix} = \begin{bmatrix} \boldsymbol{i}'\cdot\boldsymbol{i} & \boldsymbol{i}'\cdot\boldsymbol{j} \\ \boldsymbol{j}'\cdot\boldsymbol{i} & \boldsymbol{j}'\cdot\boldsymbol{j} \end{bmatrix} \begin{bmatrix} R_x \\ R_y \end{bmatrix} = \boldsymbol{C} \begin{bmatrix} R_x \\ R_y \end{bmatrix} \tag{1.43}$$

式(1.43)可以理解为一个矢量相对固定坐标系没有转动，当动坐标系相对固定坐标系有旋转

角度 α 之后，矢量在两个坐标系上的分量关系。矩阵 $\boldsymbol{C}$ 被称为方向余弦矩阵，其元素是两组坐标系单位矢量之间夹角的余弦值。按矢量乘法定义，有

$$\boldsymbol{i}'\cdot\boldsymbol{i}=\cos\alpha$$
$$\boldsymbol{i}'\cdot\boldsymbol{j}=\cos(90°-\alpha)=\sin\alpha$$
$$\boldsymbol{j}'\cdot\boldsymbol{i}=\cos(90°+\alpha)=-\sin\alpha$$
$$\boldsymbol{j}'\cdot\boldsymbol{j}=\cos\alpha$$

所以

$$\boldsymbol{C}=\begin{bmatrix}\cos\alpha & \sin\alpha\\ -\sin\alpha & \cos\alpha\end{bmatrix} \tag{1.44}$$

当 α 很小时，可取如下近似等式：

$$\boldsymbol{C}=\begin{bmatrix}1 & \alpha\\ -\alpha & 1\end{bmatrix} \tag{1.45}$$

按照上述同样的方法，可以写出两个正交的笛卡儿三维坐标系之间的方向余弦矩阵。设 $Oxyz$ 表示固定坐标系，其单位矢量为 $\boldsymbol{i}$、$\boldsymbol{j}$、$\boldsymbol{k}$，任一矢量 $\boldsymbol{R}$ 在该坐标系中的分量用 x、y、z 表示；$Ox'y'z'$ 表示动坐标系，其单位矢量为 $\boldsymbol{i}'$、$\boldsymbol{j}'$、$\boldsymbol{k}'$，同一矢量 $\boldsymbol{R}$ 在该坐标系中的分量用 x'、y'、z' 表示，则该矢量在两个坐标系中的分量满足如下关系：

$$\begin{bmatrix}x'\\ y'\\ z'\end{bmatrix}=\begin{bmatrix}\boldsymbol{i}'\cdot\boldsymbol{i} & \boldsymbol{i}'\cdot\boldsymbol{j} & \boldsymbol{i}'\cdot\boldsymbol{k}\\ \boldsymbol{j}'\cdot\boldsymbol{i} & \boldsymbol{j}'\cdot\boldsymbol{j} & \boldsymbol{j}'\cdot\boldsymbol{k}\\ \boldsymbol{k}'\cdot\boldsymbol{i} & \boldsymbol{k}'\cdot\boldsymbol{j} & \boldsymbol{k}'\cdot\boldsymbol{k}\end{bmatrix}\begin{bmatrix}x\\ y\\ z\end{bmatrix} \tag{1.46}$$

设

$$\boldsymbol{C}_3=\begin{bmatrix}\boldsymbol{i}'\cdot\boldsymbol{i} & \boldsymbol{i}'\cdot\boldsymbol{j} & \boldsymbol{i}'\cdot\boldsymbol{k}\\ \boldsymbol{j}'\cdot\boldsymbol{i} & \boldsymbol{j}'\cdot\boldsymbol{j} & \boldsymbol{j}'\cdot\boldsymbol{k}\\ \boldsymbol{k}'\cdot\boldsymbol{i} & \boldsymbol{k}'\cdot\boldsymbol{j} & \boldsymbol{k}'\cdot\boldsymbol{k}\end{bmatrix} \tag{1.47}$$

式(1.47)称为方向余弦矩阵。

方向余弦矩阵为正交矩阵，其逆矩阵即为其转置矩阵，即满足

$$\boldsymbol{C}^{\mathrm{T}}\boldsymbol{C}=\boldsymbol{I} \tag{1.48}$$

或

$$\boldsymbol{C}^{\mathrm{T}}=\boldsymbol{C}^{-1} \tag{1.49}$$

用 C_{ij} 表示方向余弦矩阵 $\boldsymbol{C}$ 的元素，则式(1.48)可以写为

$$\sum_{k=1}^{3}C_{ik}C_{jk}=\begin{cases}1, & i=j\\ 0, & i\neq j\end{cases} \tag{1.50}$$

这是一组具有六个约束的方程式组。

利用方向余弦矩阵可以方便地实现多个具有相同原点的坐标系之间的坐标旋转变换，方向余弦矩阵具有传递性，即经过 n 次转动后的方向余弦矩阵可以表示为

$$\boldsymbol{C}_1^n=\boldsymbol{C}_{n-1}^n\cdots\boldsymbol{C}_2^3\boldsymbol{C}_1^2 \tag{1.51}$$

3. 方向余弦矩阵的建立

此处用欧拉角形式表示一个坐标系的旋转。设 $OEN\xi$ 为定坐标系，$Ox_0y_0z_0$ 为动坐标系，在起始时刻两坐标系重合，经过绕相应轴三次转动后，到达新的位置 $Oxyz$，称三次转动角

ψ、θ、γ 为欧拉角，即

$$OEN\xi(Ox_0y_0z_0)\xrightarrow[\psi]{\text{绕}-O\xi\text{轴}}Ox_1y_1z_0\xrightarrow[\theta]{\text{绕}Ox_1\text{轴}}Ox_1y_2z_2\xrightarrow[\gamma]{\text{绕}Oy_2\text{轴}}Oxyz$$

下面按转动顺序列写方向余弦矩阵。

第一次转动：坐标系 $Ox_0y_0z_0$ 绕 $-O\xi$ 轴转动 ψ 角，得到坐标系 $Ox_1y_1z_0$，如图 1.16 所示，则相应的方向余弦矩阵可以写成

$$\begin{bmatrix} x_1 \\ y_1 \\ z_0 \end{bmatrix} = \begin{bmatrix} \cos\psi & -\sin\psi & 0 \\ \sin\psi & \cos\psi & 0 \\ 0 & 0 & 1 \end{bmatrix} \begin{bmatrix} E \\ N \\ \xi \end{bmatrix} \tag{1.52}$$

定义

$$\boldsymbol{C}_\psi = \begin{bmatrix} \cos\psi & -\sin\psi & 0 \\ \sin\psi & \cos\psi & 0 \\ 0 & 0 & 1 \end{bmatrix} \tag{1.53}$$

第二次转动：坐标系 $Ox_1y_1z_0$ 绕 Ox_1 轴转动 θ 角，得到坐标系 $Ox_1y_2z_2$，如图 1.17 所示，则相应的方向余弦矩阵可以写成

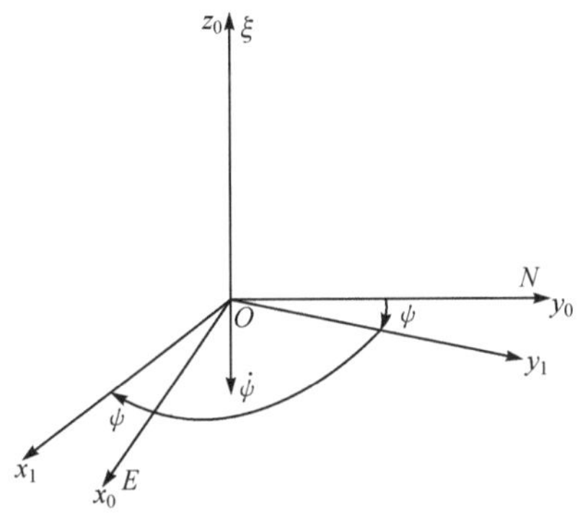

图 1.16　绕 $-O\xi$ 轴的旋转

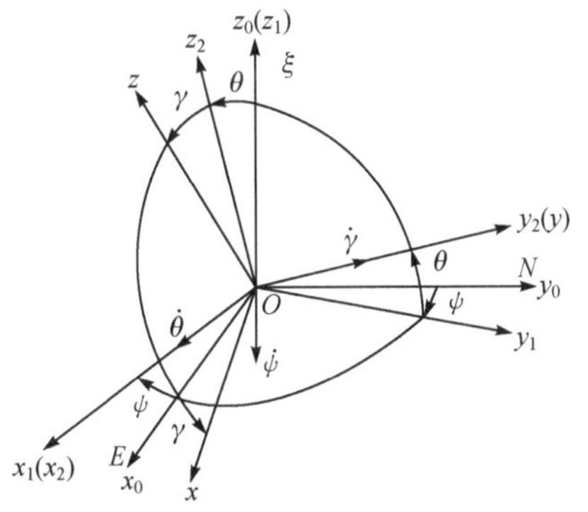

图 1.17　绕 Ox_1、Oy_2 轴的旋转

$$\begin{bmatrix} x_1 \\ y_2 \\ z_2 \end{bmatrix} = \begin{bmatrix} 1 & 0 & 0 \\ 0 & \cos\theta & \sin\theta \\ 0 & -\sin\theta & \cos\theta \end{bmatrix} \begin{bmatrix} x_1 \\ y_1 \\ z_0 \end{bmatrix} \tag{1.54}$$

定义

$$\boldsymbol{C}_\theta = \begin{bmatrix} 1 & 0 & 0 \\ 0 & \cos\theta & \sin\theta \\ 0 & -\sin\theta & \cos\theta \end{bmatrix} \tag{1.55}$$

第三次转动：坐标系 $Ox_1y_2z_2$ 绕 Oy_2 轴转动 γ 角，得到坐标系 $Oxyz$，如图 1.17 所示，则相应的方向余弦矩阵可以写成

$$\begin{bmatrix} x \\ y \\ z \end{bmatrix} = \begin{bmatrix} \cos\gamma & 0 & -\sin\gamma \\ 0 & 1 & 0 \\ \sin\gamma & 0 & \cos\gamma \end{bmatrix} \begin{bmatrix} x_1 \\ y_2 \\ z_2 \end{bmatrix} \tag{1.56}$$

定义

$$C_{\gamma}=\begin{bmatrix}\cos\gamma & 0 & -\sin\gamma\\ 0 & 1 & 0\\ \sin\gamma & 0 & \cos\gamma\end{bmatrix} \tag{1.57}$$

将式(1.54)代入式(1.56),有

$$\begin{bmatrix}x\\ y\\ z\end{bmatrix}=\begin{bmatrix}\cos\gamma & 0 & -\sin\gamma\\ 0 & 1 & 0\\ \sin\gamma & 0 & \cos\gamma\end{bmatrix}\begin{bmatrix}1 & 0 & 0\\ 0 & \cos\theta & \sin\theta\\ 0 & -\sin\theta & \cos\theta\end{bmatrix}\begin{bmatrix}x_1\\ y_1\\ z_0\end{bmatrix} \tag{1.58}$$

$$=\begin{bmatrix}\cos\gamma & \sin\gamma\sin\theta & -\sin\gamma\cos\theta\\ 0 & \cos\theta & \sin\theta\\ \sin\gamma & -\cos\gamma\sin\theta & \cos\gamma\cos\theta\end{bmatrix}\begin{bmatrix}x_1\\ y_1\\ z_0\end{bmatrix}$$

将式(1.52)代入式(1.58),有

$$\begin{bmatrix}x\\ y\\ z\end{bmatrix}=\begin{bmatrix}\cos\gamma & \sin\gamma\sin\theta & -\sin\gamma\cos\theta\\ 0 & \cos\theta & \sin\theta\\ \sin\gamma & -\cos\gamma\sin\theta & \cos\gamma\cos\theta\end{bmatrix}\begin{bmatrix}\cos\psi & -\sin\psi & 0\\ \sin\psi & \cos\psi & 0\\ 0 & 0 & 1\end{bmatrix}\begin{bmatrix}E\\ N\\ \xi\end{bmatrix} \tag{1.59}$$

$$=\begin{bmatrix}\cos\gamma\cos\psi+\sin\gamma\sin\theta\sin\psi & -\cos\gamma\sin\psi+\sin\gamma\sin\theta\cos\psi & -\sin\gamma\cos\theta\\ \cos\theta\sin\psi & \cos\theta\cos\psi & \sin\theta\\ \sin\gamma\cos\psi-\cos\gamma\sin\theta\sin\psi & -\sin\gamma\sin\psi-\cos\gamma\sin\theta\cos\psi & \cos\gamma\cos\theta\end{bmatrix}\begin{bmatrix}E\\ N\\ \xi\end{bmatrix}$$

则式(1.59)的方向余弦矩阵可以写成

$$C=C_{\gamma}C_{\theta}C_{\psi}$$

$$=\begin{bmatrix}\cos\gamma\cos\psi+\sin\gamma\sin\theta\sin\psi & -\cos\gamma\sin\psi+\sin\gamma\sin\theta\cos\psi & -\sin\gamma\cos\theta\\ \cos\theta\sin\psi & \cos\theta\cos\psi & \sin\theta\\ \sin\gamma\cos\psi-\cos\gamma\sin\theta\sin\psi & -\sin\gamma\sin\psi-\cos\gamma\sin\theta\cos\psi & \cos\gamma\cos\theta\end{bmatrix} \tag{1.60}$$

方向余弦矩阵不仅和每次单独转动的欧拉角大小有关,而且和转动的次序有关。

当三个欧拉角均为小角度时,略去二阶小量,式(1.60)可以简化为如下形式:

$$C=\begin{bmatrix}1 & -\psi & -\gamma\\ \psi & 1 & \theta\\ \gamma & -\theta & 1\end{bmatrix} \tag{1.61}$$

在上述转动过程中,按照 $Z\rightarrow X\rightarrow Y$ 的顺序转动,事实上,欧拉角没有严格的定义,在欧拉角组中可以有不同的转动次序,唯一的限制是,任何两个连续的旋转必须绕着不同的转动轴旋转。因此,可供选择的欧拉角组共有 $N=3\times2\times2=12$ 种,可以根据需要选用不同的欧拉角组。本书给出的是在惯性导航中经常采用的转动顺序。

3. 载体瞬时地理位置的确定

确定载体的瞬时地理位置,就是确定地理坐标系和地球坐标系之间的瞬时关系。尽管两个坐标系的坐标原点不重合,但是可以通过平移使它们重合。当用经度 λ 和纬度 φ 来表示旋转角度时,如图 1.18 所示,其转动过程可描述为

$$Ox_ey_ez_e\xrightarrow[\lambda]{\text{绕}Oz_e\text{轴}}Ox_{e1}y_{e1}z_e\xrightarrow[90^\circ-\varphi]{\text{绕}Oy_{e1}\text{轴}}Ox_{e2}y_{e1}z_{e2}\xrightarrow[90^\circ]{\text{绕}Oz_{e2}\text{轴}}OEN\xi$$

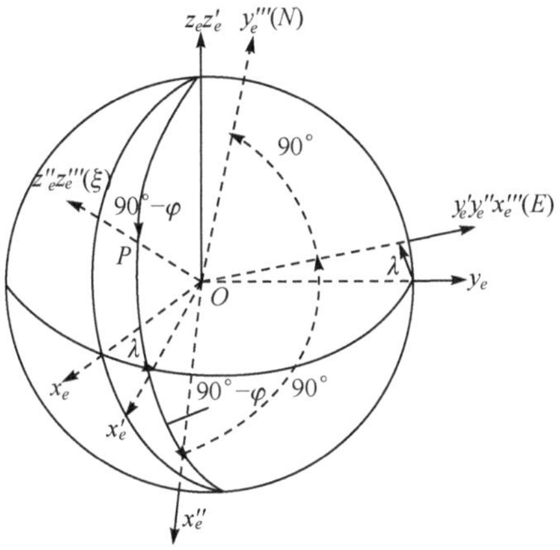

图 1.18　地球坐标系到地理坐标系的三次转动

按照与方向余弦矩阵坐标变换相同的思路，地理坐标系和地球坐标系之间的变换关系为

$$\begin{bmatrix}E\\N\\\xi\end{bmatrix}=\begin{bmatrix}0&1&0\\-1&0&0\\0&0&1\end{bmatrix}\begin{bmatrix}\cos(90°-\varphi)&0&-\sin(90°-\varphi)\\0&1&0\\\sin(90°-\varphi)&0&\cos(90°-\varphi)\end{bmatrix}\begin{bmatrix}\cos\lambda&\sin\lambda&0\\-\sin\lambda&\cos\lambda&0\\0&0&1\end{bmatrix}\begin{bmatrix}x_e\\y_e\\z_e\end{bmatrix} \tag{1.62}$$

$$=\begin{bmatrix}0&1&0\\-1&0&0\\0&0&1\end{bmatrix}\begin{bmatrix}\sin\varphi&0&-\cos\varphi\\0&1&0\\\cos\varphi&0&\sin\varphi\end{bmatrix}\begin{bmatrix}\cos\lambda&\sin\lambda&0\\-\sin\lambda&\cos\lambda&0\\0&0&1\end{bmatrix}\begin{bmatrix}x_e\\y_e\\z_e\end{bmatrix}$$

$$=\begin{bmatrix}-\sin\lambda&\cos\lambda&0\\-\sin\varphi\cos\lambda&-\sin\varphi\sin\lambda&\cos\varphi\\\cos\varphi\cos\lambda&\cos\varphi\sin\lambda&\sin\varphi\end{bmatrix}\begin{bmatrix}x_e\\y_e\\z_e\end{bmatrix}$$

用 $\boldsymbol{C}_e^n$ 表示变换矩阵，有

$$\boldsymbol{C}_e^n=\begin{bmatrix}-\sin\lambda&\cos\lambda&0\\-\sin\varphi\cos\lambda&-\sin\varphi\sin\lambda&\cos\varphi\\\cos\varphi\cos\lambda&\cos\varphi\sin\lambda&\sin\varphi\end{bmatrix}\overset{\triangle}{=}\begin{bmatrix}C_{11}&C_{12}&C_{13}\\C_{21}&C_{22}&C_{23}\\C_{31}&C_{32}&C_{33}\end{bmatrix} \tag{1.63}$$

式中，$\boldsymbol{C}_e^n$ 为地球坐标系到地理坐标系的坐标变换矩阵；C_{ij} 为变换矩阵的元素（$i=1,2,3$；$j=1,2,3$）。

如果在载体运动过程中，能随时得到变换矩阵 $\boldsymbol{C}_e^n$ 的各元素，则可以通过计算得到载体位置

$$\varphi=\arcsin(C_{33}) \tag{1.64}$$

$$\lambda_{主}=\arctan\left(\frac{C_{32}}{C_{31}}\right) \tag{1.65}$$

式中，纬度 φ 的取值范围为[$-90°,90°$]，在该区间内反正弦函数不存在多值问题；经度 λ 的范围为[$-180°,180°$]，反正切函数存在多值问题，需要进一步根据主值区间和符号确定所在的象限。

下面给出大地坐标系、空间直角坐标系的关系。大地坐标系和空间直角坐标系均是大地

测量学与导航学中常用的坐标系。大地坐标系亦称地理坐标系或椭球坐标系，是以经过椭球定位后的地球椭球作为基本参考面的一种坐标系。地面上任意一点 P' 在大地坐标系中的位置是采用大地纬度 φ、大地经度 λ 和大地高 H 三个坐标分量来表示的。

空间直角坐标系的坐标原点位于地球椭球的中心，Z 轴与地球椭球短轴（旋转轴）一致，指向北极（N）；以起始大地子午面与椭球赤道面的交线为 x 轴，指向起始子午线；y 轴垂直于 x 轴和 z 轴组成右手坐标系。空间某点的位置用三维直角坐标（X，Y，Z）来表示，如图 1.19 所示。

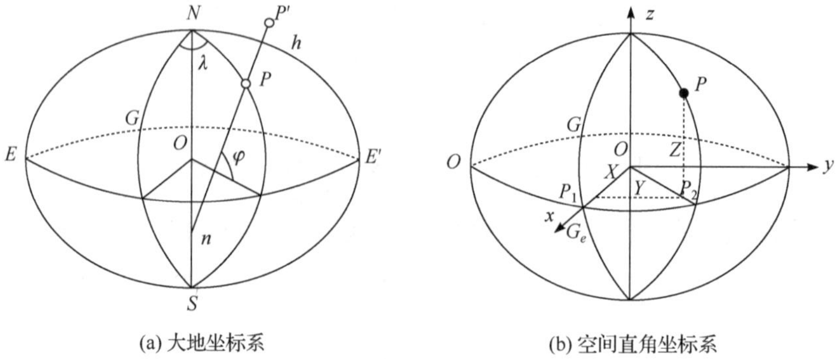

图 1.19　大地坐标系与空间直角坐标系

大地坐标系与空间直角坐标系之间存在严格的数学转换关系。已知空间任意一点的大地坐标（φ，λ，H）后，其空间直角坐标的计算公式为

$$\begin{cases} X=(R_N+h)\cos\varphi\cos\lambda \\ Y=(R_N+h)\cos\varphi\sin\lambda \\ Z=[R_N(1-e^2)+h]\sin\varphi \end{cases} \tag{1.66}$$

式中，R_N 为椭球过 P 点的卯酉圈曲率半径；e 为椭球第一偏心率。

若已知某点平面直角坐标（X，Y，Z），该点的大地坐标（φ，λ，h）的计算公式为

$$\begin{cases} \tan\varphi=\dfrac{Z+R_N e^2\sin\varphi}{\sqrt{X^2+Y^2}}=\dfrac{1}{\sqrt{X^2+Y^2}}\left(Z+\dfrac{R_e e^2\tan\varphi}{\sqrt{1+(1-e^2)\tan^2\varphi}}\right) \\ \lambda=\arctan\dfrac{Y}{X}=\arcsin\dfrac{Y}{\sqrt{X^2+Y^2}}=\arccos\dfrac{X}{\sqrt{X^2+Y^2}} \\ h=\dfrac{\sqrt{X^2+Y^2}}{\cos\varphi}-R_N \end{cases} \tag{1.67}$$

在式(1.67)中，计算纬度 φ 的等式右边也含未知参数 φ，需要采用迭代方法来加以解算。为方便起见，不妨将 $\tan\varphi$ 看成是一个待定参数，其初始值可取 $\tan\varphi_0=\dfrac{Z}{\sqrt{X^2+Y^2}}$，反复迭代直至收敛（一般需迭代 3～4 次）。

为避免迭代计算，在保证精度的情况下尽可能提高计算速度，国内外学者相继提出了不少直接计算公式，其中较著名的是 Bowring 于 1976 年给出的公式：

$$\begin{cases} u=\arctan\dfrac{R_eZ}{R_p\sqrt{X^2+Y^2}} \\ \varphi=\arctan\dfrac{Z+e'^2R_p\sin^3u}{\sqrt{X^2+Y^2}-e^2R_e\cos^3u} \end{cases} \tag{1.68}$$

式中，e'为第二偏心率。

当大地高 $h<1000\text{km}$ 时，上式的计算精度可达厘米级。

5. 载体的姿态、航向确定

载体的姿态和航向实际上就是载体坐标系和地理坐标系之间的方位关系。载体的航向、姿态角定义如图 1.20 所示。

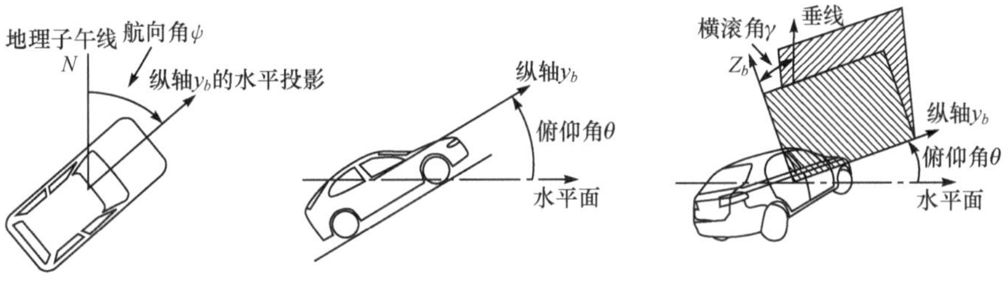

图 1.20　载体的航向、姿态角定义

不同应用领域对载体的航向、姿态角的定义不同，这里以陆用导航为例进行介绍。当载体绕方位轴转动时，载体纵轴 y_b 在水平面上的投影与地理子午线 N 的夹角称为载体的航向角，一般用 ψ 表示，它是以地理北向为起点按顺时针方向计算的，其定义域为[0°，360°]；当载体绕横向水平轴 x_b 转动时，载体纵轴 y_b 与纵向水平面之间的夹角称为载体的俯仰角，一般用 θ 表示，载体的俯仰角从纵向水平轴算起，向上抬头为正，向下低头为负，其定义域为[−90°，90°]；载体纵向对称平面（y_bz_b）与纵向铅垂平面（y_b 与 ξ 组成的平面）之间的夹角称为载体的横滚角，即载体绕纵轴 y_b 的转角，一般用 γ 表示，从铅垂平面算起，左高右低为正，其定义域为[−90°，90°]。

定义由载体坐标系到地理坐标系之间的坐标变换矩阵 $\boldsymbol{C}_b^n$ 的元素为载体姿态和航向角的函数，有时称 $\boldsymbol{C}_b^n$ 为姿态矩阵，即

$$\begin{bmatrix} x_n \\ y_n \\ z_n \end{bmatrix}=\boldsymbol{C}_b^n\begin{bmatrix} x_b \\ y_b \\ z_b \end{bmatrix} \tag{1.69}$$

$\boldsymbol{C}_b^n$满足

$$(\boldsymbol{C}_b^n)^{-1}=(\boldsymbol{C}_b^n)^{\mathrm{T}}=\boldsymbol{C}_n^b \tag{1.70}$$

所以

$$\boldsymbol{C}_b^n=\begin{bmatrix} \cos\gamma\cos\psi+\sin\gamma\sin\theta\sin\psi & \cos\theta\sin\psi & \sin\gamma\cos\psi-\cos\gamma\sin\theta\sin\psi \\ -\cos\gamma\sin\psi+\sin\gamma\sin\theta\cos\psi & \cos\theta\cos\psi & -\sin\gamma\sin\psi-\cos\gamma\sin\theta\cos\psi \\ -\sin\gamma\cos\theta & \sin\theta & \cos\gamma\cos\theta \end{bmatrix} \tag{1.71}$$

定义 C_b^n 为如下形式：

$$C_b^n=\begin{bmatrix} T_{11} & T_{12} & T_{13} \\ T_{21} & T_{22} & T_{23} \\ T_{31} & T_{32} & T_{33} \end{bmatrix} \tag{1.72}$$

如果能够获得这些元素值，则载体的姿态和航向角计算如下：

$$\psi_{主}=\arctan\left(\frac{T_{12}}{T_{22}}\right) \tag{1.73a}$$

$$\theta_{主}=\arcsin(T_{32}) \tag{1.73b}$$

$$\gamma_{主}=\arctan\left(\frac{-T_{31}}{T_{33}}\right) \tag{1.73c}$$

对于地面车辆导航系统，式(1.73)中，俯仰角 θ、横滚角 γ 定义在[−90°，90°]区间，与反正弦和反正切函数主值区间一致，不存在多值问题；航向角 ψ 定义在[0°，360°]区间，反正切函数存在多值问题，需要进一步根据主值区间和符号确定所在的象限，其真值表如表 1.2 所示。

表 1.2　航向角 ψ 的真值表

T_{22}	T_{12}	ψ
→0	+	90°
→0	−	270°
+	+	$\psi_{主}$
+	−	$360°-\psi_{主}$
−	+	$\psi_{主}-180°$
−	−	$\psi_{主}+180°$

在捷联式惯性导航系统中，需要实时计算姿态矩阵 C_b^n，再从 C_b^n 的元素中提取姿态和航向信息。姿态矩阵的实时计算是捷联式惯性导航系统的主要技术问题之一。

1.4.2　四元数表示的坐标变换

四元数的数学概念是 1843 年由哈密顿(Hamilton)首先提出的，它是代数学的内容之一。近年来，随着控制理论、惯性技术、计算技术，特别是捷联式惯性导航系统技术的发展，为了更简便地描述刚体的角运动、设计控制系统，采用了四元数这个数学工具，来弥补通常描述刚体角运动的三个欧拉参数在设计控制系统时的不足。

1. 四元数的基本概念及性质

所谓四元数，是指由 1 个实数单位 **1** 和 3 个虚数单位 $\boldsymbol{i}$、$\boldsymbol{j}$、$\boldsymbol{k}$ 组成并具有下列实元的数，即

$$\boldsymbol{q}(p_0,p_1,p_2,p_3)=p_0\cdot\boldsymbol{1}+p_1\boldsymbol{i}+p_2\boldsymbol{j}+p_3\boldsymbol{k}$$

通常省略 **1** 而写成如下形式：

$$\boldsymbol{q}(p_0,p_1,p_2,p_3)=p_0+p_1\boldsymbol{i}+p_2\boldsymbol{j}+p_3\boldsymbol{k} \tag{1.74}$$

式中，p_0、p_1、p_2、p_3 代表实数；3 个虚数单位 $\boldsymbol{i}$、$\boldsymbol{j}$、$\boldsymbol{k}$ 可看作是三维空间的单位矢量，$\boldsymbol{i}$、$\boldsymbol{j}$、$\boldsymbol{k}$ 服

从如下的运算公式

$$\boldsymbol{i}\circ\boldsymbol{i}=\boldsymbol{j}\circ\boldsymbol{j}=\boldsymbol{k}\circ\boldsymbol{k}=-1$$
$$\boldsymbol{i}\circ\boldsymbol{j}=-\boldsymbol{j}\circ\boldsymbol{i}=\boldsymbol{k}$$
$$\boldsymbol{j}\circ\boldsymbol{k}=-\boldsymbol{k}\circ\boldsymbol{j}=\boldsymbol{i}$$
$$\boldsymbol{k}\circ\boldsymbol{i}=-\boldsymbol{i}\circ\boldsymbol{k}=\boldsymbol{j}$$

式中，符号“$\circ$”表示四元数乘法，数 p_0 称为四元数 $\boldsymbol{q}$ 的标量部分，$\boldsymbol{p}=p_1\boldsymbol{i}+p_2\boldsymbol{j}+p_3\boldsymbol{k}$ 部分称为四元数 $\boldsymbol{q}$ 的矢量部分，故四元数的矢量表达式为

$$\boldsymbol{q}=p_0+\boldsymbol{p} \tag{1.75}$$

四元数的基本性质及运算规则如下。

1）四元数加、减法

$$\begin{aligned}\boldsymbol{q}\pm\boldsymbol{r}&=(p_0+p_1\boldsymbol{i}+p_2\boldsymbol{j}+p_3\boldsymbol{k})\pm(u_0+u_1\boldsymbol{i}+u_2\boldsymbol{j}+u_3\boldsymbol{k})\\&=(p_0\pm u_0)+(p_1\pm u_1)\boldsymbol{i}+(p_2\pm u_2)\boldsymbol{j}+(p_3\pm u_3)\boldsymbol{k}\end{aligned} \tag{1.76}$$

2）四元数乘法

$$a\boldsymbol{q}=ap_0+ap_1\boldsymbol{i}+ap_2\boldsymbol{j}+ap_3\boldsymbol{k} \tag{1.77}$$

式中，a 为标量。

$$\begin{aligned}\boldsymbol{q}\circ\boldsymbol{r}&=(p_0+p_1\boldsymbol{i}+p_2\boldsymbol{j}+p_3\boldsymbol{k})\circ(u_0+u_1\boldsymbol{i}+u_2\boldsymbol{j}+u_3\boldsymbol{k})\\&=(p_0u_0-p_1u_1-p_2u_2-p_3u_3)+(p_0u_1+p_1u_0+p_2u_3-p_3u_2)\boldsymbol{i}\\&\quad+(p_0u_2+p_2u_0+p_3u_1-p_1u_3)\boldsymbol{j}+(p_0u_3+p_3u_0+p_1u_2-p_2u_1)\boldsymbol{k}\\&=m_0+m_1\boldsymbol{i}+m_2\boldsymbol{j}+m_3\boldsymbol{k}\end{aligned} \tag{1.78}$$

式(1.78)写成矩阵形式

$$\begin{bmatrix}m_0\\m_1\\m_2\\m_3\end{bmatrix}=\begin{bmatrix}p_0&-p_1&-p_2&-p_3\\p_1&p_0&-p_3&p_2\\p_2&p_3&p_0&-p_1\\p_3&-p_2&p_1&p_0\end{bmatrix}\begin{bmatrix}u_0\\u_1\\u_2\\u_3\end{bmatrix}=\boldsymbol{M}(\boldsymbol{q})\boldsymbol{r} \tag{1.79}$$

或

$$\begin{bmatrix}m_0\\m_1\\m_2\\m_3\end{bmatrix}=\begin{bmatrix}u_0&-u_1&-u_2&-u_3\\u_1&u_0&u_3&-u_2\\u_2&-u_3&u_0&u_1\\u_3&u_2&-u_1&u_0\end{bmatrix}\begin{bmatrix}p_0\\p_1\\p_2\\p_3\end{bmatrix}=\boldsymbol{M}'(\boldsymbol{r})\boldsymbol{q} \tag{1.80}$$

式中，$\boldsymbol{M}(\boldsymbol{q})$的第一列为四元数 $\boldsymbol{q}$ 本身，第一行为四元数 $\boldsymbol{q}$ 的共轭四元数 $\boldsymbol{q}^*$ 的转置，除去第一行、第一列余下的部分

$$\boldsymbol{V}_q=\begin{bmatrix}p_0&-p_3&p_2\\p_3&p_0&-p_1\\-p_2&p_1&p_0\end{bmatrix} \tag{1.81}$$

称为 $\boldsymbol{M}(\boldsymbol{q})$的核，是由四元数 $\boldsymbol{q}$ 的元构成的反对称矩阵。同理，$\boldsymbol{M}'(\boldsymbol{r})$的核为

$$\boldsymbol{V}'_r=\begin{bmatrix}u_0&u_3&-u_2\\-u_3&u_0&u_1\\u_2&-u_1&u_0\end{bmatrix} \tag{1.82}$$

可见,$\boldsymbol{M}(\boldsymbol{q})$和$\boldsymbol{M}'(\boldsymbol{q})$的构成相似,但是核不同。

由式(1.79)和式(1.80)可得四元数乘法的矩阵表达形式为

$$\boldsymbol{q}\circ\boldsymbol{r}=\boldsymbol{M}(\boldsymbol{q})\boldsymbol{r}=\boldsymbol{M}'(\boldsymbol{r})\boldsymbol{q} \tag{1.83}$$

由于$\boldsymbol{M}(\boldsymbol{q})$和$\boldsymbol{M}'(\boldsymbol{q})$的核不同,所以

$$\boldsymbol{q}\circ\boldsymbol{r}=\boldsymbol{M}(\boldsymbol{q})\boldsymbol{r}\neq\boldsymbol{M}'(\boldsymbol{q})\boldsymbol{r}=\boldsymbol{r}\circ\boldsymbol{q} \tag{1.84}$$

即四元数乘法不满足交换律。

四元数的乘法满足分配律和结合律,即

$$\boldsymbol{q}\circ(\boldsymbol{r}+\boldsymbol{m})=\boldsymbol{q}\circ\boldsymbol{r}+\boldsymbol{q}\circ\boldsymbol{m} \tag{1.85}$$

$$\boldsymbol{q}\circ\boldsymbol{r}\circ\boldsymbol{m}=(\boldsymbol{q}\circ\boldsymbol{r})\circ\boldsymbol{m}=\boldsymbol{q}\circ(\boldsymbol{r}\circ\boldsymbol{m}) \tag{1.86}$$

3) 共轭四元数

两个四元数,如果矢量部分仅相差一个正负号,即$\boldsymbol{q}=(p_0,\boldsymbol{p})$和$\boldsymbol{q}^*=(p_0,-\boldsymbol{p})$,称$\boldsymbol{q}$和$\boldsymbol{q}^*$互为共轭四元数,符号$\boldsymbol{q}^*$表示$\boldsymbol{q}$的共轭四元数。

通过计算可以证明

$$(\boldsymbol{q}\circ\boldsymbol{h})^*=\boldsymbol{h}^*\circ\boldsymbol{q}^* \tag{1.87}$$

4) 四元数的范数

用符号$\|\boldsymbol{q}\|$表示四元数$\boldsymbol{q}$的范数,定义为

$$\|\boldsymbol{q}\|=\boldsymbol{q}\circ\boldsymbol{q}^*=p_0^2+p_1^2+p_2^2+p_3^2 \tag{1.88}$$

当$\|\boldsymbol{q}\|=1$时,四元数$\boldsymbol{q}$称为规范化的四元数。

5) 逆四元数

符号$\boldsymbol{q}^{-1}$表示$\boldsymbol{q}$的逆四元数,由$\|\boldsymbol{q}\|=\boldsymbol{q}\circ\boldsymbol{q}^*$,四元数的逆可以表示为

$$\boldsymbol{q}^{-1}=\frac{\boldsymbol{q}^*}{\|\boldsymbol{q}\|} \tag{1.89}$$

当$\|\boldsymbol{q}\|=1$时

$$\boldsymbol{q}^{-1}=\boldsymbol{q}^* \tag{1.90}$$

6) 四元数的除法

设两个四元数$\boldsymbol{m}$和$\boldsymbol{p}$相除之后所得的四元数$\boldsymbol{r}$,按如下形式定义。

(1) 若$\boldsymbol{r}\circ\boldsymbol{p}=\boldsymbol{m}$,则有

$$\begin{aligned}\boldsymbol{r}\circ\boldsymbol{p}\circ\boldsymbol{p}^{-1}&=\boldsymbol{m}\circ\boldsymbol{p}^{-1}\\ \boldsymbol{r}&=\boldsymbol{m}\circ\boldsymbol{p}^{-1}\end{aligned} \tag{1.91}$$

(2) 若$\boldsymbol{p}\circ\boldsymbol{r}=\boldsymbol{m}$,则有

$$\begin{aligned}\boldsymbol{p}^{-1}\circ\boldsymbol{p}\circ\boldsymbol{r}&=\boldsymbol{p}^{-1}\circ\boldsymbol{m}\\ \boldsymbol{r}&=\boldsymbol{p}^{-1}\circ\boldsymbol{m}\end{aligned} \tag{1.92}$$

2. 矢量坐标变换的四元数描述

在惯性导航系统中,常常遇到矢量坐标变换问题。矢量的坐标变换通常有两种情况,即固定矢量坐标变换和旋转矢量坐标变换。固定矢量坐标变换是一个在空间大小和方向都不变的矢量在两个不同方位坐标系的轴向分量之间的变换关系,也就是同一矢量在两个不同坐标系轴向投影之间的变换关系。旋转矢量坐标变换指一个矢量大小不变,但是在方向上转动了一个位置,这个矢量转动前和转动后在同一个坐标系轴向分量之间的变换关系。

四元数可以描述一个坐标系或一个矢量相对于某一坐标系的旋转，假定某矢量绕通过点 O 的某一轴转动了一个角度 θ，则与该矢量固联的动坐标系和参考坐标系之间的变换四元数为

$$
\begin{aligned}
\boldsymbol{q} &= \cos\frac{\theta}{2} + \boldsymbol{n}\sin\frac{\theta}{2} \\
&= \cos\frac{\theta}{2} + \sin\frac{\theta}{2}\cos\alpha\boldsymbol{i} + \sin\frac{\theta}{2}\cos\beta\boldsymbol{j} + \sin\frac{\theta}{2}\cos\gamma\boldsymbol{k}
\end{aligned} \tag{1.93}
$$

式中，θ 为实数；$\boldsymbol{n}$ 为转轴方向的单位矢量。通常称式(1.93)为四元数 $\boldsymbol{q}$ 的三角形式，也称为特征四元数，其范数为 $\|\boldsymbol{q}\|=1$。在导航应用中，一般所应用的四元数均为特征四元数。四元数的标量部分 $\cos\dfrac{\theta}{2}$ 表示了转角一半的余弦值，而其矢量部分则表示瞬时转动轴 $\boldsymbol{n}$ 的方向，$\cos\alpha$、$\cos\beta$、$\cos\gamma$ 是瞬时转动轴 $\boldsymbol{n}$ 与参考坐标系轴间的方向余弦值。因此，一个四元数既表示了转轴的方向，又表示了转角的大小，往往称其为转动四元数。

一个矢量 $\boldsymbol{R}$ 在参考坐标系的轴向分量表达形式为

$$\boldsymbol{R}=p_1\boldsymbol{i}+p_2\boldsymbol{j}+p_3\boldsymbol{k}$$

式中，p_1、p_2、p_3 为 $\boldsymbol{R}$ 在参考坐标系轴向的分量，用 p_1、p_2、p_3 把 $\boldsymbol{R}$ 写成四元数形式，即

$$\boldsymbol{r}=0+p_1\boldsymbol{i}+p_2\boldsymbol{j}+p_3\boldsymbol{k}=0+\boldsymbol{R} \tag{1.94}$$

称 $\boldsymbol{r}$ 为矢量 $\boldsymbol{R}$ 在参考坐标系上的四元数映像。

如图 1.21 所示的矢量旋转示意图。矢量 $\boldsymbol{R}$ 转动后用 $\boldsymbol{R}'$ 表示，则 $\boldsymbol{R}'$ 和 $\boldsymbol{R}$ 的关系可由四元数来描述，即

$$\boldsymbol{R}'=\boldsymbol{q}\circ\boldsymbol{R}\circ\boldsymbol{q}^* \tag{1.95}$$

或

$$\boldsymbol{R}=\boldsymbol{q}^*\circ\boldsymbol{R}'\circ\boldsymbol{q} \tag{1.96}$$

式(1.95)和式(1.96)即为旋转矢量坐标变换的四元数描述，对于固定矢量坐标变换的四元数描述和方向余弦矩阵描述之间有如下对应关系：

$$\boldsymbol{R}^b=\boldsymbol{C}_n^b\boldsymbol{R}^n \Longleftrightarrow \boldsymbol{r}^b=\boldsymbol{q}^*\circ\boldsymbol{r}^n\circ\boldsymbol{q} \tag{1.97}$$

$$\boldsymbol{R}^n=(\boldsymbol{C}_n^b)^{\mathrm{T}}\boldsymbol{R}^b \Longleftrightarrow \boldsymbol{r}^n=\boldsymbol{q}\circ\boldsymbol{r}^b\circ\boldsymbol{q}^* \tag{1.98}$$

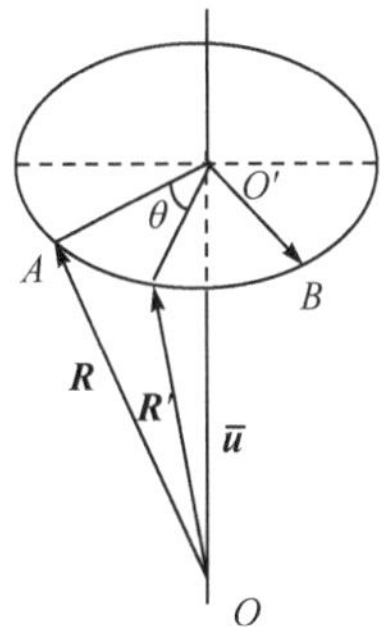

图 1.21　矢量旋转示意图

把固定矢量的坐标变换式(1.97)写成四元数矩阵的形式，有

$$\boldsymbol{q}(\boldsymbol{R}^b)=\boldsymbol{M}(\boldsymbol{q}^*)\boldsymbol{M}^*(\boldsymbol{q})\boldsymbol{q}(\boldsymbol{R}^n) \tag{1.99}$$

式中

$$\boldsymbol{q}(\boldsymbol{R}^b)=[0\quad x_b\quad y_b\quad z_b]^{\mathrm{T}}$$

$$\boldsymbol{q}(\boldsymbol{R}^n)=[0\quad x_n\quad y_n\quad z_n]^{\mathrm{T}}$$

$$\boldsymbol{M}(\boldsymbol{q}^*)=\begin{bmatrix} p_0 & p_1 & p_2 & p_3 \\ -p_1 & p_0 & p_3 & -p_2 \\ -p_2 & -p_3 & p_0 & p_1 \\ -p_3 & p_2 & -p_1 & p_0 \end{bmatrix}$$

$$M^*(q)=\begin{bmatrix} p_0 & -p_1 & -p_2 & -p_3 \\ p_1 & p_0 & p_3 & -p_2 \\ p_2 & -p_3 & p_0 & p_1 \\ p_3 & p_2 & -p_1 & p_0 \end{bmatrix}$$

故式(1.99)可以进一步表示为

$$\begin{bmatrix} 0 \\ x_b \\ y_b \\ z_b \end{bmatrix}=\begin{bmatrix} p_0 & p_1 & p_2 & p_3 \\ -p_1 & p_0 & p_3 & -p_2 \\ -p_2 & -p_3 & p_0 & p_1 \\ -p_3 & p_2 & -p_1 & p_0 \end{bmatrix}\begin{bmatrix} p_0 & -p_1 & -p_2 & -p_3 \\ p_1 & p_0 & p_3 & -p_2 \\ p_2 & -p_3 & p_0 & p_1 \\ p_3 & p_2 & -p_1 & p_0 \end{bmatrix}\begin{bmatrix} 0 \\ x_n \\ y_n \\ z_n \end{bmatrix}$$

$$=\begin{bmatrix} p_0^2+p_1^2+p_2^2+p_3^2 & 0 & 0 & 0 \\ 0 & p_0^2+p_1^2-p_2^2-p_3^2 & 2(p_0p_3+p_1p_2) & 2(p_1p_3+p_0p_2) \\ 0 & 2(p_1p_2-p_0p_3) & p_0^2-p_1^2+p_2^2-p_3^2 & 2(p_2p_3+p_0p_1) \\ 0 & 2(p_1p_3+p_0p_2) & 2(p_2p_3-p_0p_1) & p_0^2-p_1^2-p_2^2+p_3^2 \end{bmatrix}\begin{bmatrix} 0 \\ x_n \\ y_n \\ z_n \end{bmatrix}$$

去掉第一行和第一列,得

$$\begin{bmatrix} x_b \\ y_b \\ z_b \end{bmatrix}=\begin{bmatrix} p_0^2+p_1^2-p_2^2-p_3^2 & 2(p_0p_3+p_1p_2) & 2(p_1p_3+p_0p_2) \\ 2(p_1p_2-p_0p_3) & p_0^2-p_1^2+p_2^2-p_3^2 & 2(p_2p_3+p_0p_1) \\ 2(p_1p_3+p_0p_2) & 2(p_2p_3-p_0p_1) & p_0^2-p_1^2-p_2^2+p_3^2 \end{bmatrix}\begin{bmatrix} x_n \\ y_n \\ z_n \end{bmatrix} \tag{1.100}$$

由方向余弦矩阵表示的坐标变换为

$$\begin{bmatrix} x_b \\ y_b \\ z_b \end{bmatrix}=\begin{bmatrix} T_{11} & T_{12} & T_{13} \\ T_{21} & T_{22} & T_{23} \\ T_{31} & T_{32} & T_{33} \end{bmatrix}^{\mathrm{T}}\begin{bmatrix} x_n \\ y_n \\ z_n \end{bmatrix} \tag{1.101}$$

两者比较,可得其元素的对应关系为

$$p_0=\pm\frac{1}{2}\sqrt{1+T_{11}+T_{22}+T_{33}} \tag{1.102a}$$

$$p_1=\pm\frac{1}{2}\sqrt{1+T_{11}-T_{22}-T_{33}} \tag{1.102b}$$

$$p_2=\pm\frac{1}{2}\sqrt{1-T_{11}+T_{22}-T_{33}} \tag{1.102c}$$

$$p_3=\pm\frac{1}{2}\sqrt{1-T_{11}-T_{22}+T_{33}} \tag{1.102d}$$

考虑到式(1.100)和式(1.101)相对对角线对称的诸元素之差,有

$$4p_0p_1=T_{32}-T_{23}$$

$$4p_0p_2=T_{13}-T_{31}$$

$$4p_0p_3=T_{21}-T_{12}$$

所以式(1.102)中 p_0、p_1、p_2、p_3 的符号可以按下式确定:

$$\operatorname{sgn}(p_1)=\operatorname{sgn}(p_0)\operatorname{sgn}(T_{32}-T_{23})$$

$$\mathrm{sgn}(p_2)=\mathrm{sgn}(p_0)\mathrm{sgn}(T_{13}-T_{31})$$

$$\mathrm{sgn}(p_3)=\mathrm{sgn}(p_0)\mathrm{sgn}(T_{21}-T_{12})$$

式中，$\mathrm{sgn}(p_0)$可任选。

当采用四元数矩阵微分方程求解姿态角和航向角时，由四元数微分方程求解得到四元数的四个分量后，根据式(1.101)及式(1.73)，可求得相应的θ、γ 和ψ 值。

如果已知三个欧拉角，则相应的变换四元数为

$$p_0=\cos\frac{\psi}{2}\cos\frac{\theta}{2}\cos\frac{\gamma}{2}+\sin\frac{\psi}{2}\sin\frac{\theta}{2}\sin\frac{\gamma}{2} \tag{1.103a}$$

$$p_1=\cos\frac{\psi}{2}\cos\frac{\theta}{2}\sin\frac{\gamma}{2}-\sin\frac{\psi}{2}\sin\frac{\theta}{2}\cos\frac{\gamma}{2} \tag{1.103b}$$

$$p_2=\cos\frac{\psi}{2}\sin\frac{\theta}{2}\cos\frac{\gamma}{2}+\sin\frac{\psi}{2}\cos\frac{\theta}{2}\sin\frac{\gamma}{2} \tag{1.103c}$$

$$p_3=\sin\frac{\psi}{2}\cos\frac{\theta}{2}\cos\frac{\gamma}{2}-\cos\frac{\psi}{2}\sin\frac{\theta}{2}\sin\frac{\gamma}{2} \tag{1.103d}$$

1.5 哥氏定理

哥氏定理用于描述一般的空间自由质点相对不同的参考坐标系的速度和加速度特性，即体现了绝对变化率与相对变化率之间的关系。

如图 1.22 所示，P 点相对坐标系$Ox_ny_nz_n$(简称为坐标系 n)的位置向量用$\boldsymbol{R}_n$ 表示为

$$\boldsymbol{R}_n=R_{nx}\boldsymbol{i}_n+R_{ny}\boldsymbol{j}_n+R_{nz}\boldsymbol{k}_n \tag{1.104}$$

式中，$\boldsymbol{R}_n=[R_{nx}\quad R_{ny}\quad R_{nz}]^{\mathrm{T}}$；$\boldsymbol{i}_n$、$\boldsymbol{j}_n$、$\boldsymbol{k}_n$ 是相应的单位向量。

因此，P 点相对坐标系 n 的速度和加速度向量可以通过对式(1.104)相对时间求导数得到

$$\boldsymbol{v}_n=\left.\frac{\mathrm{d}\boldsymbol{R}_n}{\mathrm{d}t}\right|_n=\frac{\mathrm{d}R_{nx}}{\mathrm{d}t}\boldsymbol{i}_n+\frac{\mathrm{d}R_{ny}}{\mathrm{d}t}\boldsymbol{j}_n+\frac{\mathrm{d}R_{nz}}{\mathrm{d}t}\boldsymbol{k}_n \tag{1.105}$$

$$\boldsymbol{a}_n=\left.\frac{\mathrm{d}^2\boldsymbol{R}_n}{\mathrm{d}t^2}\right|_n=\frac{\mathrm{d}^2R_{nx}}{\mathrm{d}t^2}\boldsymbol{i}_n+\frac{\mathrm{d}^2R_{ny}}{\mathrm{d}t^2}\boldsymbol{j}_n+\frac{\mathrm{d}^2R_{nz}}{\mathrm{d}t^2}\boldsymbol{k}_n \tag{1.106}$$

这里需要注意一个细节，式中微分符号的右下标 n 表示该导数是相对坐标系 n 的。

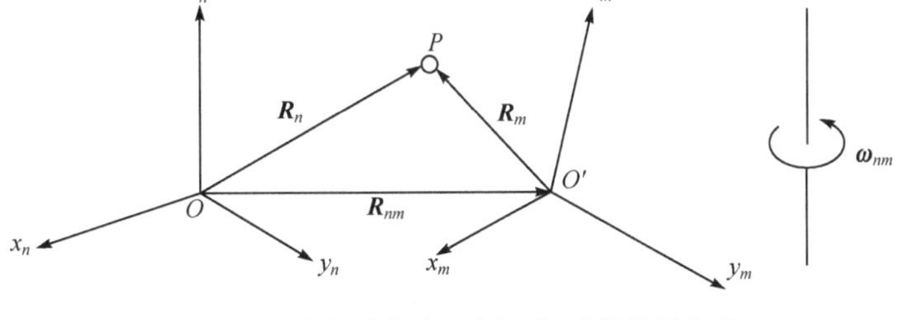

图 1.22　自由质点在不同坐标系的位置矢量

同理，可以列出动点 P 相对坐标系$O'x_my_mz_m$(坐标系 m)的位置矢量$\boldsymbol{R}_m$、速度向量$\boldsymbol{v}_m$ 和

加速度矢量 $\boldsymbol{a}_m$，分别表示如下

$$\boldsymbol{R}_m = R_{mx}\boldsymbol{i}_m + R_{my}\boldsymbol{j}_m + R_{mz}\boldsymbol{k}_m \tag{1.107}$$

$$\boldsymbol{v}_m = \left.\frac{\mathrm{d}\boldsymbol{R}_m}{\mathrm{d}t}\right|_m = \frac{\mathrm{d}R_{mx}}{\mathrm{d}t}\boldsymbol{i}_m + \frac{\mathrm{d}R_{my}}{\mathrm{d}t}\boldsymbol{j}_m + \frac{\mathrm{d}R_{mz}}{\mathrm{d}t}\boldsymbol{k}_m \tag{1.108}$$

$$\boldsymbol{a}_m = \left.\frac{\mathrm{d}^2\boldsymbol{R}_m}{\mathrm{d}t^2}\right|_m = \frac{\mathrm{d}^2 R_{mx}}{\mathrm{d}t^2}\boldsymbol{i}_m + \frac{\mathrm{d}^2 R_{my}}{\mathrm{d}t^2}\boldsymbol{j}_m + \frac{\mathrm{d}^2 R_{mz}}{\mathrm{d}t^2}\boldsymbol{k}_m \tag{1.109}$$

如果坐标系 n 和坐标系 m 之间没有相对运动，那么 $\boldsymbol{a}_n$ 和 $\boldsymbol{a}_m$、$\boldsymbol{v}_n$ 和 $\boldsymbol{v}_m$ 是完全一致的。如果存在相对运动，就会出现不同的情况。若用 $\boldsymbol{R}_{nm}$ 表示坐标系 m 的原点 O' 在坐标系 n 上的位置向量，用 $\boldsymbol{\omega}_{nm}$ 表示坐标系 m 相对坐标系 n 的转动角速度，则根据图 1.22 所示的几何关系，有

$$\boldsymbol{R}_n = \boldsymbol{R}_{nm} + \boldsymbol{R}_m \tag{1.110}$$

将式(1.110)两边同时对坐标系 n 取关于时间的导数，有

$$\left.\frac{\mathrm{d}\boldsymbol{R}_n}{\mathrm{d}t}\right|_n = \left.\frac{\mathrm{d}\boldsymbol{R}_{nm}}{\mathrm{d}t}\right|_n + \left.\frac{\mathrm{d}\boldsymbol{R}_m}{\mathrm{d}t}\right|_n \tag{1.111}$$

不难看出，如果两个坐标系之间存在相对运动，那么式(1.111)右边第一项表示两个坐标系之间的相对移动速度，第二项可以写成

$$\left.\frac{\mathrm{d}\boldsymbol{R}_m}{\mathrm{d}t}\right|_n = \left.\frac{\mathrm{d}}{\mathrm{d}t}\right|_n (R_{mx}\boldsymbol{i}_m + R_{my}\boldsymbol{j}_m + R_{mz}\boldsymbol{k}_m) \tag{1.112}$$

注意到由于 $\boldsymbol{\omega}_{nm}$ 的存在，单位向量 $\boldsymbol{i}_m$、$\boldsymbol{j}_m$、$\boldsymbol{k}_m$ 的方向相对坐标系 n 是随时间变化的，所以上式可以进一步写成

$$\left.\frac{\mathrm{d}\boldsymbol{R}_m}{\mathrm{d}t}\right|_n = \frac{\mathrm{d}R_{mx}}{\mathrm{d}t}\boldsymbol{i}_m + \frac{\mathrm{d}R_{my}}{\mathrm{d}t}\boldsymbol{j}_m + \frac{\mathrm{d}R_{mz}}{\mathrm{d}t}\boldsymbol{k}_m + R_{mx}\frac{\mathrm{d}\boldsymbol{i}_m}{\mathrm{d}t} + R_{my}\frac{\mathrm{d}\boldsymbol{j}_m}{\mathrm{d}t} + R_{mz}\frac{\mathrm{d}\boldsymbol{k}_m}{\mathrm{d}t} \tag{1.113}$$

等式右边前三项在形式上可以看成是坐标系 m 相对坐标系 n 无转动而只是向量 $\boldsymbol{R}_m$ 的大小变化的情况下，$\boldsymbol{R}_m$ 相对坐标系 n 的导数 $\left.\frac{\mathrm{d}\boldsymbol{R}_m}{\mathrm{d}t}\right|_m$；后三项则仅仅是由于坐标系 m 的方向变化引起的，根据绕定点转动刚体上一点的速度向量表示式(其中 $\boldsymbol{R}$ 是刚体上点的瞬时位置矢量，$\boldsymbol{\omega}$ 是刚体绕定点转动的角速度)

$$\boldsymbol{v} = \boldsymbol{\omega} \times \boldsymbol{R}$$

有

$$\frac{\mathrm{d}\boldsymbol{i}_m}{\mathrm{d}t} = \boldsymbol{\omega}_{nm} \times \boldsymbol{i}_m \tag{1.114a}$$

$$\frac{\mathrm{d}\boldsymbol{j}_m}{\mathrm{d}t} = \boldsymbol{\omega}_{nm} \times \boldsymbol{j}_m \tag{1.114b}$$

$$\frac{\mathrm{d}\boldsymbol{k}_m}{\mathrm{d}t} = \boldsymbol{\omega}_{nm} \times \boldsymbol{k}_m \tag{1.114c}$$

将式(1.114)代入式(1.113)，有

$$\begin{aligned}\left.\frac{\mathrm{d}\boldsymbol{R}_m}{\mathrm{d}t}\right|_n &= \left.\frac{\mathrm{d}\boldsymbol{R}_m}{\mathrm{d}t}\right|_m + R_{mx}(\boldsymbol{\omega}_{nm} \times \boldsymbol{i}_m) + R_{my}(\boldsymbol{\omega}_{nm} \times \boldsymbol{j}_m) + R_{mz}(\boldsymbol{\omega}_{nm} \times \boldsymbol{k}_m) \\ &= \left.\frac{\mathrm{d}\boldsymbol{R}_m}{\mathrm{d}t}\right|_m + \boldsymbol{\omega}_{nm} \times (R_{mx}\boldsymbol{i}_m + R_{my}\boldsymbol{j}_m + R_{mz}\boldsymbol{k}_m)\end{aligned}$$

$$=\left.\frac{\mathrm{d}\boldsymbol{R}_m}{\mathrm{d}t}\right|_m+\boldsymbol{\omega}_{nm}\times\boldsymbol{R}_m \tag{1.115}$$

式(1.115)就是向量形式的哥氏定理。该定理表明了同一个向量相对两个不同参考坐标系关于时间的导数之间的关系。只有当两个参考坐标系之间没有相对转动，即 $\boldsymbol{\omega}_{nm}=0$ 时，二者才相等。有时将式(1.115)左边称为绝对导数，右边第 1 项称为相对导数。

将式(1.115)代入式(1.111)，有

$$\left.\frac{\mathrm{d}\boldsymbol{R}_n}{\mathrm{d}t}\right|_n=\left.\frac{\mathrm{d}\boldsymbol{R}_m}{\mathrm{d}t}\right|_m+\left.\frac{\mathrm{d}\boldsymbol{R}_{nm}}{\mathrm{d}t}\right|_n+\boldsymbol{\omega}_{nm}\times\boldsymbol{R}_m \tag{1.116}$$

式(1.116)的物理意义如下：

(1) 等式左边表示动点 P 相对坐标系 n 的速度。在 n 固定不动的情况下，就是动点 P 的绝对速度。

(2) 等式右边第 1 项是动点 P 相对坐标系 m 的速度，即相对速度。

(3) 等式右边第 2 项表示坐标系 m 的原点 O' 相对坐标系 n 的速度，实际上代表了坐标系 m 相对于坐标系 n 的移动速度。

(4) 等式右边第 3 项是由于坐标系 m 相对于坐标系 n 的相对转动引起的动点 P 在坐标系 m 上重合点的速度。第 2、3 项合在一起即是牵连速度。

综上分析，式(1.116)就是理论力学中的速度合成公式，即绝对速度等于相对速度与牵连速度的向量和。

若将式(1.116)对时间再取一次导数，则可以得到加速度之间的向量合成关系

$$\left.\frac{\mathrm{d}^2\boldsymbol{R}_n}{\mathrm{d}t^2}\right|_n=\left.\frac{\mathrm{d}^2\boldsymbol{R}_{nm}}{\mathrm{d}t^2}\right|_n+\left.\frac{\mathrm{d}}{\mathrm{d}t}\right|_n\left(\left.\frac{\mathrm{d}\boldsymbol{R}_m}{\mathrm{d}t}\right|_m\right)+\left.\frac{\mathrm{d}}{\mathrm{d}t}\right|_n(\boldsymbol{\omega}_{nm}\times\boldsymbol{R}_m) \tag{1.117}$$

对式(1.117)右边第 2、3 项分别应用哥氏定理，有

$$\left.\frac{\mathrm{d}}{\mathrm{d}t}\right|_n\left(\left.\frac{\mathrm{d}\boldsymbol{R}_m}{\mathrm{d}t}\right|_m\right)=\left.\frac{\mathrm{d}^2\boldsymbol{R}_m}{\mathrm{d}t^2}\right|_m+\boldsymbol{\omega}_{nm}\times\left.\frac{\mathrm{d}\boldsymbol{R}_m}{\mathrm{d}t}\right|_m$$

$$\begin{aligned}\left.\frac{\mathrm{d}}{\mathrm{d}t}\right|_n(\boldsymbol{\omega}_{nm}\times\boldsymbol{R}_m)&=\left.\frac{\mathrm{d}}{\mathrm{d}t}\right|_m(\boldsymbol{\omega}_{nm}\times\boldsymbol{R}_m)+\boldsymbol{\omega}_{nm}\times(\boldsymbol{\omega}_{nm}\times\boldsymbol{R}_m)\\&=\left.\frac{\mathrm{d}\boldsymbol{\omega}_{nm}}{\mathrm{d}t}\right|_m\times\boldsymbol{R}_m+\boldsymbol{\omega}_{nm}\times\left.\frac{\mathrm{d}\boldsymbol{R}_m}{\mathrm{d}t}\right|_m+\boldsymbol{\omega}_{nm}\times(\boldsymbol{\omega}_{nm}\times\boldsymbol{R}_m)\end{aligned}$$

注意到

$$\left.\frac{\mathrm{d}\boldsymbol{\omega}_{nm}}{\mathrm{d}t}\right|_n=\left.\frac{\mathrm{d}\boldsymbol{\omega}_{nm}}{\mathrm{d}t}\right|_m+\boldsymbol{\omega}_{nm}\times\boldsymbol{\omega}_{nm}$$

根据向量叉乘定义，显然有 $\boldsymbol{\omega}_{nm}\times\boldsymbol{\omega}_{nm}=\mathbf{0}$，所以

$$\left.\frac{\mathrm{d}\boldsymbol{\omega}_{nm}}{\mathrm{d}t}\right|_n=\left.\frac{\mathrm{d}\boldsymbol{\omega}_{nm}}{\mathrm{d}t}\right|_m=\frac{\mathrm{d}\boldsymbol{\omega}_{nm}}{\mathrm{d}t}$$

将以上各式代入式(1.117)，有

$$\left.\frac{\mathrm{d}^2\boldsymbol{R}_n}{\mathrm{d}t^2}\right|_n=\left.\frac{\mathrm{d}^2\boldsymbol{R}_m}{\mathrm{d}t^2}\right|_m+2\boldsymbol{\omega}_{nm}\times\left.\frac{\mathrm{d}\boldsymbol{R}_m}{\mathrm{d}t}\right|_m+\left.\frac{\mathrm{d}^2\boldsymbol{R}_{nm}}{\mathrm{d}t^2}\right|_n+\frac{\mathrm{d}\boldsymbol{\omega}_{nm}}{\mathrm{d}t}\times\boldsymbol{R}_m+\boldsymbol{\omega}_{nm}\times(\boldsymbol{\omega}_{nm}\times\boldsymbol{R}_m) \tag{1.118}$$

式(1.118)就是加速度向量合成公式,又称加速度合成定理。同样,在坐标系 n 固定不动的情况下,等式左边即为动点 P 的绝对加速度;等式右边第 1 项为相对加速度,第 2 项为哥氏加速度,第 3～5 项为牵连加速度。根据上面的推导过程需要强调的是,当表示动点的速度和加速度向量时,必须指明是相对哪一个坐标系取导数,即说明是相对于哪一个坐标系的速度和加速度。

将上述关系用于惯性坐标系 i 和地球坐标系 e,对研究地球表面附近的运动体的导航问题具有重要意义。惯性坐标系 i 是以地心为原点,相对惯性空间不动的坐标系,地球坐标系的原点也在地心,但是随地球一起转动。因此,地球坐标系 e 相对惯性坐标系 i 的相对转动角速度即为地球自转角速度 $\boldsymbol{\omega}_{ie}$。由于原点重合,所以图 1.22 中 $\boldsymbol{R}_{mn}=0$。如果用 $\boldsymbol{R}_e$ 表示地球附近任意一动点 P 相对地心的位置向量,那么 P 点相对惯性空间的速度和加速度向量为

$$\left.\frac{\mathrm{d}\boldsymbol{R}_e}{\mathrm{d}t}\right|_i=\left.\frac{\mathrm{d}\boldsymbol{R}_e}{\mathrm{d}t}\right|_e+\boldsymbol{\omega}_{ie}\times\boldsymbol{R}_e \tag{1.119}$$

$$\left.\frac{\mathrm{d}^2\boldsymbol{R}_e}{\mathrm{d}t^2}\right|_i=\left.\frac{\mathrm{d}^2\boldsymbol{R}_e}{\mathrm{d}t^2}\right|_e+2\boldsymbol{\omega}_{ie}\times\left.\frac{\mathrm{d}\boldsymbol{R}_e}{\mathrm{d}t}\right|_e+\boldsymbol{\omega}_{ie}\times(\boldsymbol{\omega}_{ie}\times\boldsymbol{R}_e) \tag{1.120}$$

思 考 题

1. 简述惯性导航的基本原理。
2. 一般惯性导航系统由哪几部分组成?平台式惯性导航系统和捷联式惯性导航系统有何区别?
3. 惯性导航与哪些地球参考椭球参数相关?
4. 为什么要建立参考坐标系?研究惯性导航系统常用的坐标系有哪些?
5. 姿态矩阵在捷联式惯性导航系统中的作用如何?
6. 哥氏定理表明了同一个向量相对两个不同参考坐标系关于时间的导数之间的关系。试推导式(1.116)的速度合成公式。

第 2 章　机械转子式陀螺仪

2.1　机械转子式陀螺仪力学基础

2.1.1　牛顿定律

牛顿定律是英国伟大的科学家艾萨克·牛顿(Isaac Newton)1687 年在其论文《自然哲学的数学原理》中提出的，该定律建立了经典力学的基本框架，也为惯性技术奠定了力学基础。

牛顿第一定律可描述为：任何物体都保持其静止或匀速直线运动状态，直到有作用在物体上的外力迫使它改变这种状态为止。

牛顿第二定律可描述为：物体的加速度跟物体所受的合外力成正比，跟物体的质量成反比，加速度的方向跟合外力的方向相同，用公式表示为

$$\boldsymbol{F}=m\boldsymbol{a} \tag{2.1}$$

式中，$\boldsymbol{F}$ 为外作用力；m 为物体的质量；$\boldsymbol{a}$ 为物体产生的加速度。

牛顿第三定律可描述为：两个物体之间的相互作用力总是大小相等而方向相反，作用力和反作用力同时存在，即

$$\boldsymbol{F}_1=-\boldsymbol{F}_2 \tag{2.2}$$

从以上牛顿三定律可以看出，加速度的大小和方向可以表征运动体的运动状态。惯性导航就是通过加速度计来测定运动体的加速度，进而通过积分运算确定其运动速度和运动距离的方法，当然，具体处理上还要考虑到运动体的角运动。

2.1.2　刚体的定点转动

所谓的刚体是指这样的物体：在力的作用下，其内部任意两点之间的距离始终保持不变。这是一个比较理想化的力学模型，在实际中，物体在力的作用下，都会产生不同程度的变形，如果这些微小的变形对于所研究的问题不起主要作用时，可以略去不计，简化问题的研究。对于机械转子式陀螺仪而言，陀螺转子可视为刚体。

1. 刚体绕定点运动的运动学描述

刚体的简单运动可以分为平动和转动两类。如果在刚体内任取一直线，在运动过程中这条直线始终关于它的最初位置平行，这种运动称为平行移动，简称平动。在生活中平动的例子很多，如荡起的秋千、起重机吊举重物等。对于刚体的平动，有如下结论：当刚体平行移动时，其上各点的轨迹形状相同；在每一瞬时，各点的速度相同，加速度也相同。因此，研究刚体的平动，可以归结为研究刚体内任一点(如重心)的运动。

刚体在运动时，若其上有两点保持不动，则这种运动称为刚体绕定轴转动；刚体运动时，若体内或其外延部分上有一点在空间的位置保持不变，则这种运动称为刚体绕定点运动。如图

2.1 所示，磨盘、陀螺转子的运动都是刚体绕定点运动的实例。刚体定点转动其转轴是可变的，存在一个瞬时转轴，当定轴转动时，瞬时转轴是固定不动的，所以定轴转动是定点转动的一个特例。实际的刚体运动可以看成是平动和转动的合成运动。

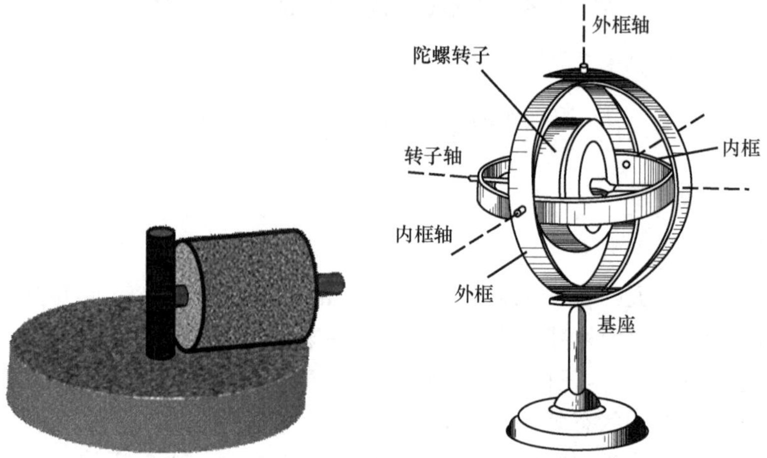

(a) 磨盘　　　　(b) 陀螺转子

图 2.1　刚体绕定点运动的实例

欧拉定理　绕定点运动的刚体，从某一位置到另一位置的任何位移，可以绕通过定点的某一轴转动一次而实现。

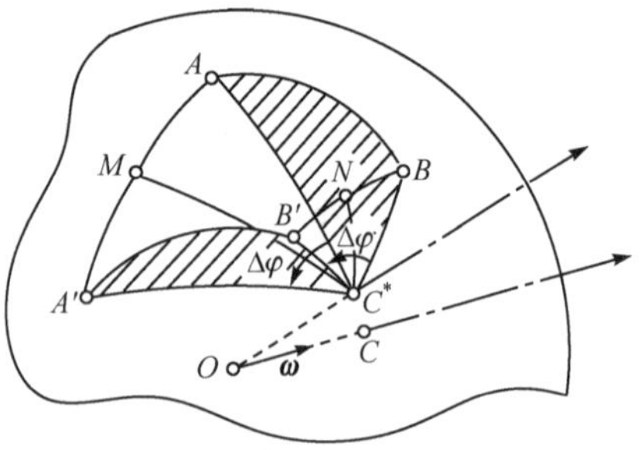

图 2.2　刚体定点转动的瞬时轴

欧拉定理的具体证明见参考文献(哈尔滨工业大学理论力学教研室，2002)。由欧拉定理可知，绕定点运动的刚体任一位移都可视为绕某一轴 OC^* 的转动位移。设经过时间 Δt，此转动角位移为 $\Delta\varphi$。当 Δt 减小时，$\Delta\varphi$ 随之减小，轴 OC^* 的位置也随着改变。当 Δt 趋近于零时，$\Delta\varphi$ 也趋近于零，轴 OC^* 趋近于某一极限位置 OC，如图 2.2 所示。轴 OC 称为该瞬时的瞬时转动轴。刚体在不同的瞬时，瞬时转动轴的位置也不同。刚体绕定点的运动可以看成为顺次绕通过定点 O 的一系列瞬时转动轴做一系列转动。

由于瞬时转动轴在空间的方位是不断变化的，所以角速度应理解为矢量，以 $\boldsymbol{\omega}$ 表示，其大小为

$$|\boldsymbol{\omega}|=\lim_{\Delta t\to 0}\frac{\Delta\varphi}{\Delta t} \tag{2.3}$$

$\boldsymbol{\omega}$ 矢量沿瞬时转动轴的指向符合右手法则，如图 2.2 所示。

由于瞬时转动轴的位置随时间 t 而改变，因而角速度矢量 $\boldsymbol{\omega}$ 的大小和方向都随时间变化。角速度矢量对时间的一阶导数，称为刚体绕定点运动的角加速度，用 $\boldsymbol{\alpha}$ 表示

$$\boldsymbol{\alpha}=\lim_{\Delta t\to 0}\frac{\Delta\boldsymbol{\omega}}{\Delta t}=\frac{\mathrm{d}\boldsymbol{\omega}}{\mathrm{d}t} \tag{2.4}$$

显然，角加速度矢量 $\boldsymbol{\alpha}$ 也是一个矢量，它的方向沿着角速度矢量 $\boldsymbol{\omega}$ 矢端曲线的切线，如图 2.3

所示。一般情况下，$\boldsymbol{\alpha}$ 与 $\boldsymbol{\omega}$ 不共线，这一点与刚体的定轴转动是不同的。

刚体上各点的速度和加速度可以表述如下。设刚体绕定点 O 转动，如图 2.4 所示，瞬时角速度和角加速度分别为 $\boldsymbol{\omega}$ 和 $\boldsymbol{\alpha}$。刚体内任意一点 M 的矢径为 $\boldsymbol{r}$，它到 $\boldsymbol{\omega}$ 和 $\boldsymbol{\alpha}$ 的垂线距离分别为 h_1 和 h_2，则点 M 的速度为

$$\boldsymbol{v}=\boldsymbol{\omega}\times\boldsymbol{r} \tag{2.5}$$

它的大小为 ωh_1，方向如图 2.4 所示。

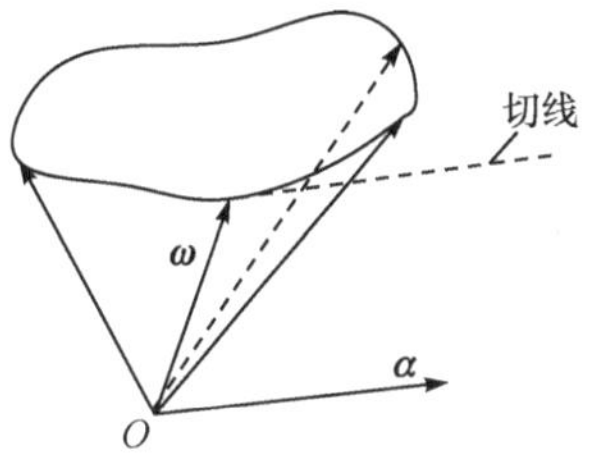

图 2.3　角加速度矢量

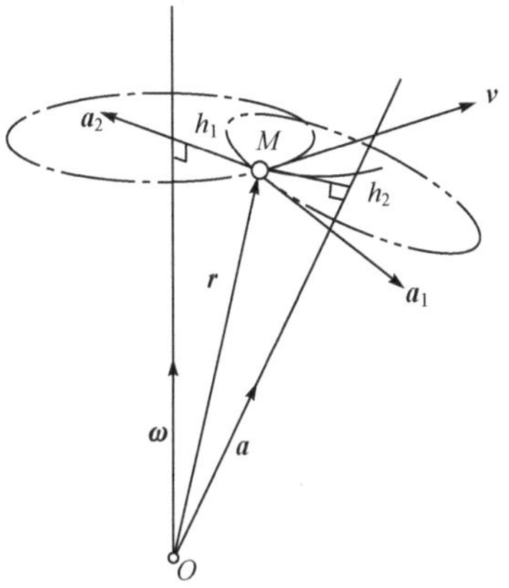

图 2.4　刚体定点运动的瞬时角速度和角加速度

点 M 的加速度为

$$\boldsymbol{a}=\frac{\mathrm{d}\boldsymbol{v}}{\mathrm{d}t}=\frac{\mathrm{d}\boldsymbol{\omega}}{\mathrm{d}t}\times\boldsymbol{r}+\boldsymbol{\omega}\times\frac{\mathrm{d}\boldsymbol{r}}{\mathrm{d}t}$$

即

$$\boldsymbol{a}=\boldsymbol{\alpha}\times\boldsymbol{r}+\boldsymbol{\omega}\times\boldsymbol{v} \tag{2.6}$$

式(2.6)右端的第 1 项 $\boldsymbol{a}_1=\boldsymbol{\alpha}\times\boldsymbol{r}$ 称为转动加速度，其大小为 αh_2，方向垂直于 $\boldsymbol{\alpha}$ 和 $\boldsymbol{r}$，如图 2.4 所示；第 2 项 $\boldsymbol{a}_2=\boldsymbol{\omega}\times\boldsymbol{v}$ 称为轴向加速度，其大小为 $\omega^2 h_1$，方向垂直于 $\boldsymbol{\omega}$ 和 $\boldsymbol{v}$，指向瞬时转动轴。

通过以上推导过程可以得出如下结论：当刚体绕定点运动时，刚体内任一点的速度等于绕瞬时转动轴转动的角速度与矢径的矢量积；该点的加速度等于绕瞬时转动轴的轴向加速度与绕角加速度矢量的转动加速度的矢量和。

为了确定绕定点运动的刚体在空间的位置，以定点 O 为原点，取定坐标系 $Oxyz$，另取与刚体固联的动坐标系 $Ox_my_mz_m$，显然，只要确定了动坐标系 $Ox_my_mz_m$ 在定坐标系 $Oxyz$ 中的位置，刚体的位置也就随之确定。这一过程则可以通过动坐标系相对定坐标系的三次顺序转动来确定。设三次转动的角度依次为 ψ,θ,γ，则旋转变换矩阵为

$$\begin{aligned}\mathbf{A}(\psi,\theta,\gamma)&=\mathbf{A}(\gamma)\mathbf{A}(\theta)\mathbf{A}(\psi)\\&=\begin{bmatrix}\cos\gamma & 0 & -\sin\gamma\\ 0 & 1 & 0\\ \sin\gamma & & \cos\gamma\end{bmatrix}\begin{bmatrix}1 & 0 & 0\\ 0 & \cos\theta & \sin\theta\\ 0 & -\sin\theta & \cos\theta\end{bmatrix}\begin{bmatrix}\cos\psi & -\sin\psi & 0\\ \sin\psi & \cos\psi & 0\\ 0 & 0 & 1\end{bmatrix}\end{aligned}$$

$$=\begin{bmatrix}\cos\gamma\cos\psi+\sin\gamma\sin\theta\sin\psi & -\cos\gamma\sin\psi+\sin\gamma\sin\theta\cos\psi & -\sin\gamma\cos\theta\\ \cos\theta\sin\psi & \cos\theta\cos\psi & \sin\theta\\ \sin\gamma\cos\psi-\cos\gamma\sin\theta\sin\psi & -\sin\gamma\sin\psi-\cos\gamma\sin\theta\cos\psi & \cos\gamma\cos\theta\end{bmatrix} \tag{2.7}$$

式中，$\mathbf{A}(\psi,\theta,\gamma)$与旋转次序有关，当 ψ,θ,γ 都不是小角度时，对应于不同的旋转次序，坐标系 $Ox_my_mz_m$ 的最终空间位置是不同的，这就是转动的不可交换性。

下面介绍定点转动刚体的角速度。角速度可以用矢量来表示，其矢量方向是沿着旋转轴的，矢量的加减运算服从交换律。对于本书前面所定义的欧拉角，刚体相对固定坐标系的角速度 $\boldsymbol{\omega}$ 应该是三次旋转角速度 $\dot{\boldsymbol{\psi}},\dot{\boldsymbol{\theta}},\dot{\boldsymbol{\gamma}}$ 的矢量和，即

$$\boldsymbol{\omega}=\dot{\boldsymbol{\psi}}+\dot{\boldsymbol{\theta}}+\dot{\boldsymbol{\gamma}}$$

上式在刚体坐标系 $Ox_my_mz_m$ 各轴上的投影关系可以写成如下矩阵等式：

$$\begin{bmatrix}\omega_{x_m}\\ \omega_{y_m}\\ \omega_{z_m}\end{bmatrix}=\begin{bmatrix}\dot{\psi}_{x_m}\\ \dot{\psi}_{y_m}\\ \dot{\psi}_{z_m}\end{bmatrix}+\begin{bmatrix}\dot{\theta}_{x_m}\\ \dot{\theta}_{y_m}\\ \dot{\theta}_{z_m}\end{bmatrix}+\begin{bmatrix}\dot{\gamma}_{x_m}\\ \dot{\gamma}_{y_m}\\ \dot{\gamma}_{z_m}\end{bmatrix}$$

由坐标变换关系式可得

$$\begin{bmatrix}\omega_{x_m}\\ \omega_{y_m}\\ \omega_{z_m}\end{bmatrix}=\mathbf{A}(\gamma)\mathbf{A}(\theta)\begin{bmatrix}0\\ 0\\ -\dot{\psi}\end{bmatrix}+\mathbf{A}(\gamma)\begin{bmatrix}\dot{\theta}\\ 0\\ 0\end{bmatrix}+\begin{bmatrix}0\\ \dot{\gamma}\\ 0\end{bmatrix}=\begin{bmatrix}\dot{\psi}\sin\gamma\cos\theta+\dot{\theta}\cos\gamma\\ -\dot{\psi}\sin\theta+\dot{\gamma}\\ -\dot{\psi}\cos\gamma\cos\theta+\dot{\theta}\sin\gamma\end{bmatrix} \tag{2.8}$$

式(2.8)即为刚体定点转动的动力学方程，其作用在于，把刚体定点转动的动力学方程中刚体的角速度表达成欧拉角及其导数的函数形式，从而使动力学方程中的广义坐标变为欧拉角。如果通过积分运算求解出刚体定点转动动力学方程式中欧拉角的变化规律，则可唯一地确定出定点转动刚体的运动规律。

2. 刚体定点转动的动力学描述

1) 定点转动刚体的动量矩

设质点 i 的质量为 m_i，速度为 $\boldsymbol{v}_i$，到空间某点 O 的距离为 $\boldsymbol{r}_i$，则该质点的动量 $m_i\boldsymbol{v}_i$ 与距离 $\boldsymbol{r}_i$ 的矢量积为该质点对空间点 O 的动量矩 $\boldsymbol{H}_i$，即

$$\boldsymbol{H}_i=\boldsymbol{r}_i\times m_i\boldsymbol{v}_i \tag{2.9}$$

动量矩是一个向量，其方向与 $\boldsymbol{r}_i$、$\boldsymbol{v}_i$ 构成的平面垂直，符合右手法则。

对于绕固定点 O 转动的刚体，刚体内所有质点的动量对点 O 的矩的总和，称为刚体对该点的动量矩，以 $\boldsymbol{H}$ 表示，即

$$\boldsymbol{H}=\sum\boldsymbol{r}_i\times\boldsymbol{m}_i\boldsymbol{v}_i \tag{2.10}$$

设刚体绕 O 点转动的瞬时角速度矢量为 $\boldsymbol{\omega}$，则质点的速度 $\boldsymbol{v}_i$ 可表示成

$$\boldsymbol{v}_i=\boldsymbol{\omega}\times\boldsymbol{r}_i \tag{2.11}$$

将式(2.11)代入式(2.10),有

$$\boldsymbol{H}=\sum \boldsymbol{r}_i \times m_i(\boldsymbol{\omega} \times \boldsymbol{r}_i) \tag{2.12}$$

式(2.12)为向量表达式,以 O 点为坐标原点,建立一个空间直角坐标系 $Oxyz$,可将式(2.12)表示为分量的形式。

设直角坐标系 $Oxyz$ 的三个坐标轴单位向量分别为 $\boldsymbol{i}$,$\boldsymbol{j}$,$\boldsymbol{k}$,则向量 $\boldsymbol{\omega}$,$\boldsymbol{H}$,$\boldsymbol{r}_i$ 在坐标系 $Oxyz$ 的分量分别为

$$\boldsymbol{\omega}=\omega_x \boldsymbol{i}+\omega_y \boldsymbol{j}+\omega_z \boldsymbol{k} \tag{2.13}$$

$$\boldsymbol{r}_i=x_i \boldsymbol{i}+y_i \boldsymbol{j}+z_i \boldsymbol{k} \tag{2.14}$$

$$\boldsymbol{H}=H_x \boldsymbol{i}+H_y \boldsymbol{j}+H_z \boldsymbol{k} \tag{2.15}$$

运用向量叉乘计算法则,将上述各式代入式(2.12),可求得

$$\begin{aligned}\boldsymbol{H} &=\sum \boldsymbol{r}_i \times m_i(\boldsymbol{\omega} \times \boldsymbol{r}_i) \\ &=\left[\sum m_i(y_i^2+z_i^2)\omega_x-\sum m_i x_i y_i \omega_y-\sum m_i x_i z_i \omega_z\right]\boldsymbol{i} \\ &\quad+\left[\sum m_i(z_i^2+x_i^2)\omega_y-\sum m_i x_i y_i \omega_x-\sum m_i y_i z_i \omega_z\right]\boldsymbol{j} \\ &\quad+\left[\sum m_i(x_i^2+y_i^2)\omega_z-\sum m_i x_i z_i \omega_x-\sum m_i y_i z_i \omega_y\right]\boldsymbol{k}\end{aligned} \tag{2.16}$$

令

$$J_x=\sum m_i(y_i^2+z_i^2),\quad J_y=\sum m_i(x_i^2+z_i^2),\quad J_z=\sum m_i(x_i^2+y_i^2)$$

$$J_{xy}=\sum m_i x_i y_i,\quad J_{xz}=\sum m_i x_i z_i,\quad J_{yz}=\sum m_i y_i z_i$$

其中,J_x、J_y、J_z 分别为刚体对 x 轴、y 轴、z 轴的转动惯量,$J_{ij}(i,j=x,y,z;i\neq j)$分别为刚体对 i,j 轴的惯量积,则有

$$H_x=J_x\omega_x-J_{xy}\omega_y-J_{xz}\omega_z \tag{2.17a}$$

$$H_y=J_y\omega_y-J_{yz}\omega_z-J_{xy}\omega_x \tag{2.17b}$$

$$H_z=J_z\omega_z-J_{zx}\omega_x-J_{yz}\omega_y \tag{2.17c}$$

形状对称的刚体,只要以其中心点为坐标系原点,选取使刚体对称的轴为坐标轴,刚体的三个惯性积就必然为 0,此时,式(2.17a)、式(2.17b)和式(2.17c)变为

$$H_x=J_x\omega_x \tag{2.18a}$$

$$H_y=J_y\omega_y \tag{2.18b}$$

$$H_z=J_z\omega_z \tag{2.18c}$$

如果适当选取坐标系,使惯性积为 0,则该坐标系的各轴就成为刚体的惯性主轴。在机械转子式陀螺仪的设计中,通过机械加工和装配,尽量使转子的旋转轴成为其惯性主轴,这样可以降低可能引起的陀螺漂移,提高陀螺仪的精度。

在机械转子陀螺仪的讨论中,通常将转子具有的动量矩称为角动量。

例 2.1　设某型陀螺仪的转动惯量 $J=350\text{g}\cdot\text{cm}^2$,转子的转速 $n=30000\text{r/min}$,计算转子的角动量。

该例中,转子的自转角速度大小为

$$\omega=n\times\frac{2\pi}{60}=30000\times\frac{2\pi}{60}=1000\pi(\text{rad/s})$$

根据式(2.18),可以计算出角动量大小为

$$H=J\omega=350\times1000\pi=1.0996\times10^{6}(\mathrm{g\cdot cm^2/s})$$

角动量的方向为沿转子自转角速度方向。

2) 动量矩定理

将式(2.10)两边对时间求导,有

$$\begin{aligned}\frac{\mathrm{d}\boldsymbol{H}}{\mathrm{d}t}&=\frac{\mathrm{d}}{\mathrm{d}t}\sum\boldsymbol{r}_i\times m_i\boldsymbol{v}_i=\sum\frac{\mathrm{d}\boldsymbol{r}_i}{\mathrm{d}t}\times m_i\boldsymbol{v}_i+\sum\boldsymbol{r}_i\times m_i\frac{\mathrm{d}\boldsymbol{v}_i}{\mathrm{d}t}\\&=\sum\boldsymbol{v}_i\times m_i\boldsymbol{v}_i+\sum\boldsymbol{r}_i\times m_i\frac{\mathrm{d}\boldsymbol{v}_i}{\mathrm{d}t}=0+\sum\boldsymbol{r}_i\times m_i\boldsymbol{a}_i\\&=\sum\boldsymbol{r}_i\times\boldsymbol{F}_i\\&=\boldsymbol{M}\end{aligned}\tag{2.19}$$

式中,$\boldsymbol{v}_i\times m_i\boldsymbol{v}_i=0$,$m_i\boldsymbol{a}_i=\boldsymbol{F}_i$,$\boldsymbol{F}_i$ 为作用在质点 i 上的力;$\boldsymbol{M}$ 为作用在刚体上各个质点的外力矩总和,也就是合外力矩。式(2.19)称为转动刚体的动量矩定理。$\frac{\mathrm{d}\boldsymbol{H}}{\mathrm{d}t}$就是动量矩 $\boldsymbol{H}$ 的矢端速度 $\boldsymbol{v}_H$,因此有

$$\boldsymbol{v}_H=\boldsymbol{M}\tag{2.20}$$

动量矩定理也可以描述成:刚体对固定点 O 的动量矩末端的速度,等于作用在刚体上的外力对固定点 O 的总力矩,式(2.19)也称为莱查定理。

3) 刚体定点转动的欧拉动力学方程

角动量定理虽然反映了定点转动刚体的动力学规律,但是在许多场合下直接用它来研究刚体动力学问题存在困难。这是因为该角动量定理是在惯性坐标系中表述的,刚体定点转动的结果,使得刚体相对惯性坐标系的位置随时间而变化,刚体对各惯性坐标轴的转动惯量和惯量积均随时间变化,以致刚体角动量的表达式变得过于复杂。因此,研究定点转动刚体的动力学问题时,往往采用动坐标系,而且动坐标系的各轴均与刚体的惯性主轴重合,以使刚体对这些坐标轴的转动惯量为常数,而惯性积等于零,从而使刚体角动量的表达式变得比较简单。

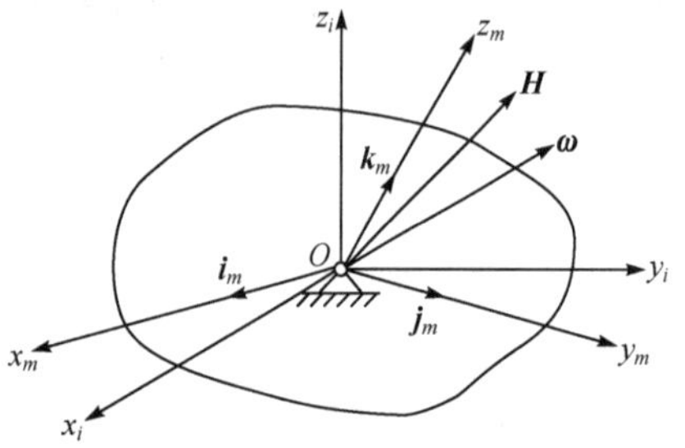

图 2.5　惯性坐标系与动坐标系

刚体定点转动的欧拉动力学方程实际上是角动量定理在动坐标系中的表述,它对于研究定点转动刚体的动力学问题较为方便。为了得到角动量 $\boldsymbol{H}$ 在惯性坐标系的绝对导数与其在动坐标系中的相对导数之间的关系,如图 2.5 所示,设刚体绕固定点 O 转动,取惯性坐标系为 $Ox_iy_iz_i$,动坐标系为 $Ox_my_mz_m$,动坐标系与刚体固联,沿各坐标轴的单位矢量为 $\boldsymbol{i}_m$、$\boldsymbol{j}_m$、$\boldsymbol{k}_m$。设刚体以瞬时角速度 $\boldsymbol{\omega}$ 相对惯性坐标系转动,即动坐标系也以角速度 $\boldsymbol{\omega}$ 相对惯性坐标系转动,而且 $\boldsymbol{\omega}$ 在空间的瞬时位置随时间不断改变。动坐标系的转动角速度 $\boldsymbol{\omega}$ 在该坐标系中可以表示为

$$\boldsymbol{\omega}=\omega_{mx}\boldsymbol{i}_m+\omega_{my}\boldsymbol{j}_m+\omega_{mz}\boldsymbol{k}_m\tag{2.21}$$

式中,ω_{mx}、ω_{my}、ω_{mz} 分别是$\boldsymbol{\omega}$ 在动坐标系各轴上的投影。

设刚体对定点 O 的角动量为 $\boldsymbol{H}$,就一般情形来说,在外力矩作用下 $\boldsymbol{H}$ 的大小和方向都会随着时间改变,亦即 $\boldsymbol{H}$ 在空间的瞬时位置将随时间不断改变。设刚体角动量 $\boldsymbol{H}$ 在动坐标系

中可以表示为

$$\boldsymbol{H}=H_{mx}\boldsymbol{i}_m+H_{my}\boldsymbol{j}_m+H_{mz}\boldsymbol{k}_m \tag{2.22}$$

式中，H_{mx}、H_{my}、H_{mz} 分别是 $\boldsymbol{H}$ 在动坐标系各轴上的投影。

对于惯性坐标系 $Ox_iy_iz_i$ 而言，H_{mx}、H_{my}、H_{mz} 以及 $\boldsymbol{i}_m$、$\boldsymbol{j}_m$、$\boldsymbol{k}_m$ 都随时间变化，因此，在惯性坐标系中角动量 $\boldsymbol{H}$ 对时间的导数，即角动量的绝对导数为

$$\begin{aligned}\left.\frac{\mathrm{d}\boldsymbol{H}}{\mathrm{d}t}\right|_i&=\frac{\mathrm{d}}{\mathrm{d}t}(H_{mx}\boldsymbol{i}_m+H_{my}\boldsymbol{j}_m+H_{mz}\boldsymbol{k}_m)\\&=\frac{\mathrm{d}H_{mx}}{\mathrm{d}t}\boldsymbol{i}_m+\frac{\mathrm{d}H_{my}}{\mathrm{d}t}\boldsymbol{j}_m+\frac{\mathrm{d}H_{my}}{\mathrm{d}t}\boldsymbol{k}_m+H_{mx}\frac{\mathrm{d}\boldsymbol{i}_m}{\mathrm{d}t}+H_{my}\frac{\mathrm{d}\boldsymbol{j}_m}{\mathrm{d}t}+H_{mz}\frac{\mathrm{d}\boldsymbol{k}_m}{\mathrm{d}t}\end{aligned} \tag{2.23}$$

对于动坐标系 $Ox_my_mz_m$ 而言，H_{mx}、H_{my}、H_{mz} 仍然随时间变化，但是 $\boldsymbol{i}_m$、$\boldsymbol{j}_m$、$\boldsymbol{k}_m$ 是动坐标系各轴上的单位矢量，它们对于动坐标系本身是没有变化的，故在动坐标系中它们对时间的导数均为零。因此，在动坐标系中角动量 $\boldsymbol{H}$ 对时间的导数（$\boldsymbol{H}$ 的相对导数）为

$$\left.\frac{\mathrm{d}\boldsymbol{H}}{\mathrm{d}t}\right|_m=\frac{\mathrm{d}H_{mx}}{\mathrm{d}t}\boldsymbol{i}_m+\frac{\mathrm{d}H_{my}}{\mathrm{d}t}\boldsymbol{j}_m+\frac{\mathrm{d}H_{mz}}{\mathrm{d}t}\boldsymbol{k}_m \tag{2.24}$$

即 $\left.\frac{\mathrm{d}\boldsymbol{H}}{\mathrm{d}t}\right|_m$ 定义为角动量 $\boldsymbol{H}$ 的相对导数。动坐标系以角速度 $\boldsymbol{\omega}$ 相对惯性坐标系做定点转动，$\boldsymbol{i}_m$、$\boldsymbol{j}_m$、$\boldsymbol{k}_m$ 也以角速度 $\boldsymbol{\omega}$ 相对惯性坐标系做定点转动。若将 $\boldsymbol{i}_m$、$\boldsymbol{j}_m$、$\boldsymbol{k}_m$ 看成是定点矢径，那么 $\mathrm{d}\boldsymbol{i}_m/\mathrm{d}t$、$\mathrm{d}\boldsymbol{j}_m/\mathrm{d}t$、$\mathrm{d}\boldsymbol{k}_m/\mathrm{d}t$ 便代表了这些矢径的矢端速度。采用矢量积的形式表示这些矢径端点的速度，有

$$\frac{\mathrm{d}\boldsymbol{i}_m}{\mathrm{d}t}=\boldsymbol{\omega}\times\boldsymbol{i}_m,\quad\frac{\mathrm{d}\boldsymbol{j}_m}{\mathrm{d}t}=\boldsymbol{\omega}\times\boldsymbol{j}_m,\quad\frac{\mathrm{d}\boldsymbol{k}_m}{\mathrm{d}t}=\boldsymbol{\omega}\times\boldsymbol{k}_m \tag{2.25}$$

则式(2.23)右端的后三项可以写成

$$H_{mx}\frac{\mathrm{d}\boldsymbol{i}_m}{\mathrm{d}t}+H_{my}\frac{\mathrm{d}\boldsymbol{j}_m}{\mathrm{d}t}+H_{mz}\frac{\mathrm{d}\boldsymbol{k}_m}{\mathrm{d}t}=\begin{vmatrix}\boldsymbol{i}_m&\boldsymbol{j}_m&\boldsymbol{k}_m\\\omega_{mx}&\omega_{my}&\omega_{mz}\\H_{mx}&H_{my}&H_{mz}\end{vmatrix}=\boldsymbol{\omega}\times\boldsymbol{H} \tag{2.26}$$

将式(2.25)、式(2.26)代入式(2.23)，则得到角动量 $\boldsymbol{H}$ 的绝对导数和相对导数的关系如下：

$$\left.\frac{\mathrm{d}\boldsymbol{H}}{\mathrm{d}t}\right|_i=\left.\frac{\mathrm{d}\boldsymbol{H}}{\mathrm{d}t}\right|_m+\boldsymbol{\omega}\times\boldsymbol{H} \tag{2.27}$$

将式(2.27)代入式(2.19)，可以得到矢量形式表达的刚体定点转动的欧拉动力学方程为

$$\left.\frac{\mathrm{d}\boldsymbol{H}}{\mathrm{d}t}\right|_i=\left.\frac{\mathrm{d}\boldsymbol{H}}{\mathrm{d}t}\right|_m+\boldsymbol{\omega}\times\boldsymbol{H}=\boldsymbol{M} \tag{2.28}$$

2.2　机械转子式陀螺仪工作原理

2.2.1　机械转子式陀螺仪的物理模型

传统的陀螺仪定义是：对称平衡的高速旋转刚体，用专门的悬挂装置支承起来，使旋转的刚体能绕与自转轴不相重合或平行的另一条轴或另两条轴转动的专门装置。图 2.6 为机械转子式陀螺仪的物理模型，一般由陀螺转子、内环、外环及基座组成。图中 A 是高速旋转的陀螺仪转子，x 轴就是陀螺仪的自转轴。转子安装在一个水平框架中，称为内环，转子连同内环一

起可以绕着 y 轴转动。在图 2.6(a)中内环通过水平轴支承在陀螺仪的底座上。在图 2.6(b)中,内环支承在一个垂直的框架内,称为外环。外环通过一对轴承支承在陀螺仪的底座上(外壳体),陀螺转子连同内环、外环一起可以相对壳体绕 z 轴转动。陀螺仪的主轴、内环轴和外环轴相交于一点,该点称为陀螺仪的支点。

陀螺仪绕垂直于自转轴方向的转动称为进动。图 2.6(a)中的陀螺仪,陀螺转子除了绕自转轴 x 转动外,只能绕 y 轴一根轴进动,所以称为单自由度陀螺仪(有的把自转的自由度也算上,从转动定义上讲,称为双自由度陀螺仪)。图 2.6(b)中的陀螺仪,除绕自转轴 x 轴转动外,它可以绕另外两根与自转轴互相正交的 y 轴和 z 轴进动,所以称为双自由度陀螺仪(与单自由度陀螺仪相似,从转动定义上讲,也称为三自由度陀螺仪)。

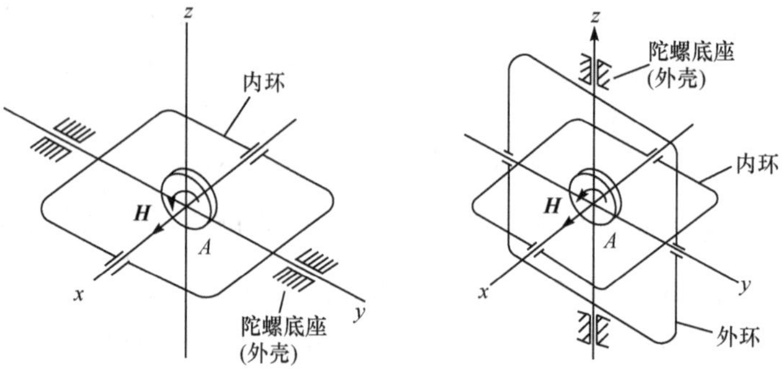

图 2.6 陀螺仪物理模型

当双自由度陀螺仪的转子重心和支心相重合时,又可称为自由陀螺仪,如图 2.7 所示。由图可知,机械转子式陀螺仪的基本结构包括以下几部分。

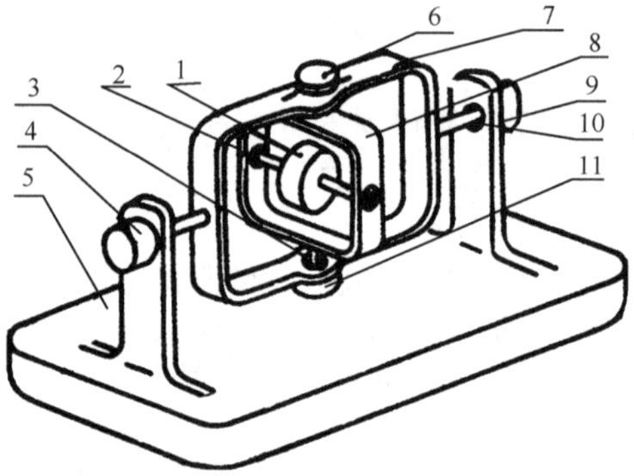

图 2.7 自由陀螺仪原理结构示意图

1-陀螺转子;2-转子轴承;3-内环轴轴承;4-外环轴角度传感器;5-基座;
6-内环轴角度传感器;7-外环;8-内环;9-外环轴力矩器;
10-外环轴轴承;11-内环轴力矩器

1) 陀螺转子

陀螺转子是一个对称平衡的绕定点高速旋转的刚体。为了使转子的动量矩 $\boldsymbol{H}$ 尽量大,一般都采用高比重的合金做成转子,转子的质量分布尽量远离旋转轴线,使转子的转动惯量 J

增大。为了保证结构的高稳定性，先进的陀螺仪采用铍材作为转子和框架的材料。

2）陀螺电机

机械转子式陀螺仪的动量矩是由陀螺电机或者驱动电机带动转子高速旋转产生的。陀螺仪中使用的电机类型主要有交流异步电机、交流同步磁滞电机及永磁同步电机等。

3）陀螺仪转子支承

高速旋转的陀螺仪转子的支承，俗称主轴承。主轴承质量是影响陀螺仪精度和寿命的关键，一般陀螺仪选用滚珠轴承、空气动压轴承、气体静压轴承、静电支承和电磁支承等形式。

4）陀螺仪框架轴支承

沿陀螺仪框架轴的干扰力矩是产生陀螺仪漂移的主要因素之一。框架轴支承与主轴承不同，它基本工作在静止状态，没有高速转动，也没有大的相对转角。根据陀螺仪框架轴支承方法的不同，制造出了各种不同的机械转子式陀螺仪，如滚珠轴承支承的框架陀螺仪、液浮加宝石支承的浮子陀螺仪、液浮加磁悬浮的三浮陀螺、挠性接头支承的动调陀螺、气浮支承的气浮陀螺、静电支承的静电陀螺以及电磁支承的磁浮陀螺等。

5）陀螺仪角度信号传感器

陀螺仪角度信号传感器用来检测陀螺仪主轴在壳体内的相对转动，主要有电磁感应式传感器、光学传感器和电容式传感器。

6）陀螺仪力矩器

力矩器用于对陀螺仪施加控制力矩以实现陀螺仪进动。力矩器要有适当的标度因数，在可能输出最大控制电流时，产生最大力矩，以满足陀螺仪最大进动角速率的要求，同时零位力矩要小。力矩器可采用微动同步器式和永磁动圈式等结构。

7）陀螺仪测温加温装置

温度变化会引起不同材料的尺寸变化，从而导致结构的变形，产生应力和质心的位移，因而高精度的陀螺仪必须有高精度的温度控制。为了对陀螺仪进行温控，陀螺仪内部要有测温控温的元件。测温元件应具有灵敏度高、稳定性好的特性。

8）导电装置

陀螺电机的电源、角度信号传感器的激磁、角度信号的输出、力矩电流的输入以及温度信号的输出等，都要经过导线传输。导电装置既要保证性能，又不能给陀螺带来附加的干扰。

9）陀螺仪壳体

陀螺仪壳体提供了陀螺仪所有元器件、结构的集成空间。陀螺仪壳体用尺寸稳定性和热稳定性好的材料制成，有良好的电磁屏蔽性能。壳体上要有精密加工的安装基准面，陀螺仪安装在惯性系统总体结构中，靠安装基准定位。壳体结构设计要便于安装和调整。

2.2.2　双自由度陀螺仪

双自由度陀螺仪的陀螺转子相对陀螺壳体具有两个进动自由度，相当于有两个输入轴和两个输出轴，即用一个陀螺转子可以敏感两个轴的角运动。应当注意的是，它的每一个轴既是输入轴，又是输出轴。双自由度陀螺仪的动力学方程极具代表性，掌握该方程就基本掌握了机械转子转子陀螺的完整力学行为。下面首先介绍双自由度陀螺仪的特性，然后介绍双自由度陀螺仪的动力学方程与传递函数。

1. 定轴性、进动性和陀螺力矩

为便于分析陀螺运动的基本特性和影响陀螺特性的主要因素，假设陀螺仪制造的十分完美，是一种理想化的陀螺模型，即符合以下假设条件：

(1) 陀螺转子是理想的轴对称旋转体，自转过程中其对称轴和自转轴完全重合。

(2) 转子以较高的常值自转角速度旋转，其自转角动量远大于非自转角动量。

(3) 陀螺转子及万向支架结构刚度足够，变形微小足以忽略，并且内外平衡环的转动惯量与转子相比可以忽略不计。

(4) 陀螺自转轴、内外平衡环依次严格保持相互垂直，三轴交汇于一点，陀螺内、外环组件的质心与支点重合，不会产生重力力矩和惯性力矩。

(5) 万向支架系统的支承为理想支承，不存在摩擦力矩和其他干扰力矩。

下面分析双自由度陀螺仪的三个基本特性。

1) 定轴性和陀螺表观运动

满足以上假设条件的陀螺转子为绕支点做定点运动的刚体，根据动量矩定理

$$\left.\frac{\mathrm{d}\boldsymbol{H}}{\mathrm{d}t}\right|_i=\boldsymbol{M} \tag{2.29}$$

当 $\boldsymbol{M}=\boldsymbol{0}$ 时，$\boldsymbol{H}$ 相对惯性空间保持恒定不变，即转子自转轴指向相对惯性空间恒定不变，这就是陀螺仪的定轴性。

根据式(1.115)的哥氏定理，在地球坐标系上有如下形式：

$$\left.\frac{\mathrm{d}\boldsymbol{H}}{\mathrm{d}t}\right|_i=\left.\frac{\mathrm{d}\boldsymbol{H}}{\mathrm{d}t}\right|_e+\boldsymbol{\omega}_{ie}\times\boldsymbol{H}=\boldsymbol{M} \tag{2.30}$$

式中，e 表示与地球固联的地球坐标系；$\boldsymbol{\omega}_{ie}$ 为地球自转角速度。

当 $\boldsymbol{M}=\boldsymbol{0}$ 时，有

$$\left.\frac{\mathrm{d}\boldsymbol{H}}{\mathrm{d}t}\right|_e=-\boldsymbol{\omega}_{ie}\times\boldsymbol{H}=\boldsymbol{H}\times\boldsymbol{\omega}_{ie} \tag{2.31}$$

定义 $\boldsymbol{v}=\left.\frac{\mathrm{d}\boldsymbol{H}}{\mathrm{d}t}\right|_e$ 是在地球上的观察者看到的角动量 $\boldsymbol{H}$ 的矢端运动速度，其大小为

$$v=|\boldsymbol{H}||\boldsymbol{\omega}_{ie}|\sin\theta=H\omega_{ie}\sin\theta \tag{2.32}$$

所以矢端绕与地球自转轴平行的轴线的旋转角速度大小为

$$\omega_{eG}=\frac{v}{O'E}=\frac{H\omega_{ie}\sin\theta}{H\sin\theta}=\omega_{ie} \tag{2.33}$$

方向自 O' 指向 O，即有

$$\boldsymbol{\omega}_{eG}=-\boldsymbol{\omega}_{ie} \tag{2.34}$$

上述分析说明，当自由陀螺仪的角动量与地球自转角速度间的夹角 $\theta\neq0$ 时，地球上的观察者所看到的陀螺自转轴以 $-\boldsymbol{\omega}_{ie}$ 为角速度做旋转，旋转所形成的曲面为一锥面，对称轴平行于地轴，半锥角为 θ。因为陀螺仪自转轴相对惯性空间稳定，观察者随着地球运动，由此观察到相对运动，这种运动称为陀螺仪的表观运动。图 2.8 所示为在任意纬度处陀螺仪的表观运动。表观运动是在不同的参考坐标系中观察陀螺仪的运动而引起的，在对近地面的运载体导航时，要对表观运动引起的误差加以补偿。

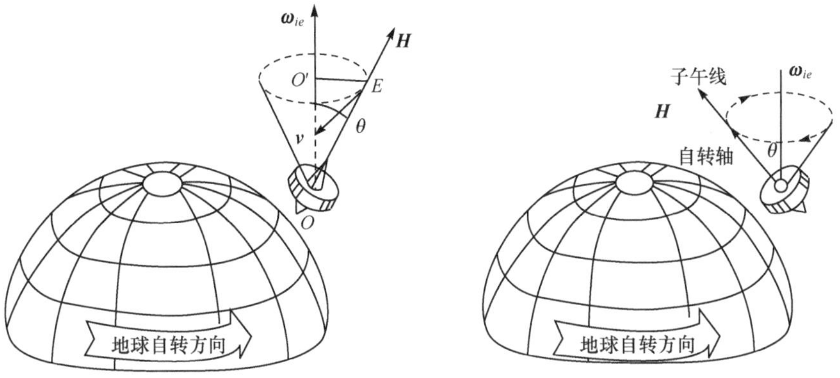

(a) 陀螺自转轴起始指向地垂线　　(b) 陀螺自转轴起始指向子午线

图 2.8　陀螺仪的表观运动

2）进动性

当双自由度陀螺仪的转子高速旋转时，若转子受到绕内环轴方向的外力矩 $\boldsymbol{M}$ 的作用，陀螺主轴将绕外环轴转动；反之，若转子受到绕外环轴方向的外力矩作用，陀螺主轴将绕内环轴转动。陀螺主轴的转动方向与外力矩的作用方向垂直，这种奇特的现象称为陀螺仪的进动性，陀螺主轴绕与外力矩作用方向垂直方向的转动运动称为陀螺仪的进动运动，简称进动。进动是高速旋转的陀螺仪转子所特有的，图 2.9 对比了转子静止和高速旋转两种情况下在外力矩作用下角速度的不同。如图 2.9(a)所示，当静止的转子受到外力矩作用时，产生的角加速度方向与外力矩方向一致；当转子高速旋转后，情况就不同了，如图 2.9(b)所示，如绕外框轴 cc 方向施加外力矩，陀螺主轴将绕内框轴 bb 转动，它的方向与外力矩垂直；如果绕内框架轴 bb 施加外力矩，则陀螺主轴将绕外框轴 cc 转动，方向与外力矩垂直。

图 2.10 体现的也是陀螺仪的进动情况。图 2.10(a)是一个转子静止的陀螺，如果在它的内环上挂一重物，内环将失去平衡，转子连同内环一起在此重物作用下绕内环轴转动一个角度。如果使转子高速旋转后再挂一重物，如图 2.10(b)，转子和内环不再是绕内环轴转动，而是与外环一起，绕外环轴转动起来。陀螺的这种不顺从外力的特性就是进动性。图 2.10(b)中用右手定则画出了陀螺的角速度向量和外力矩向量的方向。理论推导和实验均证明，在外力矩的作用下，陀螺转子轴(即角动量的方向)总是要沿着最短的路径朝外力矩方向转动，并力图使这两个向量重合。但陀螺转子轴永远跟不上外力矩向量，因此转子轴就不断进动，大箭头即陀螺的进动方向。即陀螺进动角速度的方向符合右手定则：使角动量 $\boldsymbol{H}$ 沿最短路径趋向于外力矩 $\boldsymbol{M}$ 的方向，即为进动角速度的方向。

下面将从动量矩定理的角度分析双自由度陀螺仪的进动性。

根据动量矩定理式(2.19)，当 $\boldsymbol{M}\neq\boldsymbol{0}$ 时，定义

$$\boldsymbol{v}=\left.\frac{\mathrm{d}\boldsymbol{H}}{\mathrm{d}t}\right|_{i}$$

是角动量 $\boldsymbol{H}$ 的矢端 E 的速度，即

$$\boldsymbol{v}=\boldsymbol{M} \tag{2.35}$$

式(2.35)说明角动量的矢端速度大小 $v=|\boldsymbol{M}|$，方向平行于 $\boldsymbol{M}$。由于矢端速度的存在，所以角动量 $\boldsymbol{H}$ 绕支点 O 旋转，转子绕点 O 做旋转运动，即陀螺发生进动。

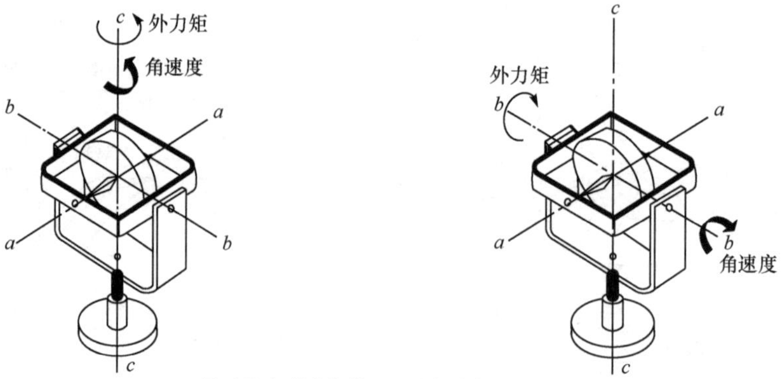

(a) 转子静止,外力矩作用下的角速度

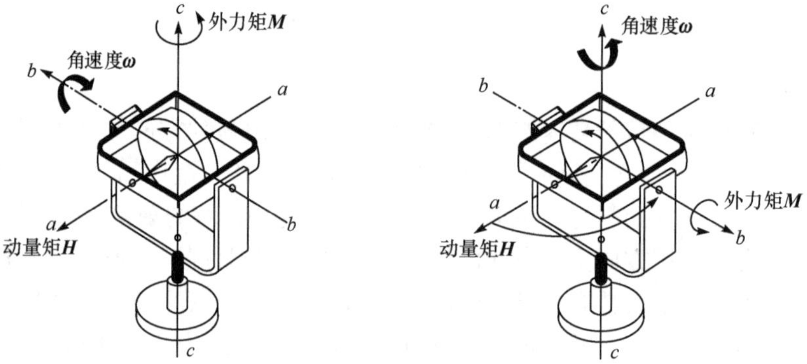

(b) 转子高速旋转,外力矩作用下的角速度

图 2.9 陀螺仪的进动性

动画

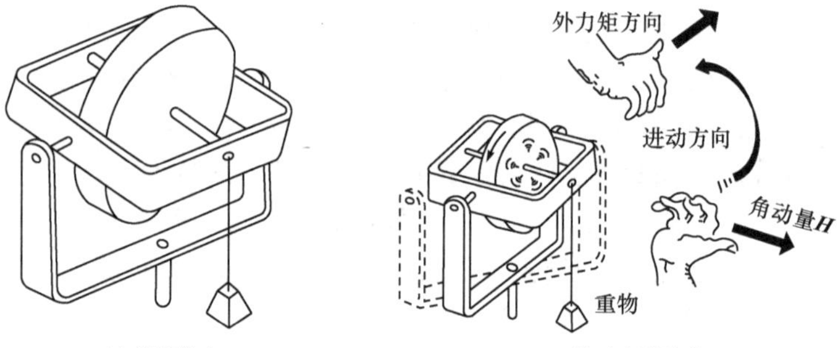

(a) 转子静止　(b) 转子高速旋转

图 2.10 进动角速度的方向

设陀螺进动角速度为 $\boldsymbol{\omega}$,由图 2.11,有

$$|\boldsymbol{\omega}| = \frac{|\boldsymbol{v}|}{|\boldsymbol{H}|} = \frac{M}{H} \tag{2.36}$$

因为 $\boldsymbol{\omega}$ 是由矢端速度 $\boldsymbol{v}$ 存在而引起的,$\boldsymbol{\omega}$ 垂直于 $\boldsymbol{H}$ 和 $\boldsymbol{v}$ 所在的平面,所以 $\boldsymbol{\omega}$ 位于 $\boldsymbol{H}\times\boldsymbol{M}$ 的方向上,该方向的单位矢量

$$\boldsymbol{u} = \frac{\boldsymbol{H}\times\boldsymbol{M}}{|\boldsymbol{H}\times\boldsymbol{M}|} \tag{2.37}$$

因此

$$\boldsymbol{\omega}=|\boldsymbol{\omega}|\boldsymbol{u}=\frac{M}{H}\frac{\boldsymbol{H}\times\boldsymbol{M}}{HM\sin90^\circ}=\frac{\boldsymbol{H}\times\boldsymbol{M}}{H^2} \tag{2.38}$$

两边叉乘矢量 $\boldsymbol{H}$，有

$$\boldsymbol{\omega}\times\boldsymbol{H}=\frac{(\boldsymbol{H}\times\boldsymbol{M})\times\boldsymbol{H}}{H^2} \tag{2.39}$$

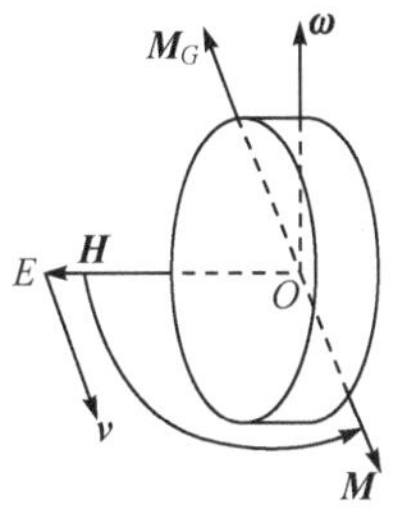

图 2.11　陀螺的进动性和陀螺力矩

根据三重矢积公式 $(\boldsymbol{a}\times\boldsymbol{b})\times\boldsymbol{c}=(\boldsymbol{a}\cdot\boldsymbol{c})\boldsymbol{b}-(\boldsymbol{b}\cdot\boldsymbol{c})\boldsymbol{a}$，有

$$\begin{aligned}\boldsymbol{\omega}\times\boldsymbol{H}&=\frac{1}{H^2}[(\boldsymbol{H}\cdot\boldsymbol{H})\boldsymbol{M}-(\boldsymbol{M}\cdot\boldsymbol{H})\boldsymbol{H}]\\&=\frac{1}{H^2}(H^2\cos0^\circ\boldsymbol{M}-MH\cos90^\circ\boldsymbol{H})\\&=\boldsymbol{M}\end{aligned} \tag{2.40}$$

式(2.40)即为陀螺仪的进动方程式。

由角动量定理还可以解释陀螺仪进动的“无惯性”。当外力矩 $\boldsymbol{M}$ 加上的瞬间，陀螺角动量 $\boldsymbol{H}$ 立刻出现变化率，相对惯性空间改变方向，因此陀螺仪立即出现进动；当外力矩 $\boldsymbol{M}$ 去除的瞬间，陀螺角动量 $\boldsymbol{H}$ 的变化率为零，相对惯性空间保持方向不变，因此陀螺仪立刻停止进动。

此处需要注意的是，当分析定轴性时，由于外力矩 $\boldsymbol{M}$ 为零，根据角动量定理和哥氏定理，分析在地球坐标系下地球上的观察者所见的陀螺主轴的变化规律；对于进动性，是分析外力矩 $\boldsymbol{M}$ 作用下陀螺角动量 $\boldsymbol{H}$ 相对惯性空间的变化率，因此陀螺进动是相对惯性空间的。

3) 陀螺力矩

根据牛顿第三定律，当外界施加力矩作用于陀螺仪使其进动时，陀螺仪必然产生反作用力矩，其大小与外力矩相等，而方向相反，作用在施加力矩的物体上，即

$$\boldsymbol{M}_G=-\boldsymbol{M}=-\boldsymbol{\omega}\times\boldsymbol{H}=\boldsymbol{H}\times\boldsymbol{\omega} \tag{2.41}$$

$\boldsymbol{M}_G$ 即为陀螺力矩。

由式(2.41)可以看出：

(1) 陀螺力矩 $\boldsymbol{M}_G$ 是由角速度 $\boldsymbol{\omega}$ 所引起的惯性力矩，其大小和方向按式(2.41)来确定，可根据它来确定转子平衡环的力矩。

(2) 在角动量 $\boldsymbol{H}$ 为常值的情况下，陀螺力矩 $\boldsymbol{M}_G$ 与角速度 $\boldsymbol{\omega}$ 成正比。由于陀螺力矩是转子作用在平衡环上的外力矩，故其大小和方向可在平衡环上进行测量。因此，当设法测量出陀螺力矩的大小和方向时，便可等值测量出角速度的大小和方向，这就是研究角速率陀螺仪的基本依据。

2. 双自由度陀螺仪的动力学方程与传递函数

取 $Ox_0y_0z_0$ 为壳体坐标系，该坐标系与陀螺仪壳体固联。当陀螺仪无输出角度时，陀螺仪的外环轴 A、内环轴 B 及转子自转轴 S 分别与 Ox_0、Oy_0、Oz_0 轴重合。让转子、内环一起绕 Ox_0 旋转角度 α，得到外环坐标系 $Ox_1y_1z_1$，再让转子绕内环轴 Oy_1 旋转角度 β，得到内环坐标系 $Oxyz$，又称陀螺坐标系。其中，Ox 并不与外环轴重合，而 Oy 轴与内环轴重合，Oz 轴与转子轴 S 重合，但不参与转子自转运动。当陀螺输出角 $\alpha\neq0$，$\beta\neq0$ 时，坐标系 $Ox_0y_0z_0$ 经过两次旋转到达坐标系 $Oxyz$，具体定义如图 2.12 所示。

$$Ox_0y_0z_0 \xrightarrow[\text{旋转角度}\,\alpha]{\text{绕}\,Ox_0\,\text{轴}} Ox_1y_1z_1 \xrightarrow[\text{旋转角度}\,\beta]{\text{绕}\,Oy_1\,\text{轴}} Oxyz$$

设陀螺转子的角动量为 $\boldsymbol{H}$，陀螺内环组件（包括转子和内环框架）绕内环轴的转动惯量为 J_y，陀螺外环组件（包括内环组件和外环框架）绕外环轴的转动惯量为 J_x，在内、外环轴上作用的外力矩分别是 M_x 和 M_y，基座具有的角速度 $\boldsymbol{\omega}$ 在陀螺坐标系 $Oxyz$ 上的分量分别为 ω_x、ω_y、ω_z。根据动静法，对陀螺坐标系 $Oxyz$ 的 Ox、Oy 力矩相平衡，列写方程

$$M_x - J_x(\ddot{\alpha} + \dot{\omega}_x) - H\dot{\beta} - H\omega_y - H\omega_z \sin\alpha\cos\beta = 0$$

$$M_y - J_y(\ddot{\beta} + \dot{\omega}_y) + H\dot{\alpha} + H\omega_x - H\omega_z \cos\alpha\sin\beta = 0$$

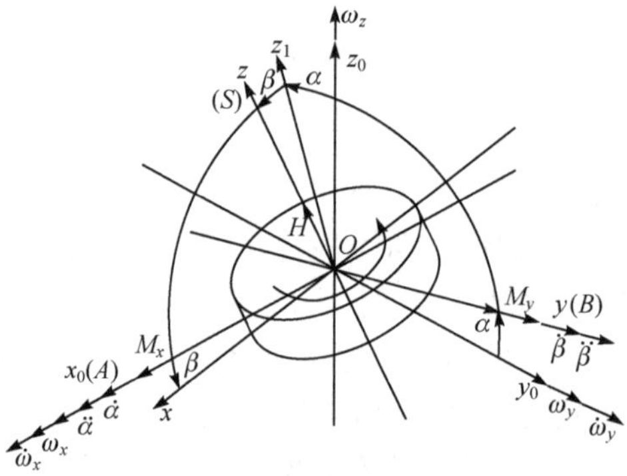

图 2.12　双自由度陀螺仪的技术方程模型

由于工程应用中陀螺正常工作时的输出角 α、β 都很小，所以上述方程可近似为

$$J_x\ddot{\alpha} + H\dot{\beta} + H\alpha\omega_z = M_x - J_x\dot{\omega}_x - H\omega_y \tag{2.42a}$$

$$J_y\ddot{\beta} - H\dot{\alpha} + H\beta\omega_z = M_y - J_y\dot{\omega}_y + H\omega_x \tag{2.42b}$$

式(2.42)表明，影响陀螺输出角 α、β 的因素有外力矩和基座角运动。式(2.42)是在近似条件下得到的，习惯上称为陀螺技术方程。由于技术方程是一组线性方程，具有线性可加性，所以可以分别单独考虑基座角速度和外力矩的影响。当仅考虑外力矩影响时，有

$$J_x\ddot{\alpha} + H\dot{\beta} = M_x \tag{2.43a}$$

$$J_y\ddot{\beta} - H\dot{\alpha} = M_y \tag{2.43b}$$

对式(2.43)做拉普拉斯变换，并假设在外力矩作用时，陀螺输出角的初始条件为 0，即满足 $\alpha(0)=\beta(0)=\dot{\alpha}(0)=\dot{\beta}(0)=0$，则

$$J_x s^2\alpha(s) + Hs\beta(s) = M_x(s) \tag{2.44a}$$

$$J_y s^2\beta(s) - Hs\alpha(s) = M_y(s) \tag{2.44b}$$

根据式(2.44)可以画出陀螺的框图，如图 2.13 所示，并据此写出各变量之间的传递函数，有

$$\frac{\alpha(s)}{M_x(s)} = \frac{J_y}{J_xJ_ys^2 + H^2} \tag{2.45a}$$

$$\frac{\alpha(s)}{M_y(s)} = -\frac{H}{s(J_xJ_ys^2 + H^2)} = -\frac{1}{sH} + \frac{\dfrac{J_xJ_y}{H}s}{J_xJ_ys^2 + H^2} \tag{2.45b}$$

$$\frac{\beta(s)}{M_x(s)}=\frac{H}{s(J_xJ_ys^2+H^2)}=\frac{1}{sH}-\frac{\frac{J_xJ_y}{H}s}{J_xJ_ys^2+H^2} \tag{2.45c}$$

$$\frac{\beta(s)}{M_y(s)}=\frac{J_x}{J_xJ_ys^2+H^2} \tag{2.45d}$$

系统的特征方程为

$$J_xJ_ys^2+H^2=0 \tag{2.46}$$

可见,双自由度陀螺仪是一个双输入、双输出的二阶系统,其阻尼系数和特征频率为

$$\xi=0$$

$$\omega_n=\frac{H}{\sqrt{J_xJ_y}}$$

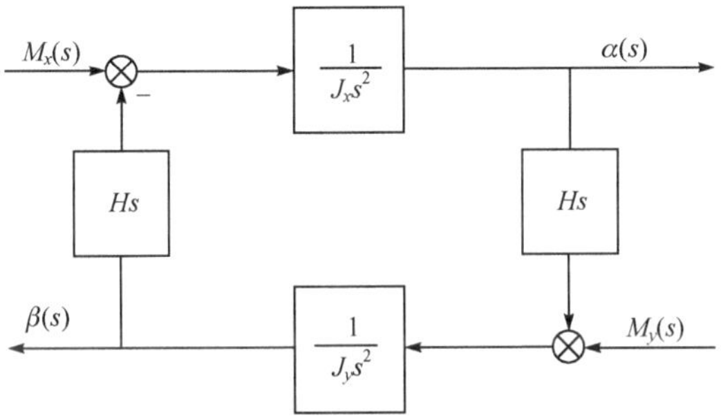

图 2.13　双自由度陀螺仪的等效框图

在具体的设计中,陀螺的内外框架都设计的比较轻巧,所以 J_x、J_y 近似等于转子的赤道转动惯量 J_e,且转子的极转动惯量 J_p 设计的约为 J_e 的 2 倍,所以陀螺自振频率的估算值为

$$\omega_n=\frac{H}{\sqrt{J_xJ_y}}=\frac{2J_e\Omega}{\sqrt{J_eJ_e}}=2\Omega$$

式中,Ω 为转子的自转角速度。

当双自由度陀螺仪用于控制被稳定对象时,陀螺的信号器输出用来控制被稳定对象的相应轴,陀螺是伺服回路中的一个环节,而陀螺本身处于开环状态。若要使被控对象以要求的角速度旋转,则指令量需要加入陀螺相应轴的力矩器中。所以在伺服回路中,陀螺被当做角位置陀螺使用。

1) 对基座角位移的传递函数

当基座沿 x_0 轴和 y_0 轴有角位移 Φ_{x_0} 和 Φ_{y_0} 时,由于陀螺仪的定轴性,并考虑到 α 和 β 为小角度,陀螺仪沿 Ox 轴和 Oy 轴的输出角为

$$\alpha=-\Phi_{x_0}$$

$$\beta=-\Phi_{y_0}$$

所以陀螺对基座角位移的传递函数为

$$\frac{\alpha(s)}{\Phi_{x_0}(s)}=-1 \tag{2.47a}$$

$$\frac{\beta(s)}{\Phi_{y_0}(s)}=-1 \tag{2.47b}$$

由式(2.47)可以得出陀螺对基座角速度的传递函数为

$$\frac{\alpha(s)}{\omega_{x_0}(s)}=-\frac{1}{s} \tag{2.48a}$$

$$\frac{\beta(s)}{\omega_{y_0}(s)}=-\frac{1}{s} \tag{2.48b}$$

2）对指令角速度的传递函数

若要求被控对象以角速度 $\omega_{\text{cmd}x}$ 和 $\omega_{\text{cmd}y}$ 分别绕 x 轴和 y 轴旋转，则应根据下式计算出相应的指令力矩：

$$\omega_{\text{cmd}x}=-\frac{M_{\text{cmd}y}}{H},\quad \omega_{\text{cmd}y}=-\frac{M_{\text{cmd}x}}{H}$$

并根据计算得到的指令力矩和力矩器的电压/力矩系数确定出相应的控制电压，加至力矩器电枢回路中，使陀螺进动，所产生的输出角变化率与指令角速度相等，即

$$\dot{\alpha}=\omega_{\text{cmd}x},\quad \dot{\beta}=\omega_{\text{cmd}y}$$

所以双自由度陀螺对指令角速度的传递函数为

$$\frac{\alpha(s)}{\omega_{\text{cmd}x}(s)}=\frac{1}{s} \tag{2.49a}$$

$$\frac{\beta(s)}{\omega_{\text{cmd}y}(s)}=\frac{1}{s} \tag{2.49b}$$

2.2.3 单自由度陀螺仪

单自由度陀螺仪的转子支承在一个框架内，没有外框架，因而转子自转轴只有一个进动自由度，即少了垂直于内框架和自转轴方向的转动自由度。因此，单自由度的陀螺仪与双自由度陀螺仪的特性有所不同。

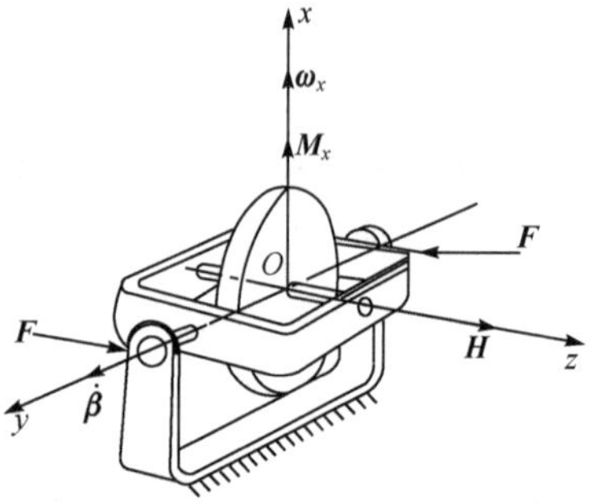

图 2.14　单自由度陀螺仪

对于单自由度陀螺仪，如图 2.14 所示，当基座绕陀螺仪自转轴或者内框轴方向转动时，由于内框架的隔离运动作用，转子不会随基座一起转动。但是，当基座绕陀螺仪缺少自由度的 x 轴方向以角速度 $\boldsymbol{\omega}_x$ 转动时，由于陀螺仪绕该轴没有转动自由度，所以当基座转动时，通过内框架轴上的一对支承带动陀螺转子一起转动，而陀螺仪自转轴仍尽力保持其原来的空间方位不变，因此，当基座转动时，内框架轴上的一对支承就有推力 $\boldsymbol{F}$ 作用在内框架轴的两端，形成作用在陀螺仪上的推力矩 $\boldsymbol{M}_x$，其方向垂直于动量矩 $\boldsymbol{H}$，并沿 x 轴正向。由于陀螺仪绕内框架轴有转动的自由度，所以这个推力矩使陀螺仪产生绕内框架轴的进动，进动角速度 $\dot{\boldsymbol{\beta}}$ 指向内框架轴 y 轴的正向，使转子轴趋向与 x 轴重合。

因此，当基座绕陀螺仪缺少自由度的方向转动时，将强迫陀螺仪跟随基座转动，同时陀螺仪转子轴绕内框架轴进动，结果使转子轴趋向与基座转动角速度的方向重合，即单自由度陀螺仪具有敏感绕其缺少转动自由度方向旋转角速度的特性。

设沿外框架轴 y 轴正向有外力矩 $\boldsymbol{M}_y$ 作用，则单自由度陀螺仪的转子轴将力图以角速度 $\boldsymbol{M}_y/\boldsymbol{H}$ 绕 x 轴的负向进动，如图 2.15 所示。由于陀螺转子轴绕 x 轴方向不能转动，这个进动

是不可能实现的，但其进动趋势仍然存在，并对内框架轴两端的支承施加压力，这样，支承就产生约束反力 $\boldsymbol{F}$ 作用在内框架轴两端，而形成作用在陀螺仪上的约束反力矩 $\boldsymbol{M}_x$，其方向垂直于动量矩 $\boldsymbol{H}$ 并沿 x 轴的正向。由于转子轴绕内框架轴存在转动自由度，所以在这个约束反力矩 $\boldsymbol{M}_x$ 的作用下，陀螺仪转子轴就绕内框架轴以 $\dot{\beta}$ 的角速度沿 y 轴正向进动。简单地说，如果陀螺绕 x 轴方向不能转动，那么在绕内框架轴向的外力矩作用下，陀螺仪的转子轴也绕内框架轴转动。

图 2.16 为单自由度陀螺仪原理结构图，选定陀螺坐标系 $Oxyz$ 与陀螺转子相固联，但不参与转子的自转，坐标轴 Oz 沿角动量 $\boldsymbol{H}$ 方向，Ox 沿输出轴方向（支承轴的方向），Oy 则定义为陀螺输入轴的方向。当运动体沿陀螺输入轴方向有角速度 $\dot{\theta}_i$ 转动时，角动量 $\boldsymbol{H}$ 在输入轴方向没有转动的自由度，运动体将强迫角动量 $\boldsymbol{H}$ 相对惯性空间以 $\dot{\theta}_i$ 转动。因此，陀螺要在输出轴方向产生陀螺力矩，在陀螺力矩的作用下，陀螺浮子组合件绕输出轴进动，进动的角度是陀螺输入角速度的积分，实现了敏感角速度的功能。

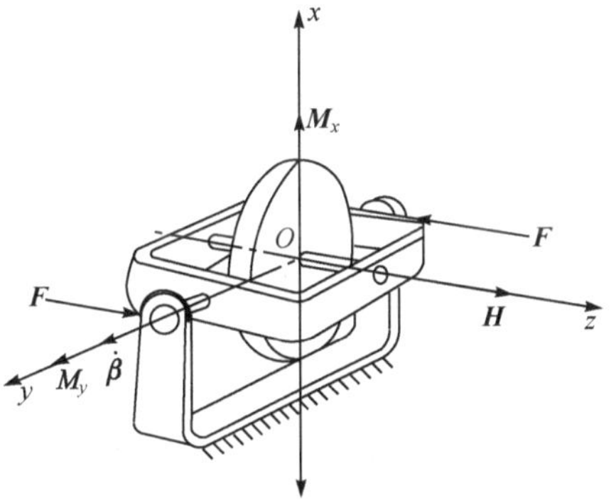

图 2.15　沿内框架轴向存在作用力矩时转子轴的运动

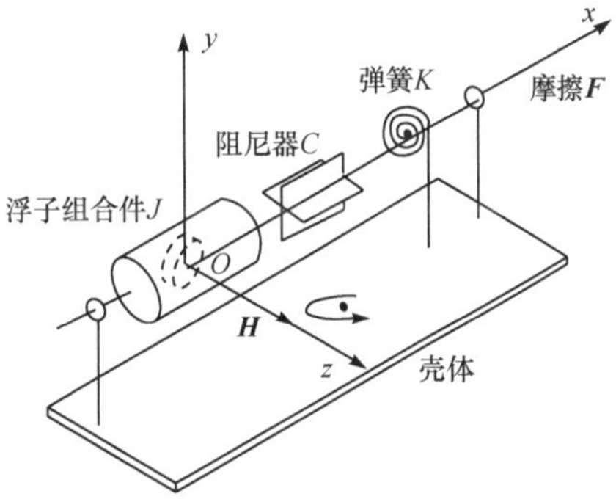

图 2.16　单自由度陀螺仪原理结构图

图 2.17 给出实际使用的单自由度浮子式积分陀螺仪工作性能框图。其中，H 为陀螺仪角动量；J 为浮子组合件绕输出轴的转动惯量；C 为阻尼器；SG 为信号传感器；I_{ig} 为控制或补偿电流；$\dot{\theta}_i$ 为输入角速度；θ_o 为浮子绕输出轴的转角；e_o 为信号器的输出电压；T_1 为陀螺力矩；T_2 为力矩器产生的力矩。力矩器 TG 在控制电流 I_{ig} 的作用下，产生控制力矩作用在浮子组合件上，浮子组合件绕输出轴的转角（信号器 SG 输出的信号）与控制电流 I_{ig} 成比例。可见，控制电流 I_{ig} 的作用等同于输入角速度 $\dot{\theta}_i$。

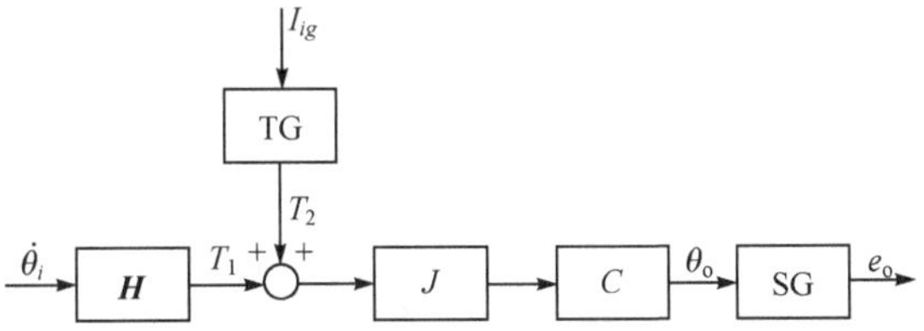

图 2.17　单自由度浮子式积分陀螺仪工作性能框图

按照陀螺仪的工作原理，在不考虑 I_{ig} 和忽略绕输出轴的摩擦力矩的情况下，沿输出轴列

出微分方程式

$$H\dot{\theta}_i = J\ddot{\theta}_o + C\dot{\theta}_o \tag{2.50}$$

假定初始条件为零，对式(2.50)进行拉普拉斯变换，可得系统传递函数为

$$\frac{\theta_o(s)}{\theta_i(s)} = \frac{H}{Js+C} = \frac{H/C}{\frac{J}{C}s+1} \tag{2.51}$$

式(2.51)为浮子式积分陀螺传递函数。H/C 为静态放大系数，单位为弧度，数量级为 1 左右。J/C 为时间常数，单位为秒，其值为毫秒级。根据单自由度浮子式积分陀螺仪工作原理和功能框图，可以画出其框图，如图 2.18 所示，也可简化成图 2.19 的形式。

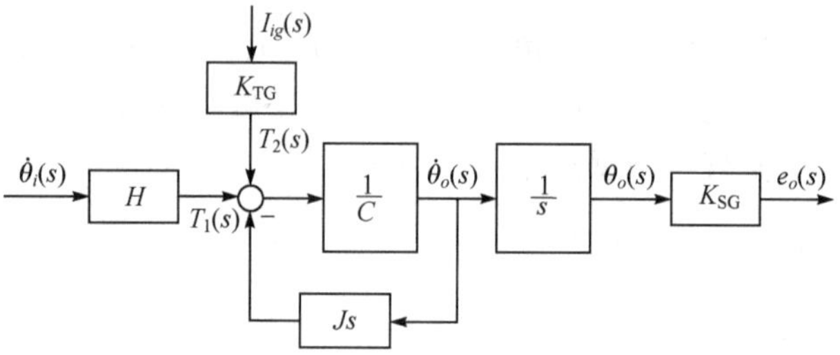

图 2.18　单自由度浮子式积分陀螺仪框图

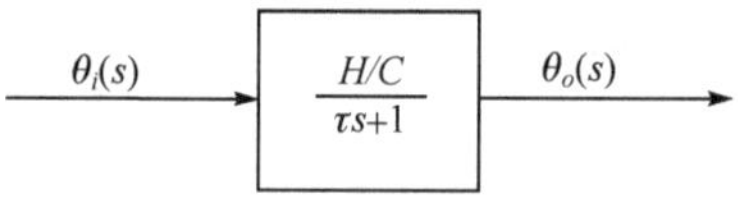

图 2.19　单自由度浮子式积分陀螺仪简化框图

2.2.4　性能指标与误差模型

下面对机械转子式陀螺仪的性能指标用精度、可靠性、环境适应性及使用要求等加以说明。

陀螺仪的精度通常用分辨率和漂移来表示。分辨率是引起陀螺仪输出的最小输入量，反映了陀螺仪的灵敏度。陀螺漂移是当陀螺仪输入为零时，其输出不等于零，这个数值等效有一个输入量的作用，把该输入量称为漂移，通常用°/h 来表示。

陀螺漂移又分为常值漂移和随机漂移。陀螺常值漂移是以长时间测试数据的均值来表示，均值中不随时间变化部分，就是通常所说的常值漂移；均值中随时间单向增大或减小变化的部分，常称为趋向性漂移。另外，在每次启动时，由于陀螺电机工作状态改变及磁场位置变化等，均值发生变化，这部分漂移称为逐次启动漂移。随机漂移都是随时间在变化的，它是用统计规律来描述的频带相当宽的随机过程，一般用长时间测试数据的方差及相关函数表示。陀螺漂移不论在哪种类型的惯性导航系统中都是影响系统精度的主要误差源，所以必须在陀螺研制过程中尽量减小陀螺漂移，提高陀螺仪精度，或者在系统中对陀螺漂移进行建模补偿，提高惯性导航系统的精度。

机械转子式陀螺仪的性能参数还有：

动量矩　陀螺电机自转轴的转动惯量与转速的乘积，单位为 $g \cdot cm^2/s$。

时间常数　它是单自由度陀螺仪的动态特征参数，是绕输出轴转动惯量与阻尼系数的比值，单位为 s。

阻尼系数　由单位框架角速度引起的阻尼力矩，单位为 g · cm/s。

标度因数　陀螺或元件的输入与输出间的比例系数。有信号传感器、力矩器及陀螺仪的标度因数。

陀螺仪的另一类性能指标是可靠性，它是用一定的概率能保持正常工作的时间来表示，即通常所说的平均无故障时间。这一指标往往由使用对象的战术技术性能给出要求，在研究设计陀螺仪的过程中，从各个环节上实施保证，并通过测试来验证可靠性。

陀螺仪还应该提供如启动时间、外形尺寸、重量、定位面、总功率以及电源等要求；还应包括陀螺仪的环境适应性，即给出在电源波动、温度和湿度变化、振动、冲击、噪声、电磁干扰及核辐射等因素影响下对灵敏度及漂移的要求，保障陀螺仪高精度工作的环境条件。

另外一种表示陀螺仪性能的是陀螺仪误差的数学模型，用它可以分析出陀螺仪误差的性质及其产生的原因，并且可以用来进行误差补偿，提高陀螺仪的使用精度。陀螺仪误差数学模型通常分为三类，即静态数学模型、动态数学模型和随机数学模型。

静态数学模型　在线运动的环境中，陀螺仪的输出为陀螺漂移，它与加速度输入之间的关系式 $\varepsilon_d=F(a)$ 称为陀螺仪的静态数学模型。例如，对单自由度液浮陀螺仪，可以采用如下的静态数学模型：

$$\begin{aligned}\varepsilon_d=&\varepsilon_0+\varepsilon_i a_i+\varepsilon_s a_s+\varepsilon_p a_p+\varepsilon_{ii} a_i^2+\varepsilon_{ss} a_s^2+\varepsilon_{pp} a_p^2\\&+\varepsilon_{is} a_i a_s+\varepsilon_{sp} a_s a_p+\varepsilon_{pi} a_p a_i\end{aligned}\tag{2.52}$$

式中，ε_d 为陀螺仪的总漂移率；a_i、a_s、a_p 分别为沿陀螺仪的输入轴、自转轴和输出轴相对惯性空间的加速度；ε_0 为与加速度无关的陀螺仪漂移系数；ε_i、ε_s、ε_p 分别为沿陀螺仪的输入轴、自转轴和输出轴与加速度成比例的陀螺仪漂移系数；ε_{ii}、ε_{ss}、ε_{pp}、ε_{is}、ε_{sp}、ε_{pi} 为与加速度乘积成比例的陀螺仪漂移系数。

这些陀螺仪漂移系数与引起陀螺仪漂移的物理因素有关，通过试验可求得这些漂移系数值。

动态数学模型　当陀螺仪输入角速度随时间变化，即有角加速度输入时，陀螺仪输出存在漂移。它与运载体角速度及角加速度输入时间的依赖关系 $\varepsilon_T=F_T(\omega,\dot{\omega})$，称为陀螺仪的动态数学模型。

显而易见，在平台式惯性导航系统中，一般可以不考虑陀螺仪的动态数学模型，因为平台起到了隔离陀螺仪输出与角运动的关系，陀螺仪空间位置及加速度作用方向改变不大；而对于捷联式惯性导航系统中的陀螺仪，必须建立其动态数学模型，采用标定和补偿技术确定模型系数，并根据动态数学模型进行补偿，提高陀螺仪的使用精度。

随机数学模型　陀螺漂移是随机函数，它是由噪声等因素引起的。由于它是随机变化的，很难用一固定的数学表达式来概括描写。通常根据批量生产的陀螺仪进行抽样试验，将大量的试验数据进行统计特性分析计算，求出方差及相关函数，用来表述其随机过程，它代表了该批陀螺仪的随机漂移。在惯性导航系统中常采用 Kalman 滤波技术减小随机漂移的影响。

陀螺漂移并不能完全补偿掉，还有剩余误差，而且可能随时间变化，因此，陀螺漂移稳定性也是一个十分重要的精度指标。表 2.1 总结了陀螺仪按精度指标的分类及其对应用途。

表 2.1 陀螺仪按精度指标分类及其用途

分　类	精度(漂移)	用　途
高精度(惯性级)	优于 10^{-3}°/h	远程运载火箭、洲际导弹、核潜艇等
中等精度(导航级)	优于 10^{-2}°/h	飞机航姿系统、船用平台罗经、陆用导航系统
中低精度陀螺仪	0.1°/h 左右	用于工作时间较短、相对精度较低的系统，如各战术武器、稳瞄等系统
低精度陀螺仪	0.1～1°/h	用于交通车辆、工业运动检测
角速率传感器	0.01°/s	用于交通车辆、工业运动检测

2.3 典型的机械转子式陀螺仪

2.3.1 液浮陀螺仪

液浮陀螺仪是指采用高密度浮液将核心组件——浮子组件悬浮起来，利用阿基米德原理，实现中性悬浮使其支承轴承卸载，减小对支承的压力，从而通过有效降低甚至消除其输出轴上的摩擦来提高陀螺仪的精度。

液浮陀螺仪发展历史较早。20 世纪 20 年代初期，人们已经开始探索液浮支承技术。40 年代中期，美国麻省理工学院德雷伯实验室首先研制成功液浮陀螺仪，并用于舰船火炮控制系统。1948 年，德雷伯博士研制出液浮速率积分陀螺，为近代高精度陀螺技术的研究奠定了基础。1950 年，美国开始制造液浮惯性测量组件。1954 年，液浮惯性导航系统在飞机上试飞成功。1956 年，铍材料开始用于制造液浮陀螺的关键零件，从而大大提高了陀螺工作的稳定性。随后，在液浮支承为主的基础上，输出轴上又增加了磁悬浮定中元件，使得输出轴的轴尖与轴承脱离接触，把摩擦力矩减小了几个数量级。1958 年，装备了液浮陀螺惯性导航系统的核潜艇，从珍珠港附近潜入冰层下的深海进行远程航行，穿过北极到达欧洲波斯兰港，历经 21 天，其中最长连续潜航时间为 96 小时，潜艇露出水面时，其实际位置与惯性导航系统的计算位置仅差几海里(1 海里＝1.852 千米)。60 年代初期，液浮陀螺电机转子支承改用气体自润滑动压轴承，与滚珠轴承相比，既减小了机械噪声，又大大延长了陀螺仪的工作寿命。

图 2.20 所示为单自由度液浮陀螺仪的基本结构图，其中陀螺电机的作用是为陀螺转子提供动量矩，通常采用三相或两相磁滞同步电机，也可采用永磁电机等，一般为内定子外转子形式，其轴承既可以采用滚珠轴承，也可以是动压气浮轴承。传感器组件负责将浮子组件相对于壳体的机械转角转化为电信号，通常有动圈式和微动同步器式角度传感器。力矩器组件主要利用电磁原理产生力矩，通常有永磁式力矩器和电磁式力矩器。浮子组件(陀螺组件)通常为圆柱形，也有纺锤形(陀螺房)，其内装有电机，预抽真空并充以一定压力的高纯度氦气或氢气，外部充满悬浮液体，两端有浮子配平机构，中间为枢轴(进动轴)。输出轴承由安装在浮子组件上的一对枢轴和与其同心安装在壳体(或端盖)上的一对宝石轴承组成。枢轴和宝石轴承由特殊材料制成，具有耐磨、硬度高、摩擦系数小和抗冲击等优点，也可同时采用磁悬浮支承，利用电磁力将浮子定位于支承中心。壳体组件为浮子组件提供密闭液浮环境和温控组件。浮液通常为具有一定黏性的高密度液体，提供悬浮、阻尼以及抗振、热传递等作用，常见的有氟氯油、

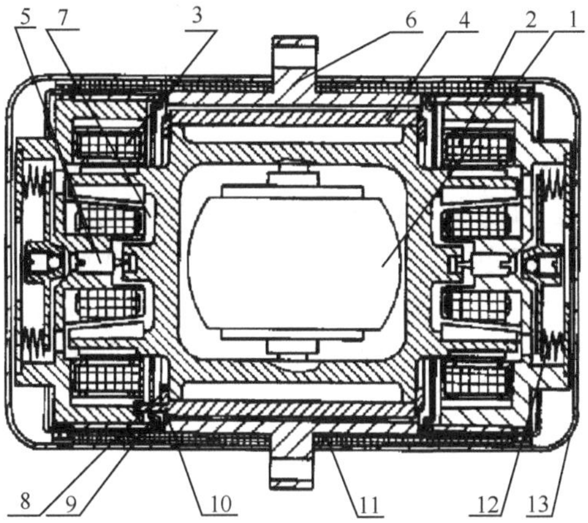

图 2.20　单自由度液浮陀螺仪基本结构

1-陀螺电机；2-传感器组件；3-力矩器组件；4-浮子组件；5-输出轴承；6-壳体组件；7-浮液；8-平衡机构；9-引线装置；10-限位装置；11-温控组件；12-波纹管组件；13-陀螺外罩

氟溴油、硅油等。平衡机构利用增重或减重以及质心沿轴、径向位移使浮子合力与合力矩均趋于零，满足力学平衡条件。引线装置通过软导线（导电游丝）和绝缘子将电机、传感器、力矩器、磁悬浮等电磁元件输电由内部引出。限位装置的功能是限定浮子组件沿输出轴的最大转角。温控组件由位于陀螺内部和壳体上的热敏丝和加热丝组成，与外围温控电路一起控制陀螺悬浮温度。用测温丝测量陀螺实际工作温度。波纹管组件被用于补偿由于温度变化引起的浮液体积变化。陀螺外罩起电磁屏蔽、保护和附带保温作用。

液浮陀螺仪具有精度高、可靠性好、环境适应性强等优点，但结构比较复杂、生产成本较高，因此主要适用于精度要求高、环境条件恶劣的载体和系统中，包括飞机、舰船、导弹、火箭、车辆等各种载体。

2.3.2　挠性陀螺仪

挠性陀螺仪是一种采用挠性支承的自由转子陀螺仪。1946 年英国皇家研究院提出挠性支承的概念，其理念极具创新性，是一种没有摩擦的高弹性系数挠性接头，同时又具有一定的强度，以承受冲击和扰动所产生的应力。挠性陀螺仪又称为干式陀螺仪，具有结构简单、体积小、质量轻、功耗少、启动快、成本低、寿命长、抗冲击能力强、精度高、适合于批量生产等突出优点，是陀螺技术上的重大革新和突破。

早期的挠性支承采用细颈式结构，工程上应用较多的是动力调谐陀螺仪（dynamically tuned gyro，DTG）。动力调谐陀螺仪结构示意图如图 2.21 所示。陀螺转子和驱动轴间是通过挠性接头连接起来的，挠性接头由相互垂直的内外挠性轴和一个平衡环组成。内挠性轴由一对内扭杆组成，外挠性轴由一对外扭杆组成，内挠性轴将驱动轴与平衡环相连接，外挠性轴将

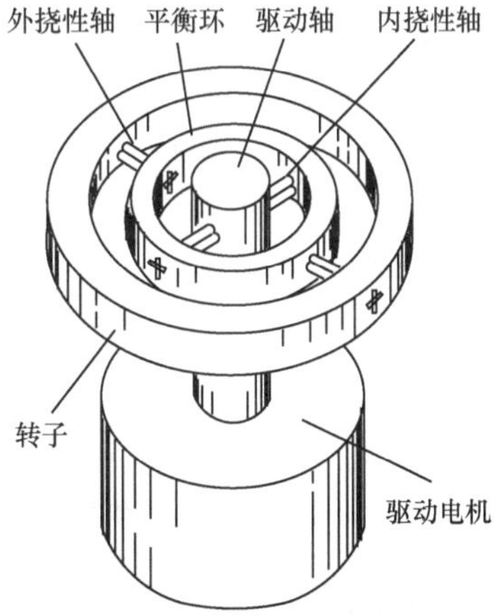

图 2.21　动力调谐陀螺仪结构示意图

平衡环与转子相连。内挠性轴线应垂直于驱动轴线，而外挠性轴线和内挠性轴线应相互垂直，并与驱动轴线交于一点。正常工作时，驱动电机高速旋转，通过内挠性轴带动平衡环旋转，平衡环再通过外挠性轴带动陀螺转子旋转。

动力调谐陀螺仪的一个优点是能够实现动力调谐功能。挠性接头在变形过程中产生弹性约束力矩（称为正弹性力矩），如果与挠性接头平衡环的动力效应引起的陀螺力矩（称为负弹性力矩）相互抵消，就使陀螺转子变成一个无约束的自由转子陀螺仪，调节挠性杆刚度及转子转速使正负弹性力矩达到相互抵消的过程即称为“动力调谐”，这类陀螺仪也因此得名。曾经广泛用于航空、航天、航海、陆用车辆、大地测量和石油钻井等领域。

2.3.3 静电陀螺仪

静电陀螺仪是一种在超高真空中将球形转子由静电场支承悬浮工作的自由陀螺仪，其原理结构如图 2.22 所示。它的核心部件是空心或实心的球形铍转子。转子密封在超高真空陶瓷壳体的球形空腔内。在球形空腔的内壁上，用金属化的方法制成三对三轴正交的电极。通过向三对电极施加可控的高电压，依靠转子表面与电极之间的静电场吸力，将高速旋转的球形转子悬浮在球腔的中心，从而实现高速球形转子的空间悬浮支承。

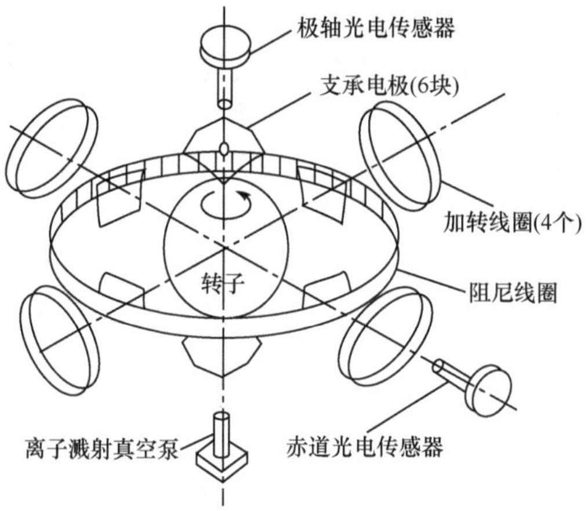

图 2.22 静电陀螺仪原理结构

静电陀螺仪在超高真空中工作，静电支承系统取代了机械式的框架结构，转子自转主轴相对壳体的转角由光电传感器检测，完全消除了对转子的一切机械摩擦力矩，并且在工作时保持不对陀螺仪施加任何控制力矩。所有这些条件都保证了静电陀螺仪工作在理想的自由陀螺状态，因此，它是迄今为止世界上精度最高的陀螺仪，曾应用于导弹核潜艇、攻击型潜艇、远程轰炸机、远程侦察机、精密大地测量、地球重力场模型卫星探测、无拖曳卫星控制、空间科学试验等领域。

思 考 题

1. 刚体的定点运动可以通过动坐标系相对定坐标系的有限次转动来描述，试说明转动次序是否具有不可交换性？何时与转动次序无关？
2. 从结构上看，机械转子式陀螺仪一般包括哪些部分？

3. 陀螺仪的自由度是如何定义的?
4. 什么是陀螺仪的定轴性和进动性? 有何应用?
5. 以单自由度陀螺仪为例,分析一下机械转子式陀螺仪敏感角速度(角度)的原理。
6. 什么是陀螺漂移? 可以用哪些模型描述? 各有什么作用?

第 3 章　光学陀螺仪

第 2 章所介绍的机械转子式陀螺仪的工作原理是建立在牛顿力学基础上的，动量矩定理是分析陀螺动力学特性的基本方程，具有角动量是机械转子式陀螺仪与一般刚体的根本区别。角动量是由机械旋转产生的，机械旋转必须依靠支承，所以支承技术是机械转子式陀螺仪的关键技术，对陀螺仪的性能指标要求越高，支承技术就越复杂，成本也越高，这就是机械转子式陀螺仪的局限性。同时，由于复杂的机械结构，机械转子式陀螺仪在抗冲击振动等环境适应性方面也存在局限性。随着相关技术的发展，出现了建立在量子力学基础上的光学陀螺仪。光学陀螺仪与机械转子式陀螺仪的工作原理有本质区别，具有全固态、启动快、耐冲击、动态测量范围宽、数字输出和工作可靠等优点，同时受温度影响小，因此，光学陀螺仪是构建捷联式惯性导航系统的理想元件，同时也可用于构建惯性稳定装置。

1897 年，英国物理学家 Oliver Lodge 最早提出光学陀螺仪的概念。1913 年，法国科学家 Sagnac 论证了光学陀螺仪的工作原理及基本效应——Sagnac 效应。1925 年，Gale 和 Michelson 利用一个面积为 600m×300m 的巨大环形干涉仪测量出地球的旋转角速度。1960 年，第一台激光器问世。1961 年 Heer、1962 年 Rosenthal 等提出将激光器用于 Sagnac 干涉仪构成环形激光陀螺仪。1963 年 2 月，美国 Sperry 公司的 Macek 和 Davis 宣布他们用环形行波激光器感测旋转速率获得成功。同年，Sperry 公司首次报道的环形激光陀螺仪原理性试验中，使用 1m×1m 的正方形闭合光路，测得 50°/h 的低转速，这一消息引起了惯性技术领域的轰动，随即在 1964 年前后，全世界几十家研究机构展开了对环形激光陀螺仪的研究。在提高环形激光陀螺仪精度的研究过程中，1976 年，世界上第一台光纤陀螺仪问世。如今，光学陀螺仪在军、民领域的应用逐渐增多，如消费电子、自动驾驶和无人机等领域。

未来光学陀螺仪将朝着更小型化、低成本和高精度的方向发展。随着集成光学和微机电系统(MEMS)技术的融合，激光陀螺仪将实现芯片级集成，大大缩小体积，降低功耗。微光机电系统(micro-optical-electro-mechanical system，MOEMS)是在微机电系统(MEMS)技术基础上发展起来的新学科方向，它把各种 MEMS 结构件与微光学器件、光波导器件、半导体激光器、光电检测器件等完整地集成起来，形成一种全新的功能部件或系统。它不仅具有 MEMS 的优点，由于加入了光学技术，还具有光学器件的相关优点，在中低精度领域具有广阔的应用前景。

本章主要介绍光学陀螺仪的基本工作原理及各类光学陀螺仪。

3.1　光学陀螺仪基础

3.1.1　光的干涉

光的相干性可以用经典的波动理论描述，即光具有波动性和粒子性，光的粒子性是分析光学陀螺仪误差的理论基础，光的波动性的一个重要特征是具有波的干涉现象。对于两列波的情形，如果满足两列波的频率相同，在叠加处振动方向相同，且两波源的振动位相相同或者位相差恒定的条件，那么这样的两列波相遇会在叠加区域内某些点的振动始终加强，而在另一些点的振动始终减弱，因而在叠加区域内形成强弱一定的稳定分布，这就是波的干涉现象。这样的两列波称为相干波，发出相干波的波源称为相干波源，所要满足的条件称为干涉条件。如图3.1所示为光的干涉现象示意图，干涉现象是光波以及一般波动的特征，1801年托马斯·杨的杨氏双缝干涉试验说明了光的干涉现象的存在。

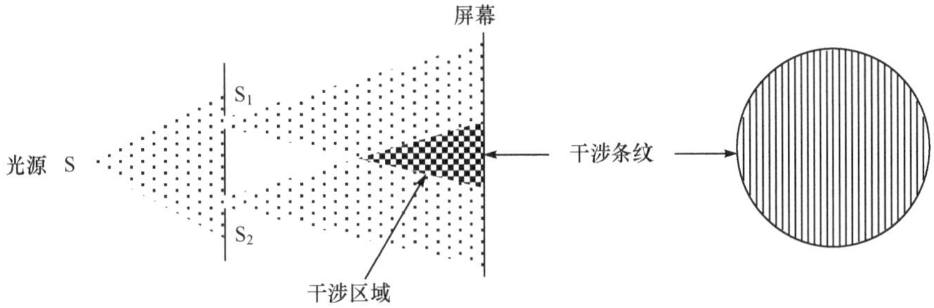

图3.1 光的干涉现象

要观察到光的干涉现象首先必须产生相干光，在通常情况下指：

(1) 把同一个小光源(点光源)发出的某一频率的光(单色光)分成两束。

(2) 使这两束同频率的光叠加。

(3) 在叠加处两束光的振动方向相同。

这时在两束光的叠加处就可以观察到该频率光的明暗分布，即干涉条纹。

条件(1)是满足相干条件中两波源的振动具有恒定的位相差的要求。之所以采用一个小光源产生的两束干涉光，是因为光波可以看成是由光源中大量的分子、原子(可称为微振子)的振动而产生的电磁波。光源中每一个微振子都可看成一个独立的波源。这些微振子每次发光持续的时间极短，约为10^{-8}s。在普通光源(指自发辐射光源，如白炽灯或气体放电光源)情形，这些微振子每次发光时的振动初位相和两次发光之间的时间间隔都是随机变化的，因此两个独立的光源即使振动频率相同，也不能认为是具有恒定相位差的相干波源。只有把一个光源的一微小区域(看成点光源)发出的单一频率的光波分成两束再使之相遇，这样的两束光才可以看成是同频率同位相振动的两个波源发出的，满足了波的频率相同、波源有恒定位相差的条件，这样的两束光才能称为相干光。

在实际应用中，具有相干性的光波强度(称为相干强度)是一个重要的参数，一个好的相干光源应该在很大的相干体积内具有很高的相干光强，光束的空间相干性越强，它的方向性越好。激光器就是一种把光强和相干性两者统一起来的强相干光源，具有单色性好、方向性强等优点，因此直到激光器的出现才使早已发现的Sagnac效应具有了实际的应用价值。

3.1.2 Sagnac效应

1913年，法国实验物理学家Sagnac发现了Sagnac效应。为了观察转动系统中光的干涉现象，他做了一个类似于旋转陀螺仪力学实验的光学实验，该实验装置如图3.2所示。从光源O发出的光到达半镀银反射镜M后分成两束：一束为反射光，经过反射镜M_1、M_2、M_3及M后到达光屏P，另一束是透射光，经过M_3、M_2、M_1及M后到达光屏P。这两束沿相反方向传播的光汇合在光屏上，形成了干涉条纹，用照相机可以记录下干涉条纹。当整个装置(包括光源和照相机)开始转动时，干涉条纹开始发生移动。这个实验被称为 Sagnac 实验，它证明了处于一个系统中的观察者确定该系统转动速度的可能性。但是，由于当时只有普通光源，观察到的效应非常微小，很难达到实际应用所要求的精确度，因此一直没有得到实际应用。直到 20 世纪 60 年代初出现了激光器，该效应才被广泛应用于激光陀螺仪及光纤陀螺仪。下面介绍 Sagnac 效应感测旋转角速度的原理。

如图 3.3 所示，考虑在一个半径为 R 的环形光路内，运转着正、反两束光，P 为环路的周长。当这个环形谐振腔绕环形光路的法线以角速率 ω 匀速转动时，对于腔外(惯性坐标系内)的观察者来说，与 ω 转动方向相同的光绕环形光路一圈的时间为

$$t^{+}=\frac{2\pi R+\omega R t^{+}}{c} \tag{3.1}$$

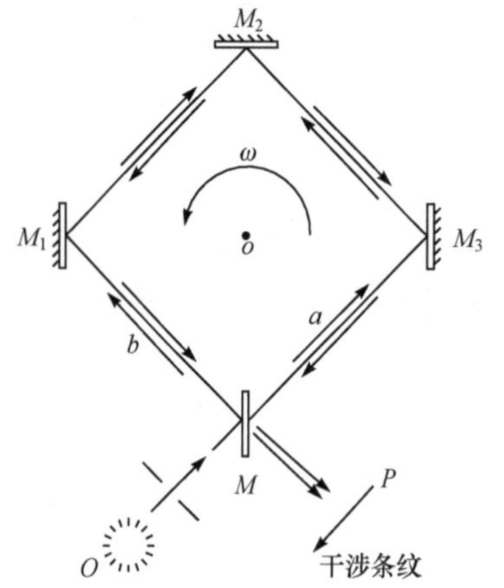

图 3.2　Sagnac 实验

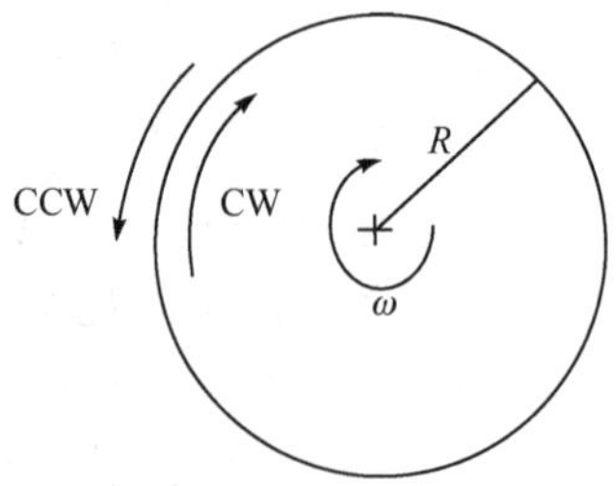

图 3.3　Sagnac 效应原理示意图

动画

与 ω 转动方向相反的光绕环形光路一圈的时间为

$$t^{-}=\frac{2\pi R-\omega R t^{-}}{c} \tag{3.2}$$

令 $\Delta t=t^{+}-t^{-}$，为正反两束光绕环形光路一圈的时间差，则

$$\Delta t=\frac{4\pi R^2\omega}{c^2-R^2\omega^2}=\frac{4\pi R^2}{c^2}\omega\left(1+\frac{R^2\omega^2}{c^2}+\cdots\right) \tag{3.3}$$

因此，正反光束的光程差为

$$\Delta L=c\,\Delta t=\frac{4S}{c}\omega \tag{3.4}$$

式中，$S=\pi R^2$ 为环形光路所包围的面积；c 为光速。从式(3.4)可以看出，只要能够测量出光程差 ΔL，就可以得到角速度值 ω。

Sagnac 效应从理论上给出了角速度和光程差的关系式，但真正用到实际测量中却是非常困难的。1925 年，Michelson 和 Gale 的巨型干涉仪由于采用普通光源，其环形光路按 Sagnac 公式也仅仅产生 0.1745μm 的光程差，这样小的光程差根本无法测量。激光器的发明使 Sagnac 效应得到了实际的应用。把激光增益介质引入环形谐振腔中，构成环形激光器，才极大地提高了闭合光路测量角速度的灵敏度。

在闭合光路中，当激光束在谐振腔中谐振时，光程的长度是光波长的整数倍。设光程长为 L，波长为 λ，则

$$L=n\lambda \tag{3.5}$$

由于光波长与频率的乘积就是光速，即

$$c=f\lambda \tag{3.6}$$

所以，有

$$f=\frac{c}{\lambda}=\frac{n}{L}c \tag{3.7}$$

据此可以推导出顺、逆两束激光谐振的频率差为

$$\Delta f=f_2-f_1=\frac{n}{L_2}c-\frac{n}{L_1}c \tag{3.8}$$

已知环路的光程长度为 L，两束光的光程差 ΔL 为 $\frac{4S}{c}\omega$，光程 $L_2=L-\frac{1}{2}\Delta L$，$L_1=L+\frac{1}{2}\Delta L$，故有

$$\Delta f=\frac{4S}{L\lambda}\omega \tag{3.9}$$

式中，$K=\frac{4S}{L\lambda}$称为标度因数，只要确定了 K，就可以通过检测环形光路中两束激光的频差而计算出闭合光环路相对于惯性空间的角速率。例如，当环路为边长等于 50mm 的正方形时，工作波长为 1.15μm 的激光陀螺仪的标度因数为

$$K=\frac{4S}{\lambda L}=\frac{50\times10^3}{1.15}=43478.25(\text{脉冲/弧度})=0.192225(\text{脉冲/角秒})$$

当光波波长 $\lambda=0.6328\mu m$ 时，对于前面提及的迈克尔逊实验，根据式(3.9)可以计算出 $\Delta f=0.464\times10^5\text{Hz}$。可见，同样的地球自转角速度，对应的光程差 $\Delta L=0.1745\mu m$，很难检测，而在环形激光谐振腔里的两束激光的频差可以达到 $0.464\times10^5\text{Hz}$，使测量的灵敏度提高了 5～6 个数量级，从而使应用 Sagnac 效应测量旋转角速度成为可能。

3.1.3　光源

光源是产生 Sagnac 效应的重要元件。1917 年爱因斯坦在《论辐射的量子性》一文中提出的受激辐射理论是产生激光的理论基础。普通光源是由发光物质通过自发发射出大量光子所形成的，激发态原子的自发发射是各自独立的、随机的发光过程，发出的光子总是沿四面八方传播，能量很分散，光强也不大，由于光子之间没有确定的相位关系，因此相干性也很差。激光器是一种新型光源，在发光机理上与普通光源有着本质的区别，即在一定条件下，可以通过受激发射获得方向性好、单色性好和高亮度的光，即激光。激光器的出现，促进了光学陀螺仪的发展和应用。

1960 年梅曼发明了第一台红宝石激光器，1961 年贾文等人制成了氦-氖激光器。按工作介质分，激光器可分为气体激光器、固体激光器、半导体激光器和染料激光器 4 大类。液体燃料激光器还没有见到用于陀螺中的报道，目前激光陀螺中最成熟的方案还是采用气体激光器，而气体激光器中只有波长为 0.6328μm 和 1.15μm 的氦氖激光器能制成有实用精度的激光陀螺，因为在氦氖激光器内气体的均匀性最好，折射率较小，激光谱线的相干性好、单色性等性能

也最好，而 0.6328μm 又是其中最稳定的，优于 1.15μm。不过对于磁镜偏频激光陀螺，其腔内氦氖气体的工作波长是 1.15μm，因为该波长处磁光效应系数最大，偏频量最大。

高精度光纤陀螺应用中普遍采用基于放大自发辐射(ASE)效应的掺铒光纤光源，波长 1550nm，这种光源兼具了激光的高功率和激光二极管(LED)的宽光谱优势，还具有波长稳定的优点。2019 年，Fink 等(Fink，2019)首次提出了纠缠光子陀螺概念，利用双光子纠缠态实现了德布罗意波长的减半，采用波长为 405nm 的激光照射周期极化 $KTiOPO_4$ 晶体，经自发参量下转换过程后产生双光子纠缠对，双光子纠缠对经过光纤敏感环后，利用二阶符合计数法进行角速率探测。

固体激光陀螺一般是指增益介质采用固体产生激光的陀螺，一般采用 Nd：YVO_4 作为增益晶体，工作波长 1064nm。2007 年，美国密西根大学的 Hsiao 等制备的掺杂铷硅酸盐玻璃，以此作为基底，制备跑道型谐振腔，谐振腔总长度为 56.07mm，工作波长为 1.02μm。

半导体激光器主要是应用在微光学陀螺仪领域，随着集成光学陀螺仪概念的提出和微纳工艺水平的发展，国内外研究学者陆续提出了基于不同材料和原理的集成光学陀螺仪，而采用的激光波长主要取决于采用的材料平台，目前材料平台主要有铌酸锂($LiNbO_3$)平台、聚合物材料平台、磷化铟平台、二氧化硅平台、氮化硅平台和绝缘体上硅平台等。2011 年，John E. Bower 课题组(Barbour，2007)提出并研制了超低深宽比氮化硅波导，实现了 1580nm 处波导损耗 0.045±0.04dB/m。2014 年，东南大学(Qian，2014)研制了一种用于谐振集成光学陀螺仪的大直径、低传输损耗的聚合物谐振腔，入射波长为 1550nm。

3.2 激光陀螺仪

激光陀螺仪是现代物理学的突破和现代技术革命的产物，它是基于爱因斯坦相对论和激光技术发展的一种全新概念的角速率传感器。激光陀螺仪是捷联式惯性导航系统的理想惯性器件，与机械转子式陀螺仪相比，它具有启动快、可靠性高、寿命长、动态范围宽、标度因数线性度好、数字输出、对加速度不敏感、耐冲击和耐大过载等优点。本节将详细介绍激光陀螺仪的原理和分类、输出误差特性分析以及闭锁效应的克服等。

3.2.1 基本结构原理和分类

1. 基本结构原理

图 3.4 为三角形环形激光陀螺仪的原理图，主要由环形谐振腔体、反射镜、增益介质和读出机构相关的电子线路组成。在环形腔内充有按一定比例配制的氦-氖增益介质，以保证连续激光的产生；三个光学平面反射镜形成闭合光路(环形激光谐振器)。由光电二极管组成的光电读出电路可以检测出两束相向运行光的光程差或者频差，进而得到被测角速度。

1) 环形谐振腔

激光陀螺仪采用的环形谐振腔，通常有三角形和方形两种结构形式。在光程长度 L 给定的条件下，方形谐振腔所包围的面积比三角形的大，由式(3.9)可知，采用方形谐振腔所获得的标度因数要高于同等长度光路的三角形谐振腔。

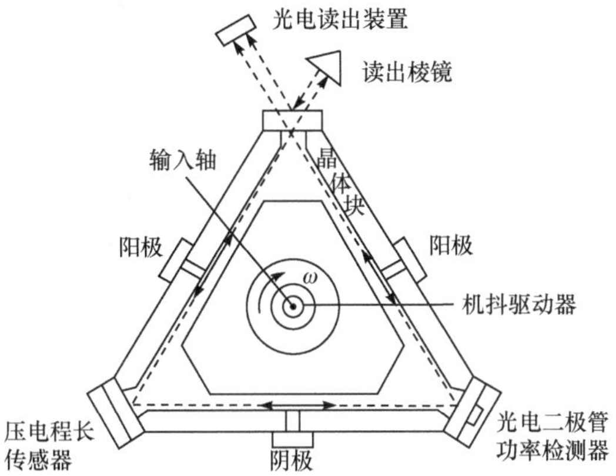

图 3.4　三角形环形激光陀螺仪结构示意图

大多数环形激光陀螺仪的谐振腔采用整体式设计，通过在玻璃体上钻孔来提供激光光束的光路。常用的腔体材料是零膨胀系数的石英玻璃体或者特殊制造的陶瓷玻璃，这些材料一是保证温度膨胀系数要小，以减小回路长度的压电控制量；二是要对氦气不渗透。当然，加工的难易性、成本等也是要考虑的。腔体反射镜也是一个关键部件，其平面要加工平滑并有正确的安装角度。有的设计模式采用一个分离的激光发射管和一个整体的腔体，即将增益介质放在一个分离的增益管中，增益管放置在腔体中的两个反射镜之间，这种模式的环形激光陀螺仪体积要大于整体式的环形激光陀螺仪。

2）反射镜

反射镜是环形激光陀螺仪最重要的部件，一般都放在光同腔体接触的位置，构成一个无应力、密封的腔体，它的作用就是无损失、准确地改变光在光路中的运行方向。由于表面不光滑和制造的光模特性不一致性将引起光的散射，经过吸收和传递，每一个反射镜都可能引起部分激光能量的损失，导致锁定。

3）增益介质

由激光理论可知，激光管中的工作介质在外来激励作用下，原子将从基态被激发到高能级，使得在某两个能级之间实现粒子数的反转分布，此时的工作介质称为激活物质或增益介质。光通过激活物质时将被放大，获得增益。但是激活物质的长度不可能做的很长，而且光通过它时还将存在损耗，所以光在一次通过激活物质时获得的增益是有限的。为了使受激辐射的光不断放大，获得足够高的增益，并使它的频率、方向、偏振和相位都相同，需要有光学谐振腔才行，因此激光陀螺仪采用环形谐振腔。

大多数环形激光陀螺仪中应用的增益介质是高纯度的氦（^{3}He）的三重混合物和两个氖的同位素（^{20}Ne 和 ^{22}Ne）在适当的压力下以一定比例混合形成的混合物，增益介质充满谐振腔，其作用一是确保在腔内产生激光，二是向腔内谐振状态提供增益，使其保持谐振状态。

4）读出机构

为了敏感相向传播的两束光之间的频差，需要将这两束光引出谐振腔外，使它们混合并入射到光检测器上，混合两光束的一种方案见图 3.5。两束光的一小部分能量通过半透半反射镜射入直角合光棱镜，再经合光棱镜相应的透射和反射，使两束光汇合。由于合光棱镜的直角不可能严格地等于 90°，总存在一个小偏角 α，两束光从合光棱镜出射后也有很小的夹角 $\varepsilon=$

$2n\alpha$（n 为合光棱镜的折射率），其值约为几角秒，于是就在光检测器上产生平行等距的干涉条纹。

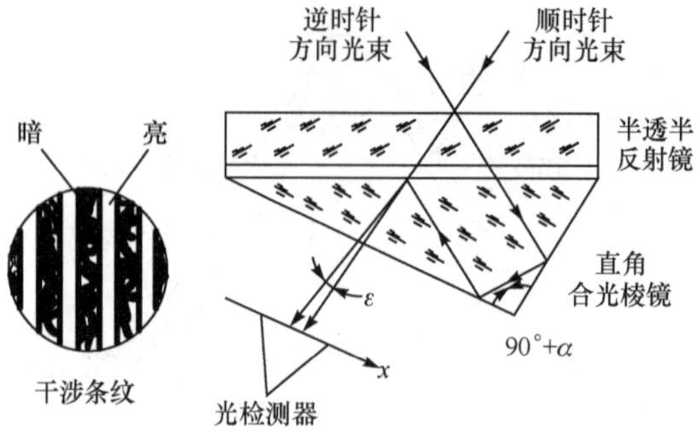

图 3.5　一种混合光束方案

当激光陀螺仪无角速度输入（频差 $\Delta f=0$）时，干涉条纹的位置不随时间变化。当有角速度 ω 输入（频差 $\Delta f\neq0$）时，干涉条纹的移动速度与 Δf 成正比，亦即与 ω 成正比。干涉条纹的移动速度可由光检测器来感测。如果检测器敏感元件的尺寸比干涉条纹间距小，那么光检测器只能检测到 1 个干涉条纹。这样，当干涉条纹在光检测器上移动时，就会输出电脉冲信号。输入的角速度越大，干涉条纹移动的速度越快，输出的电脉冲的频率也越高。因此，只要采用频率计测出电脉冲的频率，就可以测得输入角速度。如果采用可逆计数器测出电脉冲的个数，则可测得输入转角。图 3.6 给出的是激光陀螺仪读出机构的原理图。

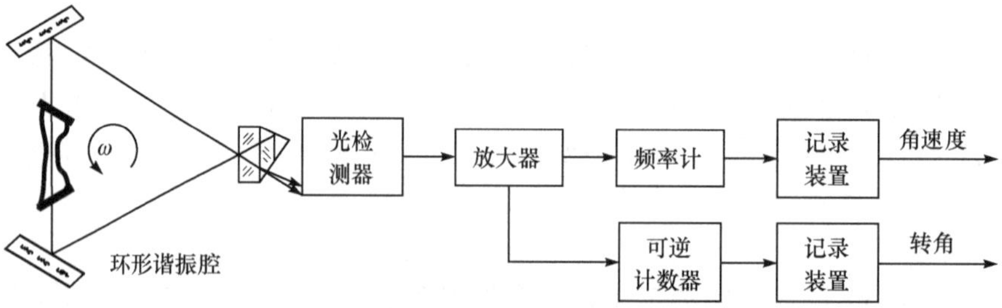

图 3.6　激光陀螺仪读出机构原理图

5）电路部分

激光陀螺仪的电路部分主要由放电电流控制、光程长度控制、抖动驱动、读出放大与方向判定等部分组成。三角形环形激光陀螺仪设计有两个阳极和一个阴极，在两个阳极和阴极之间加上对称的直流高压以使其启动放电。因为在光路长度上的任何变化，都相当于刻度因数和零点稳定性的变化，导致整个敏感器的精度变化，所以在放电启动后，由电流控制电路解调，一个控制电路完成激光束路径长度的控制，即光程长度控制。每个反射镜上附加一个压电传感器，在环境温度变化时保证光程长度为常值。环形激光陀螺仪采用抖动技术可以避免陀螺仪工作于死区内，抖动驱动电路就是控制机械抖动机构的抖动，提高陀螺仪的性能。读出放大与方向判断电路用于判断输出的脉冲是正比于顺时针或逆时针旋转。

2. 激光陀螺仪的分类

激光陀螺仪的分类方法主要有三种，分别是按激光谐振腔的腔型、按采用何种偏频方案及根据同一玻璃基体上敏感轴的数目来划分。

1）按腔型分类

激光陀螺仪的激光谐振腔的腔型主要有三角形腔和四边形腔两类。

(1) 三角形腔。如图 3.7(a)所示，三角形腔有三条毛细孔，三面激光反射镜，其腔型可以是正三角形，也可以是等腰三角形。

(2) 四边形腔。如图 3.7(b)所示，绝大多数四边形腔都是正方形平面腔，只有少数四边形腔不是正方形而是 8 字形或非共面四边形。

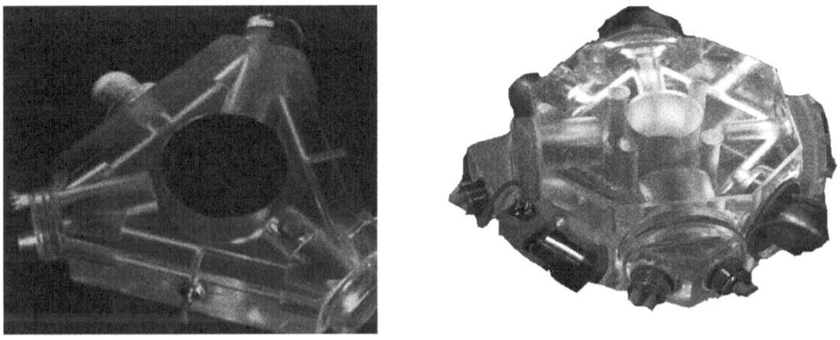

(a) 三角形腔　　(b) 四边形腔

图 3.7　激光陀螺仪谐振腔的形状

彩图

彩图

2）按敏感轴数量分类

如果在同一玻璃基体上，激光陀螺仪只敏感一个方向的转动角速度，则称其为单轴激光陀螺仪，如图 3.8(a)所示；如果在同一玻璃基体上，激光陀螺仪可以敏感三个方向的转动角速率，则称其为三轴激光陀螺仪，如图 3.8(b)所示。

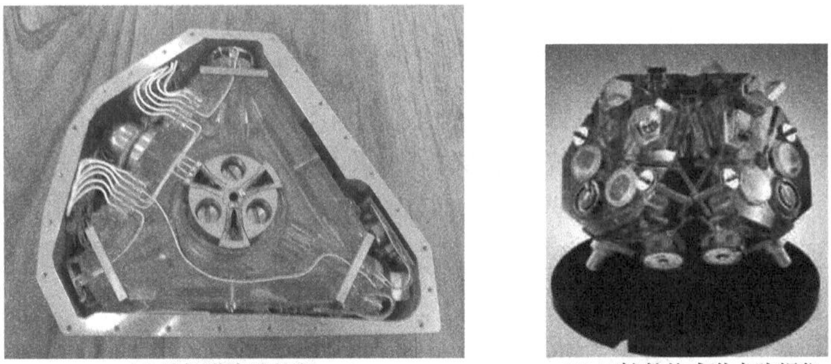

(a) 单轴激光陀螺仪　　(b) 三轴整体式激光陀螺仪

图 3.8　激光陀螺仪按敏感轴数量的分类

彩图

彩图

3）按采用的偏频方式分类

按偏频方式来分，激光陀螺仪主要有抖动偏频式、速率偏频式、磁镜偏频、法拉第偏频和塞曼偏频等。

3.2.2　激光陀螺仪性能指标与误差模型

衡量陀螺性能的指标主要包括零偏、标度因数、角度随机游走等。下面从典型的误差参数及其相应误差模型进行具体阐述。在理想情况下，激光陀螺仪输出的频差与输入的角速度成正比，输出特性应该是一条过原点的、斜率为激光陀螺仪标度因数 K 的直线，如图 3.9 中直线 1 所示。对于实际的激光陀螺仪来说，由于在环形激光产生的物理过程中存在着多种误差因素，例如，氦-氖混合气体的变化、镜面背向散射、激光束在活性介质中传播时的波动和衰减、自我预热时工作模式的变化、相位频率的波动以及随机误差和人为噪声引起的误差等，都将导致激光陀螺仪的输入-输出特性偏离理想输出直线的结果。这些因素构成了激光陀螺仪的误差源。

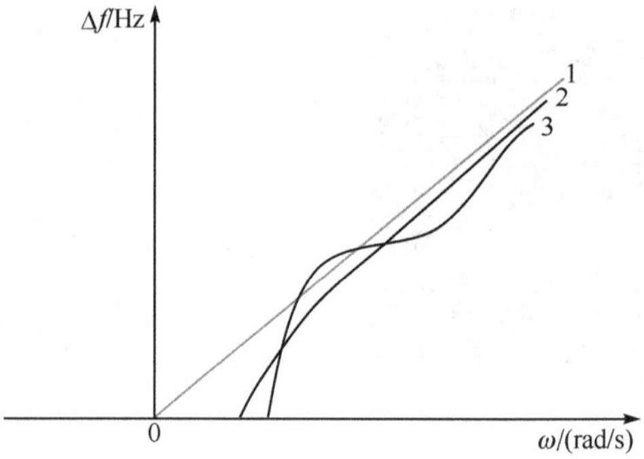

图 3.9　激光陀螺输出特性曲线

1-理想特性曲线；2-考虑锁区的特性曲线；3-实际特性曲线

一般认为，零位偏移、自锁效应、刻度因数误差以及随机漂移是制约激光陀螺仪精度的主要误差源。下面将对这些误差项逐项给予说明。

1. 零位偏移误差

零位偏移误差也称为零偏(B_0)，是指当输入角速度为零时激光陀螺仪的频差输出。一般以规定时间内测得的输出量平均值相应的等效输入角速度的大小来表示，单位为°/h。

产生零偏的主要原因是相向行波介质的折射率不同，导致两束光在环路中绕行一周的光程不同，从而产生频差输出，而折射率不同则是由于朗缪尔效应和衍射作用而使行波场空间分布不均匀等引起的。此外，由多模耦合效应引起的非单模工作状态、沿激光管壁的温度梯度、自锁区不稳定、逆顺时针转动不对称以及外界磁场都会造成零偏误差。

与零偏有关的性能参数有零偏稳定性、零偏重复性、零偏温度灵敏度和零偏磁场灵敏度。

零偏稳定性(B_s)用以衡量陀螺仪输出量围绕其均值的离散程度，用规定时间内输出量的标准偏差相应的等效输入角速率来表示。

零偏重复性(B_r)用来说明在相同条件和规定间隔时间内，重复测量陀螺仪零偏之间的一致程度。测量时，用各次测试所得零偏的标准偏差表示。

零偏温度灵敏度(B_t)说明陀螺仪零偏受温度变化影响的大小，测量时取相对于室温零偏，由温度变化引起的陀螺仪零偏变化量与温度变化量之比的最大值表示。

零偏磁场灵敏度(B_m)衡量外界磁场造成的陀螺仪零偏的大小，用由磁场引起的陀螺仪零偏变化量与磁场强度之比表示。

2. 标度因数误差

标度因数误差是指标度因数的实际值相对标称值的变化。在同一角速度输入状态下，如果标度因数变化，必将引起输出频差的变化，从而导致激光陀螺仪的测量误差，如图 3.10 曲线 3 所示。

标度因数误差主要是由于活性介质弥散特性引起的模牵引效应和模推斥效应引起的。这种效应使得活性介质对行波的折射率发生变化，导致输出频差 Δf 发生变化，并且变化量与输入角速度 ω 成比例，所以它的影响可归结为标度因数 K 的改变。对活性介质弥散特性的计算表明，在比例系数的表达式中增加了非线性项，其相对值随频差的减小而增大。活性介质弥散特性的改变导致标度因数的稳定性和重复性变差。

由式(3.9)可知，激光陀螺仪标度因数 K 与激光的波长 λ 成反比，与环路参数 S/L 成正比。由于激光波长 λ 为定值，所以欲保持标度因数不变，关键是要保持谐振腔形状和尺寸的稳定性。因此，要采取措施保证谐振腔形状和尺寸不受外界因素(温度)变化的影响，例如采用低膨胀系数且具有高稳定性的材料作腔体，并采用腔长控制电路来调整腔体光路的变化。

此外，激活气体反常色散引起的模牵引效应和模推斥效应使得激活气体的折射率发生变化，导致输出频差 Δf 发生变化，而且变化量与输入角速度 ω 成正比，也会影响到标度因数 K 的变化。从惯性系统应用的角度出发，人们希望 K 值大小稳定不变，且相对误差 ΔK 要小。

与标度因数误差相关的陀螺仪的性能参数有标度因数非线性度、标度因数不对称度、标度因数重复性和标度因数温度灵敏度。

标度因数非线性度(K_m)可以衡量标度因数的非线性程度。在输入角速率范围内，取陀螺仪输出量和输入量的比值相对于标度因数的最大偏差与标度因数之比。

标度因数不对称度(K_a)说明陀螺仪正转和反转时标度因数的对称性好坏。测量时，用输入角速率范围内，陀螺仪正、反方向输入角速率的标度因数差值与它们平均值的比值表示。

标度因数重复性(K_r)说明在同样条件下及规定间隔时间中，重复测量陀螺仪标度因数之间的一致程度。用各次测试所得标度因数的标准偏差与其平均值的比值表示。

标度因数温度灵敏度(K_t)说明温度变化对标度因数的影响。测量时取相对于室温标度因数，由温度变化引起的陀螺仪标度因数相对变化量与温度变化量之比的最大值表示。

3. 自锁效应

当激光陀螺仪输入角速度 ω 小于某一临界值 ω_L 时，陀螺仪输出的频差 Δf 为零，即对该范围内输入角速度不敏感，输出信号被自锁或闭锁。这种效应会导致在零输入角速度附近的阈值误差，而且会使输出特性在一定范围内出现非线性，从而造成角速度的测量误差，如图 3.10 中曲线 2 所示。

自锁效应主要是由于激光陀螺仪环形谐振腔中的相向行波之间相互耦合、能量相互渗透而引起的。当行波受到谐振腔反射镜的反射或在行波传播回路中的其他光学元件上反射时，总存在各个方向的散射，其中有一部分将沿原来的光路背向散射，从而耦合到相向行波中去。当相向行波的频差小到一定程度时，这两束光的频率就会被牵引至同步，引起输出信号的自锁。当激光陀螺仪环形谐振腔输入角速度相当大时，由反向散射造成的行波之间的耦合对频差的影响很小，这一影响随着角速度的增大而减小。

改善反射镜片的质量、减小背向散射系数，可以减小锁区阈值，但因为不可能完全消除造成两束光耦合的所有误差，所以自锁现象总是存在的。激光陀螺仪的自锁区（$-\omega_L \sim \omega_L$）的数值一般很大，典型的自锁阈值可达 360°/h。通过精心设计和改进也只能将其降至 30°/h 的量级。

与自锁效应相关的激光陀螺仪性能参数有闭锁阈值和阈值。

闭锁阈值（ω_L）是指在未加偏频条件下，陀螺仪输出无响应时的最大输入角速率。

阈值（ω_0）是陀螺仪能敏感的最小输入量，用该输入量产生的输出量至少等于按标度因数所期望输出值的 50%表示。

3.2.3　自锁效应的克服

克服自锁效应的最简单方法是绕激光陀螺仪的输入轴人为地加上一个大的恒定角速度，所加的角速度远大于自锁阈值，使得在输入角速度为零时，激光陀螺仪总有频差输出，这个频差即为偏频。当测量的输入角速度很小时，也能产生相当大的频差而不会出现自锁效应，这样就避开了原来的自锁区。之后从输出频差信号中减去偏频值，即可得到正比于输入角速度的频差信号。

目前，克服自锁效应的主要方法有机械抖动偏频、速率偏频、磁镜偏频以及法拉第偏频等几种方案，各种方案均有其优缺点，下面具体加以介绍。

1. 机械抖动偏频

机械抖动偏频是目前克服自锁效应最实用，也是在提高精度上最成功的方法。机械抖动偏频的作用原理如图 3.10 所示。谐振腔按曲线 1 的规律绕输入轴相对基座做角振动，且其正半周与负半周是对称的。当基座相对于惯性空间无转动时，正半周的输出频差与负半周的输出频差数值相等而符号相反，输出频差的平均值为零。当基座以小于自锁阈值 ω_L 的某一角速度 ω_A 绕输入轴相对于惯性空间转动时，谐振腔相对于惯性空间的绝对角速度按曲线 2 的规律变化。在正半周中，陀螺仪在 $t_1 \sim t_2$ 时间内角速度大于 ω_L 时（阴影部分），有频差输出；在负半周中，陀螺仪在 $t_3 \sim t_4$ 时间内角速度小于 $-\omega_L$ 时（阴影部分），有符号相反的频差输出。由于正半周有效角速度的积分大于负半周有效角速度的积分，正半周输出频差的积分大于负半周输出频差的积分，因此在一个周期内仍然有频差输出，并且它的数值和符号能够反映输入角速度 ω_A 的大小和方向。

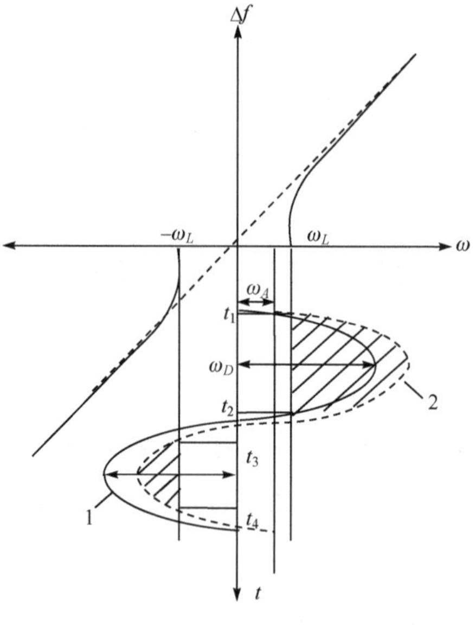

图 3.10　机械抖动偏频原理示意图

机械抖动偏频的激光陀螺仪的输入输出特性曲线如图 3.11(a)所示。其中，点划线部分为理想情况的特性曲线，实线部分为加入抖动后的特性曲线。可以看出锁区消失，输入与输出基本呈线性关系，但其斜率比理想情况略大，当输入角速度 $\omega \approx \omega_D$ 时，出现明显的非线性。

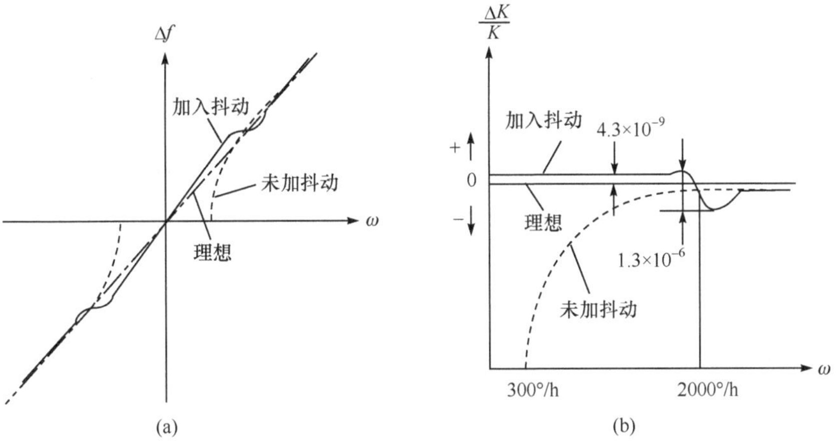

图 3.11　机械抖动偏频时的输出特性和标度因数误差

采用机械抖动偏频的激光陀螺仪的标度因数误差如图 3.11(b)所示。从图中可以看出，在加入抖动偏频的情况下，当输入角速度小于抖动角速度的最大值，即 $|\omega|<\omega_D$ 时，标度因数相对偏差略大于零，为一水平直线；当 $|\omega|>\omega_D$ 时，标度因数相对偏差与无抖动时的相同；当 ω 在 ω_D 附近时，标度因数相对偏差变动最大，发生标度因数凹陷现象。

从以上分析可知，在加入抖动偏频后，可以消除闭锁现象，使陀螺仪的输入-输出基本呈线性关系，虽然标度因数有起伏，但也在 1ppm 数量级上，在导航级精度容许的范围内。机械抖动偏频虽然是解决激光陀螺仪闭锁效应比较有效的方法，但是由于采用正弦波形的抖动速度，在每个抖动周期内总有一段时间激光陀螺仪处于锁区中，这时如果有小于闭锁阈值的角速度输入，激光陀螺仪将没有频差输出，即输出信号产生随机性丢失，从而造成随机性误差。当 $\omega=\omega_D$ 时，激光陀螺仪的误差最大。这种误差效应称为激光陀螺仪的“动态锁区”。为了克服这种现象，可以在抖动驱动幅度或抖动频率中增加随机噪声，从而消除附加锁区，但同时会在输出中增加随机误差。

机械抖动偏频采用交变偏频，相对而言，偏频稳定性要求较低，容易实现。腔内激光工作在 S 偏振态，因此腔损较低、磁敏感度低，且无需腔内元件，因此温度系数小。缺点主要是交变偏频使陀螺每个抖动周期要两次经过锁区，产生过锁误差和存在抖动解调误差等。

2. 速率偏频

由于机械抖动偏频方式使陀螺每周期要两次经过锁区，频繁地过锁区导致拍频信号相位损失，限制陀螺的性能提升。另一种方案速率偏频，就是通过高精度速率转台的大幅度周期性地正反方向旋转，产生近似方波的恒定偏频速率而实现激光陀螺仪的偏频调制，实现大幅度偏频，结合快速反转，减小陀螺在锁区内的时间速率偏频是经过理论和实践证明的性能比较优越的一种偏频方案。在捷联式惯性导航系统中，若采用速率偏频的激光陀螺仪代替机械抖动偏频的激光陀螺仪，精度会大幅度提高。但是该种方式需要高精度转台来实现交变转动，体积大，结构复杂。而且有活动部件，相对而言，耐冲击和振动性能较差。

3. 磁镜偏频

利用横向克尔磁光效应的磁镜偏频也是一种克服自锁效应的简单而有效的方法。磁镜(即磁光反射镜)是谐振腔中的一片特殊反射镜,既用于反射激光构成谐振腔,又基于磁光克尔效应对腔内顺、逆激光进行非互易反射,实现偏频。一般用小线圈激磁,以产生平行于镜面的磁场,使在反射镜入射平面内沿相反方向入射的线偏振光之间产生相位差或光程差。当基座相对惯性空间无转动或低于阈值转速时,两束相反方向传播的激光谐振频率本应相等,没有频差输出,但由于磁镜作用,两束激光之间出现光程差而产生频差输出。如果使磁镜的磁场周期地改变方向,则两束激光的偏频也就周期地改变符号。磁镜偏频相对上述两种偏频方式,没有任何机械装置,全固态且结构简单,耐冲击能力较强。但是低损耗的磁镜制造难度大,而且为了实现磁光效应,要求腔内激光为 P 偏振态,由于反射镜对 S 光的反射率更高,因此必须在腔内插入元件(例如,布儒斯特窗)来抑制容易起振的 S 偏振光,这就在腔内引入了元件,使得总谐振腔损耗较大,零漂温度系数也较大,陀螺难以实现高精度。

4. 法拉第偏频

基于法拉第偏频的激光陀螺仪又分为两种,第一种是平面型四频激光陀螺仪,其谐振腔在同一平面上(共面),利用旋光水晶片实现两个独立的圆偏振振荡,再利用法拉第组件进行偏频;第二种是非共面型四频激光陀螺仪,也叫空间四频激光陀螺仪,非共面谐振腔的本征振荡电磁场就是左旋和右旋的圆偏振光,再利用法拉第进行偏频。当左旋圆偏振光沿顺、逆磁场方向通过法拉第室时,将引起顺、逆行波的频率分裂,右旋光也是如此,因此腔内存在两对(四个)逆、顺方向的行波在振荡,法拉第室组件对腔内振荡的左、右旋陀螺提供大小相同、符号相反的偏频量,把它们的信号拍频进行差动,就可以消去偏频量,因此也称为四频差动激光陀螺仪。其刻度因数为二频激光陀螺仪的两倍,提高了灵敏度。法拉第偏频原理上没有锁区影响,可有效降低陀螺的随机游走误差,也不存在抖动耦合误差;缺点是腔内激光为圆偏振光,导致磁敏感系数大,腔内有元件导致腔损耗较大,由于激光工作点偏离中心频率,存在色散误差,稳频精度要求高等。

3.3 光纤陀螺仪

1976 年,美国 Utah 大学的 Vali 和 Shorthill 首次提出光纤陀螺仪的概念,它标志着第二代光学陀螺仪——光纤陀螺仪的诞生。光纤陀螺仪的发展是以低损耗光纤和小型可靠的半导体光源的发展为前提条件的。与激光陀螺仪相比,除具有激光陀螺仪的优点外,光纤陀螺仪不需要精细加工和精细密封的光学谐振腔和高品质反射镜,因而大大降低了结构的复杂性和成本。利用不同规格的基本元件,可构成适合不同要求的高、中、低等级光纤陀螺仪,因而具有极大的设计灵活性,得到了大力研究和发展。

3.3.1 光纤陀螺仪的功能元件

典型的光纤陀螺仪组成示意图如图 3.12 所示。从光纤陀螺仪的光路构成来看,光纤陀螺仪光路需要多种发挥不同作用的功能元件,下面分别加以简要介绍。

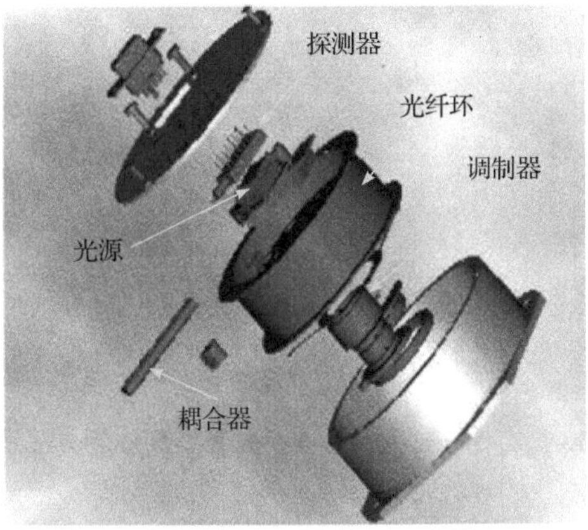

图 3.12　光纤陀螺仪组成机构示意图

1. 光纤和光纤环

光纤是光导纤维的简称，它是用石英、玻璃或特质材料拉成的柔软细丝，直径约为几微米(光波波长的几倍)至 120μm。像水流过导管一样，光能沿着这种细丝在其内部传播。光纤之所以能导光，是因为折射率沿细丝界面的径向有不同的数值，靠近中心的折射率大于外皮的折射率。由于折射率分布的这种特点，根据几何光学全反射规律，进入光纤的光线能沿着光纤传播。由于光纤可以弯曲成任意形状，因而人们能任意改变光的传播方向，这是光纤得到实际应用的基本特点之一。通常用的光纤，要求损耗低并具有良好的物理性能和机械性能，而在光纤陀螺仪中，光纤是用于构成干涉回路的传感部件，需要根据环路中顺、逆时针传播光的相位差来敏感转动速率，因此所用的光纤应该是单模光纤。为了保证干涉环路偏振态的稳定，最好使用保偏光纤。为提高转动检测的灵敏度，一般光纤的长度由几百米到几千米不等，这与所要求的精度有关。

所谓单模光纤，是指芯径在 10μm 以下、芯皮折射差在 0.3%左右，归一化截止频率小于 2.4 的光纤。这种光纤在轴对称情况下，在两个垂直正交的方向上存在两个独立的偏振模态，如果光纤的波导结构完全对称，则这两个正交模态具有相同的传播常数，两者没有区别。但是，实际的光纤都存在芯的椭圆度和偏心等，将引起轴的非对称性，造成两个正交偏振模态传播常数的变化。另外，这种单模光纤在弯曲和温度波动干扰情况下会出现两模式之间的变换，造成偏振态变化。因此，在利用干涉仪检测转动速率的光纤陀螺仪中，使用这种单模光纤就会因为外部干扰使输出变化，降低检测精度。为解决这些问题，科研人员专门研制出保偏光纤，又称为高双折射光纤，有意识地加大两模之间的传播常数差，提高偏振稳定性。

光纤陀螺仪所用的单模光纤或保偏光纤，应具有足够的长度并以小体积的多匝光纤环的形式出现，因此光纤环的绕制是一项极其重要的工艺，应做到在绕制过程中不使光纤性能恶化，且在绕制后能保持光纤性能稳定可靠。一般应考虑光纤环的层数和圈数的最佳匹配、骨架(有、无)和材料选择以及多匝光纤圈的相对位置固定、绕制过程的张力控制以及光纤的空间对称分布等。图 3.13 为光纤陀螺仪中三种不同光纤环绕制方法示意图，采用图 3.13(c)的绕制方式，有利于消除温度漂移引起的 Shupe 误差。

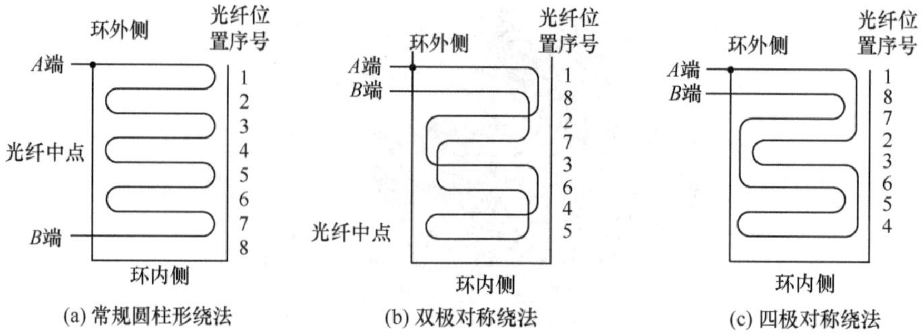

图 3.13　光纤陀螺仪中三种不同光纤环绕制方法示意图

2. 光源和探测器

由于光纤陀螺仪基于 Sagnac 效应工作，光源是必不可少的，要求光源输出功率高、稳定性好；为降低光纤光路的瑞利后向散射与信号光产生二次干涉引起的噪声，要求光源具有宽的光谱宽度及相干性差等特性。光纤陀螺仪可以选用的光源有半导体激光器(LD)、发光二极管(LED)和超辐射发光二极管(SLD)及掺铒超荧光光纤光源(SFS)等。其中，LD 具有高输出功率和高耦合效率，但由于相干性好会带来明显的干涉噪声，限制了其在光纤陀螺仪中的应用；LED 光谱宽，模式噪声小，但是输出功率和耦合效率低；SLD 性能介于二者之间，既具有较高的输出功率，又具有较大光谱宽度，是光纤陀螺仪较为理想的光源，也是目前较普遍使用的光源。值得注意的是，SLD 的输出功率、光谱特性及偏振特性与注入电流和温度有关，在使用中应该注意注入电流的选定、稳定控制以及温度补偿等。SFS 是一种相干性低、单横模的宽带光源，它基于掺铒光纤的放大自发辐射，具有很好的温度稳定性和宽的荧光谱宽，中心波长位于 1550nm 波段而且输出光功率大，是高精度光纤陀螺仪的首选光源。

光纤陀螺仪中的探测器是光路系统中的接收器件，主要功能是实现光信号向电信号的转换，其输出是检测电路部分的信号来源，是影响光纤陀螺仪检测信噪比的关键因素，也是决定光纤陀螺仪随机游走系数指标的重要环节。目前国内光纤陀螺仪中采用的光电探测器由半导体 PIN 光电二极管和跨阻抗前置放大器(场效应晶体管 FET)组成。

3. 耦合器

耦合器在光纤陀螺仪干涉光路中起分束与合束的作用。这类耦合器应具有保偏特性和偏振分波特性，一般包括耦合比为 50%的耦合器(3dB 耦合器)和任意耦合比的耦合器。

4. 偏振器

偏振器在光纤陀螺仪干涉光路中发挥起偏器和检偏器的作用。光纤偏振器有两种：一种是利用光纤小直径弯曲时引起偏振分量损耗差制成光纤圆形偏振器；另一种是研磨光纤包层直至几乎将纤芯裸露，再将此研磨面镀以金属或双折射晶体，制成研磨型光纤偏振器。

评价光纤偏振器性能优劣主要用消光比和插入损耗两个参数，其中，消光比是表示出射光接近线偏振光的程度，消光比越大表示线偏振光的程度越高，偏振性能越好。

5. 消偏器

偏振器是在一个方向选择线偏振分量的光纤器件，而消偏器的作用相反，是一种造成非偏振态光的光纤器件。消偏器是消偏光纤陀螺仪必备的器件。如果在强度相等且正交的两个线偏振光之间，存在一个与所用光源相干长度相比足够长的延迟时间差，则两个偏振分量不会发生干涉，这种状态就是非偏振状态。利用高双折射的保偏光纤就可以实现这种功能。

6. 相位调制器

相位调制器通过在光纤应变状态下改变其长度和折射率，对光纤中传输的光波进行相位调制。它既能实现 $\pi/2$ 的相位偏置使系统处于最灵敏的工作状态，又可进行正弦调制实现相敏检测的目的。

7. 集成光学芯片

光纤陀螺仪用的集成光学芯片是利用钛扩散技术和质子交换技术，将偏振器、分束/合束器和相位调制器都集成在 $LiNbO_3$ 晶片上。通常这种集成光学芯片有两种，即单 Y 波导和双 Y 波导，其消光比可达到 60dB，带宽为 500MHz～1GHz，插入损耗为 6dB 左右。将这种芯片与光源、探测器及光纤环连接并封装，就可以构成一个完整的光纤陀螺仪光路系统。这种集成光纤陀螺仪具有高性能、低成本、高可靠性、体积小以及易于批生产等优点。

3.3.2　光路的互易性

光路的互易性是光纤陀螺仪实现高精度角速率测量的基础，基于 Sagnac 干涉仪的光纤陀螺仪光路中相向传播的光波沿数百米以上的光纤传播后才产生干涉，光路传播引起的相移(相位累积值)达到 $10^{8}\sim10^{10}$ rad，而相位差的检测精度需要达到 $10^{-8}\sim10^{-6}$ rad，相位的相对检测精度达到 $10^{-18}\sim10^{-14}$。因此必须排除 Sagnac 效应以外的任何因素引起的相移。这就要求光学系统保持高度稳定的互易性结构，以使系统中顺、逆时针传播的两束光受到的外部干扰完全一致，在输出中不反映任何外界干扰的影响。满足这种光学互易性的系统应该是一个线性可逆的时间不变系统，对于光纤陀螺仪来说，满足互易性，要具有同光路、同偏振态和同模式三个特征，即光路要满足：

(1) 顺、逆时针传播的两束光应通过完全相同的光路。

(2) 顺、逆时针传播的两束光完全是单模的。

(3) 顺、逆时针传播的两束光是同一偏振态。

要求顺、逆时针传播的两束光具有完全相同的光路，可以确保光纤陀螺仪在零角速率输入下其输出的光程差为零。光在光纤中的传播有几种模式，传播模式不同，光纤对所形成光路的损耗是不一致的，而且每个模式对环境条件波动的敏感程度也不同。因此，在光纤陀螺仪光路中，沿顺、逆时针传播的两束光应该是单一模式，在原理上可实现对光路互易性工作条件的要求。光在传播中表现为横波，在一般的单模光纤构成的光路中，存在独立传播的两个正交偏振态，由于光纤结构的不对称性以及环境的影响，光的传播呈椭圆偏振状态，使得沿顺、逆时针方向传播的两束光互易性不能够得到保证。在光路中插入偏振器，使干涉光路只导入单一的偏振光，而在出射光中也只取相同的偏振光，保证了沿顺时针和逆时针方向传播的两束光为同一偏振态，实现了光路互易性的条件。如图 3.14 所示为一种光纤陀螺仪互易性结构。图中偏振器用于滤除光纤中光波导的两个偏振态中的一个，并滤除光波中杂散模式，确保检测到的是与入射光模态相同的光波。因此，在干涉仪输入、输出公共光路上放置一个单模滤波器，来检测从这个单模滤波器返回的光波，这样便满足了同偏振、同模式的条件。耦合器 1(光源分束器)的作用是将部分返回光引导到探测器上进行相位调节，耦合器 2(光纤环耦合器)起到精确分光的作用。顺时针的光和逆时针的光在耦合器 2 处分别经过透射-耦合和耦合-透射使两束光经过耦合器 2 时有相同的相位改变。耦合器 1 是必需的，它一方面起到分光的作用，另一方面保证两束相反方向传播的光有相同光路。

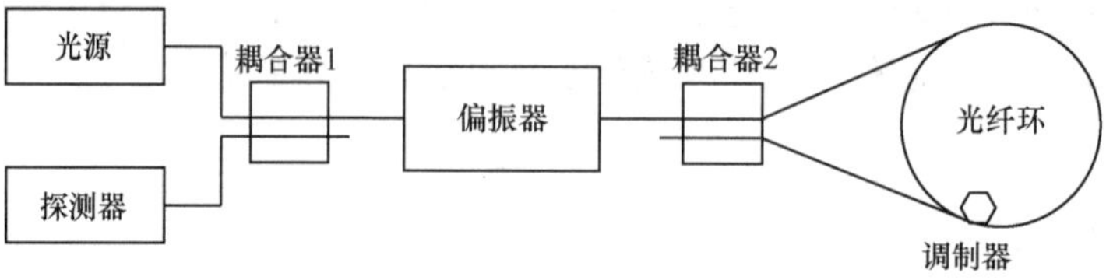

图 3.14　光纤陀螺仪的互易性结构

3.3.3　光纤陀螺仪分类及特点

就原理与结构而言，可以将光纤陀螺仪分为干涉式光纤陀螺仪(interferometric fiber-optic gyroscope，IFOG)、谐振式光纤陀螺仪(resonant fiber-optic gyroscope，RFOG)、布里渊式光纤陀螺仪(Brillouin fiber-optic gyroscope，BFOG)、锁模光纤陀螺仪及法-珀(Fabry-Perot)光纤陀螺仪等五种；就有无反馈信号而言，可分为开环光纤陀螺仪和闭环光纤陀螺仪两类；从相位解调方式来看，还可分为相位差偏置式光纤陀螺仪、光外差式光纤陀螺仪及延时调制式光纤陀螺仪。下面将主要介绍 IFOG、RFOG 和 BFOG 的原理及结构特点。

1. 干涉式光纤陀螺仪

干涉式光纤陀螺仪是直接利用 Sagnac 环形干涉仪的结构形式，根据转动引起两光束的干涉信号来检测角速度的光纤陀螺仪。根据 Sagnac 效应公式(3.4)，顺、逆时针传播的两束光的相位差

$$\Delta\Phi=\frac{2\pi}{\lambda}\Delta L=\frac{2\pi}{\lambda}\frac{4SN}{c}\omega=\frac{4\pi LR}{c\lambda}\omega \tag{3.10}$$

式中，N 为光纤环的匝数；L 为光纤环光纤的总长度，$L=2\pi RN$。式(3.10)即为干涉式光纤陀螺仪的测量公式，通过检测两束输出光的相位差 $\Delta\Phi$，就可以获得角速度 ω。

按光路有无反馈，干涉式光纤陀螺仪可分为开环和闭环两类，其中开环式 IFOG 结构原理如图 3.15(a)所示，直接检测干涉后的 Sagnac 相移，主要用作角速度传感器，这种陀螺仪结构简单，价格便宜，但是线性度差，动态范围小。闭环式 IFOG 结构原理如图 3.15(b)所示，它利用反馈回路由相位调节器引入与 Sagnac 相移等值反向的非互易相移实时抵消 Sagnac 相移，使陀螺仪始终工作在零相位状态，通过检测补偿相移(多转换为频移)来测量角速度，避免了陀螺仪输出的非线性，动态范围广，检测精度高。

干涉式光纤陀螺仪根据结构特点又可分为全光纤光纤陀螺仪和集成光学光纤陀螺仪。所谓全光纤光纤陀螺仪是相对分立光学元件而言，构成光纤陀螺仪光路的所有器件都由光纤构

成，并串接在一根光纤上，即由光源到检测器组成一个光纤闭合光路。全光纤光纤陀螺仪可通过器件的高性能获得较高的整体性能，但工艺复杂、难度大，需要大量的光纤焊接和耦合对准，而且目前还找不到一种线性、宽频带的光纤调制器，这限制了全光纤光纤陀螺仪的应用范围。光路集成化是当前干涉式光纤陀螺仪的发展趋势，将光纤陀螺仪光路（除光源、检测器和光纤环外）集成在一个芯片上，形成多功能光学波导芯片。它不仅为陀螺仪光路器件的密集化和小型化奠定了基础，而且通过引入光电调制器产生非互易性相移直接补偿转动引起的相移，可实现光学闭环，成为提高光纤陀螺仪标度因数稳定性和动态范围的主要技术手段。

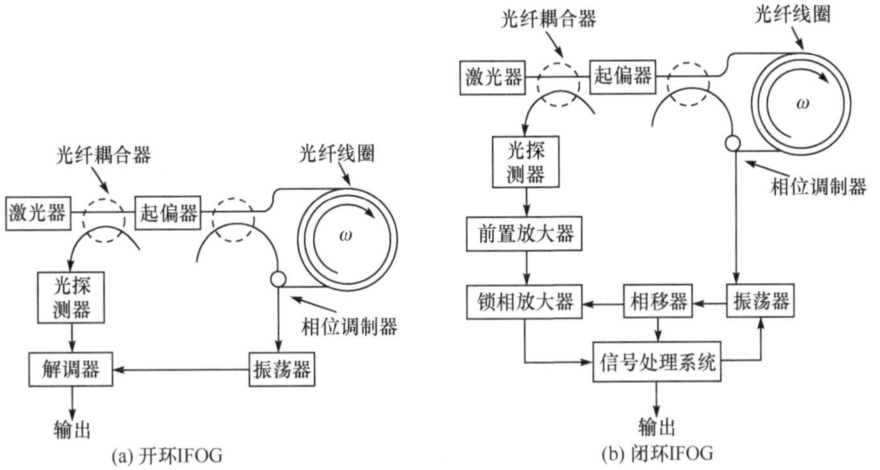

图 3.15　IFOG 原理图

2. 谐振式光纤陀螺仪

谐振式光纤陀螺仪（RFOG）的基本工作原理与环形激光陀螺仪相同，都是利用 Sagnac 效应，通过检测旋转非互易性造成的顺、逆两束光的频差来测量角速度。如图 3.16 所示，从激光器发出的光通过光纤耦合器 1 分成两路，再通过光纤耦合器 2 分别耦合进光纤谐振器，在其中形成反向传播的两路谐振光。当谐振器静止时，这两束光的谐振频率相等；当谐振器以角速度 ω 旋转时，它们的谐振频率不再相等，由 Sagnac 效应可以推出这两束谐振光的频差为

$$\Delta f=\frac{4S}{\lambda L}\omega \tag{3.11}$$

式中，L 为光纤环的光纤长度；S 为光纤环所包围的面积；λ 为波长。由式(3.11)可见，通过测量 RFOG 两谐振光的频差 Δf，即可以确定旋转角速度 ω。

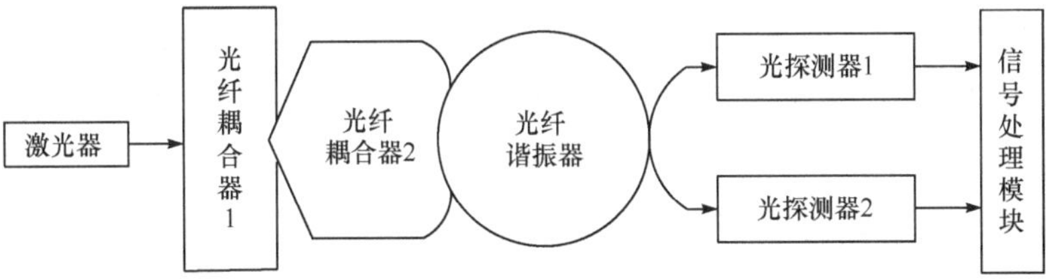

图 3.16　RFOG 原理图

与 IFOG 相比，RFOG 具有以下特点：

(1) 光纤长度短，减小了由于光纤环中温度分布不均匀引起的漂移。

(2) 采用了高相干光源，波长稳定性高。

(3) 由于谐振频率与旋转角速度成正比，所以检测精度高，动态范围大。正是由于以上特点，RFOG 成为新一代惯性传感器件的代表，并且被广泛研究。

在 RFOG 中，为了得到高精细度的谐振，所使用的是高相干光源 LD，这是与 IFOG 有本质区别的地方，因为 IFOG 为了消除高相干性带来的寄生噪声而采用低相干性的光源 LED。

3. 受激布里渊光纤陀螺仪

受激布里渊光纤陀螺仪(BFOG)是由布里渊激光器构成的陀螺仪，是环形激光陀螺仪的光纤化产品。受激布里渊光纤陀螺仪的基本原理如图 3.17 所示。大功率窄谱激光器发出的泵浦光通过分光比为 50∶50 的耦合器 1 后分成光强相等的两束光，再经过分光比为 5∶95 的耦合器 2 后大部分的泵浦光进入光纤环形腔中。当光纤环形腔中的泵浦光 P_1 和 P_2 的功率达到受激布里渊散射的阈值光时，泵浦光会激发出与之反向的受激布里渊散射光(斯托克斯光波)B_1 和 B_2，布里渊散射光的频率受 Sagnac 效应的影响而随光纤环的旋转角速度发生变化，沿顺时针和逆时针方向的散射光频率大小相等而符号相反，二者拍频后得到的拍频信号与光纤环形腔的旋转角速度成正比，通过检测两束布里渊散射光的拍频即可算出陀螺仪的旋转角速度。

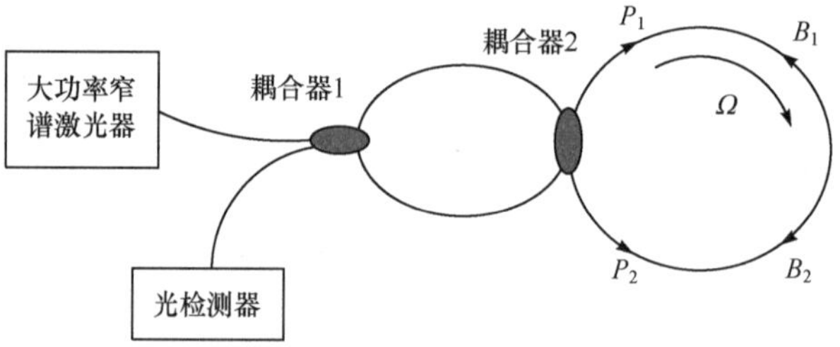

图 3.17　受激布里渊光纤陀螺仪原理图

光纤陀螺仪旋转角速度与两束布里渊散射光的拍频的关系为

$$\Delta v=\frac{\Delta L}{L}v=\frac{4S\omega}{ncL}\frac{c}{\lambda}=\frac{4S}{\lambda nL}\omega \tag{3.12}$$

光纤线圈的旋转角速度与输出两束布里渊散射光的频率差成线性关系，刻度因数为$\frac{4S}{\lambda nL}$，它由入射光的波长 λ、光纤线圈的长度 L、折射率 n 以及光纤线圈围成的面积 S 共同决定。

随着半导体激光器、光纤激光器以及特种光纤制备等技术的飞速发展，目前研制受激布里渊光纤陀螺仪的许多基础性瓶颈已经被突破，受激布里渊光纤陀螺仪技术可能迎来新的发展机遇。

3.3.4　噪声因素及抑制措施

理想的互易特性是实现光纤陀螺仪高灵敏度、高精度的关键，但在实际的光纤陀螺仪中，影响互易特性的因素很多，下面将分别介绍各种噪声因素及其抑制措施。

1. 散射噪声

光纤中后向瑞利散射及来自光界面的后向散射是光纤陀螺仪的主要噪声源。瑞利后向散射是由于光纤内部介质的不均匀性、光纤通路中的焊接点以及与器件的耦合点等引起的。这些散射光会通过对其原点进行寄生干涉而引起测量误差。目前抑制这些散射噪声的方法主要有:①采用超发光二极管等低相干光源;②对后向散射光提供频差并对光源进行脉冲调制;③采用光隔离器;④用宽带激光器、跳频激光器、相位调制器等作光源,以破坏光源的时间相干性,使其后向散射光的干涉平均为零。

2. 温度噪声

光纤由于其物理特性使其对温度十分敏感。一方面,环境温度变化时光纤环的面积将随之变化,将直接影响到对转动角速度检测的标度因数的稳定性;另一方面,温度效应表现在热辐射造成光纤环局部温度梯度,引起左右旋光路光程不等,从而会引起非互易相移的随机漂移。一般对光纤线圈进行恒温处理,如用铅箔进行屏蔽隔离并进行适当的温度补偿等,以及采用四极对称方法来绕制光纤环并在工艺和状态控制上提出严格要求等,以减小温度引起的温度漂移。

3. 光源与探测器噪声

光源是光纤陀螺仪的关键组件,光源的波长变化、频谱分布变化及输出光功率的波动,将直接影响干涉的效果。另外,返回到光源的光直接干扰了它的发射状态,引起二次激发,与信号光产生二次干涉,并引起发光强度和波长的波动。对于光源波长变化的影响通过数据处理的方法加以解决;若波长变化是由温度变化引起的,则可直接测量温度而校正波长;对返回光的影响,可以采用光隔离器、信号衰减器或选用超辐射发光二极管之类的低相干光源,有效降低光纤陀螺仪中反射光与信号光的干涉效果,抑制瑞利背向噪声。

探测器是检测干涉总效果的器件,除了探测器灵敏度外,调制频率噪声、前置放大器噪声和散粒噪声都是影响其性能的噪声源。一般可通过优选调制频率来减少 $1/f$ 噪声分量,用电子学方法来减少放大器噪声;对于散粒噪声,是与光探测过程相关联的基本噪声,只能通过选择尽可能大的光源功率和低损耗的光纤通路,来加大光信号,提高信噪比,以相对减小它的影响。

4. 光路功能元件噪声

光纤陀螺仪内部的功能元件包括偏振器、耦合器(分束器、合束器)、相位调制器以及光电检测器等,这些功能元件是构成光纤干涉光路、保证光路互易性以及灵敏度最佳化必不可少的。但是,由于这些器件性能不佳以及引入后与光纤的对接所带来光轴不对准、接点缺陷等将引起附加损耗和缺陷,产生破坏互易性的新因素,由这些因素引起的噪声称为光路器件噪声,减少这些器件噪声的主要方法是提高器件和光路组装的工艺水平,以获得高性能的器件和光路。表 3.1 给出了光纤陀螺仪的误差源及其解决方法。

表 3.1 光纤陀螺仪的误差源及其解决方法

误差源	解决方法
两束光之间的光程差	温度补偿;光隔离器消除回光的影响
温度漂移 Shupe 误差	采用温度系数小的光纤和被覆材料;采用四极对称法绕制光纤环
温度相位噪声	采用温度系数小的光纤和被覆材料;在光纤环本征频率上进行调制/解调
偏振变化	采用保偏光纤;采用偏振面补偿装置及退偏振镜
后向瑞利散射	采用超发光二极管等低相干光源或对后向散射光提供频差并对光源进行脉冲调制
法拉第效应	光电屏蔽和使用保偏光纤,以消除环路中每隔一圈为一周期的扭曲失真误差
克尔效应	采用低相干光源
光纤端面非涅耳反射	采用消除后向瑞利散射的方法或者采用折射率匹配的方案
光接收器的散粒噪声	采用光量子效率光检测器、低损耗保偏光纤和大功率激光光源

3.4 MOEMS 陀螺仪

MOEMS 陀螺仪是指基于 Sagnac 效应,利用 MEMS 技术把微光学元件、微电子和微机械装置有机地集成在一起,具有光机电一体、微型化、集成化等特点的惯性测量器件。MOEMS 陀螺仪综合了光学传感器和微型化技术的优点,与光纤陀螺仪、激光陀螺仪相比,具有体积小、质量轻等优势;与 MEMS 惯性器件相比,具有灵敏度高、无运动部件、不需真空封装和抗电磁干扰能力强的特点,可在恶劣环境下使用等优势。

MOEMS 陀螺仪按工作原理可分为干涉式和谐振式两种。干涉式 MOEMS 陀螺仪主要采用在硅片上制作光波导或微镜阵列等技术替代光纤线圈;谐振式 MOEMS 陀螺仪主要采用在硅片上制作光波导或微镜构成的谐振腔技术来实现。在干涉式光学陀螺仪中,一般采用增加面积和光纤长度的办法增强 Sagnac 效应,但 MOEMS 陀螺仪受限于空间尺寸的微小,如何在有限的空间内延长光路长度、增强 Sagnac 效应就显得尤为重要。

下面分别介绍两种典型的 MOEMS 陀螺仪。

3.4.1 集成光学陀螺仪

集成光学陀螺仪(integrated optic gyro,IOG)被称为“芯片上的固态陀螺”,它采用集成在芯片上的光波导谐振腔取代光纤陀螺仪中的光纤环和激光陀螺仪中的分立元件谐振腔,并将各个光学元件集成到一个芯片上,因而可以减小体积和质量,同时也减小器件的热效应。

集成光学陀螺仪的工作原理也是基于 Sagnac 效应,其结构主要由光路与电路两部分组成,系统框图如图 3.18 所示,其具体的实现方案是以波导谐振腔作为角速度的敏感部件,经光电探测器将光信号转化为电信号,通过后续的电路信号处理实现角速度的解调输出。集成光学陀螺仪光路部分主要包括窄线宽激光器、波导谐振腔和移频器。其中,环形波导谐振器是集成光学陀螺仪的核心部件,是角速率测量的敏感单元;窄线宽半导体激光器为整个陀螺仪提供谐振式陀螺所必需的高相干光源;移频器将转动速率转换为频率差,实现陀螺的闭环输出。集成光学陀螺仪的电路部分包括探测器、前置模拟信号调理、A/D 转换器、FPGA 及 D/A 转换器，完成信号的检测并输出检测结果。

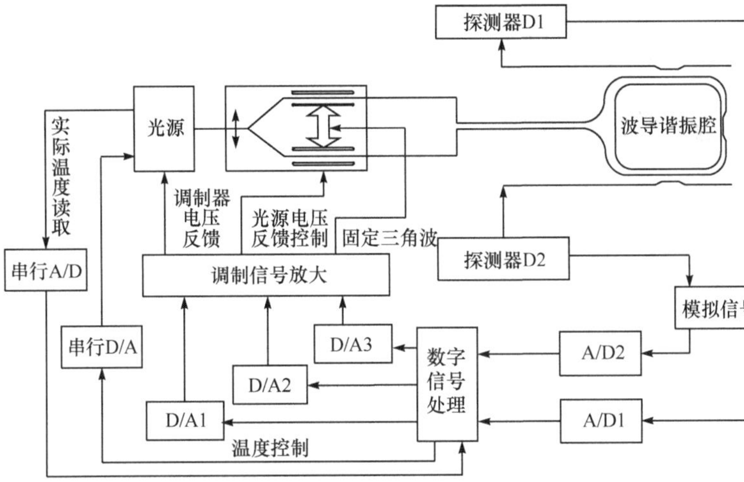

图 3.18　集成光学陀螺仪系统框图

由于集成光学陀螺仪各个光学元件之间的连接没有活动部件，大大增强了器件的稳健性和可靠性，可以承受更大的冲击。此外，它可以利用成熟的半导体平面工艺来制作，有利于降低成本和实现批量生产，因而集成光学陀螺具有广泛的应用空间，可应用于飞机、导弹及车辆控制，机器人、医疗设备、汽车传动系统的测量及控制等。

3.4.2　光子晶体光纤陀螺仪

光子晶体光纤陀螺仪是一种新型的微光学陀螺仪，它用光子晶体光纤绕成的环作为惯性敏感部件，利用微纳米加工工艺实现陀螺仪的一体化加工。光子晶体光纤(photonic crystal fiber，PCF)是基于光子晶体技术发展起来的新一代传输光纤，在纯石英光纤内沿横向周期性地排列空气孔，形成周期性折射率分布，沿光纤的轴向空气孔分布不变。光子晶体光纤技术推动了光传输介质的升级，展现出一系列优良特性，在实现微型化和高度集成的同时提高了各光学器件的性能，从而使陀螺仪在检测精度、动态范围以及抗干扰能力等方面都有所提高。

光子晶体是具有光子带隙特性的人造周期性电介质结构，所谓的光子带隙是指某一频率范围内的波不能在此周期性结构中传播。光子晶体光纤导光机制有两种，一种是光子带隙光纤(PBG-PCF)，如图 3.19 所示，也称为空芯光子晶体光纤，这类光纤的导光机制与传统光纤完全不同，它是通过包层光子晶体的布拉格衍射来限制光在纤芯中传播的；另一种是改进的全内反射光子晶体光纤(TIR-PCF)，也称为折射率引导光子晶体光纤或者实芯光子晶体光纤，如图 3.20 所示，其导光机制与传统光纤类似，由于纤芯折射率高于包层平均折射率，光波在纤芯中依靠全内反射传播。

图 3.21 所示为各种光子晶体光纤截面，与普通光纤相比，光子晶体光纤具有极低的弯曲损耗、良好的色散特性、低温度敏感性和应力敏感性，同时具有更高的抗辐射能力、更高的抗张强度，还可以与空间光学元件一起使用，非常适合应用于光纤陀螺仪。光子晶体光纤陀螺仪用

光子晶体光纤绕成的环作为惯性敏感部件,使环境对光纤陀螺的影响因素大大降低,从而提高陀螺的精度。

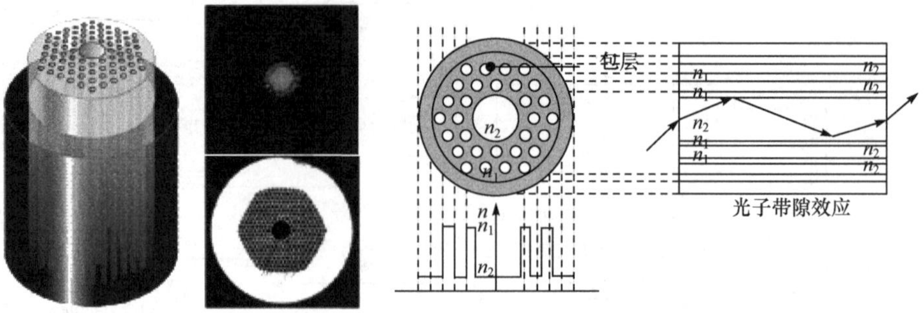

(a) 光纤结构　(b) 光纤截面　(c) 结构及导光示意图

图 3.19　光子带隙光纤(PBG-PCF)的结构及导光示意图

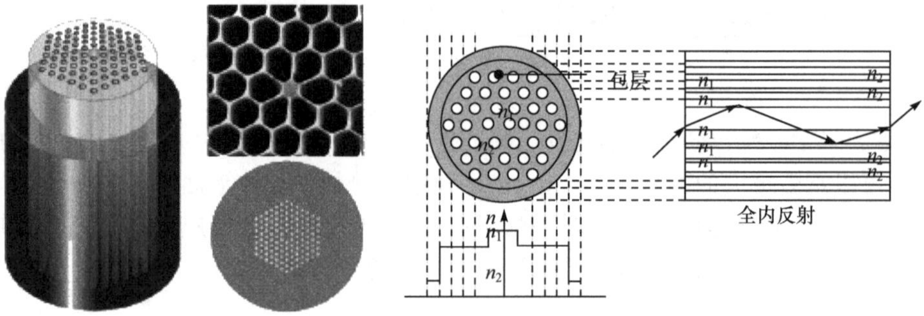

(a) 光纤结构　(b) 光纤截面　(c) 结构及导光示意图

图 3.20　全内反射光子晶体光纤(TIR-PCF)结构及导光示意图

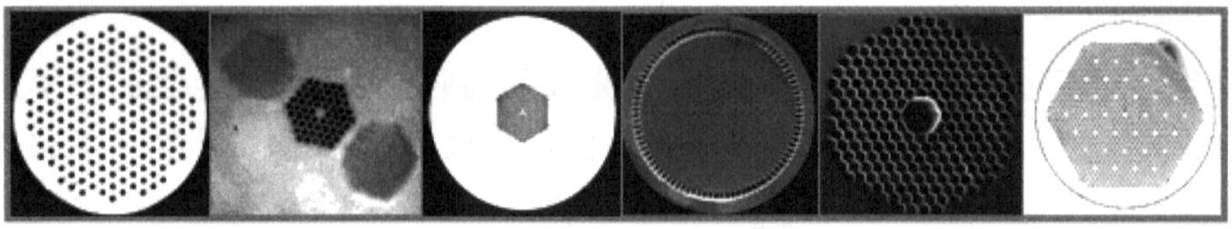

图 3.21　各种光子晶体光纤截面

3.4.3　硅光子光学陀螺仪

硅光子光学陀螺仪是一种基于硅光子技术的光学陀螺仪,它利用光在环形波导中的传播特性,通过 Sagnac 效应来测量物体的角速度。它结合了硅光子学的高度集成化优势和光学陀螺仪的高精度特性,能够在芯片尺度上实现高灵敏度的角速度检测,其核心光路是硅光子芯片。硅光子芯片采用硅基微纳米加工与集成工艺,实现了光源、光探测器、耦合器等多种光学芯片的片上集成,利用片上光波导实现芯片间的信号传递。硅光子光学陀螺除了具有小型化、低成本、高环境适应性的突出技术优势外,还与传统 CMOS 工艺相兼容,有利于实现光学陀螺仪的光电融合和批量化生产。

硅光子光学陀螺仪系统框图如图 3.22 所示，在单个硅光子芯片上集成了光源、耦合器、光探测器、相位调制器以及片上环圈等多种光学器件。其中耦合器和片上环圈为薄层平面光波导，直接在硅基材料（Si、Si_3N_4、SiO_2 等）上制作实现，片上环圈需要在小弯曲半径下具备极低的单位传输损耗（<0.5dB/m），从而尽量增大敏感单元的长度（>50m），提升硅光子光学陀螺设计灵敏度；光探测器通过直接生长（如 Si-Ge 探测器）工艺实现单片集成，或者通过耦合（端面耦合、边缘耦合或光栅耦合）工艺实现异质集成，光探测器需要具备高响应度、低暗电流特征，以提升陀螺信噪比；相位调制器可以直接采用基于载流子色散的单片集成方案，但是硅基调制器在调相的同时不可避免引起强度调制，也可以通过 $LiNbO_3$ 相位调制芯片倒装焊工艺实现与 Si 材料的异质集成，确保相位调制的高线性度和低强度调制，提升硅光子光学陀螺仪性能。

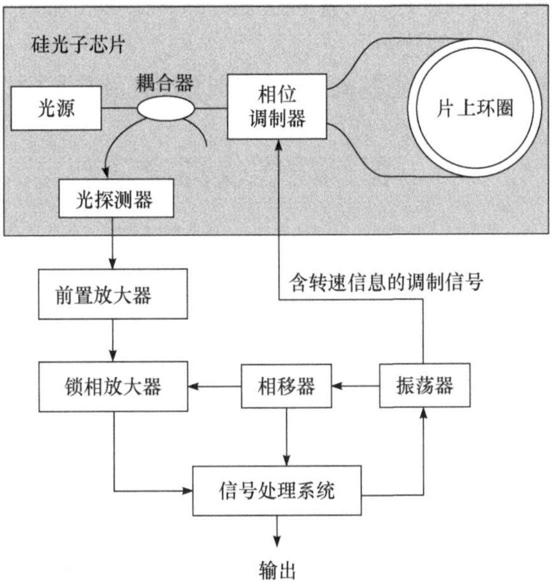

图 3.22　硅光子光学陀螺仪系统框图

思　考　题

1. 简述 Sagnac 效应测量角速度原理。
2. 试根据激光陀螺仪标度因数公式 $K=4S/(L\lambda)$，分析同等光路长度的三角形和正方形谐振腔的激光陀螺仪检测角速度的灵敏度差别。
3. 什么是激光陀螺仪的闭锁效应？有哪些克服方法？
4. 什么是光路的互易性？如何保证互易性？
5. 光纤陀螺仪按原理与结构可分为哪些典型的类型？
6. 光学陀螺仪有哪些特点？

第 4 章　振动陀螺仪

在惯性技术发展过程中，提高陀螺仪的性能是人们不断的追求。不同的应用场合对具有抗高过载、微小型、低成本、高性价比等性能的陀螺仪的应用需求，促使新结构、新原理的陀螺仪不断涌现，如经典力学理论与近代科技成就相结合，出现了振动陀螺仪，包括壳体振动陀螺仪、音叉振动陀螺仪、微机电陀螺仪及压电振动陀螺仪等。这类振动陀螺仪的共同机理，都是利用高频振动的质量在被基座带动旋转时所产生的哥氏效应来敏感角运动的。振动陀螺仪的主体是一个做高频振动的构件，由于它没有高速旋转的转子和相应的支承系统，所以具有结构简单、可靠性高、体积小、成本低等优点。

本章首先介绍振动陀螺仪的理论基础，然后分别介绍几种典型的振动陀螺仪。

4.1　振动陀螺仪理论基础

4.1.1　哥氏加速度与哥氏效应

根据 1.5 节的介绍，加速度向量合成公式为

$$\left.\frac{\mathrm{d}^2\boldsymbol{R}_n}{\mathrm{d}t^2}\right|_n=\left.\frac{\mathrm{d}^2\boldsymbol{R}_{nm}}{\mathrm{d}t^2}\right|_n+\left.\frac{\mathrm{d}^2\boldsymbol{R}_m}{\mathrm{d}t^2}\right|_m+2\boldsymbol{\omega}_{nm}\times\left.\frac{\mathrm{d}\boldsymbol{R}_m}{\mathrm{d}t}\right|_m+\frac{\mathrm{d}\boldsymbol{\omega}_{nm}}{\mathrm{d}t}\times\boldsymbol{R}_m+\boldsymbol{\omega}_{nm}\times(\boldsymbol{\omega}_{nm}\times\boldsymbol{R}_m) \tag{4.1}$$

式(4.1)右端第三项即为哥氏加速度，即

$$\boldsymbol{a}_{\mathrm{cor}}=2\boldsymbol{\omega}\times\boldsymbol{v} \tag{4.2}$$

式中，$\boldsymbol{\omega}$ 为牵连角速度；$\boldsymbol{v}$ 为质点相对于转轴的径向速度。哥氏加速度是一种表观加速度，它以一种参考坐标系来表示，并且和旋转角速率成正比。哥氏加速度来自于物体运动所具有的惯性，是由于质点不仅做圆周运动，而且同时也做径向运动或周向运动所产生的。当速度矢量 $\boldsymbol{v}$ 的大小或方向发生变化时，说明相对速度 $\boldsymbol{v}$ 有一个加速度存在。当牵连运动是转动时，即牵连角速度 $\boldsymbol{\omega}$ 使相对速度 $\boldsymbol{v}$ 的方向发生变化，而相对速度 $\boldsymbol{v}$ 又会使牵连转动 $\boldsymbol{\omega}$ 产生的牵连速度的大小产生变化，两者相互影响，都会产生附加的加速度 $\boldsymbol{a}_{\mathrm{cor}}$。图 4.1 给出哥氏加速度的原理解释。

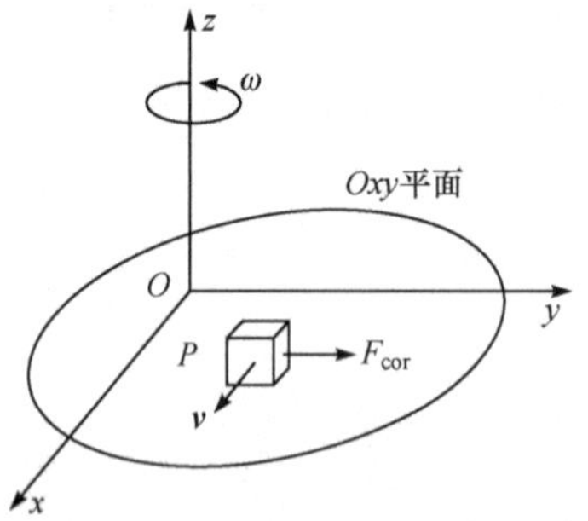

图 4.1　哥氏加速度产生原理示意图

为了描述旋转体系的运动，需要在运动方程中引入一个假想的力，这就是哥氏力。哥氏力是以牛顿力学为基础的，引入哥氏力之后，人们就可以像处理惯性系中的运动方程一样简单地处理旋转体系中的运动方程，大大简化了旋转体系的处理方式。从物理学的角度考虑，哥氏力与离心力一样，都不是真实存在的力，而是惯性作用在非惯性系中的体现。哥氏力计算公式如下：

$$\boldsymbol{F}_{\mathrm{cor}}=-m\boldsymbol{a}_{\mathrm{cor}}=2m\boldsymbol{v}\times\boldsymbol{\omega} \tag{4.3}$$

可见，哥氏的方向与哥氏力加速度的方向相反。这是因

为，哥氏加速度是在惯性系中观察到的，由作用力产生；而哥氏力则是在转动的参考系中观察到的，它产生的加速度是相对于非惯性系而言的，不能认为哥氏加速度是由哥氏力产生的。

哥氏力效应是振动陀螺仪工作的基础。除此之外，哥氏力效应具有广泛的应用，如由于自转的存在，地球并非一个惯性系，而是一个转动参照系，因而地面上质点的运动会受哥氏力的影响。地球科学领域中的地转偏向力就是哥氏力在沿地球表面方向的一个分力。地转偏向力有助于解释一些地理现象，如北半球由南向北流动的河流，其河道的一边往往比另一边冲刷得更厉害，右岸比较陡峭，左岸比较平坦。傅科摆也是基于哥氏效应的原理工作的。

4.1.2　振动陀螺仪原理

1. 振动陀螺仪的运动方程

一个在轴对称的线性弹簧约束下，在 Oxy 平面相对原点振动的质点，表征了振动陀螺仪的基本特性。图 4.2 为二维简谐振动图，二维弹簧质量系统具有两个主轴（正则模态轴）方向，且两个方向的固有频率略有差异，若写出二维弹簧质量系统在旋转坐标系中的方程式（包括哥氏效应、角加速度和离心力），则旋转坐标系的两个轴与弹簧质量系统的正则模态轴一致。

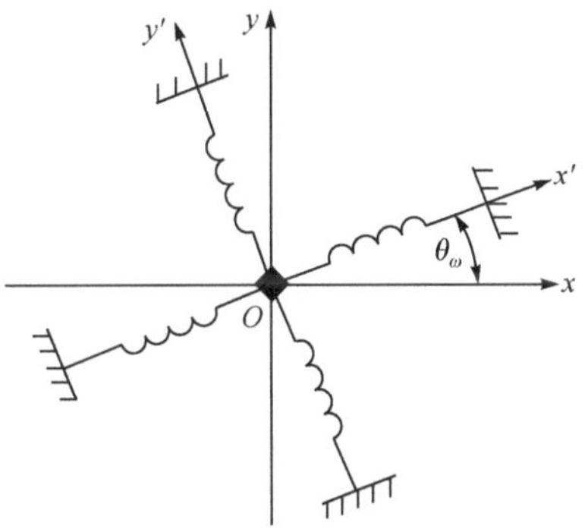

图 4.2　二维简谐振动示意图

图 4.2 所示的弹簧质量系统的方程式为

$$\ddot{x}'-2\Omega\dot{y}'-\dot{\Omega}y'+(\omega_2^2-\Omega^2)x'=g_{x'} \tag{4.4a}$$

$$\ddot{y}'-2\Omega\dot{x}'-\dot{\Omega}x'+(\omega_1^2-\Omega^2)y'=g_{y'} \tag{4.4b}$$

式中，ω_1、ω_2 为简谐振动角频率，旋转坐标系绕 z 轴以角速度 Ω 旋转，同时质点在减速分量 g_x、g_y 的作用下在 Oxy 平面内做线性加速运动。式（4.4a）和式（4.4b）是在旋转坐标系中的描述。

如图 4.2 所示，沿 x、y 和 x'、y'轴的分量满足正交变换关系，即

$$V_{x'}=V_x\cos\theta_\omega+V_y\sin\theta_\omega \tag{4.5a}$$

$$V_{y'}=-V_x\sin\theta_\omega+V_y\cos\theta_\omega \tag{4.5b}$$

$\mathbf{V}$ 为任意矢量，这里表示 $\boldsymbol{r}$ 或 $\boldsymbol{g}$。θ_ω 为弹簧质量系统的正则模态轴与 x、y 轴（将用来表示检测器和施力器轴）的夹角。利用逆变换，可写出在固定坐标系中关于 x、y 分量的运动方程

$$\ddot{x}-2\Omega\dot{y}-\dot{\Omega}y+\left(\frac{\omega_1^2+\omega_2^2}{2}-\Omega^2\right)x-\frac{\omega_1^2-\omega_2^2}{2}(x\cos2\theta_\omega+y\cos2\theta_\omega)=g_x \tag{4.6a}$$

$$\ddot{y}+2\Omega\dot{x}+\dot{\Omega}x+\left(\frac{\omega_1^2+\omega_2^2}{2}-\Omega^2\right)y+\frac{\omega_1^2-\omega_2^2}{2}(-x\sin2\theta_\omega+y\cos2\theta_\omega)=g_y \tag{4.6b}$$

如果引入具有主轴时间常数 τ_1、τ_2 的线性阻尼，设 θ_τ 为 τ_1 主轴的方位角，θ_ω 为 ω_2 主轴的方位角，上述方程可以引申为以下方程：

$$\ddot{x}-2\Omega\dot{y}-\dot{\Omega}y+\left(\frac{1}{\tau_1}+\frac{1}{\tau_2}\right)\dot{x}+\left(\frac{1}{\tau_1}-\frac{1}{\tau_2}\right)(\dot{x}\cos2\theta_\tau+\dot{y}\sin2\theta_\tau)$$

$$+\left(\frac{\omega_1^2+\omega_2^2}{2}-\Omega^2\right)x-\frac{\omega_1^2-\omega_2^2}{2}(x\cos 2\theta_\omega+y\sin 2\theta_\omega)=g_x \tag{4.7a}$$

$$\ddot{y}+2\Omega\dot{x}+\dot{\Omega}x+\left(\frac{1}{\tau_1}+\frac{1}{\tau_2}\right)\dot{y}+\left(\frac{1}{\tau_1}-\frac{1}{\tau_2}\right)(-\dot{x}\sin 2\theta_\tau+\dot{y}\cos 2\theta_\tau)$$

$$+\left(\frac{\omega_1^2+\omega_2^2}{2}-\Omega^2\right)y+\frac{\omega_1^2-\omega_2^2}{2}(-x\sin 2\theta_\omega+y\cos 2\theta_\omega)=g_y \tag{4.7b}$$

除了缺少角度增益因子和其他乘子外，式(4.7a)和式(4.7b)就是振动陀螺仪的运动方程。引入以下量来简化该方程：

$$\omega^2=\frac{\omega_1^2+\omega_2^2}{2},\quad \frac{1}{\tau}=\frac{1}{2}\left(\frac{1}{\tau_1}+\frac{1}{\tau_2}\right),\quad \omega\Delta\omega=\frac{\omega_1^2-\omega_2^2}{2},\quad \Delta\left(\frac{1}{\tau}\right)=\frac{1}{\tau_1}-\frac{1}{\tau_2} \tag{4.8}$$

由于好的开环陀螺性能要求 ω_1、ω_2 几乎相等，τ_1、τ_2 几乎相等，因此，该方程仍然适用。用这些量重写方程，同时引入一些乘子，包括角度增益因子 K，离心力因子 K'，线性加速度输入因子 γ_x、γ_y，以及广义力(如在力电极上的电压所引起的 x 和 y 模态轴上的力)，可以得到广义振动陀螺仪运动方程

$$\ddot{x}-2K\Omega\dot{y}-K\dot{\Omega}y+\frac{2}{\tau}\dot{x}+\Delta\left(\frac{1}{\tau}\right)(\dot{x}\cos 2\theta_\tau+\dot{y}\sin 2\theta_\tau)$$

$$+(\omega^2-K'\Omega^2)x-\omega\Delta\omega(x\cos 2\theta_\omega+y\sin 2\theta_\omega)=f_x+\gamma_x g_x \tag{4.9a}$$

$$\ddot{y}+2K\Omega\dot{x}+K\dot{\Omega}x+\frac{2}{\tau}\dot{y}+\Delta\left(\frac{1}{\tau}\right)(-\dot{x}\sin 2\theta_\tau+\dot{y}\cos 2\theta_\tau)$$

$$+(\omega^2-K'\Omega^2)y+\omega\Delta\omega(-x\sin 2\theta_\omega+y\cos 2\theta_\omega)=f_y+\gamma_y g_y \tag{4.9b}$$

2. 振动陀螺仪运动方程的解

式(4.9)所描述的是一个二维的(傅科)摆。当无阻尼、无转动、无外力且两个正则模态轴的频率一致($\Delta\omega=0$)时，可以简化为

$$\ddot{x}+\omega^2x=0 \tag{4.10a}$$

$$\ddot{y}+\omega^2y=0 \tag{4.10b}$$

该方程的通解可以写为如下形式：

$$x=a\cos\theta\cos(\omega t+\phi')-q\sin\theta\sin(\omega t+\phi') \tag{4.11a}$$

$$y=a\sin\theta\cos(\omega t+\phi')+q\cos\theta\sin(\omega t+\phi') \tag{4.11b}$$

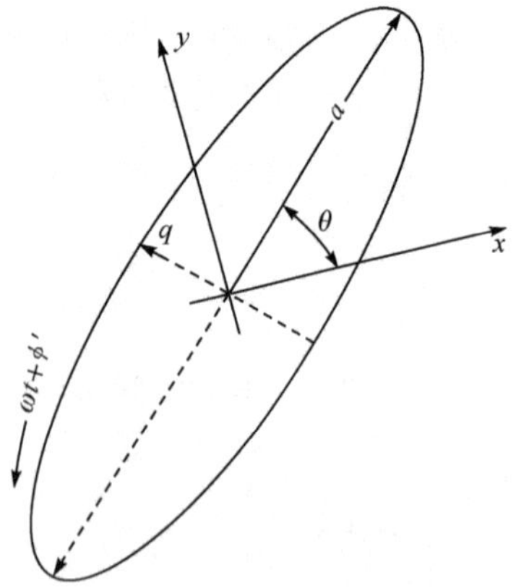

图 4.3　规范变量示意图

图 4.3 表示了该解的 xy 图，表明理想二维摆的轨迹通常是一个固定的椭圆。a、q、θ、ϕ'完全清楚地表示出轨道的特性。a、q、θ、ϕ'为自然变量，可以利用它们来对振动陀螺仪的特性进行分析，在这里将其称为规范变量。在无阻尼、无频率分解和无转动时，这些量是恒定的，在有阻尼的情况下，它们将以$\frac{2\pi}{\omega}$的时间间隔缓慢变化。

3. 开环振动陀螺仪运动方程的简化及求解

在开环振动陀螺仪中，激励模态(x)是通过引入恒幅正弦力函数而获得的(可不必在激励模态自然频率 ω_x 上)。

关于输入角速率的信息包含于 y 信号中，当存在输入角速率 Ω 时，由于耦合激励模态哥氏力的存在，读出模态被激励。

取 $\gamma_x=\gamma_y=0$，并忽略离心加速度和角加速度的影响，同时，由于开环振动陀螺仪在参数设计时，总是使 y 远小于 x。因此，在式(4.9a)中忽略 y，可写成

$$\ddot{x}+\frac{2}{\tau_x}\dot{x}+\omega_x^2 x=f_x \tag{4.12}$$

式中

$$\frac{1}{\tau_x}=\frac{1}{\tau}+\frac{1}{2}\Delta\left(\frac{1}{\tau}\right)\cos 2\theta_\tau \tag{4.13}$$

x 对激励函数的静态响应可近似表示为

$$f_x=-f_{x_0}\sin(\omega_{f_x}t) \tag{4.14}$$

$$x=c_{x_0}\cos(\omega_{f_x}t+\varphi_x) \tag{4.15}$$

式中

$$c_{x_0}=\frac{\dfrac{f_{x_0}}{2\omega_x}}{\sqrt{\dfrac{1}{\tau_x^2}+(\omega_x-\omega_{f_x})^2}},\quad \varphi_x=\arctan[(\omega_x-\omega_{f_x})\tau_x] \tag{4.16}$$

将这一结果代入式(4.9)，得到开环振动陀螺仪的 y 方程

$$\begin{aligned}\ddot{y}+\frac{2}{\tau_y}\dot{y}+\omega_y^2 y=&\ \omega_{f_x}c_{x_0}\left[2K\Omega+\Delta\left(\frac{1}{\tau}\right)\sin\theta_\tau\right]\sin(\omega_{f_x}t+\varphi_x)\\&+c_{x_0}\omega\Delta\omega\sin 2\theta_\omega\cos(\omega_{f_x}t+\varphi_x)\end{aligned} \tag{4.17}$$

式(4.17)的静态解为

$$y=c_{y_0}\cos(\omega_{f_x}t+\varphi_x+\varphi_y)+s_{y_0}\cos(\omega_{f_x}t+\varphi_x+\varphi_y) \tag{4.18}$$

式中

$$c_{y_0}=\frac{\dfrac{f_{x_0}}{4\omega_x}\left[2K\Omega+\Delta\left(\dfrac{1}{\tau}\right)2\theta_\tau\right]}{\sqrt{\dfrac{1}{\tau_x^2}+(\omega_x-\omega_{f_x})^2}\sqrt{\dfrac{1}{\tau_y^2}+(\omega_y-\omega_{f_y})^2}}$$

$$s_{y_0}=\frac{\dfrac{f_{x_0}}{4\omega_x}\Delta\omega\sin 2\theta_\omega}{\sqrt{\dfrac{1}{\tau_x^2}+(\omega_x-\omega_{f_x})^2}\sqrt{\dfrac{1}{\tau_y^2}+(\omega_y-\omega_{f_y})^2}}$$

$$\varphi_y=\arctan[(\omega_y-\omega_{f_y})\tau]$$

在这种情况下，输入角速率的大小是通过用 $\cos(\omega_{f_x}t+\varphi_x+\varphi_y)$ 作为参考来解调 y 信号来获取的，即

$$\hat{\Omega}=\frac{\mathrm{SF}\cdot\mathrm{demod}(y)}{\cos(\omega_{f_x}t+\varphi_x+\varphi_y)}+B \tag{4.19}$$

式中

$$\mathrm{SF}=\frac{1}{Kc_{x_0}}\sqrt{\frac{1}{\tau_y^2}+(\omega_y-\omega_{f_y})^2}=-\frac{2\omega_x}{Kf_{x_0}}\sqrt{\frac{1}{\tau_x^2}+(\omega_x-\omega_{f_y})^2}\cdot\sqrt{\frac{1}{\tau_y^2}+(\omega_y-\omega_{f_y})^2}$$

$$B=\frac{1}{2K}\Delta\left(\frac{1}{\tau}\right)\sin 2\theta_{\tau}$$

为了了解标度因数和带宽与设计参数之间的关系，考虑陀螺仪对 Ω 的阶跃变化的响应，不考虑方程式中 $\Delta\left(\frac{1}{\tau}\right)$ 项和 $\Delta\omega$ 项，写出 y 在 $t=0$ 时刻对恒角速率 Ω 的响应 $\left(\omega_y-\omega_{f_y}\ll\omega_y,\ \frac{1}{\tau_y}\ll\omega_y\right)$ 为

$$y=c_{y_0}\left[\cos(\omega_{f_x}t+\varphi_x+\varphi_y)-e^{-\frac{1}{\tau_y}}\cos(\omega_y t+\varphi_x+\varphi_y)\right] \tag{4.20}$$

由此可见，开环振动陀螺仪的设计中要求的带宽 ω_B 可以通过以下两种方法之一取得：①调整读出模态的阻尼时间常数至 $\frac{1}{\tau_y}\geqslant\omega_B$；②调整驱动模态激励频率至 $|\omega_y-\omega_{f_y}|\geqslant\omega_B$。对于任何一种设计方法，除上述简化处理外，还可进行频域分析。

标度因数与频率及阻尼时间常数的关系为

$$\mathrm{SF}\propto\sqrt{\frac{1}{\tau_x^2}+(\omega_x-\omega_{f_y})^2}\cdot\sqrt{\frac{1}{\tau_y^2}+(\omega_y-\omega_{f_y})^2}$$

对于第一种设计方法，当 $\omega_x=\omega_y=\omega_{f_y}$ 时，可得标度因数的最大值，此时 $\mathrm{SF}\approx\frac{1}{\tau_x\tau_y}=\frac{\omega_B}{\tau_x}$。对于第二种设计方法，当 $\omega_x=\omega_{f_y}$ 时，可得标度因数的最大值，结果也是 $\mathrm{SF}\approx\frac{\omega_B}{\tau_x}\left(\text{假设}\frac{1}{\tau_y}\ll\omega_B\right)$。

4.1.3 振动陀螺仪的典型敏感结构

振动陀螺仪的振动方式包括线振动和角振动，其振子结构多种多样，最常见的有振弦、振梁、音叉、圆筒、环、半球、圆片、膜片、薄板等形式，图 4.4～图 4.7 分别给出了几种典型结构。

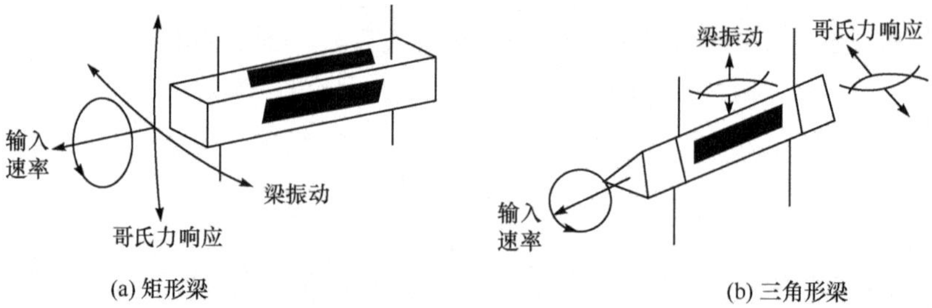

图 4.4　振梁式振子

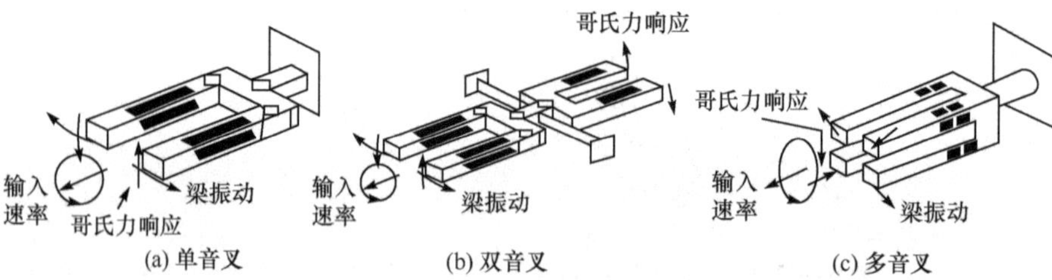

图 4.5　音叉式振子

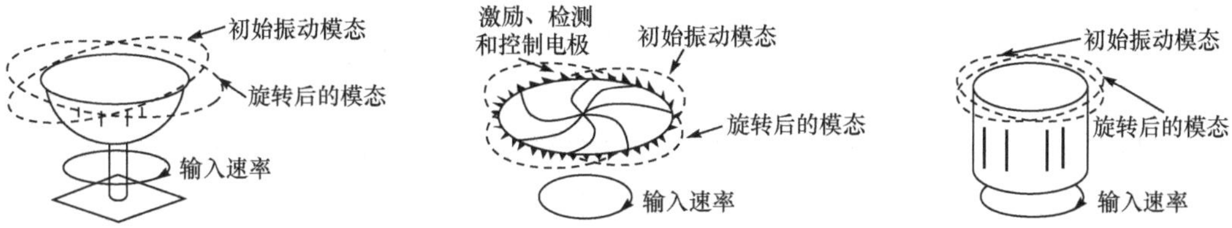

(a) 半球　(b) 环　(c) 圆环

图 4.6　振动薄壳式振子

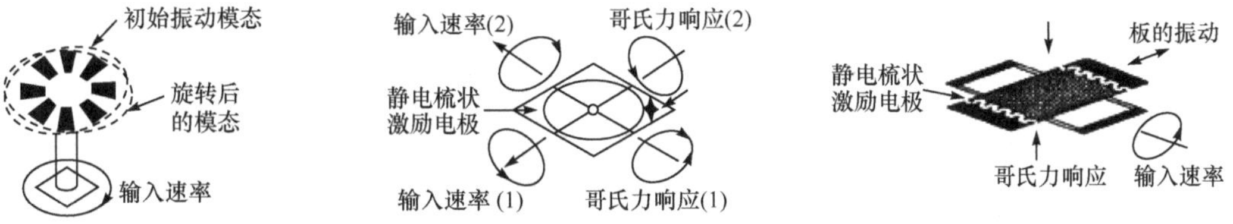

(a) 线振动盘　(b) 角振动板　(c) 线振动板

图 4.7　振动板式振子

4.2　半球谐振陀螺仪

半球谐振陀螺仪(hemispherical resonator gyroscope，HRG)是一种高精度的固态振动陀螺仪。半球谐振陀螺仪是运动力学、弹性力学、压电学、静电力学、声学、微电子学等多学科交叉新技术的高精度测量仪表，其核心结构包括半球谐振子、激励电极、信号检测电极和支撑结构，具有高精度、长寿命、抗辐射和低功耗等优点。

1890 年，英国科学家 G. H. Bryan 发现轴对称壳体绕中心轴旋转时，环向振型不再相对壳体静止而是相对壳体进动，振型的进动角 ψ 与壳体相对惯性空间转过的角度 φ 有恒定的关系 $\psi=K\varphi$。虽然 Bryan 的研究成果在许多学者的著作中多次被提到，但长时间没有得到应用。1965 年，美国 Delco 公司(目前已属于 Northrop Grumman 公司)的 Lynch D 等开始研究半球谐振陀螺仪，并研制出首个半球谐振陀螺仪。半球谐振陀螺仪从理论提出到实际应用，经历了近一个世纪的发展历程。美国、俄罗斯和法国在早期研究中处于领先地位，而中国近年来也取得了显著进展。随着技术的不断突破，HRG 正朝着高性能、微小型化和智能化方向发展，未来将在军事、航天和民用领域发挥更重要的作用。

4.2.1　半球谐振陀螺仪的工作原理

半球谐振陀螺仪是基于哥氏效应工作的，谐振子振型的偏转仍可从哥氏加速度和哥氏惯性力的概念得到解释。

半球谐振陀螺仪主要部件的半球谐振子由熔凝石英制成，是一个弹性体，从靠近杯口的一个弹性质量环来看，在激振力的作用下将产生弹性变形，使它的形状由原来的圆形变为椭圆形。在变形过程中，质量环的弹性势能不断积累，并达到最大值。最后在弹性恢复力的作用下，质量环由椭圆形恢复到原来的圆形，此时质量环的弹性势能全部变为动能。由于惯性的缘故，质量环将再次由圆形变为椭圆形。这样循环下去，椭圆的长、短轴不断交替变化。由于激振力的不断激励，这种振动持续不断地维持下去。在这种振动模式中，椭圆与原始圆形之间有四个交点，并且它们位于与长、短轴相夹 45°的位置上，这就是四波腹振型（或称为四波节振型）。当基座相对惯性空间无转动时，假设四波腹振型相对基座的位置如图 4.8(a)所示。当基座绕谐振子中心轴以角速度 ω 转动并转过 φ 角时，四波腹振型将相对基座偏转 ψ 角，此时的四波腹振型相对基座的位置如图 4.8(b)所示。

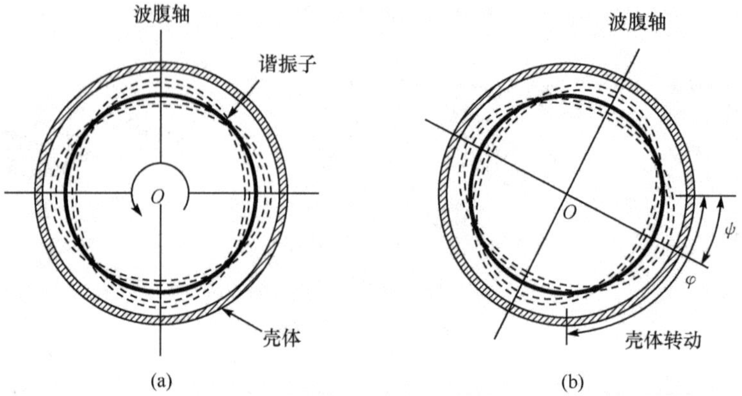

图 4.8　基座转动时振型的偏转

半球谐振陀螺仪利用谐振子振型相对基座的偏转来测量基座相对惯性空间的旋转。振型偏转方向与基座转动方向相反，振型偏转角度 ψ 与基座转角 φ 成正比，即

$$\psi=K\varphi \tag{4.21}$$

或者说，振型偏转角度 ψ 与基座转动角速度 ω 的积分成正比，即

$$\psi=K\int\omega\,\mathrm{d}t \tag{4.22}$$

式中，K 称为半球谐振陀螺仪的标度因数，对于采用四波腹振型的半球谐振陀螺仪，$K\approx0.3$。

整个谐振子可以看成是垂直于对称轴的许多质量环的叠加，而且越靠近杯口（自由端），即越远离杯底（约束端）的质量环所受的约束也越小。现在对靠近杯口的质量环进行分析，并且认为它是无约束的。

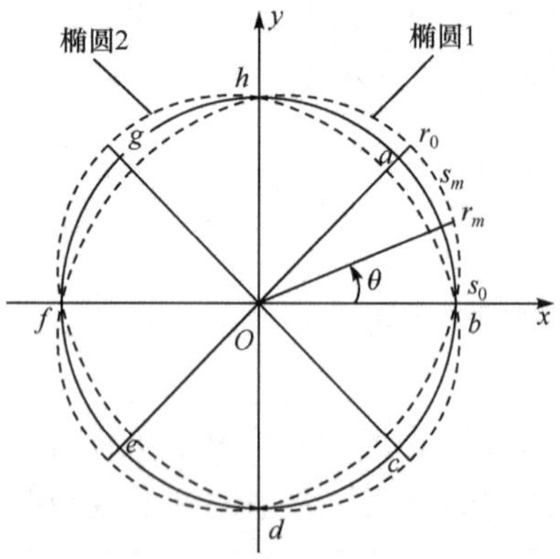

图 4.9　质量环上各质点的振动情况

质量环以四波腹振型振动时，质量环上各质点的振动情况如图 4.9 所示。显然，处于波腹位置的质点 a，c，e，g 将沿径向振动，同时，处于波节位置的质点 b，d，f，h 将沿着切向振动，其原因是相邻两节点之间椭圆 1 和 2 的弧度长短不同。至于其余各质点，则是既有径向振动，又有切向振动。

设波腹处质点径向振动的振幅为 r_0，波节处质点切向振动的振幅为 s_0，则在 Oxy 平面内与 x 轴夹角 θ 处，质点径向振动的振幅 r_m 和切向振动的振幅 s_m 可以表示为

$$r_m=r_0\sin2\theta \tag{4.23a}$$

$$s_m = s_0 \cos 2\theta \tag{4.23b}$$

在波腹处质点径向振动的振幅最大，相应的径向振动速度 v_r 的幅值也最大；在波节处质点切向振动的振幅最大，相应的切向振动速度 v_s 的幅值也最大。在某个瞬时径向速度方向可由振动方向直接看出，切向速度方向可以从弧段长短的对比中看出。当基座旋转时，振型不变。

当基座绕谐振子中心轴（输入轴）相对惯性空间以角速度 ω 转动时，质量环上各质点所受哥氏惯性力的大小为

$$F_s = 2m_i \omega v_r \tag{4.24}$$

$$F_r = 2m_i \omega v_s \tag{4.25}$$

式中，m_i 为质点的质量。应当注意，具有径向速度的质点所受哥氏惯性力是沿切向作用的，而具有切向速度的质点所受哥氏惯性力是沿径向作用的。

在质量环从圆形变为椭圆或从椭圆恢复圆形的每一次变形过程中，由于基座转动所引起哥氏惯性力的影响，振型均沿着与基座转动相反的方向相对基座偏转一个小角度。实际上，质量环振动频率很高，振动周期很小，每振动一次振型的偏转角是极其微小的。因此，基座转动加速度越大，哥氏效应越明显，每振动一次振型的偏转角相对也越大。波形波峰所转过的角度比基座转过的角度滞后 0.3 倍转角。如果输入角速度小到某一极限，它所引起的哥氏效应不足以克服谐振子材料的内阻尼、弹性迟滞和弹性后效，那么就不会使质量环产生附加的弹性变形，也就不会出现振型的偏转。能引起振型偏转的最小输入角速度，即为这种陀螺仪敏感角速度的阈值。因此，采用高性能的弹性材料做谐振子，对于降低半球谐振陀螺仪的阈值无疑具有重要作用。

以上的物理解释虽然是初步和定性的，但是能够给出明晰的物理概念，便于我们理解这种陀螺仪工作原理的内在本质。

4.2.2　半球谐振陀螺仪的分类

根据工作模式和结构特点，半球谐振陀螺仪可以分为以下几种类型：

1. 按工作模式分类

半球谐振陀螺仪基于哥氏效应对输入的角速度或角度进行测量。对半球谐振子进行外部激振，从而在谐振子上形成稳定的振动驻波。在没有角速度输入时，驻波方位保持静止。在有角速度输入时，驻波进动，进动角度与外界输入角度成正比。在控制系统作用下，根据测角方式不同，半球谐振陀螺仪主要有力反馈式、力平衡式和全角模式等工作模式。

力反馈式（force-to-rebalance，FTR）通过施加反馈力来维持谐振子的振动状态，使其波腹方位角保持不变。反馈力的大小与基座的旋转角速度成正比，通过测量反馈力可以计算出旋转角速度。工作于这种模式的半球谐振陀螺仪具有精度高、控制系统相对简单、对谐振子的结构缺陷有一定的容忍度等特点，常应用于战术级和导航级惯性导航系统。

力平衡式（force-to-rebalance with multiple loops，FTR-ML）采用多个控制回路（如幅值控制、相位控制、正交控制等），通过复杂的反馈机制实现高精度测量。工作于这种模式的半球谐振陀螺仪精度极高，适用于超高精度测量，对谐振子的加工精度和材料均匀性要求极高，控制系统复杂，研发和生产成本高，常应用于战略级惯性导航系统，如航空航天、导弹制导等领域。

全角模式(whole-angle,WA)通过实时监测谐振子的振型以及与陀螺输入角度成固定比例关系的角度滞后来表征输入角度,允许谐振子的振动模式自由进动,直接测量进动角来计算旋转角速度。工作于这种模式的半球谐振陀螺仪具有测量范围大,动态响应好,对结构误差(如阻尼不对称)敏感,需要复杂的误差补偿技术,常应用于需要大测量范围和快速动态响应的场景,如高机动飞行器。

2. 按结构分类

半球谐振陀螺仪的半球谐振子通常由高纯熔融石英材料制成,且封装在真空金属罩中。采用真空密封和熔融石英玻璃的目的是减小空气阻力,提高谐振子的品质因数 Q 值,使其连续工作时间延长,同时使整个系统对温度变化不敏感。半球谐振陀螺仪的典型结构目前有三种:

1) 三件套结构

半球谐振陀螺仪三套件构型的核心结构如图 4.10(a)所示,主要由半球谐振子、激励罩、读出基座三个结构件组成。半球谐振子是半球谐振陀螺仪的关键敏感器件,其形状为带有中心支撑杆的半球形薄壁壳体,中心支撑杆下端通过铟焊的方式固定在读出基座中心孔上,上端固定在激励罩的中心孔中,使得谐振子位于读出基座和激励罩之间,各表面之间具有一个微小的间隙,三套件内、外表面都镀有金属膜层。激励罩内表面制作多个激励电极,与谐振子外表面形成多个小电容,读出基座外表面制作有 8 个检测电极,与谐振子内表面形成 8 个小电容,激励电极与检测电极分布如图如图 4.10(c)所示。在激励罩激励电极上施加适当的电压,利用静电力作用驱动半球谐振子产生振动,读出基座利用电容的变化监测谐振子的振动情况和位移变化,便可得出整个陀螺旋转角度的读出信号。三件套结构复杂,加工难度大,是早期半球谐振陀螺仪的主要结构形式,精度高但成本高,主要应用于高精度惯性导航系统。

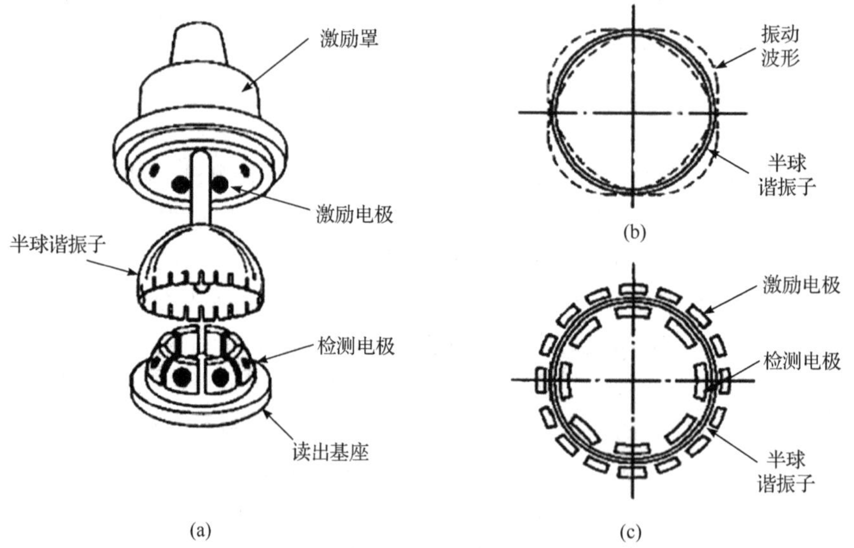

图 4.10　三件套半球谐振陀螺仪构型示意图

2) 两件套结构

美国诺格(Northrop Grumman)公司在传统三件套内外电极构型基础上进行了小型化的

结构改进,提出了两件套球面电极构型,其结构如图 4.11 所示。俄罗斯梅吉科研究所也一直致力于此构型半球谐振陀螺的研发。两件套球面电极构型的半球谐振陀螺在传统三件套内外电极构型的基础上,将体积最大的激励罩去除,只保留半球谐振子与原读出基座,对原读出基座表面进行了金属化镀膜,制作出图形化的电极。半球谐振子形状为带有单端中心支撑杆的半球形薄壁壳体,中心支撑杆下端通过铟焊的方式固定在读出基座上。电极总数一般为 8 个或 16 个,电极相互间隔对称分布,电极间需要特别进行信号屏蔽设计。两件套结构通过结构简化,降低了加工难度和成本,适合大规模生产和应用。

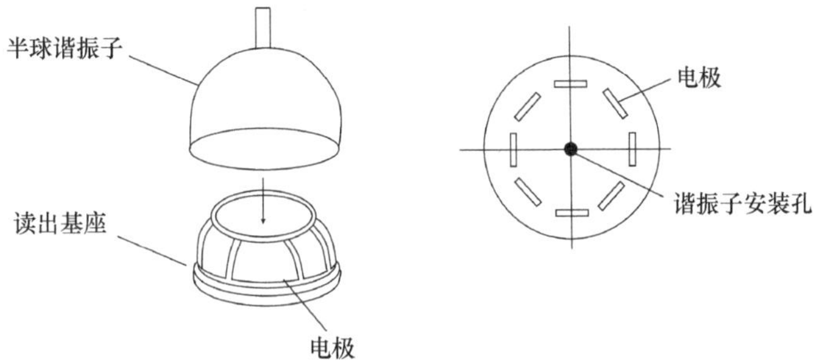

图 4.11　两件套半球谐振陀螺仪构型示意图

3）平面电极结构

法国 Sagem 公司提出了一种平面电极的结构形式,如图 4.12 所示。该构型半球谐振陀螺核心组件主要由半球谐振子、平面电极基板两部分组成。这两个部件由高品质的熔融石英玻璃制作而成,且封装在真空金属罩中。谐振子形状为带有单端中心支撑杆的半球形薄壁壳体,中心支撑杆下端通过钢焊的方式固定在平面电极基板上,半球谐振子与平面电极基板之间有一个微小的间隙,对谐振子内表面及唇沿位置进行金属化镀膜,平面电极基板上制作有图形化的电极,此结构中,激励电极和检测电极在同一基板平面上,电极总数一般为 8 个或 16 个,电极相互间隔对称分布,电极间需要特别进行信号屏蔽设计。

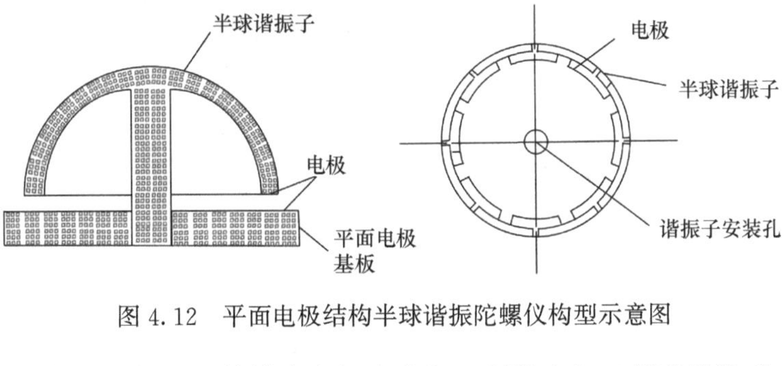

图 4.12　平面电极结构半球谐振陀螺仪构型示意图

半球谐振陀螺仪的结构和工作模式之间存在相互制约和相互促进的关系。结构为工作模式提供了物理基础,而工作模式则对结构提出了具体要求。例如,力反馈模式对反馈电极的布局和控制精度有较高要求,而全角模式则更依赖于高精度的信号检测电极和支撑结构。选择合适的工作模式需要综合考虑应用需求、成本和精度等因素。

4.3　石英音叉振动陀螺仪

石英音叉振动陀螺仪是一种小型固态惯性器件，其特点是结构简单、性能稳定、抗冲击振动、可靠性高、体积小和成本低等。它既无机械转子式陀螺仪的转动部件，也没有激光陀螺仪和光纤陀螺仪由于光耦合所带来的漂移误差，只有一个工作部件——石英晶片，比起机械转子式陀螺仪的三百多个零部件，光学陀螺仪几十个零部件，其优势显而易见，因此，石英音叉振动陀螺仪在中低精度战术武器、民用等领域具有广阔的应用前景。

4.3.1　石英音叉振动陀螺仪的结构

石英音叉振动陀螺仪的主要工作部件是石英音叉及其激励电路和感测电路。其中，石英音叉是用特定切向的石英晶片制成，其几何宽度和厚度大约只有 0.5 毫米，长度也只有几毫米。

动画

动画

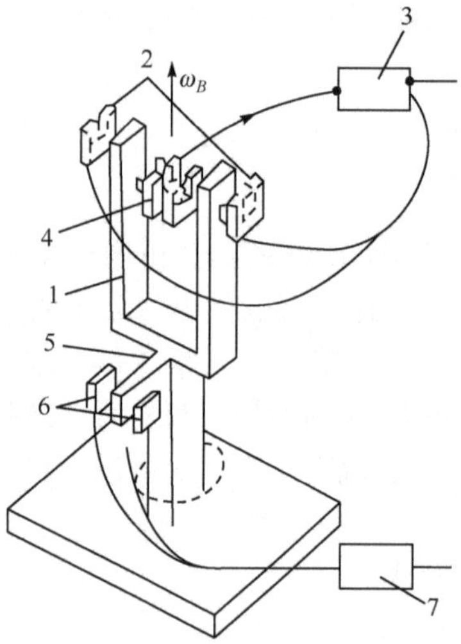

图 4.13　石英音叉振动陀螺仪结构示意图

1-音叉的双臂；2-激励线圈；3-激励电源；4-激励反馈控制传感器；5-扭杆弹性片；6-信号传感器；7-信号输出

图 4.13 为石英音叉振动陀螺仪结构示意图。图 4.14 为石英音叉振动陀螺仪的激励和感测电路。简单地说，石英音叉振动陀螺仪的原理是：音叉的双臂为弹性臂，在激振装置的激励下，音叉双臂做相向和相背交替的往复直线运动(因为振幅很小，可以近似视为直线运动)。激振装置保证了音叉做等幅振荡运动，双臂振动的振幅相等，而相位相反，其振动频率一般为数百至数千赫兹，振幅一般为百分之几毫米。音叉的底端则通过挠性轴与基座(壳体)相连。音叉在电信号作用下，以恒定频率做等幅振动，当其旋转时受到一个阻止其转动的惯性力作用，从而激发了垂直于原振动平面的振动，这一振动的振幅与转动角速度成正比，它通过石英的压电效应产生一个电信号，从而感测转动角速度。

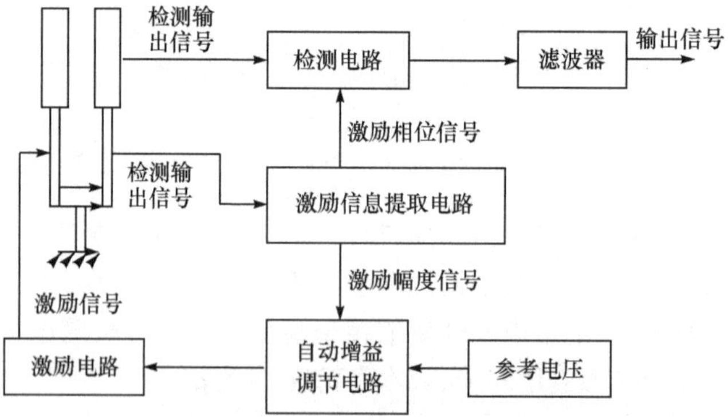

图 4.14　石英音叉振动陀螺仪的激励和感测电路

4.3.2　音叉振动陀螺仪的工作原理

音叉振动陀螺仪的工作原理也是基于哥氏效应，如图 4.15 所示，在音叉两端部的对称位置上各取一个质量为 m_i 的质点，设在某一瞬间两个质点相对基座做相向运动，瞬时速度为 v，它们到音叉中心轴线的瞬时垂直距离为 s。当基座绕音叉的中心轴（输入轴 y）以角速度 ω 相对惯性空间转动时，这两个质点均参与了这一牵连转动，而且牵连转动角速度均为 ω。由于相对运动与牵连转动的相互影响，两个质点均具有哥氏加速度，并受到哥氏惯性力的作用。哥氏加速度的大小相同，为 $a_r=2\omega v$，哥氏惯性力的大小同为

$$F_c=2m_i\omega v \tag{4.26}$$

这两个哥氏惯性力位于 xOz 平面上，与 y 轴的垂直距离均为 s，故对音叉中心轴形成转矩，即哥氏惯性力矩，其大小为

$$T=2sF_c=4m_i\omega vs \tag{4.27}$$

方向如图 4.15 所示。若音叉两端部的质点做相背运动，则相对速度、哥氏加速度以及相应的哥氏惯性力和哥氏惯性力矩的方向均改变为与上述相反的方向。

在音叉两端部所有对称位置上的质点均会出现上述的哥氏效应，亦即均会对音叉中心轴形成哥氏惯性力矩。显然，整个音叉的哥氏惯性力矩应是所有振动质点哥氏惯性力矩的总和。而且，音叉上各质点做简谐振动，其速度按简谐振动规律变化，因此哥氏加速度、哥氏惯性力和哥氏惯性力矩也是按简谐规律变化的。

严格地讲，音叉端部各质点的振动幅值不尽相同，从而速度幅值也不尽相同，而且各质点哥氏惯性力的作用线至中心轴的垂直距离也不尽相同，因此整个音叉的哥氏惯性力矩应当通过积分来求解。这里仅取图 4.16 所示的简化力学模型来进行分析，即等效地认为音叉两端部的质量（设为 $m/2$）分别集中于两端部的某个点上，这两个点至中心轴的初始距离均为 s_0。

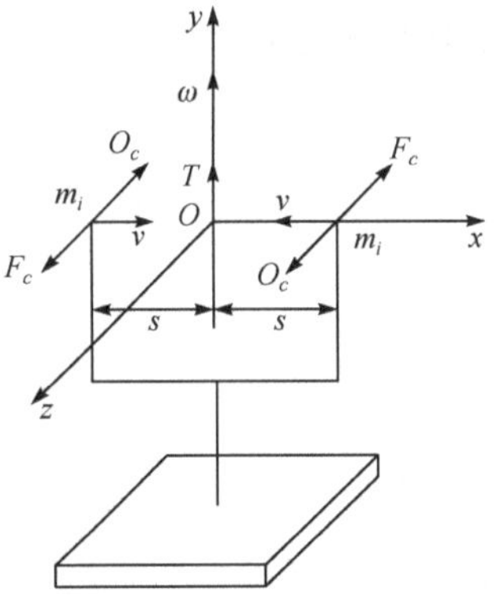

图 4.15　音叉振动陀螺仪的哥氏效应

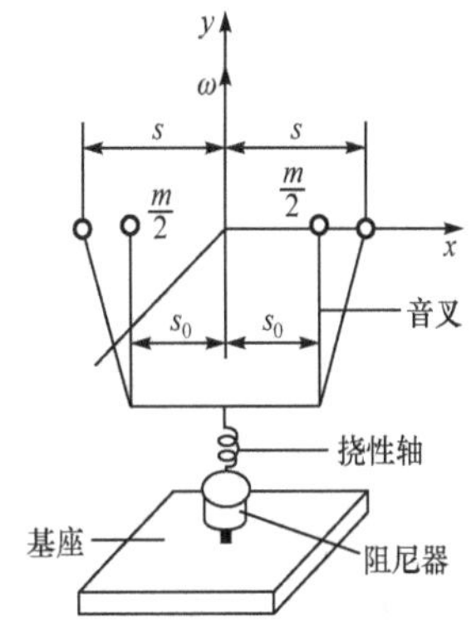

图 4.16　音叉振动陀螺仪简化力学模型

在激振装置的激励下，设集中质量的位移按正弦规律变化，即 $x=x_m\sin\omega_n t$（其中 x_m 为振幅，ω_n 为角频率）。将它对时间求一阶导数，可得集中质量往复移动的速度变化规律

$$v=x_m\omega_n\cos\omega_n t \tag{4.28}$$

当基座绕音叉中心轴以角速度 ω 相对惯性空间转动时，作用在集中质量上的哥氏惯性力的大小为

$$F_c=2\frac{m}{2}\omega v=m\omega x_m\omega_n\cos\omega_n t \tag{4.29}$$

因振动速度的方向交变,故哥氏惯性力的方向也是交变的。

两个集中质量的哥氏惯性力对音叉中心轴形成哥氏惯性力矩的大小为

$$T=2sF_c$$

式中,s 为集中质量至音叉中心轴的垂直距离,可表示为

$$s=s_0+x=s_0+x_m\sin\omega_n t$$

因振动幅值 $x_m\ll s_0$,故 s 可以近似用 s_0 来代替。将 F_c 代入 T 的表达式,有

$$T=2ms_0\omega x_m\omega_n\cos\omega_n t=T_m\cos\omega_n t \tag{4.30}$$

式中

$$T_m=2ms_0\omega x_m\omega_n \tag{4.31}$$

因哥氏惯性力的方向交变,故哥氏惯性力矩的方向也是交变的。不难看出,当输入角速度的方向相反时,这种交变力矩的相位将改变 180°。

设音叉两端部对中心轴的转动惯量为 $I=ms_0^2$,于是可把式(4.30)改写成

$$T=\frac{2x_m}{s_0}I\omega_n\omega\cos\omega_n t=L_t\omega\cos\omega_n t \tag{4.32}$$

式中

$$L_t=\frac{2x_m}{s_0}I\omega_n \tag{4.33}$$

称为音叉振动部分的线动量(实际上可视为等效角动量)。

假设音叉绕中心轴的转动惯量为 I,阻力系数为 c,扭转刚度为 k,并且音叉绕中心轴的角位移用 θ 表示,则容易导出音叉振动陀螺仪的动力学方程为

$$I\ddot{\theta}+c\dot{\theta}+k\theta=T_m\cos\omega_n t \tag{4.34}$$

引入音叉无阻尼振动固有角频率 ω_0 和相对阻尼系数(或称为阻尼比)ξ

$$\omega_0=\sqrt{\frac{k}{I}} \tag{4.35}$$

$$\xi=\frac{c}{2\sqrt{kI}} \tag{4.36}$$

可将式(4.34)写成如下形式:

$$\ddot{\theta}+2\xi\omega_0\dot{\theta}+\omega_0^2\theta=\frac{T_m}{I}\cos\omega_n t \tag{4.37}$$

音叉振动陀螺仪的动力学方程是一个典型的有阻尼受迫振动的二阶微分方程,当输入角速度 ω 为常值时,它的解为

$$\theta=a\mathrm{e}^{-\xi\omega_0 t}\sin(\sqrt{1-\xi^2}\,\omega_0 t+\lambda)+\frac{T_m}{I\sqrt{(\omega_0^2-\omega_n^2)^2+(2\xi\omega_0\omega_n)^2}}\cos(\omega_n t-\varphi) \tag{4.38}$$

式中,a、γ 是由初始条件决定的任意常数;φ 为相位移,即

$$\varphi=\arctan\frac{2\xi\omega_0\omega_n}{\omega_0^2-\omega_n^2} \tag{4.39}$$

从式(4.38)可以看出,音叉绕中心轴的角运动由两个分量组成,一个是有阻尼的衰减角振

动分量,另一个是强迫角振动分量。因固有角频率 ω_0 通常取得很大,前者很快衰减。如果选取激振角频率 ω_n 等于固有角频率 ω_0,则相位移 $\varphi=90°$。在这种谐振状态下,音叉强迫角振动分量为

$$\theta_n=\frac{T_m}{2I\xi\omega_0^2}\sin\omega_0 t=\frac{2ms_0x_m}{c}\omega\sin\omega_0 t \tag{4.40}$$

音叉绕中心轴强迫振动角位移由传感器检测,设传感器标度因数为 k_u,则其输出电压幅值为

$$U_m=k_u\frac{2ms_0x_m}{c}\omega=K\omega \tag{4.41}$$

可见,输出电压的幅值 U_m 与输入角速度 ω 成正比。这里,K 为音叉振动陀螺仪标度因数

$$K=k_u\frac{2ms_0x_m}{c} \tag{4.42}$$

至于输出信号与激振信号的相位关系,则取决于输入角速度的方向。所以,输出信号需要经过鉴相器与激振信号的相位进行比较,以判明输入角速度的方向。

4.4 微机电陀螺仪

4.4.1 微机电陀螺仪概述

微机电系统(micro electromechanical system,MEMS)发展于 20 世纪 90 年代,是在微电子制造技术发展的基础上,随着精密微型机械制造技术的发展而成长起来的。尺寸从微米级到毫米级,集微型传感器、微型执行器、微型传动结构、处理电路及接口于一体,具有可批量生产、微型化、集成化及多学科交叉等特点。

以 MEMS 技术为基础的微机电陀螺仪是一种重要的微惯性器件。1992 年,美国 Draper 实验室研制出了世界上第一只能够敏感角速度的硅微机电陀螺仪,经过三十多年的技术积累、更新与迭代,微机电陀螺的精度逐步提升、尺寸逐步压缩。如图 4.17 所示,为 MEMS 陀螺仪的实物照片,它被誉为指尖上的陀螺仪。

图 4.17 MEMS 陀螺仪照片

与现有机械转子式陀螺仪或光学陀螺仪相比,微机电陀螺仪主要特征有:体积和能耗小;成本低廉,适合大批量生产;动态范围大,可靠性高,可用于恶劣力学环境;准备时间短,适合快速响应武器;中低精度,适合短时应用或与其他信息系统组合应用。

微机电陀螺仪种类众多,可按如下方式进行分类。

(1) 振动结构:可分为线振动结构和角振动结构,常用的包括振梁结构、单/多质量块结构、单/多环形结构、双框架结构、轮式结构、梁岛结构、微半球结构等。其中,音叉式结构是利用线振动来产生陀螺效应的典型结构;双框架结构是利用角振动来产生陀螺效应的典型结构。

(2) 材料:可分为硅材料和非硅材料。其中,硅材料陀螺仪包括单晶硅陀螺仪和多晶硅陀螺仪;非硅材料陀螺仪包括石英晶体、熔融石英及其他材料的陀螺仪。

(3) 驱动方式:静电驱动式、电磁驱动式、压电驱动式等。

(4) 检测方式:电容性检测、压阻性检测、压电性检测、光学检测和隧道效应检测。

(5) 工作方式:可分为速率陀螺仪和速率积分陀螺仪。

(6) 加工方式:可分为体微机械加工、表面机械加工和 LIGA 加工方式等。

微机电陀螺仪根据驱动与检测方式不同,包括:静电驱动,电容检测;电磁驱动,电容检测;电磁驱动,压阻检测;压电驱动,电容检测。其中静电驱动、电容检测的陀螺仪设计最为常见。

目前,微机电陀螺仪基于突出的体积、重量、功耗和成本(SWaP+C)优势,在军事和商业应用中展现出旺盛的生命力。尤其在军事方面,通过采用微机电陀螺仪技术,可以把制导、导航和控制引入到以前未能考虑的一些武器系统中,典型的如各种制导炮弹和弹丸,从而提升武器系统的作战性能。

4.4.2 框架式微机电陀螺仪的结构及工作原理

近十几年来,微机电陀螺仪得到了迅速发展,各种形式的微机电陀螺仪应运而生,其中框架式硅微机电陀螺仪 1988 年首先由美国的 CSDL 设计研制成功,是最早提出的形式之一。本节以框架式硅微机电陀螺仪为例进行工作原理的介绍。

图 4.18 为框架式陀螺仪的结构示意图。这种陀螺仪的框架是在玻璃或 N 型硅衬底上,通过腐蚀、扩散等手段形成一对驱动电极和一对敏感电极。再通过外延、腐蚀和光刻等微加工手段形成内、外框架,挠性杆和检测质量。其中,检测质量块和内框架连成一体,内框架通过挠性杆与外框架连接,外框架通过挠性杆与基座相连。内、外框架都相对挠性轴完全对称。内框架的一组对称平面与一对敏感电极构成一组差动电容,外框架的一组对称平面与一对驱动电极构成另外一对差动电容。内、外挠性杆相互正交,挠性杆设计成分别绕 x、y 轴有较小扭转刚度,但有较大抗弯刚度,这样就保证了内、外框架能沿相应的挠性轴自由振动,但是沿框架平面的法线方向有较大的抗弯刚度。

框架式陀螺仪的内、外两个框架一个为驱动框架,另一个为检测框架。相互正交的内、外框架轴均为挠性轴,即绕自身轴向具有低的抗扭刚度,而沿其余轴向具有高的抗弯刚度。检测质量固定在内框架上,在外框架两侧各设置 1 个激振电极,在内框架两侧各设置 1 个读取电极。这 4 个电极相对陀螺仪壳体的位置是固定的,当框架处于零位时各电极与框架对应表面的间隙为 10~12μm,构成 4 对极板。

在两个激励电极上施加带直流偏置但相位相反的交变电压,由于交变的静电吸力所产生的绕驱动轴(外框架轴)交变力矩的作用,整个框架绕驱动轴做角振动,而检测质量上各质点则做线振动(因为角振动振幅很小,故可以视为线振动)。当基座(壳体)绕输入轴以角速度 ω 相对惯性空间转动时,各质点受到交变的哥氏惯性力 F_c 作用(图中仅示意出 1 个质点),就形成绕输出轴(内框架轴)交变的哥氏惯性力矩,从而使内框架绕输出轴做角振动。这样,两个读取

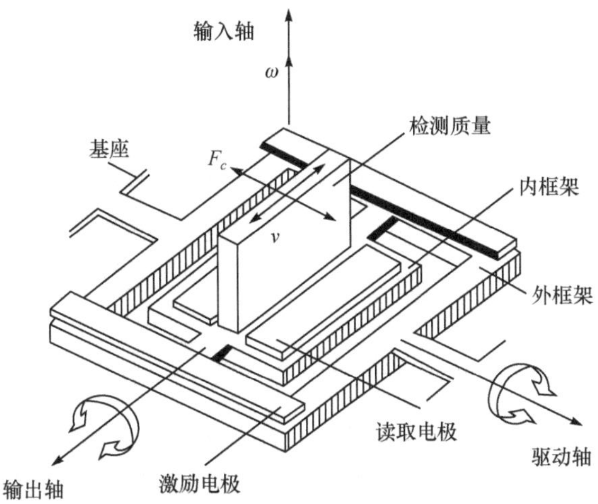

图 4.18　框架式微机电振动陀螺仪结构形式

动画

动画

电极与内框架之间的间隙发生交变，亦即电容发生交变。通过感测电容差值并经电子线路处理，即可获得正比于输入角速度的输出电压信号。

框架式微机电振动陀螺仪的控制系统框图如图 4.19 所示。图中，U_0 和 U_2 分别为施加于驱动电极板的直流偏置电压和交流驱动电压幅值；ω_2 为交流驱动电压信号角频率；θ_{1x} 和 θ_{2y} 分别为内、外框架绕相应挠性轴的角振动幅度；J_{1i} 和 $J_{2i}(i=x,y,z)$ 分别为内、外框架绕相应轴的转动惯量；k_1 和 k_2 分别为内、外挠性杆的扭转刚度系数；D_1 和 D_2 为相应的阻尼系数。

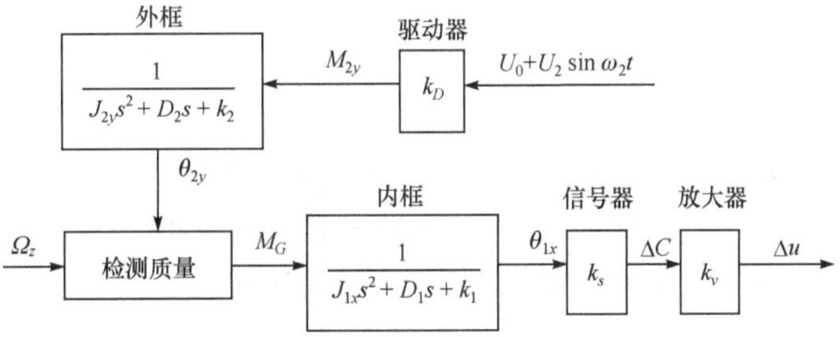

图 4.19　框架式微机电振动陀螺仪的控制系统框图

当对两驱动电极板分别施加 $U_0 \pm U_2\sin\omega_2 t$ 的电压信号时，外框受驱动并连同内框和检测质量一起以 ω_2 的频率做绕 y 轴的小角度振动。此时，若绕框架平面法线有角速度 Ω_z 输入，在陀螺力矩 M_G 作用下，内框连同检测质量便以外框的振动频率和与 Ω_z 成正比的幅度绕 x 轴做角振动，从而引起检测电容值的变化，设为 ΔC。检测电路将 ΔC 信号经过前放、调制、放大、解调，输出 Δu 信号，这个电压信号正比于输入信号 Ω_z。

根据图 4.19，陀螺力矩为

$$M_G = J_1\theta_{2y}\Omega_z \tag{4.43}$$

式中，J_1 为陀螺仪等效转动惯量，$J_1 = J_{1x} + J_{1y} - J_{1z}$。输出角振动幅值为

$$\theta_{1x} = \frac{M_G}{J_{1x}s^2 + D_1 s + k_1} = \frac{J_1 S\theta_{2y}\Omega_z}{J_{1x}(s^2 + 2\zeta_1\omega_{n1}s + \omega_{n1}^2)} \tag{4.44}$$

选取驱动电压信号频率与内框的固有频率相等，即 $\omega_2 = \omega_{n1}$，则式(4.44)变成

$$\theta_{1x}=\frac{J_1\theta_{2y}\Omega_z}{2J_{1x}\zeta_1\omega_{n1}}=\frac{J_1Q_1\theta_{2y}\Omega_z}{J_{1x}\omega_{n1}} \tag{4.45}$$

式中，Q_1 为陀螺仪谐振品质因数，$Q_1=\frac{1}{2\zeta_1}$。

综合式(4.43)～式(4.45)，并结合图 4.19，可以得到该陀螺仪的灵敏度为

$$S=\frac{\Delta u}{\Omega_z}=\frac{k_{s1}k_v\theta_{1x}}{\Omega_z}=\frac{J_1Q_1\theta_{2y}k_{s1}k_v}{J_{1x}\omega_{n1}} \tag{4.46}$$

式中，k_v 为回路放大系数；k_{s1} 为信号器传递系数。

$$k_{s1}=\frac{\Delta C}{\theta_{1x}}=\frac{\varepsilon A_{c1}(2s_{c1}+b_{c1})}{z_{01}^2} \tag{4.47}$$

从式(4.46)可以看出，要提高该类陀螺仪的灵敏度，必须使其 Q 值尽可能的大，这就要求阻尼要小，因此，双框架陀螺仪一般工作在高真空状态下。从式(4.47)可以看出，适当减小 z_{01} 和适当加大 A_{c1}、b_{c1}、s_{c1} 的尺寸都可使 k_{s1} 的数值得到提高。此外，适当增大驱动框架的振动幅度，也可提高灵敏度，但 θ_{2y} 的增大受到驱动电容极板间距的制约。实际设计中，一般在内外框架之间设置辅助隔离结构，降低因加工不完美等导致的内外框架之间的有害耦合，进一步提升陀螺仪的性能。

4.4.3　微机电陀螺仪的微弱信号检测

受空间大小的限制，微机电陀螺仪在检测方向的振动很微弱，因而振动检测方式是影响陀螺性能的一个关键因素。目前微机电陀螺仪主要有电容式、压电式、压阻式以及隧道式等检测方式，下面将逐一加以介绍。

1. 电容检测方式

电容检测式微机电陀螺仪直接检测在振动方向上的振动位移。在陀螺仪中固定一极板，同时在振动弹性体垂直检测振动方向的表面上制作随弹性体振动的极板，通过检测两极板间的电容变化得出弹性体的振动位移。两极板间的电容为

$$C=\frac{\varepsilon S}{4k\pi d} \tag{4.48}$$

式中，ε 为介质介电常量；d 为极板间距；S 为极板的有效面积；k 为静电力常量。测量出电容的变化，根据式(4.48)就可以得出极板面积或者极板间距的变化，从而得出弹性体的振动位移。如韩国三星公司利用电容检测制造的双轴多晶硅表面微机电陀螺仪，通过检测底部电极和结构之间的电容变化来检测旋转体的扭转振动。

电容检测式微机电陀螺仪一般不需要额外的加工步骤就能制造出电容器，具有温度漂移小、灵敏度高和稳定性高等优点。但是由于检测质量微小，产生的哥氏惯性力很微弱，这使得极板间距变化非常微小，导致电容的变化量也非常微小，因此输出电压很小；并且当检测扭转振动时，极板间距和极板的有效面积都会发生变化，从而影响测试精度。

2. 压电检测方式

压电检测方式是利用扩散在弹性体上的压电晶体的压电效应检测出弹性体在检测方向上

振动所对应的应力，从而检测出在检测方向上的振动来测量角速度的。当仅考虑一个方向存在应力时的压电方程，并结合电容和电量的关系可以得到

$$U=\frac{d\sigma}{C} \tag{4.49}$$

式中，σ 为沿晶轴 x 方向施加的应力；d 为压电系数；U 为压电晶体端的电压；C 为压电晶体的等效电容。

从式(4.49)可知，如果测量出压电晶体两端的电压，就可以得到晶体内部应力的大小，从而计算出弹性体检测方向的振幅，进而得出被测物体的角速度。压电检测式微机电陀螺仪具有体积小、动态范围宽等优点。但是由于压电系数受温度影响大，导致该类型陀螺仪的温度漂移大，需要进行温度补偿，增加了制作工艺的难度。

3. 压阻检测方式

当微机电陀螺仪工作时，分布在检测方向的压阻条随着弹性体的振动其内部应力改变。由于压阻效应，压阻条的阻值将会发生改变。通过适当的外部电路将电阻变化转化成电压就能够测量出角速度的大小。压阻式微机电陀螺仪具有固有频率高、动态响应快、体积小等特点。根据压阻效应，电阻的变化率为

$$\frac{\Delta R}{R}=\pi\sigma \tag{4.50}$$

式中，π 为压阻系数；σ 为应力。从式(4.50)可以看出，材料的压阻系数直接影响该检测方式微机电陀螺仪的测量精度，为了提升基于压阻效应的微机电陀螺仪的灵敏度，一般需要通过改变掺杂比例等方式合理配置压阻检测的阻值。

4. 隧道检测方式

隧道检测式微机电陀螺仪是近年发展起来的一种新型微陀螺仪，它利用隧道电流对位移变化的敏感性来检测角速度。在隧道间距很小时，隧道电流与隧道间距的关系为

$$\Delta I=\frac{\alpha\sqrt{\Phi}V}{R}\cdot d \tag{4.51}$$

式中，ΔI 为隧道电流；α 为常数；Φ 为隧道有效势垒高度；d 为隧道电极的间距；V 为偏置电压；R 为隧道结等效电阻。可以近似认为，电流变化量与隧道间距变化量成线性关系，只要检测出电流变化量的大小，就能够测量出隧道间距变化量的大小，从而测量出角速度的大小。

4.5 钟形振子式角速率陀螺仪

4.5.1 钟形振子式角速率陀螺仪概述

钟形振子式角速率陀螺仪属于金属壳谐振陀螺仪。传统的金属壳谐振陀螺仪的量程、抗过载能力受到自身结构制约，无法满足高过载、大量程条件下的角速率测量要求。针对这一问题，受中国传统大钟启发，借鉴国内外相关金属壳谐振陀螺的设计经验，编者团队创新性的提出了钟形振子式角速率陀螺仪。该陀螺仪利用高品质的恒弹性合金材料一体加工而成，利用

压电激励与检测方式进行控制与角速率解算，在保证精度的前提下，显著的提高了该陀螺的抗过载能力和量程。

钟形振子式角速率陀螺仪受中国传统大钟启发而来。中国传统大钟在振动过程中，声色优美、余音袅袅且经久耐用。将这些特点与传统的金属壳谐振陀螺相结合，来提高金属谐振子振动稳定性、增强抗过载能力、增大量程等。与传统的金属壳谐振陀螺相比，钟形振子式角速率陀螺仪具有以下特点。

(1) 抗过载能力强：借鉴中国传统大钟的结构设计形式，利用轴对称多曲面融合结构，有效提升钟形振子式角速率陀螺仪的抗过载能力。

(2) 测量范围宽：传统的轴对称壳谐振陀螺利用振子底部改变厚度来调节谐振子刚度，如Innalabs公司的圆杯形陀螺，将底部厚度调节为圆杯标准壁厚的两倍来增加谐振子刚度。而钟形振子式角速率陀螺仪是通过修改钟口处曲面结构形式，来调节钟形振子刚度，使得振子具有较宽的进动范围。

(3) 结构稳定性高：传统的轴对称壳谐振陀螺采用单一曲面结构作为敏感结构，如圆柱面、半球面、圆锥面等标准曲面结构。而钟形振子式角速率陀螺仪采用多曲面融合敏感结构，包括半球面、圆柱面、旋转双曲面结构。通过优化各结构间尺寸，提高钟形振子结构稳定性。

4.5.2　钟形振子式角速率陀螺仪的结构及工作原理

钟形振子式角速率陀螺仪主要由钟形振子、压电电极、电路系统和陀螺框架组成，如图4.20所示。钟形振子是核心敏感元件，主要是提供稳定的驻波振动载体，从结构上保证陀螺能够有效检测输入角速率；压电电极是钟形振子与陀螺之间的桥梁，主要负责钟形振子的振型控制以及信号检测，从而将钟形振子振动信号转化为电信号用于数据处理；电路系统用于输出控制信息，同时采集检测信息，最终计算出输入角速率；陀螺框架用于固定钟形振子、压电电极和电路系统，提供钟形振子式角速率陀螺仪的对外信号输出与机械安装。

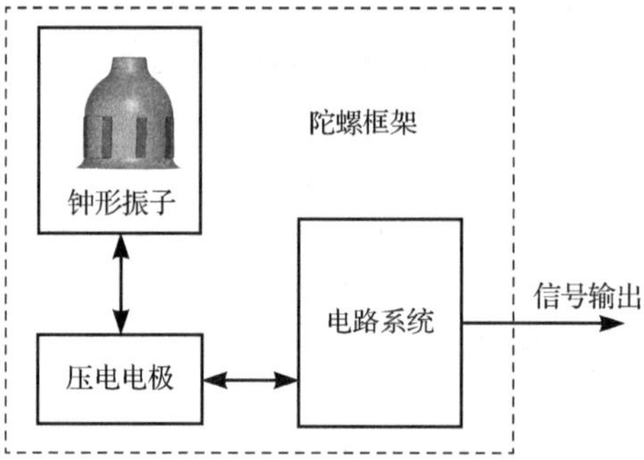

图4.20　钟形振子式角速率陀螺仪系统组成示意图

钟形振子主体结构包括3个部分：半球面形结构、圆柱面形结构、旋转双曲面形结构，是一个轴对称多曲面融合金属回转体结构，绕其角速率敏感轴对称，如图4.21所示。将压电电极均匀粘贴在钟壁上，控制钟形振子振型，检测驻波进动，利用电路系统检测输入角速率。主要过程为：利用钟壁上压电电极的逆压电效应激励出钟形振子的驱动模态，通过哥氏力的耦合作用激励出检测模态，进而利用压电电极的压电效应检测出驻波进动，最后输出的电特性信号经过信号处理，解算出输入角速率。

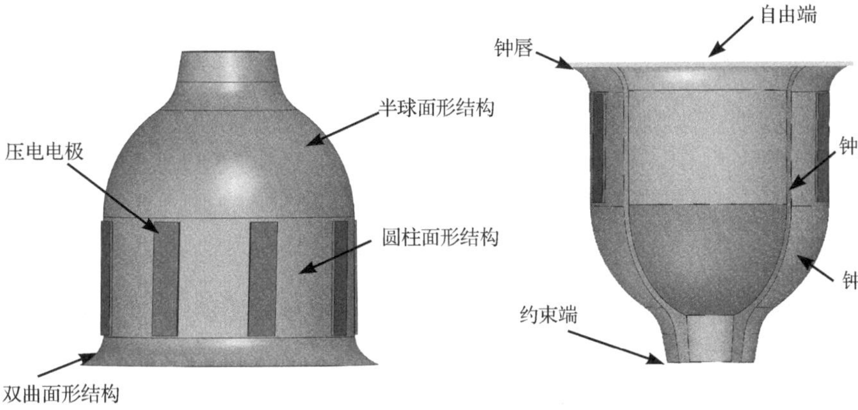

图 4.21　钟形振子结构示意图

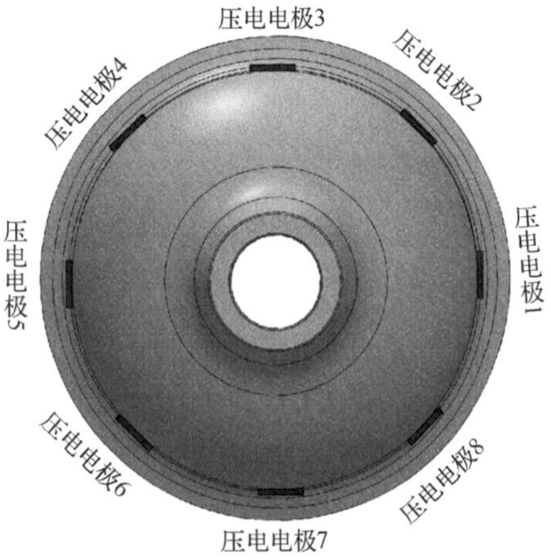

图 4.22　钟形振子压电电极分布图

在钟形振子的钟壁上，均匀布置 4 对压电电极，如图 4.22 所示，分别为 1 对激励电极、1 对检测电极、1 对反馈电极和 1 对阻尼控制电极。利用压电材料的逆压电效应来激励钟形振子振动，使钟形振子底部的惯性质量部分——钟唇，在环向上产生四波腹振动的驻波形式，如图 4.23(a)所示，定义这种振动模态为激励模态，或称主模态。对于这种轴对称壳来说，同一振动频率下会有两种固有振型，这两种振型相差 45°，如图 4.23(b)所示，定义这种振动模态为检测模态，或称第二模态。而这两种振动模态形成的相差 45°的振型，通过哥氏力进行耦合。

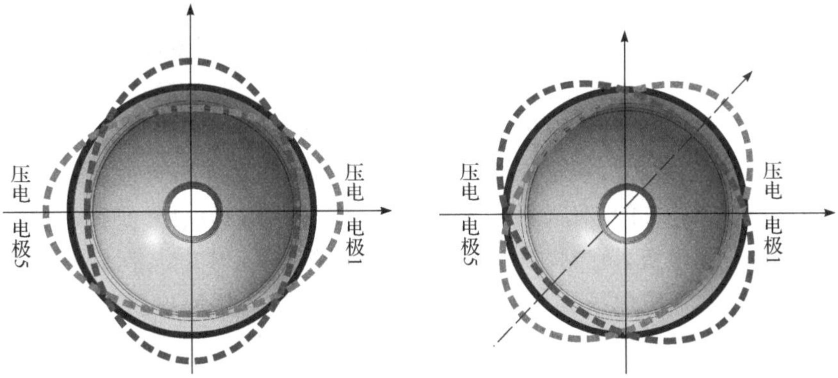

(a) 激励模态　　(b) 检测模态

图 4.23　钟形振子钟唇驻波示意图

动画

具体实施过程中，压电电极应摆放在远离自由端，靠近约束端的位置，尽可能的减少由于自由端受哥氏力作用而影响压电电极检测的效果。首先，在激励电极上施加交流信号 u_{input}，压电电极沿长度方向发生变化，产生驱动力，如图 4.24(a)所示；相应质点在该驱动力的作用下，沿垂直于钟壁方向上产生运动，如图 4.24(b)，最终激励钟形振子工作于四波腹振型。

(a) 压电电极驱动力　　(b) 钟形振子质点运动

图 4.24　激励电极作用示意图

当敏感轴方向上无角速率输入时，钟形振子在激励电极的驱动下，维持在激励模态下振动；当敏感轴方向上存在输入角速率时，在哥氏力的耦合作用下激励出检测模态，且该模态下振型的振动幅值应正比于输入角速率。而两个模态均作用于钟形振子上，就会引起原有的四波腹振型发生偏转，或描述为驻波发生了进动。在实际工作时，当敏感轴方向上存在逆时针方向的角速率 Ω 时，驻波产生进动，其振型进动角为 ϑ，正比于输入角速率 Ω，如图 4.25 所示。

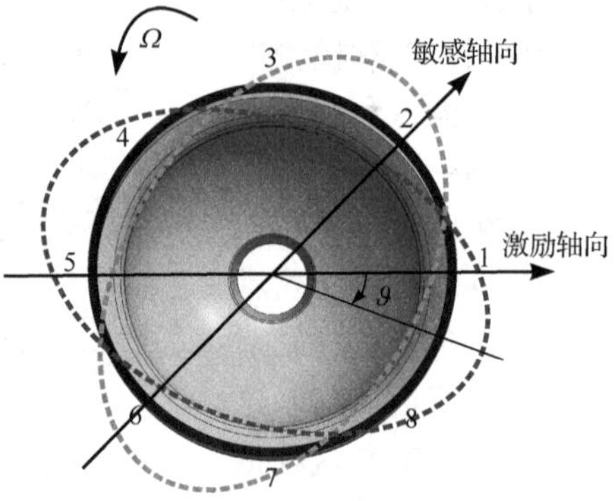

图 4.25　钟形振子驻波进动示意图

4.5.3　钟形阵子式角速率陀螺仪的微弱信号检测

钟形振子式角速率陀螺仪的信号激励与检测均由压电电极完成，压电电极粘贴于钟形阵子钟壁上。利用压电电极的逆压电效应激励振子工作，利用压电电极的压电效应检测钟形振子振型。在这其中，主要涉及压电电极的驱动信号调理和检测信号调理。对于钟形振子式角速率陀螺仪而言，其采用数控方式实现信号解算，电路系统的硬件架构如图 4.26 所示。

对于钟形振子式角速率陀螺仪而言，压电电极 1 和 5 为激励电极，是钟形振子的振动源；压电电极 3 和 7 为反馈电极，负责提供钟形振子振动反馈信号；压电电极 2 和 6 为阻尼控制电极，用于进行振型控制；压电电极 4 和 8 为检测电极，用于进行振型检测。激励电极和反馈电极分布在刚性轴系 p 轴上，阻尼控制电极和检测电极分布在刚性轴系 q 轴上。激励电极和阻尼控制电极均需要由 DAC 提供控制信号，驱动压电电极振动；反馈电极和检测电极均需要采集压电电极信号，提供给 ADC 用于数据分析。

通过对激励电极施加频率为钟形振子固有频率的正弦激励信号，使振子产生振动，利用反馈电极来计算实际钟形振子的振动情况，设计幅值回路控制器 G_A 和频率回路控制器 G_F，动态调整输出激励信号，使钟形振子维持在固有频率上振动。在此基础上，实时采集检测电极信号，分析振动驻波的进动情况，设计速率回路控制器 G_R 和正交回路控制器 G_Q，动态调整施加

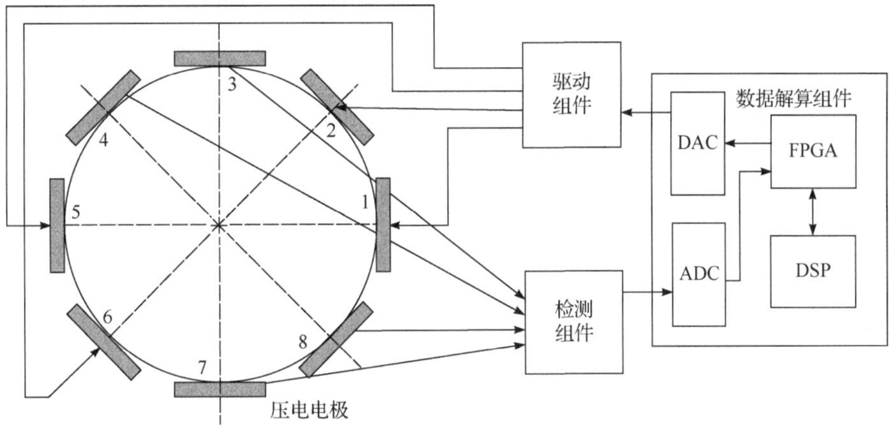

图 4.26　钟形振子式角速率陀螺仪电路系统硬件架构

在阻尼控制电极上的控制力矩，使振型保持不变。在此情况下，速率控制回路的控制器输出正比于输入角速率。整体信号流图如图 4.27 所示。其中，A_p 为 p 轴运动给定幅值；φ_p 为 p 轴运动给定相位；$\bar{A}_p$ 为幅度控制回路输出的 p 轴控制幅值；$\Delta\omega_p$ 为频率控制回路输出 p 轴控制频率差值；同理 q 轴也有相关定义。

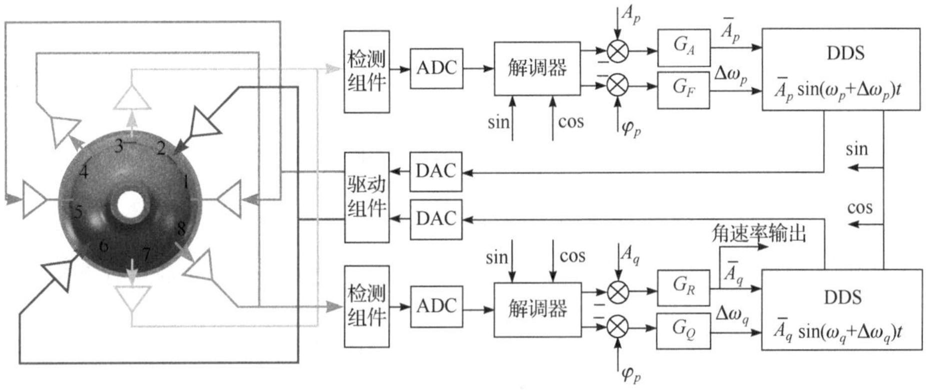

图 4.27　电路系统信号流图

幅度控制回路和频率控制回路，重点针对 p 轴进行设计。保证钟形振子始终处于固有频率下的稳定振动，p 轴的运动可以看作是一个典型的带扰动二阶系统，其扰动信号 q 轴输出和外界的输入角速率，其动力学方程表示为

$$\ddot{p}+(d_{pn}+d_{pp})\dot{p}+(k_{pn}+k_{pp})p=f_p-r_p \tag{4.52}$$

式中，扰动信号 $r_p=4\Omega Kq+k_{pq}q$。

无扰动条件下，钟形振子 p 轴振动的传递函数为

$$G_p(s)=\frac{p}{f_p}=\frac{1}{s^2+(d_{pn}+d_{pp})s+(k_{pn}+k_{pp})} \tag{4.53}$$

可以看出，当谐振子工作在谐振状态时，陀螺振动信号 p 相位滞后于激励信号 f_p，大小等于 90°。单纯扰动条件下的传递函数为

$$G_{rp}(s)=\frac{p}{q}=\frac{(4\Omega K)s+k_{pq}}{s^2+(d_{pn}+d_{pp})s+(k_{pn}+k_{pp})} \tag{4.54}$$

由于输入角速率为非线性变化量，在钟形振子 p 轴控制回路中，q 轴振动带来的扰动，也是非线性的。这种扰动会使 p 轴控制产生误差。而 q 轴的振动会随着 q 轴阻尼力矩的施加，逐渐减小并最终为 0，扰动消除。控制器通常选择 PI 控制器，通过调节控制器参数，合理选择控制带宽，降低扰动信号。

加入驱动组件、检测组件环节后，p 轴的整体控制回路如图 4.28 所示。其输出为数据解算组件输出的 DDS 数字信号，输入为 ADC 采集到的数字信号，利用 DSP 实现控制器设计。DSP 输出的数字信号，经过驱动组件后，分成两路驱动钟形振子的激励电极，同时利用检测组件检测 p 轴两个反馈电极。控制器检测到 p 轴的振动信号后，解算该信号的幅值与相位，利用给定的幅值和相位求解出控制误差，设计幅值控制器和频率控制器，实时调节 DDS 输出。

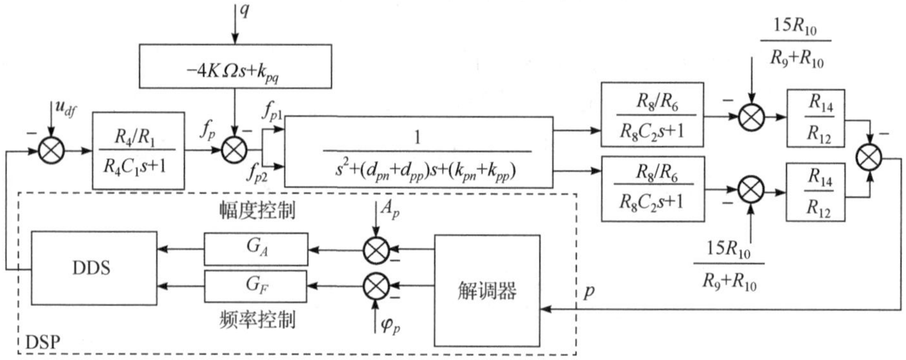

图 4.28　p 轴控制回路框图

引入驱动组件、检测组件后，控制器内所控制的相位就要适当变化。在整个系统中，控制相位的目的就是使陀螺系统本身具有 90°的相移。所以，控制相位就要引入其他组件的相移。影响相位的环节有

$$G_{\text{phase}}(s)=\frac{R_4/R_1}{R_4C_1s+1}\cdot\frac{R_8/R_6}{R_8C_2s+1} \tag{4.55}$$

通过这个整体相移环节，动态调整控制器中的相位参考值。

正交控制回路和速率控制回路，重点针对 q 轴进行设计，目的是保证钟形振子振型不发生进动，即保证 q 轴输出信号为 0。正交控制的目的是使 p 轴和 q 轴同相，速率控制的目的是使 q 轴输出幅度为 0。q 轴的运动同样也可以看作是一个典型的带扰动二阶系统，其扰动信号为 x 轴输出和外界的输入角速率，其动力学方程表示为

$$\ddot{q}+(d_{qn}+d_{qp})\dot{q}+(k_{qn}+k_{qp})y=f_q-r_q \tag{4.56}$$

式中，扰动信号 $r_q=-4K\Omega\dot{p}+k_{qp}p$。

无扰动条件下，钟形振子 q 轴振动的传递函数为

$$G_q(s)=\frac{q}{f_q}=\frac{1}{s^2+(d_{qn}+d_{qp})s+(k_{qn}+k_{qp})} \tag{4.57}$$

单纯扰动条件下的传递函数为

$$G_{ry}(s)=\frac{q}{p}=\frac{-4K\Omega s+k_{qp}}{s^2+(d_{qn}+d_{qp})s+(k_{qn}+k_{qp})} \tag{4.58}$$

在具体实现过程中，控制器通常选择 PI 控制器，实现方法与对于 p 轴的控制类似，只是在进行控制器设计时，其速率控制回路的控制器输出量，与输入角速率成正比，从而实现对输入角速率的测量。

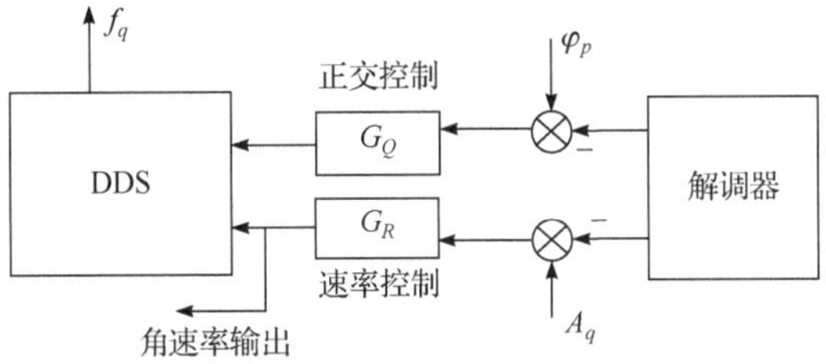

图 4.29　q 轴控制回路框图

综上所述，利用多回路控制与检测方法，能够实现基本的角速率信息检测。所施加的四个控制回路能够分别实现设计要求，进行控制和解算。

思　考　题

1. 振动陀螺仪的基本工作原理。
2. 半球谐振陀螺仪有何优势和不足？
3. 微机电陀螺仪相比于光学陀螺仪有哪些优势？

第 5 章　原子陀螺仪

原子陀螺仪是一种新型的惯性导航传感器件，它利用原子的量子态来测量角速度，即利用原子自旋或干涉效应对环境高度敏感的特点来测量角速度，理论上具有高精度、高灵敏度、小体积和低功耗等优点，使其在未来的导航和制导领域展现出巨大的发展潜力，目前已成为国内外新型惯性器件研究的重点和热点领域之一。

5.1　原子陀螺仪分类

原子陀螺仪按工作原理可分为干涉式和自旋式两大类，其中干涉式原子陀螺仪也称为原子干涉陀螺仪（atom interference gyroscope，AIG），是目前理论精度最高的原子陀螺，其中冷原子干涉陀螺受到世界各国的广泛关注。自旋式陀螺仪主要有三种类型，分别为核磁共振陀螺仪（nuclear magnetic resonance gyroscope，NMRG）、无自旋交换弛豫陀螺仪（spin exchange relaxation free gyroscope，SERFG）和金刚石 NV 色心陀螺仪（nitrogen vacancy center gyroscope，NVCG），基本参数如表 5.1 所示，NMRG 利用原子核自旋敏感载体转动信息，主要面向中高精度战术型应用，近年来，NMRG 技术逐渐发展和成熟，已从实验室走向工程化、装备化，其中美国已研制出面向军事领域的微小型导航级 NMRG；SERFG 利用电子自旋敏感载体转动信息，目前还处于原理样机阶段，主要面向超高精度战略型应用；NVCG 目前实现了原理的验证。本章以原子干涉陀螺仪为例介绍原子陀螺仪技术。

表 5.1　原子陀螺仪种类

类型		名称	工作原理	特点	理论精度(%)
原子陀螺仪	干涉式	原子干涉陀螺仪(AIG)	利用原子波的 Sagnac 效应测量载体旋转信息	超高精度	10^{-10}
	自旋式	核磁共振陀螺仪(NMRG)	利用原子核自旋测量载体旋转信息	高精度、小体积、低功耗	10^{-4}
		无自旋交换弛豫陀螺仪(SERFG)	利用电子自旋测量载体旋转信息	高精度、小体积	10^{-8}
		金刚石 NV 色心陀螺仪(NVCG)	利用空穴中电子自旋测量载体旋转信息	小体积、启动快	—

5.2　原子干涉陀螺仪

波的干涉是自然界的本质特性。光是一种电磁波，1924 年法国物理学家德布罗意(L. de Broglie)提出了实物粒子具有波动性的假设，认为粒子(包括原子)具有类波行为，即所谓的波粒二象性。根据量子理论，任何微观粒子(如电子、中子、原子、分子)都具有波粒二象性。物质波同样满足线性叠加原理，具有相干性，这就为原子干涉陀螺仪的发明和研制提供了依据。原子干涉陀螺仪的原理与光学干涉陀螺仪类似，利用了原子作为物质的波动性，基于 Sagnac 效应实现角速度测量。按照干涉构型、物质波源以及相干操纵方式不同，有不同的分类。

5.2.1　基于 Sagnac 效应的原子干涉原理

本节在第三章介绍的 Sagnac 效应理论的基础上进一步解释原子干涉理论。原子干涉陀螺仪是基于物质波干涉的典型干涉仪，和光纤陀螺仪具有相同的基本原理即 Sagnac 效应。即从光源发出的光经过分束器后被分成两束，一束沿顺时针传播，另一束沿逆时针传播，这两束不同方向传播的光束会在汇合处产生干涉现象，通过检测器能得到干涉条纹的信息。当整个闭合光路保持静止时，干涉条纹将保持稳定不变；但当该光路沿垂直于其所在平面的方向发生旋转，干涉条纹的强度分布就会随之相应地发生变化，这就是 Sagnac 效应。本节从传统光学干涉仪入手，推导其 Sagnac 相移公式，然后扩展至原子干涉的 Sagnac 相移。

当系统静止时，光在环路内分别以顺时针和逆时针的传播时间相同，如下式所示：

$$t_{cw}=t_{ccw}=N\cdot 2\pi R/c=L/c \tag{5.1}$$

式中，N 为圆形光路的圈数；R 为圆形光路的等效半径；$c=2.99792458\times10^8\,\mathrm{m/s}$ 为真空中光的速度；$L=N\times 2\pi R$ 为圆形环路的总长度。

当系统以角速度 Ω 顺时针旋转时，此时光在环路中顺时针传播的速度和逆时针传播速度计算如下：

$$v_{cw}=c+\Omega R,\quad v_{ccw}=c-\Omega R \tag{5.2}$$

由式(5.2)可知，光在环路中顺时针和逆时针传播的速度不同，由此产生的相位差 Φ 为：

$$\begin{aligned}\Phi&=\frac{2\pi c}{\lambda_0}\cdot(t_{cw}-t_{ccw})\\&=\frac{2\pi c}{\lambda_0}\cdot\left[\frac{N\cdot 2\pi R}{c-\Omega R}-\frac{N\cdot 2\pi R}{c+\Omega R}\right]\\&=\frac{2\pi c}{\lambda_0}\cdot N\cdot 2\pi R\cdot\left[\frac{2\Omega R}{c^2-(\Omega R)^2}\right]\\&=\frac{2\pi cL}{\lambda_0}\cdot\left[\frac{2\Omega R}{c^2-(\Omega R)^2}\right]\\&\approx\frac{4\pi RL}{\lambda_0 c}\Omega\end{aligned} \tag{5.3}$$

式中，λ_0 为光在环路中的波长，由于光速 c 远大于环路的切速度 ΩR，可得最终近似结果。

由于实际使用时为非真空环境，以光纤环路为例，实际光速为 c/n_f，n_f 为光纤的折射率。当系统以角速度 Ω 顺时针旋转时，根据狭义相对论中的速度变化规则，对于静止的观测者，式(5.2)变为：

$$\begin{cases}c^+=\dfrac{c/n_f+R\Omega}{1+c/n_f\cdot R\Omega/c^2}\approx c/n_f+R\Omega(1-1/n_f^2)\\[2ex]c^-=\dfrac{c/n_f-R\Omega}{1-c/n_f\cdot R\Omega/c^2}\approx c/n_f-R\Omega(1-1/n_f^2)\end{cases} \tag{5.4}$$

由式(5.3)可知，非真空环境下的 Sagnac 相移 Φ_s 的计算公式如下：

$$\begin{aligned}\Phi_s &= \frac{2\pi c}{\lambda_0}\cdot(t_{cw}-t_{ccw})\\ &= \frac{2\pi c}{\lambda_0}\cdot(L/(c^+-R\Omega)-L/(c^-+R\Omega))\\ &= \frac{2\pi c}{\lambda_0}\cdot 2N\pi R\left[\frac{c^-+R\Omega-c^++R\Omega}{(c^+-R\Omega)(c^-+R\Omega)}\right]\\ &= \frac{2\pi c}{\lambda_0}\cdot\frac{N\cdot 2\pi R\cdot\frac{2R\Omega}{n_f^2}}{(c/n_f)^2-(R\Omega/n_f^2)^2}\\ &\approx \frac{8\pi A}{\lambda_0 c}\Omega=\frac{4A}{c^2}\Omega\omega_0\end{aligned} \tag{5.5}$$

式中，$A=N\pi R^2$ 称为等效环路面积，$\omega_0=2\pi c/\lambda_0$ 为光子的角频率。由式(5.5)可知，Sagnac 效应是一种无关乎介质特性的纯空间性延迟效应，光纤折射率 n_f 的值对 Sagnac 相移没有任何影响，非真空环境下的光学陀螺仪的 Sagnac 相移 Φ_s 仅仅取决于闭合光路的面积 A、环路中光的波长 λ_0 和旋转角速度 Ω，与闭合光路的形状或旋转轴的位置无关。由于光子角频率也可通过下式计算得出：

$$\omega_0=E/\hbar \tag{5.6}$$

式中，$\hbar=h/2\pi=1.05457165\times10^{-34}\,\mathrm{J\cdot s}$，$\hbar$ 为约化普朗克常数；$h=6.62606896\times10^{-34}\,\mathrm{J\cdot s}$，$h$ 为普朗克常数；E 为光子能量。于是将式(5.6)代入式(5.5)可得用能量表达的 Φ_s 为

$$\Phi_s=\frac{4E}{\hbar c^2}A\cdot\Omega \tag{5.7}$$

目前，光学干涉仪的性能受到激光波长和实验装置大小的限制，使得等效干涉环路面积几乎达到了测量极限。而原子物质波干涉具有更为优越的特性：当温度降至极低时，相应的粒子性也将减弱。换句话说，当粒子的运动速度减至厘米每秒数量级时，其波动特性将显现并导致干涉现象的发生。

如果用原子代替光子进行干涉，上述推导仍成立，原子的 Sagnac 相移仍如式(5.7)所示。静止质量为 m 的原子其能量 $E=mc^2$，对于环路面积为 A 的光学陀螺仪，传输光频率 ω_0，其 Sagnac 相移为 $\Phi_s=4A\Omega\omega_0/c^2$，对于原子干涉陀螺仪，其 Sagnac 相移 $\Phi_{s(\mathrm{atom})}=4EA\cdot\Omega/\hbar c^2$。在同等环路面积的情况下，物质波陀螺仪与光学陀螺仪的相对灵敏度比值为

$$\frac{\Phi_{s(\mathrm{atom})}}{\Phi_s}=\frac{4E_{s(\mathrm{atom})}A\Omega/\hbar c^2}{4A\Omega\omega_0/c^2}=\frac{4mc^2A\Omega/\hbar c^2}{4A\Omega\omega_0/c^2}=\frac{mc^2}{\hbar\omega_0}>10^{10} \tag{5.8}$$

由式(5.8)可知，如果将 He-Ne 激光与铯原子进行比较，在相同的闭合干涉仪面积和角速度情况下，原子干涉相移是激光干涉相移的 6×10^{10} 倍，也即对应的原子陀螺仪是激光陀螺灵敏度的 6×10^{10} 倍。这种灵敏度上数量级的差异也是开展原子陀螺仪研发的主要动力。但是由于光学干涉仪有其自身的优势，如环形激光陀螺仪可以得到更好的分束和反射器件，或者光纤陀螺仪可以通过多圈的光纤增加干涉路径，由此可以得到更大的有效干涉面积，这些也是光学陀螺获得广泛应用的原因。随着原子光学技术的进展，原子干涉仪的闭合面积也将不断提高，并最终接近其理论预测的灵敏度和精度。

表 5.2 给出了当前几个主要研究小组的原子陀螺仪的性能特性。目前已经公布的数据

中，美国斯坦福大学 Kasevich 小组获得的原子陀螺仪达到了较好的性能指标，如表 5.3 所示。

表 5.2　世界各研究小组的原子陀螺仪的相关性能特性

性能＼研究小组	斯坦福大学（美国）	汉诺威大学（德国）	巴黎天文台（法国）
原子通量(at/s)	10^9	10^8	10^8
干涉长度(cm)	200	15	3
转动测量灵敏度($rad/s/\sqrt{Hz}$)	6×10^{-10}	2×10^{-9}	2.6×10^{-6}

表 5.3　美国斯坦福大学获得的原子陀螺仪达到的性能指标

性能	指标
零漂	$<60\mu°/h$
噪声(ARW)	$3\mu°/\sqrt{h}$
标度因子	<5ppm

5.2.2　原子干涉陀螺仪基本结构

冷原子干涉陀螺仪是一个涉及光、电、磁、真空机械和控制的复杂系统，其关键技术是激光及其稳频控制技术、真空机械技术、信号提取和处理技术以及噪声处理等。图 5.1 给出一个基于^{87}Rb冷原子源的空间型，采用 $\pi/2-\pi-\pi/2$ 拉曼激光干涉构型的原子陀螺仪的结构组成，包括原子光源及其控制系统、原子干涉的 Sagnac 环及其控制系统、干涉信号的光电检测系统、信号的调制/解调与反馈系统、装载工作原子的真空机械系统（包括真空系统、磁屏蔽和隔振系统）等组成部分。

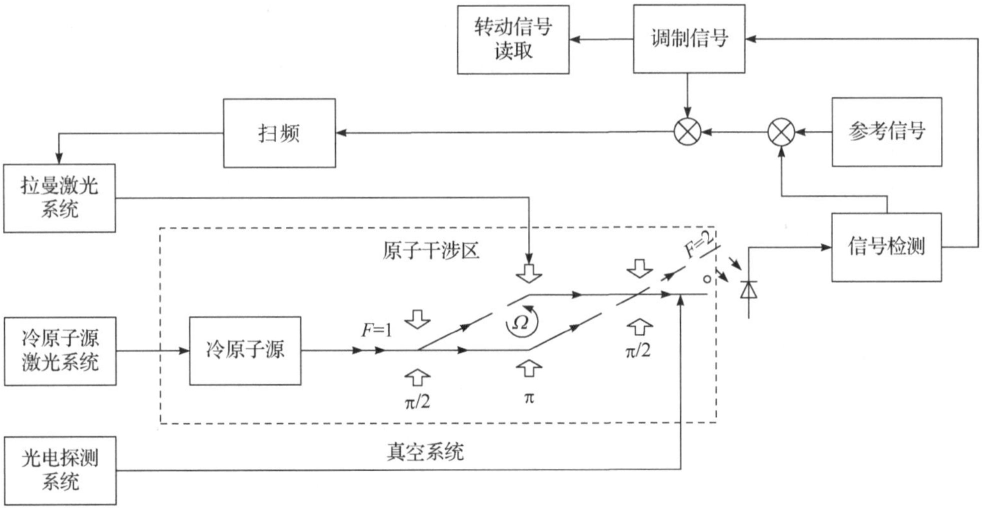

图 5.1　原子干涉陀螺仪的结构组成

因设计方法和原理不同，原子干涉陀螺仪各部分会存在一定的差别，但整个系统的核心在于原子干涉的 Sagnac 环，这是转动测量的敏感部分。原子干涉的 Sagnac 环一般有两类：一类是采用机械光栅，由微加工技术制作的穿透性光栅，利用光栅的衍射进行原子的分束；另一类是采用激光，利用原子具有很强的电磁相互作用的性质，由光子与原子的动量传递，达到分束的目的。按照分束器的性质，原子干涉可分为德布罗意干涉方法和原子能态干涉方法，区别在于分束器是否改变原子的内部能态。德布罗意干涉方法包括采用机械光栅分束器和激光布拉格衍射分束器；原子能态干涉方法包括采用受激拉曼跃迁的分束器和一般的单光子激光分束器等。目前在原子陀螺仪中通常采用的是基于受激拉曼跃迁的激光分束器，称为拉曼激光分束器。采用拉曼激光分束器的原子干涉仪，按照干涉构型可以分为时间型原子干涉仪和空间型原子干涉仪，其中 $\pi/2-\pi-\pi/2$ 的马赫-泽德干涉构型是最常用的一类。

原子陀螺仪另一个重要的组成部分是原子光源及其控制系统。原子光源按照原子出射状态可分为连续型和脉冲型两种，其中脉冲型原子光源由于原子出射速度低和便于小型化而被广泛应用于原子陀螺仪，但是连续型原子光源由于可以降低因 Dirk 效应引起的标度因子的不稳定性而成为今后一个主要的发展方向。原子光源又可进一步分为原子束发生部分、原子束准直部分和原子束态制备部分。其中，原子束发生部分一般可分为先冷却后加速推射型和先成束后减速型，前者一般利用激光冷却原子技术在原子蒸汽环境中采用三维磁光阱使原子被俘获，然后在出射方向利用光压不平衡原理将原子推射出去；后者先利用热喷射等原理将原子束形成，然后利用激光对原子进行减速以获得所需性能的原子束。原子束准直部分采用机械准直或者激光冷却原子技术(一般为二维光学黏胶)对原子束进行准直，目前被广泛使用的是后者。原子束态制备部分也是采用激光，通过激光与原子的相互作用，把出射的原子制备到所需要的基态能级。原子陀螺仪中采用的原子一般为碱金属原子，因为碱金属原子的电子能级结构简单，易于被激光冷却和捕获。目前常采用 Cs 或 Rb 原子，这是由于它们的原子质量较大，且相应波长的激光技术比较成熟。

5.2.3 原子干涉陀螺仪的主要噪声及抑制措施

在惯性导航系统中，陀螺仪的零偏漂移对长航时导航系统的定位精度有很大影响。在导航前，通过标定可以获得陀螺仪静态输出的零偏值，因此实际上决定惯性导航精度的核心为陀螺零偏稳定性，即实际零位与标定零位之间的偏差。因此在陀螺仪的测试过程中，围绕零偏漂移进行测试，主要测量标度因数、常值零偏、零偏稳定性、零偏重复性等参数。

基于上述导航系统所关注的重要参数和原子干涉陀螺仪现状，对现有原子干涉陀螺仪输出结果的噪声进行分析。不同噪声参数对提升原子干涉陀螺仪输出精度具有十分重要的意义，其输出噪声主要为拉曼光相位噪声、拉曼光光强噪声、反射镜振动噪声、检测噪声、杂散电场磁场噪声、同步测量噪声等。

(1) 反射镜振动噪声及抑制方法。

在干涉过程中脉冲激光需要通过反射镜，当环境因素使得反射镜存在振动时，反射回的激光脉冲会引入一个较大的相位偏差，进而影响激光波矢和脉冲相位。由于实际工作环境中振源十分复杂，如人员走动、附近大型设备及车辆等。因此找到具体的振源并隔离难度很大，唯有对实际工作过程中的振动频谱来进行分析，并采取相应的措施抑制。针对反射镜振动噪声主要采用如下的抑制方法：使用主动隔震平台、提高系统循环频率、采用高精度测量器件进行测量并实时补偿。由于隔震平台可视为低通滤波器，对低频振动没有明显效果，甚至影响加速度信息的测量，损失系统精度。增加系统循环频率会大大减少陀螺仪自由演化时间 T，但陀螺仪的测量灵敏度正比于 T^2，该方法与陀螺仪提高灵敏度的原理背道而驰。引入高精度测量仪器进行测量并实时反馈，通过精密地震仪测量反射镜的振动大小，最后在相位中进行实时补偿计算。这种方法难点在于噪声模型的建立，但能实现精度最高的噪声补偿。

(2) 拉曼光相位噪声及抑制方法。

对于三脉冲原子干涉陀螺仪，输出相位主要组成为：

$$\boldsymbol{\Phi}=-2\boldsymbol{k}_{eff}\cdot(\boldsymbol{\Omega}\times\boldsymbol{v})\cdot T^2+\boldsymbol{k}_{eff}\cdot\boldsymbol{g}\cdot\boldsymbol{T}^2-2\boldsymbol{k}_{eff}\cdot(\boldsymbol{\Omega}\times\boldsymbol{g})\cdot T^3+\boldsymbol{\Phi}_{\mathrm{arb}} \tag{5.9}$$

式中，$\boldsymbol{k}_{eff}$ 为等效波矢；$\boldsymbol{\Omega}$ 为旋转矢量；$\boldsymbol{v}$ 为原子速度；$\boldsymbol{g}$ 为重力加速度；T 为自由飞行时间。第一部分为旋转引起的相移；第二部分为重力加速度引起的相移；第三部分为旋转矢量与重力加速度存在夹角时的修正量；最后一项为拉曼激光引入的随机相位。由上述可知，激光相位噪声对原子干涉结果有直接的影响。影响拉曼激光相位的原因，主要包括内部锁相环电路环节和外部光学传输环节。内部电路环节的噪声来自晶振的相噪、锁相环到整个环路中各器件对相噪的影响以及光锁相环反馈控制电路噪声等。外部光学部分，主要包括高频的拍频探头在不同位置检测两束拉曼光进行锁相，拉曼光经声光调制器以及保偏光纤传输到真空腔体过程中光的抖动。以上问题都会使得光学环路不稳定，造成拉曼光相噪的变化。而上述噪声的抑制主要在于频率、相位的锁定，此外可以通过灵敏度函数分析得到相位的影响并在干涉结果中进行补偿。

(3) 检测噪声及抑制方法。

冷原子干涉陀螺仪输出为式(5.12)、式(5.13)中两个基态的原子布居数，通过布居数获得相位信息，所以原子数目 N 的检测技术至关重要，且检测噪声会给测量角速度的灵敏度带来直接影响。影响检测噪声的原因主要是检测光的频率抖动和功率抖动。频率抖动受限于调制转移光谱锁频的线宽。检测光功率会直接影响 N 的输出，可以通过功率锁定进行抑制。为了减小检测噪声对系统精度的影响，目前一般采用的 CCD 荧光检测法，相比普通光电二极管检测方案，其具有更多的空间位置进而获得更精确的原子数目。

(4) 其他噪声。

对于冷原子干涉陀螺仪系统，除了上述三种主要噪声以外，拉曼光光强噪声、同步测量噪声、杂散电场磁场噪声，均会影响干涉结果，具体为影响信噪比或相位。这些噪声的抑制可以通过采用外部电磁环境隔离、真空隔离等方法，以减弱其对于系统精度的影响。

5.2.4　原子干涉陀螺仪的分类

按束源类型分类，原子干涉陀螺仪可分为连续型原子干涉陀螺仪和脉冲型原子干涉陀螺仪。原子干涉陀螺仪的分类及相关研究小组如图 5.2 所示。两种类型的原子干涉陀螺仪区别为：连续型原子干涉陀螺仪的原子波源是连续出射的原子束；脉冲型原子干涉陀螺仪的原子波源是脉冲式抛射的冷原子团；连续型原子干涉陀螺仪按照原子纵向速度谱不同，有热原子束和冷原子束两种实现方案。对于连续型原子干涉陀螺仪，较低纵向速度的冷原子束可以使干涉距离更短，不仅可以实现高灵敏度的测量，还能让系统体积缩小，扩大了其应用场景，而热原子束具有更大的原子通量，因此原子干涉信号质量更好，短期灵敏度更高。相比于脉冲型冷原子团干涉陀螺仪，连续型原子干涉陀螺仪由于原子束源连续采样，数据输出频率高，有利于满足惯性传感器的高频测量条件并方便系统闭环控制，更适合动态环境下应用。同时，死区时间会在惯性传感中引起惯性偏差，而连续型原子束源的干涉测量无死区时间。为实现高测量灵敏度，热原子束干涉陀螺仪需要更长的干涉距离来保证其性能。由于热原子束具有高通量的特性，使得原子干涉信号更好，有利于改善陀螺仪的随机游走。冷原子束干涉陀螺仪由于具有较窄的纵向速度分布，因此可以实现更小的系统体积。但冷原子束的通量一般小于热原子束通量大约 2 个数量级，因此冷原子干涉信号信噪比较低。

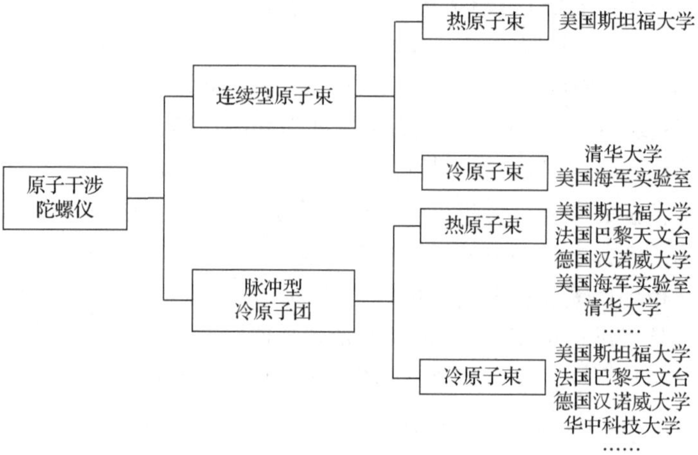

图 5.2　原子干涉陀螺仪的分类及相关研究小组

(1) 连续型原子束

连续型原子干涉陀螺仪一般使用空间分离的 Raman 激光，原子的相干分束或反射操作由操作激光束的宽度及光强实现。由美国斯坦福大学 Kasevich 小组实现的连续型热原子束干涉陀螺仪结构如图 5.3(a)所示，其物质波源采用对称双路对射的热原子束，通过使用同一组空间型 Raman 激光，来消除重力加速度和降低共模噪声的影响。基于该连续型热原子束的原子干涉陀螺仪数据更新率约为 145Hz，总长度为 3 米。连续型冷原子束干涉陀螺仪由清华大学小组于 2013 年首次实现，其结构如图 5.3(b)所示。冷原子束的制备是基于低速高亮度源(LVIS)结构，不断对高速运动的^{87}Rb 原子进行冷却和捕获，实验环境下测得角度随机游走为 4.4×10^{-5}rad/(s·$\sqrt{Hz}$)。

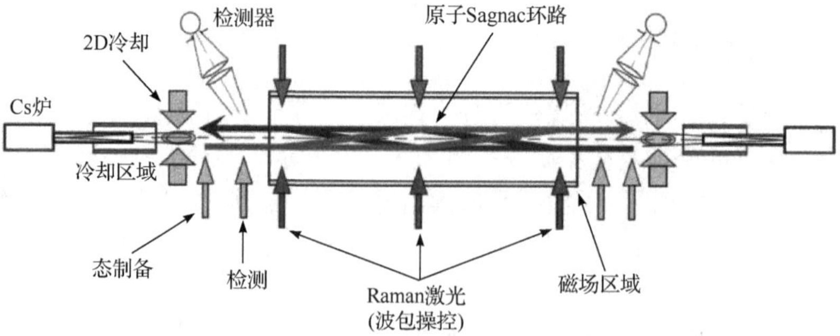

图 5.3　美国斯坦福大学的连续型原子束干涉陀螺仪

(2) 脉冲型冷原子团

脉冲型原子干涉陀螺仪一般使用时间型 Raman 激光，原子云团的相干分束、反射和合束通常通过控制 Raman 激光与原子的作用时间实现。脉冲型原子干涉陀螺仪由冷原子云团构成原子波源，通过 3D MOT 直接冷却可以制备冷原子云团，也可以通过 2D MOT 产生原子束后装载至 3D MOT 制备。制备后的原子云团通过移动光学黏胶技术使其以一定的初速度进入干涉区域。由法国巴黎天文台 Landragin 小组实现的脉冲型原子干涉陀螺仪如图 5.4(a)所示。三脉冲构型的干涉的主要步骤为：通过 3D MOT 制备出冷原子云团，然后使用移动光学黏胶技术将其斜向上抛出，通过控制一束 Raman 光的时序实现干涉过程。由于冷原子速度低，因此系统更易于小型化，但由于原子云团的制备(需 155ms)、飞行(需 244ms)、干涉(需 80ms)过程需要一定的时间，最终能实现的数据更新率为 1.72Hz。德国汉诺威大学 Rasel 小组提出了空间分离的三束 Raman 激光方案。为了提高测量灵敏度，该系统增大了原子干涉时间，其结构如图 5.4(b)所示。实验测得角度随机游走为 $8.5\times10^{-7}\mathrm{rad}/(\mathrm{s}\cdot\sqrt{\mathrm{Hz}})$，数据更新率约为 2Hz。

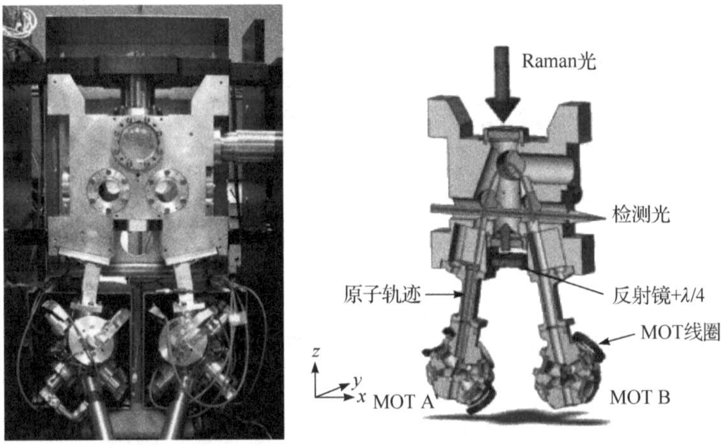

(a) 法国巴黎天文台冷原子方案

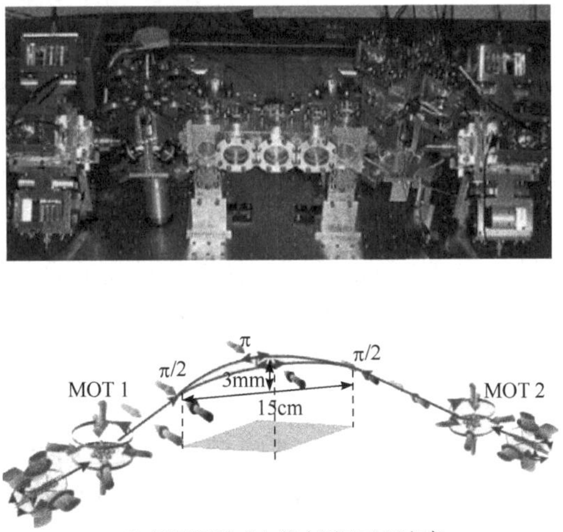

(b) 德国汉诺威大学冷原子云团方案

图 5.4　基于脉冲型冷原子的三脉冲原子干涉陀螺仪

美国斯坦福大学 Kasevich 小组搭建了四脉冲 $\pi/2-\pi-\pi-\pi/2$ 构型的冷原子云团干涉陀螺仪，该传感装置为不足 $1m^3$ 的立方体结构，该原子干涉陀螺仪如图 5.5 所示。该陀螺仪角度随机游走小于 $100\mu deg/\sqrt{Hz}$，最大角速度测量值为 10deg/s，绝对精度小于 100ppm，并实现了地球转速的绝对测量，实际的测量值与理论值的比为 1.0007 ± 0.0005。通过冷却、陷俘与上抛的铯(Cs)原子云团与两束 Raman 光相互作用，构成了蝶形干涉环路。其系统包含两个原子干涉仪，为消除干涉路径中额外加速度和转动带来的振幅噪声，采用了将两路干涉信号进行椭圆拟合的方法。上述三种脉冲型冷原子干涉陀螺仪的相关参数如表 5.4 所示。

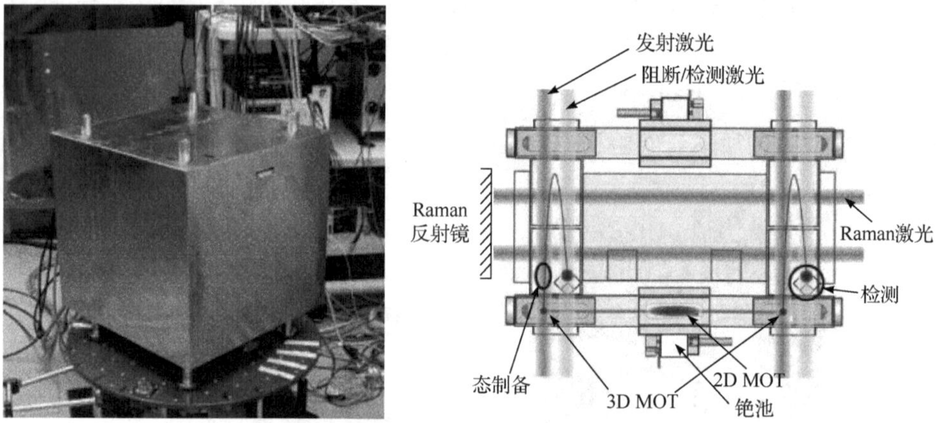

图 5.5　基于脉冲冷原子的四脉冲原子干涉陀螺仪

表 5.4　三种脉冲型冷原子干涉陀螺仪相关参数对比

机构	原子类别	传感器尺寸	冷却温度(μK)	冷原子装载率(at/s)	初态原子数(at)	拉曼光类型	脉冲间隔(ms)	干涉条纹对比度
斯坦福大学	^{133}Cs	小于 $1m^3$	2	10^9	2×10^7	$\pi/2-\pi-\pi-\pi/2$	51.5	30%
巴黎天文台	^{133}Cs	$30\times10\times50cm^3$	1.2	8×10^7	1×10^7	$\pi/2-\pi-\pi/2$(z 轴)	40	30%
汉诺威大学	^{87}Rb	全长 90cm	8	5×10^9	1.5×10^8	$\pi/2-\pi-\pi/2$	24.7	18%

原子陀螺仪作为基于量子物理原理的新型高性能惯性传感器，具有高精度、高灵敏度、抗干扰能力强等优势，是未来惯性导航技术的重要发展方向之一。原子陀螺仪作为第四代陀螺仪，具有巨大的发展潜力和广阔的应用前景。通过深入的跨学科研究，加强量子物理、光学、电子学、材料科学等多学科的交叉融合，推动原子陀螺仪技术的不断创新，将取得系列技术突破与性能提升，原子干涉陀螺仪(冷原子陀螺仪)具有极高的理论精度，随着激光冷却、原子操控技术的进一步发展，原子干涉陀螺仪的精度有望进一步提升；核磁共振陀螺仪(NMRG)已经展现出体积小、功耗低、抗干扰能力强的特点。未来，通过微机电系统(MEMS)技术和微纳加工工艺，原子陀螺仪有望实现芯片级集成，进一步缩小体积和降低成本；结合量子压缩与纠缠、

多光子大动量转移和光晶格囚禁等前沿量子技术，有望进一步提升原子陀螺仪的测量性能。

随着技术的不断突破和市场的逐步拓展，原子陀螺仪有望在国防军事、航空航天、深海探测和民用领域发挥重要作用，推动惯性导航技术进入一个新的时代。

思 考 题

1. 原子陀螺仪同机械转子式陀螺仪和光学陀螺仪相比，有哪些特点？
2. 简述原子干涉式陀螺仪的工作原理。

第 6 章　加 速 度 计

通常，将利用检测质量的惯性力或力矩来感受、输出运动载体线加速度或角加速度信息的装置称为加速度计。加速度计在惯性导航、消费电子、工业监测和资源勘探等各个领域有着广泛的应用。1942 年，德国在其发射的 V-2 型火箭上首次将加速度计用于发动机的点火控制，这一事件开辟了惯性导航技术这一崭新的学科。随着科学技术的不断发展，惯性导航技术在航天、航空、航海、陆地导航控制领域得到了广泛的应用，加速度计的相关技术也随之突飞猛进，目前正朝着高精度、小型化、多功能和低成本的方向发展。惯性测量单元按性能等级分类如表 6.1 所示。

表 6.1　惯性测量单元性能等级分类

性能指标	战略级	导航级	战术级	消费级
加速度计零偏不稳定性	$0.1\sim1\mu g$	$<100\mu g$	$1\sim5mg$	$100\sim1000mg$
陀螺仪零偏不稳定性	$0.0001\sim0.001(°)/h$	$<0.01(°)/h$	$1\sim10(°)/h$	$0.1(°)/s$
陀螺仪角度随机游走	$<0.001(°)/h^{1/2}$	$<0.002(°)/h^{1/2}$	$0.05\sim0.2(°)/h^{1/2}$	$2\sim10(°)/h^{1/2}$

加速度计有多种分类方法：按工作方式分类，有线位移式加速度计、摆式加速度计、振动式加速度计、光电式加速度计和陀螺摆式加速度计等；按支承方式分类，有机械支承加速度计、液浮加速度计、气浮加速度计、挠性加速度计、磁悬浮加速度计和静电加速度计等；按信号敏感方式分类，有电容式加速度计、电感式加速度计、压阻式加速度计、压电式加速度计和光电式加速度计等；按用途分类，有导航用加速度计、调平用加速度计、重力测量用加速度计、冲击测量用加速度计以及角加速度测量用加速度计等。

本章首先介绍比力及其测量原理，然后介绍常见的摆式加速度计、振梁式加速度计及硅微加速度计等加速度计的结构组成与工作原理。

6.1　比力与比力的测量

6.1.1　比力的概念

加速度是载体运动的一种状态，加速度计是通过测量加速度产生的惯性力来获得加速度的，因此，加速度计实质上是测力计。加速度计测量的理论基础是牛顿定律。物体在宇宙空间不可避免地受到力的作用，包括地球引力作用（即“重力”），还有太阳、月球以及其他天体的引力作用，当物体加速度运动时，就会存在惯性力。此外还有非引力、非惯性力的其他约束力作用在物体上，如弹簧的弹性力、反馈控制电路作用的电磁力等，这些力与引力和惯性力构成力平衡系统。

分析载体受力时，可以把载体所受的力 $\boldsymbol{F}$ 分为两部分：一部分是各种天体的引力 $\boldsymbol{F}_g$，另一部分是作用于该载体的其他力，可将其统称为非引力 $\boldsymbol{f}_m$，即

$$\boldsymbol{F}=\boldsymbol{F}_g+\boldsymbol{f}_m \tag{6.1}$$

若载体相对惯性空间的运动加速度为 $\boldsymbol{a}_i$，根据牛顿第二定律，有

$$\boldsymbol{F}=m\boldsymbol{a}_i \tag{6.2}$$

式中，m 为载体的质量。将式(6.2)代入式(6.1)，有

$$\boldsymbol{F}_g+\boldsymbol{f}_m=m\boldsymbol{a}_i \tag{6.3}$$

整理有

$$\frac{\boldsymbol{F}_g}{m}+\frac{\boldsymbol{f}_m}{m}=\boldsymbol{a}_i \tag{6.4}$$

由式(6.4)，若能测得引力 $\boldsymbol{F}_g$、非引力 $\boldsymbol{f}_m$，则可获取载体加速度。天体的引力通常无法直接测量，而非引力部分则能通过一定方法获取，定义单位质量物体受力中的非引力外力为比力，记为 $\boldsymbol{f}$，根据式(6.4)可得比力

$$\boldsymbol{f}=\frac{\boldsymbol{f}_m}{m}=\boldsymbol{a}_i-\frac{\boldsymbol{F}_g}{m}=\boldsymbol{a}_i-\boldsymbol{G} \tag{6.5}$$

式中，$\boldsymbol{G}$ 为单位质量物体所受的引力，即引力加速度。式(6.5)表明，作用于单位质量物体的比力向量等于该物体的绝对加速度与引力加速度向量之差。

在地球表面附近，引力主要是地球引力，故有 $\boldsymbol{G}=\boldsymbol{g}$，因此在地球表面附近，比力为

$$\boldsymbol{f}=\boldsymbol{a}_i-\boldsymbol{g} \tag{6.6}$$

6.1.2 比力的测量

加速度计的基本结构和力学示意图如图 6.1(a)所示，一般由检测质量 m、支承弹簧、位移传感器、阻尼器和仪表壳体组成，这种结构的加速度计也称为线加速度计。检测质量借助弹簧支承在仪表壳体内，阻尼器的一端也连接到壳体上。检测质量受到支承的限制，只能沿敏感轴方向做线位移，这个轴也称为加速度计的输入轴。图 6.1(b)为加速度计感受载体运动加速度 $\boldsymbol{a}$ 时的工作状态示意图。检测质量 m 在加速度作用下产生的惯性力压缩弹簧，使之产生变形量 x。惯性力 $m\boldsymbol{a}$ 与弹簧的弹性力 kx 大小相等，方向相反，m、k 已知，通过测量位移量 x 即可获得加速度 $\boldsymbol{a}$。

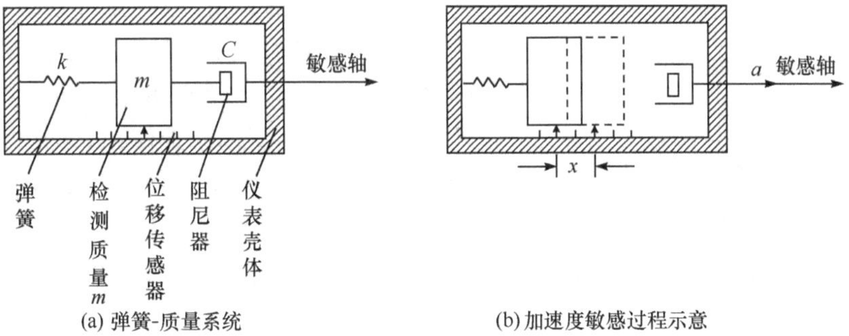

图 6.1 加速度计的基本力学模型

对于图 6.1(a)所示的弹簧-质量系统，检测质量、阻尼及支承弹簧刚性间的关系决定了加速度计的特性。沿加速度计敏感轴施加加速度时，检测质量作用力为惯性力、阻尼力及弹簧弹性力的合力，受力平衡方程为

$$m\frac{d^2x}{dt^2}=C\frac{dx}{dt}+kx \tag{6.7}$$

式中，x 为距检测质量平衡位置的位移；C 为阻尼系数；k 为弹簧刚度。

若不考虑阻尼系数，当加速度稳定时，检测质量位移也将达到稳态（任何初始瞬态振动已经消失），有

$$m\boldsymbol{a}=m\frac{d^2x}{dt^2}=kx \tag{6.8}$$

即惯性力与弹簧力平衡，则通过测量线位移 x 可获得加速度。

6.2　摆式加速度计

摆式加速度计因其检测质量相对于参照物的运动特性类似钟摆而得名。它通过测量摆在惯性力作用下偏离平衡位置的偏移量，输出与加速度成比例的电信号。摆式加速度计是惯性导航系统中应用最广泛的加速度计类型之一。

根据工作原理，摆式加速度计可分为陀螺摆式加速度计和非陀螺摆式加速度计。其中，陀螺摆式加速度计进一步细分为：滚珠式陀螺摆式加速度计、气浮陀螺摆式加速度计、液浮陀螺摆式加速度计；非陀螺摆式加速度计则依据支撑方式分为悬浮摆式加速度计、挠性摆式加速度计。自 20 世纪 60 年代开始研制的石英挠性加速度计，是当前应用最为广泛的机械摆式加速度计，也是当今摆式加速度计的主流产品。

6.2.1　摆式加速度计的基本原理

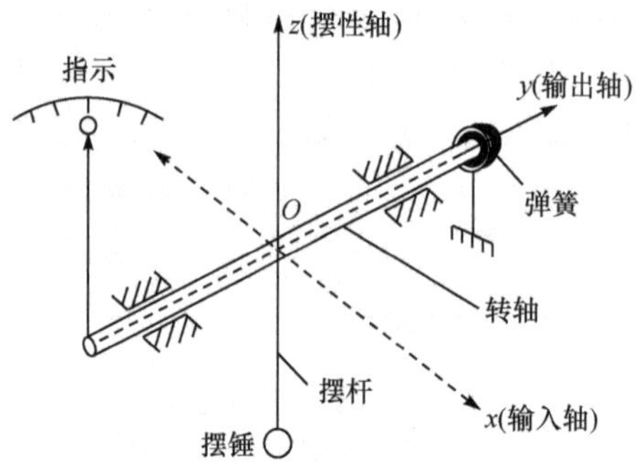

图 6.2　摆式加速度计原理示意图

摆式加速度计的原理模型如图 6.2 所示，它由壳体、检测质量（摆锤）、转轴（输出轴）、平衡弹簧、指针以及刻度盘等部件组成。在图 6.2 中建立坐标系 $Oxyz$，其中，z 轴沿地垂线方向向上，y 轴沿转轴的方向向右，x 轴垂直于 y 轴、z 轴的方向，称为加速度计的输入轴，即待测加速度的方向，y 轴为加速度计的输出轴，z 轴称为摆性轴。质量为 m 的摆锤用臂长为 L（摆长）的摆杆悬挂在转轴 y 上，转轴两端用轴承支承在壳体上，弹簧两端分别与转轴、壳体固联。摆锤质量与到转动轴距离的乘积定义为“摆性”，即 $P=mL$。

当转轴相对壳体转动时，产生与转轴转动的角度成正比的扭转力矩，即

$$\boldsymbol{M}_s=K_s\boldsymbol{\theta} \tag{6.9}$$

式中，$\boldsymbol{M}_s$ 为扭转力矩；$\boldsymbol{\theta}$ 为转轴转角；K_s 为弹簧的弹性系数。扭转力矩的作用使转轴回到零位，可在转轴和壳体上装配指针和刻度盘，用来指示相对壳体的转角大小，并以此作为摆式加速度计的输出。

假设加速度计水平放置，y 轴在水平面内。载体没有加速度时，摆锤仅受重力 mg 的作用，摆杆沿重力方向，转轴带动指针停在“0”位，弹簧不产生力矩，这是加速度计的起始基准

位置。

当载体有沿 x 轴的加速度 $\boldsymbol{a}$(不包括随地球公转与自转的牵连运动加速度)时，如图 6.3 所示，假设 $\boldsymbol{a}$ 沿 x 轴正向，摆锤要受到由 $\boldsymbol{a}$ 引起的惯性力的作用，即 $\boldsymbol{F}=m\boldsymbol{a}$，其方向与 $\boldsymbol{a}$ 相反，由此形成对 y 轴的惯性力矩为

$$\boldsymbol{M}_a = m\boldsymbol{a}L\cos\theta = P\boldsymbol{a}\cos\theta \tag{6.10}$$

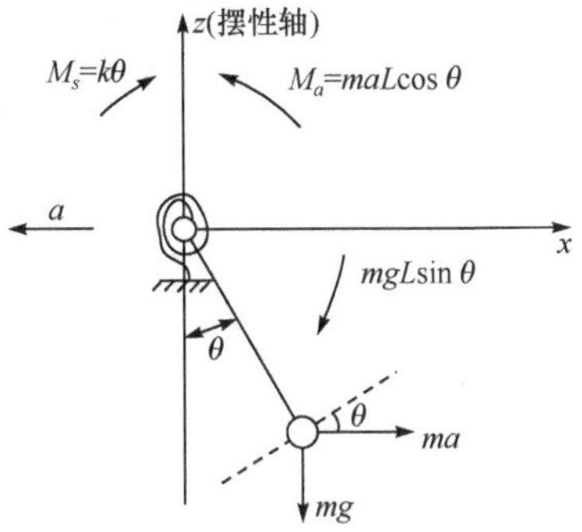

图 6.3　敏感轴水平时转轴上的力矩

惯性力矩使摆锤及与之固联的转轴转动，转轴转过的角度为 θ。根据式(6.9)，弹簧产生扭转力矩 $\boldsymbol{M}_s$ 与 $\boldsymbol{M}_a$ 方向相反，试图使转轴的转角恢复为零，因此又称 $\boldsymbol{M}_s$ 为弹性恢复力矩。同时，由于摆锤偏离垂线，重力会对 y 轴形成重力矩 $mgL\sin\theta$，此力矩与弹性力矩方向相同。另外，摆锤绕 x 轴转动时，产生与角加速度 $\ddot{\theta}$ 对应的惯性力矩，以及与角速度 $\dot{\theta}$ 对应的阻尼力矩，这样对转轴 y 的力矩平衡方程式为

$$P\boldsymbol{a}\cos\theta = J\ddot{\theta} + K_d\dot{\theta} + K_s\theta + mgL\sin\theta \tag{6.11}$$

式中，J 为摆锤对转轴的转动惯量；K_d 为阻尼系数。

根据式(6.11)，可得稳态条件下摆锤偏离起始零位的转角 θ 与被测加速度 $\boldsymbol{a}$ 的关系。当 θ 为小量时，有 $\cos\theta\approx 1$，$\sin\theta\approx\theta$。进入稳态时，$\ddot{\theta}=0$，式(6.11)可线性化为

$$P\boldsymbol{a} = K_s\theta + mgL\theta \tag{6.12}$$

转轴的转角为

$$\theta = \frac{P}{K_s + mgL}\boldsymbol{a} = \frac{P}{K_s + Pg}\boldsymbol{a} = K_\theta\boldsymbol{a} \tag{6.13}$$

式中，K_θ 为标度因数，制造出加速度计成品后，m、L、K_s 为常数，K_θ 也为常数。测出转轴的转角 θ，就可以获得被测加速度 $\boldsymbol{a}$。

以上讨论是在加速度计测量轴 x 轴完全水平放置情况下得出的结论。这种情况下重力加速度对输出没有影响。如果摆式加速度计的基座存在倾角，加速度计的输出将含有重力加速度的分量。假定基座的倾角为 β，如图 6.4 所示，此时作用在转轴上的力矩平衡方程为

$$P\boldsymbol{a}\cos(\theta-\beta) = J\ddot{\theta} + K_d\dot{\theta} + K_s\theta + mgL\sin(\theta-\beta) \tag{6.14}$$

摆锤进入稳态且 θ 和 β 都很小时，上式可线性化为

$$Pa = K_s\theta + Pg(\theta-\beta) \tag{6.15}$$

于是有转轴转过的角度为

$$\theta = \frac{P}{K_s + Pg}(a + g\beta) = K_\theta(a + g\beta) \tag{6.16}$$

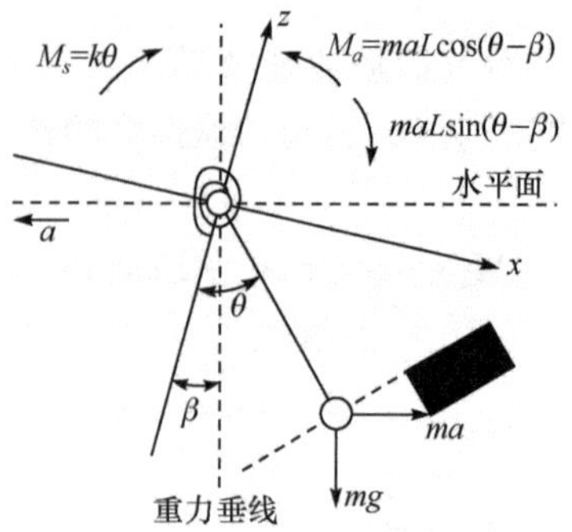

图 6.4　敏感轴不水平时转轴上的力矩

式(6.16)中的 $a+g\beta$ 为加速度计输入轴方向的比力分量，即输出角 θ 为敏感轴上的比力分量。由此可知，加速度计的输出中，包含待测加速度信号 a 和重力加速度的分量 $g\beta$，加速度计不能对两者进行区分。因此，图 6.4 所示摆式加速度计只适合将输入轴放在水平方向，不能测量垂直方向上的比力，否则不能保证 θ 和 β 都是小角度。

作为惯性导航系统的核心器件之一，摆式加速度计在使用过程中通常应满足以下要求：

(1) 高分辨率、小阈值。分辨率和阈值为摆式加速度计能敏感的最小加速度值，最小加速度的测量值直接影响惯性导航系统计算的速度和位置精度，摆式加速度计阈值和分辨率越小越好，通常要求 10^{-5}g 量级以下。

(2) 低摩擦干扰。摆式加速度计转轴上的摩擦干扰力矩直接影响到检测灵敏度和长期稳定性，只有惯性力矩大于摩擦干扰力矩时，转轴才能偏转产生转角，加速度计才有输出。

(3) 大量程。摆式加速度计的量程是指测量加速度的最大值和最小值的范围。不同的载体对加速度计的量程要求不同，例如，机载惯性导航系统要求其加速度计测量范围为 $\pm(10^{-5}\sim 20)$g，最大可达±70g。为了实现宽动态测量、全量程高线性度，且要求摆式加速度计转轴的转角小，必须使弹簧刚度足够大，通常采用“电弹簧”代替机械弹簧，实现转角控制在几个角分之内。

6.2.2　石英挠性加速度计

石英挠性加速度计是目前应用最广泛的加速度计，具有高精度、高稳定性、小体积、抗冲击等优点，能满足多种载体和惯性导航系统的使用要求，广泛应用于航天、航空、船舶、兵器、石油开采等多个领域。

石英挠性加速度计由表头和伺服电路组成。表头由石英摆组件、上/下力矩器、腹带、壳体等组成，如图 6.5 所示。当沿加速度计的输入轴有加速度作用时，由于摆质量的位置变化，使差动电容传感器的电容值发生变化，混合集成电路检测这一变化，并产生一个再平衡电流给力矩器，它产生的电磁力矩有使摆质量回到原来位置的趋势，加速度计的输出是流过力矩器与输入加速度成比例的电流。

石英摆组件由熔融石英材料经化学刻蚀、激光加工等特种加工工艺而成，它没有宝石轴承的摩擦效应和磨损特性，也没有金属挠性摆片的不稳定与疲劳。检测质量由两个挠性双梁结构支撑，这种特定的结构只允许石英检测质量沿输入轴方向作直线运动(严格地说是转动，由于转角的范围极小，故可近似看成直线位移)，而对其他轴方向的运动刚度很大，因此，能使石

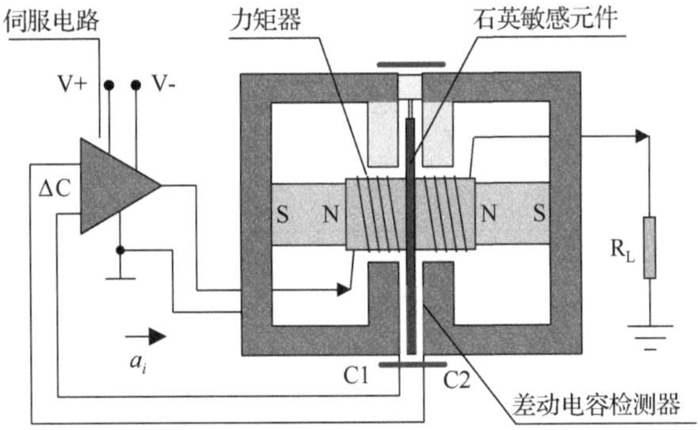

图 6.5　石英挠性加速度计原理图

动画

英检测质量沿输入轴保持稳定的方向。这种传感器与高性能伺服电路相结合，可使石英挠性加速度计具有优越的长期稳定性、极低的交叉耦合误差与振动整流误差。

石英挠性加速度计通过测量流过力矩器的电流来获得所敏感加速度量值，即

$$a=\frac{K_{tg}}{P}i \tag{6.17}$$

式中，a 为加速度；K_{tg} 为力矩器系数；$P=mL$ 为摆性；i 为加速度计输出电流。

石英挠性加速度计为闭环控制系统，其系统框图如图 6.6 所示。列写出石英挠性加速度计的传递函数

$$\begin{aligned}\frac{I(s)}{a(s)}&=P\frac{K_{p_0}K_{s_a}}{Js^2+Ds+K_c+K_{tg}K_{p_0}K_{s_a}}=\frac{P}{K_{tg}}\frac{K_{p_0}K_{s_a}K_{tg}}{Js^2+Ds+K_c+K_{tg}K_{p_0}K_{s_a}}\\&=K_a\frac{K}{Js^2+Ds+K_c+K}\end{aligned} \tag{6.18}$$

式中，K_c 为沿输入轴方向的挠性双梁支撑刚度；K_{p_0} 为电容传感器系数；K_{s_a} 为伺服电路放大器系数；K_{tg} 为力矩器系数；$K=K_{p_0}K_{s_a}K_{tg}$ 为伺服回路系统的刚度；$K_a=\dfrac{P}{K_{tg}}$ 为加速度计标度因数。

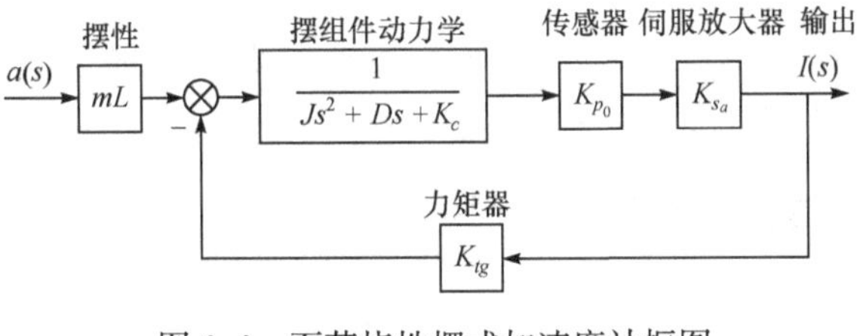

图 6.6　石英挠性摆式加速度计框图

石英挠性加速度计主要用于各类装备的惯性导航系统，其主要性能指标包括量程、阈值/分辨率、偏值重复性、标度因数重复性、偏值温度系数、标度因数温度系数、二阶非线性系数以及带宽等，石英挠性加速度计的典型参数如表 6.2 所示。

表 6.2 石英挠性加速度计的性能参数

项目	单位	指标
量程	g	50
阈值/分辨率	μg	5
偏值重复性	μg	20
标度因数重复性	ppm	20
偏值温度系数	μg/℃	20
标度因数温度系数	ppm/℃	30
非线性	$\mu g/g^2$	30
频率响应	Hz	1000 (−3dB)

6.3 石英振梁式加速度计

6.3.1 振梁式加速度计的分类

振梁式加速度计属于振动加速度计,包括振弦式和振梁式两种。振弦式加速度计是以弦的横向振动理论为基础的一种力-频率变换器。弦是一条有一定长度而横截面很小的丝,弦的一端固定检测质量,另一端固定在壳体上,给定初始张力,经激励振弦发生横向振动。当外界有加速度作用时,检测质量受惯性力作用,使弦丝张力发生变化,其振动频率也随之变化,通过测量该频率差就可得到对应的加速度值,振弦式加速度计有单振弦式、双振弦式等多种形式。

振梁式加速度计是在振弦式加速度计的基础上发展而来的,由振梁替代振弦,同样利用谐振器的力-频特性,将载体加速度经检测质量转换成惯性力作用于谐振器,使其固有频率发生变化,通过检测谐振器的差频实现加速度值的测量。其核心部件是采用石英晶体或单晶硅材料通过微细加工技术制作的谐振器敏感结构,其中石英振梁式加速度计(vibrating beam accelerometer,VBA)基于压电效应进行激励和检测;硅振梁式加速度计采用静电驱动,通过检测敏感电极的频率变化实现加速度的测量。

6.3.2 石英振梁式加速度计的工作原理

石英振梁式加速度计是利用石英晶体本身的压电性能激励刚性梁作为谐振元件的仪表,属于开环加速度计。石英晶体内耗低、Q 值高、寿命长、非磁性,是一种各向异性晶体,具有零温度系数切型,有利于提高敏感器件的热工作性能,同时石英晶体材料具有良好的机械稳定性,消除了在金属谐振器中普遍存在的蠕变现象。

石英振梁式加速度计的传感器结构形式有两种,即单根力敏感谐振梁结构和双端音叉力敏感谐振梁结构;从结构上可分为单梁单质量摆和双梁单质量摆两种形式。以双梁单质量摆式石英振梁式加速度计为例,其基本组成如图 6.7 所示,石英振梁位于摆的两侧,通过激振电路驱动振梁处于稳定谐振状态。当有加速度输入时,质量块敏感到惯性力,在挠性支撑束缚下转化成拉力、压力并分别施加到石英振梁上，使得两个振梁谐振频率一个升高、一个降低，产生的差分频率变化反映输入加速度大小。

石英振梁式加速度计采用挠性支承代替了以往加速度计中常见的轴承支承，从结构上消除了轴承支承无规律的摩擦力矩的产生，而代之以可以补偿的弹性力矩。双梁单质量摆式石英振梁式加速度计基本构件包括一对匹配的振梁石英晶体谐振器、带有挠性支承约束系统的检测质量、晶控振荡器电子线路、精密温度传感器以及密封外壳。当有加速度输入时，单质量可以简单有效的将惯性力转换为双梁的拉力与压力，频率输出差分可以消掉偶次项，提高加速度计线性度，放大奇次项，提高加速度计灵敏度；双梁差分可有效减小温度、振动与冲击等环境干扰的影响。

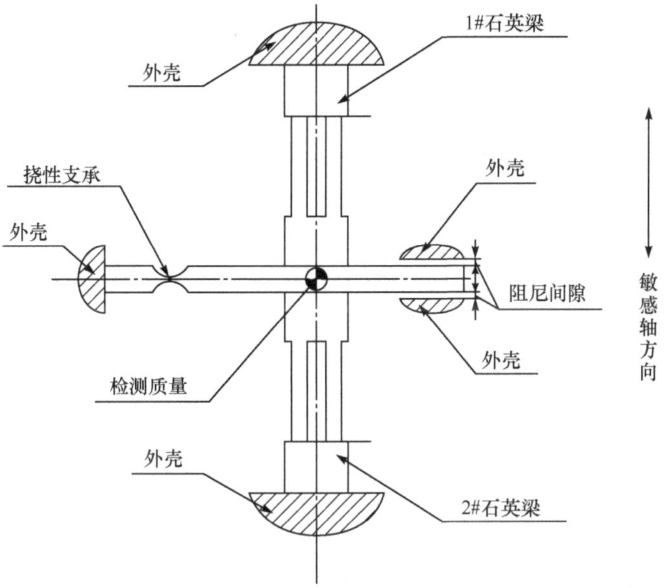

图 6.7 石英振梁式加速度计原理示意图

石英梁采用石英晶体材料，其具有优异的机械性能和热稳定性。当石英晶体受到应力作用时，在它的某些表面上出现电荷，且应力与面电荷密度之间存在线性关系，这个现象称为正压电效应。而当石英晶体受到电场作用时，在它的某些方向出现应变，且电场强度与应变之间存在线性关系，这个现象称为逆压电效应。石英晶体随切型、几何尺寸、激励电极配置等不同，阻抗参数、谐振频率、温度特性等物理特性也不同，压电振动模式也不同，石英振梁工作在宽度弯曲振动模式。石英振梁采用压电常数最大的切角方向，以获得高灵敏度；同时，还需综合考虑切型的频率温度特性、单频性等因素。振梁长度沿晶体 Y 轴方向，宽度沿 X 轴，厚度沿 Z 轴，采用四面三段电极，主体结构为双音叉型结构，如图 6.8 所示。该双音叉的横向振动相位差为 180°，音叉叉齿上的动态力在音叉基部是大小相等方向相反的一对力偶，在相当于几个梁的宽度内应力可以抵消。该音叉既作为力检测质量，又作为振荡器元件。

为了补偿温度对传感器输出的影响，必须知道内部的温度信息。石英振梁式加速度计温度信息的获取既可以在加速度计内部设置高精度的温度传感器，也可以利用谐振器的晶体，把谐振器作为晶体温度传感器来使用，利用特定的谐振电路对同一谐振器分别激励其不同谐波次数的振动，即可同时进行力与温度的检测。第一种方法较易实现，是目前普遍采用的一种方

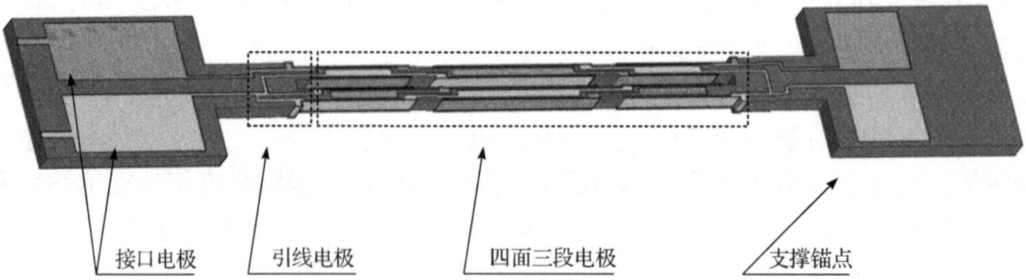

图 6.8　双音叉石英梁结构

法，但是所测量的是晶体周围环境的温度，与晶体本身的温度会有一定的差异。第二种方法的优点是敏感的就是晶体本身的温度，而不需要增加温度传感器，利用石英晶体本身的频率-温度系数小、重复性好的特点，可以通过软件补偿温度误差。

总之，石英振梁式加速度计利用石英材料优良的机械、温度特性，长期稳定性好；基于谐振式原理，结构自带“高灵敏度”基因；激励检测电路简单，准数字输出，易于实现高“SWaP+C”；整表部组件少，总装流程简单，利于大批量生产。

石英振梁式加速度计未来将向更高精度与稳定性、小型化与集成化、耐恶劣环境等方向发展，在军用和民用领域均有广泛的应用前景，在民用方面可用于汽车、石油和微型机器人等高端工业领域；在军用方面，可以覆盖战术到战略所有领域的应用，具有很好的发展前景。

6.4　硅微加速度计

6.4.1　硅微加速度计的基本原理

硅微加速度计是在微米/纳米技术这一前沿领域发展的背景下，以集成电路工艺(integrated circuit，IC)和微机械加工工艺为基础诞生的新型加速度计，具有体积小、功耗低等特点。硅微加速度计是微机电系统最成功的应用领域之一，种类丰富，按有无反馈信号分类，可分为开环型和闭环型；按敏感信号分类，可分为电容式、压阻式、压电式、振动式以及隧道电流型加速度计；按加工方式分，可分为微机械表面加工式和微机械体加工式加速度计；按照结构形式分类，可分为“梳齿式”“跷跷板”“三明治”和静电悬浮式硅微加速度计；按敏感轴数量分类，可分为单轴、双轴和三轴硅微加速度计。

在硅微加速度计众多技术路线中，电容式加速度计目前发展得最为成熟，其典型的技术性能指标为：偏置稳定性优于 1mg，标度因数稳定性优于 1000ppm。在民用领域，主要用于通用航空、车辆控制、高速铁路、机器人、工业自动化、医用电子设备等，部分高性能产品已经开始进入军事领域，主要面向战术武器的姿态稳定控制和短时导航。

本节以梳齿式电容加速度计为例介绍其结构和工作原理。梳齿式电容加速度计因为活动电极形似梳齿而得名，又称叉指式电容加速度计。梳齿式电容加速度计的活动检测质量元件是一个 H 型的双侧梳齿结构，相对于固定活动检测质量元件的基片悬空并与基片平行，与两端挠性梁结构相连，并通过立柱固定于基片上。每个梳齿由中央质量杆(齿梳)向其两侧伸出，可以称为动齿(动指)，构成可变电容的一个活动电极，直接固定在基片上的为定齿(定指)，构成可变电容的一个固定电极。定齿、动齿交错配置形成差动电容。梳齿结构增大了重叠部分的面积，获得更大的电容，进而提高初始灵敏度。

按照定齿的配置方式可以分为定齿均匀配置梳齿电容加速度计和定齿偏置结构的梳齿电容加速度计；按照加工方式的不同可分为表面加工梳齿式电容加速度计和体硅加工梳齿式电容加速度计。表面加工梳齿式电容加速度计的结构加工工艺与集成电路加工工艺兼容性好，可以将敏感元件和信号调理电路用兼容的工艺在同一硅片上完成，实现整体集成。

表面加工定齿均匀配置梳齿式微加速度计的一般结构如图 6.9 所示。每组定齿由一个Π型齿和两个L型齿组合而成，每个动齿由一个Π型定齿和一个L型定齿交错等距离配置，形成差动结构，其优点在于可以节省管芯版面尺寸，这对于表面加工的微机械传感器是较适用。

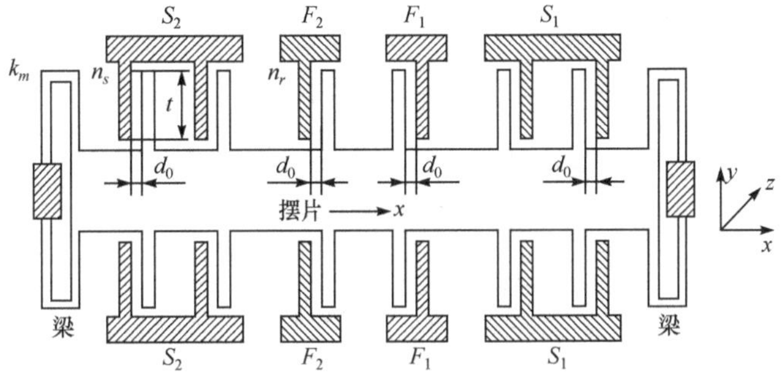

图 6.9 表面加工定齿均匀配置梳齿式微机电加速度计结构

定齿偏置结构最重要的优点就是键合块少、单块键合面积大，大大降低了键合难度，且键合接触电阻小而均匀。对于定齿均置结构，每一个动齿两边的定齿为不同极性，由于引线的关系，都要单独键合，键合强度小，对于体硅加工由于质量较大很容易脱落；而定齿偏置结构中心线左侧为一种电极，中心线右侧为另一种电极，故可采用数个定齿合在一起键合，大大提高了成品率。此外，定齿偏置结构明显减少了均置方案所必需的内部电极和引线，一方面避免了电极、引线间的分布电容及电信号的干扰，另一方面减少了引线输出数目，降低了引线键合的工作量。定齿偏置结构敏感轴方向的尺寸大于定齿均置结构，而均置结构的定齿通常较长，以满足均置结构的电容及键合面积。

6.4.2 电容式硅微加速度计控制方式

电容式硅微加速度计是利用相对运动所引起的电容变化来测量加速度。图 6.10 为电容式开环微机电加速度计示意图，其中，u_s 是微机电加速度计载波，C_{s_1} 和 C_{s_2} 是一对检测差动电容，m 为微结构敏感结构，b 为微结构机械阻尼系数，k 为微结构折叠梁弹性刚度，a 为感受到的加速度，x 为感受加速度时检测质量相对壳体的位移量，u_{out} 为加速度计输出。

如果加静电反馈，便可组成力反馈闭环微机电加速度计，图 6.11 为电容式闭环微机电加速度计示意图。其中，u_s 是微机电加速度计载波，C_{s_1} 和 C_{s_2} 是一对检测差动电容，C_{f_1} 和 C_{f_2} 是一对加力差动电容，u_1 和 u_2 是反馈电压，f_e 是反馈力，m 为微敏感结构，b 为微结构机械阻尼系数，k 为微结构折叠梁弹性刚度，a 为感受到的加速度，x 为感受加速度时检测质量相对壳体的位移量，u_{out} 为加速度计输出。差动电容由载波信号激励，输出的电压经过放大和相敏解调作为反馈信号加给力矩器电容极板，产生静电力，使得极板回到零位附近。加在力矩器电

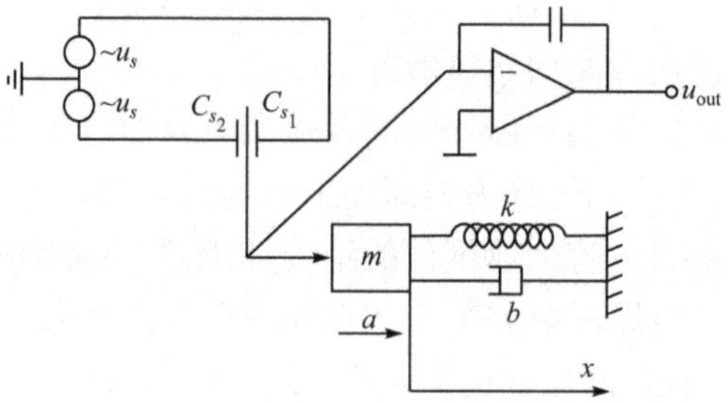

图 6.10 电容式开环微机电加速度计示意图

容极板上的平衡电压和被测加速度成线性关系。由于闭环控制下，极板始终处于零位附近，可显著改善加速度计的线性度等指标。

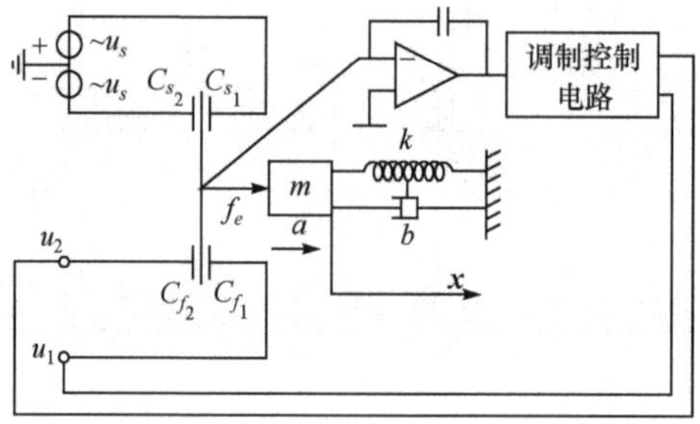

图 6.11 电容式闭环微机械加速度计示意图

6.5 MOEMS 加速度计

微光机电技术(micro-opto-electro-mechanical system，MOEMS)是将 MEMS 技术与微光学检测技术融合而产生的多学科交叉性技术，它兼具两者的优点，可实现低成本、小型化、集成化、可大批量生产，同时满足高精度、高灵敏度、高热稳定性，以及强抗电磁干扰能力的微光学惯性传感和测量，基于 MOEMS 技术可制造出小型化芯片级器件。

MOEMS 加速度计是基于 MOEMS 技术的一种新型加速度计，是极具发展潜力的下一代加速度计。MOEMS 加速度计的工作主要基于加速度敏感单元和光学位移检测单元两个核心部分，加速度敏感单元将外界加速度转换为位移量，通常由 MEMS 技术制作的微机械结构组成，包括质量块、悬臂梁、弹性结构等，当加速度作用于敏感质量块时，质量块在惯性力的作用下发生位移，位移的大小与加速度成正比。光学位移检测单元负责检测敏感质量块的位移，并将其转换为可测量的光信号，具体的检测方式可以通过光栅或其他光学元件直接调制光强，检测光强的变化；或者利用干涉、衍射等光学现象，将位移转换为光强变化；或者利用光学腔内的光力作用，增强位移检测精度。

因此，根据光学检测原理，现有 MOEMS 加速度计可分为基于直接光强调制、基于光的波动性、基于光与物质相互作用的微光机电系统加速度计。其中，基于直接光强调制的 MOEMS 加速度计通过直接测量光的振幅或强度来测量加速度敏感单元中敏感质量的位移，这类加速度计拥有相对简单的结构和大动态范围，但精度有限；基于光的波动性的 MOEMS 加速度计以光的波长或频率作为标尺，通过光学元件的干涉/衍射将波长和频率转换为可观量，这类加速度计的光学测量单元精度通常要高于基于直接光强调制的 MOEMS 加速度计；基于光与物质相互作用的 MOEMS 加速度计利用光与物质的相互作用，通过腔光力/量子增强实现超越标准量子极限的位移测量精度，这类加速度计大部分仍处于预研阶段。下面分别加以介绍。

6.5.1 基于直接光强调制的 MOEMS 加速度计

基于直接光强调制式 MOEMS 加速度计在受到加速度作用时，敏感质量块产生位移，进而直接调制光学测量单元的光强，通过测量光强即可获取位移和加速度大小。直接光强调制式 MOEMS 加速度计—“百叶窗”式加速度计出现在 20 世纪 90 年代，如图 6.12 所示。发光二极管(light emitting diode，LED)光源垂直照射可动质量块，由于可动质量块及底部的光电探测器上均刻有栅线，当质量块受加速度作用发生位移时，通过质量块的光通量会随之发生变化。该加速度计还设有另一个温度补偿光电探测器来提升信噪比。

除了光栅“百叶窗”，光波导也可以作为直接光强调制元件。一种基于光波导的直接光强调制式 MOEMS 加速度计如图 6.13 所示。初始状态的质量块与外框架处在同一平面内，放置于质量块上的光波导和框架上的外波导自对准，当有沿 z 轴向的加速度输入时，质量块产生 z 向位移，带动光波导发生失调，引起直接光强变化。除此之外，光学狭缝等设置同样可以作为直接光强调制元件的测量结构。

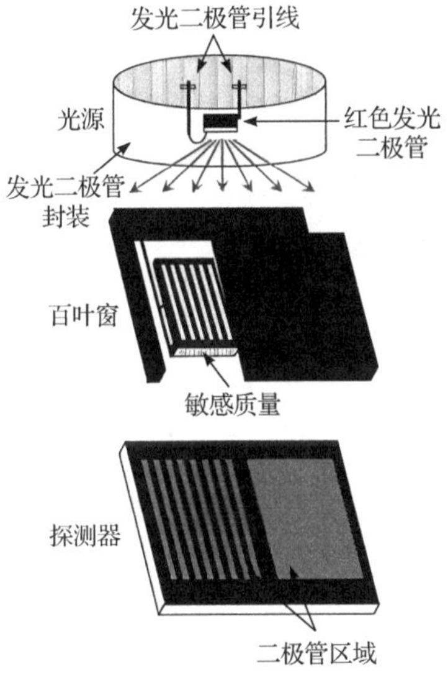

图 6.12 “百叶窗”式加速度计示意图

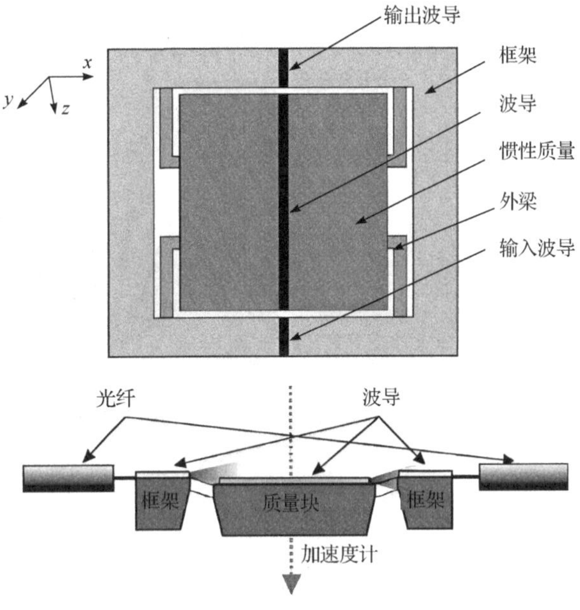

图 6.13 基于光波导的直接光强调制式加速度计

直接光强调制式 MOEMS 加速度计结构简单，对光源和探测器没有苛刻要求，适用于低成本、较高精度的加速度测量。但受限于直接光强调制光学位移检测单元的性能，这类加速度计在面对高精度加速度测量应用时，往往需要在机械加速度敏感单元上进行精巧的设计，通常需要牺牲带宽、动态范围等其他性能指标。

6.5.2　基于光的波动性的 MOEMS 加速度计

基于光的波动性的 MOEMS 加速度计的光学测量单元利用的是光的波动性，将敏感质量块的位移以光波长（或频率、相位）为标尺转换为可观量（通常为光强），通过测量对应改变量即可获得位移和输入加速度大小。将光波长作为长度标尺可以大大提升光学测量单元的精度，进而提升加速度计的精度。基于光的波动性的 MOEMS 加速度计形式多样，按照光学测量单元形式又可细分为干涉腔式、光纤布拉格光栅式、光子晶体式等。

干涉腔式加速度计的核心元件是一个由干涉光腔构成的光学测量单元。干涉腔中往往存在一个与敏感质量相连的可动部分，当敏感质量受惯性力作用发生位移时，可动部分引起腔长和光学相位的变化，进而通过干涉/衍射改变干涉腔的输出光强。借由光波长作为标尺，干涉光腔的位移测量精度可以达亚纳米至皮米、飞米量级，为实现 10^{-9}g 级加速度测量提供了可能。

常见的干涉光腔形式有光栅干涉腔和法布里珀罗(Fabry-Perot，FP)干涉腔两种。这两种腔体均拥有紧凑的结构，可与微机械加速度敏感结构集成，实现小型化。光栅干涉腔式加速度计采用光栅作为产生干涉/衍射的光学元件，受原子力显微镜针尖位移测量机构启发研制而成，其设计的加速度计如图 6.14 所示。敏感质量上分布有动梳齿，这些动梳齿与外框架上的固定梳齿构成了一个小型光栅干涉腔（光栅光阀），干涉腔的不同级次反射光强会随动梳齿的面外位移发生变化，通过检测光强变化即可获取面外加速度大小。这种加速度计拥有 906Hz 的固有频率和低至 $2\times10^{-6}g/\sqrt{Hz}$ 的噪声等效加速度。

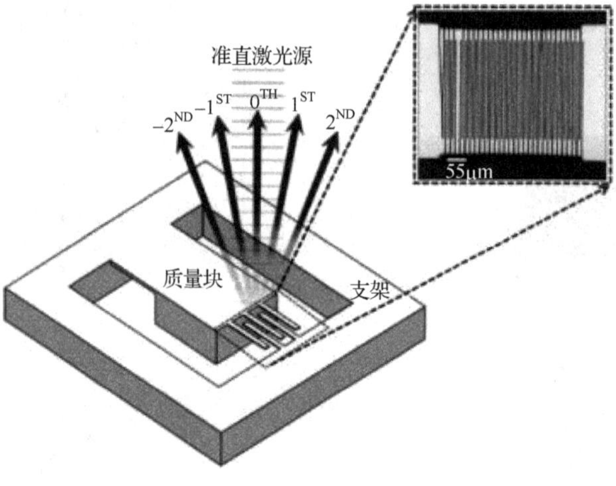

0TH 为0 级衍射光；1ST 为1 级衍射光；-1ST 为-1级衍射光；
2ND 为2 级衍射光；-2^{ND}为-2 级衍射光。

图 6.14　Cooper 等设计的基于光栅光阀的加速度计

佐治亚理工学院将光栅光阀改为由一个振幅型光栅和质量块表面反射膜构成的紧凑型光栅干涉腔，如图 6.15 所示，提升了光学测量单元的稳定性和可重复性，又通过静电力反馈控制使其工作在灵敏度最大位置，并赋予了静电调品质因数 Q 的能力。该加速度计能实现 43.7×10^{-9} $g/\sqrt{Hz}$ 的噪声等效加速度，且能够较好地抑制交叉串扰。

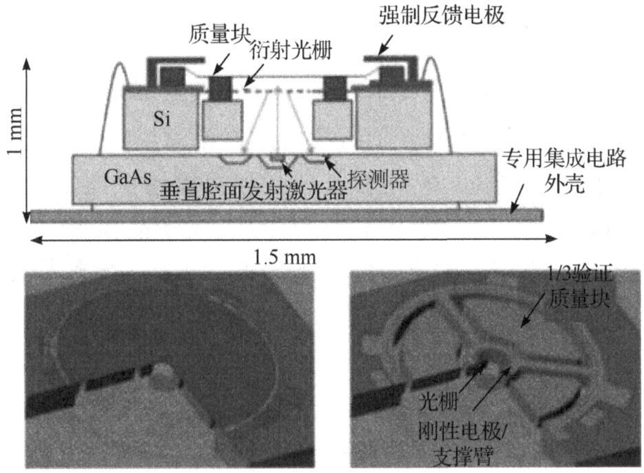

图 6.15　紧凑型光栅干涉腔式加速度计

FP 干涉腔是另一种常见的干涉腔式加速度计的光学测量单元形式。当有加速度输入 FP 干涉腔式加速度计时，敏感质量块带动 FP 干涉腔的可动镜，腔长变化会改变 FP 干涉腔的多光束干涉边界条件，进而改变反射/透射光谱。早期的 FP 干涉腔式加速度计的腔体多由传统机械加工制作的金属镜构成。图 6.16 所示为双 FP 干涉腔式加速度计。该加速度计通过两个 FP 干涉腔输出信号的差分处理进行共模抑制，得益于 FP 干涉腔光谱对位移的超灵敏性，该加速度计在 450Hz 的固有频率下即可实现 $220\times10^{-9}g/\sqrt{\mathrm{Hz}}$ 的噪声等效加速度。早期的 FP 干涉腔式加速度计在牺牲带宽性能的前提下，结合锁相等技术即可达到 $10^{-9}g$ 级灵敏度。随着微加工工艺的成熟和光学元件的发展，FP 干涉腔式加速度计更多地采用了光纤作为构建紧凑 FP 干涉腔体的光学元件，因为光纤的端面天然就是一个构成 FP 干涉腔的理想镜面。在光纤 FP 干涉腔式加速度计中引入 V 形梁设计，在牺牲部分动态范围性能的前提下，放大了 FP 干涉腔的腔长变化量，进而提升了加速度计的灵敏度，也实现了敏感轴向的变换。

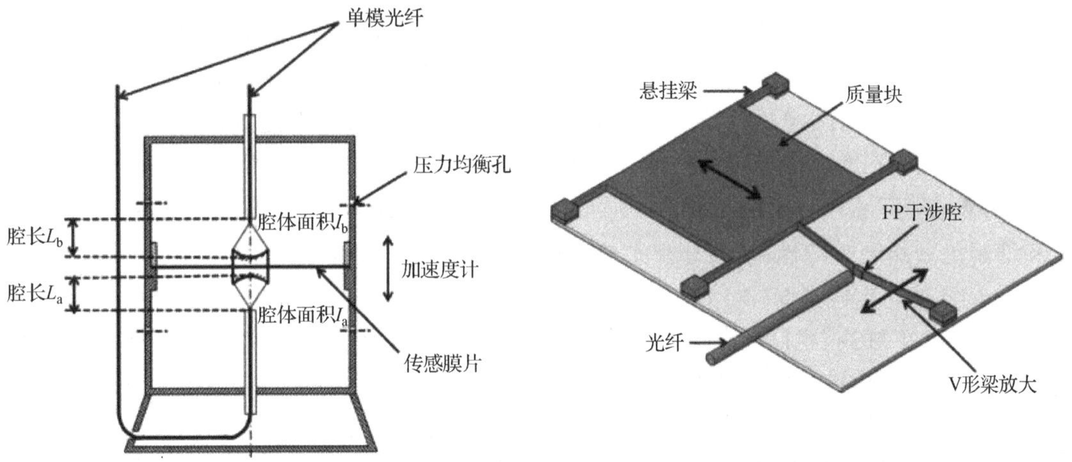

图 6.16　双 FP 干涉腔式加速度计

6.5.3 基于光与物质相互作用的 MOEMS 加速度计

腔光力系统(cavity optomechanical system)惯性测量技术是一种基于光-物质相互作用的新型光力学/量子光力学精密测量方案。随着高精度光学微纳加工技术的快速发展,腔光力系统技术及应用研究受到了广泛关注。它能够实现光和机械谐振器之间的相互作用,机械运动与光的耦合通过光学腔(法布里-珀罗腔、WGM 球形腔、光子晶体等)实现共振增强,使得其能够精确感测多个物理量,包括位移、质量、力、加速度等。腔光力系统应用于加速度和角速度传感具有巨大优势,使其有很大潜力应用在高精度惯性测量及惯性导航系统中。

如图 6.17 所示,经典腔光力系统中存在两种物理谐振模式,分别为光学微腔的光学谐振模式和机械振子(质量块)的机械振荡模式。对于设计研制完成的腔光力系统,其质量块质量、光学谐振特性、机械谐振特性、光机械耦合率等便可确定。因此,在固定激光波长和幅度的情况下,光学微腔或机械振子最终的谐振/振荡特性(频率、幅度、相位等)仅随外加加速度大小及方向的变化而变化,故而通过检测光学微腔谐振特性或机械振子振荡特性变化即可表征出加速度大小和方向。

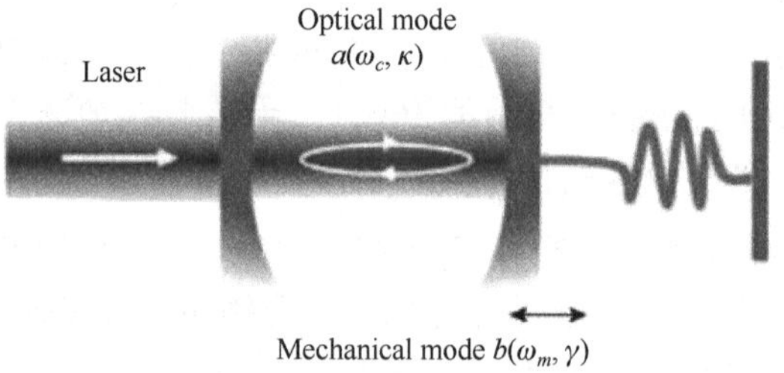

图 6.17 腔光力系统原理图

腔光力系统运用在加速度传感上已有许多显著成果。2012 年,美国加州理工学院设计了一种基于平面集成氮化硅(SiN)光子晶体腔的腔光力系统加速度计,采用链接有大质量块的光子晶体微腔感知因加速度作用产生的位移导致光学谐振腔特性的变化,进而通过测试光学特性及腔光力耦合特性的变化,以实现高带宽和高分辨率的加速度传感,其分辨率达到 $10\times10^{-6}g/\sqrt{\text{Hz}}$。2020 年,电子科技大学设计研制出一种硅基腔光力加速度计芯片结构,在光子晶体腔光机械结构上连接了质量较大的硅悬臂,可通过光学弹性效应测量机械振荡频率的偏移,以探测微弱加速度的变化量;提出了基于腔光力系统的参数光机械放大原理,以提高灵敏度和抑制机械热噪声特性,从而获得了接近热噪声极限的 $8.2\times10^{-6}g/\sqrt{\text{Hz}}$ 探测精度,以及 $50.9\mu g$ 的零偏稳定性指标。

综上,MOEMS 技术已经在加速度计领域取得了一定进展,但仍面临一些技术难题,如光学系统的稳定性、微纳结构的加工精度、长期可靠性等。随着微纳加工技术的不断进步,如通过进一步优化光栅结构、提高光学检测系统的性能,以及采用新型的敏感材料,MOEMS 加速度计将能够更精确地测量微小的加速度变化,实现更高的精度和灵敏度,满足高精度测量需求。借助先进的 MEMS 制造工艺,MOEMS 加速度计将朝着更小尺寸、更轻重量的方向发展,同时实现与其他传感器或电子元件的高度集成。这不仅有助于减小设备体积,降低功耗,还能提高系统的整体性能和可靠性,使其更容易集成到各种小型化、便携式设备中,如智能手机、可穿戴设备、物联网传感器节点等。为了满足多维度运动检测的需求，MOEMS加速度计将越来越多地采用多轴设计，能够同时测量多个方向上的加速度。此外，还将融合其他功能，如温度补偿、自校准、故障诊断等，以提高传感器的稳定性和可靠性，减少外部环境因素对测量结果的影响，增强其在复杂应用环境中的适应性。未来MOEMS加速度计将通过优化电路设计、采用节能的光学检测技术和低功耗的微处理器等方式，进一步降低功耗。结合人工智能和机器学习算法，MOEMS加速度计将具备更强的智能化与自适应性。例如，能够自动识别和适应不同的运动模式，对测量数据进行实时分析和处理，实现故障预警、异常检测等功能。这将使传感器不仅仅是简单的数据采集工具，而是能够为用户提供更智能的决策支持和自动化的解决方案。

思考题

1. 加速度计在惯性导航系统中的作用如何？
2. MOEMS加速度计与传统加速度计相比，有何优势和发展潜力？
3. 石英挠性加速度计的工作原理？若要提高精度，有哪些措施可以采纳？

第 7 章　捷联式惯性导航系统

惯性导航系统完全依靠自身的惯性传感器(包括加速度计和陀螺仪)对载体运动的角速度和加速度进行测量,并通过导航解算,提供载体运动的位置、速度、姿态等全参量导航信息,其工作过程中由于不需要发射或接收外部信号,具有良好的隐蔽性,这使得它在没有外部信号覆盖的区域(如地下、水下、高楼林立的城市峡谷等)或在外部信号被干扰的情况下,仍能正常工作。因此,惯性导航系统以其自主性、高精度、高可靠性、抗干扰能力强以及强环境适应性等优势,在多个领域中具有不可替代的地位,是载体基本的保底导航手段。这些优势不仅使其在军事领域发挥重要作用,还在民用领域得到了广泛应用,随着技术的进一步发展,其应用前景将更加广阔。

惯性导航系统的发展经历了平台式惯性导航系统、捷联式惯性导航系统及旋转调制式惯性导航系统三个阶段。无论在哪一个发展阶段,惯性测量单元(inertial measurement unit, IMU)都是惯性导航系统的核心组件。惯性测量单元是测量载体三轴角速度和三轴加速度的装置。一般 IMU 包含三个正交装配的单轴加速度计和三个正交装配的单轴陀螺仪,加速度计检测载体坐标系相对于惯性坐标系的三轴加速度信息,而陀螺仪检测载体坐标系相对于惯性坐标系的三轴角速度信息,以上信息用于惯性导航系统的解算。

捷联式惯性导航系统将 IMU 直接固联在载体上,这也是“捷联”(strapdown)英文的原意,即“捆绑”。捷联式惯性导航系统的原理简图如图 7.1 所示,图中 b 代表载体坐标系,n 代表导航坐标系。陀螺仪和加速度计分别用来测量载体的角运动和线运动信息,导航计算机根据这些测量信息解算出载体的航向、姿态、速度及位置等信息。对于捷联式惯性导航系统,姿态矩阵实时更新和导航解算算法是其关键。

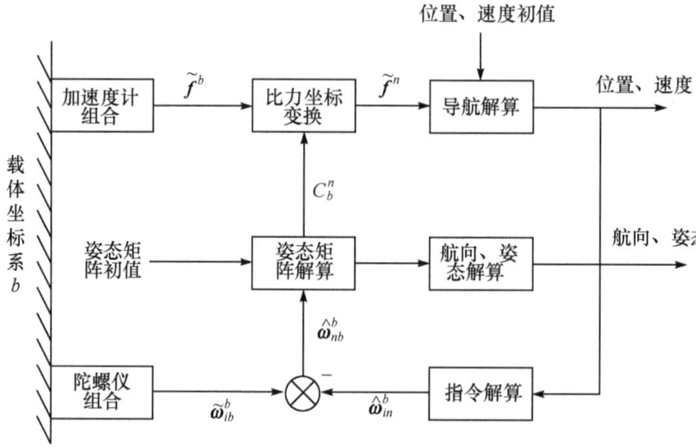

图 7.1　捷联式惯性导航系统原理简图

7.1　捷联式惯性导航系统的数学描述

捷联式惯性导航系统本质上是一个信息处理系统,其姿态矩阵计算过程相当于一个数学平台，其工作过程可以用姿态矩阵微分方程、比力方程这一组微分方程来进行描述，下面分别加以介绍。

7.1.1　姿态矩阵微分方程描述

关于姿态矩阵的定义，在第 1 章 1.4.1 节已经给出。捷联式惯性导航系统的姿态矩阵的微分方程描述，常用的有欧拉角、方向余弦矩阵及四元数描述方法。

1. 欧拉角微分方程描述

图 7.2 给出了用航向角 ψ、俯仰角 θ 和横滚角 γ 表示的载体坐标系和导航坐标系（选为当地地理坐标系）的关系（旋转轴次序为 Z→X→Y），ψ、θ 和 γ 就是一组欧拉角。

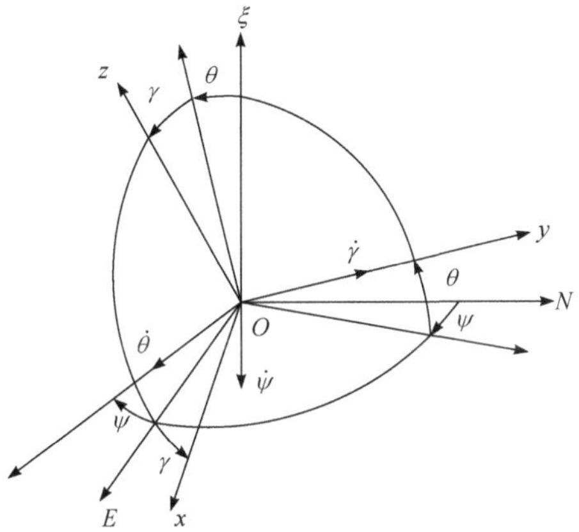

图 7.2　载体坐标系与导航坐标系间的关系

根据式(1.71)，从载体坐标系到导航坐标系的变换矩阵，即姿态矩阵 $\boldsymbol{C}_b^n$ 为

$$\boldsymbol{C}_b^n=\begin{bmatrix}\cos\gamma\cos\psi+\sin\gamma\sin\theta\sin\psi & \cos\theta\sin\psi & \sin\gamma\cos\psi-\cos\gamma\sin\theta\sin\psi\\-\cos\gamma\sin\psi+\sin\gamma\sin\theta\cos\psi & \cos\theta\cos\psi & -\sin\gamma\sin\psi-\cos\gamma\sin\theta\cos\psi\\-\sin\gamma\cos\theta & \sin\theta & \cos\gamma\cos\theta\end{bmatrix}$$

用 $\boldsymbol{\omega}_{nb}^b$ 表示载体坐标下载体坐标系相对导航坐标系的角速度，则从图 7.2 可以看出，$\boldsymbol{\omega}_{nb}^b$ 和三次旋转的角速度 $\dot{\psi}$、$\dot{\theta}$、$\dot{\gamma}$ 的关系是

$$\boldsymbol{\omega}_{nb}^b=\begin{bmatrix}\omega_{nbx}^b\\\omega_{nby}^b\\\omega_{nbz}^b\end{bmatrix}=\boldsymbol{C}_\gamma\boldsymbol{C}_\theta\begin{bmatrix}0\\0\\-\dot{\psi}\end{bmatrix}+\boldsymbol{C}_\gamma\begin{bmatrix}\dot{\theta}\\0\\0\end{bmatrix}+\begin{bmatrix}0\\\dot{\gamma}\\0\end{bmatrix}=\begin{bmatrix}\cos\gamma & 0 & \sin\gamma\cos\theta\\0 & 1 & -\sin\theta\\\sin\gamma & 0 & -\cos\gamma\cos\theta\end{bmatrix}\begin{bmatrix}\dot{\theta}\\\dot{\gamma}\\\dot{\psi}\end{bmatrix}\tag{7.1}$$

由式(7.1)整理可得

$$\begin{bmatrix}\dot{\theta}\\\dot{\gamma}\\\dot{\psi}\end{bmatrix}=\begin{bmatrix}\cos\gamma & 0 & \sin\gamma\cos\theta\\0 & 1 & -\sin\theta\\\sin\gamma & 0 & -\cos\gamma\cos\theta\end{bmatrix}^{-1}\begin{bmatrix}\omega_{nbx}^b\\\omega_{nby}^b\\\omega_{nbz}^b\end{bmatrix}$$

$$=\frac{1}{\cos\theta}\begin{bmatrix}\cos\gamma\cos\theta & 0 & \sin\gamma\cos\theta \\ \sin\gamma\sin\theta & \cos\theta & -\cos\gamma\sin\theta \\ \sin\gamma & 0 & -\cos\gamma\end{bmatrix}\begin{bmatrix}\omega_{nbx}^{b} \\ \omega_{nby}^{b} \\ \omega_{nbz}^{b}\end{bmatrix} \tag{7.2}$$

式中，ω_{nbx}^{b}、ω_{nby}^{b}、ω_{nbz}^{b} 三个角速度分量可以由固联在载体上的陀螺仪测量值$\boldsymbol{\omega}_{ib}^{b}$ 和导航参数$\boldsymbol{\omega}_{in}^{b}$ 综合得到，可认为是已知量。式(7.2)即为欧拉角微分方程，求解该式就可以获得载体的航向角 ψ 和水平姿态角 θ、γ。通过该方法得到的姿态矩阵永远是正交的，因此，在对加速度信息进行坐标变换时，变换后的信息中不存在非正交误差，从而使得到的姿态矩阵不需要进行正交化处理。但是欧拉角微分方程中存在三角函数，给实时计算带来困难，且当 $\theta=90°$时，方程(7.2)出现“奇点”，这就限制了欧拉角微分方程确定姿态角的方法不能用在全姿态工作的载体上。

2. 方向余弦矩阵微分方程描述

对于一个在空间大小和方向都不变化的矢量 $\boldsymbol{r}$，在载体坐标系中的分量形式为

$$\boldsymbol{r}^{b}=[x_{b}\quad y_{b}\quad z_{b}]^{\mathrm{T}}$$

其在导航坐标系的分量形式为

$$\boldsymbol{r}^{n}=[x_{n}\quad y_{n}\quad z_{n}]^{\mathrm{T}}$$

考虑到固定矢量坐标变换，有

$$\boldsymbol{r}^{b}=\boldsymbol{C}_{n}^{b}\boldsymbol{r}^{n} \tag{7.3}$$

或

$$\boldsymbol{r}^{n}=\boldsymbol{C}_{b}^{n}\boldsymbol{r}^{b} \tag{7.4}$$

对式(7.3)两边求导，有

$$\dot{\boldsymbol{r}}^{b}=\dot{\boldsymbol{C}}_{n}^{b}\boldsymbol{r}^{n}+\boldsymbol{C}_{n}^{b}\dot{\boldsymbol{r}}^{n}$$

考虑到以地理坐标系作为导航参考坐标系，认为 $\boldsymbol{r}^{n}$ 在该坐标系下是不动的，因此 $\dot{\boldsymbol{r}}^{n}=\mathbf{0}$，所以

$$\dot{\boldsymbol{r}}^{b}=\dot{\boldsymbol{C}}_{n}^{b}\boldsymbol{r}^{n} \tag{7.5}$$

将式(7.4)代入式(7.5)，有

$$\dot{\boldsymbol{r}}^{b}=\dot{\boldsymbol{C}}_{n}^{b}\boldsymbol{C}_{b}^{n}\boldsymbol{r}^{b} \tag{7.6}$$

由矢量相对导数和绝对导数的关系式

$$\left.\frac{\mathrm{d}\boldsymbol{r}}{\mathrm{d}t}\right|_{n}=\left.\frac{\mathrm{d}\boldsymbol{r}}{\mathrm{d}t}\right|_{b}+\boldsymbol{\omega}_{nb}\times\boldsymbol{r} \tag{7.7}$$

其中，$\left.\frac{\mathrm{d}\boldsymbol{r}}{\mathrm{d}t}\right|_{n}=\dot{\boldsymbol{r}}^{n}=\mathbf{0}$。

所以

$$\left.\frac{\mathrm{d}\boldsymbol{r}}{\mathrm{d}t}\right|_{b}=-\boldsymbol{\omega}_{nb}\times\boldsymbol{r} \tag{7.8}$$

式(7.8)可进一步表示成

$$\dot{\boldsymbol{r}}^{b}=-\boldsymbol{\Omega}_{nb}^{b}\boldsymbol{r}^{b} \tag{7.9}$$

其中

$$\boldsymbol{\Omega}_{nb}^{b}=\begin{bmatrix}0 & -\omega_{nbz}^{b} & \omega_{nby}^{b}\\ \omega_{nbz}^{b} & 0 & -\omega_{nbx}^{b}\\ -\omega_{nby}^{b} & \omega_{nbx}^{b} & 0\end{bmatrix}\tag{7.10}$$

称 $\boldsymbol{\Omega}_{nb}^{b}$ 为由载体坐标系相对于导航坐标系的角速度矢量 $\boldsymbol{\omega}_{nb}^{b}=[\omega_{nbx}^{b}\quad \omega_{nby}^{b}\quad \omega_{nbz}^{b}]^{\mathrm{T}}$ 构成的角速度矩阵，为反对称矩阵。

比较式(7.9)和式(7.6)，有

$$\dot{\boldsymbol{C}}_{n}^{b}\boldsymbol{C}_{b}^{n}=-\boldsymbol{\Omega}_{nb}^{b}\tag{7.11}$$

对式(7.11)两边右乘 $\boldsymbol{C}_{n}^{b}$，有

$$\dot{\boldsymbol{C}}_{n}^{b}=-\boldsymbol{\Omega}_{nb}^{b}\boldsymbol{C}_{n}^{b}\tag{7.12}$$

对式(7.12)两边求逆，并考虑到

$$(\boldsymbol{C}_{n}^{b})^{-1}=(\boldsymbol{C}_{n}^{b})^{T}=\boldsymbol{C}_{b}^{n}$$

$$(\boldsymbol{\Omega}_{nb}^{b})^{-1}=(\boldsymbol{\Omega}_{nb}^{b})^{T}=-\boldsymbol{\Omega}_{nb}^{b}$$

则式(7.12)变换为

$$\dot{\boldsymbol{C}}_{b}^{n}=\boldsymbol{C}_{b}^{n}\boldsymbol{\Omega}_{nb}^{b}\tag{7.13}$$

由于陀螺仪固联在载体上，其输出的是载体相对于惯性坐标系的角速度 $\boldsymbol{\Omega}_{ib}^{b}$，所以

$$\boldsymbol{\Omega}_{nb}^{b}=\boldsymbol{\Omega}_{ib}^{b}-\boldsymbol{\Omega}_{in}^{b}\tag{7.14}$$

在导航参数计算中，$\boldsymbol{\Omega}_{in}^{n}$ 可以通过导航坐标系相对惯性坐标系的角速度的反对称矩阵获得，$\boldsymbol{\Omega}_{in}^{b}$ 和 $\boldsymbol{\Omega}_{in}^{n}$ 是同一个角速度在两个不同的直角坐标系下的投影，它们之间的关系满足相似变换定理，有相似变换等式

$$\boldsymbol{\Omega}_{in}^{b}=\boldsymbol{C}_{n}^{b}\boldsymbol{\Omega}_{in}^{n}\boldsymbol{C}_{b}^{n}\tag{7.15}$$

将式(7.15)代入式(7.14)，有

$$\boldsymbol{\Omega}_{nb}^{b}=\boldsymbol{\Omega}_{ib}^{b}-\boldsymbol{C}_{n}^{b}\boldsymbol{\Omega}_{in}^{n}\boldsymbol{C}_{b}^{n}\tag{7.16}$$

将式(7.16)代入式(7.13)，有

$$\dot{\boldsymbol{C}}_{b}^{n}=\boldsymbol{C}_{b}^{n}\boldsymbol{\Omega}_{ib}^{b}-\boldsymbol{\Omega}_{in}^{n}\boldsymbol{C}_{b}^{n}\tag{7.17}$$

式(7.17)即为“数学平台”模拟地理坐标系时方向余弦矩阵微分方程的表达式。式中，$\boldsymbol{\Omega}_{ib}^{b}$ 表示载体相对惯性空间的变化角速度，含姿态角的变化，其数值很大，属于快变过程；$\boldsymbol{\Omega}_{in}^{n}$ 表示地理坐标系相对惯性空间的角速度，其数值很小，最大值可达每小时十几度，属于慢变过程。因此在计算时，第一项计算速度要快，如用迭代算法，迭代频率要高，而第二项只要用较低的迭代频率就够了，可以看成是对第一项的修正。

用方向余弦矩阵求解姿态矩阵避免了欧拉方程退化的现象，可以全姿态工作，但是要同时求解 9 个一阶微分方程式，计算量较大。

3. 四元数微分方程描述

四元数微分方程的表达式为

$$\dot{\boldsymbol{q}}(t)=\frac{1}{2}\boldsymbol{q}(t)\circ\boldsymbol{\omega}_{nb}^{b}\tag{7.18a}$$

或

$$\dot{\boldsymbol{q}}(t)=\frac{1}{2}\boldsymbol{\omega}_{nb}^{b}(\boldsymbol{t})\circ\boldsymbol{q} \tag{7.18b}$$

式(7.18a)写成矩阵形式为

$$\dot{\boldsymbol{q}}(t)=\frac{1}{2}\boldsymbol{M}'(\boldsymbol{\omega}_{nb}^{b})\boldsymbol{q}(t) \tag{7.19a}$$

即

$$\begin{bmatrix}\dot{p}_0\\\dot{p}_1\\\dot{p}_2\\\dot{p}_3\end{bmatrix}=\frac{1}{2}\begin{bmatrix}0 & -\omega_{nbx}^{b} & -\omega_{nby}^{b} & -\omega_{nbz}^{b}\\\omega_{nbx}^{b} & 0 & \omega_{nbz}^{b} & -\omega_{nby}^{b}\\\omega_{nby}^{b} & -\omega_{nbz}^{b} & 0 & \omega_{nbx}^{b}\\\omega_{nbz}^{b} & \omega_{nby}^{b} & -\omega_{nbx}^{b} & 0\end{bmatrix}\begin{bmatrix}p_0\\p_1\\p_2\\p_3\end{bmatrix} \tag{7.19b}$$

式(7.18b)写成矩阵形式为

$$\boldsymbol{q}(\dot{\boldsymbol{p}})=\frac{1}{2}\boldsymbol{M}(\boldsymbol{\omega}_{nb}^{n})\boldsymbol{q}(t) \tag{7.20a}$$

即

$$\begin{bmatrix}\dot{p}_0\\\dot{p}_1\\\dot{p}_2\\\dot{p}_3\end{bmatrix}=\frac{1}{2}\begin{bmatrix}0 & -\omega_{nbx}^{b} & -\omega_{nby}^{b} & -\omega_{nbz}^{b}\\\omega_{nbx}^{b} & 0 & -\omega_{nbz}^{b} & \omega_{nby}^{b}\\\omega_{nby}^{b} & \omega_{nbz}^{b} & 0 & -\omega_{nbx}^{b}\\\omega_{nbz}^{b} & -\omega_{nby}^{b} & \omega_{nbx}^{b} & 0\end{bmatrix}\begin{bmatrix}p_0\\p_1\\p_2\\p_3\end{bmatrix} \tag{7.20b}$$

对上式采用毕卡逼近法求解，与矩阵微分方程求解过程相似，有

$$\boldsymbol{q}(t)=\left[\cos\frac{\Delta\theta_0}{2}\boldsymbol{I}+\frac{\sin\frac{\Delta\theta_0}{2}}{\Delta\theta_0}[\Delta\boldsymbol{\theta}]\right]\boldsymbol{q}(0) \tag{7.21}$$

式中

$$\Delta\boldsymbol{\theta}=\int_{t}^{t+\Delta t}\boldsymbol{\Omega}_{nb}^{b}(t)\mathrm{d}t=\begin{bmatrix}0 & -\Delta\theta_x & -\Delta\theta_y & -\Delta\theta_z\\\Delta\theta_x & 0 & \Delta\theta_z & -\Delta\theta_y\\\Delta\theta_y & -\Delta\theta_z & 0 & \Delta\theta_x\\\Delta\theta_z & \Delta\theta_y & -\Delta\theta_x & 0\end{bmatrix} \tag{7.22}$$

7.1.2 比力方程

在 1.5 节给出了哥氏定理，它描述了一般的空间自由质点相对不同参考坐标系的速度和加速度关系，即体现了绝对变化率与相对变化率之间的关系。本节根据哥氏定理推导建立比力方程。

根据式(7.6)，比力是绝对加速度与引力加速度之差，即

$$\boldsymbol{f}=\boldsymbol{a}_i-\boldsymbol{G}$$

根据式(1.117)，将绝对加速度表达式代入比力的定义公式，有

$$f=\boldsymbol{a}_i-\boldsymbol{G}=\left.\frac{\mathrm{d}^2\boldsymbol{R}}{\mathrm{d}t^2}\right|_i-\boldsymbol{G}(\boldsymbol{R})=$$

$$\left.\frac{\mathrm{d}^2\boldsymbol{R}_0}{\mathrm{d}t^2}\right|_i+\left.\frac{\mathrm{d}\boldsymbol{v}_{ep}}{\mathrm{d}t}\right|_e+2\boldsymbol{\omega}_{ie}\times\boldsymbol{v}_{ep}+\boldsymbol{\omega}_{ie}\times(\boldsymbol{\omega}_{ie}\times\boldsymbol{r})-\boldsymbol{G}(\boldsymbol{R})\tag{7.23}$$

式中，$\boldsymbol{R}$ 为地球附近某点的运载体在日心惯性坐标性中的位置向量，$\boldsymbol{r}$ 为在地球坐标系中的位置向量，$\boldsymbol{R}_0$ 为地心在日心惯性坐标系中的位置向量，且有 $\boldsymbol{R}=\boldsymbol{R}_0+\boldsymbol{r}$ 成立。$\boldsymbol{v}_{ep}=\left.\frac{\mathrm{d}\boldsymbol{r}}{\mathrm{d}t}\right|_e$ 为载体相对地球的速度。对地球表面的物体来说，式(7.23)中引力加速度 $\boldsymbol{G}$ 为各种天体引力加速度的向量和，包括地球的引力加速度 $\boldsymbol{G}_e(\boldsymbol{r})$、太阳的引力加速度 $\boldsymbol{G}_s(\boldsymbol{R})$、月球的引力加速度 $\boldsymbol{G}_m(\boldsymbol{R})$ 和太阳系其他行星的引力加速度等。计算可知，月亮对地球上物体的引力加速度 $\boldsymbol{G}_m(\boldsymbol{R})$ 最大值为 $4\times10^{-6}g$，太阳系其他行星的引力加速度则更小，在一般的惯性导航问题中都可以忽略。这样，引力加速度主要为地球及太阳的引力加速度

$$\boldsymbol{G}(\boldsymbol{R})=\boldsymbol{G}_e(\boldsymbol{r})+\boldsymbol{G}_s(\boldsymbol{R})\tag{7.24}$$

由于地球距离太阳较远，地球表面的物体至太阳的距离与地心至太阳的距离可以认为是近似相等的。地心绕太阳运动的加速度 $\left.\frac{\mathrm{d}^2\boldsymbol{R}_0}{\mathrm{d}t^2}\right|_i$ 是由太阳对地球的引力造成的，与太阳对地球表面物体的引力加速度 $\boldsymbol{G}_s(\boldsymbol{R})$ 几乎是相等的，于是在式(7.23)中，地心绕太阳运动的加速度 $\left.\frac{\mathrm{d}^2\boldsymbol{R}_0}{\mathrm{d}t^2}\right|_i$ 和太阳的引力加速度 $\boldsymbol{G}_s(\boldsymbol{R})$ 可以相互抵消，于是

$$\boldsymbol{f}=\left.\frac{\mathrm{d}\boldsymbol{v}_{ep}}{\mathrm{d}t}\right|_e+2\boldsymbol{\omega}_{ie}\times\boldsymbol{v}_{ep}+\boldsymbol{\omega}_{ie}\times(\boldsymbol{\omega}_{ie}\times\boldsymbol{r})-\boldsymbol{G}_e(\boldsymbol{r})\tag{7.25}$$

地球对其附近物体的引力可分解为重力和跟随地球自转所需的向心力两部分，地球引力加速度同样也可分解为两部分

$$\boldsymbol{G}_e(\boldsymbol{r})=\boldsymbol{g}(\boldsymbol{r})+\boldsymbol{\omega}_{ie}\times(\boldsymbol{\omega}_{ie}\times\boldsymbol{r})\tag{7.26}$$

式中，$\boldsymbol{g}(\boldsymbol{r})$ 为重力加速度向量，在后续表示中，将 $\boldsymbol{g}(\boldsymbol{r})$ 直接表示为 $\boldsymbol{g}$；$\boldsymbol{\omega}_{ie}\times(\boldsymbol{\omega}_{ie}\times\boldsymbol{r})$ 为跟随地球自转的向心加速度。

将式(7.26)代入式(7.25)，有

$$\boldsymbol{f}=\left.\frac{\mathrm{d}\boldsymbol{v}_{ep}}{\mathrm{d}t}\right|_e+2\boldsymbol{\omega}_{ie}\times\boldsymbol{v}_{ep}-\boldsymbol{g}\tag{7.27}$$

上式右边第一项是在地球坐标系中观测到的载体速度 $\boldsymbol{v}_{ep}$ 的变化率。为了在导航坐标系中计算载体位置和速度，需要求取载体速度 $\boldsymbol{v}_{ep}$ 在导航坐标系中的变化率，即需要获得在导航坐标系中观测到的加速度。记在平台坐标系中观测到的速度向量 $\boldsymbol{v}_{ep}$ 的变化率为 $\left.\frac{\mathrm{d}\boldsymbol{v}_{ep}}{\mathrm{d}t}\right|_p$，平台坐标系 p 相对地球坐标系的转动角速度为 $\boldsymbol{\omega}_{ep}$，根据哥氏定理，有

$$\left.\frac{\mathrm{d}\boldsymbol{v}_{ep}}{\mathrm{d}t}\right|_e=\left.\frac{\mathrm{d}\boldsymbol{v}_{ep}}{\mathrm{d}t}\right|_p+\boldsymbol{\omega}_{ep}\times\boldsymbol{v}_{ep}\tag{7.28}$$

记 $\dot{\boldsymbol{v}}_{ep}=\left.\frac{\mathrm{d}\boldsymbol{v}_{ep}}{\mathrm{d}t}\right|_p$，则

$$\boldsymbol{f}=\dot{\boldsymbol{v}}_{ep}+(2\boldsymbol{\omega}_{ie}+\boldsymbol{\omega}_{ep})\times\boldsymbol{v}_{ep}-\boldsymbol{g}\tag{7.29}$$

或

$$\dot{\boldsymbol{v}}_{ep}=\boldsymbol{f}-(2\boldsymbol{\omega}_{ie}+\boldsymbol{\omega}_{ep})\times\boldsymbol{v}_{ep}+\boldsymbol{g}\tag{7.30}$$

式(7.30)反映了比力与载体相对加速度之间的关系,称为比力方程。

如果令

$$\boldsymbol{a}_b = (2\boldsymbol{\omega}_{ie} + \boldsymbol{\omega}_{ep}) \times \boldsymbol{v}_{ep} - \boldsymbol{g} \tag{7.31}$$

则有

$$\dot{\boldsymbol{v}}_{ep} = \boldsymbol{f} - \boldsymbol{a}_b \tag{7.32}$$

从测量加速度的角度看,导航计算中需要的是载体相对加速度 $\dot{\boldsymbol{v}}_{ep}$,$\boldsymbol{a}_b$ 是比力中不希望含有的成分,称为有害加速度。加速度计本身不能分辨出运载体的相对加速度和有害加速度。因此,必须从加速度计所测得的比力中补偿掉有害加速度,才能得到 $\dot{\boldsymbol{v}}_{ep}$。

代码

7.1.3　捷联式惯性导航系统的捷联解算

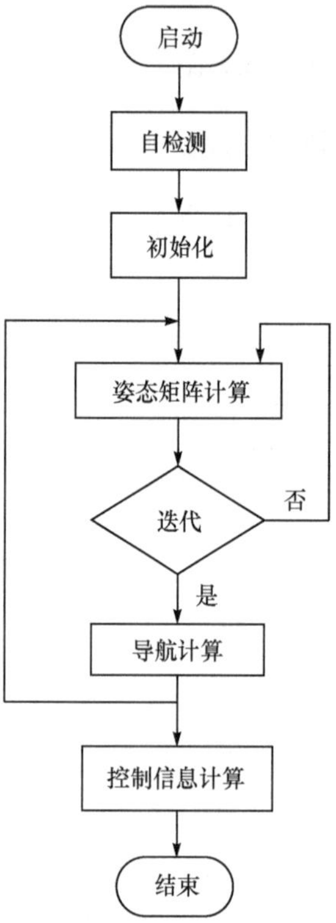

图 7.3　捷联式惯性导航系统算法流程

捷联式惯性导航系统可以看作是一个信息处理系统,捷联算法就是指从惯性器件的输出到给出需要的导航和控制信息所必需进行的全部计算问题的计算方法。如何优化捷联算法,保证数学平台的求解精度和快速性就成了系统的首要问题。根据捷联式惯性导航系统的应用和功能要求的不同而存在差别,但一般来说,捷联算法流程图如图 7.3 所示,主要包括以下步骤。

1. 系统初始化

系统初始化要完成以下三项任务:

(1) 载体初始位置和初始速度等初始信息的装定。

(2) 数学平台的初始对准。这是一个确定姿态矩阵初始值的过程,是在导航计算机中通过初始对准程序来完成的。在物理概念上就是使“数学平台”的平台坐标系与导航坐标系相重合的过程。

(3) 惯性仪表的校准。主要是对陀螺仪的常值漂移、随机漂移、测量轴的失准角、标度因数以及温度、环境参数灵敏度等进行标定,对加速度计的标度因数、零位等参数进行标定。

2. 惯性仪表误差补偿

对于捷联式惯性导航系统,惯性器件的输出必须首先经过误差补偿后,才能将其输出值作为姿态解算和导航解算的信息源,其补偿原理如图 7.4 所示。图中,$\boldsymbol{\omega}_{ib}$、$\boldsymbol{a}_{ib}$ 为载体相对惯性空间运动的角速度及加速度矢量;$\boldsymbol{\omega}_{ib}^{b'}$、$\boldsymbol{f}_{ib}^{b'}$ 为在载体坐标系下表示的陀螺仪及加速度计的原始测量值;$\boldsymbol{\omega}_{ib}^{b}$、$\boldsymbol{f}_{ib}^{b}$ 为载体坐标系下经误差补偿后的陀螺仪及加速度计的输出值;$\delta\boldsymbol{\omega}_{ib}^{b}$、$\delta\boldsymbol{f}_{ib}^{b}$ 为由误差模型给出的陀螺仪及加速度计的估计误差(包括静态和动态误差项)。

3. 姿态矩阵计算

姿态矩阵计算是捷联算法最重要的部分,通过实时解算,为载体提供姿态航向和必要的导

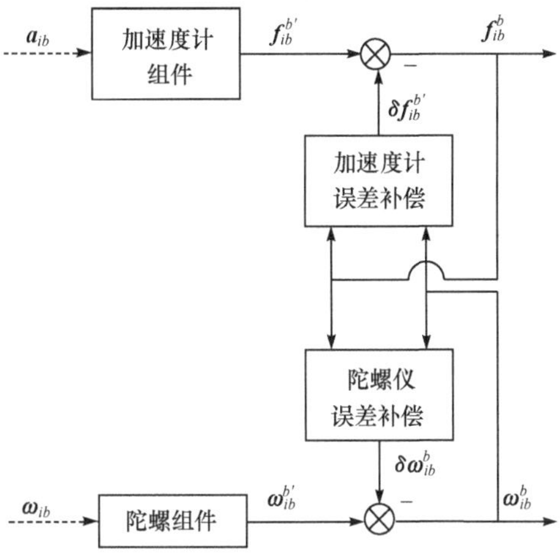

图 7.4　惯性器件误差补偿原理

航参数信息。

4. 导航解算

通过数学平台即姿态矩阵将加速度计的输出变换到导航坐标系，进而根据速度方程和位置方程解算出载体的速度、位置等导航参数。

5. 导航和控制信息的提取

提取载体的姿态信息、角速度和线加速度等信息，用于导航和控制。

7.2　捷联式惯性导航系统的姿态矩阵计算

在捷联式惯性导航系统中，确定载体的姿态矩阵就是确定载体坐标系相对导航坐标系的三次转角 ψ、θ、γ，即航向角、俯仰角和横滚角。确定两个坐标系之间方位关系的问题，可以归结为力学中的刚体定点转动理论。在刚体定点转动理论中，描述运动坐标系相对参考坐标系方位关系的方法主要有三参数法（欧拉角）、四参数法（四元数）和九参数法（方向余弦）。本节基于 7.1 节的姿态矩阵微分方程数学描述，给出对矩阵微分方程实时求解的相应算法。

7.2.1　姿态矩阵的实时计算方法

姿态矩阵的实时计算和更新是捷联式惯性导航系统的主要计算内容，这里对如何在计算机上实现对姿态矩阵的实时计算进行介绍。假定“数学平台”所模拟的导航坐标系仍然是地理坐标系，因此在以方向余弦矩阵和四元数描述的姿态微分方程中，都采用载体坐标系相对导航坐标系的角速度 $\boldsymbol{\omega}_{nb}^{b}$，而 $\boldsymbol{\omega}_{nb}^{b}=\boldsymbol{\omega}_{ib}^{b}-\boldsymbol{\omega}_{in}^{b}$。由式(7.17)，有

$$\dot{\boldsymbol{C}}_b^n=\boldsymbol{C}_b^n\boldsymbol{\Omega}_{ib}^b-\boldsymbol{\Omega}_{in}^n\boldsymbol{C}_b^n \tag{7.33}$$

类似地，对于四元数描述的微分方程，有

$$\dot{\boldsymbol{q}}(t)=(\boldsymbol{\Omega}_{ib}^b-\boldsymbol{\Omega}_{in}^b)\boldsymbol{q}(t) \tag{7.34}$$

下面介绍姿态矩阵的几种实时计算方法。

1. 毕卡逼近算法

求解姿态矩阵微分方程是实时解算姿态矩阵的基础，为了推导姿态矩阵微分方程的精确解，采用典型形式 $\dot{\boldsymbol{C}}=\boldsymbol{C\Omega}$，用毕卡(Peano-baker)逼近法求解其精确解。

对矩阵微分方程 $\dot{\boldsymbol{C}}=\boldsymbol{C\Omega}$ 进行积分，有

$$\boldsymbol{C}(t)=\boldsymbol{C}(0)+\int_0^t \boldsymbol{C}(t)\boldsymbol{\Omega}(t)\mathrm{d}t \tag{7.35}$$

将 $\boldsymbol{C}(t)$ 的表达式代入式(7.35)进行迭代运算，有

$$\boldsymbol{C}(t)=\boldsymbol{C}(0)\left[\boldsymbol{I}+\int_0^t \boldsymbol{\Omega}(t)\mathrm{d}t+\int_0^t\int_0^t \boldsymbol{\Omega}(t)\mathrm{d}t\boldsymbol{\Omega}(t)\mathrm{d}t+\int_0^t\int_0^t\int_0^t \boldsymbol{\Omega}(t)\mathrm{d}t\boldsymbol{\Omega}(t)\mathrm{d}t\boldsymbol{\Omega}(t)\mathrm{d}t+\cdots\right] \tag{7.36}$$

式中，$\int_0^t\int_0^t \boldsymbol{\Omega}(t)\mathrm{d}t\boldsymbol{\Omega}(t)\mathrm{d}t=\int_0^t\left[\int_0^t \boldsymbol{\Omega}(t)\mathrm{d}t\right]\mathrm{d}\left[\int_0^t \boldsymbol{\Omega}(t)\mathrm{d}t\right]$

$$=\frac{1}{2}\left[\int_0^t \boldsymbol{\Omega}(t)\mathrm{d}t\right]^2 \int_0^t\int_0^t\int_0^t \boldsymbol{\Omega}(t)\mathrm{d}t\boldsymbol{\Omega}(t)\mathrm{d}t\boldsymbol{\Omega}(t)\mathrm{d}t=\frac{1}{6}\left[\int_0^t \boldsymbol{\Omega}(t)\mathrm{d}t\right]^3$$

故式(7.36)可整理成

$$\boldsymbol{C}(t)=\boldsymbol{C}(0)\left\{\boldsymbol{I}+\int_0^t \boldsymbol{\Omega}(t)\mathrm{d}t+\frac{1}{2}\left[\int_0^t \boldsymbol{\Omega}(t)\mathrm{d}t\right]^2+\frac{1}{3!}\left[\int_0^t \boldsymbol{\Omega}(t)\mathrm{d}t\right]^3+\cdots\right\}=\boldsymbol{C}(0)e^{\int_0^t \boldsymbol{\Omega}(t)\mathrm{d}t} \tag{7.37}$$

用 $\boldsymbol{C}_b^n$ 代替矩阵 $\boldsymbol{C}$，有

$$\boldsymbol{C}_b^n(t)=\boldsymbol{C}_b^n(0)e^{\int_0^t \boldsymbol{\Omega}_{nb}^b(t)\mathrm{d}t} \tag{7.38a}$$

$$\boldsymbol{C}_b^n(t+\Delta t)=\boldsymbol{C}_b^n(t)e^{\int_t^{t+\Delta t} \boldsymbol{\Omega}_{nb}^b(t)\mathrm{d}t} \tag{7.38b}$$

记

$$\Delta\boldsymbol{\theta}_{nb}^b=\int_t^{t+\Delta t} \boldsymbol{\Omega}_{nb}^b(t)\mathrm{d}t \tag{7.39}$$

则

$$\boldsymbol{C}_b^n(t+\Delta t)=\boldsymbol{C}_b^n(t)e^{\Delta\boldsymbol{\theta}_{nb}^b} \tag{7.40}$$

式中

$$\Delta\boldsymbol{\theta}_{nb}^b=\begin{bmatrix} 0 & -\Delta\theta_{nbz}^b & \Delta\theta_{nby}^b \\ \Delta\theta_{nbz}^b & 0 & -\Delta\theta_{nbx}^b \\ -\Delta\theta_{nby}^b & \Delta\theta_{nbx}^b & 0 \end{bmatrix} \tag{7.41}$$

根据矩阵指数性质，可将 $e^{\Delta\boldsymbol{\theta}_{nb}^b}$ 展开为

$$e^{\Delta\boldsymbol{\theta}_{nb}^b}=K_1\boldsymbol{I}+K_2\Delta\boldsymbol{\theta}_{nb}^b+K_3(\Delta\boldsymbol{\theta}_{nb}^b)^2 \tag{7.42}$$

式中，$\boldsymbol{I}$ 为单位阵，K_1、K_2、K_3 为待定系数。

要求解式(7.42)，首先求出 $\Delta\boldsymbol{\theta}_{nb}^b$ 的特征值，即

$$\det(\lambda\boldsymbol{I}-\Delta\boldsymbol{\theta}_{nb}^b)=\begin{vmatrix} \lambda & \Delta\theta_{nbz}^b & -\Delta\theta_{nby}^b \\ -\Delta\theta_{nbz}^b & \lambda & \Delta\theta_{nbx}^b \\ \Delta\theta_{nby}^b & -\Delta\theta_{nbx}^b & \lambda \end{vmatrix}=0$$

则有

$$\lambda^3+\Delta\theta_0^2\lambda=0 \tag{7.43}$$

式中，$\Delta\theta_0^2=(\Delta\theta_{nbx}^b)^2+(\Delta\theta_{nby}^b)^2+(\Delta\theta_{nbz}^b)^2$。

式(7.43)的解为

$$\lambda_1=0,\lambda_{2,3}=\pm j\Delta\theta_0$$

将 λ 值代入式(7.42)，有

$$K_1=1 \qquad K_2=\frac{\sin\Delta\theta_0}{\Delta\theta_0} \qquad K_3=\frac{1-\cos\Delta\theta_0}{\Delta\theta_0^2}$$

将以上参数代入式(7.42)，有

$$e^{\Delta\boldsymbol{\theta}_{nb}^b}=\boldsymbol{I}+\frac{\sin\Delta\theta_0}{\Delta\theta_0}\Delta\boldsymbol{\theta}_{nb}^b+\frac{1-\cos\Delta\theta_0}{\Delta\theta_0^2}(\Delta\boldsymbol{\theta}_{nb}^b)^2 \tag{7.44}$$

将式(7.44)代入式(7.40)，有

$$\boldsymbol{C}_b^n(t+\Delta t)=\boldsymbol{C}_b^n(t)\left[\boldsymbol{I}+\frac{\sin\Delta\theta_0}{\Delta\theta_0}\Delta\boldsymbol{\theta}_{nb}^b+\frac{1-\cos\Delta\theta_0}{\Delta\theta_0^2}(\Delta\boldsymbol{\theta}_{nb}^b)^2\right] \tag{7.45}$$

式(7.45)即为姿态矩阵微分方程的精确解，其前提条件是假定等式 $\Delta\boldsymbol{\theta}_{nb}^b=\int_t^{t+\Delta t}\boldsymbol{\Omega}_{nb}^b(t)\mathrm{d}t$ 成立，即要求在 Δt 的计算时间内，其对应的角速度矢量 $\boldsymbol{\omega}_{nb}^b$ 的方向不变，否则，若 $\boldsymbol{\omega}_{nb}^b$ 的方向随时间变化，角速度的积分就没有意义。

用方向余弦法求解姿态矩阵避免了欧拉方程退化的现象，可以全姿态工作，不过需要同时求解 9 个一阶微分方程式，计算量大。

2. 增量算法

在捷联式惯性导航系统中，陀螺仪的输出是数字量，由一系列脉冲表示，每个脉冲代表一个角增量，在一个采样周期内，用陀螺仪输出的脉冲数乘以标度因数，便成为一个角增量，即 $\Delta\boldsymbol{\theta}=\int_t^{t+\Delta t}\boldsymbol{\Omega}_{nb}^b(t)\mathrm{d}t$，用这个角增量直接计算姿态矩阵或者姿态四元数的算法，则称为增量算法。

1) 矩阵微分方程的增量算法

首先针对矩阵微分方程式(7.33)的第一项 $\dot{\boldsymbol{C}}_b^n=\boldsymbol{C}_b^n\boldsymbol{\Omega}_{nb}^b$ 进行求解。此时精确解的表达式(7.45)改写为如下形式：

$$\boldsymbol{C}_b^n(t+\Delta t)=\boldsymbol{C}_b^n(t)\left[\boldsymbol{I}+\frac{\sin\Delta\theta_0}{\Delta\theta_0}\Delta\boldsymbol{\theta}_{nb}^b+\frac{1-\cos\Delta\theta_0}{\Delta\theta_0^2}(\Delta\boldsymbol{\theta}_{nb}^b)^2\right] \tag{7.46}$$

对式(7.46)进行展开和合并，有

$$\boldsymbol{C}_b^n(t+\Delta t)=\boldsymbol{C}_b^n(t)\begin{bmatrix}1-(\Delta\theta_y^2+\Delta\theta_z^2)C & \Delta\theta_x\Delta\theta_yC-\Delta\theta_zS & \Delta\theta_x\Delta\theta_zC+\Delta\theta_yS\\ \Delta\theta_x\Delta\theta_yC+\Delta\theta_zS & 1-(\Delta\theta_x^2+\Delta\theta_z^2)C & \Delta\theta_y\Delta\theta_zC-\Delta\theta_xS\\ \Delta\theta_x\Delta\theta_zC-\Delta\theta_yS & \Delta\theta_y\Delta\theta_zC+\Delta\theta_xS & 1-(\Delta\theta_x^2+\Delta\theta_y^2)C\end{bmatrix} \tag{7.47}$$

式中，$C=\dfrac{1-\cos\Delta\theta_0}{\Delta\theta_0^2}$； $S=\dfrac{\sin\Delta\theta_0}{\Delta\theta_0}$。

将 C、S 中的三角函数展开成级数，分别取其 1～4 项进行整理，用符号 C_k、S_k 表示，作为 C、S 的近似表达式，如表 7.1 所示。

表 7.1　C、S 前 4 项的近似表达式

k	1	2	3	4
C_k	0	$\frac{1}{2}$	$\frac{1}{2}$	$\frac{1}{2}-\frac{\Delta\theta_0^2}{24}$
S_k	1	1	$1-\frac{\Delta\theta_0^2}{6}$	$1-\frac{\Delta\theta_0^2}{6}$

将式(7.47)简写为

$$\boldsymbol{C}_b^n(t+\Delta t)=\boldsymbol{C}_b^n(t)\Delta\boldsymbol{C} \tag{7.48}$$

进一步写成离散形式为

$$\boldsymbol{C}_b^n(k+1)=\boldsymbol{C}_b^n(k)\Delta\boldsymbol{C} \tag{7.49}$$

$\Delta\boldsymbol{C}$ 按表 7.1 取不同的近似值，代入式(7.49)，就形成了一阶、二阶、三阶和四阶增量算法。

一阶算法的计算式求解如下。

将表 7.1 中对应于 $k=1$ 的 C_k、S_k 值代入式(7.49)，有

$$\boldsymbol{C}_b^n(k+1)=\boldsymbol{C}_b^n(k)(\boldsymbol{I}+\Delta\boldsymbol{\theta}_{nb}^b)=\boldsymbol{C}_b^n(k)\begin{bmatrix}1 & -\Delta\theta_z & \Delta\theta_y\\ \Delta\theta_z & 1 & -\Delta\theta_x\\ -\Delta\theta_y & \Delta\theta_x & 1\end{bmatrix} \tag{7.50}$$

由式(1.72)

$$\boldsymbol{C}_b^n=\begin{bmatrix}T_{11} & T_{12} & T_{13}\\ T_{21} & T_{22} & T_{23}\\ T_{31} & T_{32} & T_{33}\end{bmatrix}$$

将式(1.72)代入式(7.50)，有

$$\begin{aligned}
T_{11}(k+1)&=T_{11}(k)+T_{12}(k)\Delta\theta_z-T_{13}(k)\Delta\theta_y\\
T_{21}(k+1)&=T_{21}(k)+T_{22}(k)\Delta\theta_z-T_{23}(k)\Delta\theta_y\\
T_{31}(k+1)&=T_{31}(k)+T_{32}(k)\Delta\theta_z-T_{33}(k)\Delta\theta_y\\
T_{12}(k+1)&=T_{12}(k)-T_{11}(k)\Delta\theta_z+T_{13}(k)\Delta\theta_x\\
T_{22}(k+1)&=T_{22}(k)-T_{21}(k)\Delta\theta_z+T_{23}(k)\Delta\theta_x\\
T_{32}(k+1)&=T_{32}(k)-T_{31}(k)\Delta\theta_z+T_{33}(k)\Delta\theta_x\\
T_{13}(k+1)&=T_{13}(k)+T_{11}(k)\Delta\theta_y-T_{12}(k)\Delta\theta_x\\
T_{23}(k+1)&=T_{23}(k)+T_{21}(k)\Delta\theta_y-T_{22}(k)\Delta\theta_x\\
T_{33}(k+1)&=T_{33}(k)+T_{31}(k)\Delta\theta_y-T_{32}(k)\Delta\theta_x
\end{aligned} \tag{7.51}$$

按式(7.51)编程，就可在计算机上完成姿态矩阵的计算，该算法称为一阶增量算法。同理，对应于 $k=2,3,4$，可得二阶增量算法

$$\boldsymbol{C}_b^n(k+1)=\boldsymbol{C}_b^n(k)\left[\boldsymbol{I}+\Delta\boldsymbol{\theta}_{nb}^b+\frac{1}{2}(\Delta\boldsymbol{\theta}_{nb}^b)^2\right] \tag{7.52}$$

三阶增量算法

$$\boldsymbol{C}_b^n(k+1)=\boldsymbol{C}_b^n(k)\left[\boldsymbol{I}+\left(1-\frac{\Delta\theta_0^2}{6}\right)\Delta\boldsymbol{\theta}_{nb}^b+\frac{1}{2}(\Delta\boldsymbol{\theta}_{nb}^b)^2\right] \tag{7.53}$$

四阶增量算法

$$\boldsymbol{C}_b^n(k+1)=\boldsymbol{C}_b^n(k)\left[\boldsymbol{I}+\left(1-\frac{\Delta\theta_0^2}{6}\right)\Delta\boldsymbol{\theta}_{nb}^b+\left(\frac{1}{2}-\frac{\Delta\theta_0^2}{24}\right)(\Delta\boldsymbol{\theta}_{nb}^b)^2\right] \tag{7.54}$$

按照式(7.50)同样的处理方法，以上各式也分别可获得相应元素的代数方程组，按各方程组编制程序，就获得了不同阶次的姿态矩阵增量算法。

2) 四元数微分方程的增量算法

将式(7.21)所示四元数微分方程的精确解，写成迭代形式，有

$$\boldsymbol{q}(k+1)=\left[\cos\frac{\Delta\theta_0}{2}\boldsymbol{I}+\frac{\sin\frac{\Delta\theta_0}{2}}{\Delta\theta_0}\Delta\boldsymbol{\theta}\right]\boldsymbol{q}(k) \tag{7.55}$$

设

$$C=\cos\frac{\Delta\theta_0}{2},\quad S=\frac{\sin\frac{\Delta\theta_0}{2}}{\Delta\theta_0}$$

将 C、S 中的三角函数展开成级数并取前 4 项，用符号 C_k，S_k 表示，如表 7.2 所示。

表 7.2　C、S 的前 4 项近似表达式

k	1	2	3	4
C_k	1	$1-\frac{\Delta\theta_0^2}{8}$	$1-\frac{\Delta\theta_0^2}{8}$	$1-\frac{\Delta\theta_0^2}{8}+\frac{\Delta\theta_0^4}{384}$
S_k	$\frac{1}{2}$	$\frac{1}{2}$	$\frac{1}{2}-\frac{\Delta\theta_0^2}{48}$	$\frac{1}{2}-\frac{\Delta\theta_0^2}{48}$

类似于余弦矩阵微分方程的求解算法，可求得四元数微分方程的一阶算法为

$$\boldsymbol{q}(k+1)=\left(\boldsymbol{I}+\frac{1}{2}\Delta\boldsymbol{\theta}\right)\boldsymbol{q}(k)=\begin{bmatrix}1 & -\frac{1}{2}\Delta\theta_x & -\frac{1}{2}\Delta\theta_y & -\frac{1}{2}\Delta\theta_z\\ \frac{1}{2}\Delta\theta_x & 1 & \frac{1}{2}\Delta\theta_z & -\frac{1}{2}\Delta\theta_y\\ \frac{1}{2}\Delta\theta_y & -\frac{1}{2}\Delta\theta_z & 1 & \frac{1}{2}\Delta\theta_x\\ \frac{1}{2}\Delta\theta_z & \frac{1}{2}\Delta\theta_y & -\frac{1}{2}\Delta\theta_x & 1\end{bmatrix}\boldsymbol{q}(k) \tag{7.56}$$

将式(7.56)展开，得

$$
\begin{aligned}
p_0(k+1)&=p_0(k)-\frac{1}{2}\Delta\theta_x p_1(k)-\frac{1}{2}\Delta\theta_y p_2(k)-\frac{1}{2}\Delta\theta_z p_3(k)\\
p_1(k+1)&=p_1(k)+\frac{1}{2}\Delta\theta_x p_0(k)+\frac{1}{2}\Delta\theta_z p_2(k)-\frac{1}{2}\Delta\theta_y p_3(k)\\
p_2(k+1)&=p_2(k)+\frac{1}{2}\Delta\theta_y p_0(k)-\frac{1}{2}\Delta\theta_z p_1(k)+\frac{1}{2}\Delta\theta_x p_3(k)\\
p_3(k+1)&=p_3(k)+\frac{1}{2}\Delta\theta_z p_0(k)+\frac{1}{2}\Delta\theta_y p_1(k)-\frac{1}{2}\Delta\theta_x p_2(k)
\end{aligned}
\tag{7.57}
$$

由式(7.57)可见，该组方程式只有四个代数方程，比矩阵微分方程式组的九个方程式有极大简化，计算量大为减少。

同理，可得二阶算法计算式为

$$
\boldsymbol{q}(k+1)=\left[\left(1-\frac{\Delta\theta_0^2}{8}\right)\boldsymbol{I}+\frac{1}{2}\Delta\boldsymbol{\theta}\right]\boldsymbol{q}(k) \tag{7.58}
$$

三阶算法计算式为

$$
\boldsymbol{q}(k+1)=\left[\left(1-\frac{\Delta\theta_0^2}{8}\right)\boldsymbol{I}+\left(\frac{1}{2}-\frac{\Delta\theta_0^2}{48}\right)\Delta\boldsymbol{\theta}\right]\boldsymbol{q}(k) \tag{7.59}
$$

四阶算法计算式为

$$
\boldsymbol{q}(k+1)=\left[\left(1-\frac{\Delta\theta_0^2}{8}+\frac{\Delta\theta_0^4}{384}\right)\boldsymbol{I}+\left(\frac{1}{2}-\frac{\Delta\theta_0^2}{48}\right)\Delta\boldsymbol{\theta}\right]\boldsymbol{q}(k) \tag{7.60}
$$

3. 数值积分法

在姿态矩阵的求解中，还可以采用数值积分法来求解矩阵和四元数微分方程，尤其以龙格-库塔法(Runge-Kutta)应用广泛。根据计算精度，又可分为一阶、二阶和四阶龙格-库塔法。

1) 一阶龙格-库塔法

如果一个微分方程式为

$$
\dot{\boldsymbol{X}}(t)=f(\dot{\boldsymbol{X}}(t),\boldsymbol{\omega}(t)) \tag{7.61}
$$

在初始条件已知的情况下，该方程式的解为

$$
\boldsymbol{X}(t+T)=\boldsymbol{X}(t)+hf(\boldsymbol{X}(t),\boldsymbol{\omega}(t)) \tag{7.62}
$$

式中，h 为采样周期。

方程式的解为初始值加上以初始点斜率 $\boldsymbol{K}=f(\boldsymbol{X}(t),\boldsymbol{\omega}(t))$ 为斜率的一个增量，时间间隔为 h。可见，斜率 K 的准确度不同，解的精确度也不同。

为说明问题方便，将式(7.33)的矩阵微分方程式

$$
\dot{\boldsymbol{C}}(t)=\boldsymbol{C}(t)\boldsymbol{\Omega}(t) \tag{7.63}
$$

其一阶龙格-库塔法解的形式为

$$
\boldsymbol{C}(t+h)=\boldsymbol{C}(t)+h\boldsymbol{C}(t)\boldsymbol{\Omega}(t) \tag{7.64}
$$

设 $\boldsymbol{C}(t)$ 为式(1.72)的形式，则式(7.64)展开为

$$
\begin{aligned}
T_{11}(t+h)&=T_{11}(t)+h\left[T_{12}(t)\omega_z(t)-T_{13}(t)\omega_y(t)\right]\\
T_{21}(t+h)&=T_{21}(t)+h\left[T_{22}(t)\omega_z(t)-T_{23}(t)\omega_y(t)\right]\\
T_{31}(t+h)&=T_{31}(t)+h\left[T_{32}(t)\omega_z(t)-T_{33}(t)\omega_y(t)\right]\\
T_{12}(t+h)&=T_{12}(t)+h\left[T_{13}(t)\omega_x(t)-T_{11}(t)\omega_z(t)\right]\\
T_{22}(t+h)&=T_{22}(t)+h\left[T_{23}(t)\omega_x(t)-T_{21}(t)\omega_z(t)\right]\\
T_{32}(t+h)&=T_{32}(t)+h\left[T_{33}(t)\omega_x(t)-T_{31}(t)\omega_z(t)\right]\\
T_{13}(t+h)&=T_{13}(t)+h\left[T_{11}(t)\omega_y(t)-T_{12}(t)\omega_x(t)\right]\\
T_{23}(t+h)&=T_{23}(t)+h\left[T_{21}(t)\omega_y(t)-T_{22}(t)\omega_x(t)\right]\\
T_{33}(t+h)&=T_{33}(t)+h\left[T_{31}(t)\omega_y(t)-T_{32}(t)\omega_x(t)\right]
\end{aligned}
\tag{7.65}
$$

与式(7.51)相比较可知，一阶龙格-库塔法计算式与一阶增量算法计算式是一样的。

对于四元数微分方程式(7.34)，将其简化为 $\dot{\boldsymbol{q}}(t)=\boldsymbol{\Gamma}_b\boldsymbol{q}(t)$，其一阶龙格-库塔法计算式为

$$
\boldsymbol{q}(t+h)=\boldsymbol{q}(t)+h\boldsymbol{\Gamma}_b\boldsymbol{q}(t) \tag{7.66}
$$

式中，$\boldsymbol{\Gamma}_b=\dfrac{1}{2}\boldsymbol{M}'(\boldsymbol{\omega}_{nb}^b)$。

将式(7.66)展开成分量表达式，有

$$
\begin{aligned}
p_0(t+h)&=p_0(t)+\frac{h}{2}(-\omega_x(t)p_1(t)-\omega_y(t)p_2(t)-\omega_z(t)p_3(t))\\
p_1(t+h)&=p_1(t)+\frac{h}{2}(\omega_x(t)p_0(t)+\omega_z(t)p_2(t)-\omega_y(t)p_3(t))\\
p_2(t+h)&=p_2(t)+\frac{h}{2}(\omega_y(t)p_0(t)-\omega_z(t)p_1(t)+\omega_x(t)p_3(t))\\
p_3(t+h)&=p_3(t)+\frac{h}{2}(\omega_z(t)p_0(t)+\omega_y(t)p_1(t)-\omega_x(t)p_2(t))
\end{aligned}
\tag{7.67}
$$

2) 二阶龙格-库塔法

对一阶算法做进一步改进，使平均斜率更准确一些，可得二阶龙格-库塔算法。设

$$
\boldsymbol{K}_1=f(\boldsymbol{X}(t),\boldsymbol{\omega}(t)) \tag{7.68a}
$$

$$
\boldsymbol{Y}=\boldsymbol{X}(t)+h\boldsymbol{K}_1 \tag{7.68b}
$$

$$
\boldsymbol{K}_2=f(\boldsymbol{Y},\boldsymbol{\omega}(t+h)) \tag{7.68c}
$$

则方程式的解为

$$
\boldsymbol{X}(t+h)=\boldsymbol{X}(t)+\frac{h}{2}(\boldsymbol{K}_1+\boldsymbol{K}_2) \tag{7.69}
$$

对于余弦矩阵微分方程(7.63)，设

$$
\begin{aligned}
\boldsymbol{K}_1&=\boldsymbol{C}(t)\boldsymbol{\Omega}(t)\\
\boldsymbol{Y}&=\boldsymbol{C}(t)+h\boldsymbol{C}(t)\boldsymbol{\Omega}(t)\\
\boldsymbol{K}_2&=\mathrm{Y}\boldsymbol{\Omega}(t+h)
\end{aligned}
$$

则

$$
\boldsymbol{C}(t+h)=\boldsymbol{C}(t)+\frac{h}{2}(\boldsymbol{K}_1+\boldsymbol{K}_2) \tag{7.70}
$$

式中，K_2 含有 $\boldsymbol{Y}$，设其表达式为

$$\boldsymbol{Y}=\begin{bmatrix} Y_{11} & Y_{12} & Y_{13} \\ Y_{21} & Y_{22} & Y_{23} \\ Y_{31} & Y_{32} & Y_{33} \end{bmatrix} \tag{7.71}$$

实际上,$\boldsymbol{Y}$ 就是一阶龙格-库塔法的解,即满足式(7.65)的形式。将 $\boldsymbol{Y}$ 代入 $\boldsymbol{K}_2$,再将 $\boldsymbol{K}_1$、$\boldsymbol{K}_2$ 代入式(7.70),可得二阶龙格-库塔法解的表达式为

$$\begin{aligned}
T_{11}(t+h)&=T_{11}(t)+\frac{h}{2}(T_{12}(t)\omega_z(t)-T_{13}(t)\omega_y(t)+Y_{12}\omega_z(t+h)-Y_{13}\omega_y(t+h))\\
T_{21}(t+h)&=T_{21}(t)+\frac{h}{2}(T_{22}(t)\omega_z(t)-T_{23}(t)\omega_y(t)+Y_{22}\omega_z(t+h)-Y_{23}\omega_y(t+h))\\
T_{31}(t+h)&=T_{31}(t)+\frac{h}{2}(T_{32}(t)\omega_z(t)-T_{33}(t)\omega_y(t)+Y_{32}\omega_z(t+h)-Y_{33}\omega_y(t+h))\\
T_{12}(t+h)&=T_{12}(t)+\frac{h}{2}(T_{13}(t)\omega_x(t)-T_{11}(t)\omega_z(t)+Y_{13}\omega_x(t+h)-Y_{11}\omega_z(t+h))\\
T_{22}(t+h)&=T_{22}(t)+\frac{h}{2}(T_{23}(t)\omega_x(t)-T_{21}(t)\omega_z(t)+Y_{23}\omega_x(t+h)-Y_{21}\omega_z(t+h))\\
T_{32}(t+h)&=T_{32}(t)+\frac{T}{2}(T_{33}(t)\omega_x(t)-T_{31}(t)\omega_z(t)+Y_{33}\omega_x(t+h)-Y_{31}\omega_z(t+h))\\
T_{13}(t+h)&=T_{13}(t)+\frac{h}{2}(T_{11}(t)\omega_y(t)-T_{12}(t)\omega_x(t)+Y_{11}\omega_y(t+h)-Y_{12}\omega_x(t+h))\\
T_{23}(t+h)&=T_{23}(t)+\frac{h}{2}(T_{21}(t)\omega_y(t)-T_{22}(t)\omega_x(t)+Y_{21}\omega_y(t+h)-Y_{22}\omega_x(t+h))\\
T_{33}(t+h)&=T_{33}(t)+\frac{h}{2}(T_{31}(t)\omega_y(t)-T_{32}(t)\omega_x(t)+Y_{31}\omega_y(t+h)-Y_{32}\omega_x(t+h))
\end{aligned} \tag{7.72}$$

从解的表达式(7.72)可以看出,二阶龙格-库塔法不仅需要 t 时刻的角速度 $\omega_i(t)(i=x, y,z)$,而且还需要知道 $t+h$ 时刻的角速度 $\omega_i(t+h)(i=x,y,z)$。

用二阶龙格-库塔法求解四元数微分方程式,有如下表达式:

$$\begin{aligned}
\boldsymbol{K}_1&=\boldsymbol{\Gamma}_b(t)\boldsymbol{q}(t)\\
\boldsymbol{Y}&=\boldsymbol{q}(t)+h\boldsymbol{K}_1\\
\boldsymbol{K}_2&=\boldsymbol{\Gamma}_b(t+h)\boldsymbol{Y}
\end{aligned}$$

则

$$\boldsymbol{q}(t+h)=\boldsymbol{q}(t)+\frac{h}{2}(\boldsymbol{K}_1+\boldsymbol{K}_2) \tag{7.73}$$

展开以上各式,有

$$K_{10}=\frac{1}{2}(-\omega_x(t)p_1(t)-\omega_y(t)p_2(t)-\omega_z(t)p_3(t))$$

$$K_{11}=\frac{1}{2}(\omega_x(t)p_0(t)+\omega_z(t)p_2(t)-\omega_y(t)p_3(t))$$

$$K_{12}=\frac{1}{2}(\omega_y(t)p_0(t)-\omega_z(t)p_1(t)+\omega_x(t)p_3(t))$$

$$K_{13}=\frac{1}{2}(\omega_z(t)p_0(t)+\omega_y(t)p_1(t)-\omega_x(t)p_2(t))$$

$$Y_0=p_0(t)+hK_{10}$$
$$Y_1=p_1(t)+hK_{11}$$
$$Y_2=p_2(t)+hK_{12}$$
$$Y_3=p_3(t)+hK_{13}$$

$$K_{20}=\frac{1}{2}(-\omega_x(t+h)Y_1-\omega_y(t+h)Y_2-\omega_z(t+h)Y_3)$$

$$K_{21}=\frac{1}{2}(\omega_x(t+h)Y_0+\omega_z(t+h)Y_2-\omega_y(t+h)Y_3)$$

$$K_{22}=\frac{1}{2}(\omega_y(t+h)Y_0-\omega_z(t+h)Y_1+\omega_x(t+h)Y_3)$$

$$K_{23}=\frac{1}{2}(\omega_z(t+h)Y_0+\omega_y(t+h)Y_1-\omega_x(t+h)Y_2)$$

$$\begin{aligned}p_0(t+h)&=p_0(t)+\frac{h}{2}(K_{10}+K_{20})\\p_1(t+h)&=p_1(t)+\frac{h}{2}(K_{11}+K_{21})\\p_2(t+h)&=p_2(t)+\frac{h}{2}(K_{12}+K_{22})\\p_3(t+h)&=p_3(t)+\frac{h}{2}(K_{13}+K_{23})\end{aligned}\tag{7.74}$$

3）四阶龙格-库塔法

对于式(7.61)的微分方程式

$$\dot{\boldsymbol{X}}(t)=f(\boldsymbol{X}(t),\boldsymbol{\omega}(t))$$

设

$$\begin{aligned}\boldsymbol{K}_1&=f(\boldsymbol{X}(t),\boldsymbol{\omega}(t))\\\boldsymbol{K}_2&=f\left(\boldsymbol{X}(t)+\frac{h}{2}\boldsymbol{K}_1,\boldsymbol{\omega}\left(t+\frac{h}{2}\right)\right)\\\boldsymbol{K}_3&=f\left(\boldsymbol{X}(t)+\frac{h}{2}\boldsymbol{K}_2,\boldsymbol{\omega}\left(t+\frac{h}{2}\right)\right)\\\boldsymbol{K}_4&=f(\boldsymbol{X}(t)+h\boldsymbol{K}_3,\boldsymbol{\omega}(t+h))\end{aligned}\tag{7.75}$$

则

$$\boldsymbol{X}(t+h)=\boldsymbol{X}(t)+\frac{h}{6}(\boldsymbol{K}_1+2\boldsymbol{K}_2+2\boldsymbol{K}_3+\boldsymbol{K}_4)\tag{7.76}$$

对于余弦矩阵微分方程(7.63)，设

$$\begin{aligned}\boldsymbol{K}_1&=\boldsymbol{C}(t)\boldsymbol{\Omega}(t)\\\boldsymbol{K}_2&=\left(\boldsymbol{C}(t)+\frac{h}{2}\boldsymbol{K}_1\right)\boldsymbol{\Omega}\left(t+\frac{h}{2}\right)\\\boldsymbol{K}_3&=\left(\boldsymbol{C}(t)+\frac{h}{2}\boldsymbol{K}_2\right)\boldsymbol{\Omega}\left(t+\frac{h}{2}\right)\\\boldsymbol{K}_4&=(\boldsymbol{C}(t)+h\boldsymbol{K}_3)\boldsymbol{\Omega}(t+h)\end{aligned}\tag{7.77}$$

则

$$\boldsymbol{C}(t+h)=\boldsymbol{C}(t)+\frac{h}{6}(\boldsymbol{K}_1+2\boldsymbol{K}_2+2\boldsymbol{K}_3+\boldsymbol{K}_4) \tag{7.78}$$

式(7.77)、式(7.78)两组方程式,如写成元素的形式共有 45 个等式。在捷联式惯性导航系统中,姿态矩阵的计算多采用四元数微分方程式,其四阶龙格-库塔法表达式如下。

依据式(7.75),有

$$\begin{aligned}
\boldsymbol{K}_1&=\boldsymbol{\Gamma}_b(t)\boldsymbol{q}(t)\\
\boldsymbol{K}_2&=\boldsymbol{\Gamma}_b\left(t+\frac{h}{2}\right)\left(\boldsymbol{q}(t)+\frac{h}{2}\boldsymbol{K}_1\right)\\
\boldsymbol{K}_3&=\boldsymbol{\Gamma}_b\left(t+\frac{h}{2}\right)\left(\boldsymbol{q}(t)+\frac{h}{2}\boldsymbol{K}_2\right)\\
\boldsymbol{K}_4&=\boldsymbol{\Gamma}_b(t+h)(\boldsymbol{q}(t)+h\boldsymbol{K}_3)
\end{aligned} \tag{7.79}$$

$$\boldsymbol{q}(t+h)=\boldsymbol{q}(t)+\frac{h}{6}(\boldsymbol{K}_1+2\boldsymbol{K}_2+2\boldsymbol{K}_3+\boldsymbol{K}_4) \tag{7.80}$$

展开成元素的形式为

$$\begin{aligned}
K_{10}&=\frac{1}{2}(-\omega_x(t)p_1(t)-\omega_y(t)p_2(t)-\omega_z(t)p_3(t))\\
K_{11}&=\frac{1}{2}(\omega_x(t)p_0(t)+\omega_z(t)p_2(t)-\omega_y(t)p_3(t))\\
K_{12}&=\frac{1}{2}(\omega_y(t)p_0(t)-\omega_z(t)p_1(t)+\omega_x(t)p_3(t))\\
K_{13}&=\frac{1}{2}(\omega_z(t)p_0(t)+\omega_y(t)p_1(t)-\omega_x(t)p_2(t))
\end{aligned} \tag{7.81}$$

$$\begin{aligned}
A_0&=p_0(t)+\frac{h}{2}K_{10}\\
A_1&=p_1(t)+\frac{h}{2}K_{11}\\
A_2&=p_2(t)+\frac{h}{2}K_{12}\\
A_3&=p_3(t)+\frac{h}{2}K_{13}
\end{aligned} \tag{7.82}$$

$$\begin{aligned}
K_{20}&=\frac{1}{2}\left(-\omega_x\left(t+\frac{h}{2}\right)A_1-\omega_y\left(t+\frac{h}{2}\right)A_2-\omega_z\left(t+\frac{h}{2}\right)A_3\right)\\
K_{21}&=\frac{1}{2}\left(\omega_x\left(t+\frac{h}{2}\right)A_0+\omega_z\left(t+\frac{h}{2}\right)A_2-\omega_y\left(t+\frac{h}{2}\right)A_3\right)\\
K_{22}&=\frac{1}{2}\left(\omega_y\left(t+\frac{h}{2}\right)A_0-\omega_z\left(t+\frac{h}{2}\right)A_1+\omega_x\left(t+\frac{h}{2}\right)A_3\right)\\
K_{23}&=\frac{1}{2}\left(\omega_z\left(t+\frac{h}{2}\right)A_0+\omega_y\left(t+\frac{h}{2}\right)A_1-\omega_x\left(t+\frac{h}{2}\right)A_2\right)
\end{aligned} \tag{7.83}$$

$$
\begin{aligned}
B_0&=p_0(t)+\frac{h}{2}K_{20}\\
B_1&=p_1(t)+\frac{h}{2}K_{21}\\
B_2&=p_2(t)+\frac{h}{2}K_{22}\\
B_3&=p_3(t)+\frac{h}{2}K_{23}
\end{aligned}
\tag{7.84}
$$

$$
\begin{aligned}
K_{30}&=\frac{1}{2}\left(-\omega_x\left(t+\frac{h}{2}\right)B_1-\omega_y\left(t+\frac{h}{2}\right)B_2-\omega_z\left(t+\frac{h}{2}\right)B_3\right)\\
K_{31}&=\frac{1}{2}\left(\omega_x\left(t+\frac{h}{2}\right)B_0+\omega_z\left(t+\frac{h}{2}\right)B_2-\omega_y\left(t+\frac{h}{2}\right)B_3\right)\\
K_{32}&=\frac{1}{2}\left(\omega_y\left(t+\frac{h}{2}\right)B_0-\omega_z\left(t+\frac{h}{2}\right)B_1+\omega_x\left(t+\frac{h}{2}\right)B_3\right)\\
K_{33}&=\frac{1}{2}\left(\omega_z\left(t+\frac{h}{2}\right)B_0+\omega_y\left(t+\frac{h}{2}\right)B_1-\omega_x\left(t+\frac{h}{2}\right)B_2\right)
\end{aligned}
\tag{7.85}
$$

$$
\begin{aligned}
C_0&=p_0(t)+hK_{30}\\
C_1&=p_1(t)+hK_{31}\\
C_2&=p_2(t)+hK_{32}\\
C_3&=p_3(t)+hK_{33}
\end{aligned}
\tag{7.86}
$$

$$
\begin{aligned}
K_{40}&=\frac{1}{2}(-\omega_x(t+h)C_1-\omega_y(t+h)C_2-\omega_z(t+h)C_3)\\
K_{41}&=\frac{1}{2}(\omega_x(t+h)C_0+\omega_z(t+h)C_2-\omega_y(t+h)C_3)\\
K_{42}&=\frac{1}{2}(\omega_y(t+h)C_0-\omega_z(t+h)C_1+\omega_x(t+h)C_3)\\
K_{43}&=\frac{1}{2}(\omega_z(t+h)C_0+\omega_y(t+h)C_1-\omega_x(t+h)C_2)
\end{aligned}
\tag{7.87}
$$

综合以上各式，有

$$
\begin{aligned}
p_0(t+h)&=p_0(t)+\frac{h}{6}(K_{10}+2K_{20}+2K_{30}+K_{40})\\
p_1(t+h)&=p_1(t)+\frac{h}{6}(K_{11}+2K_{21}+2K_{31}+K_{41})\\
p_2(t+h)&=p_2(t)+\frac{h}{6}(K_{12}+2K_{22}+2K_{32}+K_{42})\\
p_3(t+h)&=p_3(t)+\frac{h}{6}(K_{13}+2K_{23}+2K_{33}+K_{43})
\end{aligned}
\tag{7.88}
$$

按照以上各式求出四元数的各个元素后，将其代入式(1.100)，可得方向余弦矩阵$\boldsymbol{C}_n^b$，进而可以求出载体的航向角和姿态角。

4. 角速度信息的提取

从上节的算法推导过程中可以看出，在计算公式中需要三种角速度信息，即$\boldsymbol{\omega}(t)$、$\boldsymbol{\omega}\left(t+\dfrac{h}{2}\right)$和$\boldsymbol{\omega}(t+h)$。由于在姿态矩阵的计算中，采样周期$h$很小(如$h=0.025\text{s}$)，故可以把角速度看做是线性变化的或者常值。若把角速度看做常值，则陀螺仪的角速度和输出的角增量之间的关系为

$$\boldsymbol{\omega}(t)=\frac{\Delta\boldsymbol{\theta}(t,t+h)}{h} \tag{7.89}$$

称为一阶角速度提取。

若在采样周期h内，把角速度看做是线性变化的，则陀螺仪的角速度和输出的角增量之间的关系为

$$\boldsymbol{\omega}(t+\boldsymbol{\xi})=\boldsymbol{\alpha}+\boldsymbol{\beta}\boldsymbol{\xi} \tag{7.90}$$

所以

$$\Delta\boldsymbol{\theta}_i(t_i,t_i+\boldsymbol{\xi})=\int_{t_i}^{t_i+\xi}\boldsymbol{\omega}(t_i+\boldsymbol{\xi})\mathrm{d}\boldsymbol{\xi}=\int_{t_i}^{t_i+\xi}(\boldsymbol{\alpha}+\boldsymbol{\beta}\boldsymbol{\xi})\mathrm{d}\boldsymbol{\xi}=\boldsymbol{\alpha}\boldsymbol{\xi}+\frac{1}{2}\boldsymbol{\beta}\boldsymbol{\xi}^2 \tag{7.91}$$

若陀螺仪从t_i到$t_i+\dfrac{h}{2}$时的输出角增量为$\Delta\boldsymbol{\theta}_{i1}$，从$t_i+\dfrac{h}{2}$到$t_i+h$时的输出角增量为$\Delta\boldsymbol{\theta}_{i2}$，则

$$\Delta\boldsymbol{\theta}_{i1}=\frac{1}{2}\boldsymbol{\alpha}h+\frac{1}{8}\boldsymbol{\beta}h^2 \tag{7.92}$$

$$\Delta\boldsymbol{\theta}_{i2}=\boldsymbol{\alpha}h+\frac{1}{2}\boldsymbol{\beta}h^2 \tag{7.93}$$

假设$\Delta\boldsymbol{\theta}_i(t)$复位到零，由式(7.92)和式(7.93)可得

$$\boldsymbol{\alpha}=\frac{1}{h}(4\Delta\boldsymbol{\theta}_{i1}-\Delta\boldsymbol{\theta}_{i2}) \tag{7.94a}$$

$$\boldsymbol{\beta}=\frac{1}{h^2}(4\Delta\boldsymbol{\theta}_{i2}-8\Delta\boldsymbol{\theta}_{i1}) \tag{7.94b}$$

将式(7.94)代入式(7.90)，得

$$\boldsymbol{\omega}(t_i)=\frac{1}{h}(4\Delta\boldsymbol{\theta}_{i1}-\Delta\boldsymbol{\theta}_{i2}) \tag{7.95a}$$

$$\boldsymbol{\omega}\left(t_i+\frac{h}{2}\right)=\frac{1}{h}\Delta\boldsymbol{\theta}_{i2} \tag{7.95b}$$

$$\boldsymbol{\omega}(t_i+h)=\frac{1}{h}(3\Delta\boldsymbol{\theta}_{i2}-4\Delta\boldsymbol{\theta}_{i1}) \tag{7.95c}$$

若陀螺仪从t_i到$t_i+\dfrac{h}{2}$时的输出角增量为$\Delta\boldsymbol{\theta}'_{i1}$，从$t_i+\dfrac{h}{2}$到$t_i+h$时的输出角增量为$\Delta\boldsymbol{\theta}'_{i2}$，将角增量在$t_i+\dfrac{h}{2}$时置零，此时有

$$\Delta\boldsymbol{\theta}'_{i1}=\Delta\boldsymbol{\theta}_{i1} \tag{7.96a}$$

$$\Delta\boldsymbol{\theta}_{i2}=\Delta\boldsymbol{\theta}'_{i1}+\Delta\boldsymbol{\theta}'_{i2} \tag{7.96b}$$

将式(7.96a)、式(7.96b)代入式(7.95)，有

$$\boldsymbol{\omega}(t_i)=\frac{1}{h}(3\Delta\boldsymbol{\theta}'_{i1}-\boldsymbol{\theta}'_{i2}) \tag{7.97a}$$

$$\boldsymbol{\omega}\left(t_i+\frac{h}{2}\right)=\frac{1}{h}(\Delta\boldsymbol{\theta}'_{i1}+\Delta\boldsymbol{\theta}'_{i2}) \tag{7.97b}$$

$$\boldsymbol{\omega}(t_i+h)=\frac{1}{h}(3\Delta\boldsymbol{\theta}'_{i2}-\Delta\boldsymbol{\theta}'_{i1}) \tag{7.97c}$$

式(7.95)、式(7.97)称为二阶角速度提取，在采用四阶龙格-库塔法进行姿态矩阵的数值计算时，常采用式(7.97)。

7.2.2　等效旋转矢量算法

利用毕卡法求解四元数微分方程时采用的是陀螺仪的角增量输出，即采用积分 $\int_0^h \boldsymbol{\omega}\,\mathrm{d}t$ 给出采样间隔内的角增量。角增量虽然微小，但不能视作无穷小，而刚体做有限转动时，刚体在空间的角位置与旋转次序有关，即存在旋转的不可交换性，这一积分过程没有体现出角度的转动次序，必然引入不可交换性误差。

旋转矢量是描述刚体相对惯性空间转动的一种数学方法，它和方向余弦矩阵、四元数等一样可以描述刚体的转动运动，旋转矢量 $\boldsymbol{\Phi}(t)$ 可唯一确定载体在给定时间间隔内的位置变化。如图 7.5 所示，其定义为：若刚体从 $t=0$ 时刻起绕固定点进行转动，则刚体在 t 时刻相对初始位置的空间位置可以用一个旋转矢量 $\boldsymbol{\Phi}(t)$ 表示，即当刚体以旋转矢量 $\boldsymbol{\Phi}(t)$ 为瞬时转轴，转动大小等于旋转矢量 $\boldsymbol{\Phi}(t)$ 的幅值时，刚体的位置即为刚体在 t 时刻的位置。刚体在 t 时刻的位置与旋转矢量 $\boldsymbol{\Phi}(t)$ 形成一一对应关系，因此可用 t 时刻的旋转矢量 $\boldsymbol{\Phi}(t)$ 表示此时刚体的位置。

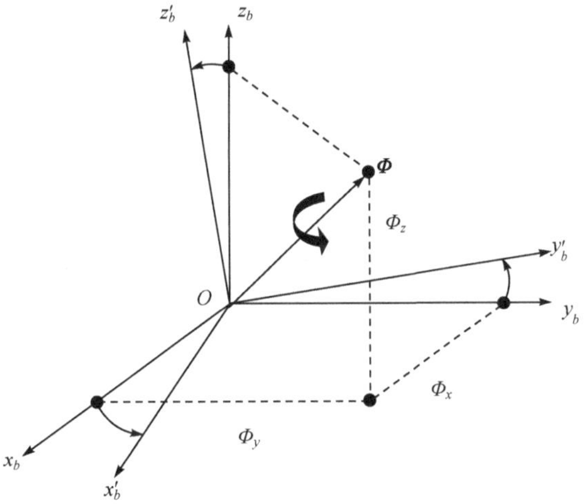

图 7.5　旋转矢量描述

根据欧拉理论，等效旋转矢量是姿态矩阵的特征向量，即

$$(\boldsymbol{C}-\boldsymbol{I})\boldsymbol{\Phi}=\boldsymbol{0} \tag{7.98}$$

式中，$\boldsymbol{C}$ 为载体坐标系与参考坐标系之间的方向余弦矩阵；$\boldsymbol{I}$ 为单位矩阵；$\boldsymbol{\Phi}$ 为旋转矢量，$\boldsymbol{\Phi}=[\Phi_x\quad \Phi_y\quad \Phi_z]^{\mathrm{T}}$。

由于旋转矢量的这种性质，等效旋转矢量算法在利用角增量计算等效旋转矢量时，对这种不可交换误差做了适当补偿，在姿态更新周期内包含的角增量子样数越多，补偿就越精确。就算法本质来看，姿态更新计算的四元数毕卡算法实质上就是单子样旋转矢量算法。因此，多子样旋转矢量算法比四元数毕卡算法的精度高，并且旋转矢量算法可以获得锥运动环境下的优化算法，特别适合于在高动态环境下工作。所以在理论上，采用旋转矢量法可有效消除不可交换性误差。

1. 旋转矢量微分方程

这里直接给出用旋转矢量描述的微分方程为

$$\begin{aligned}\dot{\boldsymbol{\Phi}} &= \left[\boldsymbol{I}+\frac{1}{2}[\boldsymbol{\Phi}\times]+\frac{1}{\phi^2}\left(1-\frac{\phi\sin\phi}{2(1-\cos\phi)}\right)[\boldsymbol{\Phi}\times]^2\right]\boldsymbol{\omega} \\ &\approx \boldsymbol{\omega}+\frac{1}{2}\boldsymbol{\Phi}\times\boldsymbol{\omega}+\frac{1}{\phi^2}\left(1-\frac{\phi\sin\phi}{2(1-\cos\phi)}\right)\boldsymbol{\Phi}\times(\boldsymbol{\Phi}\times\boldsymbol{\omega}) \\ &\approx \boldsymbol{\omega}+\frac{1}{2}\boldsymbol{\Phi}\times\boldsymbol{\omega}+\frac{1}{12}\boldsymbol{\Phi}\times(\boldsymbol{\Phi}\times\boldsymbol{\omega})\end{aligned} \tag{7.99}$$

式中，ϕ 为等效旋转矢量幅值，$\phi=(\boldsymbol{\Phi}^{\mathrm{T}}\times\boldsymbol{\Phi})^{\frac{1}{2}}$；$[\boldsymbol{\Phi}\times]$为等效旋转矢量的反对称阵，其满足

$$[\boldsymbol{\Phi}\times]=\begin{bmatrix}0 & -\Phi_z & \Phi_y \\ \Phi_z & 0 & -\Phi_x \\ -\Phi_y & \Phi_x & 0\end{bmatrix}$$

式(7.99)的后两项代表刚体转动过程中的不可交换性所引入的不可交换性误差。在实际应用中，为了保证姿态更新的实时性，可以取式(7.99)的简化形式，即

$$\dot{\boldsymbol{\Phi}}=\boldsymbol{\omega}+\frac{1}{2}\boldsymbol{\Phi}\times\boldsymbol{\omega} \tag{7.100}$$

2. 旋转矢量算法

如果在一个角速度计算周期内，认为角速度 $\boldsymbol{\omega}$ 是随时间线性变化的，定义

$$\boldsymbol{\omega}(t+\xi)=\boldsymbol{a}+\boldsymbol{b}\xi \tag{7.101}$$

假定系统在一个角速度计算周期内仅采样两次，得到两个角增量值，即

$$\Delta\boldsymbol{\theta}_1=\int_t^{t+\frac{h}{2}}\boldsymbol{\omega}(t+\xi)\mathrm{d}\xi=\boldsymbol{a}\frac{h}{2}+\frac{1}{2}\boldsymbol{b}\left(\frac{h}{2}\right)^2 \tag{7.102a}$$

$$\Delta\boldsymbol{\theta}_2=\int_{t+\frac{h}{2}}^{t+h}\boldsymbol{\omega}(t+\xi)\mathrm{d}\xi=\boldsymbol{a}\frac{h}{2}+\frac{3}{2}\boldsymbol{b}\left(\frac{h}{2}\right)^2 \tag{7.102b}$$

可推导出等效旋转矢量双子样计算公式为

$$\boldsymbol{\Phi}(h)=\Delta\boldsymbol{\theta}_1+\Delta\boldsymbol{\theta}_2+\frac{2}{3}\Delta\boldsymbol{\theta}_1\times\Delta\boldsymbol{\theta}_2 \tag{7.103}$$

同理，在一个角速度计算周期内，若认为 $\boldsymbol{\omega}$ 是随时间以二次曲线形式变化，定义

$$\boldsymbol{\omega}(t+\xi)=\boldsymbol{a}+\boldsymbol{b}\xi+\boldsymbol{c}\xi^2 \tag{7.104}$$

则可推导出等旋转矢量三子样计算公式为

$$\boldsymbol{\Phi}(h)=\Delta\boldsymbol{\theta}_1+\Delta\boldsymbol{\theta}_2+\Delta\boldsymbol{\theta}_3+0.45(\Delta\boldsymbol{\theta}_1\times\Delta\boldsymbol{\theta}_3)+0.675\Delta\boldsymbol{\theta}_2\times(\Delta\boldsymbol{\theta}_3-\Delta\boldsymbol{\theta}_1) \tag{7.105}$$

式中，$\Delta\boldsymbol{\theta}_1$、$\Delta\boldsymbol{\theta}_2$、$\Delta\boldsymbol{\theta}_3$ 分别为 $\left[t,t+\frac{h}{3}\right]$、$\left[t+\frac{h}{3},t+\frac{2h}{3}\right]$、$\left[t+\frac{2h}{3},t+h\right]$ 时间段内的角增量。

若在一个角速度计算周期内，认为 $\boldsymbol{\omega}$ 随时间以三次曲线形式变化，定义

$$\boldsymbol{\omega}(t+\boldsymbol{\xi})=\boldsymbol{a}+\boldsymbol{b}\boldsymbol{\xi}+\boldsymbol{c}\boldsymbol{\xi}^2+\boldsymbol{d}\boldsymbol{\xi}^3 \tag{7.106}$$

则可推导出等旋转矢量四子样计算公式为

$$\begin{aligned}\boldsymbol{\Phi}(h)=&\Delta\boldsymbol{\theta}_1+\Delta\boldsymbol{\theta}_2+\Delta\boldsymbol{\theta}_3+\Delta\boldsymbol{\theta}_4+\frac{736}{945}(\Delta\boldsymbol{\theta}_1\times\Delta\boldsymbol{\theta}_2+\Delta\boldsymbol{\theta}_3\times\Delta\boldsymbol{\theta}_4)\\&+\frac{334}{945}(\Delta\boldsymbol{\theta}_1\times\Delta\boldsymbol{\theta}_3+\Delta\boldsymbol{\theta}_2\times\Delta\boldsymbol{\theta}_4)+\frac{526}{945}\Delta\boldsymbol{\theta}_1\times\Delta\boldsymbol{\theta}_4+\frac{654}{945}\Delta\boldsymbol{\theta}_2\times\Delta\boldsymbol{\theta}_3\end{aligned} \tag{7.107}$$

由于载体的角运动具有很大的随机性，角速度的变化十分复杂，在姿态更新周期内用某一曲线来拟合角速度，这种方法本身就是近似的。载体的角运动变化越激烈，用于拟合的曲线的阶次应该越高，这样才能较真实地反映载体的运动。因此，高子样算法的精度优于低子样算法的精度，但是其计算量比低子样算法要大。在选择子样数时，应权衡利弊，综合考虑精度要求和计算量间的折中。

3. 等效旋转矢量与其他姿态算法的关系

下面给出等效旋转矢量与姿态矩阵的关系。设 b 系为载体坐标系，n 系为导航坐标系，根据旋转矢量和姿态矩阵的定义，等效旋转矢量与姿态矩阵存在如下关系：

$$\boldsymbol{C}_b^n=\boldsymbol{I}+\frac{\sin\phi}{\phi}[\boldsymbol{\Phi}\times]+\frac{1-\cos\phi}{\phi^2}[\boldsymbol{\Phi}\times]^2 \tag{7.108}$$

写成矩阵形式为

$$\boldsymbol{C}_b^n=\begin{bmatrix}\cos\phi+\frac{1-\cos\phi}{\phi^2}\Phi_x^2 & \frac{-\sin\phi}{\phi}\Phi_z+\frac{1-\cos\phi}{\phi^2}\Phi_x\Phi_y & \frac{\sin\phi}{\phi}\Phi_y+\frac{1-\cos\phi}{\phi^2}\Phi_x\Phi_z\\ \frac{\sin\phi}{\phi}\Phi_z+\frac{1-\cos\phi}{\phi^2}\Phi_x\Phi_y & \cos\phi+\frac{1-\cos\phi}{\phi^2}\Phi_y^2 & \frac{-\sin\phi}{\phi}\Phi_x+\frac{1-\cos\phi}{\phi^2}\Phi_y\Phi_z\\ \frac{-\sin\phi}{\phi}\Phi_y+\frac{1-\cos\phi}{\phi^2}\Phi_x\Phi_z & \frac{\sin\phi}{\phi}\Phi_x+\frac{1-\cos\phi}{\phi^2}\Phi_y\Phi_z & \cos\phi+\frac{1-\cos\phi}{\phi^2}\Phi_z^2\end{bmatrix} \tag{7.109}$$

下面给出旋转矢量对四元数的修正，用旋转矢量来修正四元数的递推公式为

$$\boldsymbol{Q}(t+h)=\boldsymbol{Q}(t)\circ\boldsymbol{q}(h) \tag{7.110}$$

式中，$\boldsymbol{q}(h)$ 为四元数递推算子。

由四元数以及旋转矢量的定义，可得

$$\boldsymbol{q}(h)=\begin{bmatrix}\cos\left(\frac{\phi}{2}\right) & \frac{1}{\phi}\sin\left(\frac{\phi}{2}\right)\Phi_x & \frac{1}{\phi}\sin\left(\frac{\phi}{2}\right)\Phi_y & \frac{1}{\phi}\sin\left(\frac{\phi}{2}\right)\Phi_z\end{bmatrix}^{\mathrm{T}} \tag{7.111}$$

当采样周期足够小时，$\sin\left(\frac{\phi}{2}\right)\approx\frac{\phi}{2}$，故有表达式

$$\boldsymbol{q}(h)=\begin{bmatrix}\cos\left(\frac{\phi}{2}\right) & \frac{\Phi_x}{2} & \frac{\Phi_y}{2} & \frac{\Phi_z}{2}\end{bmatrix}^{\mathrm{T}} \tag{7.112}$$

然后再利用四元数与姿态矩阵的关系求得系统的航向和姿态。

4. 圆锥效应及危害

圆锥效应(圆锥运动)是刚体运动的一种几何现象,当刚体受到环境振动或本身具有角运动,即刚体在两个正交轴方向存在频率相同而相位不同的角振动速率时,将导致刚体的第三个正交轴在空间绕其平均位置做锥面或近似锥面的运动,这种现象称为刚体的圆锥效应。

按照圆锥运动的定义,刚体定轴转动可用旋转矢量表示为

$$\boldsymbol{\Phi}=[0 \quad a\cos(\psi t) \quad a\sin(\psi t)]^{\mathrm{T}} \tag{7.113}$$

式中,a 为圆锥面的半锥角。

将圆锥运动的参数作为已知量代入式(7.99),并以 $\boldsymbol{\omega}$ 为未知量求解方程式,有

$$\boldsymbol{\omega}=\begin{bmatrix}\omega_x\\ \omega_y\\ \omega_z\end{bmatrix}=\begin{bmatrix}-2\psi\sin^2\dfrac{a}{2}\\ -\psi\sin a\sin(\psi t)\\ \psi\sin a\cos(\psi t)\end{bmatrix} \tag{7.114}$$

式(7.114)说明,尽管环境振动对刚体在 x 轴方向无角振动干扰,但是由于在 y 轴和 z 轴方向存在同频不同相的角振动干扰驱动,导致沿 x 轴方向有常值角速度输出,输出值的大小与干扰振动频率、幅值以及相位差有关。式(7.114)给出的两轴角振动 ω_y、ω_z 的相位差为 90°,当相位差为任意角度 φ,沿 x 轴方向产生的圆锥运动为

$$\omega_x=-2\psi\sin^2\frac{a}{2}\sin\varphi \tag{7.115}$$

从式(7.113)和式(7.114)可以看出,$\boldsymbol{\Phi}^{\mathrm{T}}\boldsymbol{\omega}=0$,即 $\boldsymbol{\Phi}$ 和 $\boldsymbol{\omega}$ 相互正交,使其叉乘积达到最大值。从式(7.100),即 $\dot{\boldsymbol{\Phi}}=\boldsymbol{\omega}+\dfrac{1}{2}\boldsymbol{\Phi}\times\boldsymbol{\omega}$ 可以看出,圆锥运动对姿态算法将产生严重的影响。

对于捷联式惯性导航系统的姿态更新来说,圆锥运动是最恶劣的工作环境条件,它会诱发数学平台产生严重漂移,所以对旋转矢量算法做优化处理时常以圆锥运动作为环境条件。这就是说,如果能确保圆锥运动环境条件下的算法漂移最小,就一定能确保在其余环境条件下的算法漂移最小。因此,研究者提出各种对等效旋转矢量算法的优化算法及对不可交换误差补偿效果的分析,在此不再赘述。

7.2.3 各种姿态算法的比较

欧拉角法通过求解欧拉角微分方程直接计算航向、俯仰和横滚角。欧拉角微分方程关系简单明了,概念直观,易于理解,解算过程中无需做正交化处理,但方程中包含有三角运算,这给实时计算带来一定困难;而且当俯仰角接近 90°时,方程出现退化现象,这相当于平台式惯性导航系统中陀螺稳定平台的锁定,所以这种方法只适用于水平姿态变化不大的情况,而不适用于全姿态载体的姿态确定。

方向余弦法对姿态矩阵微分方程的求解,避免了欧拉角法中方程的退化问题,可全姿态工作,但姿态矩阵微分方程实质上是包含九个未知量的线性方程组。与四元数法相比,计算量大,实时计算困难,在工程上并不适用。

四元数法只需要求解含有四个未知量的线性微分方程组,计算量比方向余弦法小,且算法简单,易于操作,是较适用的工程方法。但是,四元数法实质上是旋转矢量法中的单子样算法,

对有限转动引起的不可交换误差的补偿程度不够，所以只适用于低动态载体的姿态解算。对于高动态载体，姿态解算的算法漂移会十分严重。

旋转矢量法可采用多子样算法实现对不可交换误差的有效补偿，算法关系简单，易于操作，并且通过对系数的优化处理使算法漂移在相同子样算法中达到最小，因此特别适用于角机动频繁激烈或存在严重角振动的载体的姿态更新。

四元数法和旋转矢量法都是通过求解姿态变化四元数再求解姿态四元数，但前者直接求解姿态四元数微分方程，而后者则通过求解姿态变化四元数再求解姿态四元数，两者的算法思路并不相同。

7.3　捷联式惯性导航系统的速度与位置计算

本节主要介绍捷联式惯性导航系统中速度和位置的计算方法。当载体同时存在线运动和角运动时，采用速度增量解算速度时必须考虑对速度的旋转效应和划桨效应加以补偿；在位置计算中也必须对角运动和线运动的耦合进行补偿。

7.3.1　速度计算

1. 旋转效应和划桨效应分析

将导航坐标系取为地理坐标系，根据比力方程可得速度微分方程为

$$\dot{\boldsymbol{v}}^n = \boldsymbol{C}_b^n \boldsymbol{f}^b - (2\boldsymbol{\omega}_{ie}^n + \boldsymbol{\omega}_{en}^n) \times \boldsymbol{v}^n + \boldsymbol{g}^n \tag{7.116}$$

设速度的更新周期为 T，在每一个更新周期内对角增量和速度增量做 N 次采样。由于速度更新周期 T 较短，认为姿态矩阵 $\boldsymbol{C}_b^n$ 对应的旋转矢量非常微小，近似后给出迭代形式的速度更新方程为（为书写简洁，略去表示投影坐标系的上标）

$$\boldsymbol{v}_k = \boldsymbol{v}_{k-1} + \boldsymbol{C}_{k-1}\int_{t_{k-1}}^{t_k} (\boldsymbol{f} + \Delta\boldsymbol{\theta} \times \boldsymbol{f})\mathrm{d}t + \int_{t_{k-1}}^{t_k} [\boldsymbol{g} - (2\boldsymbol{\omega}_{ie} + \boldsymbol{\omega}_{en}) \times \boldsymbol{v}_{k-1}]\mathrm{d}t \tag{7.117}$$

记

$$\Delta\boldsymbol{v}_{\mathrm{sf}\,k} = \int_{t_{k-1}}^{t_k} (\boldsymbol{f} + \Delta\boldsymbol{\theta} \times \boldsymbol{f})\mathrm{d}t \tag{7.118}$$

$$\Delta\boldsymbol{v}_{g/\mathrm{cor}\,k} = \int_{t_{k-1}}^{t_k} [\boldsymbol{g} - (2\boldsymbol{\omega}_{ie} + \boldsymbol{\omega}_{en}) \times \boldsymbol{v}_{k-1}]\mathrm{d}t \tag{7.119}$$

则式(7.117)可以写成

$$\boldsymbol{v}_k = \boldsymbol{v}_{k-1} + \boldsymbol{C}_{k-1}\Delta\boldsymbol{v}_{\mathrm{sf}\,k} + \Delta\boldsymbol{v}_{g/\mathrm{cor}\,k} \tag{7.120}$$

式中，$\boldsymbol{v}_{k-1}$、$\boldsymbol{C}_{k-1}$ 分别为前一速度更新时间点上的载体速度和姿态矩阵；$\Delta\boldsymbol{v}_{\mathrm{sf}\,k}$ 是由比力引起的速度补偿量；$\Delta\boldsymbol{v}_{g/\mathrm{cor}\,k}$ 是在 $[t_{k-1}, t_k]$ 时间段内由有害加速度引起的速度补偿量。

由式(7.118)，有

$$\begin{aligned}\Delta\boldsymbol{v}_{\mathrm{sf}\,k} &= \int_{t_{k-1}}^{t_k} (\boldsymbol{f}(t) + \Delta\boldsymbol{\theta}(t) \times \boldsymbol{f}(t))\mathrm{d}t = \int_{t_{k-1}}^{t_k} \boldsymbol{f}(t)\mathrm{d}t + \int_{t_{k-1}}^{t_k} (\Delta\boldsymbol{\theta}(t) \times \boldsymbol{f}(t))\mathrm{d}t \\ &= \Delta\boldsymbol{v}_k + \int_{t_{k-1}}^{t_k} (\Delta\boldsymbol{\theta}(t) \times \boldsymbol{f}(t))\mathrm{d}t\end{aligned} \tag{7.121}$$

式中

$$\Delta \boldsymbol{v}_k = \int_{t_{k-1}}^{t_k} \boldsymbol{f}(t)\mathrm{d}t \tag{7.122}$$

是加速度计在$[t_{k-1},t_k]$时间段内输出的速度增量。记

$$\Delta \boldsymbol{v}(t) = \int_{t_{k-1}}^{t} \boldsymbol{f}(\tau)\mathrm{d}\tau \tag{7.123}$$

$$\Delta \boldsymbol{\theta}(t) = \int_{t_{k-1}}^{t} \boldsymbol{\omega}(\tau)\mathrm{d}\tau, \quad t_{k-1} \leqslant t \leqslant t_k \tag{7.124}$$

则由式(7.123)和式(7.124),有

$$\Delta\dot{\boldsymbol{\theta}}(t) = \boldsymbol{\omega}(t) \tag{7.125}$$

$$\Delta\dot{\boldsymbol{v}}(t) = \boldsymbol{f}(t) \tag{7.126}$$

由于

$$\frac{\mathrm{d}}{\mathrm{d}t}[\Delta\boldsymbol{\theta}(t)\times\Delta\boldsymbol{v}(t)] = \Delta\boldsymbol{\theta}(t)\times\Delta\dot{\boldsymbol{v}}(t) - \Delta\boldsymbol{v}(t)\times\Delta\dot{\boldsymbol{\theta}}(t)$$

故

$$\begin{aligned}\Delta\boldsymbol{\theta}(t)\times\Delta\boldsymbol{f}(t) &= \Delta\boldsymbol{\theta}(t)\times\Delta\dot{\boldsymbol{v}}(t)\\ &= \frac{\mathrm{d}}{\mathrm{d}t}[\Delta\boldsymbol{\theta}(t)\times\Delta\boldsymbol{v}(t)] + \Delta\boldsymbol{v}(t)\times\Delta\dot{\boldsymbol{\theta}}(t)\\ &= \frac{1}{2}\frac{\mathrm{d}}{\mathrm{d}t}[\Delta\boldsymbol{\theta}(t)\times\Delta\boldsymbol{v}(t)] + \Delta\boldsymbol{v}(t)\times\Delta\dot{\boldsymbol{\theta}}(t)\\ &\quad + \frac{1}{2}[\Delta\boldsymbol{\theta}(t)\times\Delta\dot{\boldsymbol{v}}(t) - \Delta\boldsymbol{v}(t)\times\Delta\dot{\boldsymbol{\theta}}(t)]\\ &= \frac{1}{2}\frac{\mathrm{d}}{\mathrm{d}t}[\Delta\boldsymbol{\theta}(t)\times\Delta\boldsymbol{v}(t)] + \frac{1}{2}[\Delta\boldsymbol{\theta}(t)\times\boldsymbol{f}(t) + \Delta\boldsymbol{v}(t)\times\boldsymbol{\omega}(t)]\end{aligned} \tag{7.127}$$

将式(7.127)代入式(7.121),并考虑式(7.123)和式(7.124)所列关系:当$t=t_k$时,$\Delta\boldsymbol{v}(t_k)=\Delta\boldsymbol{v}_k$,$\Delta\boldsymbol{\theta}(t_k)=\Delta\boldsymbol{\theta}_k$,即为$[t_{k-1},t_k]$时间段内输出的速度增量和角增量;当$t=t_{k-1}$时,$\Delta\boldsymbol{v}(t_{k-1})=0$,$\Delta\boldsymbol{\theta}(t_{k-1})=0$,所以有

$$\Delta\boldsymbol{v}_{\mathrm{sf}\,k} = \Delta\boldsymbol{v}_k + \frac{1}{2}\Delta\boldsymbol{\theta}_k\times\Delta\boldsymbol{v}_k + \frac{1}{2}\int_{t_{k-1}}^{t_k}[\Delta\boldsymbol{\theta}(t)\times\boldsymbol{f}(t) + \Delta\boldsymbol{v}(t)\times\boldsymbol{\omega}(t)]\mathrm{d}t \tag{7.128}$$

其中,式(7.128)右端第二项

$$\Delta\boldsymbol{v}_{\mathrm{rot}\,k} = \frac{1}{2}\Delta\boldsymbol{\theta}_k\times\Delta\boldsymbol{v}_k \tag{7.129}$$

因为它是由载体的线运动方向在空间旋转引起的,故称为速度的旋转效应补偿项。

式(7.128)右端第三项

$$\Delta\boldsymbol{v}_{\mathrm{scul}\,k} = \frac{1}{2}\int_{t_{k-1}}^{t_k}[\Delta\boldsymbol{\theta}(t)\times\boldsymbol{f}(t) + \Delta\boldsymbol{v}(t)\times\boldsymbol{\omega}(t)]\mathrm{d}t \tag{7.130}$$

称为速度的划桨效应补偿项,下面给出其具体解释。

以飞机导航系统为例。假设飞机存在同频且同相的角振动和线振动,沿机体各轴的角振动和线振动分别为

$$\Delta\boldsymbol{\theta}(t) = \begin{bmatrix} A_\theta\cos\omega_0 t \\ 0 \\ 0 \end{bmatrix}, \qquad \boldsymbol{P}(t) = \begin{bmatrix} 0 \\ A_P\cos\omega_0 t \\ 0 \end{bmatrix}$$

式中，ω_0 为角振动频率。则

$$\boldsymbol{\omega}(t)=\begin{bmatrix}-A_\theta\omega_0\sin\omega_0 t\\0\\0\end{bmatrix},\quad \Delta\boldsymbol{v}(t)=\begin{bmatrix}0\\-A_P\omega_0\sin\omega_0 t\\0\end{bmatrix},\quad \boldsymbol{f}(t)=\begin{bmatrix}0\\-A_P\omega_0^2\cos\omega_0 t\\0\end{bmatrix}$$

根据式(7.130)，有

$$\begin{aligned}\Delta\boldsymbol{v}_{\mathrm{scul}\,k}(t_k)&=\frac{1}{2}\int_{t_{k-1}}^{t_k}\left(\begin{bmatrix}0&0&0\\0&0&-A_\theta\cos\omega_0 t\\0&A_\theta\cos\omega_0 t&0\end{bmatrix}\begin{bmatrix}0\\-A_P\omega_0^2\cos\omega_0 t\\0\end{bmatrix}\right.\\&\quad\left.+\begin{bmatrix}0&0&-A_P\omega_0\sin\omega_0 t\\0&0&0\\A_P\omega_0\sin\omega_0 t&0&0\end{bmatrix}\begin{bmatrix}-A_\theta\omega_0\sin\omega_0 t\\0\\0\end{bmatrix}\right)\mathrm{d}t\\&=\frac{1}{2}\int_{t_{k-1}}^{t_k}\begin{bmatrix}0\\0\\-A_\theta A_P\omega_0^2\end{bmatrix}\mathrm{d}t\\&=\begin{bmatrix}0\\0\\-\frac{1}{2}A_\theta A_P\omega_0^2 T\end{bmatrix}\end{aligned}$$

上式表明，当飞机沿纵轴做线振动的同时又沿横轴做同频同相的角振动时，在飞机的竖直轴方向存在速度整流量$-\frac{1}{2}A_\theta A_P\omega_0^2 T$。飞机的上述线振动和角振动形式与划艇运动类似：一方面桨绕艇的侧向轴做周期摇动，另一方面艇沿纵轴做间歇性前进，所以将式(7.130)称为划桨补偿项。此处补偿的含义是：按照式(7.117)做速度更新时，由加速度引起的速度增量必须同时考虑由式(7.129)确定的旋转效应补偿项和由式(7.130)确定的划桨效应补偿项，即

$$\Delta\boldsymbol{v}_{\mathrm{sf}\,k}=\Delta\boldsymbol{v}_k+\Delta\boldsymbol{v}_{\mathrm{rot}\,k}+\Delta\boldsymbol{v}_{\mathrm{scul}\,k}\tag{7.131}$$

否则速度计算将存在误差。

2. 划桨效应补偿算法

由于陀螺仪和加速度计输出的是角增量信号和速度增量信号，所以无法直接按照式(7.130)计算划桨效应补偿项。载体的角速度和加速度的变化十分复杂，因为载体的运动状态往往带有任意性和随机性，所以不可能用某一确定的函数精确地进行描述，但可以用简单曲线分段拟合来近似描述。拟合曲线是可以用陀螺仪和加速度计测量的角增量和速度增量来表示的，一旦拟合曲线确定，式(7.130)便可以作解析求解。为便于说明，此处用直线拟合载体的角速度和比力，从而推导出用角增量和速度增量表示的划桨效应补偿项求解公式。

在$[t_{k-1},t_k]$时间段内，对载体的角速度和比力采用线性函数进行拟合，有

$$\boldsymbol{\omega}(t)=\boldsymbol{a}+2\boldsymbol{b}(t-t_{k-1})$$
$$\boldsymbol{f}(t)=\boldsymbol{A}+2\boldsymbol{B}(t-t_{k-1})$$

则对于 $t_{k-1}\leqslant t\leqslant t_k$，有

$$\Delta\boldsymbol{\theta}(t)=\int_{t_{k-1}}^{t}\boldsymbol{\omega}(\tau)\mathrm{d}\tau=\boldsymbol{a}(t-t_{k-1})+\boldsymbol{b}(t-t_{k-1})^2 \tag{7.132}$$

$$\Delta\boldsymbol{v}(t)=\int_{t_{k-1}}^{t}\boldsymbol{f}(\tau)\mathrm{d}\tau=\boldsymbol{A}(t-t_{k-1})+\boldsymbol{B}(t-t_{k-1})^2 \tag{7.133}$$

假设在速度更新周期 $T=t_k-t_{k-1}$ 内，对角增量和速度增量采样两次，令 $\Delta T=\dfrac{T}{2}$，由于

$$\Delta\boldsymbol{\theta}(t_{k-1}+\Delta T)=\Delta T\boldsymbol{a}+\Delta T^2\boldsymbol{b}$$

$$\Delta\boldsymbol{\theta}(t_{k-1}+2\Delta T)=2\Delta T\boldsymbol{a}+4\Delta T^2\boldsymbol{b}$$

所以，在 $[t_{k-1},t_{k-1}+\Delta T]$ 内角增量的采样值为

$$\Delta\boldsymbol{\theta}_k(1)=\Delta\boldsymbol{\theta}(t_{k-1}+\Delta T)=\Delta T\boldsymbol{a}+\Delta T^2\boldsymbol{b} \tag{7.134}$$

在 $[t_{k-1}+\Delta T,t_k)$ 内角增量的采样值为

$$\Delta\boldsymbol{\theta}_k(2)=\Delta\boldsymbol{\theta}(t_{k-1}+2\Delta T)-\Delta\boldsymbol{\theta}(t_{k-1}+\Delta T)=\Delta T\boldsymbol{a}+3\Delta T^2\boldsymbol{b} \tag{7.135}$$

同理，速度增量的采样值为

$$\Delta\boldsymbol{v}_k(1)=\Delta T\boldsymbol{A}+\Delta T^2\boldsymbol{B} \tag{7.136}$$

$$\Delta\boldsymbol{v}_k(2)=\Delta T\boldsymbol{A}+3\Delta T^2\boldsymbol{B} \tag{7.137}$$

分别联立式(7.134)和式(7.135)、式(7.136)和式(7.137)，得

$$\boldsymbol{a}=\frac{1}{2\Delta T}[3\Delta\boldsymbol{\theta}_k(1)-\Delta\boldsymbol{\theta}_k(2)] \tag{7.138a}$$

$$\boldsymbol{b}=\frac{1}{2\Delta T^2}[\Delta\boldsymbol{\theta}_k(2)-\Delta\boldsymbol{\theta}_k(1)] \tag{7.138b}$$

$$\boldsymbol{A}=\frac{1}{2\Delta T}[3\Delta\boldsymbol{v}_k(1)-\Delta\boldsymbol{v}_k(2)] \tag{7.138c}$$

$$\boldsymbol{B}=\frac{1}{2\Delta T^2}[\Delta\boldsymbol{v}_k(2)-\Delta\boldsymbol{v}_k(1)] \tag{7.138d}$$

所以

$$\begin{aligned}&\Delta\boldsymbol{\theta}(t)\times\boldsymbol{f}(t)+\Delta\boldsymbol{v}(t)\times\boldsymbol{\omega}(t)\\&=[\boldsymbol{a}(t-t_{k-1})+\boldsymbol{b}(t-t_{k-1})^2]\times[\boldsymbol{A}+2\boldsymbol{B}(t-t_{k-1})]\\&\quad+[\boldsymbol{A}(t-t_{k-1})+\boldsymbol{B}(t-t_{k-1})^2]\times[\boldsymbol{a}+2\boldsymbol{b}(t-t_{k-1})]\\&=(t-t_{k-1})^2[\boldsymbol{a}\times\boldsymbol{B}+\boldsymbol{A}\times\boldsymbol{b}]\end{aligned}$$

$$\Delta\boldsymbol{v}_{\mathrm{scul}\,k}=\frac{1}{2}[\boldsymbol{a}\times\boldsymbol{B}+\boldsymbol{A}\times\boldsymbol{b}]\int_{t_{k-1}}^{t_k}(t-t_{k-1})^2\mathrm{d}t=\frac{T^3}{6}[\boldsymbol{a}\times\boldsymbol{B}+\boldsymbol{A}\times\boldsymbol{b}]$$

将式(7.138)代入上式，并考虑到 $T=2\Delta T$，得

$$\begin{aligned}\Delta\boldsymbol{v}_{\mathrm{scul}\,k}&=\frac{8\Delta T^3}{6}\left\{\frac{1}{2\Delta T}[3\Delta\boldsymbol{\theta}_k(1)-\Delta\boldsymbol{\theta}_k(2)]\times\frac{1}{2\Delta T^2}[\Delta\boldsymbol{v}_k(2)-\Delta\boldsymbol{v}_k(1)]\right.\\&\quad\left.+\frac{1}{2\Delta T}[3\Delta\boldsymbol{v}_k(1)-\Delta\boldsymbol{v}_k(2)]\times\frac{1}{2\Delta T^2}[\Delta\boldsymbol{\theta}_k(2)-\Delta\boldsymbol{\theta}_k(1)]\right\}\\&=\frac{2}{3}[\Delta\boldsymbol{v}_k(1)\times\Delta\boldsymbol{\theta}_k(2)-\Delta\boldsymbol{v}_k(2)\times\Delta\boldsymbol{\theta}_k(1)]\end{aligned} \tag{7.139}$$

式(7.139)称为划桨效应补偿项的双子样算法。双子样算法是在对角速度和比力做直线拟合的条件下得出的，如果拟合时分别采用抛物线和三次抛物线，则可分别得到划桨效应补偿项的

三子样和四子样算法，其推导思路与双子样算法的推导思路完全相同，此处只给出相应算法，不做具体推导。

划桨效应补偿项的三子样算法

$$\Delta \boldsymbol{v}_{\mathrm{scul}\,k}=k_1[\Delta\boldsymbol{\theta}_k(1)\times\Delta\boldsymbol{v}_k(3)+\Delta\boldsymbol{v}_k(1)\times\Delta\boldsymbol{\theta}_k(3)]+k_2[\Delta\boldsymbol{\theta}_k(1)\times\Delta\boldsymbol{v}_k(2)+\Delta\boldsymbol{\theta}_k(2)\times\Delta\boldsymbol{v}_k(3)+\Delta\boldsymbol{v}_k(1)\times\Delta\boldsymbol{\theta}_k(2)+\Delta\boldsymbol{v}_k(2)\times\Delta\boldsymbol{\theta}_k(3)] \tag{7.140}$$

式中，$k_1=\dfrac{33}{80}$，$k_2=\dfrac{57}{80}$；$\Delta\boldsymbol{\theta}_k(1)$、$\Delta\boldsymbol{\theta}_k(2)$和$\Delta\boldsymbol{\theta}_k(3)$分别是$[t_{k-1},t_k]$时间段内角增量的三个等间隔采样值；$\Delta\boldsymbol{v}_k(1)$、$\Delta\boldsymbol{v}_k(2)$和$\Delta\boldsymbol{v}_k(3)$分别是$[t_{k-1},t_k]$时间段内速度增量的三个等间隔采样值。

划桨效应补偿项的四子样算法

$$\begin{aligned}\Delta \boldsymbol{v}_{\mathrm{scul}\,k}=&k_1[\Delta\boldsymbol{\theta}_k(1)\times\Delta\boldsymbol{v}_k(2)+\Delta\boldsymbol{\theta}_k(3)\times\Delta\boldsymbol{v}_k(4)+\Delta\boldsymbol{v}_k(1)\times\Delta\boldsymbol{\theta}_k(2)+\Delta\boldsymbol{v}_k(3)\times\Delta\boldsymbol{\theta}_k(4)]\\&+k_2[\Delta\boldsymbol{\theta}_k(1)\times\Delta\boldsymbol{v}_k(3)+\Delta\boldsymbol{\theta}_k(2)\times\Delta\boldsymbol{v}_k(4)+\Delta\boldsymbol{v}_k(1)\times\Delta\boldsymbol{\theta}_k(3)+\Delta\boldsymbol{v}_k(2)\times\Delta\boldsymbol{\theta}_k(4)]\\&+k_3[\Delta\boldsymbol{\theta}_k(1)\times\Delta\boldsymbol{v}_k(4)+\Delta\boldsymbol{v}_k(1)\times\Delta\boldsymbol{\theta}_k(4)]+k_4[\Delta\boldsymbol{\theta}_k(2)\times\Delta\boldsymbol{v}_k(3)\\&+\Delta\boldsymbol{v}_k(2)\times\Delta\boldsymbol{\theta}_k(3)]\end{aligned} \tag{7.141}$$

式中，$k_1=\dfrac{763}{945}$，$k_2=\dfrac{334}{945}$，$k_3=\dfrac{526}{945}$，$k_4=\dfrac{654}{945}$，其余各增量的说明同上。

从上述诸式可归纳出划桨效应补偿项一般算法的计算公式为

$$\Delta \boldsymbol{v}_{\mathrm{scul}\,k}=\sum_{i=1}^{N-1}\sum_{j=i+1}^{N}k_{ij}[\Delta\boldsymbol{\theta}_k(i)\times\Delta\boldsymbol{v}_k(j)+\Delta\boldsymbol{v}_k(i)\times\Delta\boldsymbol{\theta}_k(j)] \tag{7.142}$$

式中，N为角增量和角速度增量的子样数。

上述划桨效应补偿算法均是对角速度和比力在理想曲线假设条件下获得的系数，考虑到实际运动的复杂性，这些系数并不能保证算法误差达到最小，同圆锥运动优化算法思路类似，以划桨运动为环境条件，可以推导出划桨效应补偿项的优化算法，此处不再详细介绍。

7.3.2 位置计算

惯性器件以增量形式输出测量信息，在这种情况下，速度和姿态只在各自的更新时间点上才有输出，所以位置解也只能根据离散时间点上的速度、角增量和速度增量求取。载体的运动是复杂的空间角运动和线运动的复合，在采用增量形式求解差分方程确定位置解时，必须对角运动和线运动的耦合作补偿。下面介绍惯性器件的输出为角增量和速度增量情况下的位置解算算法、旋转效应及涡卷效应分析，以及相应的补偿算法。

1. 位置矩阵的确定

对于工作在非极区的捷联式惯性导航系统，导航坐标系选为地理坐标系，相应的位置速率为

$$\boldsymbol{\omega}_{en}^{n}=\begin{bmatrix}-\dfrac{v_N}{R_M+h}\\ \dfrac{v_E}{R_N+h}\\ \dfrac{v_E}{R_N+h}\tan\varphi\end{bmatrix}=\begin{bmatrix}0&-\dfrac{1}{R_M+h}&0\\ \dfrac{1}{R_N+h}&0&0\\ \dfrac{\tan\varphi}{R_N+h}&0&0\end{bmatrix}\begin{bmatrix}v_E\\ v_N\\ v_\xi\end{bmatrix}=\boldsymbol{F}(t)\boldsymbol{v}^n(t) \tag{7.143}$$

式中

$$\boldsymbol{F}(t)=\begin{bmatrix} 0 & -\dfrac{1}{R_M+h} & 0 \\ \dfrac{1}{R_N+h} & 0 & 0 \\ \dfrac{\tan\varphi}{R_N+h} & 0 & 0 \end{bmatrix} \tag{7.144}$$

v_E、v_N、v_ξ 分别为载体沿东、北、天方向的速度；R_M、R_N 分别为载体所在点子午圈和卯酉圈的曲率半径；φ 为载体所在点的纬度；h 为载体所在点的高度。

设位置更新周期为 $T_l=t_l-t_{l-1}$，$n(l)$、$n(l-1)$分别为 t_l 时刻和 t_{l-1} 时刻的导航坐标系。由于位置速率 $\boldsymbol{\omega}_{en}^n$ 十分微小，而且 T_l 很小，故在$[t_{l-1},t_l]$时间段内载体的速度可以近似看成是不变的，所以 $n(l-1)$坐标系至 $n(l)$坐标系的旋转矢量可以写成

$$\boldsymbol{\zeta}_l=\int_{t_{l-1}}^{t_l}\boldsymbol{\omega}_{en}^n(t)\,\mathrm{d}t\approx\hat{\boldsymbol{F}}_{(l-1,l)/2}\Delta\boldsymbol{R}_l^n \tag{7.145}$$

其中在计算 $\hat{\boldsymbol{F}}_{(l-1,l)/2}$ 时，所用纬度为 $t=\dfrac{1}{2}(t_{l-1}+t_l)$时间点上纬度的线性外推值，即

$$\hat{\varphi}_{(l-1,l)/2}=\hat{\varphi}_{l-1}+\frac{1}{2}(\hat{\varphi}_{l-1}-\hat{\varphi}_{l-2})=\frac{3}{2}\hat{\varphi}_{l-1}-\frac{1}{2}\hat{\varphi}_{l-2}$$

同时

$$\Delta\boldsymbol{R}_l^n=\int_{t_{l-1}}^{t_l}\boldsymbol{v}^n(t)\,\mathrm{d}t$$

设 $T_l=KT_k$，即经过 K 次速度更新后做一次位置更新，则有

$$\Delta\boldsymbol{R}_l^n=\sum_{k=1}^{K}\Delta\boldsymbol{R}_k^n \tag{7.146}$$

式中

$$\Delta\boldsymbol{R}_k^n=\int_{t_{l-1}+(k-1)T_k}^{t_{l-1}+kT_k}\boldsymbol{v}^n(t)\,\mathrm{d}t$$

记 $t_{k-1}=t_{l-1}+(k-1)T_k$，$t_k=t_{l-1}+kT_k$，则

$$\Delta\boldsymbol{R}_k^n=\int_{t_{k-1}}^{t_k}\boldsymbol{v}^n(t)\,\mathrm{d}t$$

若已求得 $\boldsymbol{\zeta}_l$，则

$$\boldsymbol{C}_{n(l)}^{n(l-1)}=\boldsymbol{I}+\frac{\sin\zeta_l}{\zeta_l}[\boldsymbol{\zeta}_l\times]+\frac{1-\cos\zeta_l}{\zeta_l^2}[\boldsymbol{\zeta}_l\times]^2 \tag{7.147}$$

由于 $\zeta_l=|\boldsymbol{\zeta}_l|$很小，所以式(7.147)可以取其一阶近似

$$\boldsymbol{C}_{n(l)}^{n(l-1)}=\boldsymbol{I}+[\boldsymbol{\zeta}_l\times] \tag{7.148a}$$

亦即

$$\boldsymbol{C}_{n(l-1)}^{n(l)}=\boldsymbol{I}-[\boldsymbol{\zeta}_l\times] \tag{7.148b}$$

上述诸式中，$[\boldsymbol{\zeta}_l\times]$是由 $\boldsymbol{\zeta}_l$ 的分量构成的反对称矩阵，即

$$[\boldsymbol{\zeta}_l\times]=\begin{bmatrix} 0 & -\zeta_{lz} & \zeta_{ly} \\ \zeta_{lz} & 0 & -\zeta_{lx} \\ -\zeta_{ly} & \zeta_{lx} & 0 \end{bmatrix}$$

在 t_l 时刻位置矩阵可按下式确定：

$$\boldsymbol{C}_e^{n(l)}=\boldsymbol{C}_{n(l-1)}^{n(l)}\boldsymbol{C}_e^{n(l-1)} \tag{7.149}$$

式中，$\boldsymbol{C}_e^{n(l-1)}$ 为上一位置更新时间点上确定的位置矩阵。

根据式(1.63)，经、纬度与位置矩阵存在如下关系：

$$\boldsymbol{C}_e^n=\begin{bmatrix} -\sin\lambda & \cos\lambda & 0 \\ -\sin\varphi\cos\lambda & -\sin\varphi\sin\lambda & \cos\varphi \\ \cos\varphi\cos\lambda & \cos\varphi\sin\lambda & \sin\varphi \end{bmatrix}$$

所以，如果已经求得位置矩阵 $\boldsymbol{C}_e^n$，可根据式(1.64)求解 φ，λ，高度按下式求取：

$$h_l=h_{l-1}+\Delta R_{lz}^n \tag{7.150}$$

式中，ΔR_{lz}^n 是 $\Delta\boldsymbol{R}_l^n$ 沿导航坐标系 z 轴的分量。

上述分析说明，只要确定出 $\Delta\boldsymbol{R}_k^n(k=1,2,\cdots,K)$，就可以确定出载体在 t_l 时刻的高度和位置矩阵，从位置矩阵可以确定出经度和纬度。

2. 位置解算中的旋转效应和涡卷效应分析

$\Delta\boldsymbol{R}_k^n$ 可采用梯形积分近似确定

$$\Delta\boldsymbol{R}_k^n=\frac{T_k}{2}(\boldsymbol{v}_k^n+\boldsymbol{v}_{k-1}^n) \tag{7.151}$$

式中，$\boldsymbol{v}_k^n$、$\boldsymbol{v}_{k-1}^n$ 分别是 t_k、t_{k-1} 时刻载体的速度，由速度更新算法确定。但是梯形积分引起的误差较大，只能用在精度要求不高的场合，在精度要求较高的使用场合需要采用高分辨率算法。

由于 $[t_{k-1},t_k]$ 时间段很短，重力加速度和有害加速度补偿项在该时间段内变化十分缓慢，可近似看成常值，所以其积分值可近似看成时间的线性函数，根据式(7.120)，有

$$\boldsymbol{v}^n(t)=\boldsymbol{v}_{k-1}^n+\Delta\boldsymbol{v}_{\mathrm{sf}}^n(t)+(\Delta\boldsymbol{v}_{g\,k}^n+\Delta\boldsymbol{v}_{\mathrm{cor}\,k}^n)\frac{t-t_{k-1}}{T_k},\quad t_{k-1}\leqslant t\leqslant t_k \tag{7.152}$$

式中

$$\Delta\boldsymbol{v}_{\mathrm{sf}}^n(t)=\int_{t_{k-1}}^{t}\boldsymbol{C}_{b(\tau)}^{n(l-1)}\boldsymbol{f}^b(\tau)\mathrm{d}\tau \tag{7.153}$$

对式(7.152)两边在 $[t_{k-1},t_k]$ 时间段内积分，得

$$\Delta\boldsymbol{R}_k^n=\left[\boldsymbol{v}_{k-1}^n+\frac{1}{2}(\Delta\boldsymbol{v}_{g\,k}^n+\Delta\boldsymbol{v}_{\mathrm{cor}\,k}^n)\right]T_k+\Delta\boldsymbol{R}_{\mathrm{sf}\,k}^n \tag{7.154}$$

式中

$$\Delta\boldsymbol{R}_{\mathrm{sf}\,k}^n=\int_{t_{k-1}}^{t_k}\Delta\boldsymbol{v}_{\mathrm{sf}}^n(t)\mathrm{d}t \tag{7.155}$$

$$\begin{aligned}\Delta\boldsymbol{v}_{\mathrm{sf}}^n(t)&=\boldsymbol{C}_{n(l-1)}^{n(t)}\Delta\boldsymbol{v}_{\mathrm{sf}}^{n(l-1)}(t)\\&=\boldsymbol{C}_{n(k-1)}^{n(t)}\boldsymbol{C}_{n(l-1)}^{n(k-1)}\Delta\boldsymbol{v}_{\mathrm{sf}}^{n(l-1)}(t)\\&=(\boldsymbol{C}_{n(k-1)}^{n(t)}-\boldsymbol{I})\boldsymbol{C}_{n(l-1)}^{n(k-1)}\Delta\boldsymbol{v}_{\mathrm{sf}}^{n(l-1)}(t)+\boldsymbol{C}_{n(l-1)}^{n(k-1)}\Delta\boldsymbol{v}_{\mathrm{sf}}^{n(l-1)}(t)\end{aligned} \tag{7.156}$$

设在 $[t_{k-1},t_k]$ 时间段内导航坐标系的旋转矢量为 $\boldsymbol{\zeta}_k$，加速度计的速度增量为 $\Delta\boldsymbol{v}_k^b$，t_k 时刻的姿态矩阵为 $\boldsymbol{C}_{b(k)}^{n(l-1)}$，则

$$\Delta\boldsymbol{v}_{\mathrm{sf}\,k}^{n(l-1)}=\boldsymbol{C}_{b(k)}^{n(l-1)}\Delta\boldsymbol{v}_k^b(t)$$

而速度更新周期 $T_k=t_k-t_{k-1}$ 很短，在该时间段内导航坐标系的旋转可以近似看成是匀速的，加速度也可近似看成不变，所以对 $t_{k-1}\leqslant t\leqslant t_k$，有

$$\boldsymbol{\zeta}(t)=\frac{t-t_{k-1}}{T_k}\boldsymbol{\zeta}_k \tag{7.157}$$

$$\Delta\boldsymbol{v}_{\mathrm{sf}}^{n(l-1)}(t)=\frac{t-t_{k-1}}{T_k}\Delta\boldsymbol{v}_{\mathrm{sf}k}^{n(l-1)} \tag{7.158}$$

由式(7.157)，有

$$\boldsymbol{C}_{n(k-1)}^{n(t)}-\boldsymbol{I}=\begin{bmatrix}0 & \zeta_{kz} & -\zeta_{ky}\\ -\zeta_{kz} & 0 & \zeta_{kx}\\ \zeta_{ky} & -\zeta_{kx} & 0\end{bmatrix}\frac{t-t_{k-1}}{T_k}=\frac{t-t_{k-1}}{T_k}[\boldsymbol{C}_{n(k-1)}^{n(k)}-\boldsymbol{I}] \tag{7.159}$$

将式(7.157)～式(7.159)代入式(7.156)，有

$$\begin{aligned}\Delta\boldsymbol{v}_{\mathrm{sf}}^{n}(t)&=[\boldsymbol{C}_{n(k-1)}^{n(k)}-\boldsymbol{I}]\boldsymbol{C}_{n(l-1)}^{n(k-1)}\Delta\boldsymbol{v}_{\mathrm{sf}\,k}^{n(l-1)}\frac{(t-t_{k-1})^2}{T_k^2}+\boldsymbol{C}_{n(l-1)}^{n(k-1)}\boldsymbol{C}_{b(k-1)}^{n(l-1)}\Delta\boldsymbol{v}_{\mathrm{sf}}^{b(k-1)}(t)\\&=[\boldsymbol{C}_{n(l-1)}^{n(k)}-\boldsymbol{C}_{n(l-1)}^{n(k-1)}]\Delta\boldsymbol{v}_{\mathrm{sf}\,k}^{n(l-1)}\frac{(t-t_{k-1})^2}{T_k^2}+\boldsymbol{C}_{n(l-1)}^{n(k-1)}\boldsymbol{C}_{b(k-1)}^{n(l-1)}\Delta\boldsymbol{v}_{\mathrm{sf}}^{b(k-1)}(t)\end{aligned} \tag{7.160}$$

根据式(7.128)，有

$$\Delta\boldsymbol{v}_{\mathrm{sf}}^{b(l-1)}=\Delta\boldsymbol{v}^b(t)+\frac{1}{2}\Delta\boldsymbol{\theta}^b(t)\times\Delta\boldsymbol{v}^b(t)+\Delta\boldsymbol{v}_{\mathrm{scul}}^b(t) \tag{7.161}$$

式中，划桨误差补偿量为

$$\Delta\boldsymbol{v}_{\mathrm{scul}}^b=\frac{1}{2}\int_{t_{k-1}}^{t}[\Delta\boldsymbol{\theta}^b(\tau)\times\boldsymbol{f}^b(\tau)+\Delta\boldsymbol{v}^b(\tau)\times\boldsymbol{\omega}^b(\tau)]\mathrm{d}\tau \tag{7.162}$$

式中，$\Delta\boldsymbol{\theta}^b(\tau)$、$\Delta\boldsymbol{v}^b(\tau)$分别为$[t_{k-1},\tau]$时间段内陀螺仪的角增量输出和加速度计的速度增量输出。

根据式(7.148b)，有

$$\begin{aligned}\boldsymbol{C}_{n(l-1)}^{n(k)}-\boldsymbol{C}_{n(l-1)}^{n(k-1)}&=\boldsymbol{I}-[\boldsymbol{\zeta}_{l-1,k}\times]-\{\boldsymbol{I}-[\boldsymbol{\zeta}_{l-1,k-1}\times]\}\\&=[(\boldsymbol{\zeta}_{l-1,k-1}-\boldsymbol{\zeta}_{l-1,k})\times]\end{aligned} \tag{7.163}$$

将式(7.163)代入式(7.160)并积分，得

$$\Delta\boldsymbol{R}_{\mathrm{sf}\,k}^{n}=\frac{T_k}{3}[(\boldsymbol{\zeta}_{l-1,k-1}-\boldsymbol{\zeta}_{l-1,k})\times]\Delta\boldsymbol{v}_{\mathrm{sf}\,k}^{n(l-1)}+\boldsymbol{C}_{n(l-1)}^{n(k-1)}\boldsymbol{C}_{b(k-1)}^{n(l-1)}\Delta\boldsymbol{R}_{\mathrm{sf}\,k}^{b(k-1)}$$

式中，$\boldsymbol{\zeta}_{l-1,k-1}$、$\boldsymbol{\zeta}_{l-1,k}$ 分别为导航坐标系在$[t_{l-1},t_{k-1}]$和$[t_{l-1},t_k]$时间段内的旋转矢量，按式(7.145)，有

$$\boldsymbol{\zeta}_{l-1,k-1}\approx\hat{\boldsymbol{F}}_{(l-1,k-1)/2}\sum_{j=1}^{k-1}\Delta\boldsymbol{R}_j$$

$$\boldsymbol{\zeta}_{l-1,k}\approx\hat{\boldsymbol{F}}_{(l-1,k)/2}\sum_{j=1}^{k}\Delta\boldsymbol{R}_j$$

计算中所用的纬度为

$$\hat{\varphi}_{(l-1,k-1)/2}=\hat{\varphi}_{l-1}+\frac{t_{k-1}-t_{l-1}}{2T_l}(\hat{\varphi}_{l-1}-\hat{\varphi}_{l-2})$$

$$\hat{\varphi}_{(l-1,k)/2}=\hat{\varphi}_{l-1}+\frac{t_k-t_{l-1}}{2T_l}(\hat{\varphi}_{l-1}-\hat{\varphi}_{l-2})$$

对式(7.161)进行积分，有

$$\Delta \boldsymbol{R}_{\mathrm{sf}\,k}^{b(l-1)}=\int_{t_{k-1}}^{t_k} \Delta \boldsymbol{v}_{\mathrm{sf}}^{b(l-1)}(t)\,\mathrm{d}t =\int_{t_{k-1}}^{t_k} \left[\Delta \boldsymbol{v}^b(t)+\frac{1}{2}\Delta\boldsymbol{\theta}^b(t)\times\Delta\boldsymbol{v}^b(t)+\Delta\boldsymbol{v}_{\mathrm{scul}}^b(t)\right]\mathrm{d}t \tag{7.164}$$

记

$$\boldsymbol{\gamma}_1=\frac{1}{2}\int_{t_{k-1}}^{t_k}[\Delta\boldsymbol{\theta}^b(t)\times\Delta\boldsymbol{v}^b(t)]\,\mathrm{d}t$$

对上述积分采用分步积分法求取，并记

$$\boldsymbol{\gamma}_2=\frac{1}{2}\int_{t_{k-1}}^{t_k}[\Delta\boldsymbol{\theta}^b(t)\times\Delta\boldsymbol{v}^b(t)]\,\mathrm{d}t=\frac{1}{2}\boldsymbol{S}_{\Delta\theta k}^b\times\Delta\boldsymbol{v}_k^b-\frac{1}{2}\int_{t_{k-1}}^{t_k}[\boldsymbol{S}_{\Delta\theta}^b(t)\times\boldsymbol{f}^b(t)]\,\mathrm{d}t$$

$$\boldsymbol{\gamma}_3=\frac{1}{2}\int_{t_{k-1}}^{t_k}[\Delta\boldsymbol{\theta}^b(t)\times\Delta\boldsymbol{v}^b(t)]\,\mathrm{d}t=\frac{1}{2}\Delta\boldsymbol{\theta}_k^b\times\boldsymbol{S}_{\Delta v k}^b+\frac{1}{2}\int_{t_{k-1}}^{t_k}[\boldsymbol{S}_{\Delta v}^b(t)\times\boldsymbol{\omega}^b(t)]\,\mathrm{d}t$$

则

$$\begin{aligned}&\frac{1}{2}\int_{t_{k-1}}^{t_k}[\Delta\boldsymbol{\theta}^b(t)\times\Delta\boldsymbol{v}^b(t)]\,\mathrm{d}t\\&=\frac{1}{3}(\boldsymbol{\gamma}_1+\boldsymbol{\gamma}_2+\boldsymbol{\gamma}_3)\\&=\frac{1}{6}(\boldsymbol{S}_{\Delta\theta\,k}^b\Delta\boldsymbol{v}_k^b+\Delta\boldsymbol{\theta}_k^b\times\boldsymbol{S}_{\Delta v\,k}^b]+\frac{1}{6}\int_{t}^{t_{k-1}}[\boldsymbol{S}_{\Delta v}^b(t)\times\boldsymbol{\omega}^b(t)\\&\quad-\boldsymbol{S}_{\Delta\theta}^b(t)\times\boldsymbol{f}^b(t)+\Delta\boldsymbol{\theta}^b(t)\times\Delta\boldsymbol{v}^b(t)]\mathrm{d}t\end{aligned} \tag{7.165}$$

将式(7.165)代入式(7.164)，有

$$\Delta\boldsymbol{R}_{\mathrm{sf}\,k}^{b(l-1)}=\boldsymbol{S}_{\Delta v\,k}^b+\Delta\boldsymbol{R}_{\mathrm{rot}\,k}^b+\Delta\boldsymbol{R}_{\mathrm{scrl}\,k}^b \tag{7.166}$$

其中

$$\boldsymbol{S}_{\Delta v\,k}^b=\int_{t_{k-1}}^{t_k}\Delta\boldsymbol{v}^b(t)\,\mathrm{d}t=\int_{t_{k-1}}^{t_k}\int_{t_{k-1}}^{t}\Delta\boldsymbol{f}^b(\tau)\,\mathrm{d}\tau\,\mathrm{d}t \tag{7.167}$$

为比力的二次积分增量。

$$\Delta\boldsymbol{R}_{\mathrm{rot}\,k}^b=\frac{1}{6}(\boldsymbol{S}_{\Delta\theta k}^b\times\Delta\boldsymbol{v}_k^b+\Delta\boldsymbol{\theta}_k^b\times\boldsymbol{S}_{\Delta v\,k}^b) \tag{7.168}$$

称为位置计算中的旋转效应补偿量。

$$\Delta\boldsymbol{R}_{\mathrm{scrl}\,k}^b=\frac{1}{6}\int_{t_{k-1}}^{t_k}[\boldsymbol{S}_{\Delta v}^b(t)\times\boldsymbol{\omega}^b(t)-\boldsymbol{S}_{\Delta\theta}^b(t)\times\boldsymbol{f}^b(t)+\Delta\boldsymbol{\theta}^b(t)\times\Delta\boldsymbol{v}^b(t)+6\Delta\boldsymbol{v}_{\mathrm{scul}}^b(t)]\,\mathrm{d}t \tag{7.169}$$

称为位置计算中的涡卷效应补偿量。式(7.169)说明，影响涡卷效应的因素有划桨效应和载体角运动和线运动之间的耦合效应。

假设载体的角速度和加速度均为常值，即 $\boldsymbol{\omega}(t)=\boldsymbol{\omega}$，$\boldsymbol{f}(t)=\boldsymbol{f}$，则对于 $t_{k-1}\leqslant t\leqslant t_k$，有

$$\Delta\boldsymbol{\theta}(t)=(t-t_{k-1})\boldsymbol{\omega}$$

$$\Delta\boldsymbol{v}(t)=(t-t_{k-1})\boldsymbol{f}$$

$$\boldsymbol{S}_{\Delta\theta}(t)=\frac{1}{2}(t-t_{k-1})^2\boldsymbol{\omega}$$

$$\boldsymbol{S}_{\Delta v}(t)=\frac{1}{2}(t-t_{k-1})^2\boldsymbol{f}$$

则根据式(7.162)，有

$$\Delta \boldsymbol{v}_{\mathrm{scul}} = \frac{1}{2}\int_{t_{k-1}}^{t} (\tau - t_{k-1})(\boldsymbol{\omega} \times \boldsymbol{f} + \boldsymbol{f} \times \boldsymbol{\omega})\,\mathrm{d}\tau = \boldsymbol{0}$$

将上述诸式代入式(7.169)，有

$$\Delta \boldsymbol{R}_{\mathrm{scrl}\,k}^{b} = \frac{1}{6}\int_{t_{k-1}}^{t_k} \left[\frac{1}{2}(t - t_{k-1})^2(\boldsymbol{\omega} \times \boldsymbol{f} - \boldsymbol{f} \times \boldsymbol{\omega}) + (t - t_{k-1})^2 \boldsymbol{\omega} \times \boldsymbol{f} + \boldsymbol{0}\right] \mathrm{d}t = \boldsymbol{0}$$

上述分析说明，当载体的角速度和加速度均为常值时，涡卷效应补偿量为零。但应注意旋转效应补偿量不为零。如果载体的角速度和加速度虽然随时间而变，但始终保持共线，则涡卷效应补偿量和旋转效应补偿量均为零，读者可自行分析。

3. 旋转效应和涡卷效应补偿算法

式(7.168)和式(7.169)给出的旋转效应和涡卷效应补偿计算公式中具有积分形式，而相应量的时间函数是未知的，所以该公式只适合理论分析，在工程实际中并不适用，与速度补偿类似，应该将公式转换成只含角增量和速度增量的表达式才适合于工程，为此，可将载体在$[t_{k-1}, t_k]$时间段内的角速度和比力拟合成直线、抛物线或三次抛物线等有规律函数，这样一方面可以用角增量和速度增量来表示，另一方面可以根据拟合曲线求取相应的积分。这里略去复杂的推导过程，只给出旋转效应和涡卷效应实时补偿算法及相应参数的计算公式。

涡卷效应补偿量的双子样算法

$$\Delta \boldsymbol{R}_{\mathrm{scrl}\,k} = T_m \left\{\Delta\boldsymbol{\theta}_k(1) \times \left[\frac{11}{90}\Delta \boldsymbol{v}_k(1) + \frac{1}{10}\Delta \boldsymbol{v}_k(2)\right] + \Delta\boldsymbol{\theta}_k(2) \times \left[\frac{1}{90}\Delta \boldsymbol{v}_k(2) - \frac{7}{30}\Delta \boldsymbol{v}_k(1)\right]\right\} \tag{7.170}$$

涡卷效应补偿量的三子样算法

$$\begin{aligned}\Delta \boldsymbol{R}_{\mathrm{scrl}\,k} = T_m \Big\{&\Delta\boldsymbol{\theta}_k(1) \times \left[\frac{17}{140}\Delta \boldsymbol{v}_k(1) + \frac{16}{35}\Delta \boldsymbol{v}_k(2) - \frac{51}{560}\Delta \boldsymbol{v}_k(3)\right] \\ &+ \Delta\boldsymbol{\theta}_k(2) \times \left[-\frac{227}{560}\Delta \boldsymbol{v}_k(1) + \frac{69}{560}\Delta \boldsymbol{v}_k(2) + \frac{2}{35}\Delta \boldsymbol{v}_k(3)\right] \\ &+ \Delta\boldsymbol{\theta}_k(3) \times \left[-\frac{9}{70}\Delta \boldsymbol{v}_k(1) - \frac{73}{560}\Delta \boldsymbol{v}_k(2) - \frac{1}{280}\Delta \boldsymbol{v}_k(3)\right]\Big\}\end{aligned} \tag{7.171}$$

涡卷效应补偿量的四子样算法

$$\begin{aligned}\Delta \boldsymbol{R}_{\mathrm{scrl}\,k} = T_m \Big\{&\Delta\boldsymbol{\theta}_k(1) \times \left[\frac{797}{5670}\Delta \boldsymbol{v}_k(1) + \frac{1103}{1890}\Delta \boldsymbol{v}_k(2) + \frac{47}{630}\Delta \boldsymbol{v}_k(3) - \frac{47}{810}\Delta \boldsymbol{v}_k(4)\right] \\ &+ \Delta\boldsymbol{\theta}_k(2) \times \left[-\frac{307}{630}\Delta \boldsymbol{v}_k(1) + \frac{43}{378}\Delta \boldsymbol{v}_k(2) + \frac{629}{1890}\Delta \boldsymbol{v}_k(3) - \frac{13}{270}\Delta \boldsymbol{v}_k(4)\right] \\ &+ \Delta\boldsymbol{\theta}_k(3) \times \left[-\frac{37}{3780}\Delta \boldsymbol{v}_k(1) - \frac{79}{270}\Delta \boldsymbol{v}_k(2) + \frac{173}{1890}\Delta \boldsymbol{v}_k(3) + \frac{61}{1890}\Delta \boldsymbol{v}_k(4)\right] \\ &+ \Delta\boldsymbol{\theta}_k(4) \times \left[-\frac{1091}{5670}\Delta \boldsymbol{v}_k(1) - \frac{59}{630}\Delta \boldsymbol{v}_k(2) - \frac{187}{1890}\Delta \boldsymbol{v}_k(3) - \frac{61}{5670}\Delta \boldsymbol{v}_k(4)\right]\Big\}\end{aligned} \tag{7.172}$$

旋转效应补偿量的双子样算法

$$\Delta \boldsymbol{R}_{\text{rot}\,k}=T_m\left\{\Delta\boldsymbol{\theta}_k(1)\times\left[\frac{5}{18}\Delta\boldsymbol{v}_k(1)+\frac{1}{6}\Delta\boldsymbol{v}_k(2)\right]+\Delta\boldsymbol{\theta}_k(2)\times\left[\frac{1}{6}\Delta\boldsymbol{v}_k(1)+\frac{1}{18}\Delta\boldsymbol{v}_k(2)\right]\right\} \tag{7.173}$$

旋转效应补偿量的三子样算法

$$\begin{aligned}\Delta \boldsymbol{R}_{\text{rot}\,k}=T_m\Big\{&\Delta\boldsymbol{\theta}_k(1)\times\left[\frac{7}{24}\Delta\boldsymbol{v}_k(1)+\frac{11}{48}\Delta\boldsymbol{v}_k(2)+\frac{1}{6}\Delta\boldsymbol{v}_k(3)\right]\\&+\Delta\boldsymbol{\theta}_k(2)\times\left[\frac{11}{48}\Delta\boldsymbol{v}_k(1)+\frac{1}{6}\Delta\boldsymbol{v}_k(2)+\frac{5}{48}\Delta\boldsymbol{v}_k(3)\right]\\&+\Delta\boldsymbol{\theta}_k(3)\times\left[\frac{1}{6}\Delta\boldsymbol{v}_k(1)+\frac{5}{48}\Delta\boldsymbol{v}_k(2)+\frac{1}{24}\Delta\boldsymbol{v}_k(3)\right]\Big\}\end{aligned} \tag{7.174}$$

旋转效应补偿量的四子样算法

$$\begin{aligned}\Delta \boldsymbol{R}_{\text{rot}\,k}=T_m\Big\{&\Delta\boldsymbol{\theta}_k(1)\times\left[\frac{83}{270}\Delta\boldsymbol{v}_k(1)+\frac{67}{270}\Delta\boldsymbol{v}_k(2)+\frac{61}{270}\Delta\boldsymbol{v}_k(3)+\frac{1}{6}\Delta\boldsymbol{v}_k(4)\right]\\&+\Delta\boldsymbol{\theta}_k(2)\times\left[\frac{67}{270}\Delta\boldsymbol{v}_k(1)+\frac{17}{90}\Delta\boldsymbol{v}_k(2)+\frac{1}{6}\Delta\boldsymbol{v}_k(3)+\frac{29}{270}\Delta\boldsymbol{v}_k(4)\right]\\&+\Delta\boldsymbol{\theta}_k(3)\times\left[\frac{61}{270}\Delta\boldsymbol{v}_k(1)+\frac{1}{6}\Delta\boldsymbol{v}_k(2)+\frac{13}{90}\Delta\boldsymbol{v}_k(3)+\frac{23}{270}\Delta\boldsymbol{v}_k(4)\right]\\&+\Delta\boldsymbol{\theta}_k(4)\times\left[\frac{1}{6}\Delta\boldsymbol{v}_k(1)+\frac{29}{270}\Delta\boldsymbol{v}_k(2)+\frac{23}{270}\Delta\boldsymbol{v}_k(3)+\frac{7}{270}\Delta\boldsymbol{v}_k(4)\right]\Big\}\end{aligned} \tag{7.175}$$

涡卷效应补偿量的算法误差与载体的运动状态有关，载体机动运动越激烈，即频率越高，线运动和角运动之间的耦合越强烈，则算法误差也越大。划桨运动反映了载体线运动和角运动之间的强烈耦合，同时也体现了载体的高频运动。与圆锥误差的补偿算法类似，在划桨运动这种极端运动状态下推导出的优化算法，在其他机动运动状态下算法也是最优的。因此，可以以环境运动为条件推导出涡卷效应补偿算法中的优化系数，此处不再详述。

7.4　捷联式惯性导航系统的初始对准

捷联式惯性导航系统的初始对准就是确定初始捷联矩阵或姿态矩阵 $\boldsymbol{C}_b^n(0)$ 的过程。捷联式惯性导航系统的导航计算机对陀螺仪和加速度计的测量输出值进行处理，解算出姿态矩阵和速度误差，并从速度误差中估计出失准角，待失准角估计达到稳态后，用失准角估计值对姿态矩阵做校正，也就完成了初始对准。下面首先给出捷联式惯性导航系统的误差模型，然后对自对准和传递对准两种初始对准方式分别加以介绍。

7.4.1　捷联式惯性导航系统的误差模型

捷联式惯性导航系统与平台式惯性导航系统的主要区别在于对平台的构造方式上，前者采用数学方式，后者采用物理方式，但本质上两类系统是等价的。对于工作在非极区的捷联式惯性导航系统，为了简化计算，将导航坐标系选为地理坐标系，这样，捷联式惯性导航系统完全等效于指北方位惯性导航系统。捷联式惯性导航系统的误差模型不仅是分析捷联式惯性导航系统的依据，也是进行初始对准的基础。

1. 数学平台误差方程

根据7.1.1节对姿态矩阵微分方程的描述，采用四元数法建立数学平台的误差方程。捷联式惯性导航系统解算时，首先求解如下的姿态矩阵四元数微分方程，即

$$\dot{\boldsymbol{q}}=\frac{1}{2}\boldsymbol{q}\circ\boldsymbol{\omega}_{nb}^{b} \tag{7.176}$$

式中，$\boldsymbol{\omega}_{nb}^{b}=\boldsymbol{\omega}_{ib}^{b}-\boldsymbol{\omega}_{ie}^{b}-\boldsymbol{\omega}_{en}^{b}$。其中，$\boldsymbol{\omega}_{ib}^{b}$ 为载体坐标系下载体相对于惯性坐标系的角速度；$\boldsymbol{\omega}_{ie}^{b}$ 为地球自转角速度在载体坐标系下的表示；$\boldsymbol{\omega}_{en}^{b}$ 为载体相对于地球坐标系运动的角速度。

式(7.176)可进一步写成

$$\dot{\boldsymbol{q}}=\frac{1}{2}\boldsymbol{q}\circ(\boldsymbol{\omega}_{ib}^{b}-\boldsymbol{\omega}_{ie}^{b}-\boldsymbol{\omega}_{en}^{b}) \tag{7.177}$$

式(7.177)是理想情况下四元数微分方程，在实际计算时，$\boldsymbol{\omega}_{ib}^{b}$ 采用陀螺仪的输出 $\tilde{\boldsymbol{\omega}}_{ib}^{b}$，而 $\boldsymbol{\omega}_{ie}^{b}$、$\boldsymbol{\omega}_{en}^{b}$ 则可通过计算得到，用 $\hat{\boldsymbol{\omega}}_{ie}^{b}$、$\hat{\boldsymbol{\omega}}_{en}^{b}$ 表示，此时，计算的四元数微分方程为

$$\dot{\hat{\boldsymbol{q}}}=\frac{1}{2}\hat{\boldsymbol{q}}\circ(\tilde{\boldsymbol{\omega}}_{ib}^{b}-\hat{\boldsymbol{\omega}}_{ie}^{b}-\hat{\boldsymbol{\omega}}_{en}^{b}) \tag{7.178}$$

定义误差四元数

$$\delta\boldsymbol{q}\triangleq\boldsymbol{q}\circ\hat{\boldsymbol{q}}^{*} \tag{7.179}$$

式中，$\boldsymbol{q}^{*}$ 表示 $\boldsymbol{q}$ 的共轭四元数；$\hat{\boldsymbol{q}}$ 表示 $\boldsymbol{q}$ 的计算四元数。

对式(7.179)两边取微分，得

$$\delta\dot{\boldsymbol{q}}=\dot{\boldsymbol{q}}\circ\hat{\boldsymbol{q}}^{*}+\boldsymbol{q}\circ\dot{\hat{\boldsymbol{q}}}^{*} \tag{7.180}$$

将式(7.177)、式(7.178)代入式(7.180)，得

$$\delta\dot{\boldsymbol{q}}=\frac{1}{2}\boldsymbol{q}\circ(\boldsymbol{\omega}_{ib}^{b}-\boldsymbol{\omega}_{ie}^{b}-\boldsymbol{\omega}_{en}^{b})\circ\hat{\boldsymbol{q}}^{*}+\frac{1}{2}\boldsymbol{q}\circ(-\tilde{\boldsymbol{\omega}}_{ib}^{b}+\hat{\boldsymbol{\omega}}_{ie}^{b}+\hat{\boldsymbol{\omega}}_{en}^{b})\circ\hat{\boldsymbol{q}}^{*} \tag{7.181}$$

由式(1.95)、式(1.96)，考虑到

$$\boldsymbol{\omega}_{ie}^{b}+\boldsymbol{\omega}_{en}^{b}=\boldsymbol{q}^{*}\circ(\boldsymbol{\omega}_{ie}^{n}+\boldsymbol{\omega}_{en}^{n})\circ\boldsymbol{q}$$
$$\hat{\boldsymbol{\omega}}_{ie}^{b}+\hat{\boldsymbol{\omega}}_{en}^{b}=\hat{\boldsymbol{q}}^{*}\circ(\hat{\boldsymbol{\omega}}_{ie}^{n}+\hat{\boldsymbol{\omega}}_{en}^{n})\circ\hat{\boldsymbol{q}}$$
$$\delta\tilde{\boldsymbol{\omega}}_{ib}^{b}=\tilde{\boldsymbol{\omega}}_{ib}^{b}-\boldsymbol{\omega}_{ib}^{b}$$
$$\delta\boldsymbol{\omega}_{ib}^{b}=\boldsymbol{q}^{*}\circ\delta\boldsymbol{\omega}_{ib}^{n}\circ\boldsymbol{q}$$

将以上各式代入式(7.181)，有

$$\begin{aligned}\delta\dot{\boldsymbol{q}}&=\frac{1}{2}\boldsymbol{q}\circ(\tilde{\boldsymbol{\omega}}_{ib}^{b}-\boldsymbol{\omega}_{ib}^{b})\circ\hat{\boldsymbol{q}}^{*}-\frac{1}{2}\boldsymbol{q}\circ(\boldsymbol{\omega}_{ie}^{b}+\boldsymbol{\omega}_{en}^{b})\circ\hat{\boldsymbol{q}}^{*}+\frac{1}{2}\boldsymbol{q}\circ(\hat{\boldsymbol{\omega}}_{ie}^{b}+\hat{\boldsymbol{\omega}}_{en}^{b})\circ\hat{\boldsymbol{q}}^{*}\\&=-\frac{1}{2}\delta\boldsymbol{\omega}_{ib}^{n}\circ\boldsymbol{q}\circ\hat{\boldsymbol{q}}^{*}-\frac{1}{2}(\boldsymbol{\omega}_{ie}^{n}+\boldsymbol{\omega}_{en}^{n})\circ\boldsymbol{q}\circ\hat{\boldsymbol{q}}^{*}+\frac{1}{2}\boldsymbol{q}\circ\hat{\boldsymbol{q}}^{*}\circ(\hat{\boldsymbol{\omega}}_{ie}^{n}+\hat{\boldsymbol{\omega}}_{en}^{n})\\&=-\frac{1}{2}\delta\boldsymbol{\omega}_{ib}^{n}\circ\delta\boldsymbol{q}-\frac{1}{2}(\boldsymbol{\omega}_{ie}^{n}+\boldsymbol{\omega}_{en}^{n})\circ\delta\boldsymbol{q}+\frac{1}{2}\delta\boldsymbol{q}\circ(\hat{\boldsymbol{\omega}}_{ie}^{n}+\hat{\boldsymbol{\omega}}_{en}^{n})\end{aligned} \tag{7.182}$$

将 $\delta\boldsymbol{q}$ 写成三角形式，有

$$\delta\boldsymbol{q}=\cos\frac{|\boldsymbol{\phi}|}{2}+\frac{\boldsymbol{\phi}}{|\boldsymbol{\phi}|}\sin\frac{|\boldsymbol{\phi}|}{2}$$

式中，$\boldsymbol{\phi}$ 即为姿态误差角矢量。由于 $\boldsymbol{\phi}$ 为小角，所以 $\delta\boldsymbol{q}$ 可以写成

$$\delta \boldsymbol{q}=1+\frac{1}{2}\boldsymbol{\phi}$$

上式两边对时间 t 求导数，有

$$\delta \dot{\boldsymbol{q}}=\frac{1}{2}\dot{\boldsymbol{\phi}} \tag{7.183}$$

代入式(7.182)，得到数学平台误差角的矢量形式为

$$\dot{\boldsymbol{\phi}}=-\delta\widetilde{\boldsymbol{\omega}}_{ib}^{n}+\delta\widetilde{\boldsymbol{\omega}}_{ie}^{n}+\delta\boldsymbol{\omega}_{en}^{n}-(\boldsymbol{\omega}_{ie}^{n}+\boldsymbol{\omega}_{en}^{n})\times\boldsymbol{\phi} \tag{7.184}$$

其中

$$\delta\widetilde{\boldsymbol{\omega}}_{ib}^{n}=\boldsymbol{C}_{b}^{n}(\delta\boldsymbol{K}_{G}+\delta\boldsymbol{G})\boldsymbol{\omega}_{ib}^{b}+\boldsymbol{\varepsilon}^{n}$$

$$\delta\boldsymbol{K}_{G}=\mathrm{diag}\{\delta K_{Gx},\delta K_{Gy},\delta K_{Gz}\}$$

$$\delta\boldsymbol{G}=\begin{bmatrix}0 & -\delta G_{z} & \delta G_{y}\\ \delta G_{z} & 0 & -\delta G_{x}\\ -\delta G_{y} & \delta G_{x} & 0\end{bmatrix}$$

δK_{Gi}、$\delta G_{i}(i=x,y,z)$分别为陀螺仪的刻度系数误差和安装误差角。式(7.184)可写成

$$\dot{\boldsymbol{\phi}}=\boldsymbol{\phi}\times\boldsymbol{\omega}_{in}^{n}+\delta\boldsymbol{\omega}_{in}^{n}-\boldsymbol{C}_{b}^{n}(\delta\boldsymbol{K}_{G}+\delta\boldsymbol{G})\boldsymbol{\omega}_{ib}^{b}-\boldsymbol{\varepsilon}^{n} \tag{7.185}$$

式(7.185)即为捷联式惯性导航系统的数学平台误差方程的矢量形式。

当取地理坐标系为导航坐标系时，式(7.185)可以写成

$$\begin{bmatrix}\dot{\phi}_{E}\\ \dot{\phi}_{N}\\ \dot{\phi}_{\xi}\end{bmatrix}=\begin{bmatrix}0 & -\phi_{\xi} & \phi_{N}\\ \phi_{\xi} & 0 & -\phi_{E}\\ -\phi_{N} & \phi_{E} & 0\end{bmatrix}\begin{bmatrix}-\dfrac{v_{N}}{R_{M}+h}\\ \omega_{ie}\cos\varphi+\dfrac{v_{E}}{R_{N}+h}\\ \omega_{ie}\sin\varphi+\dfrac{v_{E}}{R_{N}+h}\tan\varphi\end{bmatrix}$$
$$+\begin{bmatrix}-\dfrac{\delta v_{N}}{R_{M}+h}+\delta h\dfrac{v_{N}}{(R_{M}+h)^{2}}\\ -\delta\varphi\omega_{ie}\sin\varphi+\dfrac{\delta v_{E}}{R_{N}+h}-\delta h\dfrac{v_{E}}{(R_{N}+h)^{2}}\\ \delta\varphi\omega_{ie}\cos\varphi+\dfrac{\delta v_{E}}{R_{N}+h}\tan\varphi+\delta\varphi\dfrac{v_{E}}{R_{N}+h}\sec^{2}\varphi-\delta h\dfrac{v_{E}\tan\varphi}{(R_{N}+h)^{2}}\end{bmatrix}$$
$$-\boldsymbol{C}_{b}^{n}\begin{bmatrix}\delta K_{Gx} & -\delta G_{z} & \delta G_{y}\\ \delta G_{z} & \delta K_{Gy} & -\delta G_{x}\\ -\delta G_{y} & \delta G_{x} & \delta K_{Gz}\end{bmatrix}\begin{bmatrix}\omega_{ibx}^{b}\\ \omega_{iby}^{b}\\ \omega_{ibz}^{b}\end{bmatrix}+\begin{bmatrix}\varepsilon_{E}\\ \varepsilon_{N}\\ \varepsilon_{\xi}\end{bmatrix}$$

2. 速度误差和位置误差方程

根据式(7.30)的比力方程，当不考虑任何误差时，速度理想值为：

$$\dot{\boldsymbol{v}}^{n}=\boldsymbol{C}_{b}^{n}\boldsymbol{f}^{b}-(2\boldsymbol{\omega}_{ie}^{n}+\boldsymbol{\omega}_{en}^{n})\times\boldsymbol{v}^{n}-\boldsymbol{g}^{n} \tag{7.186}$$

而实际系统中总是存在各种误差，所以实际的速度计算值应由下述方程确定：

$$\dot{\boldsymbol{v}}^{c}=\hat{\boldsymbol{C}}_{b}^{n}\widetilde{\boldsymbol{f}}^{b}-(2\boldsymbol{\omega}_{ie}^{c}+\boldsymbol{\omega}_{en}^{c})\times\boldsymbol{v}^{c}-\boldsymbol{g}^{c} \tag{7.187}$$

式中

$$
\begin{gathered}
\boldsymbol{v}^c=\boldsymbol{v}^n+\delta\boldsymbol{v}^n \\
\boldsymbol{\omega}_{ie}^c=\boldsymbol{\omega}_{ie}^n+\delta\boldsymbol{\omega}_{ie}^n \\
\boldsymbol{\omega}_{en}^c=\boldsymbol{\omega}_{en}^n+\delta\boldsymbol{\omega}_{en}^n \\
\boldsymbol{g}^c=\boldsymbol{g}^n+\delta\boldsymbol{g} \\
\hat{\boldsymbol{C}}_b^n=\boldsymbol{C}_n^{n'}\boldsymbol{C}_b^n=(\boldsymbol{I}-[\boldsymbol{\phi}^n\times])\boldsymbol{C}_b^n \\
\tilde{\boldsymbol{f}}^b=(\boldsymbol{I}+\delta\boldsymbol{K}_A)(\boldsymbol{I}+\delta\boldsymbol{A})\boldsymbol{f}^b+\boldsymbol{\nabla}^b \\
\delta\boldsymbol{K}_A=\mathrm{diag}\{\delta K_{Ax},\delta K_{Ay},\delta K_{Az}\} \\
\delta\boldsymbol{A}=\begin{bmatrix} 0 & -\delta A_z & \delta A_y \\ \delta A_z & 0 & -\delta A_x \\ -\delta A_y & \delta A_x & 0 \end{bmatrix}
\end{gathered}
$$

$\delta\boldsymbol{K}_A$、$\delta\boldsymbol{A}$ 分别为加速度计的刻度系数误差和安装误差角。

用式(7.187)减去式(7.186)，忽略 $\delta\boldsymbol{g}$ 的影响，并略去二阶小量，得

$$
\delta\dot{\boldsymbol{v}}^n=-\boldsymbol{\phi}^n\times\boldsymbol{f}^n+\boldsymbol{C}_b^n(\delta\boldsymbol{K}_A+\delta\boldsymbol{A})\boldsymbol{f}^b+\delta\boldsymbol{v}^n\times(2\boldsymbol{\omega}_{ie}^n+\boldsymbol{\omega}_{en}^n)+\boldsymbol{v}^n\times(2\delta\boldsymbol{\omega}_{ie}^n+\delta\boldsymbol{\omega}_{en}^n)+\boldsymbol{\nabla}^n \tag{7.188}
$$

当取地理坐标系为导航坐标系时，有

$$
\boldsymbol{\omega}_{ie}^n=\begin{bmatrix} 0 \\ \omega_{ie}\cos\varphi \\ \omega_{ie}\sin\varphi \end{bmatrix},\quad \delta\boldsymbol{\omega}_{ie}^n=\begin{bmatrix} 0 \\ -\delta\varphi\omega_{ie}\sin\varphi \\ \delta\varphi\omega_{ie}\cos\varphi \end{bmatrix},\quad \boldsymbol{f}^n=\begin{bmatrix} f_E \\ f_N \\ f_\xi \end{bmatrix},\quad \delta\boldsymbol{v}^n=\begin{bmatrix} \delta v_E \\ \delta v_N \\ \delta v_\xi \end{bmatrix}
$$

$$
\boldsymbol{\omega}_{en}^n=\begin{bmatrix} -\dfrac{v_N}{R_M+h} \\ \dfrac{v_E}{R_N+h} \\ \dfrac{v_E}{R_N+h}\tan\varphi \end{bmatrix},\quad \delta\boldsymbol{\omega}_{en}^n=\begin{bmatrix} -\dfrac{\delta v_N}{R_M+h}+\delta h\dfrac{v_N}{(R_M+h)^2} \\ \dfrac{\delta v_E}{R_N+h}-\delta h\dfrac{v_E}{(R_N+h)^2} \\ \dfrac{\delta v_E}{R_N+h}\tan\varphi+\delta\varphi\dfrac{v_E}{R_N+h}\sec^2\varphi-\delta h\dfrac{v_E\tan\varphi}{(R_N+h)^2} \end{bmatrix}
$$

将上述各式代入式(7.188)，有

$$
\begin{aligned}
\begin{bmatrix} \delta\dot{v}_E \\ \delta\dot{v}_N \\ \delta\dot{v}_\xi \end{bmatrix}=&-\begin{bmatrix} 0 & -\phi_\xi & \phi_N \\ \phi_\xi & 0 & -\phi_E \\ -\phi_N & \phi_E & 0 \end{bmatrix}\begin{bmatrix} f_E \\ f_N \\ f_\xi \end{bmatrix}+\begin{bmatrix} T_{11} & T_{12} & T_{13} \\ T_{21} & T_{22} & T_{23} \\ T_{31} & T_{32} & T_{33} \end{bmatrix}\begin{bmatrix} \delta K_{Ax} & \delta A_z & -\delta A_y \\ -\delta A_z & \delta K_{Ay} & \delta A_x \\ \delta A_y & -\delta A_x & \delta K_{Az} \end{bmatrix}\begin{bmatrix} f_x^b \\ f_y^b \\ f_z^b \end{bmatrix} \\
&+\begin{bmatrix} 0 & -v_\xi & v_N \\ v_\xi & 0 & -v_E \\ -v_N & v_E & 0 \end{bmatrix}\begin{bmatrix} -\dfrac{\delta v_N}{R_M+h}+\delta h\dfrac{v_N}{(R_M+h)^2} \\ -2\delta\varphi\omega_{ie}\sin\varphi+\dfrac{\delta v_E}{R_N+h}-\delta h\dfrac{v_E}{(R_N+h)^2} \\ 2\delta\varphi\omega_{ie}\cos\varphi+\dfrac{\delta v_E}{R_N+h}\tan\varphi+\delta\varphi\dfrac{v_E}{R_N+h}\sec^2\varphi-\delta h\dfrac{v_E\tan\varphi}{(R_N+h)^2} \end{bmatrix}
\end{aligned}
$$

$$+\begin{bmatrix} 0 & -\delta v_\xi & \delta v_N \\ \delta v_\xi & 0 & -\delta v_E \\ -\delta v_N & \delta v_E & 0 \end{bmatrix}\begin{bmatrix} -\dfrac{v_N}{R_M+h} \\ 2\omega_{ie}\cos\varphi+\dfrac{v_E}{R_N+h} \\ 2\omega_{ie}\sin\varphi+\dfrac{v_E}{R_N+h}\tan\varphi \end{bmatrix}+\begin{bmatrix} \nabla_E \\ \nabla_N \\ \nabla_\xi \end{bmatrix} \tag{7.189}$$

式中

$$\nabla_E = T_{11}\ \nabla_x^{t} + T_{12}\ \nabla_y^{t} + T_{13}\ \nabla_z^{t}$$
$$\nabla_N = T_{21}\ \nabla_x^{t} + T_{22}\ \nabla_y^{t} + T_{23}\ \nabla_z^{t}$$
$$\nabla_\xi = T_{31}\ \nabla_x^{t} + T_{32}\ \nabla_y^{t} + T_{33}\ \nabla_z^{t}$$

相应地，给出位置误差方程为

$$\delta\dot{\varphi}=\frac{\delta v_N}{R_M+h}-\delta h\ \frac{v_N}{(R_M+h)^2} \tag{7.190a}$$

$$\delta\dot{\lambda}=\frac{\delta v_E}{R_N+h}\sec\varphi+\delta\varphi\ \frac{v_E}{R_N+h}\tan\varphi\sec\varphi-\delta h\ \frac{v_E\sec\varphi}{(R_N+h)^2} \tag{7.190b}$$

$$\delta\dot{h}=\delta v_\xi \tag{7.190c}$$

7.4.2　捷联式惯性导航系统的自对准

对于捷联式惯性导航系统，惯性传感器直接固联在载体上，以数学平台代替物理平台，其初始对准就是确定初始时刻从载体坐标系到导航坐标系的初始变换矩阵（也称为姿态矩阵或捷联矩阵）$\boldsymbol{C}_b^n(0)$。自对准可分为粗对准和精对准两个阶段。在粗对准阶段，根据地球重力矢量和地球自转角速率的测量值，直接估算从载体坐标系到导航坐标系的初始变换矩阵$\boldsymbol{C}_b^{n'}(0)$；在精对准阶段，通过处理惯性仪表的输出信息及外观测信息，精确地确定数学平台和导航坐标系之间的失准角，从而建立起准确的初始变换矩阵 $\boldsymbol{C}_b^n(0)$。

1. 解析式粗对准

取导航坐标系为地理坐标系，在静基座条件下，加速度计测量的是重力矢量 $\boldsymbol{g}$ 在载体坐标系 b 中的分量，陀螺仪测量的是地球自转角速度 $\boldsymbol{\omega}_{ie}$ 在载体坐标系 b 中的分量，这两个矢量在导航坐标系 n 中的分量是已知的，且为常值。因此变换矩阵 $\boldsymbol{C}_b^n$ 可以由矢量 $\boldsymbol{g}$ 和 $\boldsymbol{\omega}_{ie}$ 在 b 系和 n 系中的测量值或计算值计算出来，有如下变换关系：

$$\boldsymbol{g}^b=\boldsymbol{C}_n^b\boldsymbol{g}^n \tag{7.191}$$

$$\boldsymbol{\omega}_{ie}^b=\boldsymbol{C}_n^b\boldsymbol{\omega}_{ie}^n \tag{7.192}$$

定义矢量

$$\boldsymbol{V}=\boldsymbol{g}\times\boldsymbol{\omega}_{ie} \tag{7.193}$$

则有

$$\boldsymbol{V}^b=\boldsymbol{C}_n^b\boldsymbol{V}^n \tag{7.194}$$

上述三个矢量的关系可以写成矩阵形式

$$\begin{bmatrix} \boldsymbol{g}^b \\ \boldsymbol{\omega}_{ie}^b \\ \boldsymbol{V}^b \end{bmatrix}=\boldsymbol{C}_n^b\begin{bmatrix} \boldsymbol{g}^n \\ \boldsymbol{\omega}_{ie}^n \\ \boldsymbol{V}^n \end{bmatrix} \tag{7.195}$$

由于

$$C_b^n=(C_n^b)^{-1}=(C_n^b)^{\mathrm{T}}$$

则

$$C_b^n=\begin{bmatrix}(g^n)^{\mathrm{T}}\\(\omega_{ie}^n)^{\mathrm{T}}\\(V^n)^{\mathrm{T}}\end{bmatrix}^{-1}\begin{bmatrix}(g^b)^{\mathrm{T}}\\(\omega_{ie}^b)^{\mathrm{T}}\\(V^b)^{\mathrm{T}}\end{bmatrix}\tag{7.196}$$

如果式(7.196)的逆矩阵存在,则方向余弦矩阵 C_b^n 就可以唯一确定了。将式(7.196)中各已知矢量的分量形式

$$(g^n)^{\mathrm{T}}=\begin{bmatrix}0\\0\\-g\end{bmatrix}^{\mathrm{T}},\quad(\omega_{ie}^n)^{\mathrm{T}}=\begin{bmatrix}0\\\omega_{ie}\cos\varphi\\\omega_{ie}\sin\varphi\end{bmatrix}^{\mathrm{T}},\quad(V^n)^{\mathrm{T}}=\begin{bmatrix}g\omega_{ie}\cos\varphi\\0\\0\end{bmatrix}^{\mathrm{T}}$$

代入,有

$$\begin{aligned}\begin{bmatrix}(g^n)^{\mathrm{T}}\\(\omega_{ie}^n)^{\mathrm{T}}\\(V^n)^{\mathrm{T}}\end{bmatrix}^{-1}&=\begin{bmatrix}0&0&-g\\0&\omega_{ie}\cos\varphi&\omega_{ie}\sin\varphi\\g\omega_{ie}\cos\varphi&0&0\end{bmatrix}^{-1}\\&=\begin{bmatrix}0&0&\dfrac{1}{g\omega_{ie}}\sec\varphi\\\dfrac{1}{g}\tan\varphi&\dfrac{1}{\omega_{ie}}\sec\varphi&0\\-\dfrac{1}{g}&0&0\end{bmatrix}\end{aligned}\tag{7.197}$$

只要纬度 φ 不等于$\pm90°$,即不在地球的极点,式(7.197)中的求逆表达式成立,可得

$$C_b^n=\begin{bmatrix}0&0&\dfrac{1}{g\omega_{ie}}\sec\varphi\\\dfrac{1}{g}\tan\varphi&\dfrac{1}{\omega_{ie}}\sec\varphi&0\\-\dfrac{1}{g}&0&0\end{bmatrix}\begin{bmatrix}(g^b)^{\mathrm{T}}\\({\omega_{ie}}^b)^{\mathrm{T}}\\(V^b)^{\mathrm{T}}\end{bmatrix}\tag{7.198}$$

由于在静基座初始对准时,当地纬度 φ、重力加速度矢量 g 和地球自转角速度矢量 ω_{ie} 是可以准确测量的,因此只要能够准确给出 φ、g^b 和 ω_{ie}^b 的测量值,由式(7.198)就可以计算出 C_b^n。然而,由于陀螺仪和加速度计都存在仪表误差,同时会敏感环境的干扰角振动或干扰加速度,这种直接计算的结果不能满足工程需要的对准精度,即 g^b 和 ω_{ie}^b 测量值的准确性制约着 C_b^n 的精度。因此,解析粗对准得到的是变换矩阵初始估计值 $C_b^{n'}$,坐标系 n' 可以认为是计算坐标系,它与导航坐标系 n 之间的关系可由三个小失准角描述,变换矩阵 $C_n^{n'}$ 为

$$C_n^{n'}=I-\phi^n=\begin{bmatrix}1&\phi_\xi&-\phi_N\\-\phi_\xi&1&\phi_E\\\phi_N&-\phi_E&1\end{bmatrix}\tag{7.199}$$

2. 精对准

精对准是以粗对准获得的变换矩阵为基础,不断用新的变换矩阵代替粗对准获得的矩阵,

使导航计算机计算出的计算坐标系不断地逼近真实的导航坐标系，并在给定的时间内，使两者之间的误差角小于给定的允许误差限。

图 7.6 为精对准原理框图。在精对准开始时，导航计算机中已存储了粗对准计算的 $\boldsymbol{C}_b^n$。从图中可见，加速度计输出的是在载体坐标系下的比力 $\boldsymbol{f}^b$，包括重力加速度、干扰加速度及加速度计本身的零位误差等，经坐标变换可以得到导航坐标系下的比力表示 $\boldsymbol{f}^n$。$\boldsymbol{f}^n$ 中含有与 ϕ_E、ϕ_N 误差角成比例的分量，并影响 ϕ_ξ。对此信息经过适当的滤波处理，求出其最优估计值并对 $\boldsymbol{C}_b^n$ 不断地进行修正。捷联式惯性导航系统的陀螺仪输出除了自身的漂移外，还将敏感地球自转角速度 $\boldsymbol{\omega}_{ie}^b$ 和干扰角速度 $\boldsymbol{\omega}_f$，而输出的是相对惯性坐标系的角速度信息 $\boldsymbol{\omega}_{ib}^b$，经过 $\boldsymbol{C}_b^n$ 变换，便可以得到导航坐标系下的角速度 $\boldsymbol{\omega}_{ib}^n$。

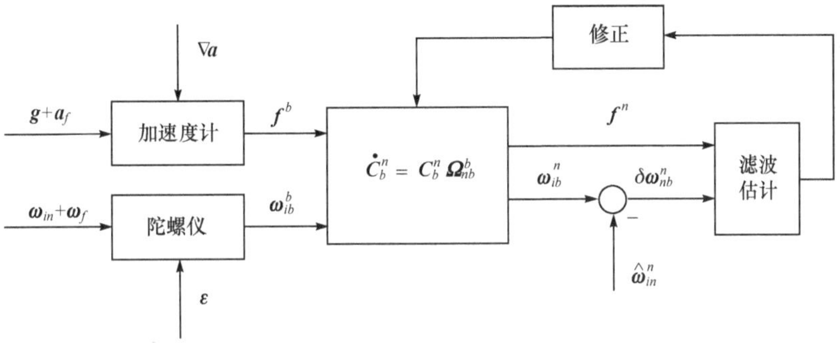

图 7.6　精对准原理框图

在静基座初始对准阶段，由于载体相对地球静止，所以导航坐标系相对惯性坐标系的角速度分量 $\boldsymbol{\omega}_{in}^n$ 和载体坐标系相对于惯性空间的角速度 $\boldsymbol{\omega}_{ib}^n$ 在理论上应该相等，如果存在误差角速度

$$\delta\boldsymbol{\omega}_{nb}^n=\boldsymbol{\omega}_{ib}^n-\boldsymbol{\omega}_{in}^n \tag{7.200}$$

则等效于由载体运动引起的导航坐标系相对惯性空间的角速度分量，是由变换矩阵 $\boldsymbol{C}_b^n$ 的不准确和陀螺仪输入信号中的随机噪声引起的。用这个误差角去修正变换矩阵 $\boldsymbol{C}_b^n$（估计 ϕ_ξ 角），以使得 $\boldsymbol{\omega}_{ib}^n$ 和 $\boldsymbol{\omega}_{in}^n$ 平衡，直到 $\delta\boldsymbol{\omega}_{nb}^n$ 趋于 0，从而确定变换矩阵 $\boldsymbol{C}_b^n$，并由此计算出稳态姿态误差角，作为导航计算的初始条件。

综上，捷联式惯性导航系统的初始精对准就是在 $\delta\boldsymbol{\omega}_{nb}^n$ 和 $\boldsymbol{f}^n$ 的驱动下，通过最优估计方法不断修正变换矩阵 $\boldsymbol{C}_b^n$ 的过程。

在捷联式惯性导航系统的初始对准过程中，突出的问题是如何消除干扰运动所引起的误差，解决这一问题的主要技术途径是通过估计技术来抑制干扰，如利用所建立的捷联惯导误差模型，将 Kalman 滤波及各种非线性滤波技术应用于捷联式惯性导航系统的精对准是比较常用的方案。

3. Kalman 滤波在初始对准中的应用

Kalman 滤波是卡尔曼(R. E. Kalman)于 1960 年提出的从与被提取信号有关的观测量中通过算法估计出所需信号的一种滤波方法（付梦印等，2024）。该方法把状态空间的概念引入随机估计理论中，把信号过程视为白噪声作用下的一个线性系统的输出，用状态方程来描述这种输入-输出关系，估计过程中利用系统状态方程、观测方程和白噪声激励（系统噪声和观测噪声)的统计特性构成滤波算法。实际上，Kalman 滤波是一套由计算机实现的实时递推算法，它所处理的对象是随机信号，利用系统噪声和观测噪声的统计特性，以系统的观测量作为滤波器的输入，以所要估计值(系统的状态或参数)作为滤波器的输出，滤波器的输入与输出由时间更新和观测更新算法联系在一起，根据系统状态方程和观测方程估计出所有需要处理的信号。Kalman 滤波实质上是一种最优估计方法。

1) Kalman 滤波方程

设随机线性离散系统的方程(不考虑控制作用)为

$$\boldsymbol{X}_k=\boldsymbol{\Phi}_{k,k-1}\boldsymbol{X}_{k-1}+\boldsymbol{\Gamma}_{k,k-1}\boldsymbol{W}_{k-1} \tag{7.201a}$$

$$\boldsymbol{Z}_k=\boldsymbol{H}_k\boldsymbol{X}_k+\boldsymbol{V}_k \tag{7.201b}$$

式中，$\boldsymbol{X}_k$ 是系统的 n 维状态向量；$\boldsymbol{Z}_k$ 是系统的 m 维观测序列；$\boldsymbol{W}_k$ 是 p 维系统过程噪声序列；$\boldsymbol{V}_k$ 是 m 维观测噪声序列；$\boldsymbol{\Phi}_{k,k-1}$ 是系统的 $n\times n$ 状态转移矩阵；$\boldsymbol{\Gamma}_{k,k-1}$ 是 $n\times p$ 的噪声输入矩阵；$\boldsymbol{H}_k$ 是 $m\times n$ 的观测矩阵。

关于系统过程噪声和观测噪声的统计特性，假定如下：

$$\begin{cases}E[\boldsymbol{W}_k]=0, \quad E[\boldsymbol{W}_k\boldsymbol{W}_j^{\mathrm{T}}]=\boldsymbol{Q}_k\delta_{kj}\\ E[\boldsymbol{V}_k]=0, \quad E[\boldsymbol{V}_k\boldsymbol{V}_j^{\mathrm{T}}]=\boldsymbol{R}_k\delta_{kj}\\ E[\boldsymbol{W}_k\boldsymbol{V}_j^{\mathrm{T}}]=0\end{cases} \tag{7.202}$$

式中，$\boldsymbol{Q}_k$ 是系统过程噪声 $\boldsymbol{W}_k$ 的 $p\times p$ 对称非负定方差矩阵；$\boldsymbol{R}_k$ 是系统观测噪声 $\boldsymbol{V}_k$ 的 $m\times m$ 对称正定方差阵；δ_{kj} 是 Kronecker-δ 函数。

下面直接给出随机线性离散系统基本 Kalman 滤波方程：

如果被估计状态 $\boldsymbol{X}_k$ 和对 $\boldsymbol{X}_k$ 的观测量 $\boldsymbol{Z}_k$ 满足式(7.201)的约束，系统过程噪声 $\boldsymbol{W}_k$ 和观测噪声 $\boldsymbol{V}_k$ 满足式(7.202)的假设，k 时刻的观测为 $\boldsymbol{Z}_k$，则对 $\boldsymbol{X}_k$ 的估计 $\hat{\boldsymbol{X}}_k$ 可按下述方程求解。

状态一步预测

$$\hat{\boldsymbol{X}}_{k,k-1}=\boldsymbol{\Phi}_{k,k-1}\hat{\boldsymbol{X}}_{k-1} \tag{7.203a}$$

状态估计

$$\hat{\boldsymbol{X}}_k=\hat{\boldsymbol{X}}_{k,k-1}+\boldsymbol{K}_k(\boldsymbol{Z}_k-\boldsymbol{H}_k\hat{\boldsymbol{X}}_{k,k-1}) \tag{7.203b}$$

滤波增益矩阵

$$\boldsymbol{K}_k=\boldsymbol{P}_{k,k-1}\boldsymbol{H}_k^{\mathrm{T}}(\boldsymbol{H}_k\boldsymbol{P}_{k,k-1}\boldsymbol{H}_k^{\mathrm{T}}+\boldsymbol{R}_k)^{-1} \tag{7.203c}$$

一步预测误差方差阵

$$\boldsymbol{P}_{k,k-1}=\boldsymbol{\Phi}_{k,k-1}\boldsymbol{P}_{k-1}\boldsymbol{\Phi}_{k,k-1}^{\mathrm{T}}+\boldsymbol{\Gamma}_{k,k-1}\boldsymbol{Q}_{k-1}\boldsymbol{\Gamma}_{k,k-1}^{\mathrm{T}} \tag{7.203d}$$

估计误差方差阵

$$P_k=(\boldsymbol{I}-\boldsymbol{K}_k\boldsymbol{H}_k)P_{k,k-1}(\boldsymbol{I}-\boldsymbol{K}_k\boldsymbol{H}_k)^{\mathrm{T}}+\boldsymbol{K}_k\boldsymbol{R}_k\boldsymbol{K}_k^{\mathrm{T}} \tag{7.203e}$$

式(7.203)即为随机线性离散系统 Kalman 滤波基本方程。只要给定初值 $\hat{\boldsymbol{X}}_0$ 和 $\boldsymbol{P}_0$，根据 k 时刻的观测值 $\boldsymbol{Z}_k$，就可以递推计算得到 k 时刻的状态估计 $\hat{\boldsymbol{X}}_k(k=1,2,\cdots)$。更多关于 Kalman 滤波内容见相关参考文献。

2) 捷联式惯性导航系统静基座初始对准的 Kalman 滤波方法

(1) 捷联式惯性导航系统静基座对准误差模型。

导航坐标系取为地理坐标系，建立捷联式惯性导航系统静基座误差模型为

$$
\begin{bmatrix} \delta\dot{v}_E \\ \delta\dot{v}_N \\ \dot{\phi}_E \\ \dot{\phi}_N \\ \dot{\phi}_\xi \\ \dot{\nabla}_x \\ \dot{\nabla}_y \\ \dot{\varepsilon}_x \\ \dot{\varepsilon}_y \\ \dot{\varepsilon}_z \end{bmatrix}
=
\begin{bmatrix}
0 & 2\omega_{ie}\sin\varphi & 0 & -g & 0 & c_{11} & c_{12} & 0 & 0 & 0 \\
-2\omega_{ie}\sin\varphi & 0 & g & 0 & 0 & c_{21} & c_{22} & 0 & 0 & 0 \\
0 & 0 & 0 & \omega_{ie}\sin\varphi & -\omega_{ie}\cos\varphi & 0 & 0 & -c_{11} & -c_{12} & -c_{13} \\
0 & 0 & -\omega_{ie}\sin\varphi & 0 & 0 & 0 & 0 & -c_{21} & -c_{22} & -c_{23} \\
0 & 0 & \omega_{ie}\cos\varphi & 0 & 0 & 0 & 0 & -c_{31} & -c_{32} & -c_{33} \\
0 & 0 & 0 & 0 & 0 & 0 & 0 & 0 & 0 & 0 \\
0 & 0 & 0 & 0 & 0 & 0 & 0 & 0 & 0 & 0 \\
0 & 0 & 0 & 0 & 0 & 0 & 0 & 0 & 0 & 0 \\
0 & 0 & 0 & 0 & 0 & 0 & 0 & 0 & 0 & 0 \\
0 & 0 & 0 & 0 & 0 & 0 & 0 & 0 & 0 & 0
\end{bmatrix}
\begin{bmatrix} \delta v_E \\ \delta v_N \\ \phi_E \\ \phi_N \\ \phi_\xi \\ \nabla_x \\ \nabla_y \\ \varepsilon_x \\ \varepsilon_y \\ \varepsilon_z \end{bmatrix}
\tag{7.204}
$$

式中，$\delta v_i\,(i=E,N)$为速度误差；$\phi_i\,(i=N,E,\zeta)$为平台失准角；$\nabla_j\,(j=x,y)$为加速度计偏置误差；$\varepsilon_j\,(j=x,y,z)$为陀螺仪的随机漂移误差，下标 x,y,z 表示载体坐标系的三个轴向；c_{ij} $(i=1,2,3;j=1,2,3)$为捷联矩阵 $\boldsymbol{C}_b^n$ 中的元素，$\boldsymbol{C}_b^n=\{c_{ij}\}$。

(2) 捷联式惯性导航系统静基座初始对准 Kalman 滤波模型建立。

对于捷联式惯性导航系统，考虑到陀螺仪随机漂移和加速度计的零位随机误差，将方程(7.204)整理为如下形式：

$$
\begin{bmatrix} \dot{\boldsymbol{X}}_a(t) \\ \dot{\boldsymbol{X}}_b(t) \end{bmatrix}
=
\begin{bmatrix} \boldsymbol{F} & \boldsymbol{T}_i \\ \boldsymbol{0}_{5\times5} & \boldsymbol{0}_{5\times5} \end{bmatrix}
\begin{bmatrix} \boldsymbol{X}_a(t) \\ \boldsymbol{X}_b(t) \end{bmatrix}
+
\begin{bmatrix} \boldsymbol{W}'(t) \\ \boldsymbol{0}_{5\times1} \end{bmatrix}
=\boldsymbol{A}_i\boldsymbol{X}(t)+\boldsymbol{W}(t)
\tag{7.205}
$$

式中，状态矢量 $\boldsymbol{X}_a(t)=[\delta v_E \quad \delta v_N \quad \phi_E \quad \phi_N \quad \phi_\xi]^{\mathrm{T}}$；$\boldsymbol{X}_b(t)=[\nabla_x \quad \nabla_y \quad \varepsilon_x \quad \varepsilon_y \quad \varepsilon_z]^{\mathrm{T}}$；随机噪声矢量 $\boldsymbol{W}(t)=[w_{\delta v_E} \quad w_{\delta v_N} \quad w_{\phi_E} \quad w_{\phi v_N} \quad w_{\phi_\xi}]^{\mathrm{T}}$；$\boldsymbol{W}(t)$为 $N(0,Q)$的高斯白噪声；$\boldsymbol{T}_{\mathrm{i}}$ 和 $\boldsymbol{F}$ 表达式分别为

$$
\boldsymbol{T}_i=
\begin{bmatrix}
c_{11} & c_{12} & 0 & 0 & 0 \\
c_{21} & c_{22} & 0 & 0 & 0 \\
0 & 0 & c_{11} & c_{12} & c_{13} \\
0 & 0 & c_{21} & c_{22} & c_{23} \\
0 & 0 & c_{31} & c_{32} & c_{33}
\end{bmatrix},\quad
\boldsymbol{F}=
\begin{bmatrix}
0 & 2\omega_{ie}\sin\varphi & 0 & -g & 0 \\
-2\omega_{ie}\sin\varphi & 0 & g & 0 & 0 \\
0 & 0 & 0 & \omega_{ie}\sin\varphi & -\omega_{ie}\cos\varphi \\
0 & 0 & -\omega_{ie}\sin\varphi & 0 & 0 \\
0 & 0 & \omega_{ie}\cos\varphi & 0 & 0
\end{bmatrix}
$$

式(7.205)为捷联式惯性导航系统静基座初始对准的 Kalman 滤波模型的系统方程。为利用 Kalman 滤波方程进行状态矢量的最优估计，还需建立系统观测方程。选取两个水平速度误差 $\delta v_E,\delta v_N$ 为观测量，所建立的系统观测方程为

$$
\boldsymbol{Z}(t)=
\begin{bmatrix}
1 & 0 & 0 & 0 & 0 & 0 & 0 & 0 & 0 & 0 \\
0 & 1 & 0 & 0 & 0 & 0 & 0 & 0 & 0 & 0
\end{bmatrix}
\begin{bmatrix} \boldsymbol{X}_a(t) \\ \boldsymbol{X}_b(t) \end{bmatrix}
+
\begin{bmatrix} \zeta_E \\ \zeta_N \end{bmatrix}
=\boldsymbol{H}\boldsymbol{X}(t)+\boldsymbol{\zeta}(t)
\tag{7.206}
$$

式中，$\boldsymbol{\zeta}(t)$是系统观测噪声矢量，为 $N(0,R)$的高斯白噪声过程。

(3) 静基座初始对准试验。

对于式(7.205)、式(7.206)所建立的捷联式惯性导航系统静基座初始对准的 Kalman 滤波模型，进行离散化，具体方法参见相关文献(付梦印等，2024)。在地面静基座对准条件下，采用某激光捷联式惯性导航系统在转台上进行试验。系统中陀螺常值漂移为 0.01°/h，随机漂移为 0.005°/h；加速度计的随机常值零偏为 $1\times10^{-4}g$，随机零偏为 $0.5\times10^{-4}g$；捷联式惯性导航系统所处纬度为 $\varphi=39.83°$。计算机仿真结果如图 7.7 所示。图中三个失准角的单位为 mil(1mil=360°/6400)。在静基座条件下，俯仰和横滚角的收敛速度快，粗对准完成后基本可完成收敛，而且多次试验的一致性很好；根据惯性导航系统的可观测性分析可知航向角的可观测性较差，致使其估计的收敛较慢，可以采用多位置对准方法提高捷联式惯性导航系统初始对准的可观测性，以减小对准误差，缩短对准时间。

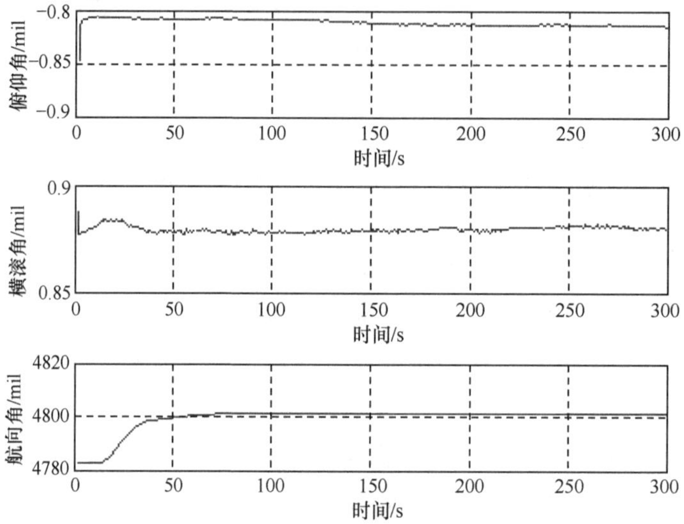

图 7.7　系统进入精对准后状态估计收敛过程

7.4.3　捷联式惯性导航系统的传递对准

初始对准根据惯性导航系统所安装载体的运动状态，可分为静基座对准和动基座对准。动基座对准通常是在载体运动状态下进行的。由于载体运动和各种环境扰动的影响，为了缩短对准时间和提高对准精度，在动基座初始对准过程中一般不采用自对准，而是利用载体上高精度主惯导(也可以是其他高精度参考源信息)来实现如机载导弹或舰载机等载体上子惯导的初始对准，这种将外部基准信息传递给惯性导航系统使其进行对准的方法即为传递对准。传递对准的基本思想是以精度高的主惯导信息为基准，通过比较主惯导与子惯导的输出信息，并采用合适的滤波算法来得到子惯导误差参数的估计值，从而对子惯导误差进行补偿。

传递对准是一个综合性、系统性的问题，涉及系统误差模型的建立、匹配模式的选择和状态滤波器的设计，以及对如杆臂效应、挠曲变形扰动进行抑制来提高传递对准的性能等。下面将从主、子惯导的运动关系分析、传递对准的匹配方式等方面介绍传递对准。

1. 主、子惯导的运动关系分析

图 7.8 为大型舰载平台示意图，其主、子惯导在载体上的安装位置关系如图所示。主惯导

一般选择高精度惯性导航系统，安装在舰船的摇摆中心处，子惯导则安装在各个武器及相关设备处，与主惯导存在一定的空间距离。由于主、子惯导安装位置不同，其各自敏感的信息也会存在一定的差别。因此，首先分析建立主、子惯导间的运动关系，为传递对准模型建立和误差补偿奠定基础。

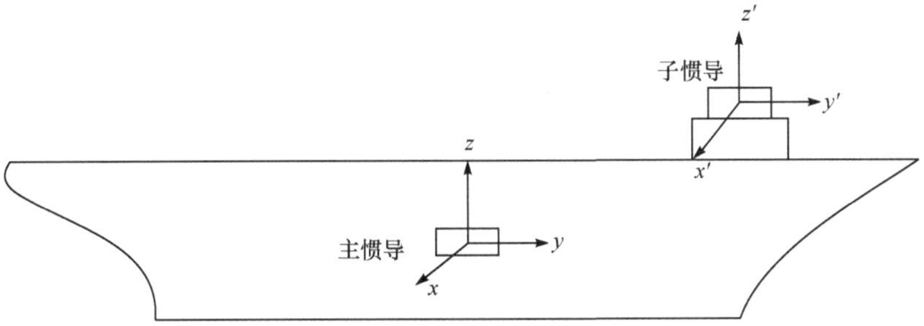

图 7.8　主、子惯导在载体上的分布示意图

1）主、子惯导绝对速度和加速度的关系

根据运动学原理，以惯性坐标系（i 系）为固定坐标系，以主惯导体坐标系（m 系）为运动坐标系，以子惯导体坐标系（s 系）原点 O_s 为动坐标系 m 内的动点，来分析主、子惯导的绝对速度和加速度之间的关系。

如图 7.9 所示，动坐标系原点 O_m 在 i 系内的矢径为 $\boldsymbol{R}_m^i$，动点 O_s 在 i 系内的矢径为 $\boldsymbol{R}_s^i$，在动坐标系内的相对矢径为 $\boldsymbol{r}^m$，三者关系如下：

$$\boldsymbol{R}_s^i=\boldsymbol{R}_m^i+\boldsymbol{C}_m^i\boldsymbol{r}^m \tag{7.207}$$

式中，$\boldsymbol{C}_m^i$ 是 m 系到 i 系的姿态矩阵，其微分方程为

$$\dot{\boldsymbol{C}}_m^i=\boldsymbol{C}_m^i\boldsymbol{\Omega}_{im}^m$$

式(7.207)两端对时间求导，有

$$\dot{\boldsymbol{R}}_s^i=\dot{\boldsymbol{R}}_m^i+\boldsymbol{C}_m^i(\dot{\boldsymbol{r}}^m+\boldsymbol{\omega}_{im}^m\times\boldsymbol{r}^m) \tag{7.208}$$

式中，$\dot{\boldsymbol{R}}_s^i$ 是动点 O_s 的绝对速度；$\dot{\boldsymbol{R}}_m^i$ 是动坐标系原点 O_m 的绝对速度；$\boldsymbol{\omega}_{im}^m\times\boldsymbol{r}^m$ 是由于动坐标系转动引起的牵连速度；$\dot{\boldsymbol{r}}^m$ 是动点 O_s 在动坐标系 m 内的相对速度。

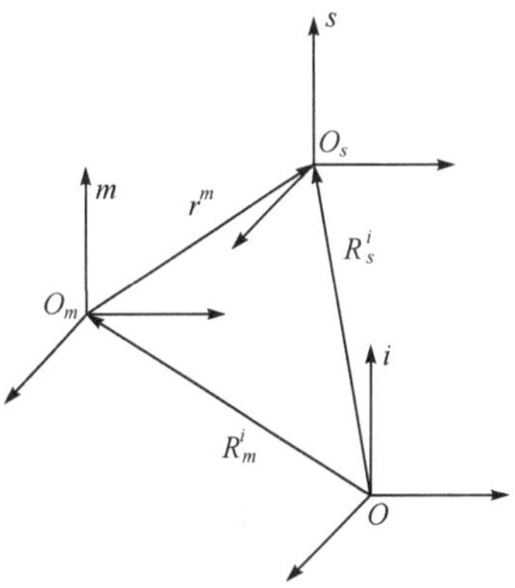

图 7.9　主、子惯导间的相对关系

对式(7.208)两边再次求导，可得

$$\ddot{\boldsymbol{R}}_s^i=\ddot{\boldsymbol{R}}_m^i+\boldsymbol{C}_m^i[\dot{\boldsymbol{\omega}}_{im}^m\times\boldsymbol{r}^m+\boldsymbol{\omega}_{im}^m\times(\boldsymbol{\omega}_{im}^m\times\boldsymbol{r}^m)+2\boldsymbol{\omega}_{im}^m\times\dot{\boldsymbol{r}}^m+\ddot{\boldsymbol{r}}^m] \tag{7.209}$$

式中，$\ddot{\boldsymbol{R}}_m^i$ 是动点 O_m 的绝对加速度；$\ddot{\boldsymbol{R}}_s^i$ 是动点 O_s 的绝对加速度，由动坐标系转动引起的牵连速度为 $\dot{\boldsymbol{\omega}}_{im}^m\times\boldsymbol{r}^m+\boldsymbol{\omega}_{im}^m\times(\boldsymbol{\omega}_{im}^m\times\boldsymbol{r}^m)$，哥氏加速度为 $2\boldsymbol{\omega}_{im}^m\times\dot{\boldsymbol{r}}^m$；$\ddot{\boldsymbol{r}}^m$ 是动点 O_s 在动坐标系 m 内的相对加速度。

在式(7.209)绝对加速度关系的基础上加上重力矢量并进行坐标系投影，就可以得到主惯导敏感到的比力关系

$$\boldsymbol{a}_{is}^s=\boldsymbol{C}_m^s[\boldsymbol{a}_{im}^m+\dot{\boldsymbol{\omega}}_{im}^m\times\boldsymbol{r}^m+\boldsymbol{\omega}_{im}^m\times(\boldsymbol{\omega}_{im}^m\times\boldsymbol{r}^m)+2\boldsymbol{\omega}_{im}^m\times\dot{\boldsymbol{r}}^m+\ddot{\boldsymbol{r}}^m] \tag{7.210}$$

式中，$\boldsymbol{a}_{is}^s$ 和 $\boldsymbol{a}_{im}^m$ 分别是子惯导和主惯导敏感到的比力在各自坐标系内的投影；$\boldsymbol{C}_m^s$ 是主惯导到子惯导间的变换矩阵。

一般主惯导和子惯导之间均为刚性连接，子惯导相对主惯导位置是固定的，则它们之间的相对速度和相对加速度均为零，即 $\dot{\boldsymbol{r}}^m=\ddot{\boldsymbol{r}}^m=\boldsymbol{0}$。实际中若考虑变形和挠曲等因素，需要对主、子惯导的相对运动进行建模。为提高传递对准的性能，在进行信息量匹配时，往往需要采取一定的措施对杆臂效应、挠曲效应等引起的误差进行补偿，以尽可能真实地反映各个误差状态同观测量之间的关系。

2）主、子惯导输出角速度和姿态之间的关系

主、子惯导输出的速度都是相对地球的，以地球坐标系（e 系）为固定坐标系，主惯导坐标系 m 为动坐标系，则式(7.207)的位置关系在 e 系内可表示为

$$\boldsymbol{R}_s^e=\boldsymbol{R}_m^e+\boldsymbol{C}_m^e\boldsymbol{r}^m \tag{7.211}$$

式中，$\boldsymbol{C}_m^e$ 是 m 系到 e 系的转换矩阵。上式两边对时间求导可得

$$\dot{\boldsymbol{R}}_s^e=\dot{\boldsymbol{R}}_m^e+\boldsymbol{C}_m^e(\dot{\boldsymbol{r}}^m+\boldsymbol{\omega}_{em}^m\times\boldsymbol{r}^m) \tag{7.212}$$

对于舰载环境而言，可假设主、子惯导所处的导航坐标系（n 系）是一致的。将上式转换到 n 系内，可得相对 n 系的速度关系为

$$\boldsymbol{v}_s^n=\boldsymbol{v}_m^n+\boldsymbol{C}_m^n(\dot{\boldsymbol{r}}^m+\boldsymbol{\omega}_{em}^m\times\boldsymbol{r}^m) \tag{7.213}$$

式中，$\boldsymbol{v}_m^n$ 和 $\boldsymbol{v}_s^n$ 是主、子惯导地速在 n 系内的投影。

由于安装误差等原因，子惯导相对主惯导存在姿态误差，$\boldsymbol{C}_m^s$ 描述了二者间的关系。主、子惯导相对 n 系的姿态矩阵 $\boldsymbol{C}_m^n$ 和 $\boldsymbol{C}_s^n$ 满足

$$\boldsymbol{C}_s^n=\boldsymbol{C}_m^n(\boldsymbol{C}_m^s)^{\mathrm{T}}=\boldsymbol{C}_m^n\boldsymbol{C}_s^m \tag{7.214}$$

对上式两端求导，并结合姿态微分方程 $\dot{\boldsymbol{C}}_n^b=-\boldsymbol{\Omega}_{nb}^b\boldsymbol{C}_n^b$，可得主、子惯导角速度之间的关系为

$$\boldsymbol{\Omega}_{ns}^s=\boldsymbol{\Omega}_{ms}^s+\boldsymbol{C}_m^s\boldsymbol{\Omega}_{nm}^m\boldsymbol{C}_s^m \tag{7.215}$$

式(7.215)写成矢量形式为

$$\boldsymbol{\omega}_{ns}^s=\boldsymbol{\omega}_{ms}^s+\boldsymbol{C}_m^s\boldsymbol{\omega}_{nm}^m \tag{7.216}$$

式中，$\boldsymbol{\omega}_{ms}^s$ 是由振动和挠曲变形引起的主、子惯导相对姿态发生变化的角速度。

根据主、子惯导所处的导航坐标系相同的假设，在上式两端分别加上导航坐标系相对惯性坐标系的转动角速度，可以得到主、子惯导敏感到的相对惯性系的角速度之间的关系为

$$\boldsymbol{\omega}_{is}^s=\boldsymbol{\omega}_{ms}^s+\boldsymbol{C}_m^s\boldsymbol{\omega}_{im}^m \tag{7.217}$$

严格来讲，主、子惯导相对位置不同，所处的导航坐标系也不相同，地球自转在各自导航坐标系内的投影 $\boldsymbol{\omega}_{ie}^n$ 也会不一样。另外，主、子惯导对地速度不同也会造成各自导航坐标系相对地球的转动角速度 $\boldsymbol{\omega}_{en}^n$ 不同，在差异显著的情况下，需要进行补偿。

3）杆臂效应补偿

在传递对准过程中，主、子惯导均处于导航状态，在理想情况下，主、子惯导间不存在相对运动。但是，由于物理上的分离，主、子惯导的加速度计会敏感到不同的比力，从而导致解算出不同的速度，这种现象就是传递对准中的杆臂效应现象。

在传递对准过程中，要充分考虑杆臂效应，同时对载体位置的结构变形等因素造成的影响进行建模和补偿。在测量结果输入到对准滤波器之前，应先补偿杆臂效应。补偿的方式主要有两种：一是主惯导补偿方式，利用主惯导信息，将主惯导的速度加上杆臂补偿速度得到与子惯导相匹配的速度估计；二是子惯导补偿方式，即利用子惯导信息，将子惯导的速度减去杆臂速度得到与主惯导相匹配的速度估计。

对于式(7.213)，主、子惯导间的速度关系为

$$\begin{aligned} \boldsymbol{v}_s^n &= \boldsymbol{v}_m^n + \boldsymbol{C}_e^n \frac{\mathrm{d}\boldsymbol{C}_n^e \boldsymbol{r}^n}{\mathrm{d}t} \\ &= \boldsymbol{v}_m^n + \boldsymbol{C}_e^n \left(\frac{\mathrm{d}\boldsymbol{C}_n^e}{\mathrm{d}t} \boldsymbol{r}^n + \boldsymbol{C}_n^e \frac{\mathrm{d}\boldsymbol{r}^n}{\mathrm{d}t} \right) \\ &= \boldsymbol{v}_m^n + \boldsymbol{\Omega}_{en}^n \boldsymbol{r}^n + \dot{\boldsymbol{r}}^n \end{aligned} \tag{7.218}$$

当采用速度匹配时，主惯导速度补偿方式为

$$\boldsymbol{v}_{\mathrm{ref}} = \boldsymbol{v}_m^n + \boldsymbol{C}_m^n [(\boldsymbol{\omega}_{im}^m - \boldsymbol{\omega}_{ie}^m) \times \boldsymbol{r}^m] \tag{7.219}$$

式中，$\boldsymbol{\Omega}_{en}^n$ 是由 $\boldsymbol{\omega}_{en}^n$ 构成的反对称矩阵；$\boldsymbol{C}_m^n$ 是主惯导输出的姿态矩阵。对于高精度的主惯导而言，可以认为陀螺仪测量到的角速度和导航解算姿态是精确的，杆臂矢量 $\boldsymbol{r}^n$ 也是精确已知的，方程中仅有由振动引起的主、子惯导相对速度 $\dot{\boldsymbol{r}}^n$ 是未知的，可以视为噪声处理。

子惯导速度补偿方式为

$$\boldsymbol{v}_{\mathrm{ref}} = \boldsymbol{v}_m^n + \boldsymbol{C}_s^n [(\boldsymbol{\omega}_{is}^s - \boldsymbol{\omega}_{ie}^s) \times \boldsymbol{r}^s] \tag{7.220}$$

式中，$\boldsymbol{\omega}_{is}^s$ 是子惯导敏感的角速度；$\boldsymbol{C}_s^n$ 是子惯导输出的姿态矩阵。由于子惯导的精度相对较低，当采用这种补偿方式时需要考虑 $\boldsymbol{\omega}_{is}^s$ 和 $\boldsymbol{C}_s^n$ 的误差。

2. 传递对准匹配方式

传递对准所采用的方法就是通过比较主、子惯导的输出值来进行误差量的估计，也就是通常所指的匹配方法。一般来说，传递对准可分为两大类：一类是计算参数匹配法；另一类是测量参数匹配法。计算参数匹配法把失准角当做一个整体，利用主、子惯性导航系统计算出的信息，如位置之差、速度之差对子惯导进行对准；测量参数匹配法则是利用主、子惯性导航系统测得的角速度之差和比力之差来对失准角进行估计。一般来说，测量参数匹配法由于方法直接，其快速性优于计算参数匹配法，但对载体结构挠曲运动比计算参数匹配法要敏感，即在同等条件下，其精度要低于计算参数匹配法。

常见的匹配算法包括位置匹配法、速度匹配法、积分速度匹配法、双积分速度匹配法、比力匹配法、角速度匹配法、积分角速度匹配法等，其中速度和位置匹配法比较成熟，并得到了广泛的应用。以上几种方法都是单参数匹配方法，根据载体的机动运动特点以及对准精度和快速性的要求，也可以采用组合参数匹配方法。

在建立传递对准模型的过程中，主、子惯导的状态方程可以依据 7.4.1 节所建立的惯性导航系统的误差方程，根据需要对相关的状态进行适当增减来获得；观测方程则在确定了匹配方式之后进行建立。下面给出几种常用的匹配方式下的对准模型。

1) 速度匹配对准模型

基于速度匹配的传递对准采用主、子惯导解算的速度之差作为观测量，为提高对准性能，在形成观测量之前必须对主惯导速度进行杆臂补偿，其算法原理如图 7.10 所示。由图 7.10 可知，Kalman 滤波器的观测量是经预滤波处理后的子惯导速度与经杆臂误差补偿后的主惯导速度之差。根据前面关于杆臂补偿方法的讨论，主惯导的速度可采用以下方式补偿：

$$\hat{\boldsymbol{v}}_m^n = \boldsymbol{v}_m^n + \boldsymbol{C}_m^n [(\boldsymbol{\omega}_{im}^m - \boldsymbol{\omega}_{ie}^m) \times \tilde{\boldsymbol{r}}^m] \tag{7.221}$$

式中，$\tilde{\boldsymbol{r}}^m = \boldsymbol{r}^m + \delta\boldsymbol{r}^m$，$\boldsymbol{r}^m$ 为杆臂矢径真实值，$\delta\boldsymbol{r}^m$ 为杆臂误差。

根据主、子惯导间的速度关系，且考虑器件误差，则有

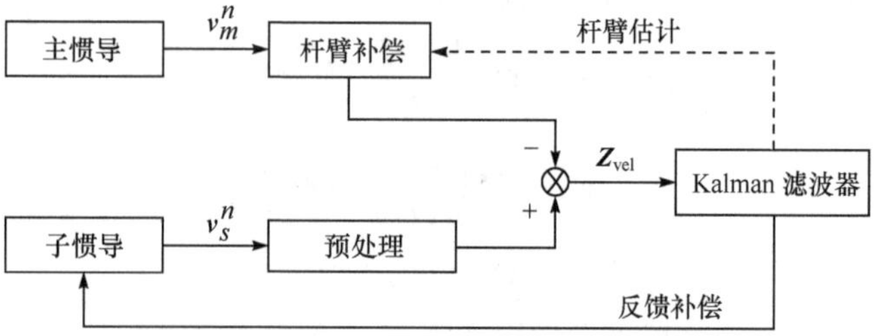

图 7.10　基于速度匹配的传递对准示意图

$$\begin{aligned}\tilde{\boldsymbol{v}}_s^n &= \boldsymbol{v}_s^n + \delta\boldsymbol{v}_s^n \\ &= \boldsymbol{v}_m^n + \boldsymbol{C}_m^n[(\boldsymbol{\omega}_{im}^m - \boldsymbol{\omega}_{ie}^m)\times \boldsymbol{r}^m] + \boldsymbol{C}_m^n\dot{\boldsymbol{r}}^m + \delta\boldsymbol{v}_s^n\end{aligned} \tag{7.222}$$

式(7.222)减去式(7.221)，可得速度匹配的观测值

$$\begin{aligned}\boldsymbol{Z}_{vel} &= \tilde{\boldsymbol{v}}_s^n - \hat{\boldsymbol{v}}_m^n \\ &= -\boldsymbol{C}_m^n[(\boldsymbol{\omega}_{im}^m - \boldsymbol{\omega}_{ie}^m)\times \delta\boldsymbol{r}^m] + \boldsymbol{C}_m^n\dot{\boldsymbol{r}}^m + \delta\boldsymbol{v}_s^n\end{aligned} \tag{7.223}$$

由上式可见，速度之差除 $\delta\boldsymbol{v}_s^n$ 为系统误差状态项以外，$-\boldsymbol{C}_m^n[(\boldsymbol{\omega}_{im}^m - \boldsymbol{\omega}_{ie}^m)\times \delta\boldsymbol{r}^m]$ 和 $\boldsymbol{C}_m^n\dot{\boldsymbol{r}}^m$ 均为观测误差。从精确建模的角度着手，可将 $\delta\boldsymbol{r}^m$ 列为系统状态进行估计。由于振动和挠曲变形等因素的影响，$\delta\boldsymbol{r}^m$ 可表示为静态分量 $\delta\boldsymbol{r}_c^m$ 和动态分量 $\delta\boldsymbol{r}_v^m$ 之和，即

$$\delta\boldsymbol{r}^m = \delta\boldsymbol{r}_c^m + \delta\boldsymbol{r}_v^m \tag{7.224}$$

$$\delta\dot{\boldsymbol{r}}_c^m = \boldsymbol{0} \tag{7.225}$$

对于随机变量 $\delta\boldsymbol{r}_v^m$ 进行精确建模困难极大，实际中往往将其视为噪声，仅对随机常值 $\delta\boldsymbol{r}_c^m$ 进行估计。因此，有

$$\boldsymbol{Z}_{vel} = -\boldsymbol{C}_m^n[(\boldsymbol{\omega}_{im}^m - \boldsymbol{\omega}_{ie}^m)\times \delta\boldsymbol{r}_c^m] + \delta\boldsymbol{V}_s^n + \boldsymbol{C}_m^n\dot{\boldsymbol{r}}^m - \boldsymbol{C}_m^n[(\boldsymbol{\omega}_{im}^m - \boldsymbol{\omega}_{ie}^m)\times \delta\boldsymbol{r}_v^m] \tag{7.226}$$

其中，$\boldsymbol{C}_m^n\dot{\boldsymbol{r}}^m - \boldsymbol{C}_m^n[(\boldsymbol{\omega}_{im}^m - \boldsymbol{\omega}_{ie}^m)\times \delta\boldsymbol{r}_v^m]$ 视为测量噪声。

实际对准中子惯导的位置信息通常直接利用主惯导位置信息进行实时更新，因此在滤波器设计中可不考虑位置误差。选取系统状态 $\boldsymbol{X} = [(\delta\boldsymbol{v}^n)^{\mathrm{T}} \quad \boldsymbol{\phi}^{\mathrm{T}} \quad \boldsymbol{\nabla}^{\mathrm{T}} \quad \boldsymbol{\varepsilon}^{\mathrm{T}} \quad (\delta\boldsymbol{r}_c^m)^{\mathrm{T}}]^{\mathrm{T}}$，则速度匹配 Kalman 滤波器设计如下：

系统状态方程

$$\begin{bmatrix}\delta\dot{\boldsymbol{v}}^n \\ \dot{\boldsymbol{\phi}} \\ \dot{\boldsymbol{\nabla}} \\ \dot{\boldsymbol{\varepsilon}} \\ \delta\dot{\boldsymbol{r}}_c^m\end{bmatrix} = \begin{bmatrix}-[(2\boldsymbol{\omega}_{ie}^n + \boldsymbol{\omega}_{en}^n)\times] & [\boldsymbol{f}^n\times] & \boldsymbol{C}_b^n & \boldsymbol{0}_{3\times3} & \boldsymbol{0}_{3\times3} \\ \boldsymbol{0}_{3\times3} & -[\boldsymbol{\omega}_{in}^n\times] & \boldsymbol{0}_{3\times3} & -\boldsymbol{C}_b^n & \boldsymbol{0}_{3\times3} \\ \boldsymbol{0}_{3\times3} & \boldsymbol{0}_{3\times3} & \boldsymbol{0}_{3\times3} & \boldsymbol{0}_{3\times3} & \boldsymbol{0}_{3\times3} \\ \boldsymbol{0}_{3\times3} & \boldsymbol{0}_{3\times3} & \boldsymbol{0}_{3\times3} & \boldsymbol{0}_{3\times3} & \boldsymbol{0}_{3\times3} \\ \boldsymbol{0}_{3\times3} & \boldsymbol{0}_{3\times3} & \boldsymbol{0}_{3\times3} & \boldsymbol{0}_{3\times3} & \boldsymbol{0}_{3\times3}\end{bmatrix}\begin{bmatrix}\delta\boldsymbol{v}^n \\ \boldsymbol{\phi} \\ \boldsymbol{\nabla} \\ \boldsymbol{\varepsilon} \\ \delta\boldsymbol{r}_c^m\end{bmatrix} + \boldsymbol{w} \tag{7.227}$$

系统观测方程

$$\boldsymbol{Z}_{vel} = [\boldsymbol{I}_{3\times3} \quad \boldsymbol{0}_{3\times3} \quad \boldsymbol{0}_{3\times3} \quad \boldsymbol{0}_{3\times3} \quad -\boldsymbol{C}_m^n[(\boldsymbol{\omega}_{im}^m - \boldsymbol{\omega}_{ie}^m)\times]]\begin{bmatrix}\delta\boldsymbol{v}^n \\ \boldsymbol{\phi} \\ \boldsymbol{\nabla} \\ \boldsymbol{\varepsilon} \\ \delta\boldsymbol{r}_c^m\end{bmatrix} + \zeta \tag{7.228}$$

式中，$[\boldsymbol{V}\times]$表示向量 $\boldsymbol{V}$ 的反对称矩阵。从式(7.228)可知，速度匹配的测量噪声主要是由杆臂效应补偿误差和载体的振动和挠曲效应所引起的相对速度噪声所构成。

2) 姿态匹配对准模型

除了采用速度作为观测量，传递对准通常还采用姿态信息作为 Kalman 滤波器的观测量。由于方向余弦矩阵中包含姿态信息，姿态观测量可通过主、子惯导的方向余弦矩阵相乘来得到，即

$$\boldsymbol{Z}_{\text{att}}=\widetilde{\boldsymbol{C}}_s^n\widetilde{\boldsymbol{C}}_m^s\boldsymbol{C}_n^m \tag{7.229}$$

式中，$\widetilde{\boldsymbol{C}}_s^n$ 表示子惯导坐标系到计算导航坐标系的变换矩阵；$\widetilde{\boldsymbol{C}}_m^s$ 表示主惯导坐标系到子惯导坐标系的变换矩阵；$\boldsymbol{C}_n^m$ 表示计算导航坐标系到主惯导坐标系的变换矩阵。根据误差定义

$$\widetilde{\boldsymbol{C}}_s^n=(\boldsymbol{I}-[\boldsymbol{\phi}\times])\boldsymbol{C}_s^n \tag{7.230}$$

$$\widetilde{\boldsymbol{C}}_m^s=(\boldsymbol{I}-[\boldsymbol{\tau}\times])\boldsymbol{C}_m^s \tag{7.231}$$

式中，$\boldsymbol{\tau}$ 为主惯导坐标系和子惯导坐标系之间的变形角。

将式(7.230)和式(7.231)代入式(7.229)，可得

$$\begin{aligned}\boldsymbol{Z}_{\text{att}}&=(\boldsymbol{I}-[\boldsymbol{\phi}\times])\boldsymbol{C}_s^n(\boldsymbol{I}-[\boldsymbol{\tau}\times])\boldsymbol{C}_m^s\boldsymbol{C}_n^m\\&=\boldsymbol{I}-[\boldsymbol{\phi}\times]-\boldsymbol{C}_s^n[\boldsymbol{\tau}\times]\boldsymbol{C}_n^s+[\boldsymbol{\phi}\times]\boldsymbol{C}_s^n[\boldsymbol{\tau}\times]\boldsymbol{C}_n^s\end{aligned} \tag{7.232}$$

忽略二次项乘积，可得

$$\boldsymbol{Z}_{\text{att}}\approx\boldsymbol{\phi}-[\boldsymbol{\phi}\times]-\boldsymbol{C}_s^n[\boldsymbol{\tau}\times]\boldsymbol{C}_n^s \tag{7.233}$$

由于 $\boldsymbol{C}_s^n[\boldsymbol{\tau}\times]\boldsymbol{C}_n^s=[(\boldsymbol{C}_s^n\boldsymbol{\tau})\times]$，从而有

$$\boldsymbol{Z}=\begin{bmatrix}\boldsymbol{Z}_{\text{att}}(2,3)\\\boldsymbol{Z}_{\text{att}}(3,1)\\\boldsymbol{Z}_{\text{att}}(1,2)\end{bmatrix}=\boldsymbol{\phi}+\boldsymbol{C}_s^n\boldsymbol{\tau}+\boldsymbol{\zeta} \tag{7.234}$$

式中，$\boldsymbol{Z}_{\text{att}}(i,j)$表示根据式(7.229)计算所得的观测量 $\boldsymbol{Z}_{\text{att}}$ 的第 i 行、第 j 列元素；ζ 为观测噪声。

从式(7.234)可以看出，为了构建观测方程，还需要对主、子惯导间的变形角 $\boldsymbol{\tau}$ 进行建模，并将其扩展到滤波器状态中。最简单的方法是将 $\boldsymbol{\tau}$ 作为随机游走来处理，即

$$\dot{\boldsymbol{\tau}}=\boldsymbol{\eta},\quad \boldsymbol{\eta}\sim N(\boldsymbol{0},\boldsymbol{Q}_\eta) \tag{7.235}$$

其中，方差矩阵 $\boldsymbol{Q}_\eta$ 可通过协方差分析来确定。

选取系统状态 $\boldsymbol{X}=[(\delta\boldsymbol{v}^n)^{\text{T}}\quad\boldsymbol{\phi}^{\text{T}}\quad\nabla^{\text{T}}\quad\boldsymbol{\varepsilon}^{\text{T}}\quad(\delta\boldsymbol{r}_c^m)^{\text{T}}\quad\boldsymbol{\tau}^{\text{T}}]^{\text{T}}$，则姿态匹配 Kalman 滤波器模型如下：

系统状态方程

$$\begin{bmatrix}\delta\dot{\boldsymbol{v}}^n\\\dot{\boldsymbol{\phi}}\\\dot{\boldsymbol{\nabla}}\\\dot{\boldsymbol{\varepsilon}}\\\delta\dot{\boldsymbol{r}}_c^m\\\dot{\boldsymbol{\tau}}\end{bmatrix}=\begin{bmatrix}-[(2\boldsymbol{\omega}_{ie}^n+\boldsymbol{\omega}_{en}^n)\times] & [\boldsymbol{f}^n\times] & \boldsymbol{C}_b^n & \boldsymbol{0}_{3\times3} & \boldsymbol{0}_{3\times3} & \boldsymbol{0}_{3\times3}\\\boldsymbol{0}_{3\times3} & -[\boldsymbol{\omega}_{in}^n\times] & \boldsymbol{0}_{3\times3} & -\boldsymbol{C}_b^n & \boldsymbol{0}_{3\times3} & \boldsymbol{0}_{3\times3}\\\boldsymbol{0}_{3\times3} & \boldsymbol{0}_{3\times3} & \boldsymbol{0}_{3\times3} & \boldsymbol{0}_{3\times3} & \boldsymbol{0}_{3\times3} & \boldsymbol{0}_{3\times3}\\\boldsymbol{0}_{6\times3} & \boldsymbol{0}_{6\times3} & \boldsymbol{0}_{6\times3} & \boldsymbol{0}_{6\times3} & \boldsymbol{0}_{6\times3} & \boldsymbol{0}_{6\times3}\\\boldsymbol{0}_{3\times3} & \boldsymbol{0}_{3\times3} & \boldsymbol{0}_{3\times3} & \boldsymbol{0}_{3\times3} & \boldsymbol{0}_{3\times3} & \boldsymbol{0}_{3\times3}\end{bmatrix}\begin{bmatrix}\delta\boldsymbol{v}^n\\\boldsymbol{\phi}\\\nabla\\\boldsymbol{\varepsilon}\\\delta\boldsymbol{r}_c^m\\\boldsymbol{\tau}\end{bmatrix}+w \tag{7.236}$$

系统观测方程

$$
\boldsymbol{Z}_{\text{att}}=\begin{bmatrix}\boldsymbol{0}_{3\times3} & \boldsymbol{I}_{3\times3} & \boldsymbol{0}_{3\times9} & \boldsymbol{C}_s^n\end{bmatrix}\begin{bmatrix}\delta\boldsymbol{v}^n\\ \boldsymbol{\phi}\\ \nabla\\ \boldsymbol{\varepsilon}\\ \delta\boldsymbol{r}_c^m\\ \boldsymbol{\tau}\end{bmatrix}+\zeta \tag{7.237}
$$

3) 速度＋姿态匹配对准模型

鉴于速度匹配和姿态匹配各自的优缺点，一种自然的想法是同时采用速度和姿态作为观测量。对同时采用姿态和速度观测的传递对准算法而言，载体振动和挠曲运动引起的角运动建模仍然是算法实现的关键。考虑到载体振动和挠曲运动精确建模的复杂性，将主、子惯导体坐标系间的变形角 $\boldsymbol{\tau}$ 作为随机游走来处理。

选取系统状态 $\boldsymbol{X}=[(\delta\boldsymbol{v}^n)^{\mathrm{T}} \quad \boldsymbol{\phi}^{\mathrm{T}} \quad \boldsymbol{\nabla}^{\mathrm{T}} \quad \boldsymbol{\varepsilon}^{\mathrm{T}} \quad (\delta\boldsymbol{r}_c^m)^{\mathrm{T}} \quad \boldsymbol{\tau}^{\mathrm{T}}]^{\mathrm{T}}$，则速度＋姿态匹配 Kalman 滤波器模型如下：

系统状态方程

$$
\begin{bmatrix}\delta\dot{\boldsymbol{v}}^n\\ \dot{\boldsymbol{\phi}}\\ \dot{\boldsymbol{\nabla}}\\ \dot{\boldsymbol{\varepsilon}}\\ \delta\dot{\boldsymbol{r}}_c^m\\ \dot{\boldsymbol{\tau}}\end{bmatrix}=\begin{bmatrix}-[(2\boldsymbol{\omega}_{ie}^n+\boldsymbol{\omega}_{en}^n)\times] & [\boldsymbol{f}^n\times] & \boldsymbol{C}_b^n & \boldsymbol{0}_{3\times3} & \boldsymbol{0}_{3\times3} & \boldsymbol{0}_{3\times3}\\ \boldsymbol{0}_{3\times3} & -[\boldsymbol{\omega}_{in}^n\times] & \boldsymbol{0}_{3\times3} & -\boldsymbol{C}_b^n & \boldsymbol{0}_{3\times3} & \boldsymbol{0}_{3\times3}\\ \boldsymbol{0}_{3\times3} & \boldsymbol{0}_{3\times3} & \boldsymbol{0}_{3\times3} & \boldsymbol{0}_{3\times3} & \boldsymbol{0}_{3\times3} & \boldsymbol{0}_{3\times3}\\ \boldsymbol{0}_{6\times3} & \boldsymbol{0}_{6\times3} & \boldsymbol{0}_{6\times3} & \boldsymbol{0}_{6\times3} & \boldsymbol{0}_{6\times3} & \boldsymbol{0}_{6\times3}\\ \boldsymbol{0}_{3\times3} & \boldsymbol{0}_{3\times3} & \boldsymbol{0}_{3\times3} & \boldsymbol{0}_{3\times3} & \boldsymbol{0}_{3\times3} & \boldsymbol{0}_{3\times3}\end{bmatrix}\begin{bmatrix}\delta\boldsymbol{v}^n\\ \boldsymbol{\phi}\\ \boldsymbol{\nabla}\\ \boldsymbol{\varepsilon}\\ \delta\boldsymbol{r}_c^m\\ \boldsymbol{\tau}\end{bmatrix}+\boldsymbol{w} \tag{7.238}
$$

系统观测方程

$$
\boldsymbol{Z}=\begin{bmatrix}\boldsymbol{I}_{3\times3} & \boldsymbol{0}_{3\times9} & -\boldsymbol{C}_m^n[(\boldsymbol{\omega}_{im}^m-\boldsymbol{\omega}_{ie}^m)\times] & \boldsymbol{0}_{3\times3}\\ \boldsymbol{0}_{3\times3} & \boldsymbol{I}_{3\times3} & \boldsymbol{0}_{3\times9} & \boldsymbol{C}_s^n\end{bmatrix}\begin{bmatrix}\delta\boldsymbol{v}^n\\ \boldsymbol{\phi}\\ \boldsymbol{\nabla}\\ \boldsymbol{\varepsilon}\\ \delta\boldsymbol{r}_c^m\\ \boldsymbol{\tau}\end{bmatrix}+\zeta \tag{7.239}
$$

4) 速度＋角速度匹配对准模型

速度匹配方式由于必须依赖载体的机动，特别是要求在很短的时间内完成机动，使得这种方法用于某些载体会受到限制，例如，舰船不能为辅助对准过程而进行像飞机那样的机动，所以单纯用速度匹配法进行海上对准受到限制。大量对准方法的研究结果表明，采用速度＋角速度匹配成为一种有效的解决办法。速度匹配可以用来实现水平对准，方位对准可利用敏感舰船纵摇和横摇运动的角速度，在较短的时间内完成。在研究快速传递对准滤波器时，暂不考虑挠曲变形，同时由于传递对准的时间很短，陀螺仪和加速度计所引起的相对速度和相对姿态误差很小。因此在这里设计的滤波器中不考虑这些状态，而通过增加相对速度误差和姿态误差方程中的过程噪声，以补偿未建模的陀螺仪和加速度计的测量误差。

主、子惯导敏感的角速度在导航坐标系中的投影之差表示为

$$\begin{aligned}\tilde{\boldsymbol{\omega}}_{is}^{n}-\boldsymbol{\omega}_{im}^{n} &=\tilde{\boldsymbol{C}}_{s}^{n}(\boldsymbol{\omega}_{is}^{s}+\boldsymbol{\varepsilon})-\boldsymbol{C}_{m}^{n}\boldsymbol{\omega}_{im}^{m}\\ &=(\boldsymbol{I}_{3\times3}-[\boldsymbol{\phi}\times])\boldsymbol{C}_{s}^{n}(\boldsymbol{\omega}_{is}^{s}+\boldsymbol{\varepsilon})-\boldsymbol{C}_{m}^{n}\boldsymbol{\omega}_{im}^{m}\\ &=\tilde{\boldsymbol{C}}_{s}^{n}\boldsymbol{\varepsilon}+\boldsymbol{\Omega}_{im}^{n}\boldsymbol{\phi}+\tilde{\boldsymbol{C}}_{s}^{n}\boldsymbol{C}_{m}^{s}\boldsymbol{\omega}_{ms}^{m}\end{aligned}\tag{7.240}$$

式中，$\boldsymbol{\Omega}_{im}^{n}$ 表示由 $\boldsymbol{\omega}_{im}^{n}$ 构成的反对称阵，载体振动和挠曲效应的干扰项 $\tilde{\boldsymbol{C}}_{s}^{n}\boldsymbol{C}_{m}^{s}\boldsymbol{\omega}_{ms}^{m}$ 视为白噪声处理。

选取系统状态 $\boldsymbol{X}=[(\delta\boldsymbol{v}^{n})^{\mathrm{T}}\quad\boldsymbol{\phi}^{\mathrm{T}}\quad\boldsymbol{\nabla}^{\mathrm{T}}\quad\boldsymbol{\varepsilon}^{\mathrm{T}}\quad(\delta\boldsymbol{r}_{c}^{m})^{\mathrm{T}}]^{\mathrm{T}}$，则速度＋角速度匹配 Kalman 滤波器模型如下：

系统状态方程

$$\begin{bmatrix}\delta\dot{\boldsymbol{v}}^{n}\\ \dot{\boldsymbol{\phi}}\\ \dot{\boldsymbol{\nabla}}\\ \dot{\boldsymbol{\varepsilon}}\\ \delta\dot{\boldsymbol{r}}_{c}^{m}\end{bmatrix}=\begin{bmatrix}-[(2\boldsymbol{\omega}_{ie}^{n}+\boldsymbol{\omega}_{en}^{n})\times] & [\boldsymbol{f}^{n}\times] & \boldsymbol{C}_{b}^{n} & \boldsymbol{0}_{3\times3} & \boldsymbol{0}_{3\times3}\\ \boldsymbol{0}_{3\times3} & -[\boldsymbol{\omega}_{in}^{n}\times] & \boldsymbol{0}_{3\times3} & -\boldsymbol{C}_{b}^{n} & \boldsymbol{0}_{3\times3}\\ \boldsymbol{0}_{3\times3} & \boldsymbol{0}_{3\times3} & \boldsymbol{0}_{3\times3} & \boldsymbol{0}_{3\times3} & \boldsymbol{0}_{3\times3}\\ \boldsymbol{0}_{3\times3} & \boldsymbol{0}_{3\times3} & \boldsymbol{0}_{3\times3} & \boldsymbol{0}_{3\times3} & \boldsymbol{0}_{3\times3}\\ \boldsymbol{0}_{3\times3} & \boldsymbol{0}_{3\times3} & \boldsymbol{0}_{3\times3} & \boldsymbol{0}_{3\times3} & \boldsymbol{0}_{3\times3}\end{bmatrix}\begin{bmatrix}\delta\boldsymbol{v}^{n}\\ \boldsymbol{\phi}\\ \boldsymbol{\nabla}\\ \boldsymbol{\varepsilon}\\ \delta\boldsymbol{r}_{c}^{m}\end{bmatrix}+\boldsymbol{w}\tag{7.241}$$

系统观测方程

$$\boldsymbol{Z}=\begin{bmatrix}\boldsymbol{I}_{3\times3} & \boldsymbol{0}_{3\times3} & \boldsymbol{0}_{3\times3} & \boldsymbol{0}_{3\times3} & -\boldsymbol{C}_{m}^{n}[(\boldsymbol{\omega}_{im}^{m}-\boldsymbol{\omega}_{ie}^{m})\times]\\ \boldsymbol{0}_{3\times3} & \boldsymbol{\Omega}_{im}^{n} & \boldsymbol{0}_{3\times3} & \tilde{\boldsymbol{C}}_{s}^{n} & \boldsymbol{0}_{3\times3}\end{bmatrix}\begin{bmatrix}\delta\boldsymbol{v}^{n}\\ \boldsymbol{\phi}\\ \boldsymbol{\nabla}\\ \boldsymbol{\varepsilon}\\ \delta\boldsymbol{r}_{c}^{m}\end{bmatrix}+\boldsymbol{\zeta}\tag{7.242}$$

传递对准的精度和所需时间除了依赖于载体机动轨迹，还与惯性器件误差、杆臂效应误差、载体变形、振动和挠曲效应及数据传输延迟等因素密切相关。为了提高传递对准的性能，应采取标定和补偿等措施来消除上述因素的影响。表 7.3 给出几种传递对准匹配方案的性能比较。

表 7.3　几种传递对准匹配方案比较

匹配方案	机动性要求	受挠曲影响	速度估计效果	对准收敛速度
速度	高	中等	好	慢
积分速度	高	小	好	快
角速度/加速度	中等	大	差	快
姿态	低	大	差	快
速度＋姿态	中等	较小	好	快
速度＋角速度	中等	较小	好	快

传递对准一般通过 Kalman 滤波方法来实现，其本质是将失准角及惯性仪表的随机误差作为状态变量，通过最优估计的方法将其估计出来，目前已经发展了极其丰富的滤波方法。系

统状态的可观测性及可观测度对于 Kalman 滤波器的估计效果具有较大的影响。对一个完全可观测的系统而言，状态的估计效果完全取决于系统建模误差和观测噪声的特性。对于不可观测的系统，即便不存在建模误差和测量误差，系统的状态仍然无法估计。因此，在传递对准过程中进行可观测性和可观测度分析，确定哪些参数在什么条件下是可以观测的，哪些参数是不可以被观测的，可以为模型降阶、最佳机动方式的选择及参数辨识提供理论支撑，在此对系统的可观测性和可观测度不做过多介绍，感兴趣的读者可以参考相关书籍和文献。

7.4.4 制导炮弹微惯导系统函数迭代空中对准方法

本节给出一个制导炮弹微惯导系统在空中飞行过程中的对准实例。制导炮弹微惯导系统初始对准的精度和快速性是影响制导性能的重要因素。由于制导炮弹高过载（$\geqslant 10^4$g）、高旋转（$\geqslant$20r/s）的恶劣环境，对微惯导系统空中对准提出了极大的挑战。本节以 GNSS 辅助微惯导系统空中对准为例，从空中对准模型和滤波方法两个角度着手设计对准方案，以期望获得较高的对准精度、降低对准时长，增强空中对准的鲁棒性。

1. 微惯导系统空中对准模型

炮弹微惯导系统空中对准是确定从弹体坐标系到导航坐标系的姿态矩阵 $\boldsymbol{C}_{b(t)}^{n(t)}$ 的过程，本节主要研究 GNSS 辅助微惯导系统在炮弹飞行过程中的初始对准问题，对准过程从时间 $t=$ 0s 开始。

根据链式法则，姿态矩阵 $\boldsymbol{C}_{b(t)}^{n(t)}$ 可分解为：

$$\boldsymbol{C}_{b(t)}^{n(t)}=\boldsymbol{C}_{n(0)}^{n(t)}\boldsymbol{C}_{b(0)}^{n(0)}\boldsymbol{C}_{b(t)}^{b(0)} \tag{7.243}$$

式中，t 时刻的导航坐标系为 $n(t)$，弹体坐标系为 $b(t)$。$t=0$s 时刻的导航坐标系为 $n(0)$，弹体坐标系为 $b(0)$。

1）常值矩阵 $\boldsymbol{C}_{b(0)}^{n(0)}$ 求解

根据捷联式惯性导航系统的速度微分方程

$$\dot{\boldsymbol{v}}^n=\boldsymbol{C}_{b(t)}^{n(t)}\boldsymbol{f}^b-(2\boldsymbol{\omega}_{ie}^n+\boldsymbol{\omega}_{en}^n)\times\boldsymbol{v}^n+\boldsymbol{g}^n=\boldsymbol{C}_{n(0)}^{n(t)}\boldsymbol{C}_{b(0)}^{n(0)}\boldsymbol{C}_{b(t)}^{b(0)}\boldsymbol{f}^b-(2\boldsymbol{\omega}_{ie}^n+\boldsymbol{\omega}_{en}^n)\times\boldsymbol{v}^n+\boldsymbol{g}^n \tag{7.244}$$

式中，$\boldsymbol{\omega}_{ie}^n=[0\quad \omega_{ie}\cos\varphi\quad \omega_{ie}\sin\varphi]^{\mathrm{T}}$，$\boldsymbol{\omega}_{en}^n=\begin{bmatrix}-\dfrac{v_N^n}{R_M+h} & \dfrac{v_E^n}{R_N+h} & \dfrac{v_E^n\tan\varphi}{R_N+h}\end{bmatrix}^{\mathrm{T}}$，$R_e$ 为地球平均半径，$\boldsymbol{\omega}_{ie}$ 为地球自转角速率；$[\varphi\quad\lambda\quad h]^{\mathrm{T}}$ 为位置，分别代表纬度、经度和高度；$\boldsymbol{v}^n=[v_E^n\quad v_N^n\quad v_\xi^n]^{\mathrm{T}}$ 为速度，分别代表东、北和天向速度。$\boldsymbol{f}^b$ 为加速度计测量的三轴比力，$\boldsymbol{g}^n$ 为当地重力加速度。

由于炮弹飞行时间短，落点距离近，可认为导航坐标系 n 不发生变化，则：

$$\boldsymbol{C}_{n(0)}^{n(t)}=\boldsymbol{I}_{3\times3} \tag{7.245}$$

联立式(7.244)和式(7.245)，并对等式两边同时积分，可得：

$$\int_0^t(\dot{\boldsymbol{v}}^n+(2\boldsymbol{\omega}_{ie}^n+\boldsymbol{\omega}_{en}^n)\times\boldsymbol{v}^n-\boldsymbol{g}^n)\,\mathrm{d}t=\boldsymbol{C}_{b(0)}^{n(0)}\int_0^t(\boldsymbol{C}_{b(t)}^{b(0)}\boldsymbol{f}^b)\,\mathrm{d}t \tag{7.246}$$

简化式(7.246)可得：

$$\boldsymbol{C}_{b(0)}^{n(0)}\boldsymbol{\alpha}=\boldsymbol{\beta} \tag{7.247}$$

式中，$\boldsymbol{\alpha}=\int_0^t(\boldsymbol{C}_{b(t)}^{b(0)}f^b)\,\mathrm{d}t$，$\boldsymbol{\beta}=\int_0^t(\dot{\boldsymbol{v}}^n+(2\boldsymbol{\omega}_{ie}^n+\boldsymbol{\omega}_{en}^n)\times\boldsymbol{v}^n-\boldsymbol{g}^n)\,\mathrm{d}t$。

对于式(7.247)的求解为 Wahba 问题，采用 QUEST 算法求解。$\boldsymbol{\alpha}$ 和 $\boldsymbol{\beta}$ 具体的递推求解过程如下：

$$\begin{cases}\boldsymbol{\alpha}_k=\int_0^{t_{k-1}}(\boldsymbol{C}_{b(t)}^{b(0)}\boldsymbol{f}^b)\mathrm{d}t+\int_{t_{k-1}}^{t_k}(\boldsymbol{C}_{b(t)}^{b(0)}\boldsymbol{f}^b)\mathrm{d}t=\boldsymbol{\alpha}_{k-1}+\int_{t_{k-1}}^{t_k}(\boldsymbol{C}_{b(t)}^{b(0)}\boldsymbol{f}^b)\mathrm{d}t\\ \boldsymbol{\beta}_k=\int_0^{t_{k-1}}(\dot{\boldsymbol{v}}^n+(2\boldsymbol{\omega}_{te}^n+\boldsymbol{\omega}_{en}^n)\times\boldsymbol{v}^n-\boldsymbol{g}^n)\mathrm{d}t+\int_{t_{k-1}}^{t_k}\dot{\boldsymbol{v}}^n\mathrm{d}t+\int_{t_{k-1}}^{t_k}((2\boldsymbol{\omega}_{te}^n+\boldsymbol{\omega}_{en}^n)\times\boldsymbol{v}^n-\boldsymbol{g}^n)\mathrm{d}t\\ \quad=\boldsymbol{\beta}_{k-1}+\boldsymbol{v}_{t_k}^n-\boldsymbol{v}_{t_{k-1}}^n+\int_{t_{k-1}}^{t_k}((2\boldsymbol{\omega}_{te}^n+\boldsymbol{\omega}_{en}^n)\times\boldsymbol{v}^n-\boldsymbol{g}^n)\mathrm{d}t\end{cases}\tag{7.248}$$

简化式(7.248)可得

$$\begin{cases}\boldsymbol{\alpha}_k=\boldsymbol{\alpha}_{k-1}+\int_{t_{k-1}}^{t_k}\boldsymbol{f}^{b'}\mathrm{d}t\\ \boldsymbol{\beta}_k=\boldsymbol{\beta}_{k-1}+\boldsymbol{v}_{t_k}^n-\boldsymbol{v}_{t_{k-1}}^n+\int_{t_{k-1}}^{t_k}\boldsymbol{f}^{n'}\mathrm{d}t\end{cases}\tag{7.249}$$

式中，$\boldsymbol{f}^{b'}=\boldsymbol{C}_{b(t)}^{b(0)}f^b$，$\boldsymbol{f}^{n'}=(2\omega_{ie}^n+\omega_{en}^n)\times\boldsymbol{v}^n-\boldsymbol{g}^n$。

根据式(7.247)和式(7.249)可知，$\boldsymbol{C}_{b(0)}^{n(0)}$ 计算结果依赖于 $\boldsymbol{f}^{b'}$ 和 $\boldsymbol{f}^{n'}$ 的积分精度，因此亟需寻求一种高精度的积分方法。

2)时变矩阵 $\boldsymbol{C}_{b(t)}^{b(0)}$ 求解

对于时变矩阵 $\boldsymbol{C}_{b(t)}^{b(0)}$，根据链式法则有：

$$\boldsymbol{C}_{b(t_k)}^{b(0)}=\boldsymbol{C}_{b(t_{k-1})}^{b(0)}\boldsymbol{C}_{b(t_k)}^{b(t_{k-1})}\tag{7.250}$$

通常将炮弹高动态飞行等效为圆锥运动，采用优化旋转矢量法求解 $\boldsymbol{C}_{b(t_k)}^{b(t_{k-1})}$，旋转矢量微分方程为：

$$\dot{\boldsymbol{\Phi}}=\boldsymbol{\omega}_{nb}^b+\frac{1}{2}\boldsymbol{\Phi}\times\boldsymbol{\omega}_{nb}^b+\frac{1}{12}\boldsymbol{\Phi}\times(\boldsymbol{\Phi}\times\boldsymbol{\omega}_{nb}^b)\approx\boldsymbol{\omega}_{nb}^b+\frac{1}{2}\boldsymbol{\Phi}\times\boldsymbol{\omega}_{nb}^b\tag{7.251}$$

式中，$\boldsymbol{\omega}_{nb}^b\approx\boldsymbol{\omega}_{ib}^b$；$\boldsymbol{\omega}_{ib}^b$ 为陀螺仪测量炮弹的三轴角速率；$\boldsymbol{\Phi}$ 为旋转矢量。

对于角增量的提取，直接积分：

$$\Delta\boldsymbol{\theta}_i=\int_{t+\frac{i-1}{n_s}T}^{t+\frac{i}{n_s}T}\boldsymbol{\omega}_{ib}^b(t)\mathrm{d}t\tag{7.252}$$

式中，$i=1,2,\cdots,n_s$；n_s 为子样数；$T=t_k-t_{k-1}$ 为姿态更新周期。

不同子样数下的旋转矢量表达式：

$$\widetilde{\boldsymbol{\Phi}}(T)=\sum_{i=1}^{n}\Delta\boldsymbol{\theta}_i+k_i\sum_{i,j}(\Delta\boldsymbol{\theta}_i\times\Delta\boldsymbol{\theta}_j)\tag{7.253}$$

式中，$\widetilde{\boldsymbol{\Phi}}(T)$ 为载体坐标系从 t_{k-1} 时刻至 t_k 时刻角位置变化所对应的多子样等效旋转矢量；k_i 为优化系数，可通过 Miller 优化方法得到。

由于旋转矢量的精度直接影响 $\boldsymbol{C}_{b(t)}^{b(0)}$ 的精度，进而影响到最终对准精度。因此进一步优化旋转矢量计算方法。对式(7.251)左右两边同时在区间 $[t_{k-1},t_k]$ 内积分，可得：

$$\hat{\boldsymbol{\Phi}}(T)=\int_{t_{k-1}}^{t_k}\dot{\boldsymbol{\Phi}}\mathrm{d}t=\int_{t_{k-1}}^{t_k}\left(\boldsymbol{\omega}_{nb}^b+\frac{1}{2}\boldsymbol{\Phi}\times\boldsymbol{\omega}_{nb}^b\right)\mathrm{d}t=\int_{t_{k-1}}^{t_k}\boldsymbol{\omega}_{nb}^b dt+\int_{t_{k-1}}^{t_k}\left(\frac{1}{2}\boldsymbol{\Phi}\times\boldsymbol{\omega}_{nb}^b\right)\mathrm{d}t\tag{7.254}$$

由于等式左边存在未知项，采用多子样优化旋转矢量近似等效，可得：

$$\begin{aligned}\hat{\boldsymbol{\Phi}}(T)&=\int_{t_{k-1}}^{t_k}\boldsymbol{\omega}_{nb}^{b}\mathrm{d}t+\int_{t_{k-1}}^{t_k}\left(\frac{1}{2}\hat{\boldsymbol{\Phi}}(T)\times\boldsymbol{\omega}_{nb}^{b}\right)\mathrm{d}t\approx\int_{t_{k-1}}^{t_k}\boldsymbol{\omega}_{nb}^{b}\mathrm{d}t+\int_{t_{k-1}}^{t_k}\left(\frac{1}{2}\widetilde{\boldsymbol{\Phi}}(T)\times\boldsymbol{\omega}_{nb}^{b}\right)\mathrm{d}t\\&=\Delta\theta+\frac{1}{2}\int_{t_{k-1}}^{t_k}\boldsymbol{\Phi}_e\mathrm{d}t\end{aligned}\tag{7.255}$$

式中，$\Delta\boldsymbol{\theta}=\int_{t_{k-1}}^{t_k}\boldsymbol{\omega}_{nb}^{b}\mathrm{d}t$，$\boldsymbol{\Phi}_e=\widetilde{\boldsymbol{\Phi}}(T)\times\boldsymbol{\omega}_{nb}^{b}$。

根据式(7.252)和式(7.255)可知，旋转矢量计算精度依赖于角速率的积分精度，因此亟需寻求一种高精度的积分方法。

2. 函数迭代积分方法

从空中对准模型的推导可以看出，炮弹微惯导系统空中对准精度依赖于 $\boldsymbol{\omega}_{ib}^{b}$、$\boldsymbol{f}^{b'}$、$\boldsymbol{f}^{n'}$ 和 $\boldsymbol{\Phi}_e$ 的积分精度。本节采用 Legendre 多项式拟合 $\boldsymbol{\omega}_{ib}^{b}$、$\boldsymbol{f}^{b'}$、$\boldsymbol{f}^{n'}$ 和 $\boldsymbol{\Phi}_e$，然后通过函数迭代求解上述积分。Legendre 多项式在区间[−1,1]之间的递推式为

$$\begin{cases}p_0=1,p_1=x,\\p_{m+1}=\dfrac{2m+1}{m+1}xp_m-\dfrac{m}{m+1}p_{m-1},m>1\end{cases}\tag{7.256}$$

式中，p_m 是第 m 阶 Legendre 多项式，x 是属于区间[−1,1]之间的变量。

对 Legendre 多项式进行积分

$$\begin{aligned}G_{m,[\tau_{k-1}\ \ \tau_k]}&=\int_{\tau_{k-1}}^{\tau_k}p_m(\tau)\mathrm{d}\tau\\&=\begin{cases}\displaystyle\int_{\tau_{k-1}}^{\tau_k}(1+\tau)\mathrm{d}\tau=\frac{\tau_k^2-\tau_{k-1}^2}{2},m=1\\\dfrac{(p_{m+1}(\tau_k)-\tau_kp_m(\tau_k))-(p_{m+1}(\tau_{k-1})-\tau_{k-1}p_m(\tau_{k-1}))}{m},m>1\end{cases}\end{aligned}\tag{7.257}$$

式中，$\tau_k\in[-1,1]$ 为映射之后的变量。

为了应用 Legendre 多项式，将 N 个采样点数据映射到[−1,1]，其映射关系如图 7.11 所示。

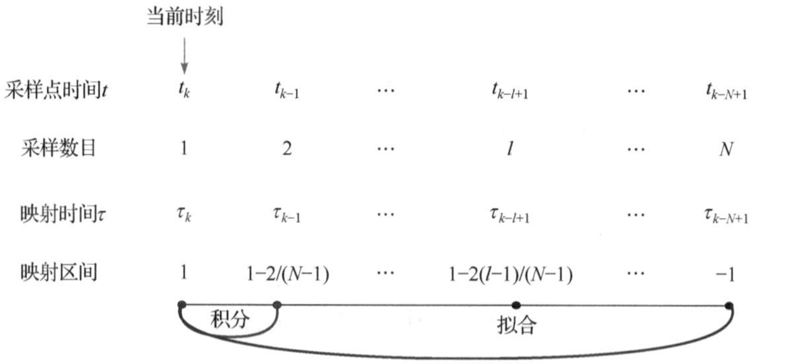

图 7.11　采样时间到[−1,1]之间的映射关系

当 $\boldsymbol{\omega}_{ib}^{b}$、$f^{b'}$、$f^{n'}$ 和 $\boldsymbol{\Phi}_{e}$ 各采样 N 个点时，可得：

$$\begin{cases}\boldsymbol{A}(n_{\omega})\begin{bmatrix}\boldsymbol{a}_{0} & \boldsymbol{a}_{1} & \cdots & \boldsymbol{a}_{n_{\omega}}\end{bmatrix}^{\mathrm{T}}=\begin{bmatrix}\tilde{\boldsymbol{\omega}}_{ib}^{b}(t_{k}) & \tilde{\boldsymbol{\omega}}_{ib}^{b}(t_{k-1}) & \cdots & \tilde{\boldsymbol{\omega}}_{ib}^{b}(t_{k-N+1})\end{bmatrix}^{\mathrm{T}}, n_{\omega}\leqslant N-1\\ \boldsymbol{A}(n_{fb})\begin{bmatrix}\boldsymbol{b}_{0} & \boldsymbol{b}_{1} & \cdots & \boldsymbol{b}_{n_{fb}}\end{bmatrix}^{\mathrm{T}}=\begin{bmatrix}\tilde{\boldsymbol{f}}^{b'}(t_{k}) & \tilde{\boldsymbol{f}}^{b'}(t_{k-1}) & \cdots & \tilde{\boldsymbol{f}}^{b'}(t_{k-N+1})\end{bmatrix}^{\mathrm{T}}, n_{fb}\leqslant N-1\\ \boldsymbol{A}(n_{fn})\begin{bmatrix}\boldsymbol{c}_{0} & \boldsymbol{c}_{1} & \cdots & \boldsymbol{c}_{n_{fn}}\end{bmatrix}^{\mathrm{T}}=\begin{bmatrix}\tilde{\boldsymbol{f}}^{n'}(t_{k}) & \tilde{\boldsymbol{f}}^{n'}(t_{k-1}) & \cdots & \tilde{\boldsymbol{f}}^{n'}(t_{k-N+1})\end{bmatrix}^{\mathrm{T}}, n_{fn}\leqslant N-1\\ \boldsymbol{A}(n_{e})\begin{bmatrix}\boldsymbol{d}_{0} & \boldsymbol{d}_{1} & \cdots & \boldsymbol{d}_{n_{e}}\end{bmatrix}^{\mathrm{T}}=\begin{bmatrix}\tilde{\boldsymbol{\Phi}}_{e}(t_{k}) & \tilde{\boldsymbol{\Phi}}_{e}(t_{k-1}) & \cdots & \tilde{\boldsymbol{\Phi}}_{e}(t_{k-N+1})\end{bmatrix}^{\mathrm{T}}, n_{e}\leqslant N-1\end{cases}\tag{7.258}$$

式中，$\tilde{\boldsymbol{\omega}}_{ib}^{b}$、$\tilde{\boldsymbol{f}}^{b'}$、$\tilde{\boldsymbol{f}}^{n'}$ 和 $\tilde{\boldsymbol{\Phi}}_{e}$ 为测量值或测量衍生值；

$$\boldsymbol{A}(n)=\begin{bmatrix}1 & p_{1}(\tau_{k}) & \cdots & p_{n}(\tau_{k})\\ 1 & p_{1}(\tau_{k-1}) & \cdots & p_{n}(\tau_{k-1})\\ \cdots & \cdots & \cdots & \cdots\\ 1 & p_{1}(\tau_{k-N+1}) & \cdots & p_{n}(\tau_{k-N+1})\end{bmatrix};$$

式中，n_{ω}、n_{fb}、n_{fn} 和 n_{e} 为 $\boldsymbol{\omega}_{ib}^{b}$、$\boldsymbol{f}^{b'}$、$\boldsymbol{f}^{n'}$ 和 $\boldsymbol{\Phi}_{e}$ 的 Legendre 多项式最大阶数。系数 $\boldsymbol{a}_{m}$、$\boldsymbol{b}_{m}$、$\boldsymbol{c}_{m}$ 和 $\boldsymbol{d}_{m}$，$m=\{0 \quad \cdots \quad n\}$ 可采用最小二乘法求得。

拟合函数为：

$$\begin{cases}\hat{\boldsymbol{\omega}}_{ib}^{b}=\sum_{m=0}^{n_{\omega}}\boldsymbol{a}_{m}p_{m}(\tau), n_{\omega}\leqslant N-1\\ \hat{\boldsymbol{f}}^{b'}=\sum_{m=0}^{n_{tb}}\boldsymbol{b}_{m}p_{m}(\tau), n_{fb}\leqslant N-1\\ \hat{\boldsymbol{f}}^{n'}=\sum_{m=0}^{n_{fn}}\boldsymbol{c}_{m}p_{m}(\tau), n_{fn}\leqslant N-1\\ \hat{\boldsymbol{\Phi}}_{e}=\sum_{m=0}^{n_{e}}\boldsymbol{d}_{m}p_{m}(\tau), n_{e}\leqslant N-1\end{cases}\tag{7.259}$$

式中，$\hat{\boldsymbol{\omega}}_{ib}^{b}$、$\hat{\boldsymbol{f}}^{b'}$、$\hat{\boldsymbol{f}}^{n'}$ 和 $\hat{\boldsymbol{\Phi}}_{e}$ 为拟合函数。

对 $\boldsymbol{\omega}_{ib}^{b}$、$\boldsymbol{f}^{b'}$、$\boldsymbol{f}^{n'}$ 和 $\boldsymbol{\Phi}_{e}$ 进行积分，联立式(7.257)和(7.259)可得：

$$\begin{cases}\int_{t_{k-1}}^{t_{k}}\hat{\boldsymbol{\omega}}_{ib}^{b}\,\mathrm{d}t=\frac{n_{\omega}(t_{k}-t_{k-1})}{2}\int_{\tau_{k-1}}^{\tau_{k}}\left(\sum_{m=0}^{n_{\omega}}\boldsymbol{a}_{m}p_{m}(\tau)\right)\mathrm{d}\tau=\frac{n_{\omega}(t_{k}-t_{k-1})}{2}\sum_{m=0}^{n_{\omega}}\boldsymbol{a}_{m}G_{m,[\tau_{k-1}\quad\tau_{k}]}\\ \int_{t_{k-1}}^{t_{k}}\hat{\boldsymbol{f}}^{b'}\,\mathrm{d}t=\frac{n_{fb}(t_{k}-t_{k-1})}{2}\int_{\tau_{k-1}}^{\tau_{k}}\left(\sum_{m=0}^{n_{fb}}\boldsymbol{b}_{m}p_{m}(\tau)\right)\mathrm{d}\tau=\frac{n_{fb}(t_{k}-t_{k-1})}{2}\sum_{m=0}^{n_{fb}}\boldsymbol{b}_{m}G_{m,[\tau_{k-1}\quad\tau_{k}]}\\ \int_{t_{k-1}}^{t_{k}}\hat{\boldsymbol{f}}^{n'}\,\mathrm{d}t=\frac{n_{fn}(t_{k}-t_{k-1})}{2}\int_{\tau_{k-1}}^{\tau_{k}}\left(\sum_{m=0}^{n_{fn}}\boldsymbol{c}_{m}p_{m}(\tau)\right)\mathrm{d}\tau=\frac{n_{fn}(t_{k}-t_{k-1})}{2}\sum_{m=0}^{n_{fn}}\boldsymbol{c}_{m}G_{m,[\tau_{k-1}\quad\tau_{k}]}\\ \int_{t_{k-1}}^{t_{k}}\hat{\boldsymbol{\Phi}}_{e}\,\mathrm{d}t=\frac{n_{e}(t_{k}-t_{k-1})}{2}\int_{\tau_{k-1}}^{\tau_{k}}\left(\sum_{m=0}^{n_{e}}\boldsymbol{d}_{m}p_{m}(\tau)\right)\mathrm{d}\tau=\frac{n_{e}(t_{k}-t_{k-1})}{2}\sum_{m=0}^{n_{e}}\boldsymbol{d}_{m}G_{m,[\tau_{k-1}\quad\tau_{k}]}\end{cases}\tag{7.260}$$

对于多子样算法，角增量提取迭代表达式为：

$$\Delta\boldsymbol{\theta}_i=\int_{t+\frac{i-1}{n_s}T}^{t+\frac{i}{n_s}T}\boldsymbol{\omega}_{ib}^b(t)\,\mathrm{d}t=\frac{n_\omega T}{2n_s}=\int_{\tau_{k-1}+\frac{(i-1)(\tau_k-\tau_{k-1})}{n_s}}^{\tau_{k-1}+\frac{i(\tau_k-\tau_{k-1})}{n_s}}\left(\sum_{m=0}^{n_\omega}\boldsymbol{a}_m p_m(\tau)\right)\mathrm{d}\tau$$

$$=\frac{n_\omega T}{2n_s}\sum_{m=0}^{n_\omega}\boldsymbol{a}_m G_{m,\left[\tau_{k-1}+\frac{(i-1)(\tau_k-\tau_{k-1})}{n_s},\ \tau_{k-1}+\frac{i(\tau_k-\tau_{k-1})}{n_s}\right]} \tag{7.261}$$

综上所述，基于函数迭代的炮弹微惯导系统空中对准方法流程如图 7.12 所示。

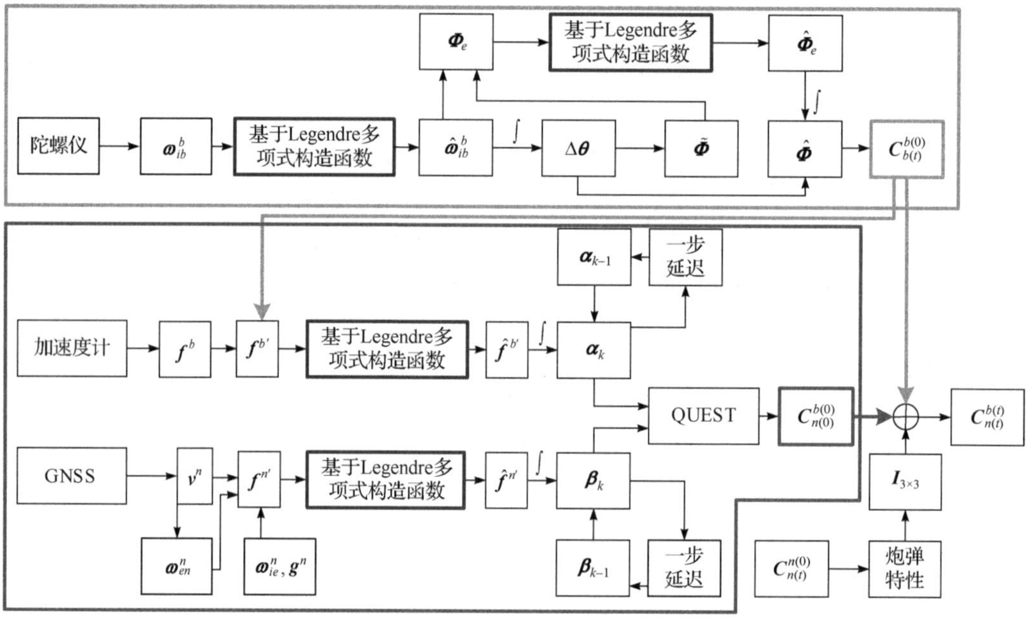

代码

图 7.12 基于函数迭代的炮弹微惯导系统空中对准方法流程图

3. 仿真验证

1）方法评价指标

为了评估姿态估计精度，选择稳定时姿态 *RMSE* 和姿态平均均方根误差 *ARMSE* 作为评价指标。其定义如下：

$$RMSE_{\theta,\gamma,\psi}=\sqrt{\frac{1}{N_{\theta,\gamma,\psi}}\sum_{N_{\theta,\gamma,\psi}}\left(A_{\theta,\gamma,\psi}(t)-\hat{A}_{\theta,\gamma,\psi}(t)\right)^2} \tag{7.262}$$

式中，$A_{\theta,\gamma,\psi}(t)$为稳定时真实的姿态角，$\hat{A}_{\theta,\gamma,\psi}(t)$为稳定时估计的姿态角，$N_{\theta,\gamma,\psi}$为稳定时姿态角数据长度。

$$ARMSE_{\theta,\gamma,\psi}=\sum_{s=1}^{M}RMSE_{\theta,\gamma,\psi}^{s}/M \tag{7.263}$$

式中，M 为蒙特卡洛试验的次数，s 为第 s 次蒙特卡洛试验。

不同方法精度提高百分比的定义为

$$IP=\frac{C_A-C_B}{C_A}\times 100\%$$

式中，C_A 表示方法 A 的 $ARMSE_{\theta,\gamma,\psi}$ 或 $RMSE_{\theta,\gamma,\psi}$；$C_B$ 表示方法 B 的 $ARMSE_{\theta,\gamma,\psi}$ 或 $RMSE_{\theta,\gamma,\psi}$。

2) Legendre 多项式阶数和采样个数的选取

通常将炮弹高动态运动近似为圆锥运动。锥动环境下，弹体坐标系相对于参考坐标系的角速率为

$$\boldsymbol{\omega}^b(t)=\begin{bmatrix}-2\omega_c\sin^2\dfrac{a_c}{2}\\ -\omega_c\sin a_c\sin(\omega_c t)\\ \omega_c\sin a_c\cos(\omega_c t)\end{bmatrix}\tag{7.264}$$

式中，ω_c 为锥动角速率，a_c 为半锥角，t 为运动时间。

以圆锥运动中，$\boldsymbol{\omega}_z^b(t)=\omega_c\sin a_c\cos(\omega_c t)$ 为例，进行 Legendre 多项式阶数和采样个数的选取，其中，$\omega_c=20\text{r/s}$，$a_c=1°$，$t=30\text{s}$。

(1) Legendre 多项式阶数选取。

以 10 个采样数据为例，分别采用 1～9 阶 Legendre 多项式逼近 $\boldsymbol{\omega}_z^b(t)$，逼近结果与真值的 RMSE 如图 7.13 所示。

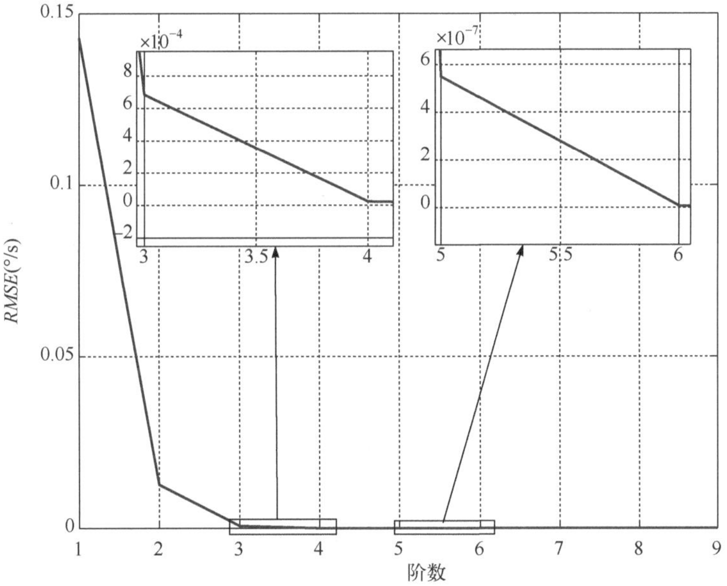

图 7.13　Legendre 多项式阶数与 $RMSE$ 关系曲线

由图 7.13 可知，在采样数据长度固定时，随着阶数的递增，$RMSE$ 逐渐减小，呈现近似指数衰减；每提高一阶，$RMSE$ 衰减近一个数量级。综合算法的复杂度与精度，本文选取 Legendre 多项式阶数为 3 阶和 4 阶，二者的函数逼近 $RMSE$ 精度均小于 7×10^{-4}°/s。

（2）采样个数选取。

以 3 阶 Legendre 多项式和 4 阶 Legendre 多项式为例，分别采用 4～10 个采样数据和 5～10 个采样数据逼近 $\boldsymbol{\omega}_z^b(t)$，逼近结果与真值的 RMSE 如图 7.14 所示。由图 7.14 可知，在 Legendre 多项式阶数固定时，随着采样个数的递增，RMSE 逐渐增加。综合对比 3 阶 Legendre 多项式和 4 阶 Legendre 多项式的逼近精度，本文选取采样个数为 5，其函数逼近 RMSE 精度均小于 6×10^{-6}°/s。

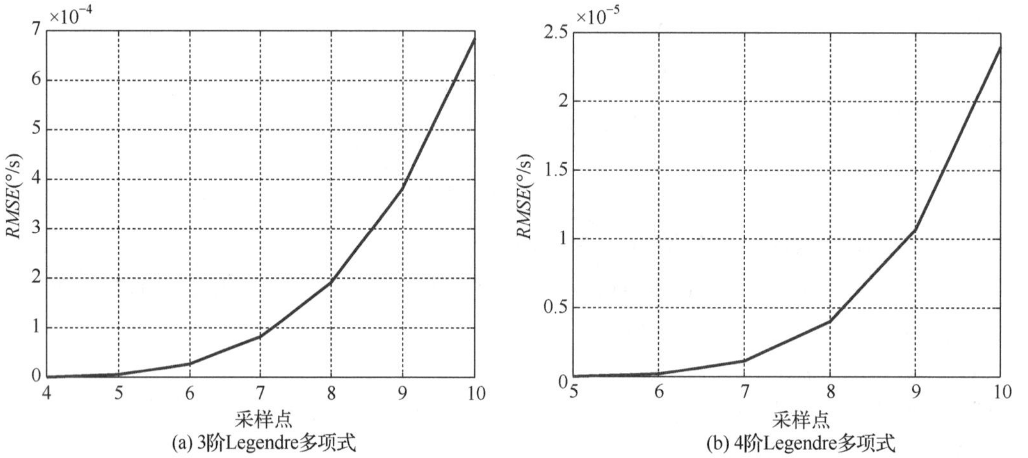

图 7.14　Legendre 多项式采样个数与 *RMSE* 关系曲线

3）仿真验证

（1）仿真条件。

以 155mm 炮弹为仿真对象，对准过程中使用的传感器参数如表 7.4 所示。

表 7.4　传感器参数

传感器参数	参数
陀螺仪零偏	10°/h
陀螺仪零偏稳定性	1°/h
加速度计零偏	50mg
加速度计零偏稳定性	5mg
GNSS 速度误差	1m/s

（2）仿真结果与分析。

本节选取采样点 $N=5$，进行 3 阶 Legendre 多项式单子样（3-Legendre-one-sample）、3 阶 Legendre 多项式双子样（3-Legendre-two-sample）、4 阶 Legendre 多项式单子样（4-Legendre-one-sample）、4 阶 Legendre 多项式双子样（4-Legendre-two-sample）仿真，并与文献中的 OBA 算法的单子样（one-sample）和双子样（two-sample）进行对比。蒙特卡洛仿真次数 $M=100$，仿真时间 30s。其中一次蒙特卡洛仿真真实 $\boldsymbol{C}_{b(0)}^{n(0)}$ 和估计 $\hat{\boldsymbol{C}}_{b(0)}^{n(0)}$ 姿态误差结果如图 7.15 所示。

由图 7.15 可知，在 0～15s 之间为收敛过程，one-sample 算法收敛速度慢，且误差大。所提算法均能在 10s 内收敛到 20′以内，且精度优于 two-sample 算法。为了说明所提算法的优越性，以 15～30s 之间的稳定状态的 RMSE 为评价指标，进行 100 次蒙特卡洛试验，不同算法所得的 RMSE 结果如图 7.16 所示。

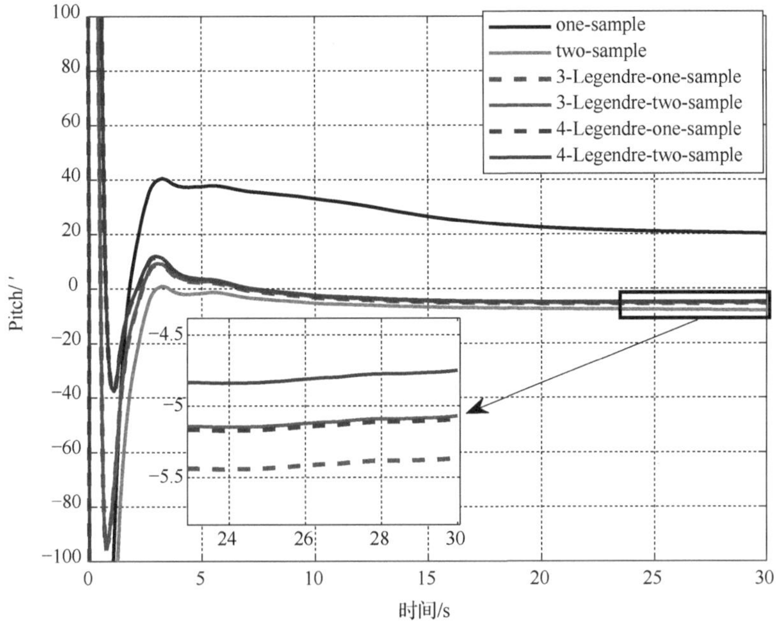

(a) 初始俯仰角误差

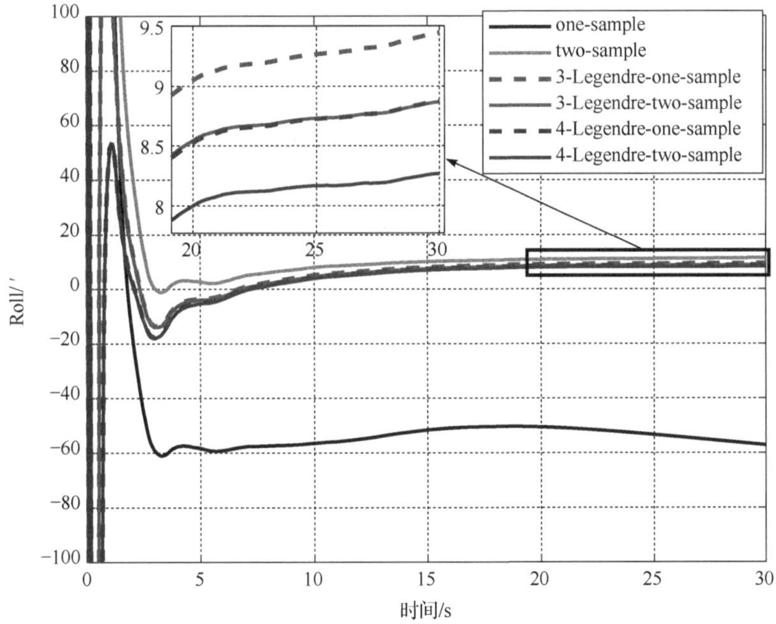

(b) 初始滚转角误差

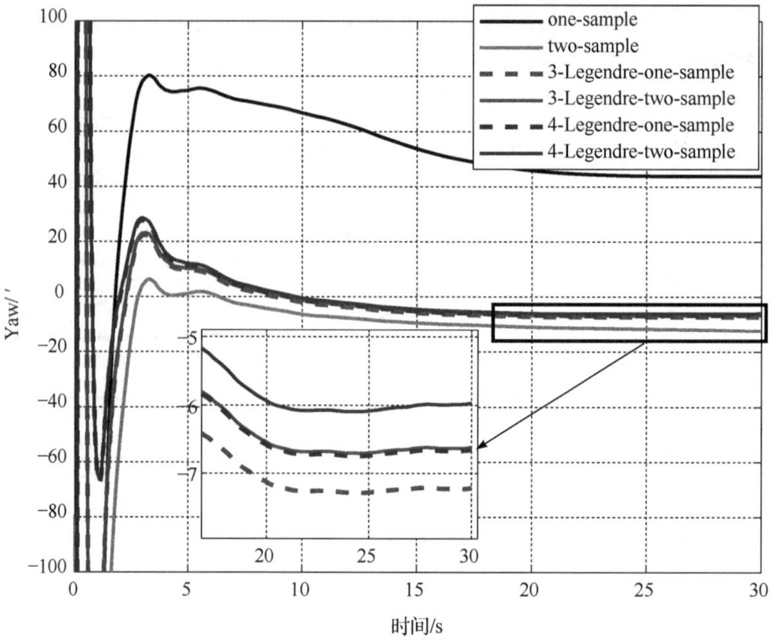

(c) 初始偏航角误差

图 7.15　初始姿态角误差

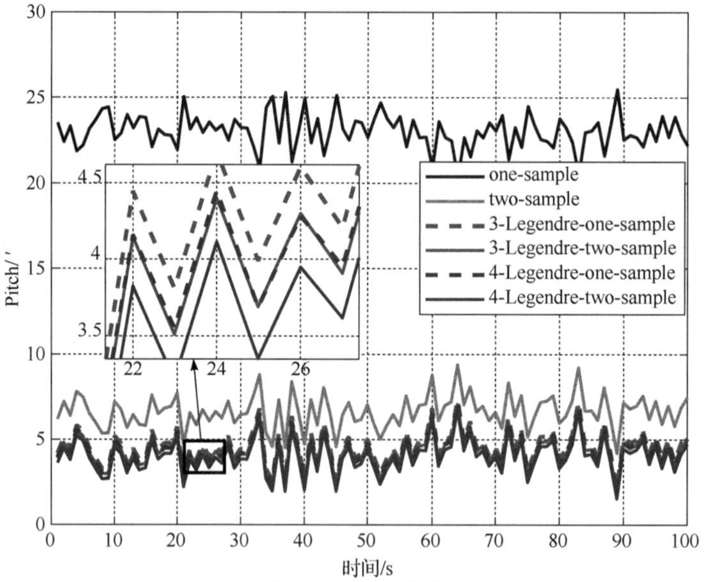

(a) 初始俯仰角稳定状态*RMSE*

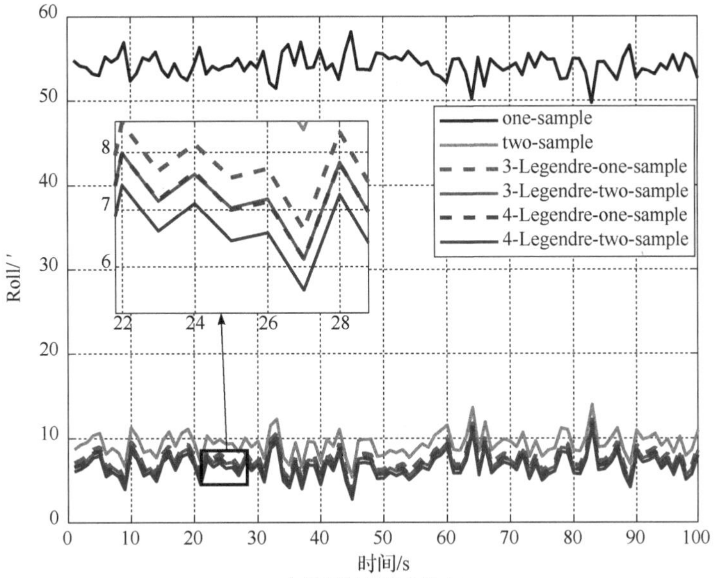

(b) 初始滚转角稳定状态*RMSE*

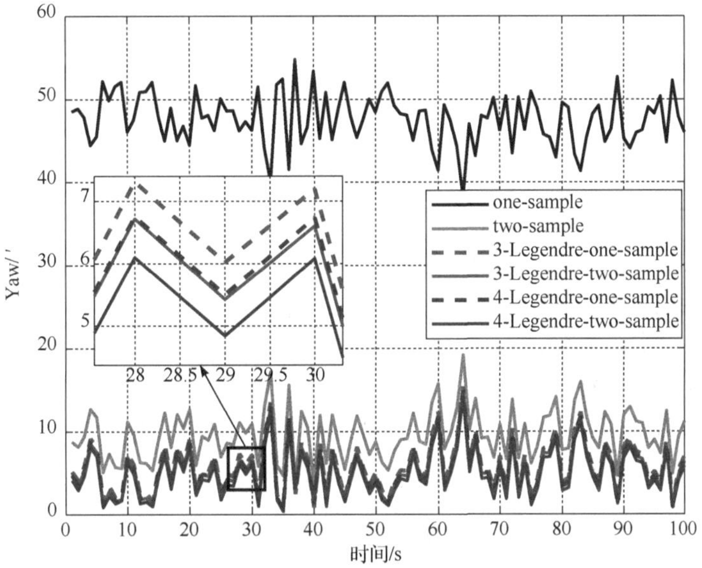

(c) 初始偏航角稳定状态*RMSE*

图 7.16　初始姿态角稳定状态 *RMSE*

由图 7.16 可知，所提算法的 *RMSE* 优于 OBA 方法的 one-sample 算法和 two-sample 算法。在 Legendre 多项式相同阶数的情况下，子样数越高，算法精度越高。在子样数相同的情况下，Legendre 多项式的阶数越高，算法精度越高。其中 4-Legendre-two-sample 算法最优。采用 *ARMSE* 进一步评价各算法的优越性，如图 7.17 所示。

进一步对比所提算法与 two-sample 算法精度提高百分比，结果如表 7.5 所示。

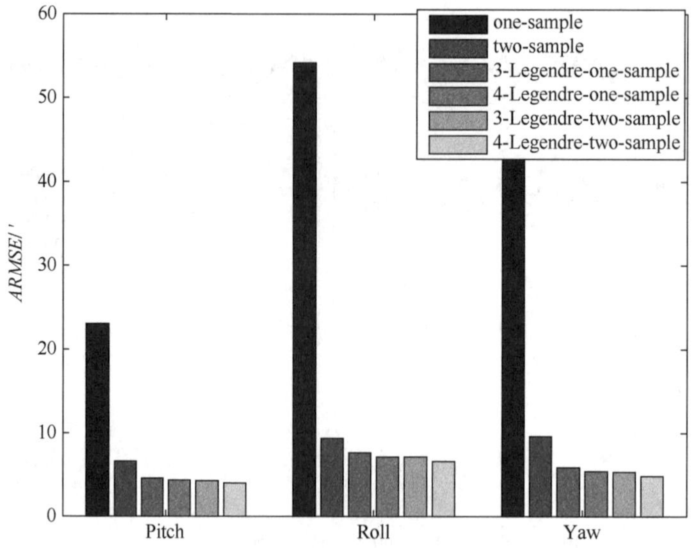

图 7.17　不同算法的 *ARMSE*

表 7.5　所提算法与 two-sample 算法对准精度仿真对比结果

算法	3-Legendre-one-sample	3-Legendre-two-sample	4-Legendre-one-sample	4-Legendre-two-sample
IP of pitch/%	30.49	34.39	35.01	39.43
IP of roll/%	18.12	23.50	23.74	29.34
IP of yaw/%	38.51	43.22	44.12	49.15

由图 7.17 和表 7.5 可知，基于 Legendre 多项式函数迭代方法相比于传统 OBA 方法，对准精度有大幅度提升；相比于 two-sample 算法，偏航角、俯仰角和滚转角对准精度分别有 38%、30%和 18%以上的提升。

(3) 不同方法实时性验证对比。

采用主频为 1.90GHz 的 AMD A8-4599M 的处理器，在 MATLAB R2014b 中进行仿真实验，单步解算时间作为评价指标，具体结果如表 7.6 所示。

表 7.6　不同方法实时性验证对比结果(ms)

方法	one-sample	two-sample	3-Legendre-one-sample	3-Legendre-two-sample	4-Legendre-one-sample	4-Legendre-two-sample
单步解算时间	0.945	1.057	3.536	3.590	3.612	3.692

由表 7.6 可知，本文所提方法随着阶数和子样数的提升，单步解算时间没有明显增加，且单步解算时间可以保证在 3.7ms 以内。

上述通过对空中对准模型中的积分项进行拟合求解，从而实现炮弹捷联惯性导航系统的高精度空中对准，然而由于炮弹复杂高动态飞行环境，微惯导和 GNSS 易受干扰，使得量测噪声表现为非高斯噪声形式，从而导致对准精度低、对准时间长。为此，需要从抗扰动的角度设计强鲁棒的滤波器，实现炮弹在复杂非高斯噪声环境下的空中对准。

7.5　陀螺寻北仪

陀螺寻北仪是在静基座条件下，利用地球重力特性和陀螺仪敏感地球自转角速度，经计算测得载体相对真北的方位角 ψ 的仪器。一般有便携式和车载式两种结构形式，其中便携式陀螺寻北仪安装在可调水平的专用三角架上；车载式陀螺寻北仪通过带有减震器的基座安装在载体上。陀螺寻北仪体积小、质量轻、操作简便、反应迅速、能全天候自主确定载体方位角，可用于导弹发射、武器瞄准、煤炭开发、石油钻井、隧道建设、大地测量等领域。本节主要介绍车载式陀螺寻北仪的工作原理。

7.5.1　陀螺寻北仪工作原理

1. 寻北方案

陀螺寻北仪一般由惯性测量单元、数据采集与处理单元、精密转位机构及输出显示控制装置组成，如图 7.18 所示。

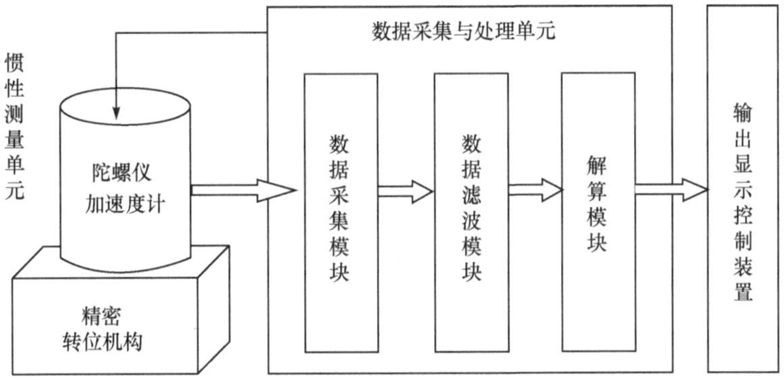

图 7.18　陀螺寻北仪系统组成

陀螺寻北仪的两个重要指标是寻北时间和寻北精度，一般陆用车载寻北仪的寻北时间为 5min，寻北精度取决于所选陀螺仪的精度和采用的寻北方案，在相同的陀螺仪性能条件下，寻北方案对寻北精度起着决定性的影响。

陀螺寻北仪可以采用一个单自由度陀螺仪，也可以采用一个双自由度陀螺仪（如动力调谐陀螺仪）或两个单自由度陀螺仪（如两个激光陀螺仪或光纤陀螺仪）；为消除陀螺漂移和加速度计零偏对寻北精度的影响，可以采用多种结构方案。根据是否存在旋转机构，可以采用单位置、二位置、四位置以及连续旋转方案，其中二位置寻北方案是利用陀螺仪敏感在相差 180°的两个方向上的地球自转角速率分量，准确解算出地理真北方向与陀螺轴向的夹角，从而实现寻北方案，该方案利用转位抵消了陀螺仪的常值漂移的影响，因此大大降低了对陀螺仪的精度要求。三位置寻北方案首次寻北时需要转动两次，再次寻北时需转动一次，该方案在消除陀螺常值漂移及加速度计零偏影响的同时可以消除斜坡分量，对提高系统寻北精度及姿态解算的精度十分有利。四位置寻北方案将陀螺寻北仪固定在转台上，分别对其 0°、90°、180°、270°四个位置进行锁定寻北，该方案较好地降低了标度因数对寻北结果的影响。连续旋转寻北方案是指在寻北过程中，惯性测量单元绕其垂直中心轴连续转动，测量水平面或倾斜面内陀螺的输出信号并从中解算出初始方位角，其优点是通过连续转动使陀螺的常值漂移、随机漂移受到周期性调制，通过积分得到消除，可显著提高寻北精度。

不同方案的解算方式不同，对惯性器件漂移误差和干扰的抑制效果不同。下面介绍陀螺寻北仪工作原理。

2. 寻北原理

假设寻北仪由一个单自由度陀螺仪和两个加速度计构成。其中，两个加速度计的敏感轴相互垂直，分别与陀螺敏感轴平行和垂直，且使陀螺敏感轴水平放置在一个精密程控转位机构的台面上，该机构可绕一个垂直于地面的轴旋转。

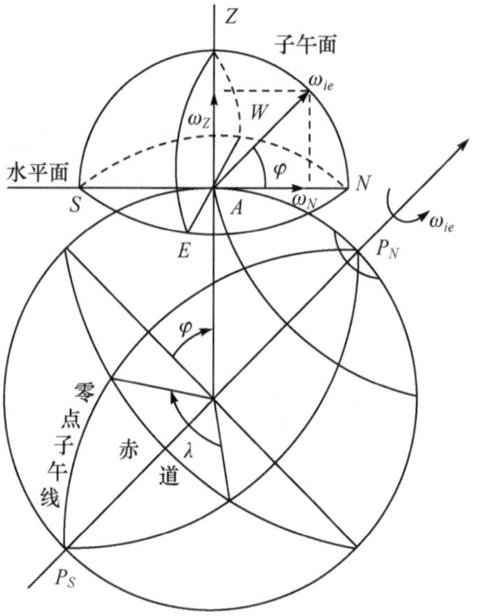

图 7.19　地球自转角速度分解图

图 7.19 所示为地球自转角速度分解示意图。在理想的条件下，陀螺敏感轴会感受地球自转水平分量与真北方位角的余弦值，通过数据处理，可得到一个输入轴到真北基准轴的夹角 ψ 的主值。考虑到陀螺仪存在随机漂移，采用二位置法测出陀螺仪输入轴与真北方向的夹角 ψ 。

在位置Ⅰ时，陀螺仪测得地球自转角速度水平分量为

$$\omega_1=\omega_{ie}\cos\varphi\cos\psi+\omega_d$$

当精密转位机构转过 180°后，到达位置Ⅱ时，陀螺仪测得地球自转角速度水平分量为

$$\omega_2=-\omega_{ie}\cos\phi\cos\psi+\omega_d$$

这样就通过两个位置的测量值，求出相对真北基准的方位角

$$\psi=\arccos\frac{\omega_1-\omega_2}{2\omega_{ie}\cos\varphi}\tag{7.265}$$

采用二位置法测得载体方位角 ψ 时需要已知当地的纬度 φ，一般纬度 φ 可通过其他手段，如 GPS 给出。如果不可获得，就增加了一个附加条件，此时可再通过转过 90°、270°两位置，可测得

$$\omega_3=\omega_{ie}\cos\varphi\sin\psi+\omega_d$$

$$\omega_4=-\omega_{ie}\cos\varphi\sin\psi+\omega_d$$

则类似式(7.265)，可以求出方位角为

$$\psi=\arcsin\frac{\omega_3-\omega_4}{2\omega_{ie}\cos\varphi}\tag{7.266}$$

这样，综合式(7.265)和式 (7.266)，有

$$\psi=\arctan\frac{\omega_3-\omega_4}{\omega_1-\omega_2}\tag{7.267}$$

从式(7.267)可以看出，采用四位置法不需要知道测点当地纬度 φ 的大小，这样就可以真正实现在静态条件下全天候、全方位自主快速地测定方位角 ψ。

7.5.2　陀螺寻北仪数学模型

7.5.1 节关于陀螺寻北仪寻北原理的介绍是假设寻北仪所在平面是完全水平的情形，本节给出在载体任意姿态下陀螺寻北仪的数学模型。假设陀螺寻北仪采用两个陀螺仪和两个加速度计，采用二位置寻北方案，所涉及的坐标系说明如下：

(1) 地理坐标系 $OEN\xi$。OE 沿东向，ON 沿北向，$OEN\xi$ 构成右手直角坐标系。

(2) 车体坐标系(b 系)。Oy_b 沿车体前进方向(纵轴)，Ox_b 沿车体横轴，$Ox_by_bz_b$ 构成右手直角坐标系。

(3) 测量坐标系(m 系)。Ox_m、Oy_m 在精密转位机构台面，Oz_m 垂直转位机构台面，三者构成右手直角坐标系。

令车体纵轴北向偏东方位角为 ψ，转位台面相对当地水平面倾斜角为 α，转位机构转过的角度为 β，则三个坐标系之间的转换关系为

$$OEN\xi \xrightarrow[-O\xi]{\psi} Ox_{b_1}y_{b_1}z_{b_1} \xrightarrow[Ox_{b_1}]{\theta} Ox_{b_2}y_{b_2}z_{b_2} \xrightarrow[Oy_{b_2}]{\gamma} Ox_by_bz_b \xrightarrow[Oz_b]{\alpha} Ox_my_mz_m$$

根据式(1.60)，有

$$\boldsymbol{C}_n^b=\begin{bmatrix}\cos\gamma\cos\psi+\sin\gamma\sin\theta\sin\psi & -\cos\gamma\sin\psi+\sin\gamma\sin\theta\cos\psi & -\sin\gamma\cos\theta\\ \cos\theta\sin\psi & \cos\theta\cos\psi & \sin\theta\\ \sin\gamma\cos\psi-\cos\gamma\sin\theta\sin\psi & -\sin\gamma\sin\psi-\cos\gamma\sin\theta\cos\psi & \cos\gamma\cos\theta\end{bmatrix}$$

$$\boldsymbol{C}_b^m=\begin{bmatrix}\cos\alpha & \sin\alpha & 0\\ -\sin\alpha & \cos\alpha & 0\\ 0 & 0 & 1\end{bmatrix}$$

同时，在地理坐标系下，有

$$\begin{bmatrix}\omega_E\\ \omega_N\\ \omega_\xi\end{bmatrix}=\begin{bmatrix}0\\ \omega_{ie}\cos\varphi\\ \omega_{ie}\sin\varphi\end{bmatrix},\quad \begin{bmatrix}a_E\\ a_N\\ a_\xi\end{bmatrix}=\begin{bmatrix}0\\ 0\\ -g\end{bmatrix}$$

则

$$\begin{bmatrix}\omega_{mx}\\ \omega_{my}\\ \omega_{mz}\end{bmatrix}=\boldsymbol{C}_b^m\boldsymbol{C}_n^b\begin{bmatrix}\omega_E\\ \omega_N\\ \omega_\xi\end{bmatrix},\quad \begin{bmatrix}a_{mx}\\ a_{my}\\ a_{mz}\end{bmatrix}=\boldsymbol{C}_b^m\boldsymbol{C}_n^b\begin{bmatrix}a_E\\ a_N\\ a_\xi\end{bmatrix} \tag{7.268}$$

当采用二位置寻北方案时，有

$$\boldsymbol{C}_b^m(0°)=\begin{bmatrix}1 & 0 & 0\\ 0 & 1 & 0\\ 0 & 0 & 1\end{bmatrix},\quad \boldsymbol{C}_b^m(180°)=\begin{bmatrix}-1 & 0 & 0\\ 0 & -1 & 0\\ 0 & 0 & 1\end{bmatrix}$$

在位置 I 时，陀螺仪和加速度计的测量值分别为

$$\omega_{mx}^1+\omega_{xd}=\omega_N(-\cos\gamma\sin\psi+\sin\gamma\sin\theta\cos\psi)-\omega_\xi\sin\gamma\cos\theta \tag{7.269a}$$

$$\omega_{my}^1+\omega_{yd}=\omega_N\cos\theta\cos\psi+\omega_\xi\sin\theta \tag{7.269b}$$

$$a_{mx}^1+\nabla_{ax}=g\sin\gamma\cos\theta \tag{7.270a}$$

$$a_{my}^1+\nabla_{ay}=g\sin\theta \tag{7.270b}$$

则在位置Ⅱ时,陀螺仪和加速度计的测量值分别为

$$\omega_{mx}^{2}+\omega_{xd}=-\omega_{N}(-\cos\gamma\sin\psi+\sin\gamma\sin\theta\cos\psi)+\omega_{\xi}\sin\gamma\cos\theta \tag{7.271a}$$

$$\omega_{my}^{2}+\omega_{yd}=-\omega_{N}\cos\theta\cos\psi-\omega_{\xi}\sin\theta \tag{7.271b}$$

$$a_{mx}^{2}+\nabla_{ax}=-g\sin\gamma\cos\theta \tag{7.272a}$$

$$a_{my}^{2}+\nabla_{ay}=-g\sin\theta \tag{7.272b}$$

式(7.270b)减去式(7.272b),整理可得

$$\theta_{主}=\arcsin\frac{a_{my}^{1}-a_{my}^{2}}{2g} \tag{7.273}$$

同理,式(7.270a)减去式(7.272a),整理可得

$$\gamma_{主}=\arcsin\frac{a_{mx}^{1}-a_{mx}^{2}}{2g\cos\theta} \tag{7.274}$$

式(7.269b)减去式(7.271b),整理可得

$$\cos\psi=\frac{(\omega_{my}^{1}-\omega_{my}^{2})-2\omega_{\xi}\sin\theta}{2\omega_{N}\cos\theta} \tag{7.275}$$

式(7.269a)减去式(7.271a),并结合式(7.275),整理可得

$$\sin\psi=\frac{[(\omega_{my}^{1}-\omega_{my}^{2})-2\omega_{\xi}\sin\theta]\tan\theta\sin\gamma-[(\omega_{mx}^{1}-\omega_{mx}^{2})+2\omega_{\xi}\cos\theta\sin\gamma]}{2\omega_{N}\cos\gamma} \tag{7.276}$$

则根据式(7.275)和式(7.276)就可以求出方位角 ψ 的主值,其他值可以根据其他条件进一步加以判断。

思 考 题

1. 对比分析捷联式惯性导航系统和平台式惯性导航系统的异同?
2. 如何建立数学平台? 数学平台如何工作?
3. 捷联算法包括哪些内容? 在解算过程中着重考虑哪些内容?
4. 目前存在哪些姿态矩阵算法? 各有哪些特点?
5. 试建立捷联式惯性导航系统的误差模型。
6. 捷联式惯性导航系统如何进行粗对准?
7. 捷联式惯性导航系统如何进行精对准?
8. 捷联式惯性导航系统传递对准有哪些匹配模式? 如何选择匹配模式?
9. 为提高传递对准性能,在设计传递对准过程中要考虑哪些因素?

第8章　平台式惯性导航系统

平台式惯性导航系统(platform inertial navigation system, PINS)是一种基于物理平台的惯性导航系统。1949年,美国麻省理工学院德雷珀实验室成功研制出世界上第一套平台式惯性导航系统。经过多年的发展,平台式惯性导航系统在系统总体技术、结构技术、电气技术和测试技术等方面逐步完善和丰富,广泛应用于航空、航天、航海等领域。

从基本工作原理上看,捷联式惯性导航系统是一种基于"数学平台"的惯性导航系统,平台式惯性导航系统是一种基于物理平台的惯性导航系统,而对于第9章要介绍的旋转调制式惯性导航系统,平台式惯性导航系统则是一种有限范围旋转调制的旋转调制式惯性导航系统。

8.1　平台式惯性导航系统概述

8.1.1　系统组成与工作原理

平台式惯性导航系统一般由陀螺稳定平台(含陀螺仪)、加速度计、导航计算机及供电电源等部分组成,如图8.1所示为结构示意及各部分之间信号传递关系。其中,陀螺稳定平台是平台式惯性导航系统的核心部件,它通过模拟导航坐标系,为加速度计提供安装和测量的基准;加速度计测量三个方向的比力,并由导航计算机积分获得速度、位置等导航信息;导航计算机不仅负责计算导航信息,还生成对平台实施控制的指令角速度,通过模数转换器将指令电流施加给三个陀螺仪的力矩器,使平台跟踪所选定的导航坐标系。同时,在平台的旋转轴上均有角度传感器,用来提供运载体的姿态信息,即平台式惯性导航系统的姿态信息是从平台框架轴的角度传感器读取的。

8.1.2　平台式惯性导航系统的分类

根据物理平台模拟导航坐标系类型的不同,平台式惯性导航系统可分为两类:

1. 空间稳定惯性导航系统

若物理平台模拟惯性坐标系,该系统称为空间稳定惯性导航系统,也称为解析式惯性导航系统。空间稳定惯性导航系统的平台结构简单,主要用于宇宙航行及弹道式导弹中。

2. 当地水平惯性导航系统

若物理平台模拟当地水平坐标系,则该系统称为当地水平惯性导航系统,也称为半解析式惯性导航系统。当地水平惯性导航系统的导航坐标系是当地水平坐标系,即平台有两个稳定轴(x_p、y_p)保持在当地水平面内。根据平台跟踪地球自转角速度和水平坐标系类型的不同,当地水平惯性导航系统又可分为指北方位惯性导航系统、游动方位惯性导航系统和自由方位惯性导航系统三种。舰船、飞机和地面车辆等在地球表面附近的运载体所采用的惯性导航系统多为当地水平惯性导航系统。

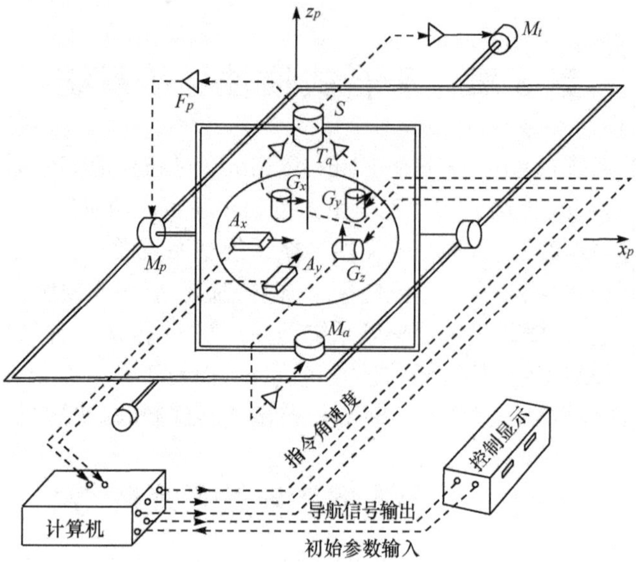

(a) 结构示意图

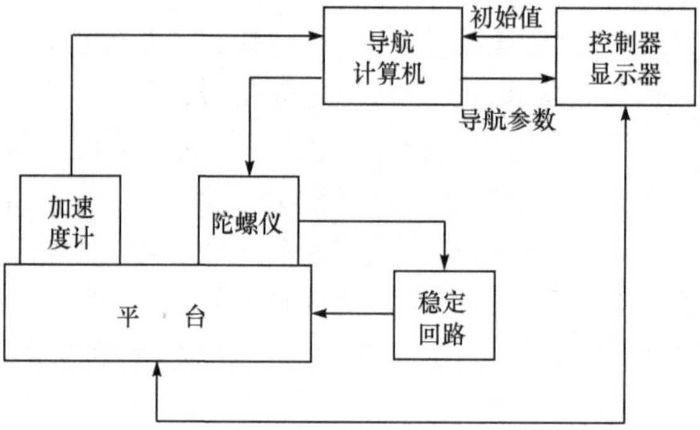

(b) 信号传递关系

图 8.1　平台式惯性导航系统组成结构示意图及信号传递关系

8.1.3　平台式与捷联式惯性导航系统的对比

鉴于硬件结构和算法的差异,平台式惯性导航系统与捷联式惯性导航系统的区别是:

1. 陀螺仪测量角速度的范围不同

平台式惯性导航系统的陀螺仪安装在平台台体上,陀螺仪感测台体偏离导航坐标系的偏差,平台的稳定回路则负责消除这种偏差,有效隔离载体角运动,确保陀螺仪的工作环境不受载体角运动的影响。同时,平台的修正回路使陀螺仪按照预设要求进动,控制平台跟踪导航坐标系的旋转运动。导航坐标系的旋转仅由载体相对地球的线运动及地球的自转运动引起,这些旋转角速度都十分微小,所以对陀螺仪的指令施矩电流很小。这就使得平台式惯性导航系统陀螺仪测量角速度的范围可以设计的比较小。对于捷联式惯性导航系统,陀螺仪直接固联安装在载体上，随载体做角运动，因此，由于载体运动的复杂性和随机性特点，使得施矩电流远比仅跟踪导航坐标系的施矩电流大，即捷联式惯性导航系统要求陀螺仪测量角速度的范围比平台式惯性导航系统大的多。

这种差异反映了两种系统在设计和应用上的不同侧重点：平台式系统更注重隔离和稳定性，而捷联式系统则更强调与载体的直接集成和动态响应能力。

2. 惯性器件误差补偿的要求不同

工作环境不同，对惯性器件的补偿要求不同。在平台式惯性导航系统中，平台对载体的角运动起隔离作用，安装在平台上的惯性器件只需要对线性加速度引起的静态误差作补偿即可。对于捷联式惯性导航系统，由于跟随载体一起做线运动和角运动，所以对惯性器件除需要进行静态误差补偿外，还需要对角加速度引起的动态误差作补偿。因此，必须对捷联式惯性导航系统的陀螺仪和加速度计的动、静态误差系数作精确的测试和标定。

3. 捷联算法误差补偿

平台式惯性导航系统是一种基于陀螺仪测量与控制的精密伺服系统，而捷联式惯性导航系统则侧重于信息处理，其核心在于求解三个微分方程。在实际应用中，为了减少陀螺仪和加速度计输出噪声对系统解算精度的影响，并充分利用输出信息，捷联式惯性导航系统通常采用角增量和速度增量增量形式的输出数据，姿态解算和导航解算则利用这些增量数据通过求解微分方程来完成。

然而，当载体存在线振动、角振动或进行机动运动时，捷联式惯性导航系统可能会出现圆锥误差、划桨误差和涡卷误差，这些误差会降低导航信息的输出精度，其中，圆锥误差对系统精度的影响最为显著。针对这些误差，可以根据载体的运动特性和具体工作需求，在相应算法中进行补偿，以提高系统的整体性能和精度。

4. 计算量不同

平台式惯性导航系统中平台模拟导航坐标系是以物理实体形式存在，载体的姿态角及航向角可直接从平台框架上拾取或仅通过少量计算获得。捷联式惯性导航系统是通过数学平台模拟导航坐标系，实体平台并不存在，其姿态角和航向角必须通过实时计算获得，计算量较大。

通过以上对比可以看出，捷联式惯性导航系统在惯性器件的误差、环境适应性及计算量等方面的要求更为苛刻，但是由于省去了复杂的机电平台，捷联式惯性导航系统具有结构简单、体积小、重量轻、成本低、维护简单、可靠性高等优势，还可以通过冗余技术提高其容错能力。

随着激光陀螺仪、光纤陀螺仪等固态惯性器件的出现，计算机技术的飞速发展和计算理论的日益完善，捷联式惯性导航系统的优越性日益凸显。从发展趋势看，平台式惯性导航系统由于其自身的一些特性，在特定领域仍然存在应用的空间，而捷联式惯性导航系统将获得更加广泛的应用。

8.2　陀螺稳定平台

陀螺稳定平台是平台式惯性导航系统的核心部件。以陀螺仪为敏感元件，能隔离基座的角运动并能使被控对象按指令旋转的机电控制系统称为陀螺稳定平台。陀螺稳定平台利用机械转子式陀螺仪的定轴性和进动性，使其既具有相对惯性空间保持指向不变的能力，又具有按照要求的规律相对惯性空间旋转的能力，为惯性导航系统提供了一个稳定的物理参考坐标系，使得加速度计等测量元件能够在这个稳定的平台上进行精确测量。

按照稳定轴的数量，可分为单轴、双轴和三轴稳定平台；按工作状态，若陀螺稳定平台只工作在稳定状态，不对其进行修正，称为几何稳定状态；若陀螺稳定平台在保持稳定的同时还对其进行修正，使稳定轴按照所需要的规律转动，称为空间积分状态或空间稳定状态。所以稳定和修正是陀螺稳定平台的两个基本功能：稳定作用即是隔离运载体的角运动，通过稳定系统产生的稳定力矩来抵消运载体运动对平台的干扰力矩，阻止平台相对惯性空间转动，如船舶上的同步卫星接收天线，在船舶受风浪作用而摇摆时，通过平台的稳定作用使天线始终能指向同步卫星；修正作用即是控制平台按照所需要的角运动规律相对惯性空间运动，如检测火箭发射的地面光学跟踪系统，通过稳定平台的修正作用使光轴始终跟踪观察点与火箭的连线，尽管该连线的指向在不断变化也可以稳定跟踪。当陀螺稳定平台要模拟当地水平面时，平台在保持稳定的同时，还必须进行修正，以跟踪当地水平面相对惯性空间的运动。

陀螺稳定平台应用广泛，除了可用于平台式惯性导航系统外，还可用于如舰船的光学测距仪、炮瞄雷达天线、航空摄影相机光轴、天文望远镜等在载体存在运动干扰的情况下需要保持指向稳定和跟踪的系统。对于不同的应用场合，陀螺稳定平台的精度和被控对象的大小不同，如平台式惯性导航系统中使用的陀螺稳定平台，要求精确模拟惯性导航系统所采用的导航坐标系，精度要求达到角分级甚至角秒级，此类平台习惯上也称为惯性平台。

8.2.1 单轴积分陀螺稳定平台

1. 组成与稳定原理

单轴积分陀螺稳定平台由单自由度液浮积分陀螺仪、信号放大器、力矩电机和平台组成，如图 8.2 所示。积分陀螺仪的输入轴与平台的稳定轴重合，积分陀螺仪角度传感器的输出连

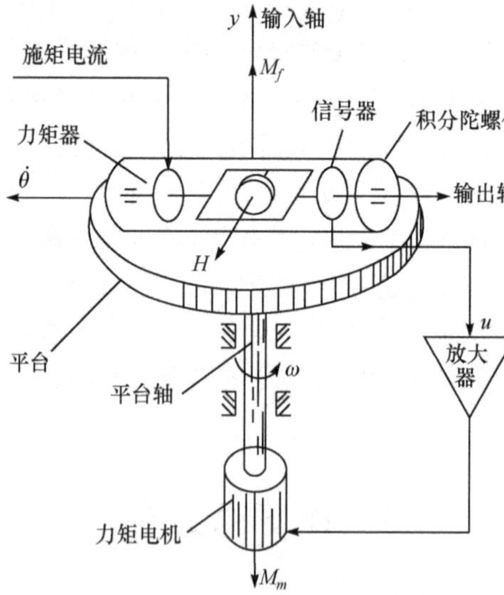

图 8.2 单轴陀螺稳定平台

接至放大器，放大器的输出控制力矩电机。平台的稳定轴通过轴承支承于基座(载体)上，力矩电机的转子轴与平台稳定轴固联，力矩电机的定子固定在基座上。

首先定义陀螺坐标系 $Ox_gy_gz_g$，z_g 轴沿陀螺主轴 H 方向，x_g 轴沿陀螺仪的输出轴，y_g 轴与 x_g、z_g 轴垂直，构成右手直角坐标系。当平台的稳定轴相对惯性空间有转动角速度时，由于轴承的隔离作用使载体不会直接带动稳定平台转动；而轴承摩擦力矩 M_f 会作用在稳定轴上，造成平台绕稳定轴的转动。由于积分陀螺仪的输入轴与稳定平台的稳定轴重合，稳定轴转动时将迫使陀螺主轴跟随转动，使积分陀螺仪绕输出轴产生进动角速度 $\dot{\theta}$。根据陀螺进动原理，其方向是使陀螺仪动量矩 H 的矢端向摩擦力矩 M_f 的矢端方向转动。由于 $\dot{\theta}$ 的存在，会形成与摩擦力矩 M_f 方向相反的陀螺力矩 $H\dot{\theta}$。但是，在积分陀螺稳定系统中，陀螺仪的动量矩一般较小，陀螺力矩也比较小，不能依靠它来抵消干扰力矩。

陀螺仪有了绕输出轴的进动角速度 $\dot{\theta}$，就会形成进动角 θ，经角度传感器、放大器驱动力矩电机，产生电机力矩 M_m 抵消摩擦力矩。随着进动角 θ 的增大，力矩 M_m 逐渐增大，当 $M_m=M_f$ 时，作用在平台稳定轴上的合力矩为零；当 $M_m>M_f$ 时，平台稳定轴开始回转，陀螺反方向进动，M_m 随之减小。这是一个自动调节的过程，最终达到稳态时，平台停止转动，陀螺仪停止进动，θ 角保持在使 $M_m=M_f$ 的位置上。一旦干扰力矩 M_f 消失，由于陀螺仪的进动角不会马上消失，力矩电机仍然有力矩输出，此时电机力矩就相当于一个新的干扰力矩作用在平台上，按照类似的过程，进动角 θ 逐步减小，直至为零，最终平台回到初始位置，保持稳定。单轴积分陀螺稳定平台的稳定原理可以用图 8.3 来表示，其中"平台及稳定对象→积分陀螺仪→放大器→力矩电机→平台及稳定对象"这一回路称为稳定回路。通过这样的稳定回路，平台相对惯性空间可以始终保持稳定，这种状态称为几何稳定状态。

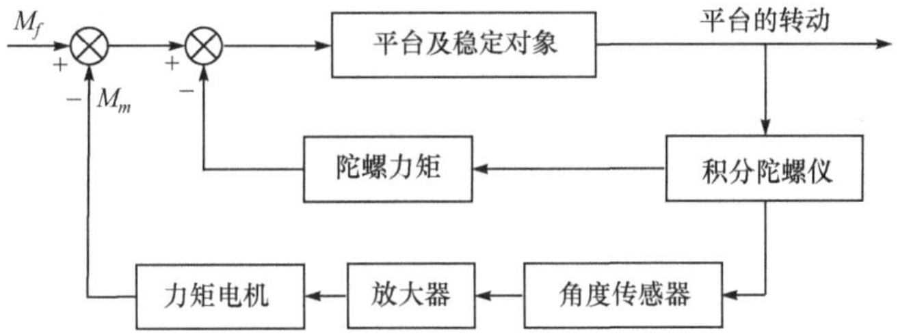

图 8.3　单轴陀螺稳定平台稳定原理框图

2. 修正原理

在实际应用中，经常要求稳定平台不仅能够保持稳定轴的稳定，还要求其稳定轴能够按照所需要的规律相对惯性空间转动，这一转动是通过平台的修正回路实现的。控制陀螺稳定平台的稳定轴按照所需要的规律相对惯性空间转动的过程称为稳定平台的修正。

从上一节的分析可知，陀螺仪输出轴上存在干扰力矩时，会引起平台绕稳定轴的漂移，漂移角速度与输出轴上的干扰力矩成正比，这一现象启示我们，如果需要控制平台的稳定轴相对惯性空间以某一角速度转动，可以通过向陀螺仪输出轴上施加相应的控制力矩来实现。若向力矩器施加电流 I_λ，则将在陀螺仪的输出轴上产生与其成正比的力矩 M_λ，即

$$M_\lambda=K_\lambda I_\lambda \tag{8.1}$$

式中，电流 I_λ 称为指令电流，其所形成的力矩 M_λ 称为指令力矩，也可称为控制力矩。

假定力矩器所产生的指令力矩 M_λ 的正方向在 x_g 轴正向，加入指令力矩后陀螺仪输出轴上的力矩平衡方程为

$$J_x\ddot{\theta}+K_d\dot{\theta}+M_\lambda=H\dot{\sigma}\cos\theta+M_x \tag{8.2}$$

式中，J_x 为陀螺仪绕输出轴的转动惯量；$\dot{\theta}$ 为陀螺进动角速度（绕 x_g 轴负向）；$\dot{\sigma}$ 为平台在外力矩作用下绕稳定轴 y_p 转动的角速度；M_x 为干扰力矩。

当陀螺仪进动角度为小角度时，有 $\cos\theta\approx1$，式(8.2)可线性化为

$$J_x\ddot{\theta}+K_d\dot{\theta}+M_\lambda=H\dot{\sigma}+M_x \tag{8.3}$$

因此，同时考虑陀螺仪输出轴上存在指令力矩 M_λ、干扰力矩 M_x 以及稳定平台上存在的干扰力矩时，系统框图如图 8.4 所示，系统各节点上的输出是对三种力矩输入响应的线性叠加。

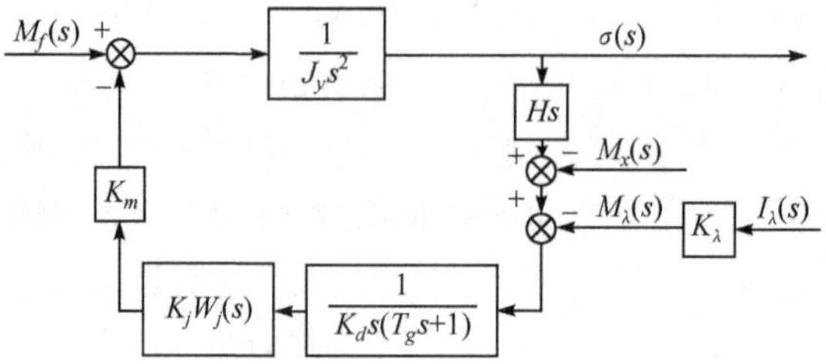

图 8.4　存在指令力矩时系统传递函数框图

当向陀螺仪施矩且系统达到稳态时，有

$$\dot{\sigma}=\frac{M_\lambda}{H}=\frac{K_\lambda I_\lambda}{H} \tag{8.4}$$

若定义指令力矩与陀螺仪动量矩的比值为指令角速度，记为 ω_λ，有

$$\omega_\lambda=\frac{M_\lambda}{H}=\frac{K_\lambda I_\lambda}{H} \tag{8.5}$$

则有

$$\dot{\sigma}(t)=\omega_\lambda \tag{8.6}$$

$$\sigma(t)=\frac{K_\lambda}{H}\int I_\lambda\,\mathrm{d}t=\int\omega_\lambda\,\mathrm{d}t \tag{8.7}$$

这表明，指令电流造成的平台稳定轴相对惯性空间的转动角度是指令角速度的积分。因此，将向陀螺仪施矩控制稳定平台运动的这一状态称为空间积分状态。要使稳定平台的稳定轴以某一角速度相对惯性空间转动，只要对陀螺仪施加指令力矩，使指令角速度与期望的稳定轴转动角速度相等即可。

如果同时考虑陀螺仪输出轴上干扰力矩引起的常值漂移角速度 ω_d 和指令角速度 ω_λ，则积分陀螺稳定系统进入稳态时，其稳定轴相对惯性空间的转动角速度为

$$\dot{\sigma}(t)=\omega_\lambda+\omega_d \tag{8.8}$$

从式(8.8)可以看出，施加控制电流还可以用来消除陀螺仪输出轴上的常值干扰力矩，或者说用指令角速度抵消陀螺漂移角速度。

8.2.2　三轴陀螺稳定平台

三轴稳定平台是由单轴稳定平台复合而成的，单轴稳定平台的一些设计理论也适用于三

轴稳定平台，但是在实现几何稳定和空间积分稳定工作状态时存在其特殊的问题，如陀螺仪信号的合理分配、基座转动角速度到平台的耦合与隔离、三轴平台的环架锁定等。

三环式三轴平台的基本结构如图 8.5 所示，包括外环 R(roll)、内环 P(pitch)和方位环 A(azimuth)。环架结构保证了方位环可以相对内环转动，内环可以相对外环转动，外环支承于平台基座上可相对基座转动。平台在载体上安装时，一般使平台外环轴与载体纵轴(如舰船的艏艉线)一致，内环轴与载体横轴一致，这样经感应同步器或多级旋转变压器等角度传感器 T_a、T_p、T_r 输出的环架角就分别代表了载体的航向角、俯仰角和横滚角。

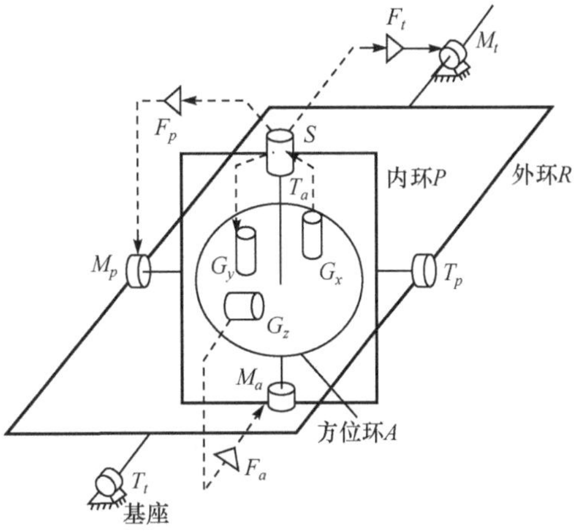

图 8.5 三轴平台的基本环架结构

动画

设安装在相应环架上的力矩电机表示为 M_r、M_p、M_a，它们是稳定系统的执行元件，可以驱动环架组件相对其支承体转动。G_x、G_y、G_z 为安装在平台台体上敏感轴相互垂直的三个单自由度陀螺仪，安装时保证 G_z 的输入轴与方位轴平行，G_x、G_y 的输入轴在一个平面上且与方位轴垂直。S 为信号分配器，其作用是实现两个水平稳定轴的解耦，使得其扶正角速度分量完全取决于相应轴上的陀螺仪输出信号。从陀螺仪角度传感器输出的信号经信号分配器变换、放大器放大和校正等环节输入驱动力矩电机的三条稳定回路。除了上述元部件外，三轴平台中还有减振基座、输电装置以及温控系统等。

8.3 指北方位惯性导航系统基本工作原理

指北方位惯性导航系统是平台式惯性导航系统的最基本类型，是分析其他各类惯性导航系统的基础。这类系统的平台所模拟的导航坐标系是当地地理坐标系，即三轴平台保持水平且固定指北，导航参数的计算也是在地理坐标系中进行的。指北方位惯性导航系统采用三个单自由度积分陀螺仪(或两个二自由度陀螺仪)及框架系统构成三轴稳定平台，在平台上安装两个(视应用场合也可能为三个)敏感轴互相垂直的加速度计。本节介绍指北方位惯性导航系统的基本原理。

8.3.1 指北方位惯性导航系统的定位原理

指北方位惯性导航系统的导航坐标系选为地理坐标系，即平台用于模拟当地地理坐标系。图 8.6 是采用三个单自由度积分陀螺仪作为平台角运动敏感控制元件的指北方位惯性导航系统原理图。理想情况下，平台坐标系 $Ox_py_pz_p$(p 系)应与导航坐标系 $Ox_ny_nz_n$(n 系)重合，x_p、y_p、z_p 分别称为称为平台的东向轴、北向轴和方位轴。三个单自由度陀螺仪均放置于三轴稳定平台台体上，输入轴互相垂直。G_E 的输入轴与平台东向轴 x_p 平行，G_N 的输入轴与平台北向轴 y_p 平行，G_Z 的输入轴与平台方位轴 z_p 平行。平台上安装有加速度计 A_E、A_N。A_E 的敏感轴指向平台东向(称为东向加速度计)，A_N 的敏感轴指向平台北向(称为北向加速度计)。

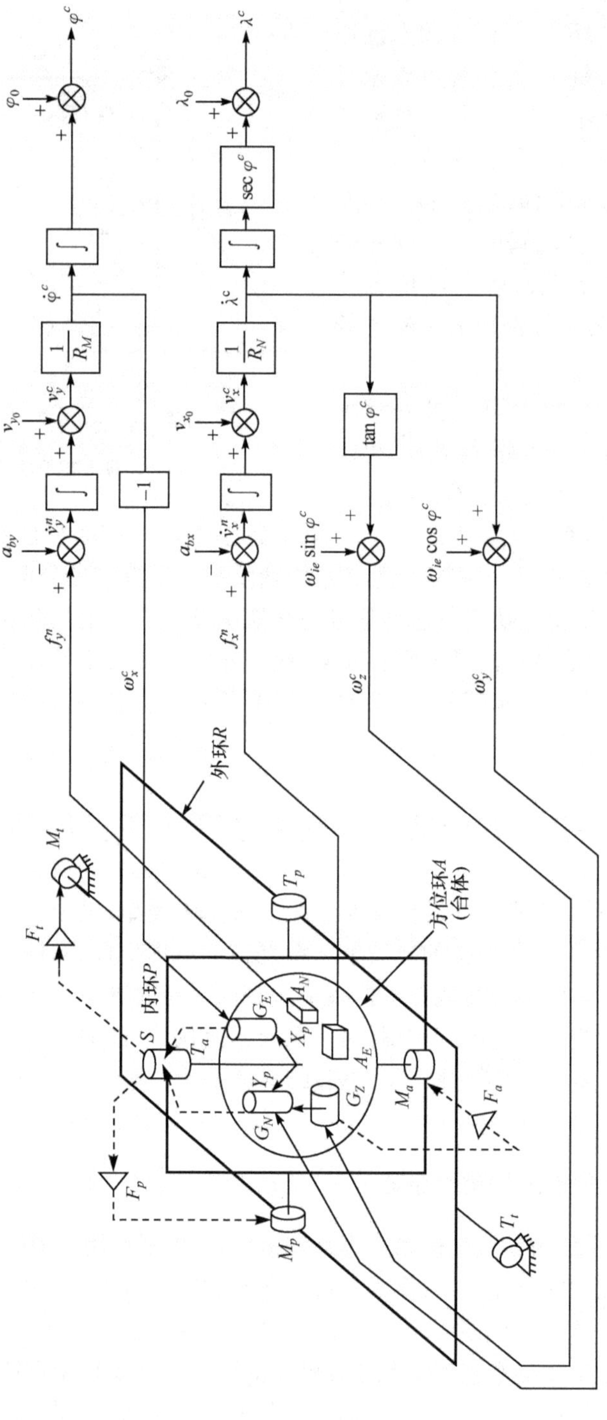

图 8.6　采用三个单自由度陀螺仪的指北方位惯性导航系统

在惯性导航系统中，将根据加速度计输出的比力计算运载体速度、位置的公式编排称为力学编排，相应的编排方程，称为力学编排方程。不同类型的平台式惯性导航系统，由于平台模拟的导航坐标系的不同，力学编排方程也是不同的。指北方位惯性导航系统的定位是通过它的力学编排方程来体现的。

1）速度方程

加速度计输出的比力符合式(7.29)的比力方程。对于指北方位惯性导航系统，其平台模拟的是当地地理坐标系，无误差时平台坐标系就是地理坐标系 n。将式(7.29)投影到当地地理坐标系中，各向量分解到地理坐标系的三个轴向上，表示成分量形式，分别为

比力：$\boldsymbol{f}=[f_E \quad f_N \quad f_\xi]^{\mathrm{T}}$

载体相对地球的运动速度：$\boldsymbol{v}_{ep}=[v_E \quad v_N \quad v_\xi]^{\mathrm{T}}$

载体相对地球的运动加速度：$\dot{\boldsymbol{v}}_{ep}=[\dot{v}_E \quad \dot{v}_N \quad \dot{v}_\xi]^{\mathrm{T}}$

地球自转角速度：$\boldsymbol{\omega}_{ie}=[\omega_{inx}^n \quad \omega_{iny}^n \quad \omega_{inz}^n]^{\mathrm{T}}=[0 \quad \omega_{ie}\cos\varphi \quad \omega_{ie}\sin\varphi]^{\mathrm{T}}$

平台坐标系相对地球坐标系的角速度就是地理坐标系相对地球坐标系的角速度，即

$$\omega_{ep}=[\omega_{enx}^n \quad \omega_{eny}^n \quad \omega_{enz}^n]^{\mathrm{T}}=\left[-\frac{v_N}{R_M} \quad \frac{v_E}{R_N} \quad \frac{v_E}{R_N}\tan\varphi\right]^{\mathrm{T}}$$

重力加速度

$$\boldsymbol{g}=[0 \quad 0 \quad -g]^{\mathrm{T}}$$

对于向量叉乘 $\boldsymbol{v}=\boldsymbol{\omega}\times\boldsymbol{r}$，设在任意的直角坐标系 $Oxyz$ 中，各向量的投影分量分别为 $\boldsymbol{\omega}=[\omega_x \quad \omega_y \quad \omega_z]^{\mathrm{T}}$，$\boldsymbol{r}=[r_x \quad r_y \quad r_z]^{\mathrm{T}}$，则 $\boldsymbol{v}$ 在直角坐标系 $Oxyz$ 中的投影分量可以表示为

$$\begin{bmatrix} v_x \\ v_y \\ v_z \end{bmatrix}=\begin{bmatrix} 0 & -\omega_z & \omega_y \\ \omega_z & 0 & -\omega_x \\ -\omega_y & \omega_x & 0 \end{bmatrix}\begin{bmatrix} r_x \\ r_y \\ r_z \end{bmatrix} \tag{8.9}$$

式中，$\boldsymbol{\Omega}=\begin{bmatrix} 0 & -\omega_z & \omega_y \\ \omega_z & 0 & -\omega_x \\ -\omega_y & \omega_x & 0 \end{bmatrix}$称为向量 $\boldsymbol{\omega}$ 的反对称矩阵。

将上述各向量的分量形式代入式(7.29)，并运用式(8.9)的向量叉乘公式，展开整理可得标量形式的方程组

$$f_E=\dot{v}_E-\left(2\omega_{ie}\sin\varphi+\frac{v_E}{R_N}\tan\varphi\right)v_N+\left(2\omega_{ie}\cos\varphi+\frac{v_E}{R_N}\right)v_\xi \tag{8.10a}$$

$$f_N=\dot{v}_N+\left(2\omega_{ie}\sin\varphi+\frac{v_E}{R_N}\tan\varphi\right)v_E+\frac{v_N}{R_M}v_\xi \tag{8.10b}$$

$$f_\xi=\dot{v}_V-\left(2\omega_{ie}\cos\varphi+\frac{v_E}{R_N}\right)v_E-\frac{v_N}{R_M}v_N+g \tag{8.10c}$$

对于飞机和舰船等运动在地球表面的载体来说，垂直速度远小于水平速度，垂直方向的加速度远小于重力加速度 g，这样，式(8.10)可以简化为

$$f_E=\dot{v}_E-\left(2\omega_{ie}\sin\varphi+\frac{v_E}{R_N}\tan\varphi\right)v_N \tag{8.11a}$$

$$f_N=\dot{v}_N+\left(2\omega_{ie}\sin\varphi+\frac{v_E}{R_N}\tan\varphi\right)v_E \tag{8.11b}$$

$$f_\xi = g \tag{8.11c}$$

则水平速度方程为

$$\dot{v}_E = f_E + \left(2\omega_{ie}\sin\varphi + \frac{v_E}{R_N}\tan\varphi\right)v_N \tag{8.12a}$$

$$\dot{v}_N = f_N - \left(2\omega_{ie}\sin\varphi + \frac{v_E}{R_N}\tan\varphi\right)v_E \tag{8.12b}$$

获得相对加速度分量 $\dot{v}_E$、$\dot{v}_N$ 后，在给定的初始条件下，经一次积分便可以得到相对速度的东向分量和北向分量 v_E、v_N，则水平速度为

$$v = \sqrt{(v_E)^2 + (v_N)^2} \tag{8.13}$$

2）经、纬度方程

如图 8.7 所示，北向速度分量引起运载体的纬度变化，东向速度分量则会引起经度的变化，因此，经、纬度方程为

$$\dot{\varphi} = \frac{v_N}{R_M} \tag{8.14a}$$

$$\dot{\lambda} = \frac{v_E}{R_N\cos\varphi} \tag{8.14b}$$

根据式(8.12)、式(8.14)，加入初始条件就可以计算出载体的速度与位置。

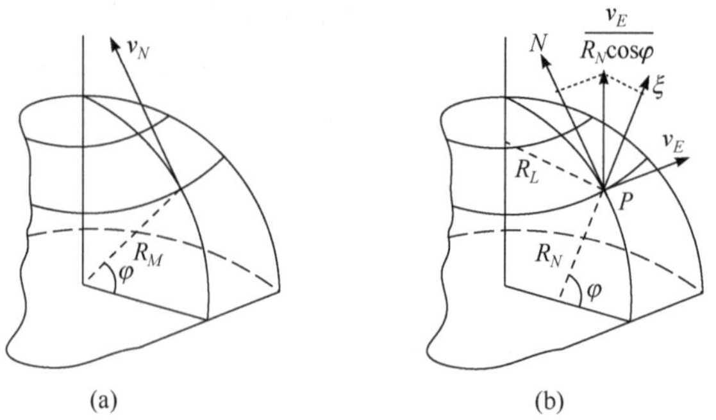

图 8.7　载体运动速度引起经、纬度变化

8.3.2　平台的稳定及修正

1. 平台的稳定回路

影响平台稳定的因素主要有两个：一是当载体有角运动且存在纵摇角时，平台基座的转动会通过刚性约束传递到平台台体的水平轴上；二是平台支承轴上（外环轴、内环轴和方位轴）有干扰力矩（主要是摩擦力矩）时，相应环架产生的转动角速度会传递到平台台体上。平台绕 x_p、y_p、z_p 轴向的转动会分别被陀螺仪 G_E、G_N、G_Z 所敏感，从而控制相应的稳定回路工作。

方位轴稳定回路是一个独立的单轴积分陀螺稳定系统。在坐标变换器的作用下，平台的东向轴稳定回路和北向轴稳定回路都可以看成是独立的单轴积分陀螺稳定系统，在此不再赘述。

2. 平台的修正回路

指北方位惯性导航系统的平台跟踪当地地理坐标系。地理坐标系相对惯性空间的转动角速度在导航坐标系 n 上的分量表达式为

$$\boldsymbol{\omega}_{in}^{n}=\begin{bmatrix}\omega_{inx}^{n}\\ \omega_{iny}^{n}\\ \omega_{inz}^{n}\end{bmatrix}=\begin{bmatrix}-\dfrac{v_N}{R_M}\\ \omega_{ie}\cos\varphi+\dfrac{v_E}{R_N}\\ \omega_{ie}\sin\varphi+\dfrac{v_E}{R_N}\tan\varphi\end{bmatrix} \tag{8.15}$$

式中，R_M、R_N 分别为载体所在子午圈、卯酉圈的曲率半径。符号 ω_{inx}^{n} 的含义是 n 系相对 i 系的转动角速度在 n 系 x_n 轴向上的分量。

从式(8.15)可以看出，ω_{in}^{n} 可以分成两部分，一部分是由于地球自转引起的转动角速度，一部分是由于载体在地球表面运动相对于地心的角速度。指北方位惯性导航系统在模拟地理坐标系时，两部分角速度都要跟踪；游动方位惯性导航系统在跟踪地球自转角速度的同时跟踪当地水平面，即其工作时平台的 z_p 轴不跟踪由于运载体相对地球自转引起的地理坐标系绕 U 轴的角速度分量 $\dfrac{v_E}{R_N}\tan\varphi$，只跟踪地球自转角速度的垂直分量 $\omega_{ie}\sin\varphi$，因此 $x_p(y_p)$ 轴不是指向地理的东向(北向)，而是与其存在一个游动方位角 $\alpha(t)$；自由方位惯性导航系统只跟踪当地水平面，z_p 轴不加以控制，相对惯性空间保持稳定，则这类系统称为自由方位惯性导航系统，此时 $x_p(y_p)$ 轴也不指向地理的东向(北向)，而是与其存在一个自由方位角 $\alpha_f(t)$。

若不对平台的三个陀螺施加控制信号，平台的三根轴将相对惯性空间保持稳定，平台处于几何稳定状态。为跟踪地理坐标系，必须对平台进行修正。修正的方法是按地理坐标系相对惯性空间的运动规律控制平台相对惯性空间转动，即施加给平台三个陀螺的指令角速度 $\boldsymbol{\omega}_{ip}^{p}$ 要与地理坐标系相对惯性空间的转动角速度 $\boldsymbol{\omega}_{in}^{n}$ 相等，即

$$\boldsymbol{\omega}_{ip}^{p}=\begin{bmatrix}\omega_{ipx}^{p}\\ \omega_{ipy}^{p}\\ \omega_{ipz}^{p}\end{bmatrix}=\begin{bmatrix}-\dfrac{v_N}{R_M}\\ \omega_{ie}\cos\varphi+\dfrac{v_E}{R_N}\\ \omega_{ie}\sin\varphi+\dfrac{v_E}{R_N}\tan\varphi\end{bmatrix} \tag{8.16}$$

当平台跟踪地理坐标系时，在完成初始对准使平台保持稳定的基础上，按照式(8.16)向平台三个稳定回路中的陀螺仪力矩器施加适当的指令电流对平台进行修正，就可以使平台保持水平指北。

对平台的修正有三条修正回路，即北向水平修正回路、东向水平修正回路和天向修正回路。这里以北向水平修正回路为例，说明修正的具体过程：北向加速度计 A_N 测量出沿 y_p 轴的比力信号并送给导航计算机，补偿掉有害加速度后，得到载体的北向加速度 $\dot{v}_N$，导航计算机通过积分计算出载体的北向速度 v_N，再按式(8.16)求出平台绕东向轴 x_p 的指令角速度 ω_{ipx}^{p}，此指令角速度以指令电流的形式送入东向陀螺仪 G_E 的力矩器，使该陀螺绕其输出轴进动，进

动角度通过陀螺的角度传感器输出，控制平台的东向轴稳定回路，使平台绕东向轴转动。平台绕东向轴的转动，会改变平台南北向的水平，进而又会改变加速度计对重力加速度 g 的敏感量，影响北向加速度计的输出。由此可见，修正过程是一闭环过程，北向加速度计和东向陀螺仪构成了平台的北向水平修正回路，其过程可描述如下：

北向加速度计 A_N→北向速度 v_N→指令角速度 ω_{ipx}^{p}→东向陀螺仪 G_E 输出→东向轴稳定回路→重力加速度 g→加速度计 A_N。

图 8.6 中比较清楚地表示出了三条修正回路。修正是在稳定的基础上进行的，修正过程中包含稳定过程。稳定回路是快速反应系统（否则无法抑制干扰），而修正的指令角速度却非常小，变化极为缓慢，在修正的缓慢过程中，可认为平台一直处于稳定状态，不过稳定的目标位置是由修正指令确定的。

3. 水平修正回路的舒拉调谐

舒拉调谐是惯性导航系统中的一项关键技术，通过精确控制系统的振动周期，来解决加速度计水平测量的难题。1910 年，德国科学家舒拉发现，当陀螺罗经的无阻尼振动周期为 84.4min 时，罗经的指北精度将不受外界干扰加速度的影响，随后发现对地垂线指示系统具有同样的结论。1923 年，舒拉发表论文详细阐述了惯性导航系统在运载体存在加速度时的无干扰条件，即舒拉调谐原理。本节首先介绍数学摆和复摆，然后分析惯性导航系统平台水平修正回路舒拉调谐的实现。

1）不受加速度影响的数学摆

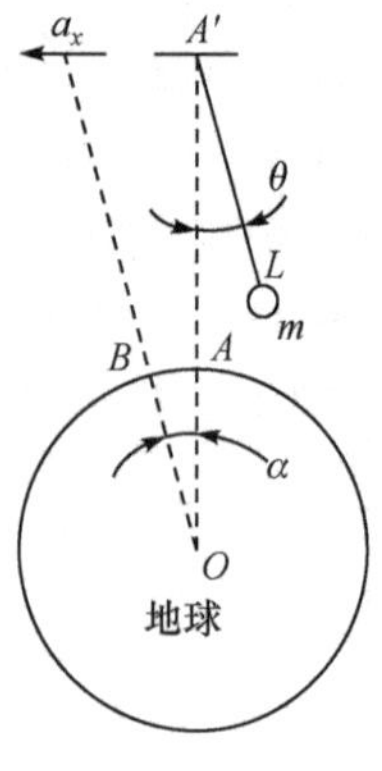

图 8.8　加速度作用下的单摆

如图 8.8 所示，质量为 m、长度为 L 的单摆，在载体做加速度为 a_x 的加速运动时，单摆产生相对于 $A'O$ 连线的偏差角 θ。单摆在加速度 a_x 的作用下，产生绕支点 A' 的转动力矩，使单摆产生绕 A' 的转动运动。对于小偏差角的情况，有

$$J\ddot{\theta}=ma_xL \tag{8.17}$$

式中，J 为单摆绕 A' 点的转动惯量。

因此，单摆在加速度 a_x 的作用下，其向后摆动的角加速度 $\ddot{\theta}$ 为

$$\ddot{\theta}=\frac{ma_xL}{J}=\frac{a_x}{L} \tag{8.18}$$

由式(8.18)可以看出，由于水平加速度 a_x 的作用，单摆偏离垂线的角加速度 $\ddot{\theta}$ 与 a_x 成正比，与单摆长度 L 成反比。加速度 a_x 越大，偏差角 θ 也越大，单摆的长度 L 越长，则偏差角 θ 越小。

物体在加速度 a_x 的作用下，将从点 A 移动到点 B。此时，垂线方向（或地球半径 R 的方向）也将在惯性空间转动一个角度 α，$R\dot{\alpha}$ 是运动物体沿地球表面的线速度，显然有

$$R\ddot{\alpha}=a_x \quad 或 \quad \ddot{\alpha}=\frac{a_x}{R} \tag{8.19}$$

如果单摆相对惯性空间的角加速度 $\ddot{\theta}$ 正好等于物体运动时垂线相对惯性空间的角加速度 $\ddot{\alpha}$，那么经过二次积分（初始条件为零）后，可得出 $\theta=\alpha$，即在线加速度 a_x 的作用下，单摆仍能跟踪垂线方向的条件应当是

$$\ddot{\alpha}=\ddot{\theta} \tag{8.20}$$

由式(8.18)和式(8.19)可得

$$\frac{a_x}{L}=\frac{a_x}{R} \quad 或 \quad L=R \tag{8.21}$$

亦即要求单摆长度 L 应正好等于地球半径 R。满足了这一条件，单摆便可以在任一加速度 a_x 的作用下，仍能跟踪地垂线。此时，单摆的周期为

$$T=2\pi\sqrt{\frac{R}{g}}\approx 84.4\text{min} \tag{8.22}$$

这个周期称为舒拉周期，可以这样理解这个单摆：摆的质量 m 正好位于地球中心，而摆长等于地球半径 R，这样可以让摆的支点 A' 在地面上任意运动，由于摆的质心总保持在地心位置，所以摆线的方向总是指向当地垂线的方向，不会产生偏离角 θ。显然，长度 L 等于地球半径 R 的单摆，事实上是不可能实现的。1923 年，当舒拉第一次提出这个条件时，把上述 L 等于地球半径 R 的单摆称为理想的数学摆。它的重要意义在于，任何装置只要能使它的振动周期满足式(8.22)，它就具有摆长等于地球半径 R 的单摆的抗干扰能力。对于惯性导航系统，这种选择参数的过程称为舒拉调整或舒拉调谐。舒拉调谐周期的存在与否是惯性导航系统基本力学编排是否正确的最直接检验方法。

2) 陀螺稳定平台中舒拉调谐的实现

指北方位惯性导航系统的陀螺稳定平台的法线就是地垂线，平台要精确地保持水平，其水平修正回路必须满足舒拉调谐的条件。平台有两条水平修正回路，即东向水平修正回路与北向水平修正回路，工作原理基本相同。下面以平台北向水平修正回路为例分析回路实现舒拉调谐的条件。

如图 8.9 所示，北向加速度计 A_N、东向陀螺仪 G_E、东向轴稳定回路(由 G_E、等效东向轴

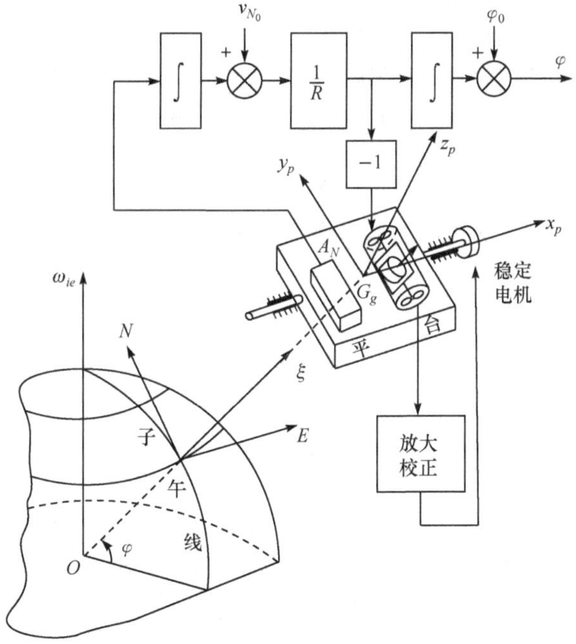

图 8.9　指北方位平台东向轴修正回路

放大器 F_x、等效东向轴力矩电机 M_x 以及平台本身构成)及计算机构成北向水平修正回路，同时这一回路也是一个“单通道惯性导航系统”，载体的纬度可以从这一回路计算输出。

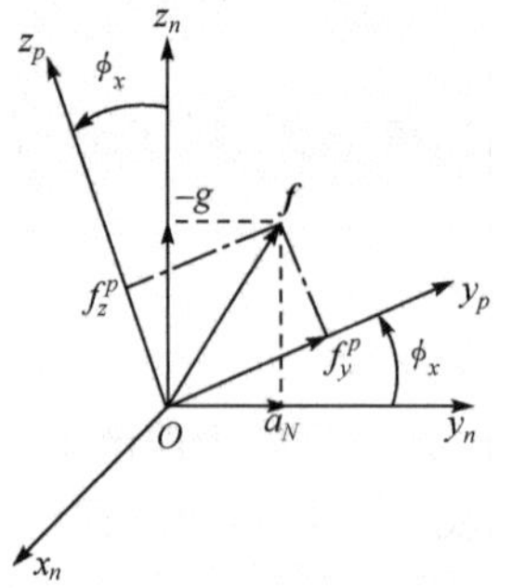

图 8.10　加速度计 A_N 输出的比力分量 f_y^p

假定载体沿地球子午线向正北航行，初始时刻平台是水平的，载体航行时可以有纵摇，但没有横摇和偏航(因为这里只考虑东向轴修正回路)。如图 8.10 所示，平台南北轴的水平误差角为 ϕ_x，其符号规定为：ϕ_x 为正时，导航坐标系 $Ox_ny_nz_n$ 绕 x_n 轴正向转动 ϕ_x 角就到达平台坐标系 $Ox_py_pz_p$。

为得到回路的框图，下面将回路分成几个部分，分别列写各部分的方程。

(1) 加速度计 A_N 输出的比力分量 f_y^p。

为简化问题，假定地球没有自转，加速度计所在位置的引力加速度 $\boldsymbol{G}$ 就是当地的重力加速度 $\boldsymbol{g}$，如果平台始终保持水平，重力加速度 $\boldsymbol{g}$ 不会被加速度计所敏感，即对加速度计的输出无影响，这是我们所希望的。当平台存在误差角 ϕ_x 时，加速度计会敏感到 $\boldsymbol{g}$ 的分量。

假定载体的北向加速度为 $\boldsymbol{a}_N$，地球没有自转时，根据比力的定义，有

$$\boldsymbol{f}=\boldsymbol{a}_N-\boldsymbol{G}=\boldsymbol{a}_N-\boldsymbol{g}$$

其输出的是比力向量 $\boldsymbol{f}=\boldsymbol{a}_N-\boldsymbol{g}$ 在平台 y_p 轴向上的投影 f_y^p，即

$$f_y^p=a_N\cos\phi_x-g\sin\phi_x$$

当 ϕ_x 为小角度时，有

$$f_y^p\approx a_N-g\phi_x \tag{8.23}$$

考虑到加速度计通常是以电流、电压等物理量的形式输出比力的，因此实际输出可以表示为 $K_af_y^p$，其中 K_a 为加速度计的刻度系数。

(2) 平台东向轴修正指令角速度的形成。

假定积分系数为 K_u，对 f_y^p 积分可以计算出北向速度

$$v_N=K_u\int_0^t K_af_y^p\,\mathrm{d}t \tag{8.24}$$

由 v_N 可计算控制平台绕 x_p 轴转动的指令角速度为

$$\omega_{ipx}^p=-\frac{v_N}{R_M} \tag{8.25}$$

另外，由 v_N 可计算纬度的变化率，结合初始纬度值可以得到载体的瞬时纬度。

对式(8.25)求拉普拉斯变换，可得

$$\omega_{ipx}^p(s)=-\frac{v_N(s)}{R_M}=-\frac{K_aK_u}{R_Ms}f_y^p(s)=-\frac{K_aK_u}{R_Ms}\left[a_N(s)-g\phi_x(s)\right] \tag{8.26}$$

(3) 从指令角速度到平台绕 x_p 轴的转动角度。

对于陀螺仪 G_E，力矩器的指令力矩正比于指令角速度，即

$$M_\lambda=K_c\omega_{ipx}^p \tag{8.27}$$

式中，K_c 为从指令角速度到力矩器输出的传递系数。

对于陀螺稳定系统，当向陀螺仪施加指令力矩，稳定系统进入稳态时，其稳定轴相对惯性

空间的转动角速度等于指令角速度，即指令力矩与陀螺动量矩之比，所以，对陀螺仪 G_E 施矩后，平台绕 x_p 轴的转动角速度为

$$\dot{\phi}_a = \frac{M_\lambda}{H} \tag{8.28}$$

取拉普拉斯变换为

$$\phi_a(s) = \frac{M_\lambda(s)}{Hs} \tag{8.29}$$

(4) 地理坐标系的转动及平台误差角的产生。

在载体运动过程中，导航坐标系绕其 x_n 轴的转动角加速度为

$$\ddot{\phi}_b = -\frac{a_N}{R_M} \tag{8.30}$$

取拉普拉斯变换为

$$\phi_b(s) = -\frac{a_N(s)}{R_M s^2} \tag{8.31}$$

平台的误差角 ϕ_x 是载体运动过程中，平台绕其 x_p 轴相对惯性空间的转动角度 ϕ_a 与导航坐标系绕其 x_n 轴相对惯性空间的转动角度 ϕ_b 之差

$$\phi_x = \phi_a - \phi_b \tag{8.32}$$

综合式(8.26)、式(8.29)、式(8.31)、式(8.32)可画出平台东向轴修正回路框图，如图 8.11 所示。由图可以看出，当载体有加速度 a_N 时，有两条并联的前向通道，一条表示当地垂线相对惯性空间的转动角度，另一条代表平台跟踪地垂线实际转动的角度，如果两者不一致，将产生平台误差角 ϕ_x，此误差角又通过加速度计对重力加速度分量的敏感，反馈到加速度计的输入端，构成一个负反馈系统。

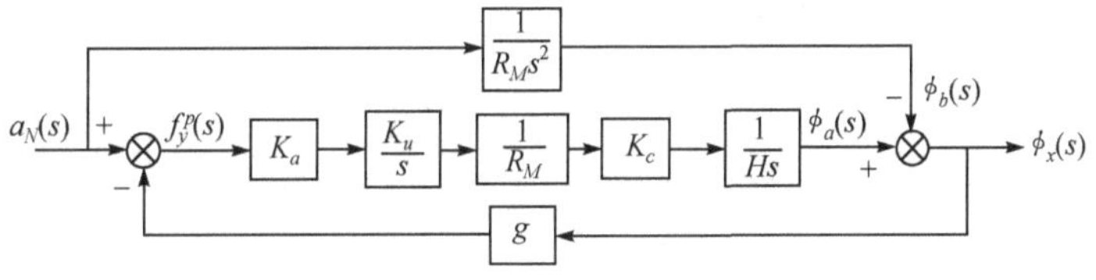

图 8.11　平台东向轴修正回路框图

从图 8.11 可以看出，如果使两条并联前向通道的传递函数相等，即满足条件

$$\frac{K_a K_u K_c}{H} = 1 \tag{8.33}$$

此时，无论加速度 a_N 为多少，平台绕 x_p 轴相对惯性空间的转动角度将始终与地垂线相对惯性空间的转动角度相等，只要初始对准准确，$\phi_x(0)=0$，平台就将始终保持水平。这样就实现了平台水平与干扰加速度 a_N 无关，那么系统的框图变为图 8.12 的形式。式(8.33)就是平台东向轴修正回路的舒拉调谐条件。

根据图 8.12，有

$$\ddot{\phi}_x + \frac{g}{R_M}\phi_x = 0 \tag{8.34}$$

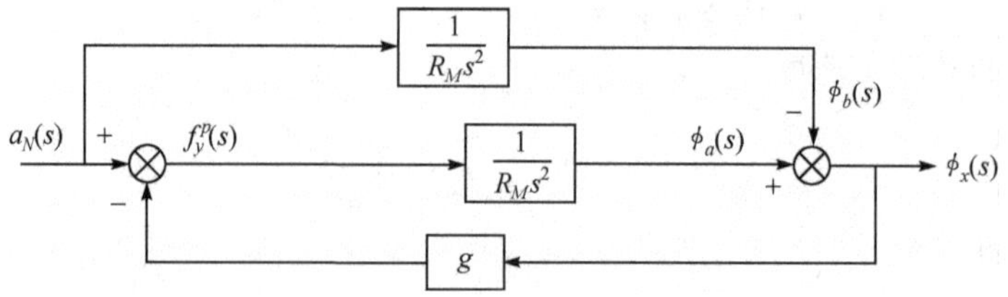

图 8.12　实现舒拉调谐的平台东向轴修正回路框图

显然，这是一个二阶无阻尼振荡系统，系统的固有振荡频率就是舒拉角频率 $\omega_s=2\pi\sqrt{\dfrac{g}{R_M}}$，相应的振荡周期为 84.4min。从对平台的指令角速度的方面看，水平修正回路实现舒拉调谐的条件是使平台绕任意水平轴的指令角速度与地理坐标系绕相同轴的转动角速度相等，即 $\omega_{ip}^p=\omega_{in}^p$。

8.3.3　指北方位惯性导航系统的控制方程

前面讨论的力学编排方程从牛顿力学的角度表达了惯性导航系统中有关力学量（比力、加速度、速度、位置）之间的关系，是惯性导航系统具体解算载体速度、位置及对平台实施控制的理论依据。根据力学编排方程，可以列写出惯性导航系统中根据加速度计的输出计算载体运动参数和指令角速度的方程，后者称为惯性导航系统的"控制方程"。

记东向加速度计 A_E、北向加速度计 A_N 的输出量分别为 a_E、a_N，系统计算出来的载体速度、位置分别为 v_x^c、v_y^c、φ^c、λ^c，平台指令角速度分别为 ω_x^c、ω_y^c、ω_z^c。

根据指北方位惯性导航系统的力学编排原理，将式(8.12)中的比力项 f_E、f_N 用加速度计输出量 a_E、a_N 代替，联合位置计算式(8.14)、指令角速度式(8.16)，可以列出惯性导航系统的控制方程。

$$\begin{cases}\dot{v}_x^c=a_E+\left(2\omega_{ie}\sin\varphi^c+\dfrac{v_x^c}{R_N}\tan\varphi^c\right)v_y^c, & v_x^c(0)=v_{x_0}\\ \dot{v}_y^c=a_N-\left(2\omega_{ie}\sin\varphi^c+\dfrac{v_x^c}{R_N}\tan\varphi^c\right)v_x^c, & v_y^c(0)=v_{y_0}\\ \dot{\varphi}^c=\dfrac{v_y^c}{R_M}, & \varphi^c(0)=\varphi_0^c\\ \dot{\lambda}^c=\dfrac{v_x^c}{R_N\cos\varphi^c}, & \lambda_0^c(0)=\lambda_0^c\\ \omega_x^c=-\dfrac{v_y^c}{R_M} & \\ \omega_y^c=\omega_{ie}\cos\varphi^c+\dfrac{v_x^c}{R_N} & \\ \omega_z^c=\omega_{ie}\sin\varphi^c+\dfrac{v_x^c}{R_N}\tan\varphi^c & \end{cases}\tag{8.35}$$

根据式(8.35)，可以画出指北方位惯性导航系统控制框图如图 8.13 所示。

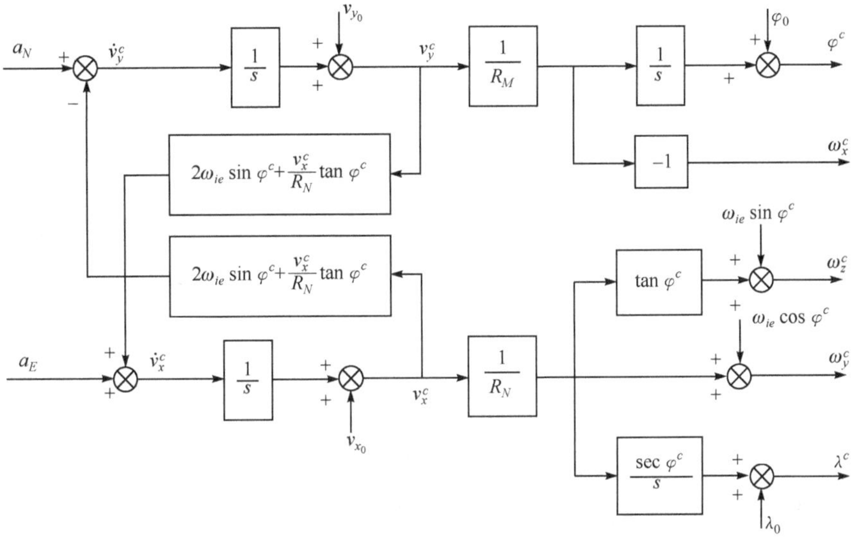

图 8.13　指北方位惯性导航系统控制框图

8.3.4　指北方位惯性导航系统的高度通道问题

对于舰船等沿地球表面航行的载体来说，不需要计算相对地球表面的高度。前面讨论中没有考虑对载体高度的测量。假如需要，惯性导航系统能否计算出载体的高度呢？人们自然会想到，可以在惯导中再增加一个高度测量通道，即在平台上再安装一个加速度计 A_z，使其敏感轴与平台方位轴 z_p 平行，A_z 可测量沿 z_p 轴的比力分量 f_ξ，然后从 f_ξ 中提取出地垂线方向的相对加速度，并推算出垂直方向的载体位移。这就是测量载体沿水平方向位移的思路。但实际上，纯惯性导航系统的高度通道是不能独立工作的，下面作简单分析。

根据式(8.10c)，有

$$f_\xi=\dot{v}_\xi-\left(2\omega_{ie}\cos\varphi+\frac{v_E}{R_N}\right)v_E-\frac{v_N}{R_M}v_N+g=\dot{v}_\xi-a_{bz}+g$$

即

$$\dot{v}_\xi=f_\xi+a_{bz}-g \tag{8.36}$$

式中，a_{bz} 为垂直方向的有害加速度。

式(8.36)表明，要获得垂直方向的相对加速度，不仅要补偿掉有害加速度 a_{bz}，还要去掉重力加速度 g。在地球表面，重力加速度 g 可以简单地看成是常数，但对高度变化的载体位置，g 是载体高度 h 的函数，其数值随高度增加而减小。

如果不考虑地球自转的影响，地球表面的重力加速度为

$$g_0=K\frac{M}{R^2} \tag{8.37}$$

式中，K 为万有引力常数；M 为地球质量；R 为地球半径。

在离地球表面高度为 h 处的重力加速度为

$$g=K\frac{M}{(R+h)^2}$$

即

$$g=\frac{R^2}{(R+h)^2}g_0 \tag{8.38}$$

当 $h \ll R$ 时，式(8.38)近似为

$$g=g_0\left(1-\frac{2h}{R}\right) \tag{8.39}$$

根据式(8.36)和式(8.39)，可作出高度通道的框图，如图 8.14 所示。根据该框图，容易写出高度通道的特征方程为

$$s^2-\frac{2g_0}{R}=0$$

即

$$\left(s-\sqrt{\frac{2g_0}{R}}\right)\left(s+\sqrt{\frac{2g_0}{R}}\right)=0 \tag{8.40}$$

式(8.40)的特征方程有一个正根，说明系统不稳定，计算高度 h 的误差将会发散。因此，需要测量载体高度时，不能直接采用这种纯惯性的高度通道，必须引入外部高度信息进行组合后再求高度，具体方法不赘述。

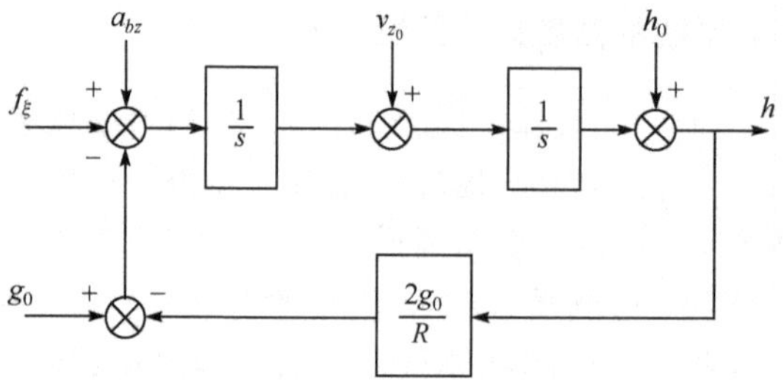

图 8.14　纯惯性导航系统的高度通道框图

8.4　自由方位与游动方位惯性导航系统的力学编排方程

指北方位惯性导航系统不适合于全球导航应用，这是因为，一方面在高纬度地区，单位经度角对应地球表面的弧长变短，此时指北方位惯性导航系统的平台为了模拟地理坐标系，要求平台在方位上有较快的变化率，为此要求方位陀螺仪的力矩器承受较大的控制电流，又要求平台以较高的速率绕方位轴转动，这给陀螺仪和平台回路在工程上的实现带来很大困难；另一方面，当纬度接近 90°时，计算机在计算 $\tan\varphi$ 时会出现发散现象。因此，为避免上述问题的出现，在实际应用中常采用自由方位惯性导航系统或游动方位惯性导航系统来解决高纬度地区的工作问题。

8.4.1　自由方位惯性导航系统的特点分析

自由方位惯性导航系统采用水平坐标系作为导航坐标系，陀螺稳定平台也是三轴平台，三个单自由度陀螺仪(或两个二自由度陀螺仪)控制平台的三根稳定轴，平台的稳定与修正原理和指北方位惯性导航系统相同，平台坐标系 $Ox_py_pz_p$ 的 x_p 轴和 y_p 轴始终处于当地水平面

内。二者的差别在于，在系统工作过程中不对方位陀螺 G_z 施加任何指令信号，平台在方位轴上相对惯性空间保持稳定，即平台方位轴稳定系统工作于几何稳定状态。

如果在初始时刻，平台坐标系 $Ox_py_pz_p$ 对准了导航坐标系（采用地理坐标系）$Ox_ny_nz_n$，则在载体运动过程中，由于地球自转及载体的运动，自由方位平台的 x_p 轴（y_p 轴）将逐渐偏离导航坐标系的 x_n 轴（y_n 轴），偏离的角速度为 ω_{npz}^n，所形成的偏离角度 α_f 称为自由方位角，如图 8.15 所示。

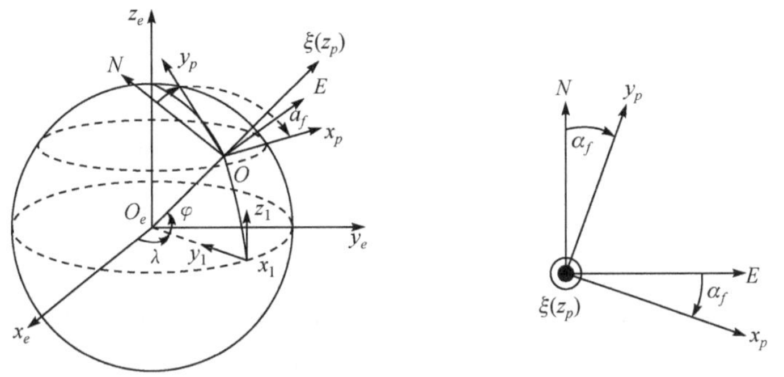

图 8.15　自由方位平台坐标系与地理坐标系之间的角度关系

下面分析自由方位角 α_f 的变化规律。按照上面对自由方位角的定义，有

$$\dot{\alpha}_f = -\omega_{npz}^n \tag{8.41}$$

根据相对运动原理，平台坐标系绕 z_p 轴偏离导航坐标系的角速度为

$$\omega_{npz}^n = \omega_{ipz}^n - \omega_{inz}^n \tag{8.42}$$

由于自由方位平台方位轴向的指令角速度为零，不考虑稳定系统的误差，平台方位轴相对惯性空间稳定，即 $\omega_{ipz}^n = 0$。p 系的 z_p 轴和 n 系的 z_n 轴重合，所以

$$\omega_{ipz}^n = \omega_{ipz}^p = 0 \tag{8.43}$$

而导航坐标系绕其方位轴的转动角速度规律是已知的，即

$$\omega_{inz}^n = \omega_{ie}\sin\varphi + \frac{v_E}{R_N}\tan\varphi \tag{8.44}$$

将式(8.43)、式(8.44)代入式(8.42)，可得平台绕 z_p 轴偏离导航坐标系的角速度为

$$\omega_{npz}^n = -\omega_{inz}^n = -\omega_{ie}\sin\varphi - \frac{v_E}{R_N}\tan\varphi$$

所以

$$\dot{\alpha}_f = -\omega_{npz}^n = \omega_{ie}\sin\varphi + \frac{v_E}{R_N}\tan\varphi$$

积分并考虑初始条件，就能得到自由方位角为

$$\alpha_f = \alpha_{f0} + \int_0^t \left(\omega_{ie}\sin\varphi + \frac{v_E}{R_N}\tan\varphi\right)\mathrm{d}t \tag{8.45}$$

由于平台不指北了，因此载体的航向角不能直接由平台方位环上的角度发送器输出，记角度传感器的角度为 θ_a'，它是平台台体绕方位轴相对平台内环的转动角度，也就是相对载体的转动角度，参考图 8.16，它与载体的航向角 θ_a、自由方位角 α_f 之间有如下关系：

$$\theta_a = \theta_a' + \alpha_f \tag{8.46}$$

由于自由方位惯性导航系统的方位轴稳定系统工作于几何稳定状态，无需对 G_z 陀螺施矩，这就克服了指北方位惯性导航系统不能在高纬度地区工作的问题。

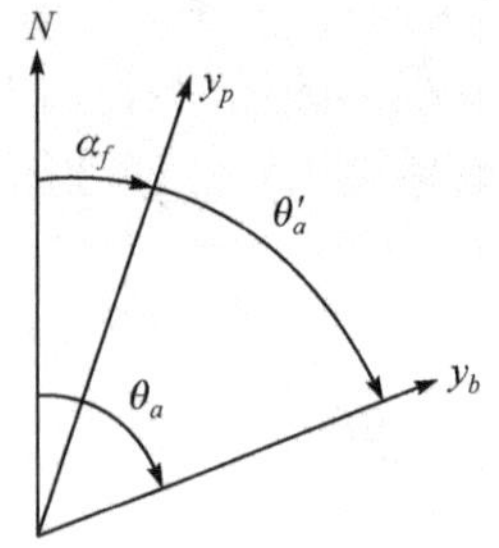

图 8.16　航向角 θ_a 与自由方位角 α_f 的关系

8.4.2　自由方位惯性导航系统的力学编排

由于自由方位惯性导航系统的平台不指北，不能直接利用加速度计输出的比力信号来计算东向和北向的相对加速度。但根据自由方位角 α_f，可以通过坐标变换将加速度计输出的比力信号 f_x^p、f_y^p 由平台坐标系的 x_p 轴、y_p 轴变换到导航坐标系轴向上，即

$$\begin{bmatrix} f_E \\ f_N \end{bmatrix} = \boldsymbol{C}_p^n \begin{bmatrix} f_x^p \\ f_y^p \end{bmatrix} = \begin{bmatrix} \cos\alpha_f & \sin\alpha_f \\ -\sin\alpha_f & \cos\alpha_f \end{bmatrix} \begin{bmatrix} f_x^p \\ f_y^p \end{bmatrix} \tag{8.47}$$

这样，可以按照指北方位惯性导航系统的力学编排来计算导航参数。但是，对于平台的指令角速度还需要再从导航坐标系转换到平台坐标系，即

$$\begin{bmatrix} \omega_{ipx}^p \\ \omega_{ipy}^p \end{bmatrix} = \boldsymbol{C}_n^p \begin{bmatrix} \omega_{inx}^n \\ \omega_{iny}^n \end{bmatrix} = \begin{bmatrix} \cos\alpha_f & -\sin\alpha_f \\ \sin\alpha_f & \cos\alpha_f \end{bmatrix} \begin{bmatrix} \omega_{inx}^n \\ \omega_{iny}^n \end{bmatrix} \tag{8.48}$$

根据式(8.45)～式(8.48)，结合指北方位惯性导航系统的框图，可以画出自由方位惯性导航系统的控制框图，如图 8.17 所示。

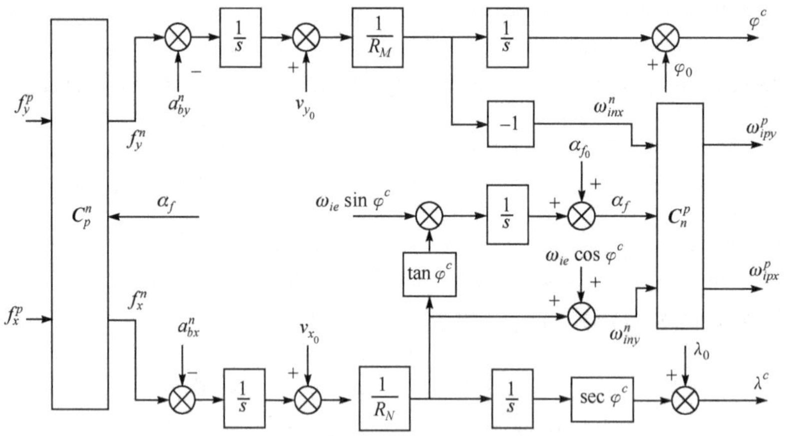

图 8.17　自由方位惯性导航系统控制框图

从图 8.17 可以看出，在指北方位惯性导航系统的计算程序中，只需加入两个转换矩阵的计算，就可以变换成自由方位惯性导航系统了。依照这样的编排，在高纬度地区向 G_z 陀螺施

矩困难的问题解决了。但是，在计算位置和指令角速度时仍要计算 $\tan\varphi$ 和 $\sec\varphi$ 项。在极区，当 φ 接近 90°时，计算机容易溢出的问题仍然存在。

为彻底解决指北方位惯性导航系统的问题，自由方位惯性导航系统采用另外一种导航参数计算方法——方向余弦矩阵法，下面着重介绍这种方法，其基本思路如下：

(1) 平台坐标系与地球坐标系之间的方向余弦矩阵 $\boldsymbol{C}_e^p$ 由载体的经、纬度 λ、φ 和自由方位角 α_f 决定，反过来，得到了方向余弦矩阵 $\boldsymbol{C}_e^p$ 即可计算出载体的经、纬度 λ、φ 和自由方位角 α_f。

(2) 对于 $\boldsymbol{C}_e^p$，可以建立其微分方程，根据平台坐标系相对地球坐标系的转动角速度 $\boldsymbol{\omega}_{ep}^p$ 及初始条件，通过积分得到 $\boldsymbol{C}_e^p$ 的元素值(解矩阵微分方程)。

(3) 平台坐标系相对地球坐标系的转动角速度 $\boldsymbol{\omega}_{ep}^p$ 可以通过载体速度计算得到，而载体速度则根据加速度计输出的比力信号，经有害加速度补偿后积分得到。

(4) 计算出导航参数后，再计算指令角速度控制平台保持当地水平。

1. 方向余弦矩阵 $\boldsymbol{C}_e^p$ 及其与导航参数的关系

地球坐标系 $O_ex_ey_ez_e$ 与平台坐标系 $O_px_py_pz_p$ 的原点是不同的，前者在地心，而后者在载体所在位置，但方向余弦矩阵 $\boldsymbol{C}_e^p$ 反映的是两坐标系间的角度关系，而不考虑原点位置。这样，可以认为两坐标系的原点相同。在 1.4.1 节第三部分，确定了载体瞬时地理位置变换矩阵为

$$\boldsymbol{C}_e^n=\begin{bmatrix} -\sin\lambda & \cos\lambda & 0 \\ -\sin\varphi\cos\lambda & -\sin\varphi\sin\lambda & \cos\varphi \\ \cos\varphi\cos\lambda & \cos\varphi\sin\lambda & \sin\varphi \end{bmatrix}$$

在 $\boldsymbol{C}_e^n$ 的基础上，将 $O_nx_ny_nz_n$ 绕 z_n 轴负向转动 α_f，就得到平台坐标系 $O_px_py_pz_p$。根据这样的转动关系，从地球坐标系到平台坐标系的方向余弦矩阵为

$$\begin{aligned}\boldsymbol{C}_e^p&=\boldsymbol{C}_n^p\boldsymbol{C}_e^n=\begin{bmatrix} \cos\alpha_f & -\sin\alpha_f & 0 \\ \sin\alpha_f & \cos\alpha_f & 0 \\ 0 & 0 & 1 \end{bmatrix}\begin{bmatrix} -\sin\lambda & \cos\lambda & 0 \\ -\sin\varphi\cos\lambda & -\sin\varphi\sin\lambda & \cos\varphi \\ \cos\varphi\cos\lambda & \cos\varphi\sin\lambda & \sin\varphi \end{bmatrix}\\ &=\begin{bmatrix} -\cos\alpha_f\sin\lambda+\sin\alpha_f\sin\varphi\cos\lambda & \cos\alpha_f\cos\lambda+\sin\alpha_f\sin\varphi\sin\lambda & -\sin\alpha_f\cos\varphi \\ -\sin\alpha_f\sin\lambda-\cos\alpha_f\sin\varphi\cos\lambda & \sin\alpha_f\cos\lambda-\cos\alpha_f\sin\varphi\sin\lambda & \cos\alpha_f\cos\varphi \\ \cos\varphi\cos\lambda & \cos\varphi\sin\lambda & \sin\varphi \end{bmatrix}\end{aligned} \tag{8.49}$$

另外，$\boldsymbol{C}_e^p$ 可以表示为

$$\boldsymbol{C}_e^p=\begin{bmatrix} C_{11} & C_{12} & C_{13} \\ C_{21} & C_{22} & C_{23} \\ C_{31} & C_{32} & C_{33} \end{bmatrix} \tag{8.50}$$

若在运载体运动过程中能够获得 $\boldsymbol{C}_e^p$ 的元素，那么综合比较式(8.49)和式(8.50)，可得

$$\varphi=\arcsin C_{33} \tag{8.51}$$

$$\lambda_{主}=\arctan\frac{C_{32}}{C_{31}} \tag{8.52}$$

$$\alpha_{f主}=-\arctan\frac{C_{13}}{C_{23}} \tag{8.53}$$

以上各式给出的是相应值的主值。由于纬度 φ 定义在(−90°,+90°)区间内,没有多值性;而经度 λ 定义在(−180°,+180°)区间内(λ 为正代表东经,λ 为负代表西经),自由方位角 α_f 定义在(0°,360°)区间内,因此根据式(8.52)、式(8.53)计算出主值后,还需要根据 C_{32}、C_{31} 以及 C_{13}、C_{23} 来判断 λ、α_f 所在的区间,计算其真值。

2. 方向余弦矩阵 $\boldsymbol{C}_e^p$ 的求取

方向余弦矩阵 $\boldsymbol{C}_e^p$ 是地球坐标系到平台坐标系的变换矩阵,矩阵元素是经、纬度 λ、φ 和自由方位角 α_f 的函数。在载体航行过程中,三个转角都可能发生变化,矩阵 $\boldsymbol{C}_e^p$ 的元素也将随之变化。因此要获取 $\boldsymbol{C}_e^p$ 的元素,就需要解 $\boldsymbol{C}_e^p$ 的微分方程

$$\dot{\boldsymbol{C}}_e^p = -\boldsymbol{\Omega}_{ep}^p \boldsymbol{C}_e^p \tag{8.54}$$

式中,$\boldsymbol{\Omega}_{ep}^p$ 是平台相对地球运动的角速度矢量构成的反对称矩阵。将其代入矩阵元素,有

$$\begin{bmatrix} \dot{C}_{11} & \dot{C}_{12} & \dot{C}_{13} \\ \dot{C}_{21} & \dot{C}_{22} & \dot{C}_{23} \\ \dot{C}_{31} & \dot{C}_{32} & \dot{C}_{33} \end{bmatrix} = \begin{bmatrix} 0 & \omega_{epz}^p & -\omega_{epy}^p \\ -\omega_{epz}^p & 0 & \omega_{epx}^p \\ \omega_{epy}^p & -\omega_{epx}^p & 0 \end{bmatrix} \begin{bmatrix} C_{11} & C_{12} & C_{13} \\ C_{21} & C_{22} & C_{23} \\ C_{31} & C_{32} & C_{33} \end{bmatrix} \tag{8.55}$$

式(8.55)提供了 9 个微分方程,可以将等式左边矩阵每一列对应的元素看成是一个方程组,共组成三组方程组,可独立求解,在此不一一列出。由式(8.51)~式(8.53)可以看出,求解 λ、φ 和 α_f 三个参数只需要矩阵 $\boldsymbol{C}_e^p$ 的 C_{32}、C_{31}、C_{13}、C_{23} 和 C_{33} 五个元素,因此只取微分方程组的后两组即可解出 C_{12}、C_{22}、C_{32}、C_{13}、C_{23}、C_{33}。对于 C_{31},可以按如下方式进行补充。

根据方向余弦矩阵的正交性质,$\boldsymbol{C}_e^p$ 的转置矩阵和其逆矩阵相等,即

$$[\boldsymbol{C}_e^p]^{\mathrm{T}} = [\boldsymbol{C}_e^p]^{-1} \tag{8.56}$$

同时,方向余弦矩阵对应的行列式的值为 1,利用代数余子式求矩阵逆元素,根据元素位置的对应关系可以求得

$$C_{31} = C_{12}C_{23} - C_{22}C_{13} \tag{8.57}$$

要求解 C_{12}、C_{22}、C_{32}、C_{13}、C_{23}、C_{33} 及 C_{31},可根据 λ、φ 和 α_f 的初始值由式(8.49)的对应元素来确定 C_{12}、C_{22}、C_{32}、C_{13}、C_{23}、C_{33} 及 C_{31} 的初值。

3. 角速度 $\boldsymbol{\omega}_{ep}^p$ 的求取

角速度 $\boldsymbol{\omega}_{ep}^p$ 的三个分量为

$$\boldsymbol{\omega}_{ep}^p = \begin{bmatrix} \omega_{epx}^p & \omega_{epy}^p & \omega_{epz}^p \end{bmatrix}^{\mathrm{T}} \tag{8.58}$$

式中,ω_{epz}^p 表示平台坐标系绕 z_p 轴相对地球坐标系的转动角速度。根据自由方位惯性导航系统的特点,有 $\omega_{ipz}^p = 0$,则

$$\omega_{ipz}^p = \omega_{iez}^p + \omega_{epz}^p = 0 \tag{8.59}$$

故有

$$\omega_{epz}^p = -\omega_{iez}^p = -\omega_{ie}\sin\varphi = -\omega_{ie}C_{33} \tag{8.60}$$

ω_{epx}^p、ω_{epy}^p 分别是平台系统绕 x_p 轴、y_p 轴相对导航坐标系的转动角速度,显然它们与载体的速度及地球的曲率半径有关,可通过平台坐标系与导航坐标系的角度关系来推导其计算公式。

根据自由方位角 α_f，通过坐标变换，根据载体东向速度和北向速度计算平台坐标系相对导航坐标系的转动角速度，再从导航坐标系变换到平台坐标系上

$$\begin{bmatrix}\omega_{epx}^p \\ \omega_{epy}^p\end{bmatrix}=\boldsymbol{C}_n^p\begin{bmatrix}\omega_{epx}^n \\ \omega_{epy}^n\end{bmatrix}=\begin{bmatrix}\cos\alpha_f & -\sin\alpha_f \\ \sin\alpha_f & \cos\alpha_f\end{bmatrix}\begin{bmatrix}-\dfrac{v_N}{R_M} \\ \dfrac{v_E}{R_N}\end{bmatrix} \tag{8.61}$$

同时，速度分量 v_E、v_N 又可以根据沿平台坐标系轴向的速度分量 v_x^p、v_y^p 变换而来

$$\begin{bmatrix}v_E \\ v_N\end{bmatrix}=\boldsymbol{C}_p^n\begin{bmatrix}v_x^p \\ v_y^p\end{bmatrix}=\begin{bmatrix}\cos\alpha_f & \sin\alpha_f \\ -\sin\alpha_f & \cos\alpha_f\end{bmatrix}\begin{bmatrix}v_x^p \\ v_y^p\end{bmatrix} \tag{8.62}$$

将式(8.62)代入式(8.61)，可得

$$\begin{bmatrix}\omega_{epx}^p \\ \omega_{epy}^p\end{bmatrix}=\begin{bmatrix}-\dfrac{1}{\tau_f} & -\dfrac{1}{R_{yp}} \\ \dfrac{1}{R_{xp}} & \dfrac{1}{\tau_f}\end{bmatrix}\begin{bmatrix}v_x^p \\ v_y^p\end{bmatrix}=\boldsymbol{C}_f\begin{bmatrix}v_x^p \\ v_y^p\end{bmatrix} \tag{8.63}$$

式中

$$\frac{1}{R_{xp}}=\frac{\sin^2\alpha_f}{R_M}+\frac{\cos^2\alpha_f}{R_N} \tag{8.64}$$

$$\frac{1}{R_{yp}}=\frac{\cos^2\alpha_f}{R_M}+\frac{\sin^2\alpha_f}{R_N} \tag{8.65}$$

$$\frac{1}{\tau_f}=\left(\frac{1}{R_N}-\frac{1}{R_M}\right)\sin\alpha_f\cos\alpha_f \tag{8.66}$$

式中，R_{xp}、R_{yp} 称为自由方位等效曲率半径；τ_f 称为扭转曲率。

曲率半径 R_M、R_N 是纬度 φ 的函数，结合矩阵元素 C_{13}、C_{23}、C_{33} 与 φ、α_f 的关系，可将曲率阵 $\boldsymbol{C}_f$ 表示为

$$\boldsymbol{C}_f=\begin{bmatrix}-\dfrac{1}{\tau_f} & -\dfrac{1}{R_{yp}} \\ \dfrac{1}{R_{xp}} & \dfrac{1}{\tau_f}\end{bmatrix}=\begin{bmatrix}\dfrac{2\varepsilon}{R_e}C_{13}C_{23} & -\dfrac{1}{R_e}(1-\varepsilon C_{33}^2+2\varepsilon C_{23}^2) \\ \dfrac{1}{R_e}(1-\varepsilon C_{33}^2+2\varepsilon C_{13}^2) & -\dfrac{2\varepsilon}{R_e}C_{13}C_{23}\end{bmatrix} \tag{8.67}$$

式中，R_e 为地球参考椭球的长轴半径；ε 为其椭圆度。ω_{epz}^p 也可用矩阵 $\boldsymbol{C}_e^p$ 的元素表示，最后得到 $\boldsymbol{\omega}_{ep}^p$ 的计算方程为

$$\begin{bmatrix}\omega_{epx}^p \\ \omega_{epy}^p\end{bmatrix}=\boldsymbol{C}_f\begin{bmatrix}\boldsymbol{v}_x^p \\ \boldsymbol{v}_y^p\end{bmatrix} \tag{8.68a}$$

$$\omega_{epz}^p=-\omega_{ie}C_{33} \tag{8.68b}$$

通过上面的分析，计算 $\boldsymbol{C}_e^p$ 需要已知角速度 $\boldsymbol{\omega}_{ep}^p$，而求 $\boldsymbol{\omega}_{ep}^p$ 时，又需要知道 $\boldsymbol{C}_e^p$ 的元素。这个问题可以用循环迭代算法解决，系统先根据初始条件解出 $\boldsymbol{C}_e^p$ 后，即可反馈回去求出曲率阵 $\boldsymbol{C}_f$，求出 $\boldsymbol{\omega}_{ep}^p$，再计算 $\boldsymbol{C}_e^p$，如此循环。还有一个问题就是，求解角速度 $\boldsymbol{\omega}_{ep}^p$ 时，还要提供载体速度 v_x^p、v_y^p，显然它们与加速度计输出的比力有直接关系。

4. 速度计算

根据比力与相对加速度的关系式

$$\boldsymbol{f}=\dot{\boldsymbol{v}}_{ep}+(2\boldsymbol{\omega}_{ie}+\boldsymbol{\omega}_{ep})\times\boldsymbol{v}_{ep}-\boldsymbol{g} \tag{8.69}$$

将式中各量分解到平台坐标系三根轴上，表示为分量形式，有

$$\boldsymbol{f}=\begin{bmatrix}f_x^p\\f_y^p\\f_z^p\end{bmatrix},\dot{\boldsymbol{v}}_{ep}=\begin{bmatrix}\dot{v}_x^p\\\dot{v}_y^p\\\dot{v}_z^p\end{bmatrix},\boldsymbol{\omega}_{ie}=\begin{bmatrix}\omega_{iex}^p\\\omega_{iey}^p\\\omega_{iez}^p\end{bmatrix},\boldsymbol{\omega}_{ep}=\begin{bmatrix}\omega_{epx}^p\\\omega_{epy}^p\\\omega_{epz}^p\end{bmatrix},\boldsymbol{v}_{ep}=\begin{bmatrix}v_x^p\\v_y^p\\v_z^p\end{bmatrix},\boldsymbol{g}=\begin{bmatrix}g_x^p\\g_y^p\\g_z^p\end{bmatrix}=\begin{bmatrix}0\\0\\-g\end{bmatrix}$$

$\boldsymbol{\omega}_{ie}^p$ 为地球坐标系相对惯性空间的角速度在 p 系上的投影，可以通过坐标变换得到

$$\boldsymbol{\omega}_{ie}^p=\boldsymbol{C}_e^p\boldsymbol{\omega}_{ie}^e \tag{8.70}$$

上式写成矩阵形式为

$$\begin{bmatrix}\omega_{iex}^p\\\omega_{iey}^p\\\omega_{iez}^p\end{bmatrix}=\begin{bmatrix}C_{11}&C_{12}&C_{13}\\C_{21}&C_{22}&C_{23}\\C_{31}&C_{32}&C_{33}\end{bmatrix}\begin{bmatrix}0\\0\\\omega_{ie}\end{bmatrix} \tag{8.71}$$

将式(8.68)、式(8.71)代入式(8.69)，可得加速度的分量式

$$\begin{bmatrix}\dot{v}_x^p\\\dot{v}_y^p\\\dot{v}_z^p\end{bmatrix}=\begin{bmatrix}f_x^p\\f_y^p\\f_z^p\end{bmatrix}-\begin{bmatrix}0&-\omega_{ie}C_{33}&2\omega_{ie}C_{23}+\omega_{epy}^p\\\omega_{ie}C_{33}&0&-(2\omega_{ie}C_{13}+\omega_{epx}^p)\\-(2\omega_{ie}C_{23}+\omega_{epy}^p)&2\omega_{ie}C_{13}+\omega_{epx}^p&0\end{bmatrix}\begin{bmatrix}v_x^p\\v_y^p\\v_z^p\end{bmatrix}+\begin{bmatrix}0\\0\\g\end{bmatrix} \tag{8.72}$$

对于舰船等载体，垂直速度 $v_z^p=0$，式(8.72)可以简化为如下形式：

$$\dot{v}_x^p=f_x^p+\omega_{ie}C_{33}v_y^p \tag{8.73a}$$

$$\dot{v}_y^p=f_y^p-\omega_{ie}C_{33}v_x^p \tag{8.73b}$$

5. 平台的指令角速度

平台的指令角速度为

$$\boldsymbol{\omega}_{ip}^p=\boldsymbol{\omega}_{ie}^p+\boldsymbol{\omega}_{ep}^p \tag{8.74}$$

分解到 p 系各轴上，有

$$\omega_{ipx}^p=\omega_{iex}^p+\omega_{epx}^p \tag{8.75a}$$

$$\omega_{ipy}^p=\omega_{iey}^p+\omega_{epy}^p \tag{8.75b}$$

$$\omega_{ipz}^p=0 \tag{8.75c}$$

将式(8.71)代入，有

$$\omega_{ipx}^p=\omega_{ie}C_{13}+\omega_{epx}^p \tag{8.76a}$$

$$\omega_{ipy}^p=\omega_{ie}C_{23}+\omega_{epy}^p \tag{8.76b}$$

$$\omega_{ipz}^p=0 \tag{8.76c}$$

6. 采用方向余弦法的自由方位惯性导航系统的原理框图

综合上面的推导，即可获得从加速度计测量的比力到求取各导航参数的全部力学编排方程，现归纳如下。

1）加速度方程

$$\begin{cases}\dot{v}_x^p = f_x^p + \omega_{ie} C_{33} v_y^p \\ \dot{v}_y^p = f_y^p - \omega_{ie} C_{33} v_x^p\end{cases}$$

2）角速度方程

$$\begin{cases}\begin{bmatrix}\omega_{epx}^p \\ \omega_{epy}^p\end{bmatrix} = \begin{bmatrix}\dfrac{2\varepsilon}{R_e} C_{13} C_{23} & -\dfrac{1}{R_e}(1-\varepsilon C_{33}^2 + 2\varepsilon C_{23}^2) \\ \dfrac{1}{R_e}(1-\varepsilon C_{33}^2 + 2\varepsilon C_{13}^2) & -\dfrac{2\varepsilon}{R_e} C_{13} C_{23}\end{bmatrix}\begin{bmatrix}v_x^p \\ v_y^p\end{bmatrix} \\ \omega_{epz}^p = -\omega_{ie} C_{33}\end{cases}$$

3）方向余弦矩阵及其微分方程

$$\boldsymbol{C}_e^p = \begin{bmatrix}C_{11} & C_{12} & C_{13} \\ C_{21} & C_{22} & C_{23} \\ C_{31} & C_{32} & C_{33}\end{bmatrix}$$

$$\begin{bmatrix}0 & \dot{C}_{12} & \dot{C}_{13} \\ 0 & \dot{C}_{22} & \dot{C}_{23} \\ 0 & \dot{C}_{32} & \dot{C}_{33}\end{bmatrix} = \begin{bmatrix}0 & \omega_{epz}^p & -\omega_{epy}^p \\ -\omega_{epz}^p & 0 & \omega_{epx}^p \\ \omega_{epy}^p & -\omega_{epx}^p & 0\end{bmatrix}\begin{bmatrix}0 & C_{12} & C_{13} \\ 0 & C_{22} & C_{23} \\ 0 & C_{32} & C_{33}\end{bmatrix}$$

$$C_{31} = C_{12} C_{23} - C_{22} C_{13}$$

4）导航参数计算

$$\varphi = \arcsin C_{33}$$

$$\lambda_{主} = \arctan \frac{C_{32}}{C_{31}}$$

$$\alpha_{f主} = -\arctan \frac{C_{13}}{C_{23}}$$

$$\theta_a = \theta_a' + \alpha_f$$

5）平台指令角速度

$$\begin{cases}\omega_{ipx}^p = \omega_{ie} C_{13} + \omega_{epx}^p \\ \omega_{ipy}^p = \omega_{ie} C_{23} + \omega_{epy}^p \\ \omega_{ipz}^p = 0\end{cases}$$

根据上述力学编排，可画出系统的原理框图如图 8.18 所示。从图中可见，系统的核心问题是方向余弦矩阵 $\boldsymbol{C}_e^p$ 的计算。

8.4.3　游动方位惯性导航系统的力学编排

游动方位惯性导航系统采用的导航坐标系仍是水平坐标系。在系统工作过程中，会对方位陀螺 G_z 施加有限的指令角速度，即

$$\omega_{ipz}^p = \omega_{ie} \sin\varphi = \omega_{iez}^p \tag{8.77}$$

也就是说，平台绕 z_p 轴只跟踪由地球自转引起的导航坐标系绕 z_n 轴的转动。

由于载体的运动，平台的 x_p 轴（y_p 轴）将逐渐偏离导航坐标系的 x_n 轴（y_n 轴），偏离的角

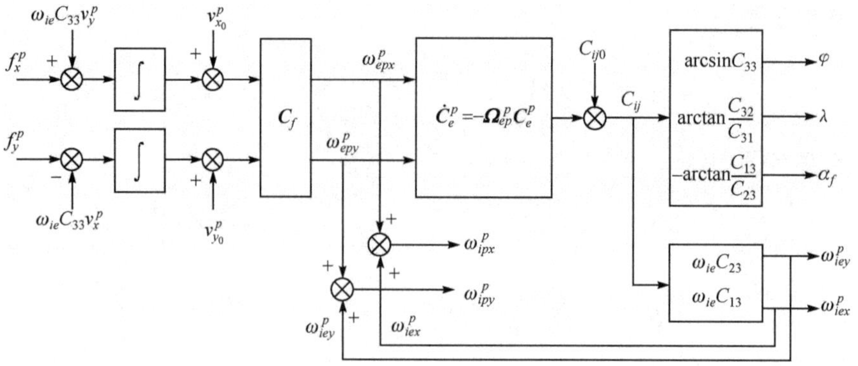

图 8.18　自由方位惯性导航系统原理框图

度记为 α，称为游动方位角。α 的变化规律不难求得，由于

$$\omega_{ipz}^n=\omega_{npz}^n+\omega_{inz}^n$$

故

$$\dot{\alpha}=-\omega_{npz}^n=-(\omega_{ipz}^n-\omega_{inz}^n)=-\omega_{ie}\sin\varphi+\left(\omega_{ie}\sin\varphi+\frac{v_E}{R_N}\tan\varphi\right)=\frac{v_E}{R_N}\tan\varphi \tag{8.78}$$

积分得

$$\alpha=\alpha_0+\int_0^t\frac{v_E}{R_N}\tan\varphi\mathrm{d}t \tag{8.79}$$

从游动方位惯性导航系统的特点看，它与自由方位惯性导航系统的区别不大，只是游动方位惯导平台绕方位轴的转动规律稍有不同。仿照自由方位惯性导航系统，用方向余弦矩阵法来列写游动方位系统的力学编排方程。

1. 方向余弦矩阵 C_e^p 的计算

将自由方位系统方向余弦矩阵 C_e^p 中的 α_f 换成游动方位角 α，即

$$C_e^p=\begin{bmatrix}C_{11}&C_{12}&C_{13}\\C_{21}&C_{22}&C_{23}\\C_{31}&C_{32}&C_{33}\end{bmatrix}=\begin{bmatrix}-\cos\alpha\sin\lambda+\sin\alpha\sin\varphi\cos\lambda & \cos\alpha\cos\lambda+\sin\alpha\sin\varphi\sin\lambda & -\sin\alpha\cos\varphi\\-\sin\alpha\sin\lambda-\cos\alpha\sin\varphi\cos\lambda & \sin\alpha\cos\lambda-\cos\alpha\sin\varphi\sin\lambda & \cos\alpha\cos\varphi\\\cos\varphi\cos\lambda & \cos\varphi\sin\lambda & \sin\varphi\end{bmatrix} \tag{8.80}$$

2. 速度方程

求取速度的出发点仍然是比力方程

$$\boldsymbol{f}=\dot{\boldsymbol{v}}_{ep}+(2\boldsymbol{\omega}_{ie}+\boldsymbol{\omega}_{ep})\times\boldsymbol{v}_{ep}-\boldsymbol{g}$$

考虑到游动方位的特点，平台坐标系和地球坐标系绕 z_p 轴的转动角速度相同，均为 $\omega_{ie}\sin\varphi$，故

$$\omega_{epz}^p=\omega_{ipz}^p-\omega_{iez}^p=0 \tag{8.81}$$

又由式(8.71)，有

$$\omega_{iex}^p=C_{13}\omega_{ie} \tag{8.82a}$$

$$\omega_{iey}^p=C_{23}\omega_{ie} \tag{8.82b}$$

$$\omega_{iez}^p=C_{33}\omega_{ie} \tag{8.82c}$$

将式(8.81)、式(8.82)代入比力方程，有

$$\dot{v}_x^p = f_x^p + 2\omega_{ie} C_{33} v_y^p - (2\omega_{ie} C_{23} + \omega_{epy}^p) v_z^p \tag{8.83a}$$

$$\dot{v}_y^p = f_y^p - 2\omega_{ie} C_{33} v_x^p + (2\omega_{ie} C_{13} + \omega_{epx}^p) v_z^p \tag{8.83b}$$

$$\dot{v}_z^p = f_z^p + (2\omega_{ie} C_{23} + \omega_{epy}^p) v_x^p - (2\omega_{ie} C_{13} + \omega_{epx}^p) v_y^p + g \tag{8.83c}$$

对于舰船等载体来说，垂直速度 $v_z^p = 0$，上式可以简化为

$$\dot{v}_x^p = f_x^p + 2\omega_{ie} C_{33} v_y^p \tag{8.84a}$$

$$\dot{v}_y^p = f_y^p - 2\omega_{ie} C_{33} v_x^p \tag{8.84b}$$

3. 角速度 $\boldsymbol{\omega}_{ep}^p$ 的方程

$$\begin{bmatrix} \omega_{epx}^p \\ \omega_{epy}^p \end{bmatrix} = \begin{bmatrix} \dfrac{2\varepsilon}{R_e} C_{13} C_{23} & -\dfrac{1}{R_e}(1 - \varepsilon C_{33}^2 + 2\varepsilon C_{23}^2) \\ \dfrac{1}{R_e}(1 - \varepsilon C_{33}^2 + 2\varepsilon C_{13}^2) & -\dfrac{2\varepsilon}{R_e} C_{13} C_{23} \end{bmatrix} \begin{bmatrix} v_x^p \\ v_y^p \end{bmatrix} \tag{8.85a}$$

$$\omega_{epz}^p = -\omega_{ie} C_{33} \tag{8.85b}$$

4. 方向余弦矩阵微分方程

与自由方位惯性导航系统一样，方向余弦矩阵微分方程展开后得到九个方程，考虑到求解 λ、φ、α 的需要，此处只给出如下形式：

$$\begin{cases} \dot{C}_{12} = -\omega_{epy}^p C_{32} \\ \dot{C}_{22} = \omega_{epx}^p C_{32} \\ \dot{C}_{32} = \omega_{epy}^p C_{12} - \omega_{epx}^p C_{22} \\ \dot{C}_{13} = -\omega_{epy}^p C_{33} \\ \dot{C}_{23} = \omega_{epx}^p C_{33} \\ \dot{C}_{33} = \omega_{epy}^p C_{13} - \omega_{epx}^p C_{23} \\ C_{31} = C_{12} C_{23} - C_{22} C_{13} \end{cases} \tag{8.86}$$

5. 导航参数计算

$$\varphi = \arcsin C_{33} \tag{8.87}$$

$$\lambda_{主} = \arctan \frac{C_{32}}{C_{31}} \tag{8.88}$$

$$\alpha_{f主} = -\arctan \frac{C_{13}}{C_{23}} \tag{8.89}$$

$$\theta_a = \theta'_a - \alpha \tag{8.90}$$

游动方位惯性导航系统虽然在 G_z 陀螺仪上施加有指令信号，但由于指令角速度 ω_{ipz}^p 很小，不会发生像指北方位惯性导航系统在极区等高纬度地区对方位陀螺施矩困难的问题，因而它具备了自由方位惯性导航系统的优点。在用方向余弦矩阵法解导航参数时，此方案比自由方位惯性导航系统更简单，计算量更小。因此，现在的当地水平惯性导航系统大多采用这种方案。

8.5 平台式惯性导航系统误差分析

在 8.3 节分析平台式惯性导航系统的工作原理时，将其看成是理想系统，没有考虑任何误差。实际情况并非如此，惯性器件和系统在制造、装调过程中总是存在误差，所有这些误差因素称为误差源。平台式惯性导航系统的误差源主要包括：

(1) 惯性仪表误差。主要指陀螺仪和加速度计的误差，如陀螺仪的漂移、陀螺仪力矩器的力矩系数误差、加速度计的零位偏置和刻度系数误差等。

(2) 安装误差。平台环架轴的非正交安装误差；测量元件陀螺仪和加速度计安装在平台上，陀螺仪角度传感器误差(如由安装不准引起的零位误差等)、陀螺仪安装的非正交误差、加速度计安装的非正交误差。

(3) 初始条件误差。初始对准误差、计算机在解力学编排方程时引入的初始速度和位置误差。

(4) 载体运动干扰误差。如由于平台修正回路不能完全满足舒拉调谐条件，或工作在阻尼状态，载体的加速度对系统会产生干扰误差、冲击与运动干扰。

(5) 计算机误差。如计算机的舍入误差，计算机输入输出接口装置的转换误差等。

(6) 其他误差。如用地球参考椭球描述地球形状的近似误差；补偿有害加速度时，忽略二阶小量造成的误差等。

上述误差都将引起系统误差，本节以指北方位惯性导航系统为例，对陀螺漂移、加速度计零偏和初始条件等主要误差源引起的系统误差做全面分析。

8.5.1 平台式惯性导航系统的误差方程

前面介绍了指北方位惯性导航系统的力学编排方程，并根据力学编排确定了用于导航计算机计算的控制方程。如果不考虑误差源，按照控制方程计算出的导航参数就是正确的结果。但实际的惯性导航系统中，由于误差源的存在会造成惯性导航系统的误差，主要表现在两个方面：

(1) 平台误差，即平台坐标系不能准确地模拟地理坐标系而产生的误差角。

(2) 计算机计算的导航参数(载体速度、位置)和指令角速度存在的误差。

显而易见，这两种误差之间有着互为因果的联系。为分析平台式惯性导航系统误差，本节先建立指北方位惯性导航系统的基本方程和误差方程。惯性导航系统的基本方程就是其本身的数学模型，是分析惯性导航系统误差特性的基础。惯性导航系统的误差方程则是直接以系统误差为描述对象，反映误差变化规律的方程。

1. 指北方位惯性导航系统的基本方程

理想情况下，描述指北方位惯性导航系统平台的平台坐标系 $O_px_py_pz_p$ 应该始终与当地地理坐标系 $O_nx_ny_nz_n$ 完全重合。由于各种误差源的存在，平台总会存在误差。平台误差可以用平台坐标系相对地理坐标系的三个欧拉角 ϕ_x、ϕ_y、ϕ_z 来描述，分别称为东向水平误差角、北向水平误差角和方位误差角。如图 8.19 所示，其形成过程规定如下：

$$Ox_ny_nz_n \xrightarrow[\phi_x]{\text{绕 } x_n} Ox_1y_1z_1 \xrightarrow[\phi_y]{\text{绕 } y_1} Ox_2y_2z_2 \xrightarrow[\phi_z]{\text{绕 } z_2} Ox_py_pz_p$$

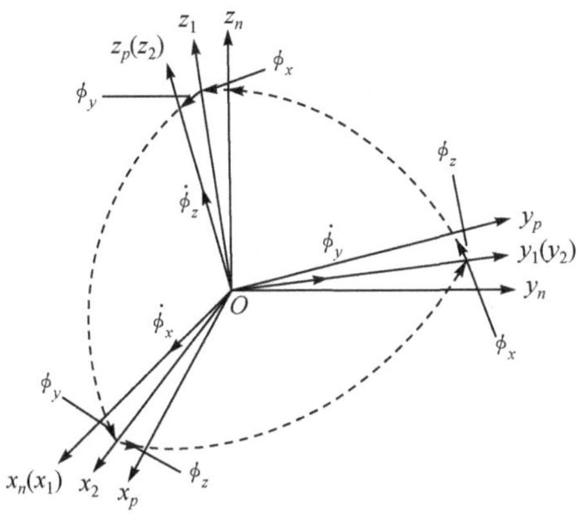

图 8.19　平台误差角的定义

当平台正常工作时，ϕ_x、ϕ_y、ϕ_z 均为小角度，忽略二阶小量，可得到由当地地理坐标系到平台坐标系的方向余弦矩阵为

$$\boldsymbol{C}_n^p=\begin{bmatrix}1 & \phi_z & -\phi_y\\ -\phi_z & 1 & \phi_x\\ \phi_y & -\phi_x & 1\end{bmatrix} \tag{8.91}$$

1) 平台运动微分方程

在惯性导航系统工作过程中，平台误差角也在变化，设其变化率分别为 $\dot{\phi}_x$、$\dot{\phi}_y$、$\dot{\phi}_z$，即

$$\dot{\boldsymbol{\phi}}=\begin{bmatrix}\dot{\phi}_x & \dot{\phi}_y & \dot{\phi}_z\end{bmatrix}^{\mathrm{T}} \tag{8.92}$$

平台坐标系相对惯性空间的实际转动角速度向量 $\boldsymbol{\omega}_{ip}$ 在平台坐标系上的投影可以表示为

$$\boldsymbol{\omega}_{ip}^p=\begin{bmatrix}\omega_{ipx}^p & \omega_{ipy}^p & \omega_{ipz}^p\end{bmatrix}^{\mathrm{T}} \tag{8.93}$$

地理坐标系相对惯性空间的转动角速度向量 $\boldsymbol{\omega}_{in}$ 在平台坐标系上的投影可以表示为

$$\boldsymbol{\omega}_{in}^p=\begin{bmatrix}\omega_{inx}^p & \omega_{iny}^p & \omega_{inz}^p\end{bmatrix}^{\mathrm{T}} \tag{8.94}$$

平台误差角就是由于平台坐标系相对惯性空间的实际转动角速度与导航坐标系相对惯性空间的转动角速度不一致造成的，平台误差角变化率为

$$\dot{\boldsymbol{\phi}}=\boldsymbol{\omega}_{ip}^p-\boldsymbol{\omega}_{in}^p \tag{8.95}$$

即

$$\begin{bmatrix}\dot{\phi}_x\\ \dot{\phi}_y\\ \dot{\phi}_z\end{bmatrix}=\begin{bmatrix}\omega_{ipx}^p\\ \omega_{ipy}^p\\ \omega_{ipz}^p\end{bmatrix}-\begin{bmatrix}\omega_{inx}^p\\ \omega_{iny}^p\\ \omega_{inz}^p\end{bmatrix} \tag{8.96}$$

导航坐标系相对惯性空间的转动角速度 $\boldsymbol{\omega}_{in}$ 在平台坐标系上的投影 $\boldsymbol{\omega}_{in}^p$ 可以由 $\boldsymbol{\omega}_{in}^n$ 经 $\boldsymbol{C}_n^p$ 坐标变换而得到

$$\boldsymbol{\omega}_{in}^p=\boldsymbol{C}_n^p\boldsymbol{\omega}_{in}^n \tag{8.97}$$

将式(8.91)代入式(8.97)，有

$$\omega_{inx}^{p}=\omega_{inx}^{n}+\phi_{z}\omega_{iny}^{n}-\phi_{y}\omega_{inz}^{n} \tag{8.98a}$$

$$\omega_{iny}^{p}=\omega_{iny}^{n}-\phi_{z}\omega_{inx}^{n}+\phi_{x}\omega_{inz}^{n} \tag{8.98b}$$

$$\omega_{inz}^{p}=\omega_{inz}^{n}+\phi_{y}\omega_{inx}^{n}-\phi_{x}\omega_{iny}^{n} \tag{8.98c}$$

平台相对惯性空间的实际转动角速度 $\boldsymbol{\omega}_{ip}$ 是在三个轴向上的陀螺稳定系统控制下产生的，它受控于系统对平台沿三根稳定轴的指令角速度 ω_x^c、ω_y^c、ω_z^c。若稳定系统能准确地实现指令角速度，应该有 $\omega_{ipx}^p=\omega_x^c$，$\omega_{ipy}^p=\omega_y^c$，$\omega_{ipz}^p=\omega_z^c$，但是由于陀螺仪存在漂移，陀螺漂移会“带动”平台一起漂移。另外，陀螺仪力矩器的力矩系数误差、计算机的 A/D 转换误差等，对系统的影响都可等效为陀螺漂移，因此平台的实际转动角速度中除有上述受控的成分外，还有等效陀螺漂移量 ε_x、ε_y、ε_z，于是有

$$\omega_{ipx}^{p}=\omega_{x}^{c}+\varepsilon_{x} \tag{8.99a}$$

$$\omega_{ipy}^{p}=\omega_{y}^{c}+\varepsilon_{y} \tag{8.99b}$$

$$\omega_{ipz}^{p}=\omega_{z}^{c}+\varepsilon_{z} \tag{8.99c}$$

将式(8.99)、式(8.98)代入式(8.96)，得

$$\dot{\phi}_{x}=\omega_{x}^{c}-\omega_{inx}^{n}+\phi_{y}\omega_{inz}^{n}-\phi_{z}\omega_{iny}^{n}+\varepsilon_{x} \tag{8.100a}$$

$$\dot{\phi}_{y}=\omega_{y}^{c}-\omega_{iny}^{n}-\phi_{x}\omega_{inz}^{n}+\phi_{z}\omega_{inx}^{n}+\varepsilon_{y} \tag{8.100b}$$

$$\dot{\phi}_{z}=\omega_{z}^{c}-\omega_{inz}^{n}+\phi_{x}\omega_{iny}^{n}-\phi_{y}\omega_{inx}^{n}+\varepsilon_{z} \tag{8.100c}$$

其中，惯性导航系统实际计算的指令角速度为

$$\omega_{x}^{c}=-\frac{v_{y}^{c}}{R_{M}} \tag{8.101a}$$

$$\omega_{y}^{c}=\omega_{ie}\cos\varphi^{c}+\frac{v_{x}^{c}}{R_{N}} \tag{8.101b}$$

$$\omega_{z}^{c}=\omega_{ie}\sin\varphi^{c}+\frac{v_{x}^{c}}{R_{N}}\tan\varphi^{c} \tag{8.101c}$$

式(8.101)称为指令角速度基本方程，指令角速度分量与系统输出的导航参数有关；式(8.100)建立了平台误差角与载体实际运动参数、惯导输出参数及平台漂移误差之间的联系，描述了平台相对导航坐标系的运动，称为平台运动基本方程。

2）速度、位置基本方程

（1）速度基本方程。

由于平台坐标系不能准确地对准导航坐标系，加速度计敏感的比力分量不是严格沿导航坐标系轴向，而是沿平台坐标系轴向。但是惯性导航系统自身不能测量平台误差角，计算机只能“认为”平台坐标系已经跟踪了地理坐标系并进行导航计算。根据这种思路，可以推导在平台有误差角的情况下惯性导航系统实际输出的载体速度方程。

记由于载体运动造成的比力向量 $\boldsymbol{f}$ 在地理坐标系三个轴向上的投影为

$$\boldsymbol{f}^{n}=\begin{bmatrix}f_{E} & f_{N} & f_{\xi}\end{bmatrix}^{\mathrm{T}} \tag{8.102}$$

加速度计实际敏感的比力分量是 $\boldsymbol{f}$ 在平台坐标系轴向的分量

$$\boldsymbol{f}^{p}=\begin{bmatrix}f_{x}^{p} & f_{y}^{p} & f_{z}^{p}\end{bmatrix}^{\mathrm{T}} \tag{8.103}$$

显然两者之间应满足如下关系：

$$\boldsymbol{f}^{p}=\boldsymbol{C}_{n}^{p}\boldsymbol{f}^{n} \tag{8.104}$$

将式(8.91)代入，并考虑到比力在 z_p 轴向的分量 $f_z^p \approx g$，可得

$$f_x^p = f_E + \phi_z f_N - \phi_y g \tag{8.105a}$$

$$f_y^p = f_N - \phi_z f_E + \phi_x g \tag{8.105b}$$

实际的加速度计还存在误差，记东向加速度计 A_E，北向加速度计 A_N 的误差分别为 Δa_x、Δa_y，则两个加速度计的输出 a_x、a_y 分别为各自敏感的比力分量加上各自的误差，即

$$a_x = f_x^p + \Delta a_x = f_E + \phi_z f_N - \phi_y g + \Delta a_x \tag{8.106a}$$

$$a_y = f_y^c + \Delta a_y = f_N - \phi_z f_E + \phi_x g + \Delta a_y \tag{8.106b}$$

交叉耦合项 $\phi_z f_N$、$\phi_z f_E$ 通常为小量，忽略后上式变为

$$a_x = f_E - \phi_y g + \Delta a_x \tag{8.107a}$$

$$a_y = f_N + \phi_x g + \Delta a_y \tag{8.107b}$$

惯性导航系统只能根据加速度计的实际输出和控制方程中的速度计算公式计算载体速度，考虑式(8.107)，表征惯性导航系统实际输出速度的速度基本方程为

$$\dot{v}_x^c = f_E + \left(2\omega_{ie}\sin\varphi^c + \frac{v_x^c}{R_N}\tan\varphi^c\right)v_y^c - \phi_y g + \Delta a_x \tag{8.108a}$$

$$\dot{v}_y^c = f_N - \left(2\omega_{ie}\sin\varphi^c + \frac{v_x^c}{R_N}\tan\varphi^c\right)v_x^c + \phi_x g + \Delta a_y \tag{8.108b}$$

(2) 位置基本方程。

实际输出位置的计算只依赖于计算速度 v_x^c、v_y^c，位置基本方程的形式不变，即

$$\dot{\varphi}^c = \frac{v_y^c}{R_M} \tag{8.109a}$$

$$\dot{\lambda}^c = \frac{v_x^c}{R_N}\sec\varphi^c \tag{8.109b}$$

3) 指北方位惯性导航系统的框图

综合式(8.100)、式(8.101)、式(8.108)和式(8.109)四组方程组，构成整个指北方位惯性导航系统的基本方程，即

$$\begin{cases} \dot{\phi}_x = \omega_x^c - \omega_{inx}^n + \phi_y \omega_{inz}^n - \phi_z \omega_{iny}^n + \varepsilon_x \\ \dot{\phi}_y = \omega_y^c - \omega_{iny}^n - \phi_x \omega_{inz}^n + \phi_z \omega_{inx}^n + \varepsilon_y \\ \dot{\phi}_z = \omega_z^c - \omega_{inz}^n + \phi_x \omega_{iny}^n - \phi_y \omega_{inx}^n + \varepsilon_z \end{cases} \tag{8.110a}$$

$$\begin{cases} \dot{v}_x^c = f_E + \left(2\omega_{ie}\sin\varphi^c + \dfrac{v_x^c}{R_N}\tan\varphi^c\right)v_y^c - \phi_y g + \Delta a_x \\ \dot{v}_y^c = f_N - \left(2\omega_{ie}\sin\varphi^c + \dfrac{v_x^c}{R_N}\tan\varphi^c\right)v_x^c + \phi_x g + \Delta a_y \end{cases} \tag{8.110b}$$

$$\begin{cases} \dot{\varphi}^c = \dfrac{v_y^c}{R_M} \\ \dot{\lambda}^c = \dfrac{v_x^c}{R_N}\sec\varphi^c \end{cases} \tag{8.110c}$$

$$\begin{cases}\omega_x^c=-\dfrac{v_y^c}{R_M}\\[2mm]\omega_y^c=\omega_{ie}\cos\varphi^c+\dfrac{v_x^c}{R_N}\\[2mm]\omega_z^c=\omega_{ie}\sin\varphi^c+\dfrac{v_x^c}{R_N}\tan\varphi^c\end{cases}\tag{8.110d}$$

初始条件为

$$\begin{cases}\phi_x(0)=\phi_{x_0}\\ \phi_y(0)=\phi_{y_0}\\ \phi_z(0)=\phi_{z_0}\end{cases},\quad \begin{cases}v_x(0)=v_{x_0}\\ v_y(0)=v_{y_0}\end{cases},\quad \begin{cases}\varphi^c(0)=\varphi_0^c\\ \lambda^c(0)=\lambda_0^c\end{cases}$$

当载体运动时，比力分量 f_E、f_N 和地理系的转动角速度 $\boldsymbol{\omega}_{in}^n=[\omega_{inx}^n\quad\omega_{iny}^n\quad\omega_{inz}^n]^{\mathrm{T}}$ 都要发生变化，若已知误差源，则利用惯导的基本方程，可以计算出平台误差角 ϕ_x、ϕ_y、ϕ_z，惯导实际输出的速度 v_x^c、v_y^c 和位置 λ^c、φ^c 的瞬时值。

根据基本方程可以画出指北方位惯性导航系统的框图，如图 8.20 所示。图中 a_{bx}、a_{by} 称为有害加速度

$$a_{bx}=-\left(2\omega_{ie}\sin\varphi^c+\frac{v_x^c}{R_N}\tan\varphi^c\right)v_y^c$$

$$a_{by}=\left(2\omega_{ie}\sin\varphi^c+\frac{v_x^c}{R_N}\tan\varphi^c\right)v_x^c$$

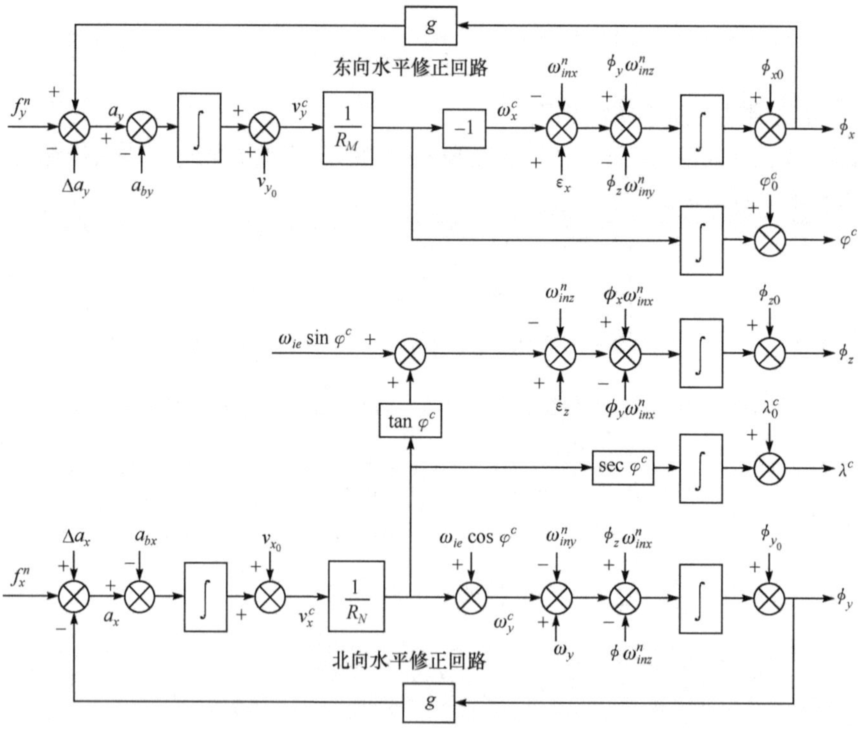

图 8.20　指北方位惯性导航系统框图

从指北方位惯性导航系统框图中可以清楚地看出加速度计误差 Δa_x、Δa_y 及陀螺漂移 ε_x、ε_y、ε_z 对系统输出的影响。同时能够清楚地看到有两个局部反馈回路：一个是东向轴水平修正回路，另一个是北向轴水平修正回路，前者直接影响东向轴水平误差角，后者直接影响北向轴水平误差角。加速度计误差 Δa_y、陀螺漂移 ε_x 通过东向轴水平修正回路影响系统输出。加速度计误差 Δa_x、陀螺漂移 ε_y 通过北向轴水平修正回路影响系统输出。而方位陀螺漂移 ε_z 通过平台方位误差角 ϕ_z 影响系统输出。

2. 指北方位惯性导航系统的误差方程

定义误差量

$$\begin{cases}\delta\varphi=\varphi^c-\varphi\\ \delta\lambda=\lambda^c-\lambda\\ \delta v_x=v_x^c-v_E\\ \delta v_y=v_y^c-v_N\end{cases}\tag{8.111}$$

以上四个误差量再加上平台误差角 ϕ_x、ϕ_y、ϕ_z 共计七个误差量，可以较全面地反映出惯性导航系统的误差。

1) 速度误差方程

根据式(8.12)，载体的真实速度 v_E、v_N 满足

$$\dot{v}_E=f_E+\left(2\omega_{ie}\sin\varphi+\frac{v_E}{R_N}\tan\varphi\right)v_N$$

$$\dot{v}_N=f_N-\left(2\omega_{ie}\sin\varphi+\frac{v_E}{R_N}\tan\varphi\right)v_E$$

而惯性导航系统实际计算出来的载体速度则是由基本方程(8.108)确定，将两组方程两边对应相减，并且为简化计算，忽略地球曲率半径的差异，取 $R_M=R_N=R$，这样可得

$$\begin{aligned}\delta\dot{v}_x&=\dot{v}_x^c-\dot{v}_E\\&=\left(2\omega_{ie}\sin\varphi^c+\frac{v_x^c}{R}\tan\varphi^c\right)v_y^c-\left(2\omega_{ie}\sin\varphi+\frac{v_E}{R}\tan\varphi\right)v_N-\phi_y g+\Delta a_x\end{aligned}\tag{8.112a}$$

$$\begin{aligned}\delta\dot{v}_y&=\dot{v}_y^c-\dot{v}_N\\&=-\left(2\omega_{ie}\sin\varphi^c+\frac{v_x^c}{R}\tan\varphi^c\right)v_x^c+\left(2\omega_{ie}\sin\varphi+\frac{v_E}{R}\tan\varphi\right)v_E+\phi_x g+\Delta a_y\end{aligned}\tag{8.112b}$$

上面两个方程右边前两项的差可以利用全微分的方法表示成误差量。以第一个方程右边前两项之差为例说明其具体方法，令

$$f_1(v_E,v_N,\varphi)=\left(2\omega_{ie}\sin\varphi+\frac{v_E}{R}\tan\varphi\right)v_N$$

同理，有

$$f_1(v_x^c,v_y^c,\varphi^c)=\left(2\omega_{ie}\sin\varphi^c+\frac{v_x^c}{R}\tan\varphi^c\right)v_y^c$$

则

$$\left(2\omega_{ie}\sin\varphi^c+\frac{v_x^c}{R}\tan\varphi^c\right)v_y^c-\left(2\omega_{ie}\sin\varphi+\frac{v_E}{R}\tan\varphi\right)v_N$$

$$
\begin{aligned}
&= f_1(v_x^c, v_y^c, \varphi^c) - f_1(v_E, v_N, \varphi) \\
&= f_1(v_E + \delta v_x, v_N + \delta v_y, \varphi + \delta\varphi) - f_1(v_E, v_N, \varphi) \\
&\approx \frac{\mathrm{d}f_1}{\mathrm{d}v_E}\delta v_x + \frac{\mathrm{d}f_1}{\mathrm{d}v_N}\delta v_y + \frac{\mathrm{d}f_1}{\mathrm{d}\varphi}\delta\varphi \\
&= \frac{v_N}{R}\tan\varphi\delta v_x + \left(2\omega_{ie}\sin\varphi + \frac{v_E}{R}\tan\varphi\right)\delta v_y + \left(2\omega_{ie}v_N\cos\varphi + \frac{v_E v_N}{R}\sec^2\varphi\right)\delta\varphi
\end{aligned} \tag{8.113}
$$

用同样的方法可以得到第二个方程右边前两项之差，综合可得速度误差方程为

$$
\delta\dot{v}_x = \frac{v_N}{R}\tan\varphi\delta v_x + \left(2\omega_{ie}\sin\varphi + \frac{v_E}{R}\tan\varphi\right)\delta v_y + \left(2\omega_{ie}v_N\cos\varphi + \frac{v_E v_N}{R}\sec^2\varphi\right)\delta\varphi - \phi_y g + \Delta a_x \tag{8.114a}
$$

$$
\delta\dot{v}_y = -2\left(\omega_{ie}\sin\varphi + \frac{v_E}{R}\tan\varphi\right)\delta v_x + \left(2\omega_{ie}v_E\cos\varphi + \frac{(v_E)^2}{R}\sec^2\varphi\right)\delta\varphi + \phi_x g + \Delta a_y \tag{8.114b}
$$

2）位置误差方程

按照与速度误差方程同样的处理方法，位置误差方程为

$$
\delta\dot{\varphi} = \frac{\delta v_y}{R} \tag{8.115a}
$$

$$
\delta\dot{\lambda} = \frac{\sec\varphi}{R}\delta v_x + \frac{v_E}{R}\sec\varphi\tan\varphi\delta\varphi \tag{8.115b}
$$

3）平台误差角方程

平台运动基本方程(8.100)描述的是平台误差角的变化规律，也就是误差方程。为更直接地揭示平台误差角与速度误差、位置误差之间的相互影响关系，可将方程展开。运用全微分方法求出式(8.100)三个方程右边的前两项之差

$$
\omega_x^c - \omega_{inx}^n = -\frac{v_y^c}{R} - \left(-\frac{v_N}{R}\right) \approx -\frac{\delta v_y}{R} \tag{8.116a}
$$

$$
\omega_y^c - \omega_{iny}^n = \left(\omega_{ie}\cos\varphi^c + \frac{v_x^c}{R}\right) - \left(\omega_{ie}\cos\varphi + \frac{v_E}{R}\right) \approx -\omega_{ie}\sin\varphi\delta\varphi + \frac{\delta v_x}{R} \tag{8.116b}
$$

$$
\begin{aligned}
\omega_z^c - \omega_{inz}^n &= \left(\omega_{ie}\sin\varphi^c + \frac{v_x^c}{R}\tan\varphi^c\right) - \left(\omega_{ie}\sin\varphi + \frac{v_E}{R}\tan\varphi\right) \\
&\approx \left(\omega_{ie}\cos\varphi + \frac{v_E}{R}\sec^2\varphi\right)\delta\varphi + \frac{\delta v_x}{R}\tan\varphi
\end{aligned} \tag{8.116c}
$$

将上式代入式(8.100)，有

$$
\dot{\phi}_x = -\frac{\delta v_y}{R} + \left(\omega_{ie}\sin\varphi + \frac{v_E}{R}\tan\varphi\right)\phi_y - \left(\omega_{ie}\cos\varphi + \frac{v_E}{R}\right)\phi_z + \varepsilon_x \tag{8.117a}
$$

$$
\dot{\phi}_y = \frac{\delta v_x}{R} - \omega_{ie}\sin\varphi\delta\varphi - \left(\omega_{ie}\sin\varphi + \frac{v_E}{R}\tan\varphi\right)\phi_x - \frac{v_N}{R}\phi_z + \varepsilon_y \tag{8.117b}
$$

$$
\dot{\phi}_z = \frac{\tan\varphi}{R}\delta v_x + \left(\omega_{ie}\cos\varphi + \frac{v_E}{R}\sec^2\varphi\right)\delta\varphi + \left(\omega_{ie}\cos\varphi + \frac{v_E}{R}\right)\phi_x + \frac{v_N}{R}\phi_y + \varepsilon_z \tag{8.117c}
$$

4）指北方位惯性导航系统误差方程

综合式(8.114)、式(8.115)、式(8.117)，可得到动基座情况下指北方位惯性导航系统的误

差方程

$$\begin{cases}\delta\dot{v}_x=\dfrac{v_N}{R}\tan\varphi\delta v_x+\left(2\omega_{ie}\sin\varphi+\dfrac{v_E}{R}\tan\varphi\right)\delta v_y+\left(2\omega_{ie}v_N\cos\varphi+\dfrac{v_Ev_N}{R}\sec^2\varphi\right)\delta\varphi-\phi_y g+\Delta a_x\\ \delta\dot{v}_y=-2\left(\omega_{ie}\sin\varphi+\dfrac{v_E}{R}\tan\varphi\right)\delta v_x+\left(2\omega_{ie}v_E\cos\varphi+\dfrac{(v_E)^2}{R}\sec^2\varphi\right)\delta\varphi+\phi_x g+\Delta a_y\end{cases}\tag{8.118a}$$

$$\begin{cases}\delta\dot{\varphi}=\dfrac{\delta v_y}{R}\\ \delta\dot{\lambda}=\dfrac{1}{R}\sec\varphi\delta v_x+\dfrac{v_E}{R}\sec\varphi\tan\varphi\delta\varphi\end{cases}\tag{8.118b}$$

$$\begin{cases}\dot{\phi}_x=-\dfrac{\delta v_y}{R}+\left(\omega_{ie}\sin\varphi+\dfrac{v_E}{R}\tan\varphi\right)\phi_y-\left(\omega_{ie}\cos\varphi+\dfrac{v_E}{R}\right)\phi_z+\varepsilon_x\\ \dot{\phi}_y=\dfrac{\delta v_x}{R}-\omega_{ie}\sin\varphi\delta\varphi-\left(\omega_{ie}\sin\varphi+\dfrac{v_E}{R}\tan\varphi\right)\phi_x-\dfrac{v_N}{R}\phi_z+\varepsilon_y\\ \dot{\phi}_z=\dfrac{\tan\varphi}{R}\delta v_x+\left(\omega_{ie}\cos\varphi+\dfrac{v_E}{R}\sec^2\varphi\right)\delta\varphi+\left(\omega_{ie}\cos\varphi+\dfrac{v_E}{R}\right)\phi_x+\dfrac{v_N}{R}\phi_y+\varepsilon_z\end{cases}\tag{8.118c}$$

初始条件为

$$\begin{cases}\delta\varphi(0)=\varphi^c(0)-\varphi(0)=\delta\varphi_0\\ \delta\lambda(0)=\lambda^c(0)-\lambda(0)=\delta\lambda_0\\ \delta v_x(0)=v_x^c(0)-v_E(0)=\delta v_{x_0}\\ \delta v_y(0)=v_y^c(0)-v_N(0)=\delta v_{y_0}\\ \phi_x(0)=\phi_{x_0}\\ \phi_y(0)=\phi_{y_0}\\ \phi_z(0)=\phi_{z_0}\end{cases}\tag{8.119}$$

惯性导航系统的误差方程(8.118)反映了惯性导航系统误差与载体的运动参数(v_E，v_N，φ，λ)及误差源(ε_x，ε_y，ε_z，Δa_x，Δa_y 和初始误差)之间的直接关系。从上面的误差方程中可以看出，经度误差 $\delta\lambda$ 对其他六个误差量没有影响，而其他六个误差量相互之间存在影响。因此可以将误差分为两组，先分析除 $\delta\lambda$ 以外的其他六个误差量，再根据纬度误差和东向速度误差计算经度误差。

对比式(8.117)和(7.175)，可见捷联式惯性导航系统的平台误差角受指令角速度和陀螺漂移的影响，这一点和平台式惯性导航系统类似。除此之外，由于陀螺仪在平台式惯性导航系统中作为控制器件，而在捷联式惯性导航系统中作为测量器件，所以陀螺漂移及刻度因数误差对系统的影响方式不同。在平台式惯性导航系统中，陀螺漂移所引起的平台漂移率与陀螺漂移的方向相同，刻度因数误差通过对平台的指令角速度的方式引入系统；而在捷联式惯性导航系统中，陀螺漂移引起的数学平台的漂移率与陀螺漂移的方向相反，刻度因数误差引起对载体角速度的测量误差，经姿态更新计算引入系统。

5) 静基座误差方程

由于动基座情况下，指北方位惯性导航系统误差方程中的系数项是时变的，解算比较复杂，计算量大。为分析惯性导航系统误差变化的基本特性，可以在静基座条件下进行分析。

在静基座条件下，$v_E=0$，$v_N=0$，式(8.118)可简化为式(8.120)和式(8.121)的形式

$$\delta\dot{\lambda}=\frac{1}{R}\sec\varphi\delta v_x \tag{8.120}$$

$$\begin{cases}\delta\dot{v}_x=2\omega_{ie}\sin\varphi\delta v_y-\phi_y g+\Delta a_x\\ \delta\dot{v}_y=-2\omega_{ie}\sin\varphi\delta v_x+\phi_x g+\Delta a_y\\ \delta\dot{\varphi}=\dfrac{\delta v_y}{R}\\ \dot{\phi}_x=-\dfrac{\delta v_y}{R}+\phi_y\omega_{ie}\sin\varphi-\phi_z\omega_{ie}\cos\varphi+\varepsilon_x\\ \dot{\phi}_y=\dfrac{\delta v_x}{R}-\omega_{ie}\sin\varphi\delta\varphi-\phi_x\omega_{ie}\sin\varphi+\varepsilon_y\\ \dot{\phi}_z=\dfrac{\tan\varphi}{R}\delta v_x+\omega_{ie}\cos\varphi\delta\varphi+\phi_x\omega_{ie}\cos\varphi+\varepsilon_z\end{cases} \tag{8.121}$$

根据上面两个静基座条件下的系统误差方程，可以画出系统误差框图 8.21。

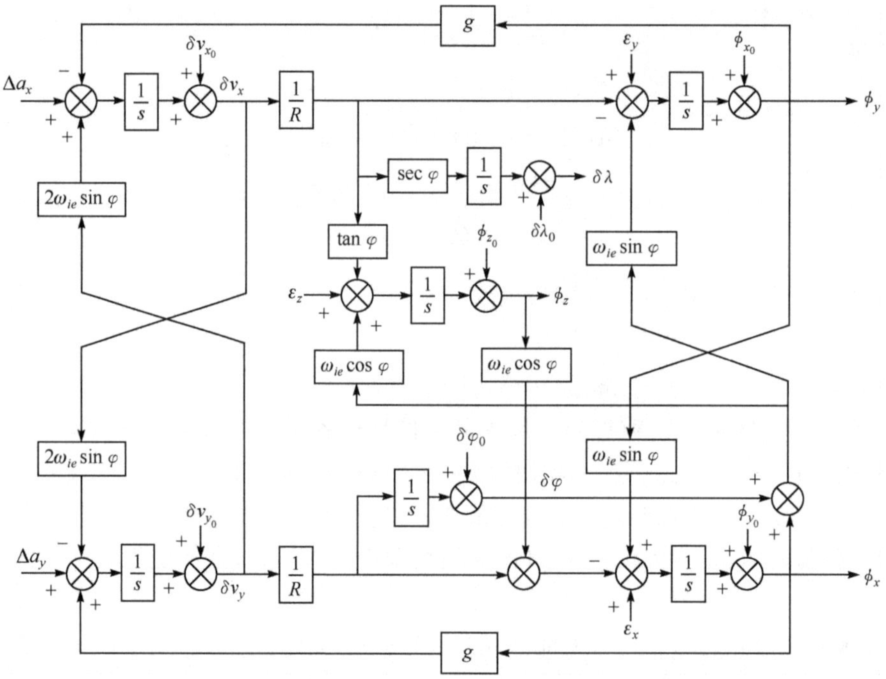

图 8.21　指北方位惯性导航系统静基座条件下误差框图

8.5.2　误差分析

1. 指北方位惯性导航系统误差的周期性分析

分析惯性导航系统误差的一个基本方法，是通过研究误差方程的特征方程，根据系统特征根的分布，了解系统误差的振荡特性。特征方程可根据系统误差框图利用梅森(Mason)增益

公式的特征表达式来列写,也可以根据误差方程的拉普拉斯变换解的分母来列写,分母为零即为特征方程,两种方法是等价的,这里采用后一种方法。

式(8.121)的静基座指北方位惯性导航系统的误差方程写成矩阵形式为

$$\begin{bmatrix}\delta\dot{v}_x\\ \delta\dot{v}_y\\ \delta\dot{\varphi}\\ \dot{\phi}_x\\ \dot{\phi}_y\\ \dot{\phi}_z\end{bmatrix}=\begin{bmatrix}0 & 2\omega_{ie}\sin\varphi & 0 & 0 & -g & 0\\ -2\omega_{ie}\sin\varphi & 0 & 0 & g & 0 & 0\\ 0 & \dfrac{1}{R} & 0 & 0 & 0 & 0\\ 0 & -\dfrac{1}{R} & 0 & 0 & \omega_{ie}\sin\varphi & -\omega_{ie}\cos\varphi\\ \dfrac{1}{R} & 0 & -\omega_{ie}\sin\varphi & -\omega_{ie}\sin\varphi & 0 & 0\\ \dfrac{1}{R}\tan\varphi & 0 & \omega_{ie}\cos\varphi & \omega_{ie}\cos\varphi & 0 & 0\end{bmatrix}\begin{bmatrix}\delta v_x\\ \delta v_y\\ \delta\varphi\\ \phi_x\\ \phi_y\\ \phi_z\end{bmatrix}+\begin{bmatrix}\Delta a_x\\ \Delta a_y\\ 0\\ \varepsilon_x\\ \varepsilon_y\\ \varepsilon_z\end{bmatrix}\tag{8.122}$$

用列向量 $\boldsymbol{X}(t)$ 表示惯性导航系统的误差量,用矩阵 $\boldsymbol{F}_0$ 表示误差系数矩阵,列向量 $\boldsymbol{W}(t)$ 表示误差源,则

$$\boldsymbol{X}(t)=[\delta v_x\quad \delta v_y\quad \delta\varphi\quad \phi_x\quad \phi_y\quad \phi_z]^{\mathrm{T}}$$

$$\boldsymbol{W}(t)=[\Delta a_x\quad \Delta a_y\quad 0\quad \varepsilon_x\quad \varepsilon_y\quad \varepsilon_z]^{\mathrm{T}}$$

$$\boldsymbol{F}_0=\begin{bmatrix}0 & 2\omega_{ie}\sin\varphi & 0 & 0 & -g & 0\\ -2\omega_{ie}\sin\varphi & 0 & 0 & g & 0 & 0\\ 0 & \dfrac{1}{R} & 0 & 0 & 0 & 0\\ 0 & -\dfrac{1}{R} & 0 & 0 & \omega_{ie}\sin\varphi & -\omega_{ie}\cos\varphi\\ \dfrac{1}{R} & 0 & -\omega_{ie}\sin\varphi & -\omega_{ie}\sin\varphi & 0 & 0\\ \dfrac{1}{R}\tan\varphi & 0 & \omega_{ie}\cos\varphi & \omega_{ie}\cos\varphi & 0 & 0\end{bmatrix}$$

则式(8.122)可以写成状态方程的形式

$$\dot{\boldsymbol{X}}(t)=\boldsymbol{F}_0\boldsymbol{X}(t)+\boldsymbol{W}(t)\tag{8.123}$$

系统误差的状态方程清楚地表明了各误差量自身的传递特性、相互影响以及误差源对误差状态的激励作用。在静基座条件下,矩阵 $\boldsymbol{F}_0$ 是常系数矩阵,状态方程(8.123)代表的系统是线性系统,这给误差分析提供了便利。对经度误差公式(8.120)取拉普拉斯变换,有

$$s\delta\lambda(s)=\frac{1}{R}\sec\varphi\cdot\delta v_x(s)+\delta\lambda_0\tag{8.124}$$

对状态方程(8.123)取拉普拉斯变换,有

$$s\boldsymbol{X}(s)=\boldsymbol{F}_0\boldsymbol{X}(s)+\boldsymbol{X}_0+\boldsymbol{W}(s)\tag{8.125}$$

式中

$$\boldsymbol{X}(s)=[\delta v_x(s)\quad \delta v_y(s)\quad \delta\varphi(s)\quad \phi_x(s)\quad \phi_y(s)\quad \phi_z(s)]^{\mathrm{T}}$$

$$\boldsymbol{W}(s)=[\Delta a_x(s)\quad \Delta a_y(s)\quad 0\quad \varepsilon_x(s)\quad \varepsilon_y(s)\quad \varepsilon_z(s)]^{\mathrm{T}}$$

$$\boldsymbol{X}_0=\begin{bmatrix}\delta v_{x_0} & \delta v_{y_0} & \delta\varphi_0 & \phi_{x_0} & \phi_{y_0} & \phi_{z_0}\end{bmatrix}^{\mathrm{T}}$$

误差列向量的拉普拉斯变换为

$$\boldsymbol{X}(s)=(s\boldsymbol{I}-\boldsymbol{F}_0)^{-1}(\boldsymbol{X}_0+\boldsymbol{W}(s)) \tag{8.126}$$

根据矩阵求逆公式

$$(s\boldsymbol{I}-\boldsymbol{F}_0)^{-1}=\frac{\boldsymbol{N}(s)}{|s\boldsymbol{I}-\boldsymbol{F}_0|}$$

式中，分母为系统的特征行列式；分子 $\boldsymbol{N}(s)$ 为特征式 $(s\boldsymbol{I}-\boldsymbol{F}_0)$ 的伴随矩阵。

考察特征方程的解，可分析误差的振荡频率特性，特征行列式为

$$\Delta(s)=|s\boldsymbol{I}-\boldsymbol{F}_0|$$

$$=\begin{vmatrix} s & -2\omega_{ie}\sin\varphi & 0 & 0 & g & 0 \\ 2\omega_{ie}\sin\varphi & s & 0 & -g & 0 & 0 \\ 0 & -\dfrac{1}{R} & s & 0 & 0 & 0 \\ 0 & \dfrac{1}{R} & 0 & s & -\omega_{ie}\sin\varphi & \omega_{ie}\cos\varphi \\ -\dfrac{1}{R} & 0 & \omega_{ie}\sin\varphi & \omega_{ie}\sin\varphi & s & 0 \\ -\dfrac{1}{R}\tan\varphi & 0 & -\omega_{ie}\cos\varphi & -\omega_{ie}\cos\varphi & 0 & s \end{vmatrix} \tag{8.127}$$

展开可得

$$\Delta(s)=(s^2+\omega_{ie}^2)\left[(s^2+\omega_s^2)^2+4s^2\omega_{ie}^2\sin^2\varphi\right]$$

式中，$\omega_s=\sqrt{\dfrac{g}{R}}$ 为舒拉角频率。

由 $s^2+\omega_{ie}^2=0$ 可得一组特征根

$$s=\pm \mathrm{j}\omega_{ie} \tag{8.128}$$

再由

$$(s^2+\omega_s^2)^2+4s^2\omega_{ie}^2\sin^2\varphi=(s^2+\omega_s^2)^2+(2s\omega_{ie}\sin\varphi)^2=0$$

两边开方得

$$s^2+\omega_s^2=\pm \mathrm{j}(2s\omega_{ie}\sin\varphi)$$

即

$$\begin{cases} s^2-\mathrm{j}(2s\omega_{ie}\sin\varphi)+\omega_s^2=0 \\ s^2+\mathrm{j}(2s\omega_{ie}\sin\varphi)+\omega_s^2=0 \end{cases}$$

由此解得另外两组特征根为

$$\begin{cases} s_{3,4}=\mathrm{j}\omega_{ie}\sin\varphi\pm \mathrm{j}\sqrt{(\omega_{ie}\sin\varphi)^2+\omega_s^2} \\ s_{5,6}=-\mathrm{j}\omega_{ie}\sin\varphi\pm \mathrm{j}\sqrt{(\omega_{ie}\sin\varphi)^2+\omega_s^2} \end{cases} \tag{8.129}$$

由于 $\omega_s=1.24\times10^{-3}\,\mathrm{rad/s}$，$\omega_{ie}=7.29\times10^{-5}\,\mathrm{rad/s}$，$\omega_s^2\gg\omega_{ie}^2$，因此上面四个根可近似写成

$$\begin{cases} s_{3,4}=\mathrm{j}(\omega_{ie}\sin\varphi\pm\omega_s) \\ s_{5,6}=\mathrm{j}(-\omega_{ie}\sin\varphi\pm\omega_s) \end{cases} \tag{8.130}$$

系统的特征根全部为虚根，说明系统为无阻尼振荡系统，各误差量是几个频率成分的叠加。系统振荡角频率共有三个，即

$$\begin{cases}\omega_1=\omega_{ie}\\ \omega_2=\omega_s+\omega_F\\ \omega_3=\omega_s-\omega_F\end{cases} \tag{8.131}$$

式中，ω_{ie} 为地球角频率；ω_s 为舒拉角频率；$\omega_F=\omega_{ie}\sin\varphi$ 为傅科角频率。相应的三个振荡周期为

地球周期

$$T_e=\frac{2\pi}{\omega_{ie}}=24\text{h}$$

舒拉周期

$$T_s=\frac{2\pi}{\omega_s}=84.4\text{min}$$

傅科周期

$$T_F=\frac{2\pi}{\omega_F}=\frac{2\pi}{\omega_{ie}\sin\varphi}$$

傅科周期 T_F 与地理纬度 φ 有关，随着纬度的增高而变小。

为什么会产生这三种周期的误差成分呢？由于地球自转角速度 $\boldsymbol{\omega}_{ie}$ 的垂直分量 $\omega_{ie}\sin\varphi$ 的影响，且平台的水平面上有一个线加速度，根据哥氏定理，会引起一个与其相垂直的另一个方向的哥氏加速度，这样会把两条舒拉回路耦合成傅科回路。

假设物理平台跟踪当地地理坐标系 $OEN\xi$，且平台上沿东、北轴上各有一只加速度计 A_E、A_N，如图 8.22(a)所示，为简化问题，设载体的角速度比较小，平台上的 $OEN\xi$ 的角速度近似为 $\boldsymbol{\omega}_{ie}$，这样 $\boldsymbol{\omega}_{ie}$ 沿 $O\xi$ 轴方向的垂直分量 $\omega_{ie}\sin\varphi$，当载体有一速度分量并在水平面分解成 v_E、v_N，则作用在东、北两只加速度计上的哥氏加速度分别为 $a_{KE}=-2\omega_{ie}\sin\varphi v_N$，$a_{KN}=2\omega_{ie}\sin\varphi v_E$，图 8.22(b)的回路称为傅科回路。可以看出，由于傅科回路的存在，系统不再是单一的舒拉频率 ω_s 振荡，而是具有两个固有振荡频率，它们与舒拉频率的差值等于傅科频率，即 $\omega_{ie}\sin\varphi$。系统的输出也可以看成是以傅科频率为调制信号，作用在以舒拉频率为载波信号上产生的。

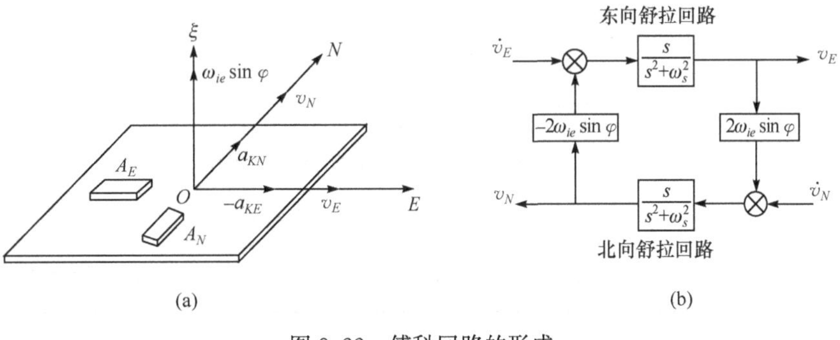

图 8.22　傅科回路的形成

由于 $\omega_s\gg\omega_F$，故系统的振荡角频率 ω_2、ω_3 数值上非常接近。这样，在误差量的叠加分量

中将会出现两个相近频率的线性组合，即

$$x(t)=x_0\sin(\omega_s+\omega_F)t+x_0\sin(\omega_s-\omega_F)t$$

将上式进行和差化积运算，得到

$$x(t)=2x_0\cos\omega_F t\sin\omega_s t$$

这表明，上述两种频率非常接近的振荡分量合成之后，会产生差拍现象。如图 8.23 所示，合成的结果是误差的舒拉周期振荡分量的幅值受到傅科周期的调制。

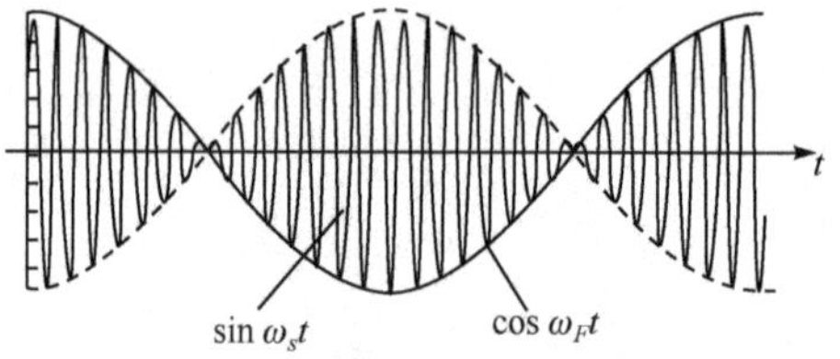

图 8.23　傅科振荡对舒拉振荡的调制

除幅值受傅科频率调制的舒拉振荡成分之外，系统误差中还有地球周期振荡成分，所以系统误差的振荡特性表现为两种振荡成分的叠加：幅值受傅科周期调制的舒拉周期振荡成分与地球周期振荡成分。

从惯性导航系统误差框图 8.21 或基本方程框图 8.18 中可以看出，由于平台存在水平误差角，加速度计的输出含有重力加速度分量，构成了反馈回路，两个回路均是二阶无阻尼负反馈振荡回路，如图 8.24 所示。满足舒拉调谐条件时，平台水平修正回路的固有振荡频率就是舒拉角频率，因此系统的误差中有舒拉周期振荡成分。图 8.24 中的两个舒拉回路与图 8.18 中的两个水平修正回路是对应的。

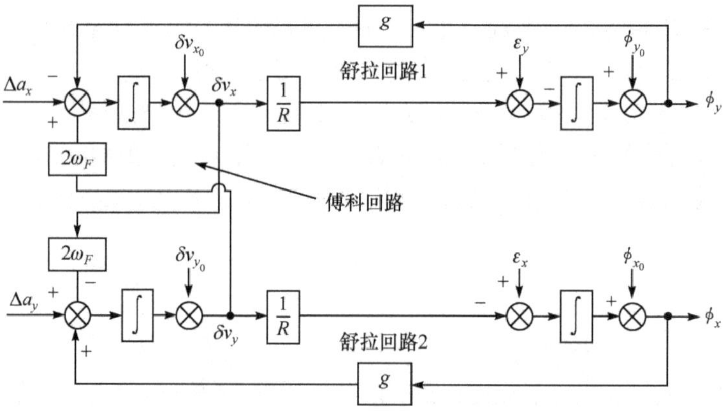

图 8.24　指北方位惯性导航系统误差的舒拉回路和傅科回路

傅科周期振荡是由于从比力中提取相对加速度时，对有害加速度的补偿不彻底而造成的速度误差 δv_x 与 δv_y 之间相互耦合，形成二阶负反馈回路造成的。如果在速度误差方程中去掉 δv_x 与 δv_y 间的相互耦合项，即在矩阵 $\boldsymbol{F}_0$ 中令矩阵元素 F_{12} 和 F_{21} 等于零（原来 $F_{12}=-F_{21}=2\omega_F$），则系统的特征方程变为

$$(s^2+\omega_{ie}^2)^2(s^2+\omega_s^2)^2=0$$

此时，系统的误差成分中只出现舒拉周期振荡成分和地球周期振荡成分，而没有傅科周期出现

了。这也证明了系统的误差成分中傅科周期振荡是由于矩阵元素 F_{12} 和 F_{21} 引起的。

地球周期振荡是由系统的平台误差角 ϕ_x、ϕ_y、ϕ_z 相互耦合，将地球自转角速度引入系统造成的。在误差框图 8.21 中将 ϕ_x、ϕ_y、ϕ_z 相互作用的主要通道画出，可以得到图 8.25。图中有两条反馈回路：

$$\phi_x \to \phi_y \to \phi_x; \quad \phi_x \to \phi_z \to \phi_x$$

每条回路都是二阶负反馈，根据梅森增益公式，两个回路合起来形成的至 ϕ_x 的传递函数的分母为

$$s^2 + (\omega_{ie}\sin\varphi)^2 + (\omega_{ie}\cos\varphi)^2 = s^2 + \omega_{ie}^2$$

其特征根为地球自转角速度 ω_{ie}，所以在系统的误差中表现出地球周期的振荡成分。

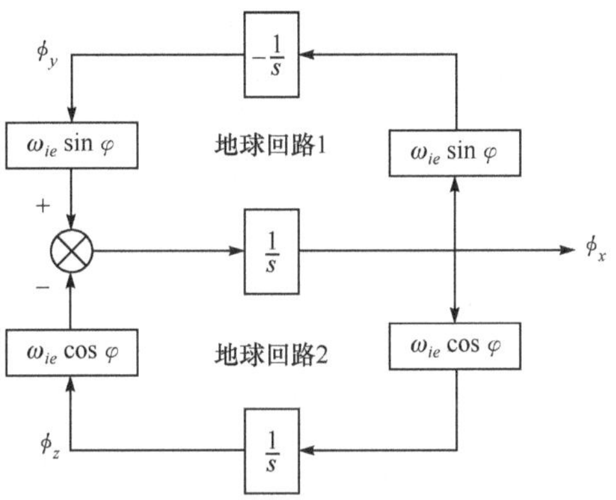

图 8.25　指北方位惯性导航系统误差的地球回路

上述分析表明，指北方位惯性导航系统的七个误差量中，除经度误差外的六个误差量(两个速度误差量、三个平台角误差及纬度误差)是相互影响的，其误差方程组的特征根是纯虚根，说明这六个误差量是周期性振荡的，而且振幅是不衰减的。既然误差可以看成是惯性导航系统中的一组状态变量，误差方程的特征根也是惯性导航系统的特征根。从自动控制的观点来看，系统的特征根为纯虚根，则整个惯导是处于临界稳定状态的，也就是说惯性导航系统是无阻尼系统(有阻尼时，系统特征根应当有负实部)。

2. 各种误差源对系统误差的影响

由于傅科振荡的频率随纬度变化，纬度越低，周期越长，在赤道上傅科频率为零，傅科振荡消失；而在地球两极，傅科振荡退化为地球周期振荡。对于工作时间数小时的惯性导航系统，傅科振荡在系统误差中体现的不明显，为简化分析，略去傅科振荡的影响，对式(8.126)做拉普拉斯反变换，可以得到系统误差的时间解，分别为

$$\begin{aligned}\delta v_x(t) = &\frac{g\sin\varphi}{\omega_s^2-\omega_{ie}^2}\left(\sin\omega_{ie}t - \frac{\omega_{ie}}{\omega_s}\sin\omega_s t\right)\varepsilon_x \\ &+ \left(\frac{\omega_s^2-\omega_{ie}^2\cos^2\varphi}{\omega_s^2-\omega_{ie}^2}\cos\omega_s t - \frac{\omega_s^2\sin^2\varphi}{\omega_s^2-\omega_{ie}^2}\cos\omega_{ie}t - \cos^2\varphi\right)\varepsilon_y \\ &+ \frac{R}{2}\sin 2\varphi\left(\frac{\omega_s^2}{\omega_s^2-\omega_{ie}^2}\cos\omega_{ie}t - \frac{\omega_{ie}^2}{\omega_s^2-\omega_{ie}^2}\cos\omega_s t - 1\right)\varepsilon_z\end{aligned}$$

$$+\frac{\Delta a_x}{\omega_s}\sin\omega_s t \tag{8.132a}$$

$$\begin{aligned}\delta v_y(t)=&\frac{g}{\omega_s^2-\omega_{ie}^2}(\cos\omega_{ie}t-\cos\omega_s t)\varepsilon_x\\&+\frac{g\sin\varphi}{\omega_s^2-\omega_{ie}^2}\left(\sin\omega_{ie}t-\frac{\omega_{ie}}{\omega_s}\sin\omega_s t\right)\varepsilon_y\\&+\frac{\omega_s\cos\varphi}{\omega_s^2-\omega_{ie}^2}(\omega_{ie}\sin\omega_s t-\omega_s)\varepsilon_z+\frac{\Delta a_y}{\omega_s}\sin\omega_s t\end{aligned} \tag{8.132b}$$

$$\begin{aligned}\delta\varphi(t)=&\frac{\omega_s^2}{\omega_s^2-\omega_{ie}^2}\left(\frac{1}{\omega_{ie}}\sin\omega_{ie}t-\frac{1}{\omega_s}\sin\omega_s t\right)\varepsilon_x\\&+\left[\frac{\omega_{ie}\sin\varphi}{\omega_s^2-\omega_{ie}^2}\left(\cos\omega_s t-\frac{\omega_s^2}{\omega_{ie}^2}\cos\omega_{ie}t\right)-\frac{\sin\varphi}{\omega_{ie}}\right]\varepsilon_y\\&+\left[\frac{\omega_s^2\cos\varphi}{\omega_{ie}(\omega_s^2-\omega_{ie}^2)}\cos\omega_{ie}t-\frac{\omega_{ie}\cos\varphi}{\omega_s^2-\omega_{ie}^2}\cos\omega_s t-\frac{\cos\varphi}{\omega_{ie}}\right]\varepsilon_z\\&+\frac{\Delta a_y}{g}(1-\cos\omega_s t)\end{aligned} \tag{8.132c}$$

$$\begin{aligned}\delta\lambda(t)=&\left[\frac{\tan\varphi}{\omega_{ie}}(1-\cos\omega_{ie}t)-\frac{\omega_{ie}\tan\varphi}{\omega_s^2-\omega_{ie}^2}(\cos\omega_{ie}t-\cos\omega_s t)\right]\varepsilon_x\\&+\left[\frac{\omega_s^2-\omega_{ie}^2\cos^2\varphi}{\omega_s(\omega_s^2-\omega_{ie}^2)\cos\varphi}\sin\omega_s t-\frac{\omega_s^2\tan\varphi\sin\varphi}{\omega_{ie}(\omega_s^2-\omega_{ie}^2)}\sin\omega_{ie}t-t\cos\varphi\right]\varepsilon_y\\&+\left[\frac{\omega_s^2\sin\varphi}{\omega_{ie}(\omega_s^2-\omega_{ie}^2)}\sin\omega_{ie}t-\frac{\omega_{ie}^2\sin\varphi}{\omega_s(\omega_s^2-\omega_{ie}^2)}\sin\omega_s t-t\sin\varphi\right]\varepsilon_z\\&+\frac{\Delta a_x}{g\cos\varphi}(1-\cos\omega_s t)\end{aligned} \tag{8.132d}$$

$$\begin{aligned}\phi_x(t)=&\frac{1}{\omega_s^2-\omega_{ie}^2}(\omega_s\cos\omega_s t-\omega_{ie}\sin\omega_{ie}t)\varepsilon_x+\frac{\omega_{ie}\sin\varphi}{\omega_s^2-\omega_{ie}^2}(\cos\omega_{ie}t-\cos\omega_s t)\varepsilon_y\\&+\frac{\omega_{ie}\cos\varphi}{\omega_s^2-\omega_{ie}^2}(\cos\omega_s t-\cos\omega_{ie}t)\varepsilon_z-\frac{\Delta a_y}{g}(1-\cos\omega_s t)\end{aligned} \tag{8.132e}$$

$$\begin{aligned}\phi_y(t)=&\frac{\omega_{ie}\sin\varphi}{\omega_s^2-\omega_{ie}^2}(\cos\omega_s t-\cos\omega_{ie}t)\varepsilon_x\\&+\left[\frac{\omega_s^2-\omega_{ie}^2\cos^2\varphi}{\omega_s(\omega_s^2-\omega_{ie}^2)}\sin\omega_s t-\frac{\omega_{ie}^2\sin^2\varphi}{\omega_s^2-\omega_{ie}^2}\sin\omega_{ie}t\right]\varepsilon_y\\&+\frac{\omega_{ie}\sin2\varphi}{2(\omega_s^2-\omega_{ie}^2)}\left(\sin\omega_{ie}t-\frac{\omega_{ie}}{\omega_s}\sin\omega_s t\right)\varepsilon_z-\frac{\Delta a_x}{g}(1-\cos\omega_s t)\end{aligned} \tag{8.132f}$$

$$\begin{aligned}\phi_z(t)=&\left[\frac{\omega_{ie}\sin\varphi\tan\varphi}{\omega_s^2-\omega_{ie}^2}(\cos\omega_s t-\cos\omega_{ie}t)+\frac{1}{\omega_{ie}\cos\varphi}(1-\cos\omega_{ie}t)\right]\varepsilon_x\\&+\frac{\omega_{ie}^2\sin2\varphi-2\omega_s^2\tan\varphi}{2(\omega_s^2-\omega_{ie}^2)}\left(\frac{1}{\omega_{ie}}\sin\omega_{ie}t-\frac{1}{\omega_s}\sin\omega_s t\right)\varepsilon_y\end{aligned}$$

$$+\left[\frac{\omega_s^2-\omega_{ie}^2\cos^2\varphi}{\omega_{ie}(\omega_s^2-\omega_{ie}^2)}\sin\omega_{ie}t-\frac{\omega_{ie}^2\sin^2\varphi}{\omega_s(\omega_s^2-\omega_{ie}^2)}\sin\omega_s t\right]\varepsilon_z$$

$$-\frac{\Delta a_x\tan\varphi}{g}(1-\cos\omega_s t) \tag{8.132g}$$

从式(8.132)可以看出，陀螺漂移引起的系统误差分为三类：①振荡型误差，振荡周期包含 84.4min 和 24h 两种；②常值型误差；③积累型误差，即随时间 t 线性增加。对系统精度影响大的是后两类误差，特别是积累型误差，将引起导航精度的发散。

由式(8.132d)可知，北向陀螺漂移和方位陀螺漂移引起经度的积累误差

$$\delta\lambda_{积}(t)=-(\varepsilon_y\cos\varphi+\varepsilon_z\sin\varphi)t$$

设 $\varphi=45°$，$\varepsilon_y=\varepsilon_z=0.01°/\text{h}$，$t=1\text{h}$，则

$$\delta\lambda_{积}(t)=\left(0.01\times\frac{\sqrt{2}}{2}+0.01\times\frac{\sqrt{2}}{2}\right)\times 60=0.85'$$

对应的大圆定位误差为 0.85n mile，接近 1n mile。所以根据陀螺精度可对惯性导航系统的定位精度做粗略估计：若陀螺漂移为 0.01°/h，则惯性导航系统的定位误差大约为 1n mile/h。

从式(8.132)可以归纳出表 8.1 所列的定性结论。用类似方法可以分析由误差初值引起的系统误差，此处不再作详细分析，而只给出结论：由误差初值引起的系统误差几乎都是振荡型的，振荡周期包括舒拉周期、地球周期和傅科周期，仅 ϕ_{y_0} 和 ϕ_{z_0} 引起经度和方位的常值误差。

表 8.1　器件误差引起的惯性导航系统误差

误差源 \ 系统误差	速度	纬度	经度	ϕ_x	ϕ_y	ϕ_z
ε_x	振荡	振荡	常值	振荡	振荡	常值
ε_y	常值	常值	积累	振荡	振荡	振荡
ε_z	常值	常值	积累	振荡	振荡	振荡
Δa_x	振荡	0	常值	0	常值	常值
Δa_y	0	常值	0	常值	0	0

上述结论虽然是以指北方位惯性导航系统为例分析的，但实际上也适合其他系统，因为所有惯性导航系统都源于基本方程，仅仅是选取的导航坐标系不同，使系统的力学编排存在差异，本质上各系统是等效的。

8.6　平台式惯性导航系统的初始对准

8.6.1　初始对准概述

初始对准就是确定惯性器件输入轴与惯性导航系统所采用的坐标系之间关系的过程，初始对准是惯性导航系统正常工作的基本条件。对于平台式惯性导航系统，在系统加电启动后，其三个框架轴的指向是任意的，必须通过调整使陀螺仪的敏感轴对准导航坐标系，为加速度计

的测量提供基准，这就是一个初始对准过程；对于捷联式惯性导航系统，初始对准就是确定初始捷联矩阵或姿态矩阵的过程。

初始对准的技术指标包括对准精度和对准时间，两者往往互相制约，在不同场合侧重点不同。按对准时参考基准的形式不同，可分为自主式对准和非自主式对准。惯性导航系统只依靠重力矢量 $\boldsymbol{g}$ 和地球角速度矢量 $\boldsymbol{\omega}_{ie}$，通过解析方法实现的初始对准，称为自主式对准；通过机电或光学方法将外部参考坐标系引入系统，使平台对准至导航坐标系的方法称为非自主式对准。

根据精度的要求，初始对准过程分为粗对准和精对准。粗对准要求尽快地将平台调整到某一个精度范围之内，缩短对准时间是主要指标；精对准是在粗对准的基础上进行的，提高对准精度是主要指标。一般在精对准过程中要进行陀螺仪的测漂和标定，进一步补偿陀螺漂移误差，以提高对准精度。精对准结束时的精度就是系统进入导航工作状态时的初始精度。因此，快速、精确的初始对准是惯性导航系统能够进行工作的必要环节。

本节主要介绍平台式惯性导航系统的初始对准，捷联式惯性导航系统的初始对准已在第7章介绍。这里以指北方位惯性导航系统为例进行介绍。指北方位惯性导航系统的导航坐标系是地理坐标系，所以初始对准的目的是控制平台旋转，使平台轴与地理坐标系的东、北、天指向重合，包括水平对准和方位对准两个过程。系统首先完成水平对准，此过程中仅有系统的水平回路参与工作，水平对准结束后方位回路也参与工作，进行方位对准。

8.6.2　水平对准

对于当地水平指北惯性导航系统在初始对准之前先做环架锁定，即利用环架同步器的输出直接驱动同轴上的力矩电机，使各轴接近相互正交，且使处于倾倒状态的平台被快速扶正。由于诸如飞机和陆用车辆之类的运载体在停放时基本处于水平状态，所以扶正后的平台水平误差角在一定数值范围内，可视为小角度，系统误差方程可视为线性方程，这有利于简化对准过程。

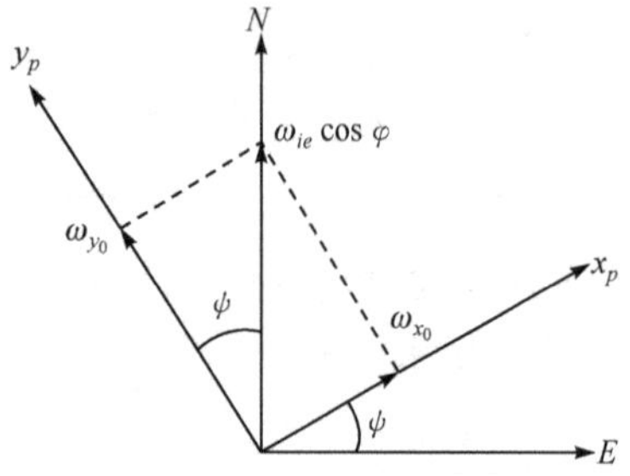

图 8.26　平台的方位粗对准

在平台被快速扶正后，用水平加速度计的输出控制横滚轴和俯仰轴的力矩电机，驱动平台使水平加速度计的输出减小，这一过程即为水平粗对准，此时平台已接近水平。设平台的水平轴与导航坐标系东向和北向之间的夹角为 ψ，如图 8.26 所示。此时 x 陀螺和 y 陀螺都能够敏感到地球自转角速度的北向分量，设 x 陀螺和 y 陀螺的输出分别为 ω_{x_0} 和 ω_{y_0}，则

$$\omega_{x_0} \approx \omega_{ie}\cos\varphi\sin\psi$$

$$\omega_{y_0} \approx \omega_{ie}\cos\varphi\cos\psi$$

所以

$$\psi_{主} = \arctan\frac{\omega_{x_0}}{\omega_{y_0}}$$

根据 ω_{x_0}、ω_{y_0} 的符号来判断获得真值 ψ 后，对方位陀螺施矩，驱动平台绕方位轴旋转。当旋转角位移达到 $-\psi$ 时，平台的方位失准角 ϕ_z 为小角度，这一过程即为方位粗对准。

设载体所在位置的纬度 φ 准确已知，忽略速度误差间的交叉耦合，则由式(8.121)，可得

静基座条件下系统误差方程为

$$\delta\dot{v}_x = -\phi_y g + \Delta a_x \tag{8.133a}$$

$$\delta\dot{v}_y = \phi_x g + \Delta a_y \tag{8.133b}$$

$$\dot{\phi}_x = -\frac{\delta v_y}{R} + \phi_y \omega_{ie}\sin\varphi - \phi_z \omega_{ie}\cos\varphi + \varepsilon_x \tag{8.133c}$$

$$\dot{\phi}_y = \frac{\delta v_x}{R} - \phi_x \omega_{ie}\sin\varphi + \varepsilon_y \tag{8.133d}$$

$$\dot{\phi}_z = \frac{\tan\varphi}{R}\delta v_x + \phi_x \omega_{ie}\cos\varphi + \varepsilon_z \tag{8.133e}$$

平台经水平粗对准和方位粗对准后，水平失准角和方位失准角都可视为小角，ϕ_x 和 ϕ_y 间的交叉耦合可以忽略，此时水平通道的误差方程可简化为

$$\delta\dot{v}_x = -\phi_y g + \Delta a_x \tag{8.134a}$$

$$\dot{\phi}_y = \frac{\delta v_x}{R} + \varepsilon_y \tag{8.134b}$$

$$\delta\dot{v}_y = \phi_x g + \Delta a_y \tag{8.135a}$$

$$\dot{\phi}_x = -\frac{\delta v_y}{R} - \phi_z \omega_{ie}\cos\varphi + \varepsilon_x \tag{8.135b}$$

按照式(8.134)和式(8.135)可以画出东向通道和北向通道误差框图，如图 8.27 和图 8.28 所示。

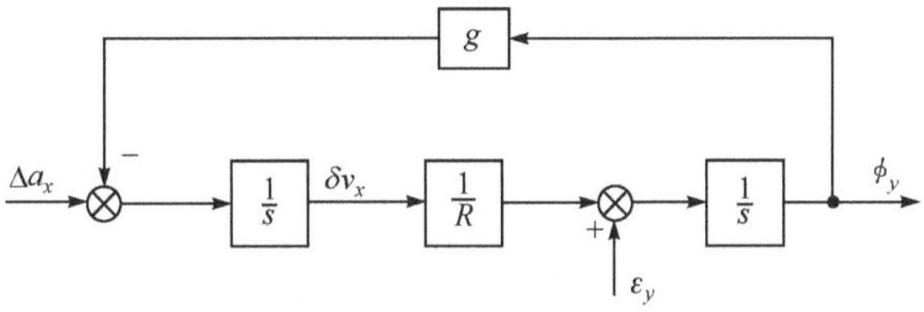

图 8.27　指北方位惯性导航系统东向通道误差框图

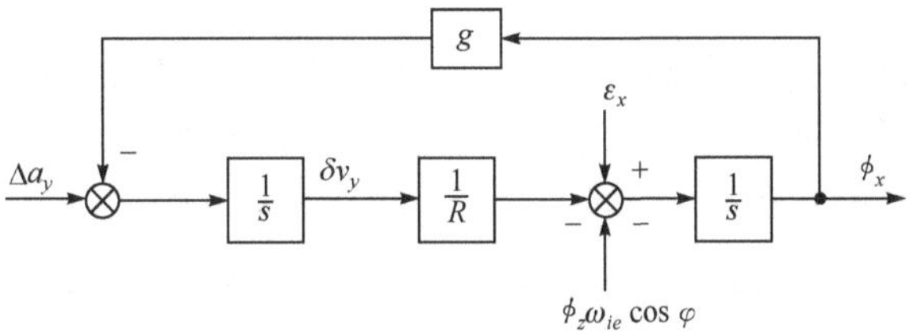

图 8.28　指北方位惯性导航系统北向通道误差框图

由图 8.27 和图 8.28 可以看出，东向通道和北向通道实质上就是舒拉回路，ϕ_x 和 ϕ_y 做无阻尼振荡，振荡周期为 84.4min。为了引进阻尼，提高快速性和精度，引入虚线、点划线和双点划线内反馈，如图 8.29 和图 8.30 所示。

现以北向通道为例，分析水平对准回路的特性。

1）二阶慢型水平对准回路

根据图 8.30，当引入虚线所示的 K_1 内反馈环节时

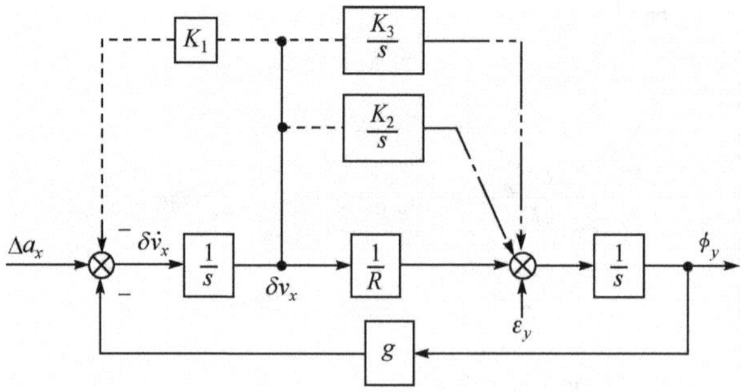

图 8.29　指北方位惯性导航系统水平对准回路的东向通道

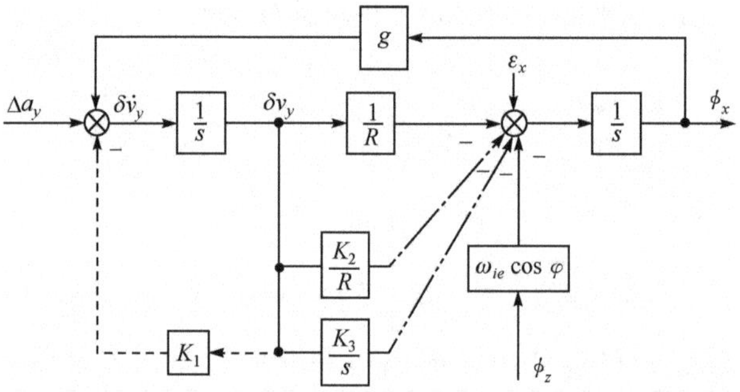

图 8.30　指北方位惯性导航系统水平对准回路的北向通道

$$\frac{\phi_x(s)}{\Delta a_y(s)}=\frac{\frac{1}{s+K_1}\cdot\frac{1}{R}\cdot(-1)\cdot\frac{1}{s}}{1-\frac{1}{s+K_1}\cdot\frac{1}{R}\cdot(-1)\cdot\frac{1}{s}g}=-\frac{\frac{1}{R}}{s^2+K_1s+\omega_s^2}$$

北向通道的特征多项式为

$$\Delta_1(s)=s^2+K_1s+\omega_s^2$$

阻尼比为 $\xi=\frac{K_1}{2\omega_s}$，自振频率为 $\omega_n=\omega_s$。

可见，系统虽然引入了阻尼比 ξ，ϕ_x 能收敛，但是收敛的速度非常慢，要经过 84.4min 才完成一个周期的衰减，该回路因此称为二阶慢型水平对准回路。

2）二阶快型水平对准回路

引入 K_1 后，再接入$\frac{K_2}{R}$点划线顺馈回路，此时

$$\frac{\phi_x(s)}{\Delta a_y(s)}=\frac{\frac{1}{s+K_1}\cdot\frac{1+K_2}{R}\cdot(-1)\cdot\frac{1}{s}}{1-\frac{1}{s+K_1}\cdot\frac{1+K_2}{R}\cdot(-1)\cdot\frac{1}{s}g}=-\frac{\frac{1+K_2}{R}}{s^2+K_1s+(1+K_2)\omega_s^2}$$

系统的特征多项式为

$$\Delta_2(s)=s^2+K_1s+(1+K_2)\omega_s^2$$

阻尼比为 $\xi=\frac{K_1}{2\sqrt{1+K_2}\,\omega_s}$，自振频率为 $\omega_n=\sqrt{1+K_2}\,\omega_s$，适当选择 K_2 可加快收敛，该回路称

为二阶快型水平对准回路。

下面分析对准精度。假设 Δa_y、ε_x 和 ϕ_z 均为常值，根据图 8.30，有

$$\phi_x(s)=\frac{\left(\frac{\varepsilon_x}{s}-\frac{\phi_z\omega_{ie}\cos\varphi}{s}\right)\frac{1}{s}+\frac{\Delta a_y}{s}\frac{1}{s+K_1}\cdot\frac{1+K_2}{R}\cdot(-1)\cdot\frac{1}{s}}{1-\frac{1}{s+K_1}\cdot\frac{1+K_2}{R}\cdot(-1)\cdot\frac{1}{s}g}$$

$$=\frac{(s+K_1)\left(\frac{\varepsilon_x}{s}-\frac{\phi_z\omega_{ie}\cos\varphi}{s}\right)-\frac{\Delta a_y}{s}(1+K_2)\omega_s^2\cdot\frac{1}{g}}{s^2+K_1 s+(1+K_2)\omega_s^2}$$

对准的稳态误差为

$$\phi_{xss}=\lim_{s\to 0}s\phi_x(s)=\frac{K_1}{(1+K_2)\omega_s^2}(\varepsilon_x-\phi_z\omega_{ie}\cos\varphi)-\frac{\Delta a_y}{g}$$

3) 三阶水平对准回路

为了消除 Δa_y 和 ϕ_z 对 ϕ_x 的影响，在引入 K_1 和 $\frac{K_2}{R}$ 后，再引入 $\frac{K_3}{s}$ 顺馈回路，如图 8.30 中双点划线所示，此时

$$\phi_x(s)=\frac{\left(\frac{\varepsilon_x}{s}-\frac{\phi_z\omega_{ie}\cos\varphi}{s}\right)\frac{1}{s}+\frac{\Delta a_y}{s}\frac{1}{s+K_1}\cdot\left(\frac{1+K_2}{R}+\frac{K_3}{s}\right)\cdot(-1)\cdot\frac{1}{s}}{1-\frac{1}{s+K_1}\cdot\left(\frac{1+K_2}{R}+\frac{K_3}{s}\right)\cdot(-1)\cdot\frac{1}{s}g}$$

$$=\frac{(s+K_1)(\varepsilon_x-\phi_z\omega_{ie}\cos\varphi)-\Delta a_y\left(\frac{1+K_2}{R}+\frac{K_3}{s}\right)}{s^3+K_1 s^2+(1+K_2)\omega_s^2 s+gK_3}$$

系统的特征多项式为

$$\Delta_3(s)=s^3+K_1 s^2+(1+K_2)\omega_s^2 s+gK_3 \tag{8.136}$$

所以该对准回路称为三阶水平对准回路，ϕ_x 可达到的稳态值即对准精度为

$$\phi_{xss}=\lim_{s\to 0}s\phi_x(s)=-\frac{\Delta a_y}{g} \tag{8.137}$$

从式(8.137)可知，三阶水平对准回路的对准精度不受 K_1、K_2、K_3 的影响，所以可以根据对准的收敛速度来选择这些参数。

设根据快速性要求，要求对准回路的衰减系数为 σ，阻尼自振频率为 ω_d，则三阶系统的特征根为

$$s_1=-\sigma,\quad s_2=-\sigma+\mathrm{j}\omega_d,\quad s_3=-\sigma-\mathrm{j}\omega_d$$

所以特征多项式为

$$\begin{aligned}\Delta_3(s)&=(s+\sigma)(s+\sigma-\mathrm{j}\omega_d)(s+\sigma+\mathrm{j}\omega_d)\\&=s^3+3\sigma s^2+(3\sigma^2+\omega_d^2)s+\sigma^3+\sigma\omega_d^2\end{aligned} \tag{8.138}$$

比较式(8.136)和式(8.138)的系数，可得

$$K_1=3\sigma$$

$$(1+K_2)\omega_s^2=3\sigma^2+\omega_d^2$$

$$gK_3=\sigma^3+\sigma\omega_d^2$$

即

$$K_1=3\sigma$$

$$K_2=\frac{3\sigma^2+\omega_d^2}{\omega_s^2}-1$$

$$K_3=\frac{\sigma^3+\sigma\omega_d^2}{g}$$

若已知系统要求的阻尼比 ξ,衰减系数为 σ,则

$$K_1=3\sigma$$

$$K_2=\frac{\sigma^2}{\omega_s^2}\left(2+\frac{1}{\xi^2}\right)-1$$

$$K_3=\frac{\sigma^2}{g\xi^2}$$

对东向通道的分析过程与上述分析方法类似,在此不再赘述。采用三阶水平对准回路时,ϕ_y 所能达到的稳态值为

$$\phi_{yss}=\lim_{s\to 0}s\phi_y(s)=\frac{\Delta a_x}{g} \tag{8.139}$$

式(8.137)和式(8.139)给出惯性导航系统水平对准的极限精度,可见水平对准精度取决于水平加速度计的精度。

8.6.3 罗经法方位对准

方位对准一般采用罗经法进行对准。指北方位惯性导航系统的方位对准是指控制平台绕方位轴旋转,使平台的 y_p 轴指向北。经过方位粗对准和水平精对准,水平失准角已达到角秒级,方位失准角达到 1°左右。由于对准地的纬度准确已知,所以控制指令角速度可以精确计算得到

$$\boldsymbol{\omega}_{in}^n=\begin{bmatrix}0\\ \omega_{ie}\cos\varphi\\ \omega_{ie}\sin\varphi\end{bmatrix}$$

忽略陀螺力矩器等所存在的误差,假设平台完全跟随指令,则有

$$\boldsymbol{\omega}_{ip}^p=\begin{bmatrix}0\\ \omega_{ie}\cos\varphi\\ \omega_{ie}\sin\varphi\end{bmatrix}$$

不计 ϕ_x 和 ϕ_y 的影响,有

$$\boldsymbol{\omega}_{ip}^n=\boldsymbol{C}_p^n\boldsymbol{\omega}_{ip}^p=\begin{bmatrix}1 & -\phi_z & 0\\ \phi_z & 1 & 0\\ 0 & 0 & 1\end{bmatrix}\begin{bmatrix}0\\ \omega_{ie}\cos\varphi\\ \omega_{ie}\sin\varphi\end{bmatrix}=\begin{bmatrix}-\phi_z\omega_{ie}\cos\varphi\\ \omega_{ie}\cos\varphi\\ \omega_{ie}\sin\varphi\end{bmatrix}$$

$$\boldsymbol{\omega}_{np}^n=\boldsymbol{\omega}_{ip}^n-\boldsymbol{\omega}_{in}^n=\begin{bmatrix}-\phi_z\omega_{ie}\cos\varphi\\ 0\\ 0\end{bmatrix}$$

即

$$\omega_{npx}^{n}=-\phi_z\omega_{ie}\cos\varphi \tag{8.140}$$

式(8.140)说明，由于存在方位失准角，平台相对当地水平面绕西向轴做向北倾斜转动，旋转角速度为 $\phi_z\omega_{ie}\cos\varphi$，此角速度称为罗经项。当计算坐标系和地理坐标系之间存在方位失准角 ϕ_z 时，载体上的陀螺仪将感受地球自转角速度在计算坐标系上的分量 $\phi_z\omega_{ie}\cos\varphi$，此分量相当于陀螺仪的漂移，平台的向北倾斜转动使水平精对准确定的 ϕ_x 发生改变，北向加速度计敏感这种倾斜变化，输出 $\phi_x g$，经积分所得的 δv_y 中含有 ϕ_z 的信息。

所谓的罗经法对准就是利用罗经项 $\phi_z\omega_{ie}\cos\varphi$ 引起的 δv_y，用回路反馈的方法控制平台绕方位轴旋转，使 ϕ_z 逐渐减小至极限值。图 8.31 为罗经法对准的原理框图，其中 $K(s)$ 为低通滤波器，由于 $\phi_z\omega_{ie}\cos\varphi$ 引起 ϕ_x 的变化十分缓慢，δv_y 的变化也很缓慢，有用信号的主要成分是低频信息，所以从 δv_y 中提取 ϕ_z 必须采用低通滤波器来消除高频噪声的影响。将图 8.31 与图 8.30 比较可以看出，罗经对准回路实质上是北向通道二阶快型水平对准回路的改进。由式(8.137)可知，若采用三阶水平对准回路，则 δv_y 中不包含 ϕ_z 信息，所以罗经对准不能在三阶水平对准回路上进行。

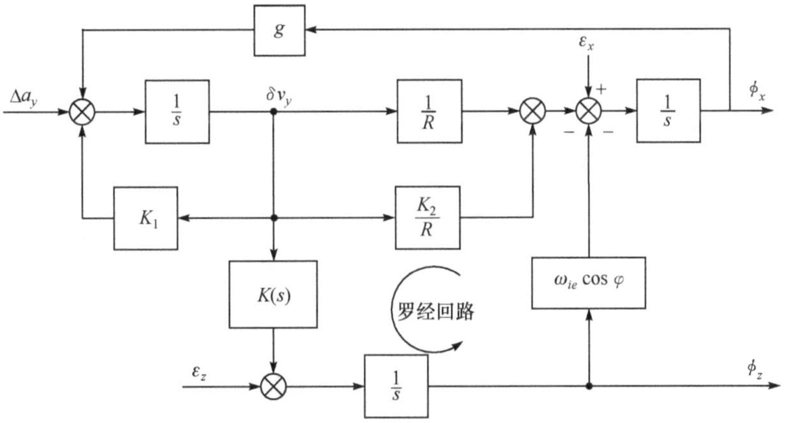

图 8.31　罗经法方位对准框图

由图 8.31 可得

$$s\delta v_y(s)=g\phi_x(s)+\Delta a_y(s)-K_1\delta v_y(s)+\delta v_y(0)$$

$$s\phi_x(s)=-\frac{1+K_2}{R}\delta v_y(s)-\phi_z(s)\omega_{ie}\cos\varphi+\varepsilon_x(s)+\phi_x(0)$$

$$s\phi_z(s)=K(s)\delta v_y(s)+\varepsilon_z(s)+\phi_z(0)$$

即

$$(s+K_1)\delta v_y(s)-g\phi_x(s)=\Delta a_y(s)+\delta v_y(0)$$

$$\frac{1+K_2}{R}\delta v_y(s)+s\phi_x(s)+\phi_z(s)\omega_{ie}\cos\phi=\varepsilon_x(s)+\phi_x(0)$$

$$-K(s)\delta v_y(s)+s\phi_z(s)=\varepsilon_z(s)+\phi_z(0)$$

写成矩阵形式为

$$\begin{bmatrix} s+K_1 & -g & 0 \\ \dfrac{1+K_2}{R} & s & \omega_{ie}\cos\varphi \\ -K(s) & 0 & s \end{bmatrix}\begin{bmatrix} \delta v_y(s) \\ \phi_x(s) \\ \phi_z(s) \end{bmatrix}=\begin{bmatrix} \Delta a_y(s)+\delta v_y(0) \\ \varepsilon_x(s)+\phi_x(0) \\ \varepsilon_z(s)+\phi_z(0) \end{bmatrix}$$

利用求逆公式,可得

$$\begin{bmatrix} \delta v_y(s) \\ \phi_x(s) \\ \phi_z(s) \end{bmatrix}=\frac{1}{\Delta^*(s)}\begin{bmatrix} s^2 & gs & -g\omega_{ie}\cos\varphi \\ -\dfrac{1+K_2}{R}s-K(s)\omega_{ie}\cos\varphi & (s+K_1)s & -(s+K_1)\omega_{ie}\cos\varphi \\ sK(s) & gK(s) & s(s+K_1)+\dfrac{1+K_2}{R}g \end{bmatrix}$$

$$\cdot\begin{bmatrix} \Delta a_y(s)+\delta v_y(0) \\ \varepsilon_x(s)+\phi_x(0) \\ \varepsilon_z(s)+\phi_z(0) \end{bmatrix}$$

其中

$$\Delta^*(s)=\begin{vmatrix} s+K_1 & -g & 0 \\ \dfrac{1+K_2}{R} & s & \omega_{ie}\cos\varphi \\ -K(s) & 0 & s \end{vmatrix}=s^3+K_1s^2+\omega_s^2(1+K_2)s+g\omega_{ie}\cos\varphi K(s)$$

取

$$K(s)=\frac{K_3}{\omega_{ie}\cos\varphi(s+K_4)} \tag{8.141}$$

则

$$\Delta^*(s)=s^3+K_1s^2+\omega_s^2(1+K_2)s+\frac{K_3}{s+K_4}g \tag{8.142}$$

设 Δa_y、ε_x、ε_z 均为常量,则

$$\phi_z(s)=\frac{sK(s)}{\Delta^*(s)}\left[\frac{\Delta a_y(s)}{s}+\delta v_y(0)\right]+\frac{gK(s)}{\Delta^*(s)}\left[\frac{\varepsilon_x}{s}+\phi_x(0)\right]$$

$$+\frac{s(s+K_1)+\dfrac{1+K_2}{R}g}{\Delta^*(s)}\left[\frac{\varepsilon_z}{s}+\phi_z(0)\right]$$

若将式(8.141)、式(8.142)代入上式,并求稳态值,可得

$$\phi_{zss}=\lim_{s\to 0}s\phi_z(s)=\frac{\varepsilon_x}{\omega_{ie}\cos\varphi}+\frac{(1+K_2)K_4}{RK_3}\varepsilon_z \tag{8.143}$$

由于方位陀螺漂移的影响可以通过选择参数 K_2、K_3、K_4 来减小,所以罗经法对准中,方位对准的极限精度为

$$\phi_{z\min}=\frac{\varepsilon_x}{\omega_{ie}\cos\varphi} \tag{8.144}$$

式(8.144)说明,要提高方位对准精度,就必须减小东向陀螺的漂移。

事实上,由图 8.31 可知,ε_x 和罗经项 $\phi_z\omega_{ie}\cos\varphi$ 对北向通道的作用是等效的。当 ε_x 和 $\phi_z\omega_{ie}\cos\varphi$ 在数值上相等时

$$\varepsilon_x - \phi_z \omega_{ie} \cos\varphi = 0 \tag{8.145}$$

即罗经项 $\phi_z \omega_{ie} \cos\varphi$ 被 ε_x 抵消，δv_y 中反映不出 ϕ_z 的信息，对准也就达到了稳态，由式(8.145)确定的方位失准角稳态值与式(8.144)是相同的。

在罗经法方位对准中，北向通道是二阶快型水平对准回路，但回路中 K_1、K_2 与水平精对准中的参数并不相同，需要另行确定。

设根据动态响应要求，阻尼比为 $\xi=\frac{\sqrt{2}}{2}$，并设衰减系数为 σ，则阻尼振荡频率 $\omega_d=\sigma$，所以特征根为

$$s_{1,2}=-\sigma-\mathrm{j}\sigma,\quad s_{3,4}=-\sigma+\mathrm{j}\sigma$$

特征多项式为

$$\begin{aligned}\Delta(s) &= [(s+\sigma+\mathrm{j}\sigma)(s+\sigma-\mathrm{j}\sigma)]^2 \\ &= s^4+4\sigma s^3+8\sigma^2 s^2+8\sigma^3 s+4\sigma^4\end{aligned} \tag{8.146}$$

又根据式(8.142)，方位对准回路的特征多项式为

$$\begin{aligned}\Delta(s) &= s^3(s+K_4)+K_1 s^2(s+K_4)+\omega_s^2(1+K_2)s(s+K_4)+gK_3 \\ &= s^4+(K_1+K_4)s^3+[\omega_s^2(1+K_2)+K_1K_4]s^2+\omega_s^2(1+K_2)K_4 s+gK_3\end{aligned} \tag{8.147}$$

比较式(8.146)和式(8.147)，得

$$\begin{aligned} K_1+K_4 &= 4\sigma \\ \omega_s^2(1+K_2)+K_1K_4 &= 8\sigma^2 \\ \omega_s^2(1+K_2)K_4 s &= 8\sigma^3 \\ gK_3 &= 4\sigma^4 \end{aligned}$$

这是关于位置参数的非线性代数方程组，具有多解性，选择 $K_1=K_4$，则得唯一解

$$K_1=K_4=2\sigma$$

$$K_2=\frac{4\sigma^2}{\omega_s^2}-1$$

$$K_3=\frac{4\sigma^4}{g}$$

8.6.4　陀螺测漂与计算法方位对准

从使用角度考虑，希望陀螺漂移是常值，但因陀螺漂移可以从大量测试数据的统计分析得到常值漂移 ω_0 和随机漂移 ω_d 两部分，因而在不同的时间，每次通电后所测得的陀螺常值漂移的数值并不一样，而标定时给定的陀螺常值漂移值是一个统计数据，用该陀螺常值漂移角速度值进行补偿，补偿效果并不理想。因此，为提高系统精度，不仅要对随机漂移 ω_d 提出严格要求，而且要在系统中采取合理的测漂和定标措施。对于大多数陀螺，在一次通电启动情况下，其漂移的主要分量常值特性很好，工程上除用此测量值对陀螺漂移进行补偿外，还要对陀螺漂移 ω_d 进行必要的滤波补偿。本节所讲述的陀螺漂移的测定，是在系统使用前完成的，即在通电后和设备正式工作前这段时间内完成的。惯性导航系统中的平台，实质上可看做一个多轴陀螺漂移测试伺服转台或位置台，因此可以借用常规的实验室陀螺漂移测试方法，通过导航计算机执行测漂、定标的程序。

根据陀螺的种类和对准的要求不同,测漂和定标的方法有多种方案,本节只讲述在初始对准时的测漂基本原理。假设经水平精对准后,将东向和北向通道都接成二阶快型水平对准回路,如图 8.32 所示。

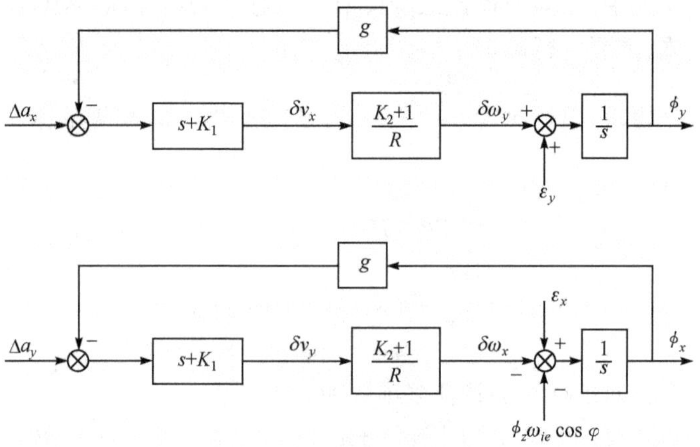

图 8.32 计算法方位对准及测漂

由图 8.32 可得如下微分方程:

$$\dot{\phi}_x=-\frac{1+K_2}{R}\delta v_y-\phi_z\omega_{ie}\cos\varphi+\varepsilon_x$$

$$\dot{\phi}_y=\frac{1+K_2}{R}\delta v_x+\varepsilon_y$$

当回路达到稳态后,即 $\dot{\phi}_x=0,\dot{\phi}_y=0$

$$\frac{1+K_2}{R}\delta v_y=-\phi_z\omega_{ie}\cos\varphi+\varepsilon_x \tag{8.148a}$$

$$\frac{1+K_2}{R}\delta v_x=-\varepsilon_y \tag{8.148b}$$

记

$$\delta\omega_x=\frac{1+K_2}{R}\delta v_y$$

$$\delta\omega_y=\frac{1+K_2}{R}\delta v_x$$

显然 $\delta\omega_x$ 是对 x 陀螺的错误控制信号,$\delta\omega_y$ 是对 y 陀螺的错误控制信号。$\delta\omega_x$ 可通过测量 x 陀螺力矩器中的施矩电流获得;$\delta\omega_y$ 的获取方法为:测量 y 陀螺力矩器中的施矩电流,用力矩器转换系数折算成角速度,再用该角速度减去 $\omega_{ie}\cos\varphi$。所以式(8.148)可以写成

$$\delta\omega_x=-\phi_z\omega_{ie}\cos\varphi+\varepsilon_x \tag{8.149}$$

$$\delta\omega_y=-\varepsilon_y$$

即

$$\varepsilon_y=-\delta\omega_y \tag{8.150}$$

式(8.150)即为北向陀螺的测漂公式。

对方位陀螺施矩,使方位环反时针旋转 90°,并将转动之前的位置称为第 Ⅰ 位置,转动之

后的位置称为第Ⅱ位置，如图 8.33 所示。注意在平台旋转过程中陀螺漂移不会改变，则在第Ⅰ位置上，有

$$\delta\omega_x^{\mathrm{I}} = -\phi_z\omega_{ie}\cos\varphi + \varepsilon_x^{\mathrm{I}} \tag{8.151a}$$

$$\varepsilon_N = \varepsilon_y^{\mathrm{I}} = -\delta\omega_y^{\mathrm{I}} \tag{8.151b}$$

在第Ⅱ位置上，有

$$\delta\omega_y^{\mathrm{II}} = -\phi_z\omega_{ie}\cos\varphi + \varepsilon_x^{\mathrm{II}} \tag{8.152a}$$

$$\varepsilon_E = \varepsilon_y^{\mathrm{II}} = -\delta\omega_x^{\mathrm{II}} \tag{8.152b}$$

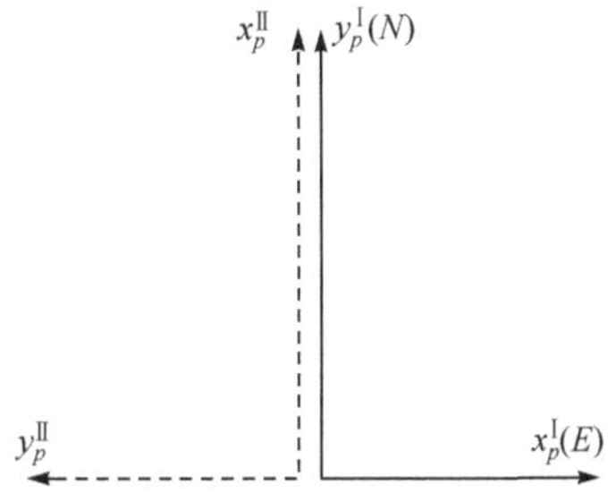

图 8.33　平台旋转的第Ⅰ位置和第Ⅱ位置

按照式(8.151b)和式(8.152b)测出陀螺漂移 ε_E、ε_N 后，由图 8.33 可知，在第Ⅰ位置上的东向漂移即为 x 陀螺的漂移，在第Ⅱ位置上的西向漂移即为 y 陀螺的漂移，即

$$\varepsilon_x^{\mathrm{I}} = \varepsilon_E = -\delta\omega_x^{\mathrm{II}} \tag{8.153}$$

$$\varepsilon_x^{\mathrm{II}} = -\varepsilon_N = \delta\omega_y^{\mathrm{I}} \tag{8.154}$$

将式(8.153)代入式(8.151a)，可得 ϕ_z 的计算公式

$$\phi_z = \frac{\varepsilon_x^{\mathrm{I}} - \delta\omega_x^{\mathrm{I}}}{\omega_{ie}\cos\varphi} = -\frac{\delta\omega_x^{\mathrm{I}} + \delta\omega_x^{\mathrm{II}}}{\omega_{ie}\cos\varphi} \tag{8.155}$$

若将式(8.154)代入式(8.152a)，可得 ϕ_z 的另一个计算公式

$$\phi_z = \frac{\varepsilon_x^{\mathrm{II}} - \delta\omega_y^{\mathrm{II}}}{\omega_{ie}\cos\varphi} = \frac{\delta\omega_y^{\mathrm{I}} - \delta\omega_y^{\mathrm{II}}}{\omega_{ie}\cos\varphi} \tag{8.156}$$

按照式(8.155)或(8.156)计算出 ϕ_z 后，对方位陀螺一次施矩，施矩量对应 $-(90^\circ+\phi_z)$，使方位环顺时针旋转 $90^\circ+\phi_z$，既消除了 ϕ_z，又使 x_p 轴指向东，y_p 轴指向北。

以上介绍的是指北方位惯性导航系统的初始对准。对于游动方位惯性导航系统，其水平对准与指北方位惯性导航系统相似，也是靠物理方法将平台控制在当地水平面内。但是方位对准与指北方位惯性导航系统截然不同，指北方位惯性导航系统的方位对准是靠物理方法控制平台的 y_p 轴精确指北，而游动方位惯性导航系统是靠精确确定出游动方位角 α 实现方位对准的。在对准过程中，指北方位惯性导航系统完成水平精对准，再做方位对准；而游动方位惯性导航系统的水平对准和方位对准是交替进行的。具体过程不再详述。

思　考　题

1. 平台式惯性导航系统由哪些部分组成？有何特点？
2. 试从自动控制系统角度分析惯性导航系统的误差特性。
3. 以单轴陀螺稳定平台为例，说明如何实现平台的稳定和修正？

4. 惯导平台水平修正回路的舒拉调谐有何作用？如何实现？
5. 游动方位惯性导航系统有何特点？试建立其力学编排方程。
6. 影响平台式惯性导航系统的误差源有哪些？陀螺漂移、加速度计零偏以及初始对准误差对惯性导航系统误差有何影响？
7. 如何建立惯性导航系统的误差方程？
8. 惯性导航系统误差中有哪些周期特性，对惯性导航系统有何影响？
9. 简述惯性导航系统初始对准的基本原理。
10. 在系统设计时是否能够预知初始对准的理论精度？
11. 什么是罗经效应？
12. 在初始对准过程中如何实现陀螺的测漂？

第 9 章　旋转捷联式惯性导航系统

惯性导航系统的精度主要取决于惯性器件的漂移。从工艺上提高惯性器件的精度，存在技术难度大、周期长、成本高等问题，而且也不能超越现阶段实现的可能。因此，在现有惯性器件精度水平下，采用补偿惯性器件误差的方法来进一步提高惯性导航系统的性能，是实现更高导航精度的一条现实途径。惯性器件的补偿方法有两种，一是采用高精度的漂移误差补偿软件，二是采用系统的翻转或旋转补偿方法。第二种方法就是将惯性器件或 IMU 外加旋转和控制机构，利用翻转或者旋转来平均掉惯性器件漂移对导航精度的影响，其基本原理是不依靠外界因素，将惯性器件的常值漂移调制成周期变化的量，经过惯性导航系统中的积分运算环节后得以抵消，以此提高惯性导航系统的长时间导航能力。

最早采用旋转调制技术的是静电陀螺仪，它通过壳体翻滚来自动补偿与陀螺壳体相关的漂移误差力矩，这项技术对于保持静电陀螺仪长时间工作的精度十分有效和必要。后来美国、俄罗斯等国又尝试研究了机电陀螺的自动补偿，并取得了一定的效果。以上采用自动补偿技术的传统陀螺仪的惯性导航系统，翻转或者旋转的目的都是为了消除或者平均掉陀螺转子的有害干扰力矩，从而保证陀螺仪的转子在空间的位置更加精确，有效地减小了陀螺漂移，提高了单个惯性器件的精度，相应的惯性导航系统的精度也得到了提高。但它们实际上依然属于平台式惯性导航系统，具有平台式惯性导航系统的所有优点和缺点，并且技术复杂，实现难度较大。

自从光学陀螺(激光陀螺、光纤陀螺)出现以后，在旋转自动补偿技术和捷联式惯性导航技术的基础上出现了一种新型的惯性导航系统，即旋转捷联式惯性导航系统。它具有与传统平台系统类似的框架和转轴，但没有稳定的平台。简而言之，这类惯性导航系统相当于在捷联式惯性导航系统的外面加上转动机构和测角装置(旋转变压器、光栅等)，导航解算采用捷联算法，这样导航计算出来的依然是载体的位置和速度信息，而导航直接计算出来的姿态信息只是 IMU 的姿态，这时候需要加上 IMU 相对于载体的转动角度(由测角装置实时测量获得)，就得到了载体的姿态信息。其中转动机构还可以用来隔离外界的角运动，以保持 IMU 处于地理坐标系中一个预先设定的方位，从而取得更好的导航结果。

9.1　双轴旋转捷联式惯性导航系统误差特性

双轴旋转捷联式惯性导航系统通过周期性旋转内、外环轴来抵消惯性器件误差对导航精度的影响，在现有惯性器件精度水平下提高长航时导航定位精度。在环架转动时，整个惯性测量单元随着环架转动，与捷联式惯性导航系统解算相差两个转换矩阵，因此双轴旋转捷联式惯性导航系统误差研究可在捷联惯导基础上进行。

9.1.1 双轴旋转捷联式惯性导航系统误差方程建立

1. 相关坐标系定义

双轴旋转捷联式惯性导航系统需要在不同坐标系内对陀螺仪和加速度计等信息进行运算。所使用参考坐标系共 12 个，其中 4 个与地球相关，7 个与惯性导航系统和载体相关，1 个与导航解算相关。坐标系定义如下，其关系如图 9.1 所示。

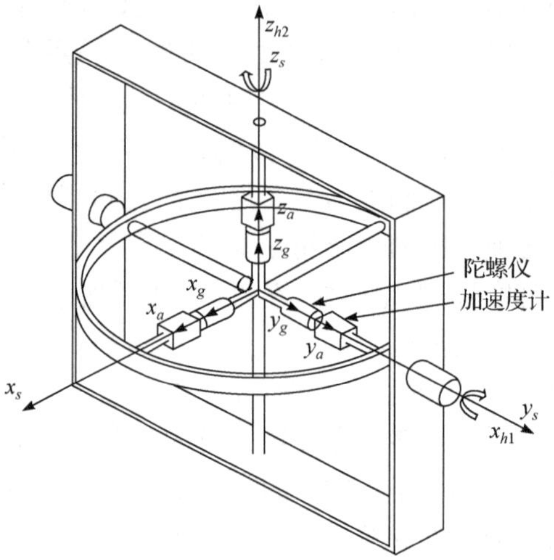

图 9.1 惯性导航系统相关坐标系关系图

(1) 地心惯性坐标系(i 系，$O_ix_iy_iz_i$)。原点 O_i 位于地心，x_i 轴指向春分点，z_i 轴沿地球自转轴，y_i 轴与 x_i、z_i 轴构成右手直角坐标系。

(2) 地球坐标系(e 系，$O_ex_ey_ez_e$)。原点 O_e 位于地球中心，z_e 轴沿地球自转轴，x_e 轴在赤道平面内指向格林威治本初子午线，y_e 轴与 x_e、z_e 轴构成右手直角坐标系，在赤道平面内指向东经 90°子午线。

(3) 地理坐标系(t 系，$O_tx_ty_tz_t$)。取东北天坐标系，原点 O_t 位于载体重心，x_t 轴在当地水平面指东，y_t 轴在当地水平面指北，z_t 轴沿当地地垂线的方向，x_t 轴与 y_t、z_t 轴构成右手直角坐标系。

(4) QEPQ 坐标系(o 系，$O_ox_oy_oz_o$)。原点 O_o 位于载体所处位置，x_o 轴与纬度圈相切，指向东，y_o 轴平行于地球极轴，z_o 轴与 x_o 和 y_o 轴构成右手直角坐标系。

(5) 载体坐标系(b 系，$O_bx_by_bz_b$)。原点 O_b 位于载体的重心，与载体固联，x_b 轴沿载体的横轴方向，y_b 轴沿载体的纵轴方向，z_b 轴沿载体的竖轴方向，$x_by_bz_b$ 轴构成右手直角坐标系，其相对地理坐标系的方位为载体的姿态和航向。

(6) IMU 坐标系(s 系，$O_sx_sy_sz_s$)。原点在 IMU 的重心，当旋转机构转轴转动角度为零时，IMU 坐标系的 x_s、y_s、z_s 轴分别与载体坐标系的 x_b、y_b、z_b 轴平行且方向相同。

(7) 外环架坐标系($h1$ 系，$O_{h1}x_{h1}y_{h1}z_{h1}$)。原点位于内外环架转轴相交处，x_{h1} 轴沿外环架转轴方向，与 x_b 轴平行，x_{h1} 轴垂直于 y_{h1} 轴与 z_{h1} 轴所构成平面且构成右手直角坐标系，定义外环架转角为 α。

(8) 内环架坐标系($h2$ 系,$O_{h2}x_{h2}y_{h2}z_{h2}$)。原点位于内外环架转轴相交处,z_{h2} 轴沿外环架转轴方向,z_{h2} 轴垂直于 x_{h2} 轴与 y_{h2} 轴所构成平面且构成右手直角坐标系,定义内环架转角为 β。

(9) 陀螺仪坐标系(g 系,$O_gx_gy_gz_g$)。与 IMU 坐标系原点相同,x_g、y_g、z_g 轴分别沿 x、y、z 方向的陀螺仪敏感轴。

(10) 加速度计坐标系(a 系,$O_ax_ay_az_a$)。与 IMU 坐标系原点相同,x_a、y_a、z_a 轴分别沿 x、y、z 方向的加速度计敏感轴。

(11) 多普勒计程仪坐标系(d 系,$O_dx_dy_dz_d$)。原点 O_d 位于多普勒计程仪的质心,x_d 轴沿多普勒计程仪横轴指向右,y_d 轴沿多普勒计程仪纵轴指向前,z_d 轴与 x_d 轴和 y_d 构成右手直角坐标系。

2. 双轴旋转捷联式惯性导航系统误差方程建模

双轴旋转捷联式惯性导航系统通过周期性旋转内、外环轴来抵消惯性器件误差对导航精度的影响,在现有惯性器件精度水平下提高长航时导航定位精度。导航坐标系取东北天地理坐标系,定义围绕 IMU 坐标轴逆时针转动为正,十六位置旋转调制方案如表 9.1 所示,采用间歇性转停方式,转动角速度为 ω,转动时间为 T_R,停滞时间为 T_s。在此旋转调制方案基础上,进行双轴旋转捷联式惯性导航系统解算、建立双轴旋转捷联式惯性导航系统误差模型、研究误差对导航精度的影响,为误差控制技术提供理论基础。

表 9.1　十六位置旋转调制方案

次序	旋转方式	转动位置	次序	旋转方式	转动位置
1	绕内轴 z_{h2} 正转180°	$A\xrightarrow{+}B$	9	绕内轴 z_{h2} 反转180°	$A\xrightarrow{-}B$
2	绕外轴 x_{h1} 正转180°	$B\xrightarrow{+}C$	10	绕外轴 x_{h1} 反转180°	$B\xrightarrow{-}C$
3	绕内轴 z_{h2} 反转180°	$C\xrightarrow{-}D$	11	绕内轴 z_{h2} 正转180°	$C\xrightarrow{+}D$
4	绕外轴 x_{h1} 反转180°	$D\xrightarrow{-}A$	12	绕外轴 x_{h1} 正转180°	$D\xrightarrow{+}A$
5	绕外轴 x_{h1} 反转180°	$A\xrightarrow{-}D$	13	绕外轴 x_{h1} 正转180°	$A\xrightarrow{+}D$
6	绕内轴 z_{h2} 反转180°	$D\xrightarrow{-}C$	14	绕内轴 z_{h2} 正转180°	$D\xrightarrow{+}C$
7	绕外轴 x_{h1} 正转180°	$C\xrightarrow{+}B$	15	绕外轴 x_{h1} 反转180°	$C\xrightarrow{-}B$
8	绕内轴 z_{h2} 正转180°	$B\xrightarrow{+}A$	16	绕内轴 z_{h2} 反转180°	$B\xrightarrow{-}A$

双轴旋转捷联式惯性导航系统陀螺敏感角速度包括载体角速度、内环轴角速度和外环轴角速度,在解算时需将内、外环轴角速度进行解调,得到载体实际姿态信息。采取直接对原始数据进行导航解算,然后根据内、外环轴转位信息解调出载体的姿态。

考虑双轴旋转捷联式惯性导航系统误差源,主要包括惯性器件误差和解算初始误差,其中惯性器件误差主要有陀螺仪常值漂移、安装误差、刻度系数误差、随机误差和加速度计零偏、安装误差、刻度系数误差和随机误差。在双轴旋转捷联式惯性导航系统解算微分方程基础上,经微扰法推导出误差方程如下各式所示。

1）姿态误差方程

考虑陀螺漂移、刻度系数误差和安装误差的姿态误差方程矢量形式为

$$\dot{\boldsymbol{\phi}}=\boldsymbol{\phi}\times\boldsymbol{\omega}_{in}^{n}+\delta\boldsymbol{\omega}_{in}^{n}-\boldsymbol{C}_{b}^{n}(\boldsymbol{S}_{g}+\boldsymbol{K}_{g})\boldsymbol{\omega}_{ib}^{b}-\boldsymbol{\varepsilon}^{n} \tag{9.1}$$

式中，$\boldsymbol{\phi}=\begin{bmatrix}\phi_E\\ \phi_N\\ \phi_\xi\end{bmatrix}$ 为失准角；$\boldsymbol{\omega}_{in}^{n}=\begin{bmatrix}-\dfrac{V_N}{R_M+h}\\ \omega_{ie}\cos\varphi+\dfrac{V_E}{R_N+h}\\ \omega_{ie}\sin\varphi+\dfrac{V_E}{R_N+h}\tan\varphi\end{bmatrix}$；

$$\delta\boldsymbol{\omega}_{in}^{n}=\begin{bmatrix}-\dfrac{\delta V_N}{R_M+h}+\delta h\dfrac{V_N}{(R_M+h)^2}\\ -\delta\varphi\omega_{ie}\sin\varphi+\dfrac{\delta V_E}{R_N+h}-\delta h\dfrac{V_E}{(R_N+h)^2}\\ \delta\varphi\omega_{ie}\cos\varphi+\dfrac{\delta V_E}{R_N+h}\tan\varphi+\delta\varphi\dfrac{\delta V_E}{R_N+h}\sec^2\varphi-\delta h\dfrac{V_E\tan\varphi}{(R_N+h)^2}\end{bmatrix};\boldsymbol{\omega}_{ib}^{b}=\begin{bmatrix}\omega_{ibx}^{b}\\ \omega_{iby}^{b}\\ \omega_{ibz}^{b}\end{bmatrix};$$

$$\boldsymbol{\varepsilon}^{n}=\begin{bmatrix}\varepsilon_E\\ \varepsilon_N\\ \varepsilon_\xi\end{bmatrix}=\begin{bmatrix}T_{11}\varepsilon_x^b+T_{12}\varepsilon_y^b+T_{13}\varepsilon_z^b\\ T_{21}\varepsilon_x^b+T_{22}\varepsilon_y^b+T_{23}\varepsilon_z^b\\ T_{31}\varepsilon_x^b+T_{32}\varepsilon_y^b+T_{33}\varepsilon_z^b\end{bmatrix}$$

2）速度误差方程

考虑加速度计零偏、刻度系数误差和安装误差的速度误差方程矢量形式为

$$\delta\dot{\boldsymbol{V}}^{n}=-\boldsymbol{\phi}\times\boldsymbol{f}^{n}+C_{b}^{n}(S_a+K_a)\boldsymbol{f}^{b}+\delta\boldsymbol{V}^{n}\times(2\delta\boldsymbol{\omega}_{ie}^{n}+\delta\boldsymbol{\omega}_{en}^{n})+\boldsymbol{\nabla}^{n} \tag{9.2}$$

式中，$\boldsymbol{\omega}_{ie}^{n}=\begin{bmatrix}0\\ \omega_{ie}\cos\varphi\\ \omega_{ie}\sin\varphi\end{bmatrix}$；$\delta\boldsymbol{\omega}_{ie}^{n}=\begin{bmatrix}0\\ -\delta\varphi\omega_{ie}\sin\varphi\\ \delta\varphi\omega_{ie}\cos\varphi\end{bmatrix}$；$\boldsymbol{\omega}_{en}^{n}=\begin{bmatrix}-\dfrac{V_N}{R_M+h}\\ \dfrac{V_E}{R_N+h}\\ \dfrac{V_E}{R_N+h}\tan\varphi\end{bmatrix}$；

$$\delta\boldsymbol{\omega}_{en}^{n}=\begin{bmatrix}-\dfrac{\delta V_N}{R_M+h}+\delta h\dfrac{V_N}{(R_M+h)^2}\\ \dfrac{\delta V_E}{R_N+h}-\delta h\dfrac{V_E}{(R_N+h)^2}\\ \dfrac{\delta V_E}{R_N+h}\tan\varphi+\delta\varphi\dfrac{\delta V_E}{R_N+h}\sec^2\varphi-\delta h\dfrac{V_E\tan\varphi}{(R_N+h)^2}\end{bmatrix};\boldsymbol{\nabla}^{n}=\begin{bmatrix}\nabla_E\\ \nabla_N\\ \nabla_\xi\end{bmatrix}=\begin{bmatrix}T_{11}\nabla_x^b+T_{12}\nabla_y^b+T_{13}\nabla_z^b\\ T_{21}\nabla_x^b+T_{22}\nabla_y^b+T_{23}\nabla_z^b\\ T_{31}\nabla_x^b+T_{32}\nabla_y^b+T_{33}\nabla_z^b\end{bmatrix},$$

$$\delta\boldsymbol{V}^{n}=\begin{bmatrix}\delta V_E\\ \delta V_N\\ \delta V_\xi\end{bmatrix};\boldsymbol{f}^{n}=\begin{bmatrix}f_E\\ f_N\\ f_\xi\end{bmatrix};\boldsymbol{f}^{b}=\begin{bmatrix}f_x^b\\ f_y^b\\ f_z^b\end{bmatrix}$$

3)位置误差方程

位置误差方程为

$$\delta\dot{\varphi} = \frac{\delta V_N}{R_M + h} - \delta h \frac{V_N}{(R_M + h)^2} \tag{9.3}$$

$$\delta\dot{\lambda} = \frac{\delta V_E}{R_N + h}\sec\varphi + \delta\varphi \frac{V_E}{R_N + h}\tan\varphi\sec\varphi - \delta h \frac{V_E \sec\varphi}{(R_N + h)^2} \tag{9.4}$$

$$\delta\dot{h} = \delta V_\xi \tag{9.5}$$

9.1.2 双轴旋转捷联式惯性导航系统误差分析

假设旋转系统转轴可完全隔离载体角运动，那么载体运动和静止时的情况相同。此时陀螺的输入只有地球自转角速度和环架旋转角速度，两者物理意义清晰且不影响最终对各误差的讨论，对加速度计的讨论方法相同，结论也相似，在此不再赘述。

1. 常值误差影响

双轴旋转捷联式惯性导航系统 IMU 静止时，陀螺仪在 A、B、C、D 四个驻留位置，在东北天三个方向的常值漂移产生的姿态角测量误差分别为

$$\left(\int_0^{T_s} \varepsilon \mathrm{d}t\right)_A = \begin{bmatrix} \varepsilon_x T_s \\ \varepsilon_y T_s \\ \varepsilon_z T_s \end{bmatrix}, \quad \left(\int_0^{T_s} \varepsilon \mathrm{d}t\right)_B = \begin{bmatrix} -\varepsilon_x T_s \\ -\varepsilon_y T_s \\ \varepsilon_z T_s \end{bmatrix} \tag{9.6a}$$

$$\left(\int_0^{T_s} \varepsilon \mathrm{d}t\right)_C = \begin{bmatrix} -\varepsilon_x T_s \\ \varepsilon_y T_s \\ -\varepsilon_z T_s \end{bmatrix}, \quad \left(\int_0^{T_s} \varepsilon \mathrm{d}t\right)_D = \begin{bmatrix} \varepsilon_x T_s \\ -\varepsilon_y T_s \\ -\varepsilon_z T_s \end{bmatrix} \tag{9.6b}$$

则一个旋转周期累积姿态角测量误差为

$$4\left(\int_0^{T_s} \varepsilon \mathrm{d}t\right)_A + 4\left(\int_0^{T_s} \varepsilon \mathrm{d}t\right)_B + 4\left(\int_0^{T_s} \varepsilon \mathrm{d}t\right)_C + 4\left(\int_0^{T_s} \varepsilon \mathrm{d}t\right)_D = \begin{bmatrix} 0 \\ 0 \\ 0 \end{bmatrix} \tag{9.7}$$

对于旋转次序 1～4，转动过程的姿态矩阵表示为(考虑正反转)

$$(C_s^b)_1 = \begin{bmatrix} \cos\omega t & -\sin\omega t & 0 \\ \sin\omega t & \cos\omega t & 0 \\ 0 & 0 & 1 \end{bmatrix} \tag{9.8a}$$

$$(C_s^b)_2 = \begin{bmatrix} 1 & 0 & 0 \\ 0 & \cos\omega t & -\sin\omega t \\ 0 & \sin\omega t & \cos\omega t \end{bmatrix} \begin{bmatrix} -1 & 0 & 0 \\ 0 & -1 & 0 \\ 0 & 0 & 1 \end{bmatrix} = \begin{bmatrix} -1 & 0 & 0 \\ 0 & -\cos\omega t & -\sin\omega t \\ 0 & -\sin\omega t & \cos\omega t \end{bmatrix} \tag{9.8b}$$

$$(C_s^b)_3 = \begin{bmatrix} \cos\omega t & \sin\omega t & 0 \\ -\sin\omega t & \cos\omega t & 0 \\ 0 & 0 & 1 \end{bmatrix} \begin{bmatrix} -1 & 0 & 0 \\ 0 & 1 & 0 \\ 0 & 0 & -1 \end{bmatrix} = \begin{bmatrix} -\cos\omega t & \sin\omega t & 0 \\ \sin\omega t & \cos\omega t & 0 \\ 0 & 0 & -1 \end{bmatrix} \tag{9.8c}$$

$$(C_s^b)_4 = \begin{bmatrix} 1 & 0 & 0 \\ 0 & \cos\omega t & \sin\omega t \\ 0 & -\sin\omega t & \cos\omega t \end{bmatrix} \begin{bmatrix} 1 & 0 & 0 \\ 0 & -1 & 0 \\ 0 & 0 & -1 \end{bmatrix} = \begin{bmatrix} 1 & 0 & 0 \\ 0 & -\cos\omega t & -\sin\omega t \\ 0 & \sin\omega t & -\cos\omega t \end{bmatrix} \tag{9.8d}$$

则次序 1～4 转动过程累积姿态误差角为

$$\int_0^{T_R}(C_s^b)_1\varepsilon^b\mathrm{d}t+\int_0^{T_R}(C_s^b)_2\varepsilon^b\mathrm{d}t+\int_0^{T_R}(C_s^b)_3\varepsilon^b\mathrm{d}t+\int_0^{T_R}(C_s^b)_4\varepsilon^b\mathrm{d}t=\begin{bmatrix}0\\ \dfrac{4}{\omega}(\varepsilon_z-\varepsilon_x)\\ 0\end{bmatrix}\tag{9.9}$$

同理，对于旋转次序 5～8，转动过程累积姿态误差角为

$$\int_0^{T_R}(C_s^b)_5\varepsilon^b\mathrm{d}t+\int_0^{T_R}(C_s^b)_6\varepsilon^b\mathrm{d}t+\int_0^{T_R}(C_s^b)_7\varepsilon^b\mathrm{d}t+\int_0^{T_R}(C_s^b)_8\varepsilon^b\mathrm{d}t=\begin{bmatrix}0\\ \dfrac{4}{\omega}(\varepsilon_x-\varepsilon_z)\\ 0\end{bmatrix}\tag{9.10}$$

对于旋转次序 9～12，转动过程累积姿态误差角为

$$\int_0^{T_R}(C_s^b)_9\varepsilon^b\mathrm{d}t+\int_0^{T_R}(C_s^b)_{10}\varepsilon^b\mathrm{d}t+\int_0^{T_R}(C_s^b)_{11}\varepsilon^b\mathrm{d}t+\int_0^{T_R}(C_s^b)_{12}\varepsilon^b\mathrm{d}t=\begin{bmatrix}0\\ \dfrac{4}{\omega}(\varepsilon_z-\varepsilon_x)\\ 0\end{bmatrix}\tag{9.11}$$

对于旋转次序 13～16，转动过程累积姿态误差角为

$$\int_0^{T_R}(C_s^b)_{13}\varepsilon^b\mathrm{d}t+\int_0^{T_R}(C_s^b)_{14}\varepsilon^b\mathrm{d}t+\int_0^{T_R}(C_s^b)_{15}\varepsilon^b\mathrm{d}t+\int_0^{T_R}(C_s^b)_{16}\varepsilon^b\mathrm{d}t=\begin{bmatrix}0\\ \dfrac{4}{\omega}(\varepsilon_z-\varepsilon_x)\\ 0\end{bmatrix}\tag{9.12}$$

则在 16 个转序的旋转周期中，累积姿态误差角为

$$\begin{bmatrix}0\\ \dfrac{4}{\omega}(\varepsilon_z-\varepsilon_x)\\ 0\end{bmatrix}+\begin{bmatrix}0\\ \dfrac{4}{\omega}(\varepsilon_x-\varepsilon_z)\\ 0\end{bmatrix}+\begin{bmatrix}0\\ \dfrac{4}{\omega}(\varepsilon_z-\varepsilon_x)\\ 0\end{bmatrix}+\begin{bmatrix}0\\ \dfrac{4}{\omega}(\varepsilon_x-\varepsilon_z)\\ 0\end{bmatrix}=\begin{bmatrix}0\\0\\0\end{bmatrix}\tag{9.13}$$

由式(9.13)可得，在一个旋转调制周期内，三个方向累积姿态误差角为 0。可见，旋转调制可调制掉陀螺常值漂移，调制后不会产生姿态误差，也不会对导航结果产生影响。

2. 刻度系数误差影响

地球自转角速度与环架旋转共同产生的陀螺输入角速度$\boldsymbol{\omega}_{is}^s$ 为

$$\boldsymbol{\omega}_{is}^s=C_b^sC_n^b(\boldsymbol{\omega}_{ie}^n+\boldsymbol{\omega}_{en}^n+\boldsymbol{\omega}_{bh1}^n+\boldsymbol{\omega}_{h1h2}^n+\boldsymbol{\omega}_{h2s}^n)\tag{9.14}$$

陀螺仪刻度系数误差产生的陀螺输入角速度误差为

$$\delta\boldsymbol{\omega}=K_g\boldsymbol{\omega}_{is}^s\tag{9.15}$$

刻度系数误差对导航精度的影响同样分转动和停滞两种情况。停滞状态下，A，B，C，D 四个驻留位置陀螺刻度系数在东北天三个方向产生的输入角速度误差 $\delta\boldsymbol{\omega}_{is}^n$ 为

$$(\delta\boldsymbol{\omega}_{is}^n)_A=(C_s^n\delta\boldsymbol{\omega}_{is}^s)_A=\begin{bmatrix}0\\ K_{gy}\omega_{ie}\cos\varphi\\ K_{gz}\omega_{ie}\sin\varphi\end{bmatrix}\tag{9.16a}$$

$$(\delta\boldsymbol{\omega}_{is}^{n})_{B}=(C_{s}^{n}\delta\boldsymbol{\omega}_{is}^{s})_{B}=\begin{bmatrix}0\\K_{gy}\omega_{ie}\cos\varphi\\K_{gz}\omega_{ie}\sin\varphi\end{bmatrix}\tag{9.16b}$$

$$(\delta\boldsymbol{\omega}_{is}^{n})_{C}=(C_{s}^{n}\delta\boldsymbol{\omega}_{is}^{s})_{C}=\begin{bmatrix}0\\K_{gy}\omega_{ie}\cos\varphi\\K_{gz}\omega_{ie}\sin\varphi\end{bmatrix}\tag{9.16c}$$

$$(\delta\boldsymbol{\omega}_{is}^{n})_{D}=(C_{s}^{n}\delta\boldsymbol{\omega}_{is}^{s})_{D}=\begin{bmatrix}0\\K_{gy}\omega_{ie}\cos\varphi\\K_{gz}\omega_{ie}\sin\varphi\end{bmatrix}\tag{9.16d}$$

一个完整的旋转周期共 16 个停滞时间，则陀螺仪刻度系数误差产生的角速度误差为

$$4\left(\int_{0}^{T_S}\varepsilon\,\mathrm{d}t\right)_{A}+4\left(\int_{0}^{T_S}\varepsilon\,\mathrm{d}t\right)_{B}+4\left(\int_{0}^{T_S}\varepsilon\,\mathrm{d}t\right)_{C}+4\left(\int_{0}^{T_S}\varepsilon\,\mathrm{d}t\right)_{D}=16T_{s}\begin{bmatrix}0\\K_{gy}\omega_{ie}\cos\varphi\\K_{gz}\omega_{ie}\sin\varphi\end{bmatrix}\tag{9.17}$$

对于转动过程 1，陀螺仪刻度系数误差引起的角速度误差 $(\delta\boldsymbol{\omega}_{is}^{n})_{1}$ 为

$$\begin{aligned}(\delta\boldsymbol{\omega}_{is}^{n})_{1}&=C_{b}^{n}(C_{s}^{b})_{1}\delta\omega_{is}^{s}=\begin{bmatrix}1&0&0\\0&1&0\\0&0&1\end{bmatrix}\begin{bmatrix}\cos\omega t&-\sin\omega t&0\\\sin\omega t&\cos\omega t&0\\0&0&1\end{bmatrix}\begin{bmatrix}K_{gx}\omega_{ie}\cos\varphi\sin\omega t\\K_{gy}\omega_{ie}\cos\varphi\cos\omega t\\K_{gz}(\omega_{ie}\sin\varphi+\omega)\end{bmatrix}\\&=\begin{bmatrix}(K_{gx}-K_{gy})\omega_{ie}\cos\varphi\sin\omega t\cos\omega t\\(K_{gx}\sin^{2}\omega t+K_{gy}\cos^{2}\omega t)\omega_{ie}\cos\omega t\\K_{gz}(\omega_{ie}\sin\varphi+\omega)\end{bmatrix}\end{aligned}\tag{9.18}$$

对应次序 1，刻度系数误差引起的姿态角误差为

$$\int_{0}^{T_R}(\delta\omega_{is}^{n})_{1}\mathrm{d}t=\begin{bmatrix}0\\T_{R}(K_{gx}+K_{gy})/2\cdot\omega_{ie}\cos\varphi\\T_{R}K_{gz}(\omega_{ie}\sin\varphi+\omega)\end{bmatrix}\tag{9.19}$$

同理，可推得对应次序 2，刻度系数误差引起的姿态角误差为

$$\int_{0}^{T_R}(\delta\omega_{is}^{n})_{2}\mathrm{d}t=\begin{bmatrix}T_{R}K_{gx}\omega\\T_{R}(K_{gy}+K_{gz})/2\cdot\omega_{ie}\cos\varphi\\T_{R}(K_{gy}+K_{gz})/2\cdot\omega_{ie}\sin\varphi\end{bmatrix}\tag{9.20}$$

对应次序 3，刻度系数误差引起的姿态角误差为

$$\int_{0}^{T_R}(\delta\omega_{is}^{n})_{3}\mathrm{d}t=\begin{bmatrix}0\\T_{R}(K_{gx}+K_{gy})/2\cdot\omega_{ie}\cos\varphi\\T_{R}K_{gz}(\omega_{ie}\sin\varphi-\omega)\end{bmatrix}\tag{9.21}$$

对应次序 4，刻度系数误差引起的姿态角误差为

$$\int_{0}^{T_R}(\delta\omega_{is}^{n})_{4}\mathrm{d}t=\begin{bmatrix}-T_{R}K_{gx}\omega\\T_{R}(K_{gy}+K_{gz})/2\cdot\omega_{ie}\cos\varphi\\T_{R}(K_{gy}+K_{gz})/2\cdot\omega_{ie}\sin\varphi\end{bmatrix}\tag{9.22}$$

次序 1～4 过程，刻度系数误差引起的姿态角误差为

$$\int_0^{T_R}(\delta\omega_{is}^n)_1\mathrm{d}t+\int_0^{T_R}(\delta\omega_{is}^n)_2\mathrm{d}t+\int_0^{T_R}(\delta\omega_{is}^n)_3\mathrm{d}t+\int_0^{T_R}(\delta\omega_{is}^n)_4\mathrm{d}t$$

$$=\begin{bmatrix}0\\T_R(K_{gx}+2K_{gy}+K_{gz})\omega_{ie}\cos\varphi\\T_R(K_{gy}+3K_{gz})\omega_{ie}\sin\varphi\end{bmatrix}\tag{9.23}$$

同理,可得 5～16 过程,刻度系数误差引起的姿态角误差为

$$\int_0^{T_R}(\delta\omega_{is}^n)_5\mathrm{d}t+\int_0^{T_R}(\delta\omega_{is}^n)_6\mathrm{d}t+\int_0^{T_R}(\delta\omega_{is}^n)_7\mathrm{d}t+\int_0^{T_R}(\delta\omega_{is}^n)_8\mathrm{d}t$$

$$=\begin{bmatrix}0\\T_R(K_{gx}+2K_{gy}+K_{gz})\omega_{ie}\cos\varphi\\T_R(K_{gy}+3K_{gz})\omega_{ie}\sin\varphi\end{bmatrix}\tag{9.24}$$

$$\int_0^{T_R}(\delta\omega_{is}^n)_9\mathrm{d}t+\int_0^{T_R}(\delta\omega_{is}^n)_{10}\mathrm{d}t+\int_0^{T_R}(\delta\omega_{is}^n)_{11}\mathrm{d}t+\int_0^{T_R}(\delta\omega_{is}^n)_{12}\mathrm{d}t$$

$$=\begin{bmatrix}0\\T_R(K_{gx}+2K_{gy}+K_{gz})\omega_{ie}\cos\varphi\\T_R(K_{gy}+3K_{gz})\omega_{ie}\sin\varphi\end{bmatrix}\tag{9.25}$$

$$\int_0^{T_R}(\delta\omega_{is}^n)_{13}\mathrm{d}t+\int_0^{T_R}(\delta\omega_{is}^n)_{14}\mathrm{d}t+\int_0^{T_R}(\delta\omega_{is}^n)_{15}\mathrm{d}t+\int_0^{T_R}(\delta\omega_{is}^n)_{16}\mathrm{d}t$$

$$=\begin{bmatrix}0\\T_R(K_{gx}+2K_{gy}+K_{gz})\omega_{ie}\cos\varphi\\T_R(K_{gy}+3K_{gz})\omega_{ie}\sin\varphi\end{bmatrix}\tag{9.26}$$

则 16 个旋转过程中,刻度系数误差引起的姿态角误差为

$$\int_0^{16T_R}\delta\omega_{is}^n\mathrm{d}t=\begin{bmatrix}0\\(4T_RK_{gx}+8T_RK_{gy}+4T_RK_{gz})\omega_{ie}\cos\varphi\\(4T_RK_{gy}+12T_RK_{gz})\omega_{ie}\sin\varphi\end{bmatrix}\tag{9.27}$$

故一个转动周期内,因刻度系数误差引起的姿态角误差为

$$\int_0^{16T_s+16T_R}\delta\omega_{is}^n\mathrm{d}t=\begin{bmatrix}0\\(16T_sK_{gy}+4T_RK_{gx}+8T_RK_{gy}+4T_RK_{gz})\omega_{ie}\cos\varphi\\(16T_sK_{gz}+4T_RK_{gy}+12T_RK_{gz})\omega_{ie}\sin\varphi\end{bmatrix}\tag{9.28}$$

由式(9.28)可得,刻度系数误差产生东向姿态角误差为 0,北向和天向姿态误差大小与转动时间、停滞时间和纬度有关。双轴旋转调制不能完全调制陀螺刻度系数误差,长时间后将对导航结果产生影响。

3. 安装误差影响

陀螺仪安装误差产生的陀螺输入角速度误差为

$$\delta\boldsymbol{\omega}_{is}^s=\boldsymbol{S}_g\boldsymbol{\omega}_{is}^s\tag{9.29}$$

停滞状态下,产生的陀螺输入角速度误差 $\delta\boldsymbol{\omega}_{is}^n$ 为

$$\delta\boldsymbol{\omega}_{is}^n=\boldsymbol{C}_s^n\delta\boldsymbol{\omega}_{is}^s\tag{9.30}$$

双轴旋转捷联式惯性导航系统 IMU 静止时,在 A、B、C、D 四个驻留位置,陀螺仪在东北天三个方向的安装误差产生的姿态角误差分别为

$$\left(\int_0^{T_S}\delta\omega_{is}^n\mathrm{d}t\right)_A=\begin{bmatrix}S_{gxz}\omega_{ie}\cos\varphi-S_{gxy}\omega_{ie}\sin\varphi\\S_{gxy}\omega_{ie}\sin\varphi\\-S_{gzx}\omega_{ie}\cos\varphi\end{bmatrix}\tag{9.31a}$$

$$\left(\int_0^{T_S}\delta\omega_{is}^n\mathrm{d}t\right)_B=\begin{bmatrix}-S_{gxz}\omega_{ie}\cos\varphi-S_{gxy}\omega_{ie}\sin\varphi\\S_{gxy}\omega_{ie}\sin\varphi\\S_{gzx}\omega_{ie}\cos\varphi\end{bmatrix}\tag{9.31b}$$

$$\left(\int_0^{T_S}\delta\omega_{is}^n\mathrm{d}t\right)_C=\begin{bmatrix}S_{gxz}\omega_{ie}\cos\varphi+S_{gxy}\omega_{ie}\sin\varphi\\-S_{gxy}\omega_{ie}\sin\varphi\\-S_{gzx}\omega_{ie}\cos\varphi\end{bmatrix}\tag{9.31c}$$

$$\left(\int_0^{T_S}\delta\omega_{is}^n\mathrm{d}t\right)_D=\begin{bmatrix}-S_{gxz}\omega_{ie}\cos\varphi+S_{gxy}\omega_{ie}\sin\varphi\\-S_{gxy}\omega_{ie}\sin\varphi\\S_{gzx}\omega_{ie}\cos\varphi\end{bmatrix}\tag{9.31d}$$

则一个旋转周期累积姿态角测量误差为

$$4\left(\int_0^{T_S}\delta\omega_{is}^n\mathrm{d}t\right)_A+4\left(\int_0^{T_S}\delta\omega_{is}^n\mathrm{d}t\right)_B+4\left(\int_0^{T_S}\delta\omega_{is}^n\mathrm{d}t\right)_C+4\left(\int_0^{T_S}\delta\omega_{is}^n\mathrm{d}t\right)_D=\begin{bmatrix}0\\0\\0\end{bmatrix}\tag{9.32}$$

对于转动过程 1,陀螺仪安装误差引起的角速度误差为

$$\begin{aligned}(\delta\boldsymbol{\omega}_{is}^s)_1&=C_b^n(C_s^b)_1\delta\boldsymbol{\omega}_{is}^s\\&=\begin{bmatrix}1&0&0\\0&1&0\\0&0&1\end{bmatrix}\begin{bmatrix}\cos\omega t&-\sin\omega t&0\\\sin\omega t&\cos\omega t&0\\0&0&1\end{bmatrix}\begin{bmatrix}S_{gxz}\omega_{ie}\cos\varphi\cos\omega t-S_{gxy}(\omega_{ie}\sin\varphi+\omega)\\-S_{gyz}\omega_{ie}\cos\varphi\sin\omega t+S_{gxy}(\omega_{ie}\sin\varphi+\omega)\\S_{gzx}\omega_{ie}\cos\varphi\sin\omega t-S_{gxy}\omega_{ie}\cos\varphi\cos\omega t\end{bmatrix}\\&=\begin{bmatrix}S1\\S2\\S3\end{bmatrix}\end{aligned}\tag{9.33}$$

其中,

$S1=\omega_{ie}\cos\varphi(S_{gxz}\cos^2\omega t+S_{gyz}\sin^2\omega t)-(\omega_{ie}\sin\varphi+\omega)(S_{gxy}\cos\omega t+S_{gyz}\sin\omega t)$,

$S2=\omega_{ie}\cos\varphi(S_{gxz}\sin\omega t\cos\omega t-S_{gyz}\sin\omega t\cos\omega t)-(\omega_{ie}\sin\varphi+\omega)(S_{gxy}\sin\omega t-S_{gyz}\cos\omega t)$,

$S3=S_{gzy}\omega_{ie}\cos\varphi\sin\omega t-S_{gzx}\omega_{ie}\cos\varphi\cos\omega t$。

对应次序 1～4,因安装误差引起的姿态角误差为

$$\int_0^{T_R}(\delta\omega_{is}^n)_1\mathrm{d}t=\begin{bmatrix}\omega_{ie}\cos\varphi(S_{gxz}+S_{gyz})T_R/2-2T_R/\pi\cdot S_{gyx}\omega_{ie}\sin\varphi-2S_{gyx}\\-2T_R/\pi\cdot S_{gxy}\omega_{ie}\sin\varphi-2S_{gxy}\\2T_R/\pi\cdot S_{gzy}\omega_{ie}\cos\varphi\end{bmatrix}\tag{9.34a}$$

$$\int_0^{T_R}(\delta\omega_{is}^n)_2\mathrm{d}t=\begin{bmatrix}2T_R(S_{gxz}\omega_{ie}\sin\varphi-S_{gxy}\omega_{ie}\cos\varphi)/\pi\\-T_R(S_{gzx}\omega_{ie}\sin\varphi+S_{gyx}\omega_{ie}\sin\varphi)/2+2S_{gzy}\\T_R(S_{gyx}\omega_{ie}\cos\varphi+S_{gzx}\omega_{ie}\cos\varphi)/2-2S_{gyz}\end{bmatrix}\tag{9.34b}$$

$$\int_0^{T_R}(\delta\omega_{is}^n)_3\mathrm{d}t=\begin{bmatrix}2S_{gyx}-2T_R/\pi\cdot\omega_{ie}\sin\varphi-T_R\omega_{ie}\cos\varphi(S_{gxz}+S_{gyz})/2\\-2S_{gxy}+2T_R/\pi\cdot\omega_{ie}\sin\varphi\\2T_R/\pi\cdot S_{gzy}\omega_{ie}\cos\varphi\end{bmatrix}\tag{9.34c}$$

$$\int_0^{T_R}(\delta\omega_{is}^n)_4\mathrm{d}t=\begin{bmatrix}2T_R(S_{gxy}\omega_{ie}\sin\varphi-S_{gxz}\omega_{ie}\cos\varphi)/\pi\\-T_R(S_{gzx}\omega_{ie}\sin\varphi+S_{gyx}\omega_{ie}\sin\varphi)/2+2S_{gzy}\\T_R(S_{gyx}\omega_{ie}\cos\varphi+S_{gzx}\omega_{ie}\cos\varphi)/2-2S_{gyz}\end{bmatrix}\tag{9.34d}$$

可得一个转动周期内安装误差引起的角误差为

$$\int_0^{16T_S+16T_R}\delta\omega_{is}^n\mathrm{d}t=\begin{bmatrix}-4T_R/\pi\cdot S_{gxz}\omega_{ie}\sin\varphi\\-T_R(S_{gyx}+S_{gzx})\omega_{ie}\sin\varphi\\T_R(S_{gyx}+S_{gzx})\omega_{ie}\cos\varphi-4S_{gyz}\end{bmatrix}\tag{9.35}$$

由式(9.35)可得，双轴旋转调制不能完全调制陀螺安装误差，安装误差会在东北天三个方向产生姿态误差，此误差与转动时间 T_R 成正比，与停滞时间 T_s 无关，且与载体所处纬度相关，对于天向姿态误差，存在与 S_{gyz} 有关的常值项。

总结以上过程，陀螺常值漂移理论上可在旋转调制过程中被完全调制，但刻度系数误差和安装误差不能被完全调制，两者共同作用对陀螺输出产生影响，可等效为陀螺漂移，等效陀螺漂移导致系统误差随时间累积；陀螺的随机误差同样无法被调制，将导致随时间积累的误差。

双轴旋转捷联式惯性导航系统剩余误差主要由不可调制误差所等效的陀螺漂移和随机误差组成，剩余误差将导致振荡型、常值型和累积型的系统误差。双轴旋转捷联式惯性导航系统初始误差主要产生振荡型和和常值型系统误差。为进一步提高长航时导航精度，需对等效陀螺漂移大小进行估计并补偿，抑制误差发散速度，对于振荡误差，也需进行抑制。针对不同误差类型，将使用阻尼与综合校正方法减小系统误差。

9.2 基于切换控制的双轴旋转捷联式惯性导航系统阻尼方法

双轴旋转捷联式惯性导航系统满足舒拉调谐条件，即双轴旋转捷联式惯性导航系统无阻尼振荡周期为 84.4min，系统精度将不受载体加速度影响。受不可调制误差和系统初始误差激励，双轴旋转捷联式惯性导航系统导航信息中包含舒拉周期振荡、傅科周期振荡和地球周期振荡三种周期振荡误差。从控制理论角度来看，抑制振荡误差最有效的方法是引入阻尼，使系统振幅减小直至稳定，将临界稳定系统转换为一个稳定的系统。对双轴旋转捷联式惯性导航系统来说，解算方程不因双轴的周期性旋转而改变，阻尼只是改变惯性导航系统计算速度，因此采用阻尼技术抑制双轴旋转惯导振荡误差是一种有效方法。

阻尼分为内阻尼与外阻尼，内阻尼用惯性导航系统计算获得的速度进行阻尼；外阻尼用外观测速度与惯性导航系统计算速度之差进行阻尼。阻尼的引入势必会破坏惯性导航系统的舒拉调谐条件，当载体进行机动运行时，阻尼状态会对惯性导航系统输出产生影响，所以只有在载体处于非机动运行状态时才会工作在阻尼状态。对于这一问题，常用做法是根据载体运行状态来对惯性导航系统进行状态切换。也就是说，当载体处于机动运行时，将惯性导航系统切换到无阻尼工作状态，当载体处于非机动运行时，将惯性导航系统切换到阻尼工作状态。但在切换过程中不可避免会出现超调现象，为了保证惯性导航系统切换平稳性和精度，需要使切换过程的超调越小越好。切换是这一问题的本质，要想达到减小超调的目的，则可将问题转化为切换系统控制问题。而切换过程对系统的稳定性起着决定性作用，因此若要将切换系统应用到实际工程中，稳定性分析是这一过程中必不可少的步骤。本部分首先对现有阻尼方法进行概述；在此基础上，基于切换控制理论，研究双轴旋转捷联式惯性导航系统阻尼和无阻尼状态切换问题，寻求实现阻尼与无阻尼状态的平稳切换的策略。

9.2.1　阻尼方法概述

阻尼是指任何振动系统在振动过程中，由于外界作用或系统本身固有原因引起的振动幅度逐渐下降的特性。使惯性导航系统误差振幅减小，最后达到稳态的方法称为阻尼方法。

1. 振荡误差产生机理分析

根据 9.1.1 节双轴旋转捷联式惯性导航系统误差方程，取三个失准角、东向北向速度误差和纬度误差为状态量，解得系统特征根为

$$\begin{aligned} s_{1,2} &= \pm j\omega_{ie} \\ s_{3,4} &= \pm j(\omega_s + \omega_{ie}\sin\varphi) \\ s_{5,6} &= \pm j(\omega_s - \omega_{ie}\sin\varphi) \end{aligned} \tag{9.36}$$

式中，ω_s 为舒拉周期角频率；ω_{ie} 为地球周期角频率；$\omega_{ie}\sin\varphi$ 为傅科角频率。

由式(9.36)可知，系统特征方程存在三对共轭虚根，表明双轴旋转捷联式惯性导航系统是一个无阻尼的临界稳定系统，当系统存在不可调制误差或系统初始误差时，系统误差将产生三种周期振荡，分别是周期为 84.4min 的舒拉周期振荡，周期为$\dfrac{24}{\sin\varphi}$h 的傅科周期振荡，以及周期为 24h 的地球周期振荡，舒拉周期振荡受傅科周期振荡调制。

2. 水平方位阻尼回路

水平阻尼是在惯性导航系统舒拉回路中引入阻尼网络，使舒拉周期振荡误差衰减。方位阻尼是在惯性导航系统纬度方位回路中引入阻尼网络，使地球周期振荡误差衰减。同时进行水平阻尼和方位阻尼称为全阻尼，一般方位阻尼在水平阻尼基础上进行。

水平阻尼使舒拉周期振荡误差衰减，傅科周期振荡调制舒拉周期振荡，因此傅科周期振荡也同时衰减。将 9.1.1 节的误差方程进行简化，得到无阻尼双轴旋转捷联式惯性导航系统北向回路误差方程方框图，如图 9.2 所示。其中，∇_E 为东向加速度计零偏，ϕ_N 为北向失准角，ε_N 为北向陀螺漂移，δV_E 为东向速度误差，g 为重力加速度，R 为地球半径。

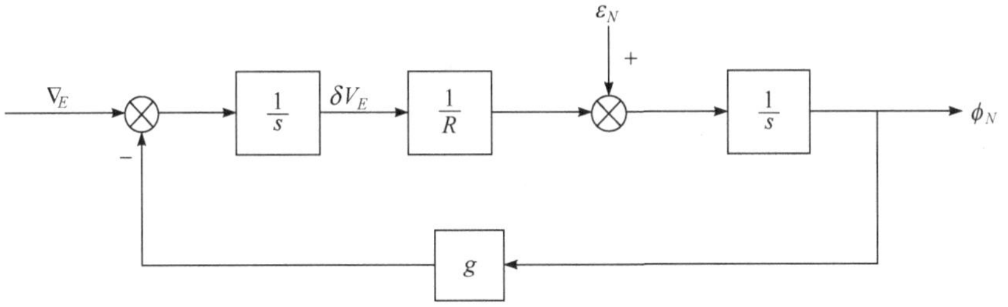

图 9.2　无阻尼北向回路误差方框图

为了消除振荡，在无阻尼北向回路中加入水平阻尼网络 $H(s)$ 使北向回路具有阻尼，如图 9.3 所示。

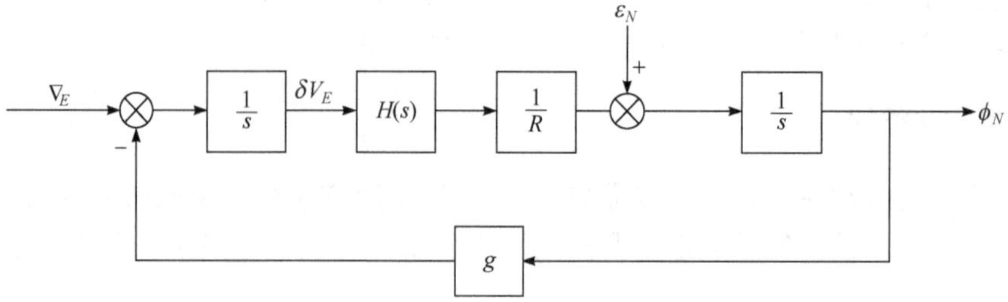

图 9.3　水平阻尼北向回路误差方框图

加入水平阻尼网络 $H(s)$后，北向回路的特征方程变为

$$s^2+\frac{g}{R}H(s)=0 \tag{9.37}$$

采用内阻尼的方式，通过惯性导航系统计算速度进行阻尼。阻尼选取原则要统一考虑衰减速度和机动的影响，还要保证系统稳定。常用的水平阻尼网络 $H(s)$的形式为

$$H(s)=\frac{(s+8.5\times10^{-4})(s+9.412\times10^{-2})}{(s+8.0\times10^{-3})(s+1.0\times10^{-2})} \tag{9.38}$$

此水平阻尼网络等效阻尼系数为 0.5，且稳态时 $H(s)$函数趋于 1，系统稳态误差不变。同理，满足选取原则的方位阻尼网络形式为

$$Y(s)=\frac{-4.88\times10^{-5}s}{(s+6\times10^{-5})(s+6\times10^{-5})} \tag{9.39}$$

水平阻尼过程约两个小时即可完成，方位阻尼约三十多小时才能完成，同时进行水平阻尼和方位阻尼只影响方位阻尼起始较短时间的过程，对整个过程影响较小，因此两者可同时进行。引入阻尼成功抑制了双轴旋转捷联式惯性导航系统不可调制误差和初始误差所导致的振荡误差，但同时也破坏了舒拉调谐条件，载体机动运行将对惯性导航系统输出产生影响。

9.2.2　切换控制理论基础

切换系统由若干个描述被控对象的连续或离散的子系统和协调子系统之间运行的切换律组成。切换系统理论的提出和建立，不仅满足了实际问题的需求，已应用于机器人控制、电力系统、飞行器控制等领域，同样也促进了控制理论的发展，许多控制理论和方法都建立在切换思想上，使其成为控制领域研究的热点问题。典型的切换系统示意图如图 9.4 所示。在切换系统运行过程中，切换律决定了哪一个子系统处于激活状态，且一个时刻只有一个子系统处于激活状态，所以切换律对于切换系统来说十分重要，即使每个子系统都是稳定的，不合适的切换律也可使整个切换系统不稳定，反之，即使子系统存在不稳定的子系统，合适的切换律也可使整个切换系统是稳定的。

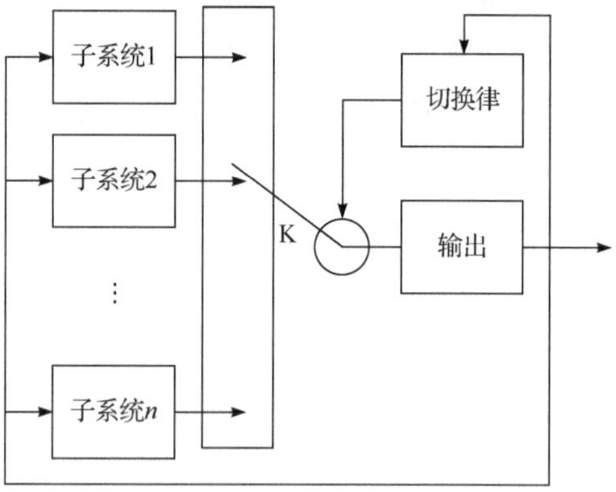

图 9.4　切换系统示意图

切换系统的数学模型一般可描述为

$$\dot{x}(t)=f_{\sigma(t)}(x(t),u(t),w(t)) \tag{9.40}$$

式中，$x(t)\in\mathbb{R}^n$ 为系统状态；$u(t)\in\mathbb{R}^m$ 为系统输入；$w(t)$为系统外部扰动；$\dot{x}(t)=f_{i(t)}(x(t),u(t),w(t))$ 为第 i 个子系统，$i\in\mathscr{I}=\{1,2,\cdots,N\}$，$N$ 为实际子系统总数目，切换律 σ：$[t_0,\infty)\rightarrow\mathscr{I}$为一右连续分段常值函数。特殊情况下，当所有独立子系统均为线性系统时，切换系统可表示为

$$\dot{x}(t)=A_{\sigma(t)}x(t)+B_{\sigma(t)}u(t)+w(t) \tag{9.41}$$

按照切换信号种类可将切换系统分为状态依赖切换和时间依赖切换。状态依赖切换是指状态变量决定了系统的切换条件，可根据状态大小或设计切换面实现切换。时间依赖切换是指系统时间变量决定了系统的切换条件，可根据时间要求设计时间切换序列实现切换。按照有无控制变量可将切换系统分为自治切换和受控切换。自治切换是指在系统运行过程中，没有任何外部控制信号可触发切换过程，但由于不可预知因素可能导致系统出现突变导致切换。受控切换时指具有外部输入，可人为进行切换。而不论是哪种切换系统，切换稳定性都是最基本的问题。

切换系统稳定性问题主要分为三大类：① 任意切换信号下稳定性问题；② 受约束切换信号下稳定性问题；③ 设计切换信号下稳定性问题。分析稳定性的主要方法有：Lyapunov 函数法和驻留时间法。驻留时间法的主要思想是：当系统在稳定的子系统上停留时间足够长，使得稳定子系统的能量衰减能够完全抵消并超过由切换引起的能量增加，那么切换系统是稳定的。

对于每个切换规则 $\sigma(t)$和每个时间 $t>\tau\geqslant t_0$，令 $N_\sigma(\tau,t)$表示在时间(τ,t)内的切换次数。对于给定的 $N_0,\tau_a>0$，令 $S_a[\tau_a,N_0]$ 表示所有满足

$$N_\sigma(\tau,t)\leqslant N_0+\frac{t-\tau}{\tau_a} \tag{9.42}$$

的切换信号的集合，其中常数 τ_a 叫作平均驻留时间，N_0 表示颤动界限。

令 b_1 表示在时间$[t_0,t]$中激活的不稳定子系统的数量，b_2表示在时间$[t_0,t]$中激活的稳定子系统的数量。则有

$$b_1+b_2=N_\sigma(\tau,t) \tag{9.43}$$

对任意切换信号 $\sigma(t)$，$T_+(t_0,t)$ 表示 $[t_0,t)$时间内总的不稳定子系统的激活时间，$T_-(t_0,t)$表示$[t_0,t)$时间内总的稳定子系统的激活时间。容易得到

$$T_+(t_0,t)+T_-(t_0,t)=t-t_0 \tag{9.44}$$

令

$$\frac{T_-(t_0,t)}{T_+(t_0,t)}>\beta \tag{9.45}$$

对于$\beta>0$ 和任意的 $t>t_0\geqslant 0$ 成立。通过式(9.44)和式(9.45)，有

$$T_+(t_0,t)\leqslant\frac{1}{1+\beta}(t-t_0) \tag{9.46}$$

$$T_-(t_0,t)\geqslant\frac{\beta}{1+\beta}(t-t_0) \tag{9.47}$$

9.2.3　基于切换控制理论的双轴旋转捷联式惯性导航系统阻尼切换方法

针对双轴旋转捷联式惯性导航系统中存在的阻尼切换超调问题，本节基于切换控制理论，从系统模型的建立、模型稳定性分析和切换补偿控制器设计三部分进行研究。

1. 阻尼切换系统模型的建立

对于双轴旋转捷联式惯性导航系统,其包含两个工作状态,即阻尼状态和无阻尼状态,对应两个不同的子系统。采用切换控制理论对切换超调进行抑制,需要将这两个系统写成统一的形式来构造切换系统。以北向回路为例来进行双轴旋转捷联式惯性导航系统切换超调问题数学模型的推导。

在无阻尼北向回路误差方框图中,$H(s)$ 相当于1,故可将两者合为一个方框图,如图 9.5 所示。其中,u 为切换控制器输出,K_c 为切换控制器。在无阻尼状态下,切换控制器输出 u 为输入的速度误差,在阻尼状态下,切换控制器输出 u 为速度误差通过阻尼网络修正后的值。在抽象为数学模型的过程中,阻尼状态下切换控制器输出 u 的大小由切换控制器 K_c 决定,可将其理解为通过阻尼网络后的值,切换控制器 K_c 起着阻尼网络的作用。

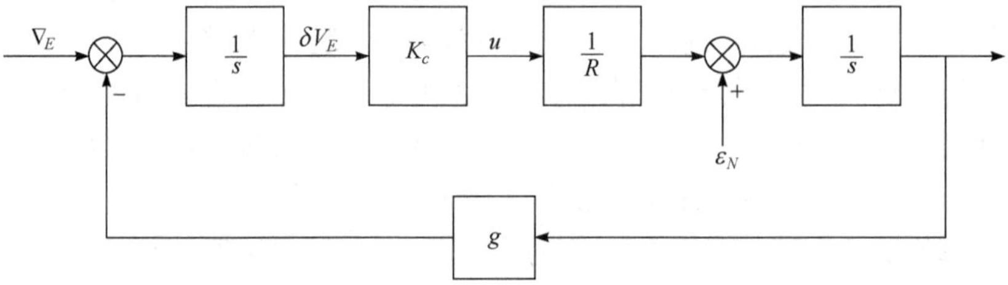

图 9.5 切换控制器北向回路误差方框图

根据图 9.5,可得到切换系统的模型为

$$\begin{cases}\delta\dot{V}_E=-\phi_N g+\nabla_E\\ \dot{\phi}_N=\dfrac{1}{R}u+\varepsilon_N\end{cases}\tag{9.48}$$

将其写成矩阵形式为

$$\begin{bmatrix}\delta\dot{V}_E\\ \dot{\phi}_N\end{bmatrix}=\begin{bmatrix}0 & -g\\ 0 & 0\end{bmatrix}\begin{bmatrix}\delta V_E\\ \phi_N\end{bmatrix}+\begin{bmatrix}0\\ \dfrac{1}{R}\end{bmatrix}u+\begin{bmatrix}\nabla_E\\ \varepsilon_N\end{bmatrix}\tag{9.49}$$

$$u=K_c\begin{bmatrix}\delta V_E\\ \phi_N\end{bmatrix}\tag{9.50}$$

故可建立惯性导航系统北向回路状态空间误差模型为

$$\begin{aligned}\dot{x}(t)&=Ax(t)+Bu(t)+w\\ y(t)&=Cx(t)\end{aligned}\tag{9.51}$$

式中,$A=\begin{bmatrix}0 & -g\\ 0 & 0\end{bmatrix}$;$B=\begin{bmatrix}0\\ \dfrac{1}{R}\end{bmatrix}$;$C=[0\quad 1]$;$x=\begin{bmatrix}\delta V_E\\ \phi_N\end{bmatrix}$;$u=K_c x=\begin{bmatrix}\delta V_E\\ \phi_N\end{bmatrix}$;$w=\begin{bmatrix}\nabla_E\\ \varepsilon_N\end{bmatrix}$。

对系统(9.51)进行可控性分析,其可控性矩阵为

$$\boldsymbol{Q}_c=[B\quad AB]=\begin{bmatrix}0 & -\dfrac{g}{R}\\ \dfrac{1}{R} & 0\end{bmatrix}\tag{9.52}$$

由式(9.52)可见，$rankQ_c=2$，系统可控性矩阵满秩，系统完全可控。

从控制角度考虑惯性导航系统阻尼和无阻尼切换问题，可以描述为：双轴旋转捷联式惯性导航系统的运行状态由切换控制器来确定，切换控制器决定了整个系统的运行模式，切换控制器的好坏直接决定了系统的性能。

将 u 的表达式代入式(9.51)中，有

$$\dot{x}=(A+BK_c)x+w \tag{9.53}$$

对于无阻尼惯性导航系统来说其 $A+BK_c$ 的特征值是一对共轭虚根，在误差源激励下将产生周期性振荡。此时，系统为临界稳定系统。而对阻尼惯性导航系统来说，通过 K_c 的设计，使 $A+BK_c$ 的特征值实部为负，此时系统为稳定系统。

在双轴旋转捷联式惯性导航系统北向回路基础上，加入东向回路和天向回路，建立数学模型并进行可控性分析可得到相同的结论。

故双轴旋转捷联式惯性导航系统阻尼与无阻尼切换问题数学模型描述如下：

考虑被控切换系统

$$\dot{x}(t)=A_{\sigma(t)}(t)x(t)+B_{\sigma(t)}(t)u(t)+Dw,\quad x(t_0)=x_0 \tag{9.54}$$

$$y=C_{\sigma(t)}(t)x(t) \tag{9.55}$$

式中，$x(t)\in\mathbb{R}^n$ 是系统状态变量，t_0 是初始时间，x_0 是初始状态，$u(t)\in\Omega\subset\mathbb{R}^m$ 是控制输入，受凸紧集 Ω 的约束，$y(t)\in\mathbb{R}^q$ 是输出向量，$w\in\mathbb{R}^p$ 是常值干扰，$D\in\mathbb{R}^{n\times p}$，切换律 σ：$[t_0,\infty)\to I$ 为一右连续分段常值函数，$I=\{1,2,\cdots,N\}$，N 为实际子系统总数目。对 $i\in I$，当 $\sigma(t)=i$ 时表示第 i 个子系统被激活。因此 $A_{\sigma(t)}(t)\in\mathbb{R}^{n\times n}$、$B_{\sigma(t)}(t)\in\mathbb{R}^{n\times m}$ 和 $C_{\sigma(t)}(t)\in\mathbb{R}^{q\times n}$ 均为分段线性函数，且有 $A_{\sigma(t)}(t)$：$[t_0,\infty)\to\{A_1(t),A_2(t),\cdots,A_N(t)\}$、$B_{\sigma(t)}(t)$：$[t_0,\infty)\to\{B_1(t),B_2(t),\cdots,B_N(t)\}$、$C_{\sigma(t)}(t)[t_0,\infty)\to\{C_1(t),C_2(t),\cdots,C_N(t)\}$，其中 $A_{\sigma(t)}$、$B_{\sigma(t)}$ 和 $C_{\sigma(t)}$ 是描述子系统的时变系统矩阵。

函数 $u(t)=K_{\sigma(t)}x(t)$ 是状态反馈控制律。$K_{\sigma(t)}$ 是一组状态反馈增益矩阵 $\{K_1(t),K_2(t),\cdots,K_N(t)\}$ 使整个系统成为闭环系统

$$\dot{x}(t)=(A_{\sigma(t)}(t)+B_{\sigma(t)}(t)K_{\sigma(t)}(t))x(t)+Dw \tag{9.56}$$

对闭环系统(9.54)，作出如下假设。

假设 1：切换系统经状态反馈后存在不稳定的系统和稳定的系统。

当满足假设 1 时，闭环系统(9.54)为惯性导航系统阻尼与无阻尼切换问题的数学模型，无阻尼惯性导航系统可用不稳定的系统表示，阻尼惯性导航系统可用稳定的系统表示。由于整个系统需要在两个模式之间进行切换，为了保证切换过程稳定，下面对系统(9.54)的稳定性进行分析。

2. 基于平均驻留时间法的稳定性分析

首先对切换系统(9.54)进行稳定性分析，并给出切换系统指数稳定性的定义。

定义：当存在正数 c 和正数 λ，得等式

$$\|x(t)\|\leqslant ce^{-\lambda(t-t_0)}\|x(0)\|,\quad t\geqslant t_0 \tag{9.57}$$

成立，则切换系统(9.54)是指数稳定的。

为了便于分析，首先对无干扰系统的稳定性进行分析。

1）无干扰切换系统的稳定性分析

无干扰系统可描述为

$$\dot{x}(t)=A_{\sigma(t)}(t)x(t)+B_{\sigma(t)}(t)u(t),\quad x(t_0)=x_0 \tag{9.58}$$

式中符号意义与系统(9.54)相同。

为了得到一般性结论，将假设1进行扩展，做出如下假设。

假设2：

假设引入状态反馈后$(A_1,B_1,K_1),\cdots,(A_p,B_p,K_p)$是不稳定的，$(A_{p+1},B_{p+1},K_{p+1})$，$\cdots$，$(A_N,B_N,K_N)$是稳定的。

平均驻留时间大于或等于τ_a。

定义

$$\lambda_+=\max_{1\leqslant i<p}\lambda_p \tag{9.59}$$

λ_+为不稳定子系统最大的特征值。

引理1：令$A\in\mathbb{R}^{n\times n}$和$B\in\mathbb{R}^{n\times m}$是两个矩阵，使得$(A,B)$是可控的。令$\tau>0$，对于每个正数$\delta$，都存在正数$\lambda$和矩阵$K\in\mathbb{R}^{m\times n}$，使

$$\| e^{(A+BK)t}\| \leqslant \delta e^{-\lambda(t-\tau)},\quad t\geqslant 0 \tag{9.60}$$

成立。

引理1说明通过状态反馈，可以任意配置系统的极点，使系统的极点都位于s平面的左半平面，这对于$(A_{p+1},B_{p+1},K_{p+1}),\cdots,(A_N,B_N,K_N)$这些引入状态反馈后稳定的子系统是适用的，但对于$(A_1,B_1,K_1),\cdots,(A_p,B_p,K_p)$这些引入状态反馈后不稳定的子系统不适用。对于后者，需要单独考虑。根据引理1，容易得到引理2。

引理2：令$A\in\mathbb{R}^{n\times n}$和$B\in\mathbb{R}^{n\times m}$是两个矩阵，使得$(A,B)$是可控的。当矩阵$K\in\mathbb{R}^{m\times n}$使矩阵$A+BK$存在非负的特征值，令$\tau>0$，那么存在$c>0$和$\lambda>0$使

$$\| e^{(A+BK)t}\| \leqslant ce^{\lambda(t-\tau)},\quad t\geqslant 0 \tag{9.61}$$

成立。

引理1对可控系统通过状态反馈使系统以$e^{-\lambda t}$的速率衰减，并有式(9.60)成立。引理2对可控系统通过状态反馈仍存在非负特征值的情况进行估计。

由此，可将问题转化为经状态反馈后，由稳定和不稳定的子系统组成的切换系统的镇定问题。对于由稳定和不稳定子系统组成的切换系统，其满足一定条件仍可使整个切换系统稳定。结合以上引理，给出切换系统稳定性的定理。

定理1：对于闭环系统(9.54)，令假设2成立。则存在一组矩阵$\{\mathrm{K}_1,K_2,\cdots,K_N\}$使系统(9.54)指数稳定。

证明：令

$$L=\max\{c,\delta\} \tag{9.62}$$

对任意τ_a^*和$\beta>0$，选择足够大的λ使

$$c_1=\frac{\lambda\beta-\lambda_+}{1+\beta}-\frac{\ln L}{\tau_a^*}>0 \tag{9.63}$$

成立。

对$t\geqslant t_0$，假设当$t_k\leqslant t<t_{k+1}$时，$\sigma(t)=i_k,k\in\{0,1,2,\cdots\}$。当$i_k\in\{p+1,p+2,\cdots,N\}$时，有

$$\begin{aligned}\| x(t) \| &\leqslant \delta e^{-\lambda(t-t_k)} \| x(t_k) \| \\ &\leqslant L e^{-\lambda(t-t_k)} \| x(t_k) \| \end{aligned} \tag{9.64}$$

成立。

当 $i_k \in \{1,2,\cdots,p\}$时,有

$$\begin{aligned}\| x(t) \| &\leqslant c e^{\lambda(t-t_k)} \| x(t_k) \| \\ &\leqslant L e^{\lambda(t-t_k)} \| x(t_k) \| \end{aligned} \tag{9.65}$$

成立。

类似地,对 $j \in \{1,2,\cdots k\}$存在一系列反馈矩阵$\{K_{i_{j-1}}\}$使

$$\| x(t_j) \| \leqslant \begin{cases} L e^{-\lambda(t_j - t_{j-1})} \| x(t_{j-1}) \|, \sigma(t_{j-1}) \in \{p+1,\cdots,N\} \\ L e^{\lambda(t_j - t_{j-1})} \| x(t_{j-1}) \|, \sigma(t_{j-1}) \in \{1,2,\cdots,p\} \end{cases} \tag{9.66}$$

成立。

因此,对 $j=0,1,\cdots,k$,在反馈控制 $u(t)=K_{i_j}x(t)$下,对式(9.64)～式(9.66)通过归纳法有

$$\begin{aligned} x(t) &\leqslant L^{j_2} e^{-\lambda T_-(t_0,t)} L^{j_1} e^{\lambda_+ T_+(t_0,t)} \| x_0 \| \\ &\leqslant L^{j_1+j_2} e^{-\lambda T_-(t_0,t)+\lambda_+ T_+(t_0,t)} \| x_0 \| \\ &= e^{N_\sigma(t_0,t)\ln L+\lambda_+ T_+(t_0,t)-\lambda T_-(t_0,t)} \| x_0 \| \end{aligned} \tag{9.67}$$

成立。其中 j_1 表示在时间 $[t_0,t]$ 中激活的不稳定子系统的数量,j_2 表示在时间 $[t_0,t]$ 中激活的稳定子系统的数量,且有

$$N_\sigma(t_0,t) \leqslant \frac{t-t_0}{\tau_a^*} \tag{9.68}$$

通过式(9.45)～式(9.47),式(9.67)和式(9.68),可得

$$\begin{aligned} x(t) &\leqslant e^{\frac{\ln L}{\tau_a^*}(t-t_0)+\frac{\lambda_+}{1+\beta}(t-t_0)-\frac{\lambda\beta}{1+\beta}(t-t_0)} \| x_0 \| \\ &= e^{-\left(\frac{\lambda\beta-\lambda_+}{1+\beta}-\frac{\ln L}{\tau_a^*}\right)(t-t_0)} \| x_0 \| \\ &= e^{-c_1(t-t_0)} \| x_0 \| \end{aligned} \tag{9.69}$$

式中,$c_1>0$ 由式(9.63)定义。 证毕

2) 含干扰的切换系统稳定性分析

考虑包含常值干扰的切换系统稳定性问题。被控系统描述为

$$\dot{x}(t)=A_{\sigma(t)}(t)x(t)+B_{\sigma(t)}(t)u(t)+Dw, \quad x(t_0)=x_0 \tag{9.70}$$

式中符号意义与系统(9.54)相同。作如下假设

假设 3:存在 μ,使

$$\| Dw \| \leqslant \mu \| x \| \tag{9.71}$$

式中,μ 为非负常数。

为了解决包含常值干扰的切换系统稳定性问题,通过直接对微分方程进行求解来解决。

对任意 $t>0$,令 $t_0<t_1<\cdots<t_i \leqslant t<t_{i+1}$,其中 $t_j(j=1,2,\cdots,i)$是切换时刻,假设在时间$[t_{j-1},t_j)$中,第 p_j 个子系统激活。对式(9.70)进行微分方程求解有

$$
\begin{aligned}
x(t_1) &= e^{(A_1+B_1K_1)(t_1-t_0)}x(t_0)+\int_{t_0}^{t_1}e^{(A_1+B_1K_1)(t_1-s)}f_1(x(s))ds \\
x(t_2) &= e^{(A_2+B_2K_2)(t_2-t_1)}x(t_1)+\int_{t_1}^{t_2}e^{(A_2+B_2K_2)(t_2-s)}f_2(x(s))ds \\
&\cdots \\
x(t_i) &= e^{(A_{i+1}+B_{i+1}K_{i+1})(t-t_i)}x(t_i)+\int_{t_i}^{t}e^{(A_{i+1}+B_{i+1}K_{i+1})(t-s)}f_{i+1}(x(s))ds
\end{aligned}
\tag{9.72}
$$

整理式(9.72)得

$$
\begin{aligned}
x(t) = {} & e^{(A_{i+1}+B_{i+1}K_{i+1})(t-t_i)}\cdots e^{(A_2+B_2K_2)(t_2-t_1)}x(t_1)e^{(A_1+B_1K_1)(t_1-t_0)}x(t_0) \\
& +\int_{t_0}^{t_1}e^{(A_{i+1}+B_{i+1}K_{i+1})(t-t_i)}\cdots e^{(A_2+B_2K_2)(t_2-t_1)}e^{(A_1+B_1K_1)(t_1-s)}f_1(x(s))ds \\
& +\int_{t_1}^{t_2}e^{(A_{i+1}+B_{i+1}K_{i+1})(t-t_i)}\cdots e^{(A_2+B_2K_2)(t_2-s)}f_2(x(s))ds \\
& +\cdots \\
& +\int_{t_{i-1}}^{t_i}e^{(A_{i+1}+B_{i+1}K_{i+1})(t-t_i)}e^{(A_i+B_iK_i)(t_i-s)}f_i(x(s))ds \\
& +\int_{t_i}^{t}e^{(A_{i+1}+B_{i+1}K_{i+1})(t_i-s)}f_{i+1}(x(s))ds
\end{aligned}
\tag{9.73}
$$

等式右侧第一项 $e^{(A_{i+1}+B_{i+1}K_{i+1})(t-t_i)}\cdots e^{(A_2+B_2K_2)(t_2-t_1)}e^{(A_1+B_1K_1)(t_1-t_0)}x(t_0)$ 与$[t_0,t)$时间内无干扰切换系统相对应，而积分项 $e^{(A_{i+1}+B_{i+1}K_{i+1})(t-t_i)}\cdots e^{(A_j+B_jK_j)(t-s)}$ 与$[s,t)$时间内切换系统相对应，易得

$$
\begin{aligned}
\| e^{(A_{i+1}+B_{i+1}K_{i+1})(t-t_i)}\cdots e^{(A_2+B_2K_2)(t_2-t_1)}x(t_1)e^{(A_1+B_1K_1)(t_1-t_0)}x(t_0)x(t_0)\| &\leqslant e^{-c_1(t-t_0)} \\
\| e^{(A_{i+1}+B_{i+1}K_{i+1})(t-t_i)}\cdots e^{(A_j+B_jK_j)(t-s)}\| &\leqslant e^{-c_1(t-s)}
\end{aligned}
\tag{9.74}
$$

其中，c_1 如式(9.63)所示。根据式(9.71)和式(9.74)，有

$$
\|x(t)\| \leqslant e^{-c_1(t-t_0)}\|x_0\|+\int_{t_0}^{t}e^{-c_1(t-s)}(\mu\|x\|)ds \tag{9.75}
$$

因此

$$
\|x(t)\|e^{c_1t} \leqslant e^{c_1t_0}\|x_0\|+\int_{t_0}^{t}\mu e^{-c_1s}\|x\|ds \tag{9.76}
$$

引理 3:令 y 和 h 是定义在区间$[a,b]$上的实连续函数，且对 $t\in[a,b]$有 $b>a>0$，$h(t)\geqslant 0$。$c\geqslant 0$ 是一个常数，则对

$$
y(t)\leqslant c+\int_a^t h(s)y(s)ds,\ t\in[a,b] \tag{9.77}
$$

有

$$
y(t)\leqslant ce^{\int_a^t h(s)ds},\ t\in[a,b] \tag{9.78}
$$

定理 2:在假设 2 和 3 成立条件下，系统(9.70)指数稳定的充分条件是存在正数 μ，使得 $c_1>\mu$，其中

$$
c_1=\frac{\lambda\beta-\lambda_+}{1+\beta}-\frac{\ln L}{\tau_a^*}>0 \tag{9.79}
$$

3. 切换补偿控制器设计

在系统稳定条件下，需要设计切换补偿控制器控制超调大小。切换补偿控制器设计时，要求其减小状态切换超调误差且只在状态切换时起作用。根据这两个要求，切换补偿控制器可设计为死区环节加比例微分环节。当切换超调发生时，北向失准角振幅明显增大，死区环节通过设置阈值，在北向失准角超出正常范围时起作用，保证切换补偿控制器只在状态切换发生时工作。比例微分环节可加快抑制超调速度，减小状态切换超调误差。加入切换补偿控制器后，系统框图如图 9.6 所示。其中 ks 是比例微分环节，第二部分为死区环节。

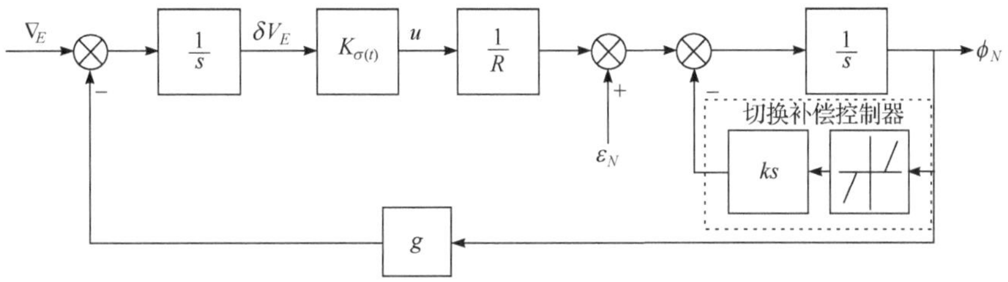

图 9.6　切换补偿控制器北向回路误差方框图

切换补偿控制器只在切换发生时起作用，当系统稳定运行时，切换补偿控制器对系统不产生影响。东向回路也可按此思路进行控制器设计，加入切换补偿控制器减小切换所产生的超调，实现平稳切换。在选择控制器参数时，需综合考虑超调大小和过渡过程时间，过度减小超调则会牺牲过渡过程时间。

4. 仿真分析

考虑实际双轴旋转捷联式惯性导航系统阻尼与无阻尼切换系统，其中

$$A_{\sigma(t)}=\begin{bmatrix}0 & -g\\0 & 0\end{bmatrix},B_{\sigma(t)}=\begin{bmatrix}0\\ \dfrac{1}{R}\end{bmatrix}$$

$$D=\begin{bmatrix}1 & 0\\0 & 1\end{bmatrix},w=\begin{bmatrix}10^{-5}\\0.01\end{bmatrix}$$

设计切换控制器使其在反馈控制律 $u(t)=K_{\sigma(t)}x(t)$ 作用下为惯性导航系统状态切换模型。则 $\|Dw\|_{\infty}=0.01$。在惯性导航系统中，系统状态有界，故有

$$\|x\|\leqslant M$$

M 为系统状态上确界。当 $\|x\|\leqslant 1$ 时，令 $\|x\|=1$。取 $\mu=\max\left\{\dfrac{2\times 0.01}{\|x\|},1\right\}$，则假设 2 成立。令 $c=\delta=30$，故得 $L=30$。由 A 易得 $\lambda_{+}=0$。令 $\tau_a^*=2,\beta=1,\lambda=6$，有

$$c_1=\frac{\lambda\beta-\lambda_{+}}{1+\beta}-\frac{\ln L}{\tau_a^*}=\frac{6-0}{1+1}-\frac{\ln 30}{2}=1.30>\mu=1$$

通过定理 2 可得切换系统指数稳定。

下面进行仿真分析，设加速度计零偏为 50μg，随机噪声标准差为 10μg，陀螺常值漂移为 0.01°/h，等效陀螺漂移为 0.007°/h，随机噪声标准差为 0.001°/h，初始北向失准角为 1′，仿真

时间为 10h。初始时刻,载体分别在无阻尼状态下以 5m/s,10m/s 和 15m/s 的速度向东匀速航行,在 2h 时,惯性导航系统进入阻尼状态,载体初始纬度为 30°N。在选择控制器参数时,需综合考虑超调大小和过渡过程时间。不同速度未加切换补偿器和加入切换补偿控制器北向失准角结果如图 9.7～ 图 9.9 所示。

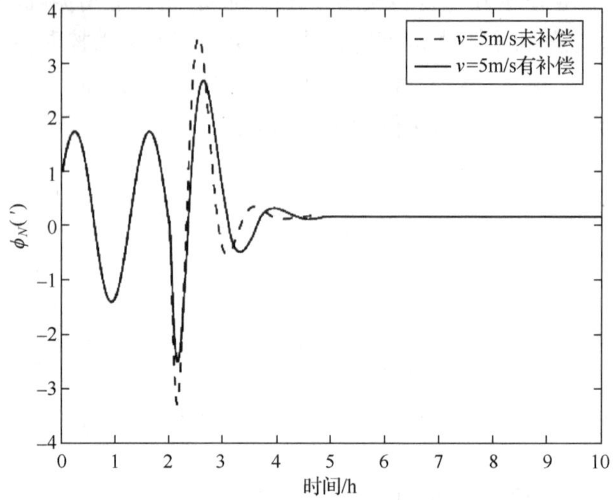

图 9.7　v=5m/s 时北向失准角

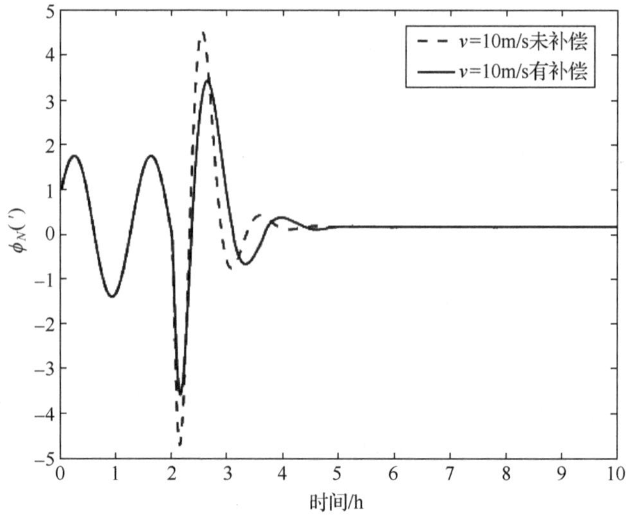

图 9.8　v=10m/s 时北向失准角

由图 9.7～ 图 9.9 可见,速度越大所产生的超调越大;未加入补偿时速度为 5m/s,10m/s 和 15m/s 的北向失准角超调最大为 3.66′、4.746′和 5.838′,加入补偿后北向失准角超调最大为 2.814′、3.588′和 4.368′;加入切换补偿控制器后,过渡过程时间基本不变,约为 2 小时,精度分别提高 23%、24% 和 25%,切换过程更加平稳。由此可见,采用切换补偿控制器后对超调抑制效果明显,且速度越大抑制效果越明显。

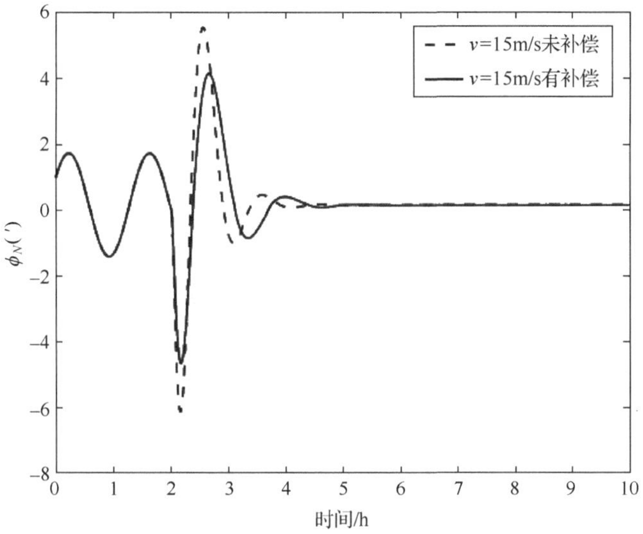

图 9.9　$v=15\text{m/s}$ 时北向失准角

9.3　双轴旋转捷联式惯性导航系统误差自标定技术

对于双轴旋转捷联式惯性导航系统，无论采用何种旋转方案和调制方法，理论上可以调制所有惯性器件常值漂移和零偏，但仍有部分刻度系数误差和安装误差无法调制，且在实际应用中由于各种误差因素的影响，即便是可调制误差也不能够保证完全被抵消，会产生调制剩余误差。一般在惯性导航系统工作前，对惯性器件误差进行标定和补偿，以减少对系统误差的累积。此外，双轴旋转捷联式惯性导航系统中旋转环架不可避免的存在误差，如轴系非正交角，其存在对旋转调制效果将产生影响，因此对其进行建模和标定，也是保证导航精度的有效手段。旋转捷联式惯性导航系统的轴系周期旋转特性，为误差自标定和补偿开辟了一条新途径。

9.3.1　系统级误差自标定方法

代码

一般情况下，惯性导航系统误差参数可在实验室条件下由高精度转台进行标定，但是在实际应用中，实验室离线标定出的各项误差参数并不是固定不变，会随着系统工作环境因素和使用时间发生变化。此外，对于长航时高精度双轴旋转捷联式惯性导航系统来说，无法由双轴旋转调制消除的误差，经过长时间累积会降低导航精度。因此，有必要对惯性器件的各项误差参数进行自主标定。惯性导航系统标定的基础是系统辨识和参数估计，目的是根据惯性器件和惯性导航系统的数学模型，最终确定误差参数。双轴旋转捷联式惯性导航系统是在捷联惯性导航系统外安装两个相互正交的旋转环架，IMU 不再固联在载体上，从而导致在双轴转动时，IMU 与载体间存在实时变化的转换矩阵。但是由于 IMU 整体结构并没有发生变化，所以在 IMU 坐标系下，惯性器件误差模型保持不变，并且双轴旋转捷联式惯性导航系统的导航误差模型推导是在捷联惯性导航系统误差模型基础上进行。

1．系统标定模型建立

对于在地球表面运动的载体，建立双轴旋转捷联式惯性导航系统的误差模型

$$\begin{cases}\delta\dot{v}_E=\dfrac{v_N\tan\varphi}{R_M+h}\cdot\delta v_E+\left(2\omega_{ie}\sin\varphi+\dfrac{v_E}{R_N+h}\tan\varphi\right)\delta v_N+\left(2\omega_{ie}v_N\cos\varphi+\dfrac{v_Ev_N}{R_N+h}\sec^2\varphi\right)\delta\varphi-\phi_yg+\nabla_E\\ \delta\dot{v}_N=-2\left(\omega_{ie}\sin\varphi+\dfrac{v_E}{R_N+h}\tan\varphi\right)\delta v_E-\left(2\omega_{ie}v_E\cos\varphi+\dfrac{v_E^2}{R_N+h}\sec^2\varphi\right)\delta\varphi+\phi_xg+\nabla_N\\ \dot{\phi}_x=-\dfrac{1}{R_M+h}\delta v_N+\left(\omega_{ie}\sin\varphi+\dfrac{v_E}{R_N+h}\tan\varphi\right)\delta\varphi_N-\left(\omega_{ie}\cos\varphi+\dfrac{v_E}{R_M+h}\right)\phi_z-\varepsilon_E\\ \dot{\phi}_y=\dfrac{1}{R_N+h}\delta v_E-\omega_{ie}\sin\varphi\delta\varphi-\left(\omega_{ie}\sin\varphi+\dfrac{v_E}{R_N+h}\tan\varphi\right)\phi_x-\dfrac{v_N}{R_M+h}\phi_z-\varepsilon_N\\ \dot{\phi}_z=\dfrac{\tan\varphi}{R_N+h}\delta v_E+\left(\omega_{ie}\cos\varphi+\dfrac{v_E}{R_N+h}\sec^2\varphi\right)\delta\varphi+\left(\omega_{ie}\cos\varphi+\dfrac{v_E}{R_N+h}\right)\phi_x+\dfrac{v_N}{R_M+h}\phi_z-\varepsilon_\xi\end{cases}\tag{9.80}$$

式中，φ 表示载体所在位置的纬度，λ 表示载体所在位置的经度，g 表示当地重力加速度，ω_{ie} 表示地球自转角速度，R_M、R_N 表示地球子午圈和卯酉圈曲率半径，下标 E、N 和 ξ 表示导航坐标系的东、北、天方向分量，δv_E 和 δv_N 分别表示东、北向速度误差，ϕ_x、ϕ_y 和 ϕ_z 分别表示东、北、天向上的姿态误差，陀螺仪和加速度计在导航坐标系下的等效常值漂移和零偏分别表示为

$$\boldsymbol{\varepsilon}^n=\boldsymbol{C}_s^n\delta\boldsymbol{\omega}^s=\boldsymbol{C}_s^n\left[\boldsymbol{\varepsilon}^s+(\boldsymbol{K}_g+\boldsymbol{S}_g)\boldsymbol{\omega}_{is}^s\right]\tag{9.81}$$

$$\boldsymbol{\nabla}^n=\boldsymbol{C}_s^n\delta\boldsymbol{f}^s=\boldsymbol{C}_s^n\left[\boldsymbol{\nabla}^s+(\boldsymbol{K}_a+\boldsymbol{S}_a)\boldsymbol{f}^s\right]\tag{9.82}$$

式中，$\boldsymbol{\varepsilon}^n=[\varepsilon_E\quad\varepsilon_N\quad\varepsilon_\xi]^{\mathrm{T}}$，$\boldsymbol{\nabla}^n=[\nabla_E\quad\nabla_N\quad\nabla_\xi]^{\mathrm{T}}$ 表示三轴上的陀螺常值漂移和加速度计常值零偏。

在惯性导航系统标定过程中，载体保持静止。此时，载体的速度误差方程和姿态误差方程可简化为

$$\begin{cases}\delta\dot{v}_E=2\omega_{ie}\sin\varphi\cdot\delta v_N-2\omega_{ie}\cos\varphi\cdot\delta v_U-\phi_zg+\nabla_E\\ \delta\dot{v}_N=-2\omega_{ie}\sin\varphi\cdot\delta v_E+\phi_xg+\nabla_N\\ \dot{\phi}_x=-\dfrac{1}{R_N+h}\delta v_N+\omega_{ie}\sin\varphi\cdot\phi_y-\omega_{ie}\cos\varphi\cdot\phi_z-\varepsilon_E\\ \dot{\phi}_y=\dfrac{1}{R_N+h}\delta v_E-\omega_{ie}\sin\varphi\cdot\phi_x-\varepsilon_N\\ \dot{\phi}_z=\dfrac{\tan\varphi}{R_N+h}\delta v_E+\omega_{ie}\cos\varphi\cdot\phi_x-\varepsilon_\xi\end{cases}\tag{9.83}$$

由于系统在静基座下待标定的误差参数较多，若仅有水平速度误差作为观测量不足以估计所有误差参数，所以需要增加观测量。将天向速度误差、高度误差和姿态误差变化量作为新增加的观测量，以估计系统中全部状态分量。其中，将天向通道误差方程简化为

$$\delta\ddot{h}=2\omega_{ie}\cos\varphi\cdot\delta v_E+2\omega_s^2\delta h+\nabla_\xi\tag{9.84}$$

式中，$\omega_s=\sqrt{g/R}$ 为舒拉角频率。

求解上式二阶微分方程可以发现，其齐次解中包含正根项 $\sqrt{2}\omega_s$，因此垂直通道是不稳定的，天向速度随时间发散，从而导致系统误差远大于惯性器件误差，影响惯性器件误差的估计精度。因此需要抑制天向速度误差发散，采用高度阻尼的方式计算垂直通道误差，即

$$\delta\ddot{h} = 2\omega_{ie}\cos\varphi \cdot \delta v_E + 2\omega_s^2\delta h + \nabla_\xi - \mu_1\delta\dot{h} - \mu_2\delta h \tag{9.85}$$

对上式齐次方程进行拉普拉斯变换可得

$$s^2 + \mu_1 s + \mu_2 + \omega_s = 0 \tag{9.86}$$

若要使系统达到稳定状态，上式须有一对共轭虚根，记为 $\lambda \pm j\lambda$，则代入上式，可求得阻尼系数为

$$\begin{cases} \mu_1 = 2\lambda \\ \mu_2 = 2\lambda^2 - 2\omega_s^2 \end{cases} \tag{9.87}$$

此处取 $\lambda = 0.3$。

此外，定义姿态误差变化量为 $\Delta\boldsymbol{\Phi} = [\Delta\phi_x \quad \Delta\phi_y \quad \Delta\phi_z]^{\mathrm{T}}$，当系统存在姿态误差角时，IMU 的姿态矩阵为

$$\boldsymbol{C}_s^n = [\boldsymbol{I} - \delta\boldsymbol{\rho}\times]\boldsymbol{C}_b^n\boldsymbol{C}_{h2}^b(\beta)\boldsymbol{C}_{h1}^{h2}\boldsymbol{C}_s^{h1}(\alpha) \tag{9.88}$$

由此可以建立载体姿态误差角矩阵和 IMU 姿态矩阵间的关系，若不考虑转轴环架存在的误差，内、外环轴相互正交，即$\boldsymbol{C}_{h1}^{h2} = \boldsymbol{I}$。设系统在导航初始时刻内、外环轴所处的位置为 α_0 和 β_0，不考虑初始姿态误差角时，双轴旋转捷联式惯性导航系统的姿态矩阵为

$$\boldsymbol{C}_s^n = \boldsymbol{C}_b^n\boldsymbol{C}_{h2}^b(\beta_0)\boldsymbol{C}_s^{h1}(\alpha_0) \tag{9.89}$$

下一时刻，内、外环轴所处的位置分别为 α 和 β，且系统由姿态误差变化量引起姿态误差角，由式(9.88)得系统的姿态矩阵为

$$\widetilde{\boldsymbol{C}}_s^n = (\boldsymbol{I} - [\Delta\boldsymbol{\Phi}\times])\boldsymbol{C}_b^n\boldsymbol{C}_{h2}^b(\beta)\boldsymbol{C}_s^{h1}(\alpha) \tag{9.90}$$

由于转动过程中，载体姿态始终保持不变，即$\boldsymbol{C}_b^n$ 恒定，所以联立式(9.89)和(9.89)，有

$$\boldsymbol{C}_b^n = \boldsymbol{C}_s^n[\boldsymbol{C}_{h2}^b(\alpha_0)\boldsymbol{C}_s^{h1}(\beta_0)]^{-1} = [\boldsymbol{I} - ([\Delta\boldsymbol{\Phi}\times])^{\mathrm{T}}]\widetilde{\boldsymbol{C}}_s^n[\boldsymbol{C}_{h2}^b(\alpha)\boldsymbol{C}_s^{h1}(\beta)]^{-1} \tag{9.91}$$

即

$$[\Delta\boldsymbol{\Phi}\times] = \boldsymbol{I} - \boldsymbol{C}_s^n[\boldsymbol{C}_s^{h1}(\alpha)]^{\mathrm{T}} \times [\boldsymbol{C}_{h2}^b(\beta)]^{\mathrm{T}}\boldsymbol{C}_{h2}^b(\beta_0)\boldsymbol{C}_s^{h1}(\alpha_0)(\widetilde{\boldsymbol{C}}_s^n)^{\mathrm{T}} \tag{9.92}$$

由此可以求解姿态误差变化量，尽管载体姿态阵$\boldsymbol{C}_b^n$ 未知，但是利用双轴旋转不同位置，可以得到不同位置下 IMU 姿态矩阵，以消除未知参数$\boldsymbol{C}_b^n$，最终得到可观测的姿态误差变化量信息，并将其作为观测量用于估计系统误差参数。

根据上述分析，可获得带有天向通道阻尼系数和姿态误差变化量的系统误差方程

$$\begin{cases} \delta\dot{v}_E = 2\omega_{ie}\sin\varphi \cdot \delta v_N - 2\omega_{ie}\cos\varphi \cdot \delta v_U - g\Delta\phi_y + \nabla_E \\ \delta\dot{v}_N = -2\omega_{ie}\sin\varphi \cdot \delta v_E + g\Delta\phi_x + \nabla_N \\ \delta\dot{v}_\xi = 2\omega_{ie}\cos\varphi \cdot \delta v_E - \mu_2\delta h + \nabla_\xi \\ \delta\dot{h} = \delta v_\xi - \mu_1\delta h \\ \Delta\dot{\phi}_x = -\dfrac{1}{R+h}\delta v_N + \omega_{ie}\sin\varphi \cdot \Delta\phi_y - \omega_{ie}\cos\varphi \cdot \Delta\phi_z - \varepsilon_E \\ \Delta\dot{\phi}_y = \dfrac{1}{R+h}\delta v_E - \omega_{ie}\sin\varphi \cdot \Delta\phi_x - \varepsilon_N \\ \Delta\dot{\phi}_z = \dfrac{\tan\varphi}{R+h}\delta v_E + \omega_{ie}\cos\varphi \cdot \Delta\phi_x - \varepsilon_\xi \end{cases} \tag{9.93}$$

2. 基于卡尔曼滤波的自标定方法

在双轴旋转捷联式惯性导航系统的双轴连续旋转自标定方案中，输入噪声均设定为白噪

声，采用卡尔曼滤波技术对误差参数进行辨识。由于载体保持静止，根据式(9.93)建立卡尔曼滤波器的状态方程和观测方程。

设初始状态$\boldsymbol{X}_0$的均值向量$\hat{\boldsymbol{X}}_0=\boldsymbol{0}_{31\times 1}$，状态方程的初始值方差为

$$\boldsymbol{P}_0=E\left[(\boldsymbol{X}_0-\hat{\boldsymbol{X}}_0)(\boldsymbol{X}_0-\hat{\boldsymbol{X}}_0)^{\mathrm{T}}\right]^2$$

卡尔曼滤波器的预测及更新方程为

$$\begin{cases}\hat{X}_{k,k-1}=\boldsymbol{\Phi}_{k,k-1}^{\mathrm{T}}\hat{X}_{k-1}\\ P_{k,k-1}=\boldsymbol{\Phi}_{k,k-1}P_{k-1}\boldsymbol{\Phi}_{k,k-1}^{\mathrm{T}}+\Gamma_{k-1}Q_{k-1}\Gamma_{k-1}^{\mathrm{T}}\\ K_k=P_{k,k-1}H_k{}^{\mathrm{T}}[H_kP_{k,k-1}H_k{}^{\mathrm{T}}+R_k]^{-1}\\ \hat{X}_k=\hat{X}_{k,k-1}+K_k[Z_k-H_k\hat{X}_{k,k-1}]\\ P_k=[I-K_kH_k]P_{k,k-1}[I-K_kH_k]^{\mathrm{T}}+K_kR_kK_k^{\mathrm{T}}\end{cases}\tag{9.94}$$

式中，$\boldsymbol{\Phi}_{k,k-1}$为状态转换矩阵，$Q_k$为系统噪声方差矩阵，$R_k$为观测噪声方差矩阵，$H_k$为观测矩阵，$K_k$为滤波增益矩阵，$P_k$估计误差方差矩阵。

9.3.2 双轴轴系非正交角对系统的影响分析

无论是双轴旋转捷联式惯性导航系统的误差标定技术，还是双轴旋转捷联式惯性导航系统的旋转方案设计，均是建立在双轴旋转环架中内、外环轴系间垂直的前提下。在实际系统中，由于外界因素影响，如环境变化、碰撞以及器件老化等因素，导致轴系间的正交性不再满足工作精度要求，产生轴系非正交角，使其在导航过程中引入系统误差方程，影响导航精度。

1. 轴系非正交角模型分析

轴系非正交角模型如图9.10所示，其中$ox_{h1}y_{h1}z_{h1}$和$ox_{h2}y_{h2}z_{h2}$分别表示内、外环轴旋转环架坐标系；轴z_{h1}和轴x_{h2}分别表示内环轴和外环轴；ζ定义为内、外环轴系间非正交角，其由框架$ox_{h1}y_{h1}z_{h1}$和$ox_{h2}y_{h2}z_{h2}$之间存在的小角度失准角η_x，η_y和η_z耦合而成。由于IMU固联在内环轴上，所以IMU坐标系和内环框架坐标系间也存在非正交性，由两坐标系间的小角度失准角θ_x，θ_y和θ_z表示。定义η_x，η_y，η_z，θ_x，θ_y和θ_z是引入双轴旋转环架后产生的轴系非正交角分量。

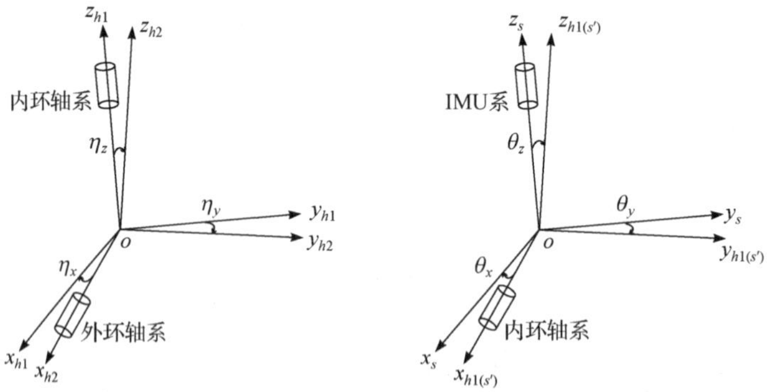

(a) 内环轴框架和外环轴框架间等效轴系非正交角模型　　(b) IMU框架和内环轴框架间等效轴系非正交角模型

图9.10　等效轴系非正交角模型

以内环轴系和外环轴系非正交角为例，由于坐标系 $ox_{h2}y_{h2}z_{h2}$ 和坐标系 $ox_{h1}y_{h1}z_{h1}$ 坐标轴间存在小角度失准角 η_x、η_y 和 η_z，等同于坐标系 $ox_{h2}y_{h2}z_{h2}$ 到坐标系 $ox_{h1}y_{h1}z_{h1}$ 经过三次旋转，则分别以 η_x、η_y 和 η_z 为等效旋转角的方向余弦矩阵有

$$\boldsymbol{C}_{h1}^{h2}=\begin{bmatrix}\cos\eta_y\cos\eta_z-\sin\eta_y\sin\eta_z\sin\eta_x & \cos\eta_y\sin\eta_z+\sin\eta_y\cos\eta_z\sin\eta_x & -\sin\eta_y\cos\eta_x\\ -\sin\eta_z\cos\eta_x & \cos\eta_z\cos\eta_x & \sin\eta_x\\ \sin\eta_y\cos\eta_z+\cos\eta_y\sin\eta_z\sin\eta_x & \sin\eta_y\sin\eta_z-\cos\eta_y\cos\eta_z\sin\eta_x & \cos\eta_y\cos\eta_x\end{bmatrix} \tag{9.95}$$

由于轴系非正交角为小角度，所以根据欧拉角性质，忽略高阶小量，则式(9.95)可简化为

$$\boldsymbol{C}_{h1}^{h2}=\begin{bmatrix}1 & \eta_z & -\eta_y\\ -\eta_z & 1 & \eta_x\\ \eta_y & -\eta_x & 1\end{bmatrix} \tag{9.96}$$

同理，坐标系 $ox_{h1}y_{h1}z_{h1}$ 和坐标系 $ox_sy_sz_s$ 之间存在轴系非正交角分量 θ_x，θ_y 和 θ_z 时，两坐标系间的转换矩阵可简化表示为

$$\boldsymbol{C}_{s}^{s'}=\begin{bmatrix}1 & \theta_z & -\theta_y\\ -\theta_z & 1 & \theta_x\\ \theta_y & -\theta_x & 1\end{bmatrix} \tag{9.97}$$

式中，s' 为理想 IMU 坐标系，即初始时刻其与内环轴完全重合。通过上述分析，双轴旋转捷联式惯性导航系统的轴系非正交角模型即由六个小角度误差 η_x，η_y，η_z，θ_x，θ_y 和 θ_z 所构成。

2. 轴系非正交角对系统精度影响分析

设 IMU 绕系统的内、外环轴旋转的角速度分别为 ω_z 和 ω_x。从内环轴环架坐标系 $h1$ 到理想 IMU 坐标系 s' 的转换矩阵和载体坐标系 b 到外环轴环架 $h2$ 坐标系转换矩阵分别为

$$\boldsymbol{C}_{h1}^{s'}(\alpha)=\begin{bmatrix}\cos\alpha & \sin\alpha & 0\\ -\sin\alpha & \cos\alpha & 0\\ 0 & 0 & 1\end{bmatrix} \tag{9.98}$$

$$\boldsymbol{C}_{b}^{h2}(\beta)=\begin{bmatrix}1 & 0 & 0\\ 0 & \cos\beta & \sin\beta\\ 0 & -\sin\beta & \cos\beta\end{bmatrix} \tag{9.99}$$

式中，$\alpha=\omega_z t$；$\beta=\omega_x t$。

在 t 时刻，从 b 系到 s 系的方向余弦矩阵可以表示为

$$\widetilde{\boldsymbol{C}}_b^s=\boldsymbol{C}_{s'}^{s}\boldsymbol{C}_{h1}^{s'}(\alpha)\boldsymbol{C}_{h2}^{h1}\boldsymbol{C}_{b}^{h2}(\beta) \tag{9.100}$$

当载体保持静止时，仅有旋转环架持续旋转，那么陀螺和加速度计的测量值在 IMU 坐标系下的投影分别为

$$\boldsymbol{\omega}_g=(\boldsymbol{I}+\boldsymbol{K}_g)[\boldsymbol{C}_{s'}^{s}\boldsymbol{C}_{h1}^{s'}\boldsymbol{C}_{h2}^{h1}\boldsymbol{C}_{b}^{h2}\boldsymbol{C}_{n}^{b}\boldsymbol{\omega}_n+\boldsymbol{C}_{s'}^{s}\boldsymbol{\omega}_z+\boldsymbol{C}_{s'}^{s}\boldsymbol{C}_{h1}^{s'}\boldsymbol{C}_{h2}^{h1}\omega_x]+\varepsilon \tag{9.101}$$

$$\boldsymbol{f}_a=(\boldsymbol{I}+\boldsymbol{K}_a)\boldsymbol{C}_{s}^{s'}\boldsymbol{C}_{h1}^{s}\boldsymbol{C}_{h2}^{h1}\boldsymbol{C}_{b}^{h2}\boldsymbol{C}_{n}^{b}\boldsymbol{g}_n+\boldsymbol{\nabla} \tag{9.102}$$

式中，$\boldsymbol{\omega}_n$ 表示地球自转角速度在导航系下的投影，$\boldsymbol{\omega}_z=[0\quad 0\quad \omega_z]^{\mathrm{T}}$ 和 $\boldsymbol{\omega}_x=[\omega_x\quad 0\quad 0]^{\mathrm{T}}$ 分别表示内、外环轴旋转角速度，$\boldsymbol{C}_b^n$ 表示从 b 系到 n 系的方向余弦矩阵，为了简化分析和计算，忽略载体的水平方向摆动和初始姿态误差对系统的影响，并定义载体坐标系和导航坐标系初

始时刻重合。

假设 $\delta\boldsymbol{\omega}^b=\boldsymbol{C}_s^b\delta\boldsymbol{\omega}_g$ 是载体坐标系下陀螺敏感角速度误差，代入式(9.101)，当不考虑轴系非正交角时，陀螺敏感角速度误差在载体坐标系下的表示为

$$\delta\widetilde{\boldsymbol{\omega}}^b=\boldsymbol{K}_g[\boldsymbol{C}_n^b\boldsymbol{\omega}_n+\boldsymbol{C}_{h2}^b\boldsymbol{C}_{s'}^{h1}\boldsymbol{\omega}_z+\boldsymbol{C}_{h2}^b\boldsymbol{\omega}_x]+\boldsymbol{C}_{h2}^b\boldsymbol{C}_{s'}^{h1}\boldsymbol{\varepsilon} \tag{9.103}$$

当考虑轴系非正交角时，陀螺敏感角速度误差在载体坐标下的表示为

$$\delta\hat{\boldsymbol{\omega}}^b=\boldsymbol{K}_g(\boldsymbol{C}_n^b\boldsymbol{\omega}_n+\boldsymbol{C}_{h2}^b\boldsymbol{\omega}_x)+\boldsymbol{C}_{h2}^b\boldsymbol{C}_{h1}^{h2}\boldsymbol{C}_{s'}^{h1}\boldsymbol{C}_s^{s'}\boldsymbol{\varepsilon}+[(\boldsymbol{I}+\boldsymbol{K}_g)\boldsymbol{C}_{h2}^b\boldsymbol{C}_{h1}^{h2}\boldsymbol{C}_{s'}^{h1}-\boldsymbol{C}_{h2}^b\boldsymbol{C}_{s'}^{h1}]\boldsymbol{\omega}_z \tag{9.104}$$

如果当其他所有的误差项均已被标定和补偿，则轴系非正交角对导航结果的影响可以为在东、北、天三个方向上的等效陀螺常值漂移，计算可得

$$\delta\boldsymbol{\omega}^b=\delta\hat{\boldsymbol{\omega}}^b-\delta\widetilde{\boldsymbol{\omega}}^b=(\boldsymbol{I}+\boldsymbol{K}_g)\boldsymbol{C}_{h2}^b(\boldsymbol{C}_{h1}^{h2}-\boldsymbol{I})\boldsymbol{C}_{s'}^{h1}\boldsymbol{\omega}_z+\boldsymbol{C}_{h2}^b(\boldsymbol{C}_{h1}^{h2}\boldsymbol{C}_{s'}^{h1}\boldsymbol{C}_s^{s'}-\boldsymbol{C}_{s'}^{h1})\boldsymbol{\varepsilon} \tag{9.105}$$

从式(9.105)可以看出，等效陀螺常值漂移与内环轴旋转角速度 $\boldsymbol{\omega}_z$ 和陀螺常值漂移 $\boldsymbol{\varepsilon}$ 成正比。

9.3.3 二位置轴系非正交角自标定方法

虽然轴系非正交角是由引入双轴旋转环架中内、外环旋转轴不垂直所产生的误差角，但是同样可以通过双轴合理的旋转观测出来。若系统其他误差均已标定和补偿，仅考虑轴系非正交角时，IMU 坐标系到导航坐标系的转换矩阵可以表示为

$$\boldsymbol{C}_n^s=\boldsymbol{C}_{s'}^s\boldsymbol{C}_{h1}^{s'}(\alpha_0)\boldsymbol{C}_{h2}^{h1}\boldsymbol{C}_b^{h2}(\beta_0)\boldsymbol{C}_n^b \tag{9.106}$$

式中，α_0 和 β_0 分别表示内、外环轴初始时刻相对于零位置的旋转角度。

当内、外环轴分别旋转恒定角度 α 和 β 时，IMU 姿态角信息可以表示为

$$\widetilde{\boldsymbol{C}}_n^s=\boldsymbol{C}_{s'}^s\boldsymbol{C}_{h1}^{s'}(\alpha)\boldsymbol{C}_{h2}^{h1}\boldsymbol{C}_b^{h2}(\beta)\boldsymbol{C}_n^b \tag{9.107}$$

假设在标定过程中，载体始终保持静止，载体姿态信息在转轴旋转过程中保持不变，则联立式(9.106)和式(9.107)可得

$$\boldsymbol{C}_n^s(\widetilde{\boldsymbol{C}}_n^s)^{-1}=\boldsymbol{C}_{s'}^s\boldsymbol{C}_{h1}^{s'}(\alpha_0)\boldsymbol{C}_{h2}^{h1}\boldsymbol{C}_b^{h2}(\beta_0)\boldsymbol{C}_{h2}^b(\beta)\boldsymbol{C}_{h1}^{h2}\boldsymbol{C}_{s'}^{h1}(\alpha)\boldsymbol{C}_s^{s'} \tag{9.108}$$

为了便于直观分析，这里假设内、外环初始时刻转动角度均为零，并且下一时刻，仅有内环轴旋转到某一角度，即 $\alpha_0=\beta_0=0,\beta=0$。

式(9.108)可以简化为

$$\boldsymbol{C}_n^s(\widetilde{\boldsymbol{C}}_n^s)^{-1}=\boldsymbol{C}_{s'}^s\boldsymbol{C}_{s'}^{h1}(\alpha)\boldsymbol{C}_s^{s'} \tag{9.109}$$

将式(9.97)代入式(9.109)，并且忽略高阶小量，则有

$$\boldsymbol{C}_n^s(\widetilde{\boldsymbol{C}}_n^s)^{-1}=\begin{bmatrix}\cos\alpha & -\sin\alpha & \theta_y\cos\alpha+\theta_x\sin\alpha-\theta_y\\ \sin\alpha & \cos\alpha & \theta_y\sin\alpha-\theta_x\cos\alpha+\theta_x\\ \theta_y\cos\alpha-\theta_x\sin\alpha-\theta_y & -\theta_y\sin\alpha-\theta_x\cos\alpha+\theta_x & 1\end{bmatrix} \tag{9.110}$$

此外，IMU 姿态矩阵可以直接在双轴旋转前后通过导航解算得到为

$$\boldsymbol{C}_n^s(\widetilde{\boldsymbol{C}}_n^s)^{-1}=\begin{bmatrix}C_{11}^\alpha & C_{12}^\alpha & C_{13}^\alpha\\ C_{21}^\alpha & C_{22}^\alpha & C_{23}^\alpha\\ C_{31}^\alpha & C_{32}^\alpha & C_{33}^\alpha\end{bmatrix} \tag{9.111}$$

由式(9.110)和式(9.111)可以求得 θ_x 和 θ_y 分别为

$$\theta_x=\frac{C_{23}^\alpha+C_{32}^\alpha}{2(1-\cos\alpha)},\quad \theta_y=\frac{C_{13}^\alpha+C_{31}^\alpha}{2(\cos\alpha-1)} \tag{9.112}$$

同样假设初始时刻内、外环轴处于零位，下一时刻仅由外环轴旋转恒定角度，即 $\alpha_0=\beta_0=0$，$\alpha=0$，则式(9.108)可以简化为

$$\boldsymbol{C}_n^s(\widetilde{\boldsymbol{C}}_n^s)^{-1}=\boldsymbol{C}_{s'}^s\boldsymbol{C}_{h2}^{h1}\boldsymbol{C}_{h2}^b(\beta)\boldsymbol{C}_{h1}^{h2}\boldsymbol{C}_s^{s'} \tag{9.113}$$

此时 IMU 姿态矩阵根据式(9.111)解算得 $\boldsymbol{C}^\beta$，将式(4.29)和所求得 θ_x、θ_y 代入式(9.113)，且忽略高阶小量，则可以得到 η_y 和 $\theta_z+\eta_z$ 为

$$\theta_z+\eta_z=\frac{C_{12}^\beta+C_{21}^\beta}{2(\cos\beta-1)},\quad \eta_y=\frac{C_{13}^\beta+C_{31}^\beta}{2(1-\cos\beta)}-\theta_y \tag{9.114}$$

通过上述分析，六个轴系非正交角分量中的五个可以被有效标定出来。但是 θ_z 和 η_z 相互耦合，并不能分别独立估计，不过从式(9.103)中可知轴系非正交角可以在姿态矩阵乘积中一同被补偿。

思 考 题

1. 旋转捷联式惯性导航系统是如何提高惯性导航系统的精度的?
2. 试分析旋转到位精度对旋转捷联式惯性导航系统的精度影响?
3. 分析旋转调制方案对调制效果的影响?

第10章 组合导航技术

本书前面9章系统地介绍了惯性技术基础知识、陀螺仪、加速度计、惯性导航系统工作原理。从惯性导航系统的工作原理和误差分析可以看出，惯性导航系统的自主性很强，可以连续地提供包括航向、姿态在内的全部导航与制导参数，并且具有非常好的短期精度和稳定性。但是，在长时间连续工作过程中，纯惯性导航系统的误差将随时间而积累。要解决这些问题，除了选择高质量的惯性元件外，还可以采用组合导航系统。

在实际应用中，除了惯性导航系统外，还有多种原理的导航系统和辅助导航手段，它们的工作原理不同，具有不同的特点，如多普勒系统的误差和工作时间长短无关，但保密性不好；天文导航系统的位置精度高，但受观测星体可见度的影响；卫星导航的精度高，容易做到全球、全天候导航，但它需要一套复杂的定位设备，当载体做机动飞行时，导航性能下降，并且自主性和抗干扰性能不强，特别是在战时将受到导航星发射国家的制约。因此，把具有不同特点的导航系统组合在一起，相互取长补短，是提高导航系统精度的一条有效途径。

10.1 常见导航系统基本原理

10.1.1 卫星导航

1. 概况

卫星导航是采用导航卫星对地面、海洋、空中和空间用户进行导航定位的技术。卫星导航系统通过测定的载体到导航卫星的距离、距离差等参数，并结合获取的或计算得到的导航卫星瞬时位置来确定载体位置。目前主要有美国的GPS、俄罗斯的GLONASS、欧洲的GALILEO和我国的北斗卫星导航系统(BDS)。这里主要以北斗卫星导航系统为例介绍工作原理。

2020年6月23日，中国西昌卫星发射中心，最后一颗北斗组网卫星搭载长征火箭成功发射。2020年7月31日上午，习近平总书记宣布北斗三号全球卫星导航系统正式开通，从此我国及全球公众可以使用由北斗三号系统提供的导航定位服务。

BDS系统可以分为空间星座部分、地面控制部分和用户终端部分。

北斗导航系统空间星座部分由30颗卫星组成混合导航星座，包括3颗地球静止轨道卫星(geostationary orbit，GEO)、3颗倾斜地球同步轨道卫星(inclined geosynchronous satellite orbit，IGSO)和24颗地球中轨道卫星(medium earth orbit，MEO)，其中GEO卫星和IGSO卫星轨道高度约为36 000 km，MEO卫星轨道高度约为21500 km，如图10.1所示。卫星以固定的周期环绕地球运行，使得在任意时刻，在地面上的任意一点都可以同时观测到4颗以上的卫星。

地面控制部分包括主控站、上行注入站和监测站。主控站是地面控制部分的中心，也是整个北斗卫星导航系统的中心，具有监控卫星星座、维持时间基准、更新导航电文等功能。上行

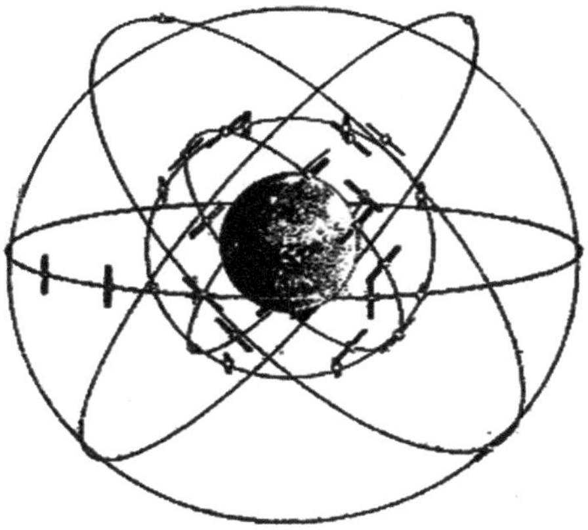

图 10.1　北斗导航卫星系统星座图

注入站的功能是把由主控站发布的信息和指令注人各个卫星中去。这些信息和指令包含卫星轨道位置、星上时钟校正信息、广域差分信息等重要内容。监测站的功能是对卫星进行监测，保持连续跟踪卫星的轨道位置和系统时间，完成据采集，并汇总卫星、气象等信息后传给主控站处理。值得一提的是，北斗三号系统地面控制部分实施了升级改造，建立了高精度时间和空间基准，增加了间链路运行管理设施，实现了基于星地和星间链路联合观测的卫星轨道和钟差测定业务处理。

用户终端部分包括北斗及兼容其他卫星导航系统的芯片、模块、天线等基础产品以及终端产品、应用系统与应用服务等。常见的终端设备有手机内的定位芯片、手持接收机、车载接收机、船载接收机和机载接收机以及用于科研和生产的专用北斗接收机等。通过终端设备接收到的卫星信号并进行解算，能获取用户的位置、速度、时间。根据北斗导航系统兼容性的建设原则，所有北斗用户终端产品是北斗系统应用的基础。通过卫星导航专项的集智攻关，我国实现了卫星导航基础产品的自主可控，形成了完整的产业链，逐步应用到国民经济和社会发展的各个领域。伴随着互联网、大数据、云计算、物联网等技术的发展，北斗基础产品的嵌入式、融合性应用逐步加强，产生了显著的融合效益。

2. 工作原理

卫星导航系统定位原理是一种空间的距离交会原理，以导航卫星至用户接收机天线之间的距离（或距离差）为观测量，根据已知的卫星瞬时坐标，利用空间距离后方交会，确定用户接收机天线所对应的观测站的位置。这至少需测定 4 颗卫星在某瞬间的位置以及它们分别至该接收机的距离，再利用距离交会法解算出测站 P 的位置及接收机钟差δ_t。设时刻 t_i 在测站点 P 用接收机同时测得 P 点至 4 颗卫星 $S_i(i=1\sim4)$的距离分别为 $\rho_i(i=1\sim4)$，通过卫星导航电文解译出该时刻 4 颗卫星的三维坐标分别为$(x_j、y_j、z_j)$，$j=1\sim4$，用距离交会的方法求解 P 点的三维坐标$(x、y、z)$。观测方程为

$$\rho_i=\sqrt{(x-x_i)^2+(y-y_i)^2+(z-z_i)^2}+c\delta_t,\quad i=1,2,3,4 \tag{10.1}$$

式中，c 为光速；δ_t 为接收机钟差。

根据式(10.1)可知，在定位测量中，要求得测站点的三维坐标，必须测定观测瞬间各卫星的准确位置和观测瞬间各卫星至测站点的站星距。通过联立求解方程组(10.1)，就可以确定

出用户所在位置的坐标(x,y,z)和用户时钟偏差 δ_t。

卫星定位技术在诸多领域得到了广泛的应用,其分类方法也多种多样,从接收机天线所处的状态来看,卫星定位可分为静态定位和动态定位;从接收机是否具有参考基准来看,卫星定位可分为单点定位(也称绝对定位)和相对定位;从卫星定位观测信息的性质来看,卫星定位可分为伪距定位、载波相位定位、多普勒定位。

1) 静态定位和动态定位

每次处理接收机观测资料时,待定点在地心坐标系中的位置都可认为是固定不变的,确定这些待定点位置的方法称为静态定位。不同等级的 GNSS 控制网测量就是静态定位的典型应用。如果在一次观测期间待定点相对于周围的固定点有可觉察到的运动或显著的运动,则在处理该时段的观测资料时待定点的位置将随时间变化,确定这些运动的待定点的位置就称为动态定位。严格地说,静态定位和动态定位的根本区别并不在于待定点本身是否在运动,而在于建立的数学模型中待定点的位置是否可看作常数,也就是说,在观测期间待定点的位移量和允许的定位误差相比是否显著,能否忽略不计。由于进行静态定位时待定点的位置可视为固定不动,因而就有可能通过大量重复观测来提高定位精度。静态定位在大地测量、精密工程测量、地球动力学和地震监测等领域得到了广泛应用,是实现精密定位的基本模型。

2) 单点定位和相对定位

独立确定待定点在坐标系中的绝对位置的方法称为单点定位,也称为绝对定位。单点定位的优点是只需要用一台接收机即可定位。因此,外出观测的组织和实施较为自由方便,数据处理也较为简单。但单点定位的结果受卫星星历误差和卫星信号传播过程中大气延迟误差的影响比较显著,因此定位精度比带有误差改正信息的差分定位模式要低。单点定位模式在车辆、船舶、飞机的导航,地质矿产勘探,暗礁定位,浮标观测,海洋渔业和低精度测量等领域中有着广泛的应用,在国防建设中也有重要的作用。

相对定位则是同步跟踪相同卫星信号的若干台接收机确定待定点相对位置的一种定位模式。由于用同步观测资料进行相对定位时,对于各同步测站来讲有许多误差相同的或近似的(如卫星钟的时钟误差、卫星星历误差、卫星信号在大气中的传播误差等),这些误差可以通过对各站观测数据求差的方式消除或大幅度削弱,获得很高精度的相对位置。然而,进行相对定位时需用多台(至少两台)接收机进行同步观测,其中任何一台接收机因故未能按预定计划按时开机或在观测过程中出现故障,将使得与该测站有关的相对定位工作无法进行。因此,相对定位中观测的组织和实施较单点定位更为复杂。相对定位的结果是各同步测站之间的基线向量,因而需至少给出其中一站的坐标后才能求出其余各站的坐标。相对定位不仅可用于静态定位,也可用于动态定位。相对定位这种模式在大地测、工程测量和地壳形变监测等精密定位领域内均有广泛的应用。绝对定位和相对定位中,又都包含静态和动态两种方式,即动态绝对定位、静态绝对定位、动态相对定位和静态相对定位。

3) 由观测信息确定的定位方法

接收机接收到的信号中包含伪随机码、导航电文、载波频率等信息,也就是说,可以利用接收信号中伪随机码的时间延迟、载波相位以及由卫星与接收机之间的相对运动导致的多普勒频移获取卫星与接收机之间的距离(或距离差),进而实现定位测量。通过伪随机码测量传播时间实现定位的方法,称为测码伪距法定位;通过载波相位测量实现定位的方法则称为测相伪距法定位(又称载波相位法定位);通过测量多普勒频移实现定位的方法称为多普勒法定位。

其中,多普勒法定位较早应用于美国的子午卫星导航系统。由于多普勒法定位的实时性能较差,要想实现高精度定位,需要较长的观测时间,所以一般都采用伪距或载波相位定位,而多普勒频移常用于测定接收机的速度。

10.1.2　天文导航

1. 概况

天文导航是通过观测天体来测定载体位置和航向的导航技术。天体的坐标位置和它的运动规律是已知的,测量天体相对于载体参考基准面的高度角和方位角就可以算出飞行器的位置和航向。天文导航系统是自主式导航系统,不需要地面设备,不受人工或自然形成的电磁场的干扰,也不向外辐射电磁波,隐蔽性好,定位定向精度高,且定位误差与时间无关,因而得到了广泛的应用。

传统的天文导航技术以星光导航为主,即通过天文观测设备主动对位置已知的自然天体进行观测,从而进行导航,包括天文定位、天文定轨和天文定时三个方向。随着脉冲星探测技术的不断成熟,可通过接收、测量脉冲星辐射的脉冲信号进行定位、导航和定时。当前,天文导航技术在航天、航空和航海领域具有广泛应用,不仅已成为深空探测、载人航天和远洋航海的关键技术,而且是卫星、远程导弹、运载火箭、高空远程侦察机等的重要辅助导航手段。

2. 工作原理

航空和航天领域的天文导航是在航海天文导航的基础上发展起来的。航空天文导航跟踪的天体主要是亮度较强的恒星,而航天中则要用到亮度较弱的恒星或其他天体。以天体作为参考点,可以确定飞行器在空中的真航向。使星体跟踪器中的望远镜自动对准天体方向,可以测出飞行器前进方向(纵轴)与天体方向(望远镜轴线方向)之间的夹角,称为航向角。由于天体在任一瞬时相对南北子午线之间的夹角(天体方位角)是已知的,因此,从天体方位角中减去航向角就得到了飞行器的真航向。通过测量天体相对于飞行器参考面的高度就可判定飞行器的位置。

根据跟踪的星体数,天文导航分为单星、双星和三星导航。单星导航由于航向基准误差大而定位精度低,双星导航定位精度高,在选择星对时,两颗星体的方位角差越接近 90°,定位精度越高。三星导航常利用第三颗星的测量来检查前两次测量的可靠性。下面以双星导航为例说明天文导航的原理。

图 10.2 为双星导航示意图。飞行器位于点 C,采用星体跟踪器跟踪星体 σ_1 并测量高度角 h_1(点 C 所在地平面与星体σ_1 的夹角)。根据观测时的时间和 h_1,依据星体运动规律,可以算出 σ_1 与地心 O 的连线和地球表面的交点 M_1。以 M_1 为圆心,以角 $Z_1=90°-h_1$ 所对应的地球表面距离为半径画一个圆,该圆称为等高圆,那么观测时刻飞行器的位置必定在这个圆上。如果飞行器同时观测另一星体 σ_2,就可以得到第二个等高圆及其对应的圆心 M_2,并可得到两圆交点 C'和 C''。观测点的瞬时地理位置必居其一,有一个是虚假的。如果两个星体 σ_1 和 σ_2 选择的好,则 C'和 C''会相距较远,很容易判断出载体的位置。如果选用三星导航方案,则三个圆交点就是测点位置。上述圆 M_1 和圆 M_2 实际上是用球面三角学表示的一组方程式,其已知参数为高度角、观测时间,而未知参数为经、纬度。求圆 M_1 和圆 M_2 的交点,就是

联立求解两个球面三角方程式的解。

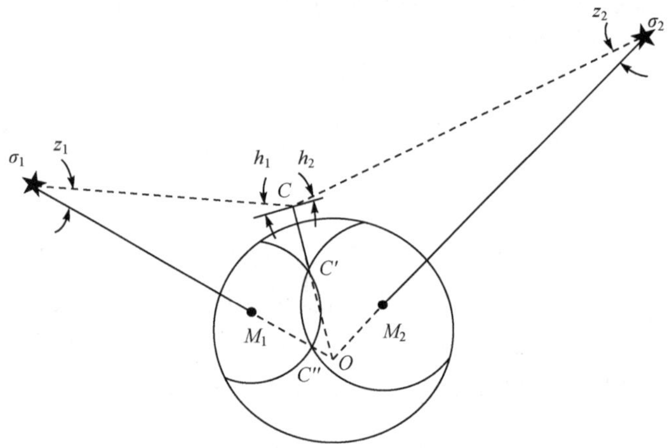

图 10.2 天文导航定位原理

天文导航系统通常由陀螺稳定平台、星体跟踪器(包括望远镜及跟踪控制系统)和计算机三部分组成。在工作过程中,系统首先根据飞行器的预估位置,选择当前可观测到的合适星体。以陀螺稳定平台为基准,计算机计算出望远镜应指向的方位角和高度角,并控制望远镜对准并跟踪选定的星体。如果星体恰好位于望远镜视场中心,说明预估的飞行器位置信息是准确的。反之,若星体偏离视场中心,则表明预估位置存在误差。此时,系统会将实测的星体方位角和高度角数据输入计算机,重新计算并修正导航定位信息,从而提高飞行器的导航精度。

早期的星体跟踪器(如六分仪)视场角非常小(约为 6 角分),动态特性较差,且测量精度有限,但即便如此,其导航定位误差仍能达到优于 1 海里的精度。这种精度在当时已经是非常先进的,为航海和航空领域提供了重要的导航支持。随着技术的发展,大规模集成电荷耦合器件(CCD)被广泛应用于星体跟踪器中。CCD 作为一种高灵敏度的光探测器,具有高分辨率、低噪声和快速响应的特点,极大地提升了星体跟踪器的性能。电荷注入器件(CID)作为新一代的辐射光探测器,进一步改进了星体跟踪器的性能。这些技术进步不仅提升了星体跟踪器的性能,还推动了天文导航系统向更小型化、高精度、全天候的方向发展。随着 CCD 和 CID 等先进探测器技术的发展,星体跟踪器的性能得到了显著提升。其视场角、灵敏度、稳定性和可靠性等技术指标的优化,使得天文导航系统的定位精度从早期的优于 1 海里提升至优于 1 角秒,甚至在某些情况下能够达到厘米级精度。新型的天文导航系统已经能够实现优于 50 米的定位精度,并且在未来的应用中有望进一步提升至厘米级。

10.1.3 无线电导航

1. 概况

无线电导航技术是通过测量地基、星基无线电导航台发射电磁波的时间、相位、幅度、频率等参量,确定运动载体与导航台之间的相对位置关系(包括方位、距离和距离差等几何参量),从而实现对运动载体进行定位和导航技术。无线电导航技术根据无线电导航台发射信号的不同,可分为地基无线电导航技术、星基无线电导航技术等。其中,地基无线电导航技术又可分为远程地基无线电导航技术、蜂窝无线电定位技术等；星基无线电导航技术可分为卫星导航定位技术、导航星座自主导航技术、低轨卫星增强导航技术和拉格朗日点无线电导航技术等。

卫星导航定位技术在 10.1.1 节已经介绍过。远程地基无线电导航技术是借助地面布设的无线电台站发射导航信号实现导航定位授时的技术，按照使用的导航频段可分为低频（low-frequency，LF）、甚低频（very low frequency，VLF）导航两种。20 世纪中期，远程地基无线电导航技术是飞机舰船导航的主要手段，其可靠性和稳定性也在数十年使用中得到验证。GPS 的出现曾使得地基无线电导航技术一度没落，随着卫星导航技术本身的脆弱性不断暴露，使得远程地基无线电导航技术的抗干扰特性再次受到重视，并开始作为卫星导航系统的备份和补充手段发挥重要的作用。美国、俄罗斯已重启地基无线电导航系统的建设与维护，将其作为国家 PNT 体系的重要组成部分。近年来，针对远程地基天线电导航系统的技术改进使得其在精度、完善性和连续性等性能方面有了显着改善，能满足关键基础设施对时间频率服务的要求，也能满足飞机航路导航、终端区导航、非精密进近，船只航路导航、低能见度下安全进入港口等应用的保障需求。

导航星座自主导航是卫星导航系统一种新的运行控制方式，是对现行以地面主控站为主体的运行控制模式的一种补充和完善。导航星座自主导航是指利用星间测距资料、星间数据通信以及星载处理完成导航卫星星历的自主更新，其目标是增强导航系统在复杂环境下的生存能力，提高卫星导航系统运行可靠性，保证卫星导航系统在失去地面站支持条件下的一段时间内仍具备导航星历自主更新能力以及全星座自主运行服务能力。其优势在于降低对地面系统的依赖、提高星历更新频度、增强系统的可靠性。

2. 工作原理

无线电导航系统根据无线电电波的传播规律测定载体的位置。无线电信号中包含振幅、频率、时间和相位四个电气参数，因此，无线电波在传播过程中某一参数可能发生与某导航参量有关的变化，通过测量这一电气参数可以得到相应的导航参量。按定位的几何原理分，有测向、测距、测距差系统。如图 10.3 所示，测距系统利用电磁波测定舰船到两个导航台的距离，因为到一定点的距离为定值的位置线为一个圆，利用到两个导航台的距离可得到两个圆位置线，两圆的交点之一即为载体的位置，故测距系统又称为圆-圆定位系统。测距差系统利用无线电波测定舰船到两个导航台的距离差，如图 10.4 所示，根据解析几何的知识可知，距两定点之间的距离差为定值的动点轨迹为一双曲线，因此由距离差定出的位置线是双曲线，若能测得两个距离差，则可得到两条双曲线位置线，其交点之一为载体的位置。因此，测距差系统又称为双曲线定位系统。由于测距系统要求接收机与发射台的时钟要保持严格同步，其应用受到

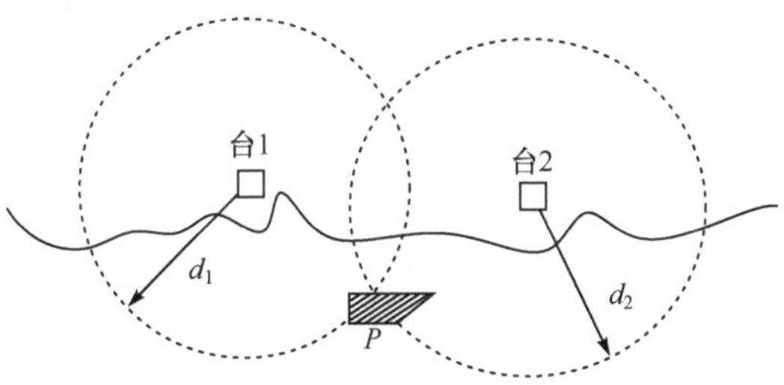

图 10.3　圆-圆定位几何原理

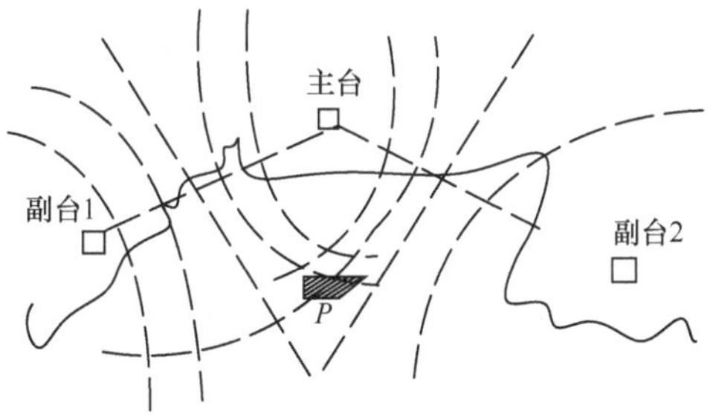

图 10.4　双曲线定位几何原理

限制,相比之下,测距差系统的应用要广泛得多。根据无线电导航设备的主要安装基地,无线电导航系统可分为地基(设备主要安装在地面或海面)、空基(设备主要安装在飞行的飞机上)和星基(设备主要安装在导航卫星上)三种;根据作用距离无线电导航系统可分为近程、远程、超远程和全球定位四种。在舰船导航领域典型的无线电导航系统有罗兰 A 、罗兰 C 、奥米加、测向仪等。罗兰 A 和罗兰 C 均为双曲线定位系统。

测距差的基本方法主要有脉冲法、相位法和脉冲-相位法,下面分别加以介绍。

1) 脉冲法

若主台 M 和副台 S_1 在同时发射一脉冲信号,载体上的用户设备分别在 t_M 和 t_{S_1} 时刻接收到主副台的脉冲,由于电波传播速度 $v=300\text{m}/\mu\text{s}$,于是根据脉冲到达的时间差 $\Delta t_1=t_M-t_{S_1}$ 可确定载体到 M 和 S_1 的距离差为

$$\Delta D=v\Delta t_1=v(t_M-t_{S_1}) \tag{10.2}$$

2) 相位法

相位法测距差,是测量两个导航台发射信号的相位差,从而求出载体到两导航台之间的距离差。

设电波波长为 λ,载体距主台 M 和副台 S_1 的距离分别为 d_M 和 d_{S_1},则来自主台 M 和副台 S_1 的电波,到达载体位置 P 处时,其相位分别为

$$\Phi_M=2\pi\frac{d_M}{\lambda},\quad \Phi_{S_1}=2\pi\frac{d_{S_1}}{\lambda} \tag{10.3}$$

相位差为 $\Delta\Phi=\Phi_M-\Phi_{S_1}$,显然根据此相位差可求出距离差

$$\Delta d=d_M-d_{S_1}=\lambda\Delta\Phi/(2\pi)$$

由于实际测量时,只能测得小于一周的相位差,因此,根据相位差确定距离差时,还必须结合其他方法获得其相位差整周数部分。

3) 脉冲-相位法

脉冲-相位法是综合运用了脉冲法与相位法两种测距离差的方法。用脉冲粗测的时差可确定相位差的整周数,而用相位法精测,相位测量精度可以达到一周的 1%~0.1% ,由此可得到较精确的距离差。例如,罗兰 C 信号的载波频率为 100kHz ,每一周波的时间为 10μs,因此运用脉冲-相位法可使时差测量精度达到 0.1~0.01μs。

10.1.4 声学导航定位

声学导航定位是一种利用声波在介质(如水或空气)中传播的特性,通过测量声波的传播时间、相位差等参数来确定物体位置和运动轨迹的技术。声学导航定位基于声波在介质中的传播特性,其核心是通过测量声波从发射源到接收器的传播时间或相位差来确定目标位置。随着世界各国开发利用海洋计划实施,水下声学导航定位得到长足的发展。

根据接收基阵的尺寸或应答器基阵的基线长度,可以将水下声学导航分为长基线(long baseline,LBL)、短基线(short baseline,SBL)和超短基线(ultrmrt baseline,USBL)三种。

长基线定位系统的基阵长度在 100 米到 6000 米,至少需要在海底安放 3 个基元以构成海底定位基线阵,被测目标通常位于基线阵内,通过测量目标与基元之间的距离获得目标位置。根据工作方式,可进一步将其分为声学应答式与电触发式两种。长基线定位系统定位原理如图 10.5 所示。长基线定位系统适用于长距离、高精度的水下定位,如深海探测、海底管道铺

设等。

短基线定位系统的基元一般安置在船底或船舷，受船底安装所限，基线长度一般为 1～50m，具有基阵尺寸小的特点，通常需要先在船底或船舷安置至少三个基元，从而构成基线阵，利用测量声波在目标与各个基元之间的时间差来计算目标的方位和距离，从而进一步推导出目标的坐标。短基线定位系统工作原理如图 10.6 所示，根据空间线段 OP 与各个坐标系的夹角以及 OP 的长度，可直接得出 P 点在船体坐标系中的坐标(x、y、z)，计算公式如下：

$$\begin{cases} x = S \cdot \cos\theta_{m_x} \\ y = S \cdot \cos\theta_{m_y} \\ z = S \cdot \cos\theta_{m_z} \end{cases} \tag{10.4}$$

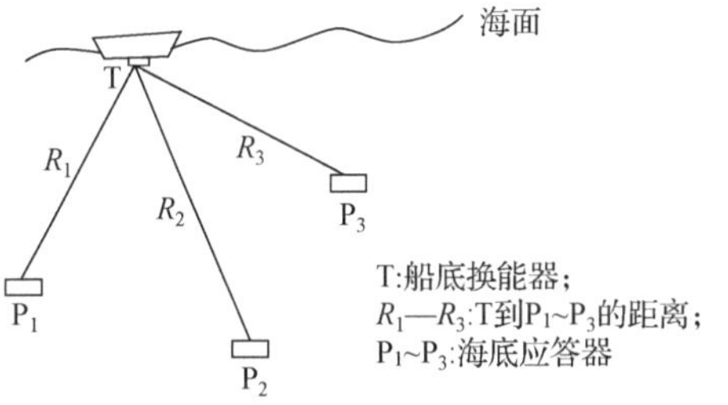

图 10.5　长基线定位系统定位原理示意图

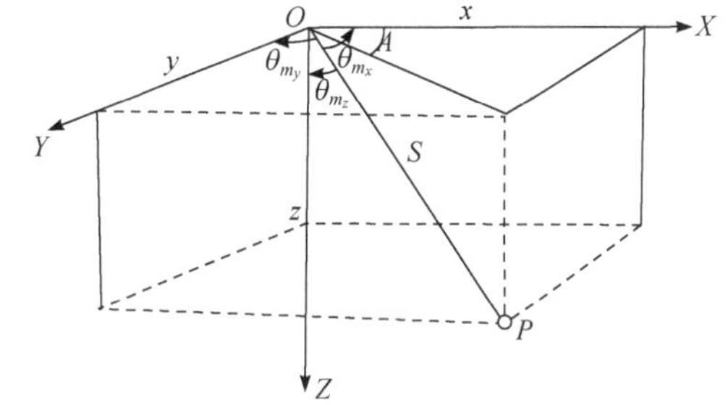

图 10.6　短基线定位系统工作原理示意图

短基位系统结构简单，易于操作，不需要搭建大规模的水下基线阵，测距精，但对基线元安装精度和基线阵几何结构要求较高，并且需要进行大量准工作。因此，短基线定位系统更适合母船附近水下机器人的导航、定与精确操作。

超短基线定位系统基线长度更短，一般情况下小于或等于半波长。不同于其他声学定位系统，超短基线定位系统是通过船底安置的定位基线阵来测量目标与各个基元之间的相位差，利用相位差得到目标方位，通过多方交汇最终得到目标的空间位置。超短基线定位系统的优点是设备安装便捷、操作简单、工作效率高、成本低，但安装精度要求相比短基线定位系统而言要高，且需要进行繁杂的校准工作，定位精度由姿态和位置测量设备决定。

水下声学导航离不开对水下声场的掌握和了解。作为声信息传输通道的海水介质及其边界十分复杂和多变，使得声波在海水中的传播规律也十分复杂多变，掌握和了解水下声场这种复杂多变的传播规律是水下声学导航的关键性科学问题。其次，信标信号设计是水下声学导航的基础，声学信号波形带宽越大，相同声源的谱级越低，因此在相同声源级条件下宽带信号的谱级低于单频信号，而且低于海洋环境噪声，不易被监测；此外，声波信号的时间分辨率越高，测距精度也越高。除频率带宽外，信号波形设计还要考虑信号的编码设计，既要确保检测的便利性，也要考虑编码破解的难度，还要兼顾信号的通达性信号传播特性和时变噪声的影响；水下测距设备是水下声学导航硬件的重要组成部分，其设计与制造涉及材料、机械、电子、通信等多个学科领域，需要解决海底防拖、防冲淤、防海水与生物腐蚀、深海耐压、能源补给等技术问题；同时，水声导航解算受海洋复杂环境的影响较大，需要从声场时空模型构建、声波传输改正、精密算法设计和标校方案优化等方面开展深入研究。

10.1.5 仿生导航

仿生导航技术是一种模仿动物导航机理的导航技术，涉及认知科学、机器学习、计算机视觉和信息融合等多个学科。根据生物感知环境进行导航的机理不同，仿生导航技术可以分为仿生偏振光导航技术、仿生地磁导航技术、仿生光流导航技术、仿生类脑导航技术等。从已公开发表的研究成果可知，仿生偏振光导航技术比较成熟且已经在工程上得到初步应用。仿生导航技术是一种基于自然特性的自主导航技术，与以电波传播为测量手段的导航技术相比，仿生导航技术具有自主性好、自适应性强、不易被干扰、隐蔽性好等优点。

仿生偏振光导航技术是从生物导航中学习得到的一种导航技术，是一种被动、无源的新型自主导航技术。该技术以太阳光在大气中传输的偏振特性为理论依据，以生物偏振光感知机理及其敏感神经系统对偏振信息的处理机制为仿生基础，太阳光在未进入大气层之前，是非偏振的自然光，进入大气之后，大气分子、气溶胶等粒子对太阳光具有散射作用，会改变光的偏振态，从而产生天空偏振光。用于描述偏振光的参数是偏振度和偏振角，分别表示光的偏振强度和振动方向。大气层中，偏振光在不同地点或不同时段的偏振度和偏振角各不相同，而同一时段、同一地点的偏振度和偏振角具有很好的重复性，这就形成了包含大量偏振信息的太阳光偏振分布图，也称为“天空的指纹”。

沙漠蚂蚁、蜜蜂等昆虫通过检测天空的偏振信息实现自主导航、这些具有偏振光导航能力的昆虫通过其复眼背部边缘区域（dorsal rim area，DRA）内一些排列规则的特殊小眼敏锐感知偏振光，并利用神经感杆的偏振光矢量正交敏感结构与中枢神经层视神经叶部分的偏振对立神经元（polarization opponent neurons，POL-neurons）的协同作用，使昆虫的偏振视觉系统具有极低的光强依赖性。仿生偏振光导航技术具有隐蔽性强、鲁棒性好、精度高的优点，可在陌生环境下为地面载体及低空飞行器等提供可靠的导航信息。

从上面的分析可知，开展仿生导航研究，首先要研究仿生感知机理，仿生导航的研究基础是对生物的学习和模仿，其本质是模拟生物感知环境进行导航的机理；其次是仿生传感器研制，仿生传感器是仿生导航的实现手段，通过对动物器官的感知机理、传感器结构设计、传感器加工工艺等方面的深入研究，提高仿生传感器的信噪比、降低功耗体积；最后是信息提取算法与导航算法，这是实现仿生导航的重要技术，如何提取导航所需的仿生信息是实现仿生导航的关键，发展与之相适应的数据处理方法及优化算法是获取导航信息的关键技术。

10.2 海洋地球物理场辅助导航

我们生活在地球上，地球给我们提供了丰富的导航资源，除了惯性导航的参考信息——地球自转角速度 $\boldsymbol{\omega}_{ie}$ 外，还有地球磁场、重力场及地形地貌特征等，这些都可以为导航提供参考和修正依据。特别是随着对海洋资源的开发和利用的不断深入，对水下导航精度和可靠性的要求日益提高，但由于常规的导航手段，如卫星导航、星光导航及无线电导航等，其信号在海水中传输时将会衰减，因此，必须采用新的方法和手段实现水下导航。海洋地球物理场辅助导航就是一种有效的水下导航定位辅助手段，是各个国家大力发展的水下自主导航技术。

海洋地球物理场辅助导航就是利用重力场、地磁场、地形场的时空分布特征，制作地球物理导航信标，实现运载体精确定位的自主导航方法。它包括海洋地球物理场基准图、地球物理场实时测量传感器和导航匹配算法三大组成部分，其基本思想是：先将预计航行的海域及其附近的地磁、重力、海深信息的时空分布特征存入载体的计算机中，航行器在航行过程中通过所载传感器采集其周围地球物理信息并与载体上计算机存储的信息相匹配，及时校正惯性导航系统的积累误差，从而连续、自主、隐蔽地获得载体的导航信息，将载体精确导航至预定海域。海洋地球物理导航可直接确定相对于基准参考坐标系的位置和速度，无须浮出水面或使用外部坐标，不需要来自地面的导航和通信信号，隐蔽性好，军事价值显著。

海洋地球物理导航的实现途径有三条：①匹配定位：地形匹配、地磁匹配、重力匹配以及上述匹配方法的组合；②充分发掘重力、地磁、海深或海底地形各种资源的特殊性，如地磁可测定航向，重力扰动信息补偿可改善惯性导航系统的力学编排等，提高自主导航精度；③在缺乏基准图的海域，采用制图同步定位技术导航。

10.2.1　海洋重力场辅助导航

海洋重力场辅助导航是利用海洋重力场的空间分布特征来修正或限定惯性导航系统的误差积累，从而提高惯性导航精度的无源自主导航方法。

如图 10.7 所示，海洋重力辅助导航的基本原理可以从重力补偿技术、重力匹配技术和制图与定位同步技术三方面来介绍。

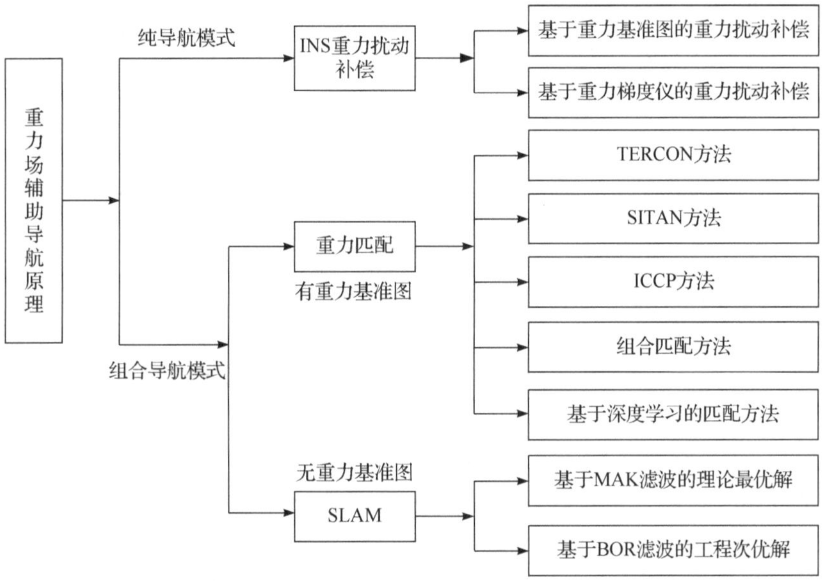

图 10.7　重力辅助导航原理图

1. 重力扰动补偿原理

惯性导航系统的精度主要取决于惯性测量单元的性能和重力扰动补偿的精度。前者主要是指加速度计和陀螺仪的零偏稳定性及标度因数误差的稳定性；后者是指提供给惯性导航方程的重力矢量的精度，重力扰动是实际重力相对于惯性导航系统所采用的地球重力场模型值的偏差，即重力的模型值误差。在惯性导航系统中，陀螺仪参考框架是地球参考椭球，由于该参考椭球与实际地球并非完全吻合，重力矢量常常偏离参考椭球的法线从而形成水平方向的重力扰动，该重力扰动对惯性导航的影响等效于惯性加速度计误差，已成为影响惯性导航精度的重要因素，消除其影响的过程称为重力扰动补偿，也称为垂线偏差补偿，即向惯性导航系统提供高精度的重力矢量以改善其力学编排，从而提高惯性导航系统本身的精度。如何实时获取惯性导航系统所在位置的重力扰动向量是重力补偿的关键，其中，依据重力矢量参数获取方法的差别，惯性导航系统重力扰动补偿可分为基于重力场基准图的重力扰动补偿和基于重力梯度仪的重力扰动补偿。基于重力基准图的重力补偿方法要求事先绘制重力基准图（或利用重力场模型），并根据重力场位理论推估惯导所在位置的重力扰动矢量，从而改善惯性导航系统的力学编排，提高惯性导航的精度；基于重力梯度仪的重力补偿方法利用重力梯度仪实时测量重力数据并引入惯性系统的编排方程，通过导航解算来减弱重力参数误差带来的影响。基于重力场基准图的重力扰动补偿原理如图 10.8 所示。

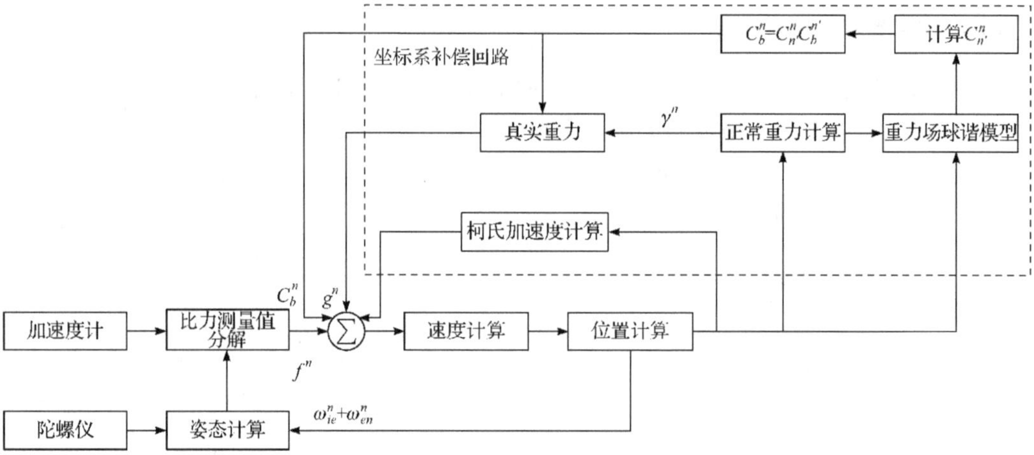

图 10.8　基于重力场基准图的重力扰动补偿原理

2. 重力匹配原理

重力匹配是一种利用重力敏感仪表的测量实现的图形跟踪导航技术，它要求事先制作好重力基准图并存储在导航系统中，再利用重力敏感仪器实时测定重力场信息，并与重力基准图进行比较，依据一定的准则判断二者之间的拟合度，从而确定最佳匹配位置，限定或修正惯性导航系统误差。重力匹配系统主要由四部分组成：①惯性导航系统；②重力基准图；③实时重力测量系统；④匹配算法。上述各部分的应用发展水平决定了重力匹配的技术可行性及其精度。重力匹配涉及海洋重力特征的数学描述和提取、重力传感器测量误差分析与建模、最佳匹配准则及防止产生虚假定位准则的建立等技术，可采用的数据处理方法包括相关分析、极大似然估计、扩展 Kalman 滤波、多模型自适应估计、神经网络及统计模式识别等。高精度、高分辨率的重力场背景图数据库、高精度重力传感器以及高效的匹配定位算法是重力场匹配导航的三个核心要素。在传统匹配定位方法基础上，利用现代数学理论和优化方法研究新的匹配算法，以及利用新方法设计新的无源重力辅助导航系统是未来重要的研究方向。

在无重力基准图区域，可以利用制图和同步定位技术（simultaneous localization and mapping，SLAM），即在水下航行器航行过程中创建增量式重力基准图，同时依据该基准图确定水下航行器位置。

10.2.2　地磁场辅助导航

地磁场是重要的地球物理场之一，是地磁学研究的重要内容。地磁场匹配导航是利用地磁场信息进行匹配定位、导航的技术，其原理是将地磁场特征量绘制成参考图，利用安装在运载体上的地磁测量仪实时测量地磁场特征量，通过与事先绘制成的参考图进行匹配，对比磁场大小、方向及梯度等信息，从而计算出运动载体的位置。

人类使用地磁信息进行导航历史悠久，如我国古代发明的指南车、航海罗盘等。随着磁场测量仪器的发展和对地磁场研究的不断深入，地磁导航的方法出现了新的变化。现代地磁导航技术基于地磁场是一个矢量场，其强度大小和方向是位置的函数，同时地磁场具有丰富的特征，如总强度、矢量强度、磁倾角、磁偏角和强度梯度等，为地磁匹配提供了充足的匹配信息。因此，可以把地磁场当做一个天然的坐标系，利用地磁场的测量信息来实现对飞行器或水面、水下航行器等的导航定位。

理论上，在近地空间上任意一点都有唯一的磁场矢量与之对应，这就为地磁导航的实现提供了基础。与其他辅助导航方法相比，地磁场辅助导航具有以下优势：

(1) 地磁场的测量不受位置和环境的影响，无论在地上、高空还是水下，无论任何季节、气候，地磁场都可以被检测到，为全天候、全地域导航奠定了基础。

(2) 地磁导航是一种无源导航方法，在地磁测量中不会有电磁信号泄露，有利于提高载体运动的隐蔽性，具有潜在的军事价值。

(3) 作为一种匹配定位算法，地磁导航的误差不会随着时间产生累积效应，因而非常适合与惯性导航系统进行信息融合，构成组合导航系统，对惯性器件产生的累积误差进行及时的修正。

(4) 地磁场作为矢量场，不仅幅值信息可用，其方向信息也可被作为导航参考，相对于地形匹配、景象匹配等标量数值匹配算法，理论上可以提供更加丰富的导航参考信息。

地磁场匹配导航对于无线电信号衰减的水下、地形几何特征不明显的沙漠及海面等，地磁场匹配导航以其隐蔽自主性、抗干扰能力、无累积误差等优势，可实现全天候、全区域的导航能力，具有较高的军事应用价值。

地磁场从其形成原因和分布形态上，可分为正常场(也称为主磁场)和异常场两部分。前者源于地核，占据地磁场组分的 95%以上，且随时间缓慢变化；后者源于地壳中的磁性矿脉，尽管组分微小，但是强度相对稳定，随时间变化率远远低于正常场。从空间分布上说，主磁场变化缓慢，波形尺度较大，而异常场变化复杂，波形尺度较小。通常认为异常场更适合作为地磁导航的参照。

对地磁场进行精确测量与测绘是实现地磁导航的基础和先决条件。由于地磁场非常微弱，其幅值范围在 30000～70000nT(纳特斯拉，简称纳特或 nT)之间，且随空间位置产生的变化量更是十分微弱，不仅不易测量，而且很容易受到干扰。地磁场的梯度变化范围从每公里几纳特(地磁异常微弱区)到上百纳特(地磁异常剧烈区)不等。要敏感如此微小的变化量无疑对传感器的分辨率和精度提出严苛要求。目前在地磁导航与地磁测量领域研究中，普遍采用正交三轴磁传感器作为基本磁测元件。随着科学技术的快速发展，新型磁场测量设备相继问世，而且基于巨磁阻抗效应的非晶材料磁传感器因具有灵敏度高、响应速度快、体积微小等优势而受到广泛的关注，在未来的地磁导航应用中具有广阔的应用前景。

在测绘手段上，通常采用地面站观测、航空测绘与卫星测量等多种手段。要提高磁场测量的精度，一方面要提高测量所用传感器的精度，另一方面要克服来源于载体自身的磁场干扰。测绘精度的提高，一方面要以高精度的磁场测量为基础，另一方面要依赖定位精度的提高。

当载体在地表附近运动时，地磁场强度的变化主要体现为异常场强度的变化。由于地磁异常场非常稳定，基本不随时间变化，所以一般采用表示地磁异常场特征的地磁异常图作为地磁导航的参考数据。磁传感器测得测点的磁场强度总量，包括地磁场和环境干扰磁场，通过野值剔除和误差补偿等手段提取出地磁场信号后，减去由地磁场模型给出的主磁场信号，然后做日变校正等处理，得到地磁异常强度的测量值。根据导航系统的位置输出，在地磁异常图上读取对应的地磁异常强度，与异常强度的实测值进行比较，其差值反映了导航定位误差，从而达到修正惯性导航系统误差，提高惯性导航系统精度的目的。

地磁匹配算法属于数字地图匹配技术，目前主要分两类：一类强调它们之间的相似程度，如互相关算法(COR)和相关系数法(CC)；另一类强调它们之间的差别程度，如平均绝对差算法(MAD)和均方差算法(MSD)。在求最佳匹配点时，前一类算法应求极大值，后一类应求极小值。有关地形、图像匹配导航算法也可以应用到地磁匹配导航中。当前，地磁匹配理论远未成熟，实际上，地磁场具有多个强度和角度的特征，匹配的可操作性更强，利用该特点开发新型匹配方法和算法将是一个重要研究方向。

在地磁异常变化剧烈的区域，因磁场曲面高低起伏，磁场等高线蜿蜒曲折，这无疑为地磁导航提供了丰富的“指纹”信息，这些区域显然是地磁导航技术应用的首选。而在地磁异常微弱的区域，因地磁场总强度变化平缓，磁场曲面往往呈缓坡状，磁场等高线也相对平直，缺乏特征上的变化，这些特征往往导致地磁导航系统在这些区域的导航效果大打折扣。因此，在地磁匹配导航中，适配区的选择十分重要，这就要求在不同的地区，根据地磁场分布情况，选择合适的匹配导航算法。

10.2.3　水深和海底地形辅助导航

海洋水深与海底地形直接相关，海洋水深导航可直接转化为海底地形导航。20 世纪末，随着多波束测深等技术的出现，发现大洋底部丰富的海山、峡谷、山丘、山脉、壕沟、斜坡、浅滩和海槽等都为导航提供了轮廓鲜明的地形信息，80%的海底水深特征足以支持水深导航的工程实现。图 10.9 为水下地形匹配原理示意图。高精度海底地形数据库构建、实测水深数据获

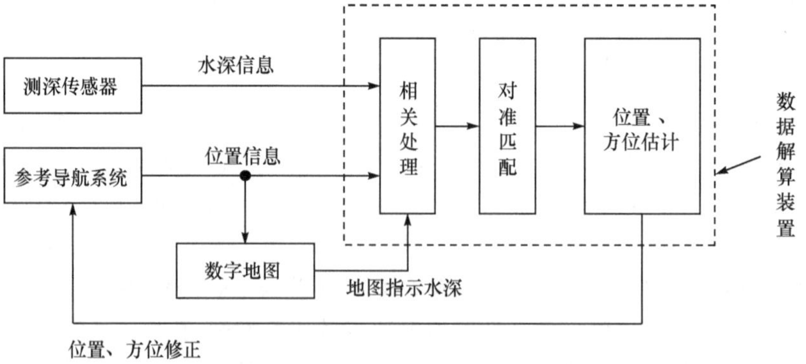

图 10.9　水下地形匹配原理示意图

取以及地形匹配导航算法是其中的关键问题。

10.2.4　制图和同步定位技术

随着卫星测高、卫星重力、卫星磁测、多波束测深以及数字地球技术的逐步发展和完善，已初步具备制作海洋地球物理基准图从而开展海洋地球物理场辅助导航的物质条件。在全球范围内事先制作高分辨、高精度的海洋地球物理基准图仍是难以迄及的目标，何况地球物理参数也存在一定程度的时变特征。随着地球物理参数相关维数的增加，寻找导航匹配峰值的计算复杂度也呈指数级增长。因此，在地球物理资源丰富、基准图精确的海域，可采用海洋地球物理导航中的匹配算法实现水下导航；而在地球物理资源匮乏、没有基准图或基准图不准确的海域，可采用地球物理导航中的制图和同步定位技术予以补充。

制图和同步定位技术也称为并发建图与定位（concurrent mapping and localization，CML），该技术在水下航行器航行的同时建立附近海域的地球物理基准图，并依据该基准图进行实时导航。由于 SLAM 算法具有获取信息的外部传感器相对简单、不需要先验地图的辅助等优点，促进了该算法在水下导航定位方面的应用研究。

SLAM 方法要解决三个基本问题：一是如何进行环境描述，即地图如何表示的问题；二是怎样获得环境信息，即环境特征的提取问题；三是如何处理传感器获得信息的不确定性问题。

各国研究者目前已提出多种地图表示方法，大致可分为栅格地图、特征地图和拓扑地图三类，每种方法都有其优缺点。基于占据概率的栅格地图将整个环境分为若干相同大小的栅格，其中每个栅格都分配一个概率值，表示该栅格被障碍物占据的可能性大小，此方法有利于水下航行器的自主导航。当水下航行器在复杂的水下环境运动时，生成的维护和更新栅格地图的算法比较复杂，对地图的存储空间和实时性要求也是一个挑战。特征地图表示方法用一组环境路标特征表示环境，每一个路标特征都用一个几何原型来近似，用精选的特征产生一种稀疏的环境描述。该表示方法结构紧凑，便于位置估计和目标识别。但是在大规模环境或环境划分比较详细的情况下，难以维持精确的坐标信息，并且该方法需要特征提取等处理过程，对传感器噪声比较敏感，只适用于高度结构化的环境。拓扑地图表示方法采用关键的节点及其相互关系来描述环境。当环境非常相似时，拓扑地图表示方法就很难将两者区分开来，而且定位精度不高。在非结构化环境中，节点的识别将变得非常复杂。若仅以拓扑信息进行水下航行器定位，则水下航行器将很快迷失方向和位置。针对水下特征的空间分布比较分散，间隔距离可能很大，同时考虑到水下航行器长时间航行时地图的涵盖范围非常大，可用特征地图与拓扑地图表示相结合的方法。

环境特征提取是基于 SLAM 算法的水下航行器导航的一个最基本的问题。在复杂的水下环境中，水下航行器对环境的认识只能通过自身配备的多种内部和外部传感器获得极少的环境信息，其内部传感器主要有里程计和陀螺仪等，外部传感器主要有视觉、激光、声呐和红外等。考虑到地图表示方法的优缺点，选择特征地图是比较恰当的水下环境表示方法。如用声呐测量的方法来提取海床特征信息，建立环境模型；利用信息融合理论将陀螺仪、声呐和水下照相机测量所得数据放到一个公共的状态空间中，再进行海底环境提取等。

水下航行器依靠自身所携带的传感器对外界进行感知时，由于自身性能的缺陷、传感器的限制和外界环境的影响，往往不能保证传感器自身获得数据的可靠性，感知信息存在不同程度的不确定性，直接使用感知信息进行地图创建很难得到准确的环境模型。目前水下探测研究中使用较多的是声呐和激光雷达等距离传感器,但其获取的信息量较少,分辨率也相对较低。采用分辨率高的视觉传感器或多传感器信息融合是解决这一问题的有效手段,但利用视觉传感器将面临大量信息的处理和计算时间问题。因此,在未知环境中,对不确定信息的处理方法是水下航行器地图创建中的关键问题。采用多传感器信息融合的方法,是提高 SLAM 算法准确性和可靠性的有效方法和手段。

目前 SLAM 的实现方法包括基于扩展 Kalman 滤波的 SLAM 方法、基于粒子滤波的 SLAM 方法、提高 SLAM 鲁棒性的方法以及降低 SLAM 算法复杂度的方法等。如何提高 SLAM 方法的鲁棒性,使其适应现实中的复杂水下环境是研究的一个重要问题。水下航行器深海远航程的发展趋势造成了地图过大和计算复杂度的增加,这一直是限制 SLAM 算法应用的主要障碍。加之水下环境极其复杂,可使用的外部传感器仅限于声呐、水下照相机等,且获得的观测噪声大、干扰多,这就对数据关联提出了更高的要求。数据关联问题是提高 SLAM 算法鲁棒性的一个重要技术手段。算法的复杂度是 SLAM 算法的主要问题之一。虽然现在其计算复杂度可以降至与特征个数的平方成正比,但对于未来 AUV 深海远程的发展需求,还远远达不到实时性的要求。因此,改进现有 SLAM 算法的效率,降低算法的复杂度,提高运算速度是未来 SLAM 算法发展的重要方向。

10.3 组合导航系统设计

10.3.1 组合导航系统的组合工作模式

组合导航是现代导航理论和技术发展的必然结果。每种单一的导航系统都存在各自的独特性能和局限性,几种不同的单一系统组合在一起,利用多种信息源互相补充,构成一种具有更多余度和更高导航精度的多功能系统即为组合导航系统。根据不同的应用要求与目的,可以构成不同的组合导航系统,由于惯性导航系统的自主性,目前多以惯性导航系统作为主导航系统构成组合导航系统。

组合导航系统可以有多种组合工作模式,设计其工作模式,实质上是设计一种可行的、能够高效利用各子系统导航信息的工作方法,是在考虑各种因素后对组合导航系统的综合设计。这里以捷联式惯性导航系统(SINS)和卫星导航系统(GPS)为例进行说明。根据不同的应用要求,惯性导航系统和卫星导航系统可以有不同水平的组合,即组合的深度不同,可以分为浅组合和深组合两种模式。

1. 浅组合

浅组合是一种低水平的组合,其主要特点是 SINS 和 GPS 各自独立工作,组合作用仅体现在用 GPS 辅助惯性导航系统,属于这类组合的有两种情况。

1) GPS 重调惯性导航系统

这是一种最简单的组合模式,可以有以下两种工作方式。

(1) 用 GPS 给出的位置、速度信息直接重调 SINS 的输出。

在 GPS 工作期间,组合导航系统输出 GPS 的位置和速度;在 GPS 停止工作时,组合导航系统以 GPS 停止工作瞬时的位置和速度作为 SINS 的初值,输出 SINS 的位置和速度。

(2) SINS 和 GPS 输出的位置和速度信息进行加权平均。

在短时间工作情况下，采用 SINS 和 GPS 输出的位置和速度信息进行加权平均的工作方式精度较高，而在长时间工作时，由于 SINS 误差随时间积累，对其加权值应随工作时间增长而减小。因而，在长时间工作时，组合导航系统的性能和采用 GPS 的位置、速度信息直接重调 SINS 输出的工作方式相同。

2) 位置/速度信息综合

这是采用滤波技术的简单组合方式。以 SINS 的误差方程作为组合导航系统的状态方程，以 GPS 接收机和 SINS 各自输出的位置/速度之差作为量测，采用滤波算法对 SINS 的位置误差、速度误差、平台姿态误差以及惯性器件误差进行估计，从而对 SINS 进行输出或反馈校正。这种组合方式容易实现，能够大幅度地提高组合系统的导航精度，缺点是随着系统模型阶数的提高，计算量增大。

2. 深组合

深组合属于高水平的组合模式，其特点是 SINS 和 GPS 相互辅助，甚至可以把 GPS 和 SINS 按组合的要求进行一体化设计。深组合的基本模式是伪距/伪距率组合，以及在此基础上用 SINS 的位置和速度对 GPS 接收机跟踪环进行辅助，也可以再增加对 GPS 接收机导航功能的辅助。

1) 伪距/伪距率组合

如图 10.10 所示，伪距/伪距率组合模式是用 GPS 给出的星历数据和 SINS 给出的位置和速度计算出相应于 SINS 位置的伪距和伪距率，并将其与 GPS 测量的伪距和伪距率相比较作为量测值，通过 Kalman 滤波器估计 SINS 和 GPS 的误差量，然后对两个系统进行校正，由于 GPS 的测距误差容易建模，因而可以把它扩充为状态，通过组合滤波加以估计，然后对 GPS 接收机进行校正。

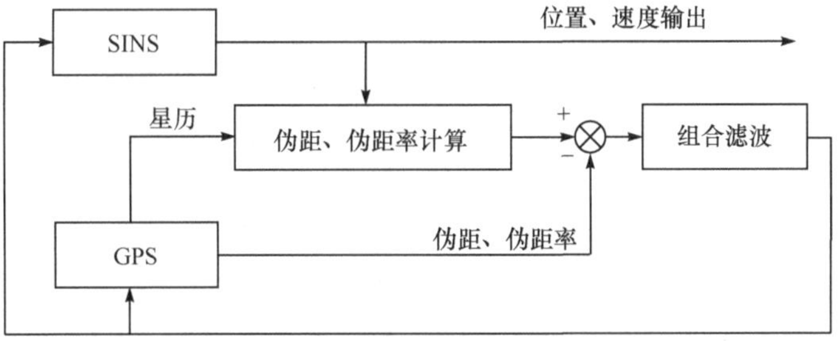

图 10.10　伪距/伪距率组合原理图

2) SINS 速度信息辅助 GPS 接收机环路

如图 10.11 所示，用 SINS 输出信息辅助 GPS 接收机环路，可以有效地提高环路的等效带宽，提高接收机的抗干扰性能，减小动态误差，从而提高 GPS 的跟踪和捕获能力。通常，高动态用户接收机都采用这种惯性速度辅助技术。GPS 接收机有了惯性速度辅助之后，环路的跟踪速度误差与惯性速度误差相关；同时，由于有了惯性速度辅助，环路本身的带宽可以很窄，因而时间常数较大，从而使环路的跟踪误差又是时间相关的，在这种情况下，如果组合滤波器的设计仍采用普通 Kalman 滤波器，则系统可能产生不稳定，这是在这种组合模式的设计中必须要解决的问题。

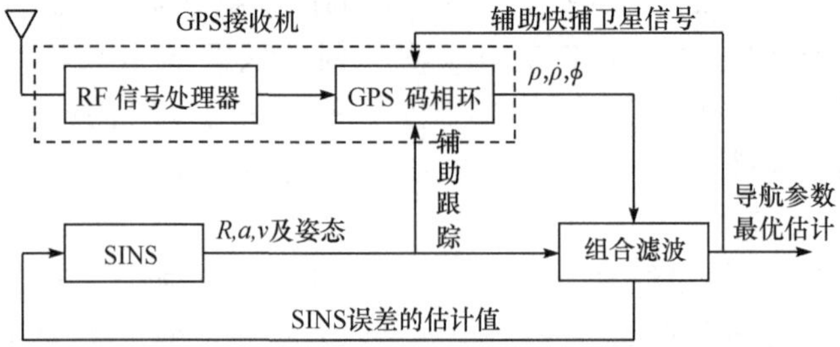

图 10.11　SINS 速度信息辅助 GPS 接收机环路原理图

3）SINS 位置和速度信息辅助 GPS 导航功能

GPS 接收机的导航功能有很多也采用 Kalman 滤波技术，对一般用户的 GPS 接收机，其导航滤波器的状态为三个位置、三个速度、三个加速度、用户时钟误差和时钟频率误差，如果把 GPS 接收机导航滤波器的位置、速度看作 SINS 简化的位置、速度误差状态，利用 GPS 滤波器的估计值校正 SINS 输出的位置和速度信息，即得到 GPS 的导航解。在这种情况下，称 GPS 的导航功能是在惯性辅助下完成的。当采用这样的接收机再与 SINS 组合时，其组合 Kalman 滤波器的状态和 GPS 滤波器的估计误差相关。这种相关也可能产生组合系统的不稳定，解决的方法是组合滤波器采用高阶模型，而 GPS 滤波器采用低阶模型。

10.3.2　组合导航系统的滤波设计

1. 直接滤波与间接滤波

组合导航的实质是以计算机为中心，将各个导航传感器送来的信息加以综合和优化处理。组合导航系统的多源信息结构、融合模型与算法是构造最优组合导航系统的核心问题，而导航参数估计方法是实现高精度组合导航的重要途径和关键技术。

组合导航系统一般采用 Kalman 滤波技术，当设计组合导航系统的 Kalman 滤波器时，首先必须列写出描述系统动态特性的系统方程和反映观测量与系统状态关系的量测方程，如果直接以各导航子系统的导航输出参数作为状态，即直接以导航参数作为被估计对象，则称实现组合导航的滤波处理为直接法滤波；如果以各导航子系统的误差量作为状态，即以导航参数的误差量作为估计对象，则称实现组合导航的滤波处理为间接法滤波。

在直接法滤波方法中，Kalman 滤波器接收各导航子系统的导航参数，经滤波计算，得到导航参数的最优估计，如图 10.12 所示。

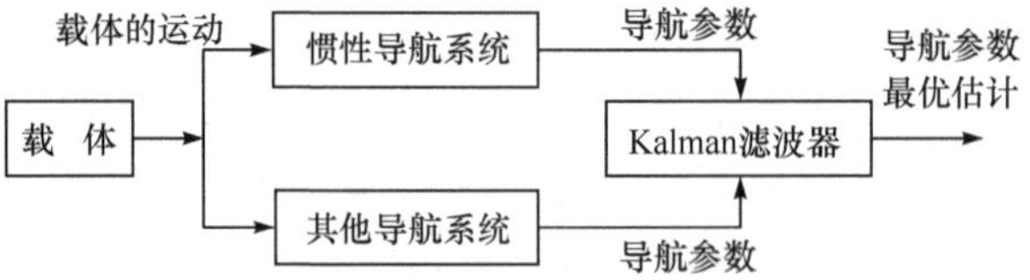

图 10.12　直接法滤波

在间接法滤波方法中，Kalman 滤波器接收两个导航子系统对同一导航参数输出值的差值，经过滤波计算，估计出各误差量，用惯性导航系统误差的估计值去校正惯性导航系统输出的导航参数，以得到导航参数的最优估计；或者用惯性导航系统误差的估计值去校正惯性导航系统力学编排中的相应导航参数，即将误差估计值反馈到惯性导航系统的内部，如图 10.13 所示。前者称为输出校正，后者称为反馈校正。目前一般都采用间接 Kalman 滤波，即以惯性导航系统的导航误差作为状态变量，在其他导航系统的辅助下估计误差状态，校正导航误差。

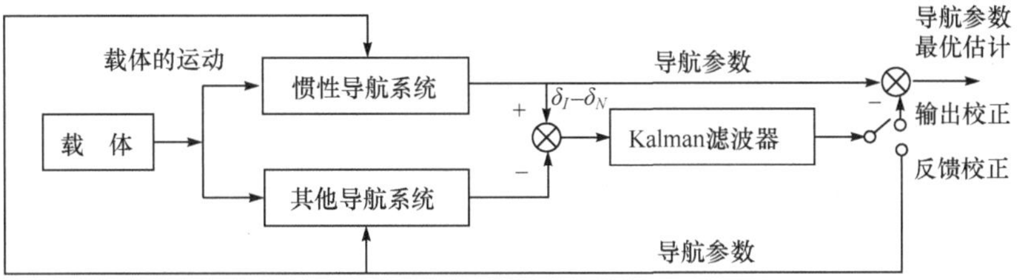

图 10.13　间接法滤波

2. 系统组合模型

以位置/速度浅组合模式为例，给出 SINS/GPS 组合模型。采用间接滤波法，选取 SINS/GPS 组合导航系统的状态向量为

$$\boldsymbol{X}=[\phi_E \quad \phi_N \quad \phi_\xi \quad \delta v_E \quad \delta v_N \quad \delta v_\xi \quad \delta\varphi \quad \delta\lambda \quad \delta h \quad \varepsilon_x \quad \varepsilon_y \quad \varepsilon_z \quad \nabla_x \quad \nabla_y \quad \nabla_z]^{\mathrm{T}} \tag{10.5}$$

式中，ϕ_E、ϕ_N、ϕ_ξ 表示平台误差角；δv_E、δv_N、δv_ξ 表示速度误差；$\delta\varphi$、$\delta\lambda$ 和 δh 表示位置误差；ε_x、ε_y、ε_z 和 ∇_x、∇_y、∇_z 分别为陀螺仪和加速度计的随机误差；下标 x，y，z 表示载体坐标系。

1）系统状态方程

以 SINS 误差方程作为组合导航系统的状态方程，其形式如下：

$$\dot{\boldsymbol{X}}(t)=\boldsymbol{F}(t)\boldsymbol{X}(t)+\boldsymbol{G}(t)\boldsymbol{W}(t) \tag{10.6}$$

式中 $\boldsymbol{F}(t)=\begin{bmatrix}\boldsymbol{F}_N & \boldsymbol{F}_S \\ \boldsymbol{0}_{6\times 9} & \boldsymbol{0}_{6\times 6}\end{bmatrix}_{15\times 15}$，其中，$\boldsymbol{F}_N$ 为典型的 9×9 基本导航参数阵，其非零元素为

$$F_N(1,2)=\omega_{ie}\sin\varphi+\frac{v_E}{R_N+h}\tan\varphi,\quad F_N(1,3)=-\left(\omega_{ie}\cos\varphi+\frac{v_E}{R_N+h}\right)$$

$$F_N(1,5)=\frac{1}{R_M+h},\quad F_N(2,1)=-\left(\omega_{ie}\sin\varphi+\frac{v_E}{R_N+h}\tan\varphi\right)$$

$$F_N(2,3)=-\frac{v_N}{R_M+h},\quad F_N(2,4)=-\frac{1}{R_N+h}$$

$$F_N(2,7)=-\omega_{ie}\sin\varphi,\quad F_N(3,1)=\omega_{ie}\cos\varphi+\frac{v_E}{R_N+h}$$

$$F_N(3,2)=\frac{v_N}{R_M+h},\quad F_N(3,4)=\frac{1}{R_N+h}\tan\varphi$$

$$F_N(3,7)=\omega_{ie}\cos\varphi+\frac{v_E}{R_N+h}\sec^2\varphi,\quad F_N(4,2)=-f_\xi$$

$$F_N(4,3)=f_\xi,\quad F_N(4,4)=\frac{v_N}{R_M+h}\tan\varphi-\frac{v_\xi}{R_M+h}$$

$$F_N(4,5)=2\omega_{ie}\sin\varphi+\frac{v_E}{R_N+h}\tan\varphi,\quad F_N(4,6)=-\left(2\omega_{ie}\cos\varphi+\frac{v_E}{R_N+h}\right)$$

$$F_N(4,7)=2\omega_{ie}\cos\varphi\cdot v_N+\frac{v_Nv_E}{R_N+h}\sec^2\varphi+2\omega_{ie}\sin\varphi\cdot v_\xi,\quad F_N(5,1)=f_\xi$$

$$F_N(5,3)=-f_E,\quad F_N(5,4)=-\left(2\omega_{ie}\sin\varphi+\frac{v_E}{R_N+h}\tan\varphi\right)$$

$$F_N(5,5)=-\frac{v_\xi}{R_M+h},\quad F_N(5,6)=-\frac{v_N}{R_M+h}$$

$$F_N(5,7)=-\left(2\omega_{ie}\cos\varphi+\frac{v_E}{R_N+h}\sec^2\varphi\right)v_E,\quad F_N(6,1)=-f_N$$

$$F_N(6,2)=f_E,\quad F_N(6,4)=2\left(\omega_{ie}\cos\varphi+\frac{v_E}{R_N+h}\right)$$

$$F_N(6,5)=\frac{2v_N}{R_M+h},\quad F_N(6,7)=-2v_E\omega_{ie}\sin\varphi$$

$$F_N(7,5)=\frac{1}{R_M+h},\quad F_N(8,4)=\frac{1}{R_N+h}\sec\varphi$$

$$F_N(8,7)=\frac{v_E}{R_N+h}\sec\varphi\tan\varphi,\quad F_N(9,6)=1$$

$\boldsymbol{F}_S(t)$是基本导航参数与惯性仪表误差之间的变换矩阵

$$\boldsymbol{F}_S=\begin{bmatrix}\boldsymbol{C}_b^n & \boldsymbol{0}_{3\times3}\\ \boldsymbol{0}_{3\times3} & \boldsymbol{C}_b^n\\ \boldsymbol{0}_{3\times3} & \boldsymbol{0}_{3\times3}\end{bmatrix}_{9\times6}$$

式中,$\boldsymbol{C}_b^n$ 为 SINS 的姿态矩阵。系统噪声输入矩阵为

$$\boldsymbol{G}(t)=\begin{bmatrix}\boldsymbol{C}_b^n & \boldsymbol{0}_{3\times3}\\ \boldsymbol{0}_{3\times3} & \boldsymbol{C}_b^n\\ \boldsymbol{0}_{9\times3} & \boldsymbol{0}_{9\times3}\end{bmatrix}_{15\times6}\tag{10.7}$$

系统噪声为

$$\boldsymbol{W}(t)=\begin{bmatrix}w_{\varepsilon_x} & w_{\varepsilon_y} & w_{\varepsilon_z} & w_{\nabla_x} & w_{\nabla_y} & w_{\nabla_z}\end{bmatrix}^{\mathrm{T}}\tag{10.8}$$

式中,w_{ε_x}、w_{ε_y} 和 w_{ε_z} 为陀螺仪的白噪声;w_{∇_x}、w_{∇_y} 和 w_{∇_z} 为加速度计的白噪声项,系统噪声方差阵为$\boldsymbol{Q}(t)=\mathrm{diag}\{\sigma_{\varepsilon_x}^2\quad \sigma_{\varepsilon_y}^2\quad \sigma_{\varepsilon_z}^2\quad \sigma_{\nabla_x}^2\quad \sigma_{\nabla_y}^2\quad \sigma_{\nabla_z}^2\}$。

2) 系统观测方程

位置观测向量 $\boldsymbol{Z}_P$ 为

$$\boldsymbol{Z}_P(t)=\begin{bmatrix}\varphi_I-\varphi_G\\ \lambda_I-\lambda_G\\ h_I-h_G\end{bmatrix}=\boldsymbol{H}_P\boldsymbol{X}(t)+\boldsymbol{V}_P(t)\tag{10.9}$$

式中,$\boldsymbol{H}_p=[\boldsymbol{0}_{3\times6}\quad \mathrm{diag}\{R_M\quad R_N\cos\varphi\quad 1\}\quad \boldsymbol{0}_{3\times6}]$;下标 I 表示 SINS,下标 G 表示 GPS;$\boldsymbol{V}_P=[N_{GE}\quad N_{GN}\quad N_{GU}]^{\mathrm{T}}$ 表示 GPS 接收机沿东北天方向的位置误差。

速度观测向量 $\boldsymbol{Z}_v$ 为

$$
\boldsymbol{Z}_v(t)=\begin{bmatrix} v_{IE}-v_{GE} \\ v_{IN}-v_{GN} \\ v_{IU}-v_{GU} \end{bmatrix}=\boldsymbol{H}_v\boldsymbol{X}(t)+\boldsymbol{V}_v(t) \tag{10.10}
$$

式中，$\boldsymbol{H}_v=[\boldsymbol{0}_{3\times3} \quad \mathrm{diag}\{1 \quad 1 \quad 1\} \quad \boldsymbol{0}_{3\times9}]$；$\boldsymbol{V}_v=[v_{GE} \quad v_{GN} \quad v_{GU}]^{\mathrm{T}}$ 表示 GPS 接收机沿东北天方向的速度误差。

综上，系统观测方程为

$$
\boldsymbol{Z}(t)=\begin{bmatrix} \boldsymbol{Z}_v(t) \\ \boldsymbol{Z}_P(t) \end{bmatrix}=\begin{bmatrix} \boldsymbol{H}_v \\ \boldsymbol{H}_P \end{bmatrix}X(t)+\begin{bmatrix} \boldsymbol{V}_v(t) \\ \boldsymbol{V}_P(t) \end{bmatrix}=\boldsymbol{H}(t)\boldsymbol{X}(t)+\boldsymbol{V}(t) \tag{10.11}
$$

10.4 SINS/DVL 组合导航系统实例

捷联式惯性导航系统（SINS）/多普勒计程仪（DVL）组合导航系统是长航时水下导航常用的导航方式。本节给出 SINS /DVL 组合导航系统工作于水跟踪模式下的组合导航算法实例，分析了 DVL 水跟踪模式下洋流速度对组合导航精度的影响，提出了 SINS/DVL 基于速度匹配组合导航系统设计方案。当 DVL 切换到水跟踪模式后，利用 Kalman 滤波器对洋流速度进行实时估计，从而能够有效提高 DVL 仅对水输出时系统的组合导航定位精度。仿真和水上船载试验结果表明，考虑洋流速度影响的 SINS/DVL 组合导航算法是有效的和可行的。

10.4.1 DVL 工作原理

DVL 是利用安装在载体上的超声换能器向海底发射超声波，根据多普勒效应原理测量载体速度的仪器。DVL 测速精度越高要求的声波发射频率越高，声波发射频率越高，量程就会越小。当海底深度超过 DVL 射程范围时，DVL 测速精度就会严重下降。两者的具体切换情况如图 10.14 所示。目前使用的 DVL 通常具有两种工作模式：底跟踪模式和水跟踪模式。

图 10.14 DVL 工作模式示意图

在高精度水下导航定位中必须考虑洋流速度的影响。当载体位于 A 区域时，由于载体对底距离超过了 DVL 测速最大量程，DVL 工作于水跟踪模式，测量得到的是载体相对于 DVL 设定水流层的速度，此时还需要知道水流层的水流速度，两者之和才是载体的对底速度。在极端条件下，渤海的表层水流速度可达 3.47 m/s，黄海的表层水流速度可达 2.88m/s，东海的表层水流速度可达 3.26m/s。此时，对于运行速度比较慢的载体，水流的速度可能超过载体自身的行驶速度。当 DVL 由底跟踪模式切换到水跟踪模式后，洋流速度将会对 SINS/DVL 组合导航系统的定位精度产生很大的影响。当载体行驶至B区域时，由于载体对底距离在DVL测速最大量程之内，DVL切换到底跟踪模式，可以提供精确、稳定的载体前向和侧向对底速度。此外由于B区域海底深度大于DVL设定的水流层深度，DVL在输出载体对底速度的同时也可以输出载体相对于水流层的速度。当载体行驶至C区域时，由于海底深度小于DVL设定的水流层的深度，DVL只能输出载体对底速度。在实际工程应用中，由于海底深度的变化，DVL可能频繁地在水跟踪和底跟踪模式之间切换。而通常情况下DVL设定的水流层的水流速度大多是未知的，所以当DVL工作于水跟踪模式时，DVL测得的载体速度将会带有很大的误差，导致SINS/DVL组合导航系统存在很大的定位误差。

针对该问题，当前研究的主要思路是基于机动目标"当前"统计模型的水下组合导航模式，通过增加加速度观测信息，采用加速度均值、方差自适应Kalman滤波算法实现线运动参数的估计和流速修正，进而提高航位推算的精度。

10.4.2 SINS/DVL组合滤波方程

SINS/DVL组合导航采用速度组合方式，利用SINS解算得到的导航坐标系下的速度与DVL直接测得的速度经转换修正后作差，将速度差作为Kalman滤波的观测量。DVL测速误差主要与声速误差、载体姿态误差等有关。考虑到这些误差在实际产品中已经补偿，现只考虑DVL刻度因子误差以及安装角误差。由于水平方向上的两个安装角误差对系统组合导航定位精度的影响相对较小可以忽略，且将DVL刻度因子误差δk_D及航向安装角误差β作常值处理。根据现有海洋模型可以得知，在小范围内洋流速度变化较为缓慢，因此可以假定短期内DVL设定水流层的洋流速度为恒定值。令洋流速度在地理坐标系东向、天向、北向的分量可分别表示为V_{cn}、V_{cu}、V_{ce}：

$$\boldsymbol{V}^n_{\text{Current}}=[V_{cn}\ V_{cu}\ V_{ce}]^{\text{T}} \tag{10.12}$$

可以得到：

$$\delta\dot{V}_{cn}=0,\quad \delta\dot{V}_{cu}=0,\quad \delta\dot{V}_{ce}=0 \tag{10.13}$$

SINS/DVL组合导航系统状态变量由主系统SINS的状态量和辅助子系统DVL的状态量一起构成。不考虑天向通道的影响，主系统SINS状态量选取如下：北向、东向速度误差δV_N、δV_E；北向、天向、东向姿态误差ϕ_E、ϕ_N、ϕ_U；北向、东向位置误差$\delta\varphi$、$\delta\lambda$；载体系各轴向的陀螺漂移ε_x^b、ε_y^b、ε_z^b；加速度计零偏∇_x^b、∇_y^b、∇_z^b。选取DVL刻度因子误差δk_D、航向安装角误差β以及北向、东向洋流速度误差分量δV_{cn}、δV_{ce}为子系统DVL的状态量。SINS/ DVL组合导航系统误差状态方程如下：

$$\begin{cases}\dot{\boldsymbol{X}}(t)=\boldsymbol{F}(t)\boldsymbol{X}(t)+\boldsymbol{B}(t)\boldsymbol{U}(t)\\ \boldsymbol{F}(t)=[F_{\text{SINS}}\quad F_{\text{SINS}}]\\ \boldsymbol{X}=[\boldsymbol{X}_{\text{SINS}}^T\quad \boldsymbol{X}_{\text{DVL}}^T]^{\text{T}}\end{cases} \tag{10.14}$$

根据捷联惯导系统误差方程可以得到系统状态矩阵$\boldsymbol{F}_{\text{SINS}}$，又有$\boldsymbol{X}_{\text{DVL}}=[\delta k_D\quad \beta\quad \delta V_{cn}\quad \delta V_{ce}]$，据上述分析可以得到系统矩阵$\boldsymbol{F}_{\text{DVL}}$中的元素均为零。

理想情况下，DVL相对于自身测量坐标系的速度在导航系（n系）下的投影为$\boldsymbol{V}^n_{\text{DVL}}=\boldsymbol{C}^n_b\boldsymbol{C}^b_d\boldsymbol{V}^d_{\text{DVL}}$，其中，$\boldsymbol{V}^d_{\text{DVL}}$为DVL测得载体在仪器系（$d$系）下的真实速度，$\boldsymbol{C}^b_d$为仪器系到载体系

(b 系)姿态转换矩阵,$\boldsymbol{C}_b^n$ 为载体系到导航系的姿态转换矩阵。考虑刻度因子、安装误差等影响因素,DVL 实际输出的速度为:

$$\widetilde{\boldsymbol{V}}_{\mathrm{DVL}}^n=\widetilde{\boldsymbol{C}}_b^n\widetilde{\boldsymbol{C}}_d^b(1+\delta k_D)\boldsymbol{V}_{\mathrm{DVL}}^d=[\boldsymbol{I}-(\boldsymbol{\phi}\times)]\boldsymbol{C}_b^n[\boldsymbol{I}-(\boldsymbol{\eta}\times)]\boldsymbol{C}_d^b(1+\delta k_D)\boldsymbol{V}_{\mathrm{DVL}}^d \tag{10.15}$$

式中,$\boldsymbol{V}_{\mathrm{DVL}}^n=[V_{\mathrm{DVL}}^N\quad V_{\mathrm{DVL}}^U\quad V_{\mathrm{DVL}}^E]^{\mathrm{T}}$ 为 DVL 测量输出速度在导航系分量;$\boldsymbol{\phi}=[\phi_E\quad \phi_N\quad \phi_U]^{\mathrm{T}}$ 为惯导系统失准角;$\boldsymbol{\eta}=[0\quad \beta\quad 0]^{\mathrm{T}}$ 为 DVL 与惯导系统之间的安装误差。

将式(10.15)展开,并忽略二阶小量,可得

$$\begin{aligned}\widetilde{\boldsymbol{V}}_{\mathrm{DVL}}^n&=\boldsymbol{V}_{\mathrm{DVL}}^n+\boldsymbol{V}_{\mathrm{DVL}}^n\times\boldsymbol{\phi}+\boldsymbol{C}_b^n\boldsymbol{V}_{\mathrm{DVL}}^n\times\boldsymbol{\eta}+\delta k_D\boldsymbol{V}_{\mathrm{DVL}}^n\\&=\boldsymbol{V}_{\mathrm{DVL}}^n+\boldsymbol{V}_{\mathrm{DVL}}^n\times\boldsymbol{\phi}+(\boldsymbol{V}_{\mathrm{DVL}}^n\times)\boldsymbol{C}_b^n\boldsymbol{\eta}+\delta k_D\boldsymbol{V}_{\mathrm{DVL}}^n\end{aligned} \tag{10.16}$$

由式(10.16)可得 DVL 测速误差在 n 系的表示

$$\delta\boldsymbol{V}_{\mathrm{DVL}}^n=\widetilde{\boldsymbol{V}}_{\mathrm{DVL}}^n-\boldsymbol{V}_{\mathrm{DVL}}^n=\boldsymbol{V}_{\mathrm{DVL}}^n\times\boldsymbol{\phi}+(\boldsymbol{V}_{\mathrm{DVL}}^n\times)\boldsymbol{C}_b^n\boldsymbol{\eta}+\delta k_D\boldsymbol{V}_{\mathrm{DVL}}^n \tag{10.17}$$

SINS/DVL 组合导航 Kalman 滤波采用速度匹配模式。当 DVL 工作于底跟踪模式时,无需考虑洋流速度的影响,直接以捷联惯导解算得到的速度和 DVL 测得的速度之差值作为 Kalman 滤波器的观测量,即观测量

$$\boldsymbol{Z}=\hat{\boldsymbol{V}}_{\mathrm{SINS}}^n-\hat{\boldsymbol{V}}_{\mathrm{DVL}}^n=\delta\boldsymbol{V}_{\mathrm{SINS}}^n-\delta\boldsymbol{V}_{\mathrm{DVL}}^n \tag{10.18}$$

将式(10.17)展开代入式(10.18),可得

$$\begin{cases}\boldsymbol{Z}=[Z_1\quad Z_2]^{\mathrm{T}}\\Z_1=\delta V_N+V_{\mathrm{DVL}}^E\phi_U-V_{\mathrm{DVL}}^U\phi_E-\delta k_D V_{\mathrm{DVL}}^N-(-C_{22}V_{\mathrm{DVL}}^E+C_{32}V_{\mathrm{DVL}}^U)\beta\\Z_2=\delta V_E+V_{\mathrm{DVL}}^U\phi_N-V_{\mathrm{DVL}}^N\phi_U-\delta k_D V_{\mathrm{DVL}}^E-(-C_{12}V_{\mathrm{DVL}}^U+C_{22}V_{\mathrm{DVL}}^N)\beta\end{cases} \tag{10.19}$$

式中,$C_{ij}(i=1,2,3;j=1,2,3)$为姿态转换矩阵 C_n^b 中相应的元素。对应的系统量测矩阵为

$$\begin{cases}\boldsymbol{H}=[\boldsymbol{I}_{2\times2}\quad \boldsymbol{H}_1\quad 0_{2\times8}\quad \boldsymbol{H}_2\quad 0_{2\times2}]\\\boldsymbol{H}_1=\begin{bmatrix}0 & V_{\mathrm{DVL}}^E & -V_{\mathrm{DVL}}^U\\V_{\mathrm{DVL}}^U & -V_{\mathrm{DVL}}^N & 0\end{bmatrix}\\\boldsymbol{H}_2=\begin{bmatrix}-V_{\mathrm{DVL}}^N & C_{22}V_{\mathrm{DVL}}^E & -C_{23}V_{\mathrm{DVL}}^N\\-V_{\mathrm{DVL}}^E & C_{21}V_{\mathrm{DVL}}^U & -C_{22}V_{\mathrm{DVL}}^N\end{bmatrix}\end{cases} \tag{10.20}$$

当 DVL 工作于水跟踪模式时,DVL 输出速度有较大的误差,需考虑洋流速度的影响。即观测量 $\boldsymbol{Z}=\delta V_{\mathrm{SINS}}^n-\delta V_{\mathrm{DVL}}^n-\delta V_{\mathrm{Current}}^n$,此时系统量测矩阵变为

$$\boldsymbol{H}=[I_{2\times2}\quad H_1\quad 0_{2\times8}\quad H_2\quad I_{2\times2}] \tag{10.21}$$

式中,$\boldsymbol{H}_1$、$\boldsymbol{H}_2$ 与 DVL 工作于底跟踪模式时对应的量测矩阵相同。

选择合适的状态初始值 $\boldsymbol{X}_0$、初始估计均方误差阵 $\boldsymbol{P}_0$、系统噪声初始方差阵 $\boldsymbol{Q}_0$ 以及量测噪声方差阵 $\boldsymbol{R}_k$,按照离散型 Kalman 滤波计算公式即可进行 SINS/DVL 组合导航 Kalman 滤波计算。

10.4.3 仿真与结果分析

1. 仿真条件设置

根据水下环境特点以及 SINS/DVL 组合导航系统的实际使用情况,设置如图 10.15 所示

的仿真运行轨迹。

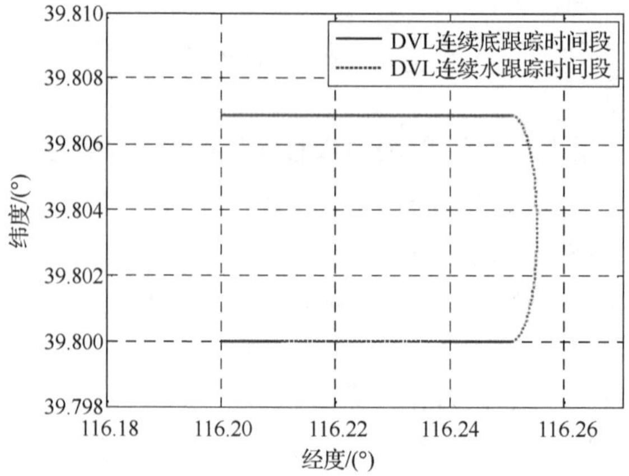

图 10.15　DVL 工作模式示意图

具体仿真条件设置如下：

(1) 轨迹设置。

仿真总时间：$t=2000$s；

转弯时间：400s；

初始位置：$\varphi_0=39.8°$，$\lambda_0=116.2°$，$h_0=-80$m；

初始速度：$V_{N0}=0$m/s，$V_{U0}=0$m/s，$V_{E0}=0$m/s；

匀速直航速度：$V^b=6$m/s；

转弯速度：$V^b=3$m/s；

初始姿态角：航向角 $\psi=-90°$，俯仰角 $\theta=0°$，滚动角 $\gamma=0°$；

初始姿态误差：$\delta\psi=0.1°$，$\delta\theta=0.01°$，$\delta\gamma=-0.01°$。

(2) 惯性器件精度设置。

惯性器件采样周期：$Tn=5$ms；

陀螺漂移：0.01°/h；

加速度计零偏：0.0005m/s^2。

(3) DVL 参考信息设置。

DVL 测速采样周期：$T=1s$；

DVL 测速误差：0.02m/s；

DVL 仅对水有效时间段：200～600s，800～1200s。

(4) 洋流速度设置。

200～600 s 时间段：

$V_{cn}=0.3$m/s，$V_{cu}=0$m/s，$V_{ce}=0.3$m/s；

800～1200s 时间段：

$V_{cn}=0.5$m/s，$V_{cu}=0$m/s，$V_{ce}=0.5$m/s。

2. 仿真结果及分析

仿真结果如图 10.16～图 10.18 所示。200～600s 期间载体处于匀速直航状态，800～

1200s 期间载体处于转弯以及加速状态。从洋流速度估计结果可以看出，洋流速度无论在匀速直航还是在加速或者转弯条件下都能够被准确地估计出来，如图 10.16 所示。

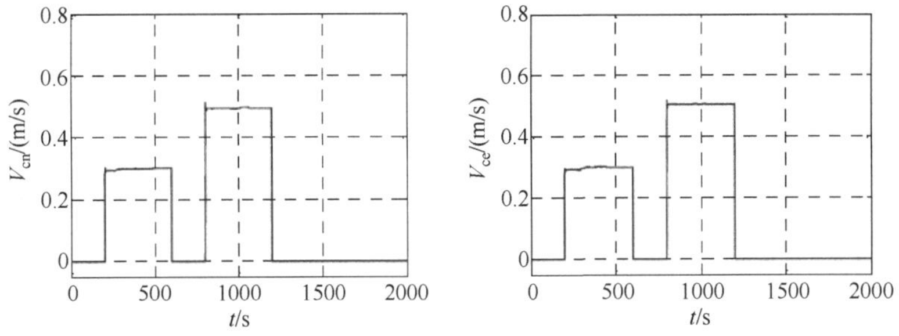

图 10.16　洋流速度估计曲线

未考虑洋流速度的情况下，在 DVL 切换到水跟踪模式后，SINS/DVL 组合导航系统的定位误差明显增大，径向最大误差达到 750m，而引入洋流速度估计后，当 DVL 仅对水输出时，系统仍然能够拥有较高的定位精度，径向最大误差在 12m 以内，如图 10.17～图 10.18 所示。

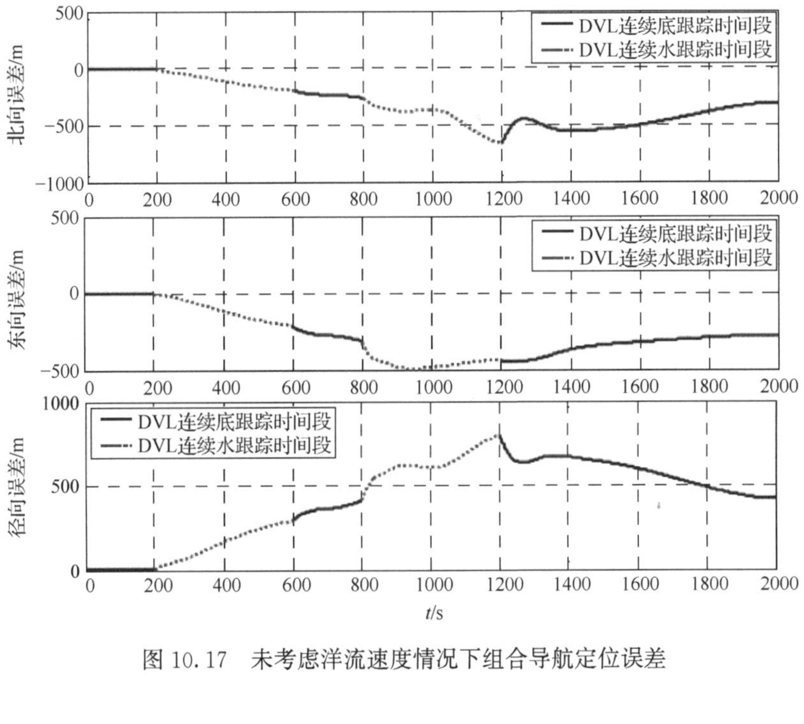

图 10.17　未考虑洋流速度情况下组合导航定位误差

3. 船载湖试结果及分析

选取某水库开阔水面开展船载试验。惯导系统选用零偏稳定性为 0.02°/h 的光纤陀螺和零偏稳定性 80μg 的石英挠性加速度计；选取 RDI Workhorse Navigator DVL，标称精度为 0.4%航程，工作频率为 300kHz，湖面试验所在水域水深较浅，平均水深 34m，最大深度不到 100m，整个导航过程中 DVL 处于底跟踪模式，对准时间 6min。

考虑到 DVL 在底跟踪模式下可同时输出载体对底及对水速度，假设在指定时间段内 DVL

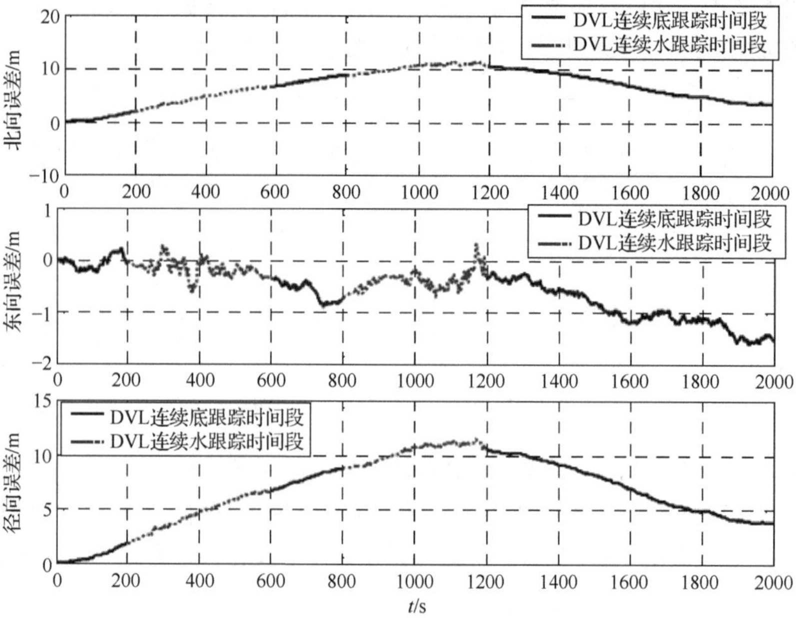

图 10.18　考虑洋流速度情况下组合导航定位误差

连续对底无效，组合导航系统使用 DVL 输出的载体对水速度参与解算，基于该考虑洋流速度的 SINS/DVL 组合导航算法可以得到北向、东向洋流速度估计值，如图 10.19～图 10.20 所示。

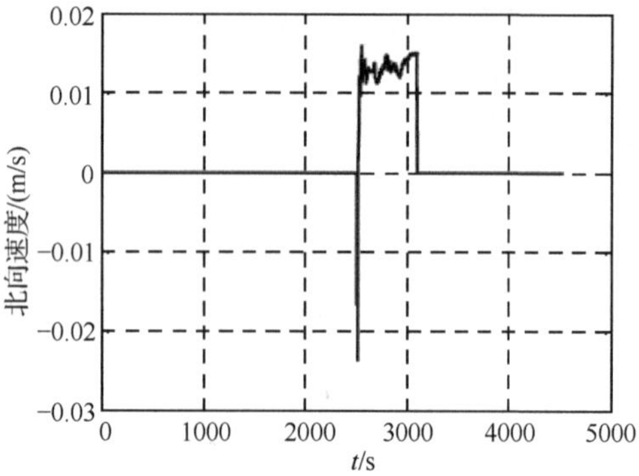

图 10.19　北向洋流速度估计

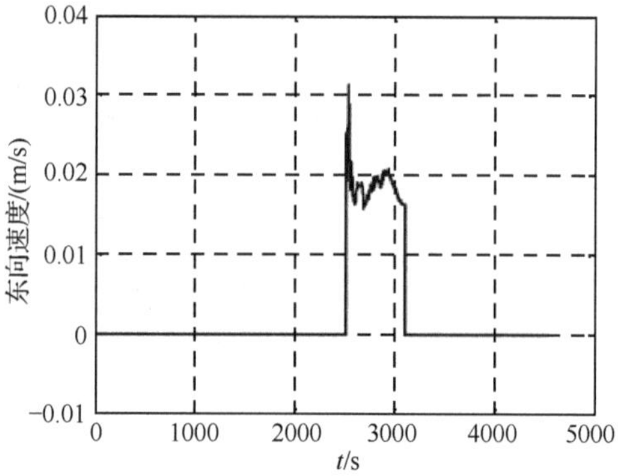

图 10.20　东向洋流速度估计

将引入洋流速度估计前后系统 SINS/DVL 组合导航的定位误差进行比较，对比结果如图 10.21～图 10.24 所示。

从上述结果中可以看出，虽然试验所在水域 DVL 设定水流层的洋流速度只有 0.02m/s，但在考虑洋流速度前后，系统定位误差仍然有明显区别。2500s 至 3100s 连续对底无效期间，未考虑洋流速度的情况下，系统定位误差增大了 20 m 以上，而引入洋流速度估计后，系统定位误差只增大了 5m 左右，组合导航精度由 0.42%航程提高到 0.24%航程，算法具有较好的工程适用性。

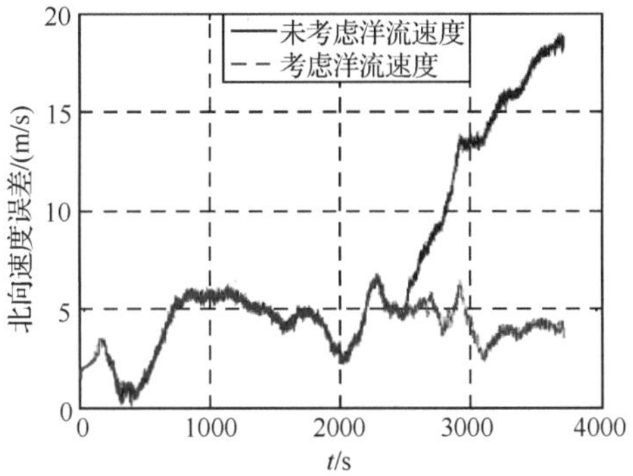

图 10.21　考虑洋流速度前后系统北向误差对比

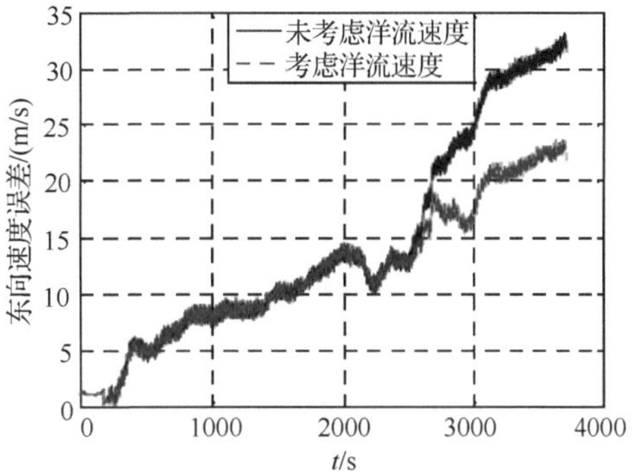

图 10.22　考虑洋流速度前后系统东向误差对比

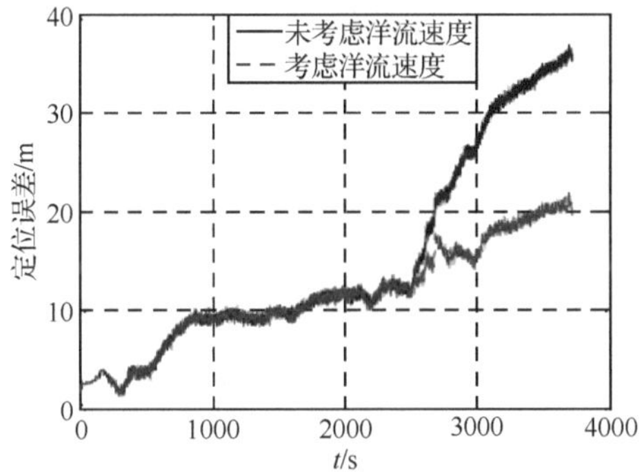

图 10.23　系统综合定位误差对比

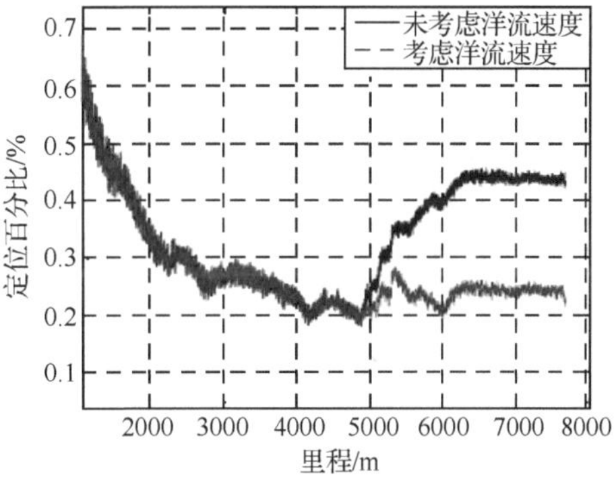

图 10.24　考虑洋流速度前后系统定位误差对比

思　考　题

1. 海洋地球物理导航如何辅助惯性导航系统实现高精度导航定位？
2. SLAM 方法在导航领域有哪些应用？需要解决哪些问题？
3. 为什么采用组合导航系统？
4. 卫星导航系统的定位原理。
5. 天文导航系统的定位原理。
6. 如何设计一个组合导航系统？

第 11 章　惯性测试技术

惯性器件和惯性导航系统技术在陆、海、空、天等各个领域都得到了广泛应用，不同的应用领域，由于使用环境和载体不同，对惯性器件及系统性能指标的要求差别很大。如大型舰船和潜艇等载体关注低动态、长航时的导航性能，而战略导弹等则需要高动态、短时间的导航性能，它们对惯性器件及系统性能指标的要求可能相差几倍到几十倍；同样，在使用环境上，较平静的海上环境与超声速或高超声速飞行时惯性器件和系统所承受环境特征变化相差较大。因此，在研究、设计、制造、存储到使用前的各个阶段都需要对惯性器件和系统进行测试和试验，以确保它们在工作中具有所需的性能和品质，惯性测试技术是不可缺少的一项关键技术。

随着各类应用对惯性器件及系统精度要求的不断提高，单纯依靠不断改进惯性器件的设计和工艺来提高精度的方法，在实践中遇到越来越多的困难，使惯性器件的结构变得更加复杂，给生产、装配、维护等带来诸多不便，导致产品的生产周期变长、价格昂贵。因此，采用惯性测试技术，建立误差模型，准确评价惯性器件及系统的性能，通过对测试结果的利用和误差补偿技术，使产品性能得到提高，已由片面追求降低惯性器件及系统的绝对误差，转为重点保证其性能的稳定性和重复性。这样的处理方式具有实际意义，也使得惯性测试成为研制、生产惯性器件及系统过程中必不可少的环节。

11.1　惯性测试技术概述

测试技术是涉及多个学科领域的综合技术，一般应包括以下几个方面的内容：

(1) 测量原理指测量所依据的物理原理，涉及物理学、力学、光学、电学、声学等知识，其选择取决于测量范围、性能要求和环境条件等。随着相关学科的发展，测量原理也在不断更新与发展，新测量原理的研究与探索始终是测试技术发展的一个活跃领域。

(2) 测量方法指依据测量原理完成测试的具体方式，一般可分为直接测量、间接测量和组合测量三种方法。直接测量是将被测参数与作为标准的物理量直接进行比较；间接测量是对与被测量有确定函数关系的其他物理量(也称为原始参数)进行直接测量，然后通过计算获得被测量的数值；组合测量是将测量中各个未知量以不同的组合形式出现，综合直接和/或间接测量所测得的数据，通过求解联立方程组以求得未知量的数值。

对陀螺仪、加速度计等惯性器件及系统进行测试的目的，主要包括以下几个方面：特性测试和评估测试；接受测试；分析测试与故障调查；标定测试；鉴定测试以及可靠性与寿命测试等。归纳起来，这些测试中最主要和共同的项目有两类：一类是精度测试，一类是可靠性测试。精度测试一般按所测误差项目的不同进行分类，主要分为静态误差测试和动态误差测试两大类，其中静态误差测试包括重力场条件下和大过载条件下对与加速度有关误差的测试，在变温条件下对与温度有关误差的测试，与时间有关的时变误差测试等。动态误差测试包括与线振动有关的线振动误差测试，与角振动有关的角振动误差测试及与线、角振动综合有关的误差测试等。

那具体该如何测试呢？简单地说，惯性器件及系统怎么用就怎么测，这些产品的应用对象千变万化千差万别，所以测试怎么做要符合具体运载体的实际使用条件和环境条件。以此为前提，还要解决以下几个原则问题：

(1) 采用何种测试设备。

(2) 测试环境的控制与保证。

(3) 测试程序、方法、采样长度与采样间隔的选取。

(4) 数据处理方法及奇异点的剔除。

(5) 最大限度地降低测试成本。

为了保证惯性测试精度，测试中需要考虑以下测试误差：

(1) 测试设备误差。任何测试设备总存在一定的误差，选用设备时要保证其精度能满足所要求的测试精度。

(2) 输入条件误差。为惯性器件及系统输入的外界条件，如加速度、角速度、温度、湿度和大气压等，其精度必然对测试精度有影响，要保证其影响在允许的范围之内。

(3) 信息读取误差。信息读取误差直接影响读数的准确性和测试结果，因此应尽量采用自动化测试设备，以减少人工操作过程中可能带来的失误，数据读取装置的精度也要与待测仪表的精度相适应。

(4) 模型误差。为了分别考察各个不同的精度项目，精度测试通常基于误差模型进行。误差模型就是惯性器件及系统输出总误差与各子项误差间关系的线性近似数学描述。惯性器件或系统的误差模型可以写为如下一般形式：

$$e=e_o+e_a+e_\omega+e_T+e_t+e_r \tag{11.1}$$

式中，e 为惯性器件或系统输出的总误差；e_o、e_a、e_ω、e_T、e_t、e_r 依次为与外界环境条件无关的误差、与线加速度有关的误差、与角速率有关的误差、与温度有关的误差、随时间变化的误差和随机误差。在进行精度测试时，一般只单独考察其中某一项或某一类误差，这时需要提供与这类误差有关的标准外界环境条件，而将与其他误差有关的环境条件控制在规定范围之内。

实际应用的误差模型均为对误差模型在一定程度上简化的数学描述，所忽略的因素会对所考察的项目带来一定的误差。因此，模型的选取或建立，要与测试需要达到的精度相适应。

(5) 数据处理及环境噪声的影响。测试中的量化噪声、环境噪声以及各种随机因素均会影响测试结果。因此，对实验室的场地、环境条件要有严格的控制。数据处理中利用统计、平滑、滤波等方法来处理实验结果。

本章重点介绍标定测试。所谓标定测试，就是对器件的性能参数诸如标度因数、零偏、噪声与带宽、失准角，以及惯性导航系统单位时间的定位误差、温度敏感性和模型非线性等需要在生产场所进行的测试，对要在导航任务中使用的模型参数进行标定。它一般是给定惯性器件以已知的输入，如在重力场中翻滚，它以 $\boldsymbol{\omega}_{ie}$ 和 $\boldsymbol{g}$ 作为标准输入量或绕不同轴旋转或进行振动和离心机测试，得到被测器件的输出数据后，经分析、整理，估计出所要的特征参数。

11.2 标定方法

标定方法可以分为器件标定和系统标定，又可分为静态标定和动态标定。器件标定一般在工厂进行，主要完成标度因数、偏值、偏值稳定性、阈值、启动时间、高低温度环境性能、振动和磁场环境性能等测试，这对于分析惯性器件的性能和精度估计十分重要。目前惯性器件的静态标定技术已经比较成熟，根据用途可以参照相应的国家测试标准和军用测试标准进行测试，在这里不详细介绍，而动态标定尚有许多值得探讨的新课题。惯性器件的精度最终反映在系统的精度性能上，而且系统的精度还与系统的结构参数有关，如安装误差，因此，通过对惯性系统的测试即系统标定，可直接得到惯性器件的实际使用性能参数和系统的结构参数。

系统标定根据观测量的不同，可以分为分立标定法和系统级标定法。分立标定法直接利用陀螺仪和加速度计的输出作为观测量，一般采用最小二乘法进行数据处理。系统级标定则利用陀螺仪和加速度计的输出进行导航解算，以导航误差（位置误差、速度误差及姿态误差）作为观测量来标定系统的误差参数。下面分别加以介绍。

11.2.1 分立标定法

分立标定法是目前发展较为成熟的标定方法，该方法通过合理的路径编排对惯性系统的各误差参数进行激励，其基本思想是在不同激励信号作用下，各误差源对观测量的影响不同，通过激励信号的变化以改变各个误差参数的可观测性，使惯性系统的误差参数得到分离，一般包括静态多位置标定试验和角速率标定两种。其中，静态多位置标定方法的基本原理是利用转台提供的方位基准和水平基准，将地球自转角速度和重力加速度作为输入惯性系统的标称量，与系统中陀螺仪和加速度计的输出进行比较，根据陀螺仪和加速度计的误差模型，建立惯性系统的误差模型，然后将精密转台按标定路径转动到多个不同位置，当位置数与误差模型中的未知数即误差系数的个数相等时，即可通过联立的方程组求解出各项误差系数；角速率标定是利用转台给惯性系统输入一系列标称的角速度，并与惯性系统的输出进行比较，根据惯性系统的误差模型，即可确定出系统的标度因数和安装误差两类误差系数。以上标定方法对转台的精度要求较高，标定精度依赖于转台精度和惯性系统在转台上的安装精度。

1. 静态多位置标定

惯性器件零偏的标定通常采用静态多位置法，该方法利用转台提供精确的位置基准，使加速度计或陀螺仪敏感不同的重力加速度或角速率分量，然后利用在每个位置上的静止采样结果计算惯性器件的参数，一般有四位置法、六位置法、八位置法、十二位置法以及二十四位置法等，需要标定的参数越多，转动的位置越多。表 11.1 给了东北天坐标系下的十二位置标定法的位置编排。

表 11.1 十二位置标定法位置编排

序号	敏感轴指向			比力输入			地球自转角速率输入		
	x_b	y_b	z_b	x_b	y_b	z_b	x_b	y_b	z_b
1	E	N	U	0	0	g	0	$\omega_{ie}\cos\varphi$	$\omega_{ie}\sin\varphi$
2	W	S	U	0	0	g	0	$-\omega_{ie}\cos\varphi$	$\omega_{ie}\sin\varphi$
3	N	E	D	0	0	$-g$	$\omega_{ie}\cos\varphi$	0	$-\omega_{ie}\sin\varphi$
4	S	W	D	0	0	$-g$	$-\omega_{ie}\cos\varphi$	0	$-\omega_{ie}\sin\varphi$
5	U	W	S	g	0	0	$\omega_{ie}\sin\varphi$	0	$-\omega_{ie}\cos\varphi$
6	U	E	N	g	0	0	$\omega_{ie}\sin\varphi$	0	$\omega_{ie}\cos\varphi$

续表

序号	敏感轴指向			比力输入			地球自转角速率输入		
	x_b	y_b	z_b	x_b	y_b	z_b	x_b	y_b	z_b
7	D	S	W	$-g$	0	0	$-\omega_{ie}\sin\varphi$	$-\omega_{ie}\cos\varphi$	0
8	D	N	E	$-g$	0	0	$-\omega_{ie}\sin\varphi$	$\omega_{ie}\cos\varphi$	0
9	W	U	N	0	g	0	0	$\omega_{ie}\sin\varphi$	$\omega_{ie}\cos\varphi$
10	E	U	S	0	g	0	0	$\omega_{ie}\sin\varphi$	$-\omega_{ie}\cos\varphi$
11	S	D	E	0	$-g$	0	$-\omega_{ie}\cos\varphi$	$-\omega_{ie}\sin\varphi$	0
12	N	D	W	0	$-g$	0	$\omega_{ie}\cos\varphi$	$-\omega_{ie}\sin\varphi$	0

1) 陀螺仪的标定

以激光陀螺仪为例，采用静态多位置法标定其零偏。静态多位置法是将激光陀螺捷联惯性导航系统在多个位置静止采数，多个位置的编排应该使 x、y、z 轴向陀螺仪分别在导航坐标系(n 系)三个轴向及该轴反方向上出现，从而利用位置关系将干扰量对消。采用四位置法对激光陀螺仪的零偏进行标定，如图 11.1 所示。四个位置与初始位置之间的坐标变换矩阵如下：

$$
\boldsymbol{C}_n^{b_1}=\begin{bmatrix}1&0&0\\0&1&0\\0&0&1\end{bmatrix},\quad \boldsymbol{C}_n^{b_2}=\begin{bmatrix}-1&0&0\\0&-1&0\\0&0&1\end{bmatrix}
$$

$$
\boldsymbol{C}_n^{b_3}=\begin{bmatrix}1&0&0\\0&-1&0\\0&0&-1\end{bmatrix},\quad \boldsymbol{C}_n^{b_4}=\begin{bmatrix}-1&0&0\\0&1&0\\0&0&-1\end{bmatrix} \tag{11.2}
$$

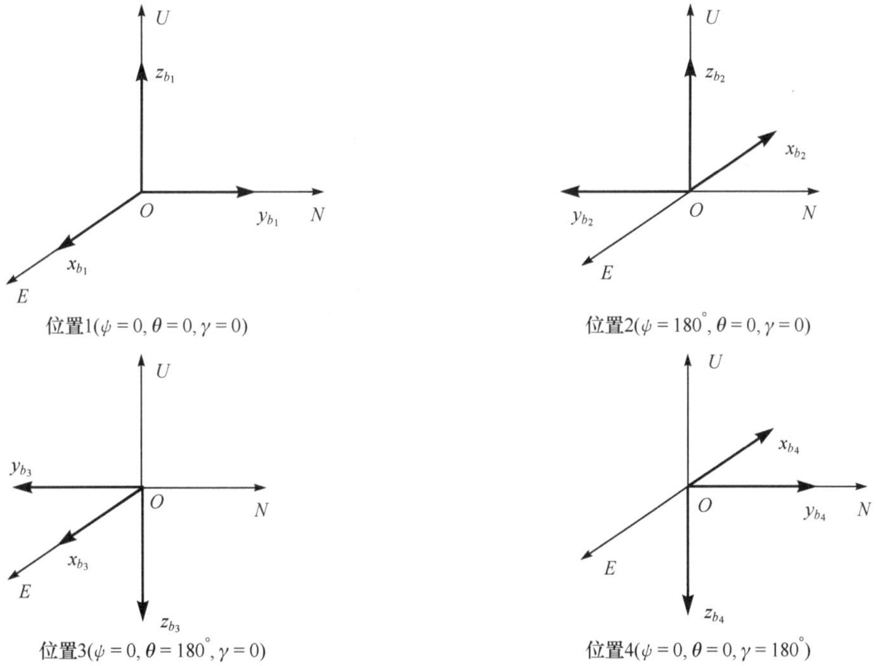

图 11.1 四位置编排示意图

令转台依次转动至位置 1～4 后静止，采样时间为 T，则四个位置上激光陀螺仪的脉冲累积输出依次为

$$\sum_{0}^{T}\boldsymbol{N}_{g1}=\boldsymbol{K}_g\int_0^T\boldsymbol{C}_n^{b_1}\boldsymbol{\omega}_{ie}^n\,\mathrm{d}t-\boldsymbol{K}_g\boldsymbol{\varepsilon}_gT \tag{11.3a}$$

$$\sum_{0}^{T}\boldsymbol{N}_{g2}=\boldsymbol{K}_g\int_0^T\boldsymbol{C}_n^{b_2}\boldsymbol{\omega}_{ie}^n\,\mathrm{d}t-\boldsymbol{K}_g\boldsymbol{\varepsilon}_gT \tag{11.3b}$$

$$\sum_{0}^{T}\boldsymbol{N}_{g3}=\boldsymbol{K}_g\int_0^T\boldsymbol{C}_n^{b_3}\boldsymbol{\omega}_{ie}^n\,\mathrm{d}t-\boldsymbol{K}_g\boldsymbol{\varepsilon}_gT \tag{11.3c}$$

$$\sum_{0}^{T}\boldsymbol{N}_{g4}=\boldsymbol{K}_g\int_0^T\boldsymbol{C}_n^{b_4}\boldsymbol{\omega}_{ie}^n\,\mathrm{d}t-\boldsymbol{K}_g\boldsymbol{\varepsilon}_gT \tag{11.3d}$$

将式(11.3)的四式相加，可得

$$\sum_{0}^{T}(\boldsymbol{N}_{g1}+\boldsymbol{N}_{g2}+\boldsymbol{N}_{g3}+\boldsymbol{N}_{g4})=\boldsymbol{K}_g\int_0^T(\boldsymbol{C}_n^{b_1}+\boldsymbol{C}_n^{b_2}+\boldsymbol{C}_n^{b_3}+\boldsymbol{C}_n^{b_4})\boldsymbol{\omega}_{ie}^n\,\mathrm{d}t-4\boldsymbol{K}_g\boldsymbol{\varepsilon}_gT \tag{11.4}$$

由 $\boldsymbol{C}_n^{b_1}+\boldsymbol{C}_n^{b_2}+\boldsymbol{C}_n^{b_3}+\boldsymbol{C}_n^{b_4}=\boldsymbol{0}$，可得激光陀螺仪的零偏 $\boldsymbol{\varepsilon}_g$ 如下：

$$\boldsymbol{\varepsilon}_g=-\frac{\boldsymbol{K}_g^{-1}\sum_{0}^{T}(\boldsymbol{N}_{g1}+\boldsymbol{N}_{g2}+\boldsymbol{N}_{g3}+\boldsymbol{N}_{g4})}{4T} \tag{11.5}$$

2）加速度计的标定

根据加速度计的输入输出关系，建立误差模型如下：

$$\boldsymbol{N}_a=\boldsymbol{K}_a\boldsymbol{f}_a-\boldsymbol{K}_a\,\boldsymbol{\nabla}_a \tag{11.6}$$

式中，$\boldsymbol{N}_a=[N_{ax}\quad N_{ay}\quad N_{az}]^{\mathrm{T}}$ 为加速度计的采样输出；$\boldsymbol{K}_a=\begin{bmatrix}K_{axx} & K_{axy} & K_{axz}\\ K_{ayx} & K_{ayy} & K_{ayz}\\ K_{azx} & K_{azy} & K_{azz}\end{bmatrix}$ 为加速度计的标定系数矩阵，$K_{aii}(i=x,y,z)$为加速度计的标度因数，$K_{aij}(i=x,y,z;j=x,y,z;i\neq j)$为安装误差系数，表征 j 轴对 i 轴输出的影响；$\boldsymbol{f}_a=[f_{ax}\quad f_{ay}\quad f_{az}]^{\mathrm{T}}$ 为沿 b 系各轴向的比力输入；$\boldsymbol{\nabla}_a=[\nabla_{ax}\quad \nabla_{ay}\quad \nabla_{az}]^{\mathrm{T}}$ 为加速度计的零偏。

以重力加速度作为参考量，采用表 11.1 所示的十二位置标定方案，令转台依次转至该十二位置后静止，采样时间为 T_s，加速度计在每个位置的脉冲累积输出为

$$\sum_{0}^{T_s}\boldsymbol{N}_{ai}=\boldsymbol{K}_a\int_0^{T_s}\boldsymbol{f}_{ai}\,\mathrm{d}t-\boldsymbol{K}_a\,\boldsymbol{\nabla}_aT_s,\quad i=1,\,2,\,\cdots,12 \tag{11.7}$$

对每个位置的脉冲累积输出取均值，可得 $\overline{\boldsymbol{N}}_{ai}$。设第 i 个位置在一个采样周期内加速度计输出的速度增量的真实值为 $\Delta\boldsymbol{V}_i$，则加速度计标定参数的多元回归模型如下：

$$\begin{bmatrix}\Delta\boldsymbol{V}_1^{\mathrm{T}}\\ \Delta\boldsymbol{V}_2^{\mathrm{T}}\\ \vdots\\ \Delta\boldsymbol{V}_{12}^{\mathrm{T}}\end{bmatrix}=\begin{bmatrix}1 & \overline{\boldsymbol{N}}_{a1}^{\mathrm{T}}\\ 1 & \overline{\boldsymbol{N}}_{a2}^{\mathrm{T}}\\ \vdots & \vdots\\ 1 & \overline{\boldsymbol{N}}_{a12}^{\mathrm{T}}\end{bmatrix}\begin{bmatrix}-\boldsymbol{\nabla}_a^{\mathrm{T}}\\ \\ (\boldsymbol{K}_a^{-1})^{\mathrm{T}}\end{bmatrix}+\begin{bmatrix}\boldsymbol{W}_1\\ \boldsymbol{W}_2\\ \vdots\\ \boldsymbol{W}_{12}\end{bmatrix} \tag{11.8}$$

式中，$\boldsymbol{W}_i$ 为 12 维的量测噪声向量。

令

$$\overline{\boldsymbol{N}}_a=\begin{bmatrix}1 & \overline{\boldsymbol{N}}_{a1}\\ 1 & \overline{\boldsymbol{N}}_{a2}\\ \vdots & \vdots\\ 1 & \overline{\boldsymbol{N}}_{a12}\end{bmatrix}_{12\times4},\quad \Delta\boldsymbol{V}=\begin{bmatrix}\Delta\boldsymbol{V}_1^{\mathrm{T}}\\ \Delta\boldsymbol{V}_2^{\mathrm{T}}\\ \vdots\\ \Delta\boldsymbol{V}_{12}^{\mathrm{T}}\end{bmatrix}_{12\times3},\quad \boldsymbol{M}=\begin{bmatrix}-\boldsymbol{\nabla}_a^{\mathrm{T}}\\ (\boldsymbol{K}_a^{-1})^{\mathrm{T}}\end{bmatrix}_{4\times3}$$

则式(11.8)可化简成如下形式：

$$\Delta\boldsymbol{V}=\overline{\boldsymbol{N}}_a\cdot\boldsymbol{M}+\boldsymbol{W}\tag{11.9}$$

M 的最小二乘估计如下：

$$\boldsymbol{M}=[\overline{\boldsymbol{N}}_a^{\mathrm{T}}\times\overline{\boldsymbol{N}}_a]^{-1}\cdot\overline{\boldsymbol{N}}_a^{\mathrm{T}}\cdot\Delta\boldsymbol{V}\tag{11.10}$$

2. 角速率标定

陀螺仪标度因数及安装误差系数的标定通常采用速率法，该方法利用转台所提供的精确角速率参考，使每个陀螺的敏感轴依次对准角速率输入方向，利用此时陀螺仪的输出以及参考输入可求得陀螺仪的标度因数和安装误差系数。在角速率标定过程中不选择地球自转角速率作为参考输入的原因主要在于地球自转角速率太小，在标定过程中，地球自转角速率将被视为速率实验中的干扰量。为了消除地球自转角速率的影响，一般采用整周标定的方法，使转台依次绕外环(天向)、中环(东向)、内环(北向)转动，再通过旋转积分法将地球自转角速率的水平分量在一个周期内平均掉。在标定过程中，转台输入角速率的设置也很重要，转台输入角速率过大，会增加转台负担；输入角速率过小，标度因数的标定精度不高。因此，应该从标度因数精度要求和惯导实际应用对象的动态特性出发进行选择，如对于舰船应用，可选用 15～60°/s 的输入角速率范围，同时为了克服标度因数非线性度的影响，一般采用正、反角速率输入标定。

下面以激光陀螺惯性导航系统为例介绍标定过程。根据激光陀螺仪的输入输出关系，建立误差模型如下：

$$\boldsymbol{N}_g=\boldsymbol{K}_g\boldsymbol{\omega}_g-\boldsymbol{K}_g\boldsymbol{\varepsilon}_g\tag{11.11}$$

式中，$\boldsymbol{N}_g=[N_{gx}\quad N_{gy}\quad N_{gz}]^{\mathrm{T}}$ 为陀螺仪的采样输出；$\boldsymbol{K}_g=\begin{bmatrix}K_{gxx} & K_{gxy} & K_{gxz}\\ K_{gyx} & K_{gyy} & K_{gyz}\\ K_{gzx} & K_{gzy} & K_{gzz}\end{bmatrix}$ 为陀螺仪的标定系数矩阵，$K_{gii}(i=x,y,z)$ 为陀螺仪的标度因数，$K_{gij}(i=x,y,z;j=x,y,z;i\neq j)$ 为三个陀螺仪的安装误差系数，表征 j 轴对 i 轴输出的影响；$\boldsymbol{\omega}_g=[\omega_{gx}\quad\omega_{gy}\quad\omega_{gz}]^{\mathrm{T}}$ 为沿 b 系各轴向的角速率输入；$\boldsymbol{\varepsilon}_g=[\varepsilon_{gx}\quad\varepsilon_{gy}\quad\varepsilon_{gz}]^{\mathrm{T}}$ 为陀螺仪的零偏。

首先令转台以角速度 $\boldsymbol{\omega}$ 绕转台外环(天向)正向转动(符合右手关系为正)，则此时 b 系各轴向的角速率输入为

$$\boldsymbol{\omega}_g=[\omega_{ie}\cos\varphi\sin\omega t\quad\omega_{ie}\cos\varphi\cos\omega t\quad\omega+\omega_{ie}\sin\varphi]^{\mathrm{T}}\tag{11.12}$$

式中，$\boldsymbol{\omega}_{ie}$ 为地球自转角速度；φ 为当地纬度。转动 N^{U+} 圈后静止，用时 T^{U+}，则此时 x、y、z 轴激光陀螺仪的脉冲累积输出为

$$\sum_{0}^{T^{U+}}\boldsymbol{N}_g^{U+}=K_g\int_{t=0}^{T^{U+}}\boldsymbol{\omega}_g\,\mathrm{d}t-\boldsymbol{K}_g\boldsymbol{\varepsilon}_gT^{U+}\tag{11.13}$$

其中，$\int_{t=0}^{T^{U+}}\cos\omega t\,\mathrm{d}t=\int_{t=0}^{T^{U+}}\sin\omega t\,\mathrm{d}t=0$，因此式(11.13)可化为如下形式：

$$\sum_{0}^{T^{U+}} N_{gx}^{U+}=K_{gxz}(\omega+\omega_{ie}\sin\varphi)T^{U+}-(K_{xx}\varepsilon_{gx}+K_{xy}\varepsilon_{gy}+K_{xz}\varepsilon_{gz})T^{U+} \tag{11.14a}$$

$$\sum_{0}^{T^{U+}} N_{gy}^{U+}=K_{gyz}(\omega+\omega_{ie}\sin\varphi)T^{U+}-(K_{yx}\varepsilon_{gx}+K_{yy}\varepsilon_{gy}+K_{yz}\varepsilon_{gz})T^{U+} \tag{11.14b}$$

$$\sum_{0}^{T^{U+}} N_{gz}^{U+}=K_{gzz}(\omega+\omega_{ie}\sin\varphi)T^{U+}-(K_{zx}\varepsilon_{gx}+K_{zy}\varepsilon_{gy}+K_{zz}\varepsilon_{gz})T^{U+} \tag{11.14c}$$

然后，令转台以同样的角速度 $\boldsymbol{\omega}$ 绕转台外环反向转动，转动 N^{U-} 圈后静止，用时 T^{U-}，则此时 x、y、z 激光陀螺仪的脉冲累积输出为

$$\sum_{0}^{T^{U-}} N_{gx}^{U-}=K_{gxz}(-\omega+\omega_{ie}\sin\varphi)T^{U-}-(K_{xx}\varepsilon_{gx}+K_{xy}\varepsilon_{gy}+K_{xz}\varepsilon_{gz})T^{U-} \tag{11.15a}$$

$$\sum_{0}^{T^{U-}} N_{gy}^{U-}=K_{gyz}(-\omega+\omega_{ie}\sin\varphi)T^{U-}-(K_{yx}\varepsilon_{gx}+K_{yy}\varepsilon_{gy}+K_{yz}\varepsilon_{gz})T^{U-} \tag{11.15b}$$

$$\sum_{0}^{T^{U-}} N_{gz}^{U-}=K_{gzz}(-\omega+\omega_{ie}\sin\varphi)T^{U-}-(K_{zx}\varepsilon_{gx}+K_{zy}\varepsilon_{gy}+K_{zz}\varepsilon_{gz})T^{U-} \tag{11.15c}$$

设 $N^{U+}=N^{U-}=N$，$T^{U+}=T^{U-}=T$，则由式(11.14)、式(11.15)可得

$$\sum_{0}^{T}(N_{gx}^{U+}-N_{gx}^{U-})=K_{gxz}\cdot 2\omega T \tag{11.16a}$$

$$\sum_{0}^{T}(N_{gy}^{U+}-N_{gy}^{U-})=K_{gyz}\cdot 2\omega T \tag{11.16b}$$

$$\sum_{0}^{T}(N_{gz}^{U+}-N_{gz}^{U-})=K_{gzz}\cdot 2\omega T \tag{11.16c}$$

由 $\omega T=2N\pi$ 可得第一组标定参数的标定结果为

$$K_{gxz}=\frac{\sum_{0}^{T}(N_{gx}^{U+}-N_{gx}^{U-})}{4N\pi} \tag{11.17a}$$

$$K_{gyz}=\frac{\sum_{0}^{T}(N_{gy}^{U+}-N_{gy}^{U-})}{4N\pi} \tag{11.17b}$$

$$K_{gzz}=\frac{\sum_{0}^{T}(N_{gz}^{U+}-N_{gz}^{U-})}{4N\pi} \tag{11.17c}$$

同理，令转台以角速度 $\boldsymbol{\omega}$ 分别绕转台中环、内环旋转 N 圈，可得标定结果如下

$$K_{gxx}=\frac{\sum_{0}^{T}(N_{gx}^{E+}-N_{gx}^{E-})}{4N\pi} \tag{11.18a}$$

$$K_{gyx}=\frac{\sum_{0}^{T}(N_{gy}^{E+}-N_{gy}^{E-})}{4N\pi} \tag{11.18b}$$

$$K_{gzx}=\frac{\sum_{0}^{T}(N_{gz}^{E+}-N_{gz}^{E-})}{4N\pi} \tag{11.18c}$$

$$K_{gxy}=\frac{\sum_{0}^{T}(N_{gx}^{N+}-N_{gx}^{N-})}{4N\pi} \tag{11.19a}$$

$$K_{gyy}=\frac{\sum_{0}^{T}(N_{gy}^{N+}-N_{gy}^{N-})}{4N\pi} \tag{11.19b}$$

$$K_{gzy}=\frac{\sum_{0}^{T}(N_{gz}^{N+}-N_{gz}^{N-})}{4N\pi} \tag{11.19c}$$

由此，通过角速率标定可以获得激光陀螺仪标定矩阵 $\boldsymbol{K}_g$ 中的 9 个参数。

11.2.2　系统级标定法

系统级标定法是 20 世纪 80 年代发展起来的，是减小标定对转台依赖性的一种有效方法。该方法利用低精度转台就可以达到较高的标定精度，代表着标定技术的未来发展方向。惯性导航系统工作于导航状态时，系统输出中包含加速度计与陀螺仪的各项误差，因此以系统输出为观测量可以估计出系统的各项误差参数。系统级标定采用陀螺仪和加速度计的输出进行导航解算，以导航误差(位置误差、速度误差和姿态误差)作为标定参数来标定系统的误差模型参数。系统级标定的关键是建立一个较为完善的导航输出误差与惯性器件误差系数之间的关系，并充分考虑惯性器件误差系数的可辨识性，合理设计实验编排，有效激励误差相关项，进而辨识出惯性器件的各项误差系数。

目前系统级标定方法主要有两种：一种是拟合方法，该方法建立特定运动激励下导航位置、速度、比力等误差与惯性导航系统各误差参数之间的关系，观测导航误差，并采用最小二乘法等方法来拟合估计系统误差参数，系统级标定拟合方法的关键在于旋转编排的设计；另一种是滤波方法，将惯性导航系统各误差参数作为滤波器状态，通过观测导航误差，设计 Kalman 滤波器来估计各误差参数。

1. 系统级标定拟合法

采用比力测量拟合方式的基本原理是：在静基座条件下，惯性导航系统的比力测量值在导航坐标系(东北天坐标系)的表示应该与重力加速度大小相等、方向相反，通过建立该比力表示的误差与惯性导航系统标定参数误差之间的关系来拟合各参数误差，进而实现标定。

1) 比力观测与标定误差参数间关系的建立

惯性导航系统的比力测量模型为

$$\widetilde{\boldsymbol{f}}^b=\widetilde{\boldsymbol{K}}^a\boldsymbol{N}^a-\widetilde{\boldsymbol{f}}_0=\boldsymbol{f}^b+\delta\boldsymbol{f}^b \tag{11.20}$$

式中，$\boldsymbol{N}^a$ 为加速度计单位时间内输出的脉冲数；$\widetilde{\boldsymbol{K}}^a=\boldsymbol{K}^a+\delta\boldsymbol{K}^a$ 为带误差的加速度计刻度因子和安装误差系数矩阵，$\delta\boldsymbol{K}^a=\begin{bmatrix}\delta k_{11}^a & \delta k_{12}^a & \delta k_{13}^a\\ \delta k_{21}^a & \delta k_{22}^a & \delta k_{23}^a\\ \delta k_{31}^a & \delta k_{32}^a & \delta k_{33}^a\end{bmatrix}$ 为误差矩阵；$\widetilde{\boldsymbol{f}}_0$ 为带误差的加速度计零偏，满

足 $\widetilde{\boldsymbol{f}}_0=\boldsymbol{f}_0-\boldsymbol{\nabla}$，$\boldsymbol{\nabla}=\begin{bmatrix}\nabla_1\\ \nabla_2\\ \nabla_3\end{bmatrix}$ 为加速度计零偏；$\boldsymbol{f}^b$ 为比力真值，$\delta\boldsymbol{f}^b$ 为比力测量误差，有

$$\delta\boldsymbol{f}^b=\delta\boldsymbol{K}^a\boldsymbol{N}^a+\boldsymbol{\nabla} \tag{11.21}$$

惯性导航系统角速度测量模型为

$$\widetilde{\boldsymbol{\omega}}_{ib}^b=\widetilde{\boldsymbol{K}}^g\boldsymbol{N}^g-\widetilde{\boldsymbol{\omega}}_0=\boldsymbol{\omega}_{ib}^b+\delta\boldsymbol{\omega}_{ib}^b \tag{11.22}$$

式中，$\boldsymbol{N}^g$ 为陀螺仪单位时间输出的脉冲数；$\widetilde{\boldsymbol{K}}^g=\boldsymbol{K}^g+\delta\boldsymbol{K}^g$ 为带误差的陀螺仪刻度因子和安装误差矩阵，$\delta\boldsymbol{K}^g=\begin{bmatrix}\delta k_{11}^g & \delta k_{12}^g & \delta k_{13}^g\\ \delta k_{21}^g & \delta k_{22}^g & \delta k_{23}^g\\ \delta k_{31}^g & \delta k_{32}^g & \delta k_{33}^g\end{bmatrix}$ 为误差矩阵；$\widetilde{\boldsymbol{\omega}}_0$ 为带误差的陀螺仪零偏，$\widetilde{\boldsymbol{\omega}}_0=\boldsymbol{\omega}_0-\boldsymbol{\varepsilon}$，

$\boldsymbol{\varepsilon}=\begin{bmatrix}\varepsilon_1\\ \varepsilon_2\\ \varepsilon_3\end{bmatrix}$ 为陀螺仪零偏；$\boldsymbol{\omega}_{ib}^b$ 为角速度真值，$\delta\boldsymbol{\omega}_{ib}^b$ 为角速度测量误差，其表达式为

$$\delta\boldsymbol{\omega}_{ib}^b=\delta\boldsymbol{K}^g\boldsymbol{N}^g+\boldsymbol{\varepsilon} \tag{11.23}$$

系统级标定拟合方法一般采用"静止→转动→静止"的运动激励方式，惯性导航系统利用转动前的静止时间对准，对准结束转入导航状态后系统开始转动，转动停止时，记录导航结果。利用导航计算结果将转动前后的比力测量转换到导航坐标系，作为比力观测量。

借鉴 Savage(2007)的思路，其旋转编排见表 11.2，设转动前的姿态矩阵为$(\boldsymbol{C}_b^n)_1$，对准误差角为 $\boldsymbol{\phi}_1$，则惯性导航系统对准结果为

$$(\widetilde{\boldsymbol{C}}_b^n)_1\approx(\boldsymbol{I}-[\boldsymbol{\phi}_1\times])(\boldsymbol{C}_b^n)_1 \tag{11.24}$$

由式(11.20)、式(11.24)，转动前的比力测量转换到导航坐标系为

$$(\widetilde{\boldsymbol{C}}_b^n\widetilde{\boldsymbol{f}}^b)_1=(\boldsymbol{C}_b^n\boldsymbol{f}^b)_1-\boldsymbol{\phi}_1\times(\boldsymbol{C}_b^n\boldsymbol{f}^b)_1+(\boldsymbol{C}_b^n\delta\boldsymbol{f}^b)_1 \tag{11.25}$$

表 11.2 系统级标定拟合方法旋转编排

旋转序数	旋转过程	旋转前姿态		
	旋转度数/旋转轴	*X* 轴	*Y* 轴	*Z* 轴
1	+360°*Y*	北	东	地
2	+360°*X*	东	南	地
3	+90°*Y*，+360°*Z*，−90°*Y*	北	东	地
4	+180°*Y*，+90°*Z*，+180°*X*，−90°*Z*	北	东	地
5	+180°*X*，+90°*Z*，+180°*Y*，−90°*Z*	东	南	地
6	+90°*Y*，+90°*Z*，−90°*X*，−90°*Z*	北	东	地
7	+180°*Y*	北	东	地
8	+180°*Y*	南	东	天
9	+90°*X*	东	南	地
10	+90°*X*	东	地	北
11	+180°*Z*	地	东	南
12	+180°*X*	东	南	地

续表

旋转序数	旋转过程	旋转前姿态		
	旋转度数/旋转轴	X 轴	Y 轴	Z 轴
13	+180°X	东	北	天
14	+90°Y	北	东	地
15	+90°Y	天	东	北
16	+180°Z	东	地	北
17	+180°X	东	天	南
18	+180°X	东	地	北
19	+90°Z	东	天	南
20	+90°Z	天	西	南
21	+180°X	东	南	地

类似地，设转动后的姿态矩阵为$(\boldsymbol{C}_b^n)_2$，导航误差角为$\boldsymbol{\phi}_2$，则转动后比力测量转换到导航坐标系为

$$(\widetilde{\boldsymbol{C}}_b^n\widetilde{\boldsymbol{f}}^b)_2=(\boldsymbol{C}_b^n\boldsymbol{f}^b)_2-\boldsymbol{\phi}_2\times(\boldsymbol{C}_b^n\boldsymbol{f}^b)_2+(\boldsymbol{C}_b^n\delta\boldsymbol{f}^b)_2 \tag{11.26}$$

转动前后惯性导航系统静止时，在导航坐标系表示的比力测量满足

$$(\boldsymbol{C}_b^n\boldsymbol{f}^b)_1=(\boldsymbol{C}_b^n\boldsymbol{f}^b)_2=-\boldsymbol{g} \tag{11.27}$$

因此，式(11.25)和(11.26)可分别写成

$$(\widetilde{\boldsymbol{C}}_b^n\widetilde{\boldsymbol{f}}^b)_1=-\boldsymbol{g}+\boldsymbol{\phi}_1\times\boldsymbol{g}+(\boldsymbol{C}_b^n\delta\boldsymbol{f}^b)_1 \tag{11.28}$$

$$(\widetilde{\boldsymbol{C}}_b^n\widetilde{\boldsymbol{f}}^b)_2=-\boldsymbol{g}+\boldsymbol{\phi}_2\times\boldsymbol{g}+(\boldsymbol{C}_b^n\delta\boldsymbol{f}^b)_2 \tag{11.29}$$

将式(11.21)代入式(11.28)、式(11.29)，并将比力测量写成垂直和水平分量的形式，注意到$(\boldsymbol{\phi}\times\boldsymbol{g})\perp\boldsymbol{g}$，可得比力测量垂直分量为

$$[(\widetilde{\boldsymbol{C}}_b^n\widetilde{\boldsymbol{f}}^b)_1]_\xi=g+[(\boldsymbol{C}_b^n)_1(\delta\boldsymbol{K}^a\boldsymbol{N}_1^a+\boldsymbol{\nabla})]_\xi \tag{11.30}$$

$$[(\widetilde{\boldsymbol{C}}_b^n\widetilde{\boldsymbol{f}}^b)_2]_\xi=g+[(\boldsymbol{C}_b^n)_2(\delta\boldsymbol{K}^a\boldsymbol{N}_2^a+\boldsymbol{\nabla})]_\xi \tag{11.31}$$

水平分量为

$$[(\widetilde{\boldsymbol{C}}_b^n\widetilde{\boldsymbol{f}}^b)_1]_H=[\boldsymbol{\phi}_1\times\boldsymbol{g}+(\boldsymbol{C}_b^n)_1(\delta\boldsymbol{K}^a\boldsymbol{N}_1^a+\boldsymbol{\nabla})]_H \tag{11.32}$$

$$[(\widetilde{\boldsymbol{C}}_b^n\widetilde{\boldsymbol{f}}^b)_2]_H=[\boldsymbol{\phi}_2\times\boldsymbol{g}+(\boldsymbol{C}_b^n)_2(\delta\boldsymbol{K}^a\boldsymbol{N}_2^a+\boldsymbol{\nabla})]_H \tag{11.33}$$

将转动前后比力测量值作差可以消除对准误差的影响，转动前后比力测量差的水平分量为

$$[(\widetilde{\boldsymbol{C}}_b^n\widetilde{\boldsymbol{f}}^b)_2-(\widetilde{\boldsymbol{C}}_b^n\widetilde{\boldsymbol{f}}^b)_1]_H=[(\boldsymbol{\phi}_2-\boldsymbol{\phi}_1)\times\boldsymbol{g}+(\boldsymbol{C}_b^n)_2(\delta\boldsymbol{K}^a\boldsymbol{N}_2^a+\boldsymbol{\nabla})-(\boldsymbol{C}_b^n)_1(\delta\boldsymbol{K}^a\boldsymbol{N}_1^a+\boldsymbol{\nabla})]_H \tag{11.34}$$

若转动前后姿态相同，即有

$$(\boldsymbol{C}_b^n)_1=(\boldsymbol{C}_b^n)_2,\quad \boldsymbol{N}_1^a=\boldsymbol{N}_2^a \tag{11.35}$$

此时比力测量差的水平分量为

$$[(\widetilde{\boldsymbol{C}}_b^n\widetilde{\boldsymbol{f}}^b)_2-(\widetilde{\boldsymbol{C}}_b^n\widetilde{\boldsymbol{f}}^b)_1]_H=[(\boldsymbol{\phi}_2-\boldsymbol{\phi}_1)\times\boldsymbol{g}]_H \tag{11.36}$$

姿态误差$(\boldsymbol{\phi}_2-\boldsymbol{\phi}_1)$主要在转动中产生，若转动中没有线运动，则姿态误差变化方程为

$$\dot{\boldsymbol{\phi}}\approx-\boldsymbol{\omega}_{in}^n\times\boldsymbol{\phi}+\delta\boldsymbol{\omega}_{in}^n-\boldsymbol{C}_b^n\delta\boldsymbol{\omega}_{ib}^b=-\boldsymbol{\omega}_{ie}^n\times\boldsymbol{\phi}-\boldsymbol{C}_b^n\delta\boldsymbol{\omega}_{ib}^b \tag{11.37}$$

因此

$$\boldsymbol{\phi}_2-\boldsymbol{\phi}_1=\int_0^{t_r}\dot{\boldsymbol{\phi}}\mathrm{d}t\approx\int_0^{t_r}(-\boldsymbol{\omega}_{ie}^n\times\boldsymbol{\phi}-\boldsymbol{C}_b^n\delta\boldsymbol{\omega}_{ib}^b)\mathrm{d}t=-\int_0^{t_r}\left[\boldsymbol{\omega}_{ie}^n\times\boldsymbol{\phi}+\boldsymbol{C}_b^n(\delta\boldsymbol{K}^g\boldsymbol{N}^g+\boldsymbol{\varepsilon})\right]\mathrm{d}t \tag{11.38}$$

式中，t_r 为旋转时间。

由式(11.30)～式(11.34)可知，加速度计参数误差只与转动前后的姿态相关，而与转动路径无关。采用转动前后姿态相同和姿态不同相结合的运动编排方式可以实现陀螺参数误差和加速度计参数误差的解耦。

式(11.30)、式(11.31)、式(11.34)和式(11.38)建立了比力观测量与惯性器件误差参数之间的关系，利用此关系可以拟合估计各参数误差，实现惯性导航系统的标定。

2) 基于惯性导航系统测量信息的拟合标定方法

基于惯性导航系统测量信息的拟合标定方法，仅利用惯性导航系统的测量信息标定其参数，原理上将进一步降低对转台的精度要求，减小对转台的依赖。

定义导航坐标系为当地地理坐标系，选为东北天坐标系。根据前面的原理介绍，设 Δa 表示$[(\tilde{\boldsymbol{C}}_b^n\tilde{\boldsymbol{f}}^b)_2-(\tilde{\boldsymbol{C}}_b^n\tilde{\boldsymbol{f}}^b)_1]_H$ 的北向值，Δb 表示$[(\tilde{\boldsymbol{C}}_b^n\tilde{\boldsymbol{f}}^b)_2-(\tilde{\boldsymbol{C}}_b^n\tilde{\boldsymbol{f}}^b)_1]_H$ 的东向值，c_1 表示$[(\tilde{\boldsymbol{C}}_b^n\tilde{\boldsymbol{f}}^b)_1]_\xi-g$，$c_2$ 表示$[(\tilde{\boldsymbol{C}}_b^n\tilde{\boldsymbol{f}}^b)_2]_\xi-g$，则根据式(11.30)、式(11.31)、式(11.34)和式(11.38)可得

$$\begin{aligned}\begin{bmatrix}\Delta a\\ \Delta b\end{bmatrix}&=[(\tilde{\boldsymbol{C}}_b^n\tilde{\boldsymbol{f}}^b)_2-(\tilde{\boldsymbol{C}}_b^n\tilde{\boldsymbol{f}}^b)_1]_H\\&=[(\boldsymbol{\phi}_2-\boldsymbol{\phi}_1)\times\boldsymbol{g}+(\boldsymbol{C}_b^n)_2(\delta\boldsymbol{K}^a\boldsymbol{N}_2^a+\boldsymbol{\nabla})-(\boldsymbol{C}_b^n)_1(\delta\boldsymbol{K}^a\boldsymbol{N}_1^a+\boldsymbol{\nabla})]_H\\&\approx\left[\boldsymbol{g}\times\int\tilde{\boldsymbol{C}}_b^n(\delta\boldsymbol{K}^g\boldsymbol{N}^g+\boldsymbol{\varepsilon})\mathrm{d}t\right]_H+[(\tilde{\boldsymbol{C}}_b^n)_2(\delta\boldsymbol{K}^a\boldsymbol{N}_2^a+\boldsymbol{\nabla})-(\tilde{\boldsymbol{C}}_b^n)_1(\delta\boldsymbol{K}^a\boldsymbol{N}_1^a+\boldsymbol{\nabla})]_H\end{aligned} \tag{11.39}$$

$$c_1=[(\tilde{\boldsymbol{C}}_b^n\tilde{\boldsymbol{f}}^b)_1]_\zeta-g\approx[(\tilde{\boldsymbol{C}}_b^n)_1(\delta\boldsymbol{K}^a\boldsymbol{N}_1^a+\boldsymbol{\nabla})]_\zeta \tag{11.40}$$

$$c_2=[(\tilde{\boldsymbol{C}}_b^n\tilde{\boldsymbol{f}}^b)_2]_\zeta-g\approx[(\tilde{\boldsymbol{C}}_b^n)_2(\delta\boldsymbol{K}^a\boldsymbol{N}_2^a+\boldsymbol{\nabla})]_\zeta \tag{11.41}$$

以陀螺仪输出的脉冲数 $\boldsymbol{N}^g$、加速度计输出的脉冲数 $\boldsymbol{N}^a$ 和姿态导航结果$\tilde{\boldsymbol{C}}_b^n$ 作为已知量，式(11.39)～式(11.41)建立了比力观测与参数误差之间的关系，根据表 11.3 中观测与误差参数之间的关系，由观测量利用最小二乘法迭代估计各标定参数误差 $\delta\boldsymbol{K}^a$、$\delta\boldsymbol{K}^g$、$\boldsymbol{\nabla}$和$\boldsymbol{\varepsilon}$，可对惯性导航系统进行如下补偿：

测量补偿

$$\boldsymbol{\omega}_{ib}^b=\tilde{\boldsymbol{\omega}}_{ib}^b-\delta\boldsymbol{K}^g\boldsymbol{N}^g-\boldsymbol{\varepsilon} \tag{11.42}$$

$$\boldsymbol{f}^b=\tilde{\boldsymbol{f}}^b-\delta\boldsymbol{K}^a\boldsymbol{N}^a-\boldsymbol{\nabla} \tag{11.43}$$

标定参数补偿

$$\boldsymbol{K}^g=\tilde{\boldsymbol{K}}^g-\delta\boldsymbol{K}^g,\quad \boldsymbol{\omega}_0=\tilde{\boldsymbol{\omega}}_0+\boldsymbol{\varepsilon} \tag{11.44}$$

$$\boldsymbol{K}^a=\tilde{\boldsymbol{K}}^a-\delta\boldsymbol{K}^a,\quad \boldsymbol{f}_0=\tilde{\boldsymbol{f}}_0+\boldsymbol{\nabla} \tag{11.45}$$

为保证标定结果的唯一性，必须对载体坐标系做出限制和约束，可以按照加速度计敏感轴或者陀螺仪敏感轴定义载体坐标系，以陀螺仪敏感轴定义为例，设 x^b 与陀螺敏感轴单位矢量 x^g 重合，y^b 位于 x^gy^g 平面内，z^b 与 x^b、y^b 构成右手坐标系，则 $\boldsymbol{K}^g$、$\delta\boldsymbol{K}^g$ 分别为如下的三角阵形式：

$$\boldsymbol{K}^g=\begin{bmatrix}k_{11}^g & 0 & 0\\ k_{21}^g & k_{22}^g & 0\\ k_{31}^g & k_{32}^g & k_{33}^g\end{bmatrix},\quad \delta\boldsymbol{K}^g=\begin{bmatrix}\delta k_{11}^g & 0 & 0\\ \delta k_{21}^g & \delta k_{22}^g & 0\\ \delta k_{31}^g & \delta k_{32}^g & \delta k_{33}^g\end{bmatrix}\tag{11.46}$$

通过如此定义的载体坐标系，陀螺仪的安装误差角减少了 3 个，参数间不存在耦合现象，标定结果唯一。

此处以第一次旋转为例，具体给出表 11.3 中水平分量和垂直分量的推导过程。记

$$\boldsymbol{\phi}_2-\boldsymbol{\phi}_1=\begin{bmatrix}x\\ y\\ z\end{bmatrix}\tag{11.47}$$

则由式(11.39)，有

$$\begin{bmatrix}\Delta a\\ \Delta b\end{bmatrix}=[(\widetilde{\boldsymbol{C}}_b^n\widetilde{\boldsymbol{f}}^b)_2-(\widetilde{\boldsymbol{C}}_b^n\widetilde{\boldsymbol{f}}^b)_1]_H=\begin{bmatrix}-y\\ x\end{bmatrix}g\tag{11.48}$$

$$\boldsymbol{\phi}_2-\boldsymbol{\phi}_1=-\int_0^{t_r}\boldsymbol{C}_b^n\begin{bmatrix}k_{11} & k_{12} & k_{13}\\ k_{21} & k_{22} & k_{23}\\ k_{31} & k_{32} & k_{33}\end{bmatrix}\omega_r^b\,\mathrm{d}t-\int_0^{t_r}\boldsymbol{C}_b^n\begin{bmatrix}\varepsilon_1\\ \varepsilon_2\\ \varepsilon_3\end{bmatrix}\mathrm{d}t\tag{11.49}$$

在$[0,t_r]$内绕 y 轴转动 2π，角速率 $\omega_r^b=\dfrac{2\pi}{t_r}$，故

$$\begin{aligned}\boldsymbol{C}_b^n(t)&=\boldsymbol{C}_{b_1}^n\boldsymbol{C}_{\text{new}}^{b_1}\\ &=\begin{bmatrix}0 & 1 & 0\\ 1 & 0 & 0\\ 0 & 0 & -1\end{bmatrix}\begin{bmatrix}\cos\left(\dfrac{2\pi}{t_r}t\right) & 0 & \sin\left(\dfrac{2\pi}{t_r}t\right)\\ 0 & 1 & 0\\ -\sin\left(\dfrac{2\pi}{t_r}t\right) & 0 & \cos\left(\dfrac{2\pi}{t_r}t\right)\end{bmatrix}\\ &=\begin{bmatrix}0 & 1 & 0\\ \cos\left(\dfrac{2\pi}{t_r}t\right) & 0 & \sin\left(\dfrac{2\pi}{t_r}t\right)\\ \sin\left(\dfrac{2\pi}{t_r}t\right) & 0 & -\cos\left(\dfrac{2\pi}{t_r}t\right)\end{bmatrix}\end{aligned}\tag{11.50}$$

将式(11.50)代入式(11.49)，有

$$\begin{aligned}\boldsymbol{\phi}_2-\boldsymbol{\phi}_1=&-\int_0^{t_r}\begin{bmatrix}0 & 1 & 0\\ \cos\left(\dfrac{2\pi}{t_r}t\right) & 0 & \sin\left(\dfrac{2\pi}{t_r}t\right)\\ \sin\left(\dfrac{2\pi}{t_r}t\right) & 0 & -\cos\left(\dfrac{2\pi}{t_r}t\right)\end{bmatrix}\begin{bmatrix}k_{11} & k_{12} & k_{13}\\ k_{21} & k_{22} & k_{23}\\ k_{31} & k_{32} & k_{33}\end{bmatrix}\begin{bmatrix}0\\ \dfrac{2\pi}{t_r}\\ 0\end{bmatrix}\mathrm{d}t\\ &-\int_0^{t_r}\begin{bmatrix}0 & 1 & 0\\ \cos\left(\dfrac{2\pi}{t_r}t\right) & 0 & \sin\left(\dfrac{2\pi}{t_r}t\right)\\ \sin\left(\dfrac{2\pi}{t_r}t\right) & 0 & -\cos\left(\dfrac{2\pi}{t_r}t\right)\end{bmatrix}\begin{bmatrix}\varepsilon_1\\ \varepsilon_2\\ \varepsilon_3\end{bmatrix}\mathrm{d}t\end{aligned}\tag{11.51}$$

$$=-\int_0^{2\pi}\begin{bmatrix}0 & 1 & 0\\ \cos t & 0 & \sin t\\ \sin t & 0 & -\cos t\end{bmatrix}\begin{bmatrix}k_{12}\\ k_{22}\\ k_{32}\end{bmatrix}\mathrm{d}t-\int_0^{t_r}\begin{bmatrix}\varepsilon_2\\ \cos\left(\frac{2\pi}{t_r}t\right)\varepsilon_1+\sin\left(\frac{2\pi}{t_r}t\right)\varepsilon_3\\ \sin\left(\frac{2\pi}{t_r}t\right)\varepsilon_1-\cos\left(\frac{2\pi}{t_r}t\right)\varepsilon_3\end{bmatrix}\mathrm{d}t$$

$$=\begin{bmatrix}-2\pi k_{22}\\ 0\\ 0\end{bmatrix}+\begin{bmatrix}-\varepsilon_2 t_r\\ 0\\ 0\end{bmatrix}$$

根据式(11.39)，有

$$\begin{bmatrix}\Delta a\\ \Delta b\end{bmatrix}=\begin{bmatrix}-y\\ x\end{bmatrix}g=\begin{bmatrix}0\\ -2\pi g k_{22}-g\varepsilon_2 t_r\end{bmatrix}\tag{11.52}$$

设第一次旋转前载体处于北东地位置，则

$$\boldsymbol{M}=-(\boldsymbol{C}_b^n)_1\begin{bmatrix}\lambda_{11} & \lambda_{12} & \lambda_{13}\\ \lambda_{21} & \lambda_{22} & \lambda_{23}\\ \lambda_{31} & \lambda_{32} & \lambda_{33}\end{bmatrix}(\boldsymbol{C}_b^n)_1^{\mathrm{T}}\begin{bmatrix}0\\ 0\\ -g\end{bmatrix}+(\boldsymbol{C}_b^n)_1\begin{bmatrix}\nabla_1\\ \nabla_2\\ \nabla_3\end{bmatrix}$$

$$=-\begin{bmatrix}0 & 1 & 0\\ 1 & 0 & 0\\ 0 & 0 & -1\end{bmatrix}\begin{bmatrix}\lambda_{11} & \lambda_{12} & \lambda_{13}\\ \lambda_{21} & \lambda_{22} & \lambda_{23}\\ \lambda_{31} & \lambda_{32} & \lambda_{33}\end{bmatrix}\begin{bmatrix}0 & 1 & 0\\ 1 & 0 & 0\\ 0 & 0 & -1\end{bmatrix}\begin{bmatrix}0\\ 0\\ -g\end{bmatrix}+\begin{bmatrix}0 & 1 & 0\\ 1 & 0 & 0\\ 0 & 0 & -1\end{bmatrix}\begin{bmatrix}\nabla_1\\ \nabla_2\\ \nabla_3\end{bmatrix}$$

$$=\begin{bmatrix}-\lambda_{23}g+\nabla_2\\ -\lambda_{13}g+\nabla_1\\ \lambda_{33}g-\nabla_3\end{bmatrix}$$

所以

$$c_1=(\boldsymbol{M})_\xi=\lambda_{33}g-\nabla_3$$

表 11.3　系统级标定拟合方法比力观测与误差参数的关系

旋转组	水平分量	垂直分量
1	$\Delta a=-g(2\pi k_{22}+\varepsilon_2 t_{2\pi}),\Delta b=0$	$c_1=c_2=g\lambda_{33}-\nabla_3$
2	$\Delta a=-g(2\pi k_{11}+\varepsilon_1 t_{2\pi}),\Delta b=0$	$c_1=c_2=g\lambda_{33}-\nabla_3$
3	$\Delta a=-2g\varepsilon_2 t_{\pi/2}$ $\Delta b=g\left[2\pi k_{33}+\varepsilon_3 t_{2\pi}+(\varepsilon_1+\varepsilon_3)\frac{2t_{\pi/2}}{\pi/2}\right]$	$c_1=c_2=g\lambda_{33}-\nabla_3$
4	$\Delta a=-g\left[\pi(k_{11}+k_{22})+(\varepsilon_1+\varepsilon_2)\left(t_\pi+\frac{2t_{\pi/2}}{\pi/2}\right)\right]$ $\Delta b=g(2k_{23}+2k_{32}-2k_{13}-2k_{31})$	$c_1=c_2=g\lambda_{33}-\nabla_3$
5	$\Delta a=-g\left[\pi(k_{11}-k_{22})+(\varepsilon_1-\varepsilon_2)\left(t_\pi+\frac{2t_{\pi/2}}{\pi/2}\right)\right]$ $\Delta b=g\left(2k_{13}+2k_{23}+2k_{31}+2k_{32}+4\varepsilon_3\frac{t_\pi}{\pi}\right)$	$c_1=c_2=g\lambda_{33}-\nabla_3$

续表

旋转组	水平分量	垂直分量
6	$\Delta a=-g\left[\frac{\pi}{2}(-k_{11}+k_{22})+(\varepsilon_1+\varepsilon_2)\left(t_{\pi/2}+\frac{2t_{\pi/2}}{\pi/2}\right)\right]$ $\Delta b=g\left[k_{33}\frac{\pi}{2}+k_{12}+k_{21}+k_{23}+k_{32}-k_{13}-k_{31}+\varepsilon_3 t_{\pi/2}+(\varepsilon_1+\varepsilon_3-\varepsilon_2)\frac{2t_{\pi/2}}{\pi/2}\right]$	$c_1=c_2=g\lambda_{33}-\nabla_3$
7	$\Delta a=-g(\pi k_{22}+\varepsilon_2 t_\pi)-2\nabla_1$ $\Delta b=g\left(2k_{32}+2\lambda_{23}+\varepsilon_3\frac{2t_\pi}{\pi}\right)$	$c_1=g\lambda_{33}-\nabla_3$ $c_2=g\lambda_{33}+\nabla_3$
8	$\Delta a=-g(\pi k_{22}+\varepsilon_2 t_\pi)+2\nabla_1$ $\Delta b=-g\left(2k_{32}+2\lambda_{23}+\varepsilon_3\frac{2t_\pi}{\pi}\right)$	$c_1=g\lambda_{33}+\nabla_3$ $c_1=g\lambda_{33}-\nabla_3$
9	$\Delta a=-g\left(k_{11}\frac{\pi}{2}+\lambda_{23}+\lambda_{32}+\varepsilon_1 t_{\pi/2}\right)+\nabla_2+\nabla_3$ $\Delta b=g\left[-k_{21}+k_{31}-\lambda_{12}+\lambda_{13}+(\varepsilon_3-\varepsilon_2)\frac{t_{\pi/2}}{\pi/2}\right]$	$c_1=g\lambda_{33}-\nabla_3$ $c_2=g\lambda_{22}+\nabla_2$
10	$\Delta a=g\left(-k_{11}\frac{\pi}{2}+\lambda_{23}+\lambda_{32}-\varepsilon_1 t_{\pi/2}\right)+\nabla_2-\nabla_3$ $\Delta b=g\left[k_{21}+k_{31}+\lambda_{12}+\lambda_{13}+(\varepsilon_2+\varepsilon_3)\frac{t_{\pi/2}}{\pi/2}\right]$	$c_1=g\lambda_{22}-\nabla_2$ $c_2=g\lambda_{33}+\nabla_3$
11	$\Delta a=-g\left(2k_{13}+2\lambda_{31}+\varepsilon_1\frac{2t_\pi}{\pi}\right)$ $\Delta b=-g(\pi k_{33}+\varepsilon_3 t_\pi)-2\nabla_2$	$c_1=g\lambda_{11}-\nabla_1$ $c_2=g\lambda_{11}+\nabla_1$
12	$\Delta a=-g(\pi k_{11}+\varepsilon_1 t_\pi)+2\nabla_2$ $\Delta b=g\left(2k_{31}+2\lambda_{13}+\varepsilon_3\frac{2t_\pi}{\pi}\right)$	$c_1=g\lambda_{33}-\nabla_3$ $c_2=g\lambda_{33}+\nabla_3$
13	$\Delta a=-g(\pi k_{11}+\varepsilon_1 t_\pi)-2\nabla_2$ $\Delta b=-g(2k_{31}+2\lambda_{13}+\varepsilon_3\frac{2t_\pi}{\pi})$	$c_1=g\lambda_{33}+\nabla_3$ $c_2=g\lambda_{33}-\nabla_3$
14	$\Delta a=g\left(-k_{22}\frac{\pi}{2}+\lambda_{13}+\lambda_{31}-\varepsilon_2 t_{\pi/2}\right)+\nabla_3-\nabla_1$ $\Delta b=g\left[k_{12}+k_{32}+\lambda_{21}+\lambda_{23}+(\varepsilon_1+\varepsilon_3)\frac{t_{\pi/2}}{\pi/2}\right]$	$c_1=g\lambda_{33}-\nabla_3$ $c_2=g\lambda_{11}+\nabla_1$
15	$\Delta a=-g\left(k_{22}\frac{\pi}{2}+\lambda_{13}+\lambda_{31}+\varepsilon_2 t_{\pi/2}\right)-\nabla_1-\nabla_3$ $\Delta b=g\left[-k_{12}+k_{32}-\lambda_{21}+\lambda_{23}+(-\varepsilon_1+\varepsilon_3)\frac{t_{\pi/2}}{\pi/2}\right]$	$c_1=g\lambda_{11}+\nabla_1$ $c_2=g\lambda_{33}+\nabla_3$
16	$\Delta a=g\left(2k_{23}+2\lambda_{32}+\varepsilon_2\frac{2t_\pi}{\pi}\right)$ $\Delta b=g(\pi k_{33}+\varepsilon_3 t_\pi)-2\nabla_1$	$c_1=g\lambda_{22}-\nabla_2$ $c_2=g\lambda_{22}+\nabla_2$

续表

旋转组	水平分量	垂直分量
17	$\Delta a=-g(\pi k_{11}+\varepsilon_1 t_\pi)+2\nabla_3$ $\Delta b=-g\left(2k_{21}+2\lambda_{12}+\varepsilon_2\dfrac{2t\pi}{\pi}\right)$	$c_1=g\lambda_{22}+\nabla_2$ $c_2=g\lambda_{22}-\nabla_2$
18	$\Delta a=-g(\pi k_{11}+\varepsilon_1 t_\pi)-2\nabla_3$ $\Delta b=g\left(2k_{21}+2\lambda_{12}+\varepsilon_2\dfrac{2t_\pi}{\pi}\right)$	$c_1=g\lambda_{22}-\nabla_2$ $c_2=g\lambda_{22}+\nabla_2$
19	$\Delta a=-g\left[k_{13}-k_{23}+\lambda_{31}-\lambda_{32}+(\varepsilon_1-\varepsilon_2)\dfrac{t_{\pi/2}}{\pi/2}\right]$ $\Delta b=-g\left(k_{33}\dfrac{\pi}{2}+\lambda_{12}+\lambda_{21}+\varepsilon_3 t_{\pi/2}\right)-\nabla_1-\nabla_2$	$c_1=g\lambda_{22}+\nabla_2$ $c_2=g\lambda_{11}+\nabla_1$
20	$\Delta a=g\left[k_{13}+k_{23}+\lambda_{31}+\lambda_{32}+(\varepsilon_1+\varepsilon_2)\dfrac{t_{\pi/2}}{\pi/2}\right]$ $\Delta b=-g\left(k_{33}\dfrac{\pi}{2}-\lambda_{12}-\lambda_{21}+\varepsilon_3 t_{\pi/2}\right)-\nabla_1+\nabla_2$	$c_1=g\lambda_{11}+\nabla_1$ $c_2=g\lambda_{22}-\nabla_2$
21	$\Delta a=-g(\pi k_{11}+\varepsilon_1 t_\pi)+2\nabla_2$ $\Delta b=g\left(2k_{31}+2\lambda_{13}+\varepsilon_3\dfrac{2t_\pi}{\pi}\right)$	$c_1=g\lambda_{33}-\nabla_3$ $c_2=g\lambda_{33}+\nabla_3$

2. 系统级标定滤波法

仍以东北天地理坐标系为导航坐标系，建立惯性导航系统的导航误差方程如下：

$$\dot{\boldsymbol{\phi}}=-\boldsymbol{\omega}_{in}^n\times\boldsymbol{\phi}+\delta\boldsymbol{\omega}_{in}^n-\boldsymbol{C}_b^n\delta\boldsymbol{\omega}_{ib}^b \tag{11.53a}$$

$$\delta\dot{\boldsymbol{v}}^n=(\boldsymbol{C}_b^n\boldsymbol{f}^b)\times\boldsymbol{\phi}-(2\boldsymbol{\omega}_{ie}^n+\boldsymbol{\omega}_{en}^n)\times\delta\boldsymbol{v}^n-(2\delta\boldsymbol{\omega}_{ie}^n+\delta\boldsymbol{\omega}_{en}^n)\times\boldsymbol{v}^n+\delta\boldsymbol{g}+\boldsymbol{C}_b^n\delta\boldsymbol{f}^b \tag{11.53b}$$

$$\delta\dot{\varphi}=\frac{1}{R_M+h}\delta v_N-\frac{v_N}{(R_M+h)^2}\delta h \tag{11.53c}$$

$$\delta\dot{\lambda}=\frac{1}{(R_N+h)\cos\varphi}\delta\boldsymbol{v}_E+\frac{v_E\sin\varphi}{(R_N+h)\cos^2\varphi}\delta\varphi-\frac{v_E}{(R_N+h)^2\cos\varphi}\delta h \tag{11.53d}$$

$$\delta\dot{h}=\delta\boldsymbol{v}_\xi \tag{11.53e}$$

式中，$\boldsymbol{\phi}$ 为姿态误差角；$\boldsymbol{\omega}_{in}^n=\boldsymbol{\omega}_{ie}^n+\boldsymbol{\omega}_{en}^n$ 为导航坐标系相对惯性坐标系的旋转角速度在导航坐标系中的表示；$\boldsymbol{v}^n=[v_E\quad v_N\quad v_\xi]^{\mathrm{T}}$ 为对地速度；φ、λ、h 分别为当地地理纬度、经度和海拔高度；R_M、R_N 分别为地球子午圈和卯酉圈半径；$\delta\boldsymbol{\omega}_{ib}^b$、$\delta\boldsymbol{f}^b$ 分别为角速度和比力测量误差

$$\delta\boldsymbol{\omega}_{ib}^b=\delta\boldsymbol{K}^g\boldsymbol{N}^g+\boldsymbol{\varepsilon} \tag{11.54}$$

$$\delta\boldsymbol{f}^b=\delta\boldsymbol{K}^a\boldsymbol{N}^a+\boldsymbol{\nabla} \tag{11.55}$$

式中，$\delta\boldsymbol{K}^g$、$\delta\boldsymbol{K}^a$、$\boldsymbol{\varepsilon}$、$\boldsymbol{\nabla}$ 为待标定的参数误差，若假设标定参数误差为固定常值，则

$$\delta\dot{\boldsymbol{K}}^a=\boldsymbol{0}_{3\times3},\quad \delta\dot{\boldsymbol{K}}^g=\boldsymbol{0}_{3\times3} \tag{11.56}$$

$$\dot{\boldsymbol{\nabla}}=\boldsymbol{0}_{3\times1},\quad \boldsymbol{\varepsilon}=\boldsymbol{0}_{3\times1} \tag{11.57}$$

为了保证标定结果的唯一性，按照陀螺仪敏感轴定义载体坐标系，则 $\boldsymbol{K}^g$、$\delta\boldsymbol{K}^g$ 如式

(11.46)所示。实际系统标定时，速度和位置观测点和惯性导航系统敏感中心可能不重合，存在杆臂误差。不考虑杆臂误差的影响，观测点的速度和位置即为惯性导航系统的速度和位置。

设计 30 维的 Kalman 滤波器状态为

$$\boldsymbol{X}=[\boldsymbol{\phi}^{\mathrm{T}}\quad \delta\boldsymbol{v}^{n\mathrm{T}}\quad \delta\boldsymbol{p}^{\mathrm{T}}\quad \boldsymbol{X}_g^{\mathrm{T}}\quad \boldsymbol{X}_a^{\mathrm{T}}]^{\mathrm{T}} \tag{11.58}$$

式中，$\boldsymbol{\phi}$ 为姿态误差角；$\delta\boldsymbol{v}^n$ 为速度误差；$\delta\boldsymbol{p}=[\delta\varphi\quad \delta\lambda\quad \delta h]^{\mathrm{T}}$ 为位置误差；$\boldsymbol{X}_g^{\mathrm{T}}$、$\boldsymbol{X}_a^{\mathrm{T}}$ 分别为陀螺和加速度计的标定参数误差，分别如下所示：

$$\boldsymbol{X}_g=[\delta k_{11}^g\quad \delta k_{21}^g\quad \delta k_{31}^g\quad \delta k_{22}^g\quad \delta k_{32}^g\quad \delta k_{33}^g\quad \delta\varepsilon_1\quad \delta\varepsilon_2\quad \delta\varepsilon_3]^{\mathrm{T}} \tag{11.59}$$

$$\boldsymbol{X}_a=[\delta k_{11}^a\quad \delta k_{21}^a\quad \delta k_{31}^a\quad \delta k_{12}^a\quad \delta k_{22}^a\quad \delta k_{32}^a\quad \delta k_{13}^a\quad \delta k_{23}^a\quad \delta k_{33}^a\quad \nabla_1\quad \nabla_2\quad \nabla_3]^{\mathrm{T}} \tag{11.60}$$

根据式(11.53)～式(11.57)，忽略重力加速度误差和地球半径误差，则滤波器状态方程可以写成

$$\dot{\boldsymbol{X}}=\boldsymbol{F}\boldsymbol{X}+\boldsymbol{G}\boldsymbol{u} \tag{11.61}$$

式中

$$\boldsymbol{F}=\begin{bmatrix} -[\boldsymbol{\omega}_{in}^n\times] & \boldsymbol{F}_{12} & \boldsymbol{F}_{13} & \boldsymbol{F}_{14} & \boldsymbol{0}_{3\times12} \\ [(\boldsymbol{C}_b^n\boldsymbol{f}^b)\times] & \boldsymbol{F}_{22} & \boldsymbol{F}_{23} & \boldsymbol{0}_{3\times9} & \boldsymbol{F}_{25} \\ \boldsymbol{0}_{3\times3} & \boldsymbol{F}_{32} & \boldsymbol{F}_{33} & \boldsymbol{0}_{3\times9} & \boldsymbol{0}_{3\times12} \\ \boldsymbol{0}_{9\times3} & \boldsymbol{0}_{9\times3} & \boldsymbol{0}_{9\times3} & \boldsymbol{0}_{9\times9} & \boldsymbol{0}_{9\times12} \\ \boldsymbol{0}_{12\times3} & \boldsymbol{0}_{12\times3} & \boldsymbol{0}_{12\times3} & \boldsymbol{0}_{12\times9} & \boldsymbol{0}_{12\times12} \end{bmatrix} \tag{11.62}$$

$$\boldsymbol{F}_{12}=\begin{bmatrix} 0 & 0 & \dfrac{1}{R_N+h} \\ 0 & 0 & \dfrac{\tan\varphi}{R_N+h} \\ \dfrac{-1}{R_M+h} & 0 & 0 \end{bmatrix},\quad \boldsymbol{F}_{13}=\begin{bmatrix} -\omega_{ie}\cos\varphi & 0 & \dfrac{-v_E}{(R_N+h)^2} \\ \omega_{ie}\sin\varphi+\dfrac{v_E}{(R_N+h)^2\cos^2\varphi} & 0 & \dfrac{-v_E\tan\varphi}{(R_N+h)^2} \\ 0 & 0 & \dfrac{v_N}{(R_M+h)^2} \end{bmatrix}$$

$$\boldsymbol{F}_{14}=-\boldsymbol{C}_b^n\begin{bmatrix} \boldsymbol{N}_x^g\boldsymbol{I}_3 & \begin{bmatrix}\boldsymbol{0}_{1\times2} \\ \boldsymbol{N}_y^g\boldsymbol{I}_2\end{bmatrix} & \begin{bmatrix}\boldsymbol{0}_{2\times1} \\ \boldsymbol{N}_z^g\end{bmatrix} & \boldsymbol{I}_3 \end{bmatrix},\quad \boldsymbol{F}_{22}=-[(2\boldsymbol{\omega}_{ie}^n+\boldsymbol{\omega}_{en}^n)\times]+[\boldsymbol{v}^n\times]\boldsymbol{F}_{12}$$

$$\boldsymbol{F}_{23}=[\boldsymbol{v}^n\times]\left(\boldsymbol{F}_{13}+\begin{bmatrix} -\omega_{ie}\sin\varphi & 0 & 0 \\ \omega_{ie}\cos\varphi & 0 & 0 \\ 0 & 0 & 0 \end{bmatrix}\right),\quad \boldsymbol{F}_{25}=\boldsymbol{C}_b^n[\boldsymbol{N}_x^g\boldsymbol{I}_3\quad \boldsymbol{N}_y^g\boldsymbol{I}_3\quad \boldsymbol{N}_z^g\boldsymbol{I}_3\quad \boldsymbol{I}_3]$$

$$\boldsymbol{F}_{32}=\begin{bmatrix} \dfrac{1}{R_M+h} & 0 & 0 \\ 0 & 0 & \dfrac{1}{(R_N+h)\cos\varphi} \\ 0 & 1 & 0 \end{bmatrix},\quad \boldsymbol{F}_{33}=\begin{bmatrix} 0 & 0 & \dfrac{-v_N}{(R_M+h)^2} \\ \dfrac{v_E\sin\varphi}{(R_N+h)\cos^2\varphi} & 0 & \dfrac{-v_E}{(R_N+h)^2\cos\varphi} \\ 0 & 0 & 0 \end{bmatrix}$$

滤波器输入 $\boldsymbol{u}=[u_g^{\mathrm{T}}\quad u_a^{\mathrm{T}}]^{\mathrm{T}}$ 为陀螺和加速度计的测量噪声，输入矩阵为

$$\boldsymbol{G}=\begin{bmatrix} -\boldsymbol{C}_b^n & \boldsymbol{0}_{3\times3} \\ \boldsymbol{0}_{3\times3} & \boldsymbol{C}_b^n \\ \boldsymbol{0}_{24\times3} & \boldsymbol{0}_{24\times3} \end{bmatrix} \tag{11.63}$$

滤波器观测方程为

$$\boldsymbol{Z}=\begin{bmatrix}\tilde{\boldsymbol{v}}^n-\boldsymbol{v}_{\text{obv}}\\ \tilde{\boldsymbol{p}}-\boldsymbol{p}_{\text{obv}}\end{bmatrix}=\boldsymbol{HX}+\boldsymbol{V} \tag{11.64}$$

式中，$\tilde{\boldsymbol{v}}^n$、$\tilde{\boldsymbol{p}}$ 分别为惯性导航系统速度、位置导航结果；$\boldsymbol{V}$ 为观测噪声，观测矩阵为

$$\boldsymbol{H}=\begin{bmatrix}\boldsymbol{0}_{3\times3} & \boldsymbol{I}_3 & \boldsymbol{0}_{3\times3} & \boldsymbol{0}_{3\times21}\\ \boldsymbol{0}_{3\times3} & \boldsymbol{0}_{3\times3} & \boldsymbol{I}_3 & \boldsymbol{0}_{3\times21}\end{bmatrix} \tag{11.65}$$

滤波估计结果的反馈补偿形式为

$$\boldsymbol{C}_b^n=(\boldsymbol{I}_3+[\boldsymbol{\phi}\times])\tilde{\boldsymbol{C}}_b^n \tag{11.66}$$

$$\boldsymbol{v}^n=\tilde{\boldsymbol{v}}^n-\delta\boldsymbol{v}^n \tag{11.67}$$

$$\varphi=\tilde{\varphi}-\delta\varphi,\quad \lambda=\tilde{\lambda}-\delta\lambda,\quad h=\tilde{h}-\delta h \tag{11.68}$$

$$\boldsymbol{K}^g=\tilde{\boldsymbol{K}}^g-\begin{bmatrix}\delta k_{11}^g & 0 & 0\\ \delta k_{21}^g & \delta k_{22}^g & 0\\ \delta k_{31}^g & \delta k_{32}^g & \delta k_{33}^g\end{bmatrix},\quad \boldsymbol{\omega}_0=\tilde{\boldsymbol{\omega}}_0+\begin{bmatrix}\varepsilon_1\\ \varepsilon_2\\ \varepsilon_3\end{bmatrix} \tag{11.69}$$

$$\boldsymbol{K}^a=\tilde{\boldsymbol{K}}^a-\begin{bmatrix}\delta k_{11}^a & \delta k_{12}^a & \delta k_{13}^a\\ \delta k_{21}^a & \delta k_{22}^a & \delta k_{23}^a\\ \delta k_{31}^a & \delta k_{32}^a & \delta k_{33}^a\end{bmatrix},\quad \boldsymbol{f}_0=\tilde{\boldsymbol{f}}_0+\begin{bmatrix}\nabla_1\\ \nabla_2\\ \nabla_3\end{bmatrix} \tag{11.70}$$

式中，$\tilde{\boldsymbol{C}}_b^n$ 为姿态矩阵导航结果；$\tilde{\boldsymbol{K}}^g$、$\tilde{\boldsymbol{\omega}}_0$、$\tilde{\boldsymbol{K}}^a$、$\tilde{\boldsymbol{f}}_0$ 为标定参数初值。

转动激励采用 Camberlein 等(1985)设计的编排方式，如表 11.4 所示。根据上面的 Kalman 滤波器的状态方程、观测方程及补偿方程，就可以实现对误差的标定。

表 11.4　系统级标定滤波方法的旋转编排

旋转序数	旋转过程	旋转前姿态			旋转序数	旋转过程	旋转前姿态		
	旋转度数/旋转轴	X 轴	Y 轴	Z 轴		旋转度数/旋转轴	X 轴	Y 轴	Z 轴
1	+90° Y	北	东	地	10	+90° X	东	北	天
2	+180° X	天	东	北	11	+90° X	东	天	南
3	+180° Y	地	东	南	12	+90° X	东	南	地
4	+90° Z	天	东	北	13	+90° Z	东	地	北
5	+180° Z	东	地	北	14	+90° Z	地	西	北
6	+180° Z	西	天	北	15	+90° Z	西	东	北
7	+90° X	东	地	北	16	+90° Y	天	东	北
8	+180° X	东	北	天	17	+90° Y	南	东	天
9	+180° X	东	南	地	18	+90° Y	地	东	南

除了在实验室标定外，还有现场标定。现场标定也有文献称为原位标定，是在惯性导航系统处于载体原位安装状态时进行的。现场标定相对于实验室标定不需要复杂的实验室标定设备，标定环境更接近于惯性导航系统的工作环境，具有更强的针对性。但是现场标定无法利用转台等试验设备，只能依靠重力场、地球自转角速度、载体的运动及载体上其他辅助导航设备

(如卫星接收机)等途径来完成。具体标定的方法根据载体的具体情况进行设计,前面介绍的系统级标定方法也可以在现场标定中使用。

以上所介绍的是精度试验和标定方法,除此之外惯性测试还包括可靠性试验。可靠性试验是检验和提高惯性器件及系统可靠性的重要手段,与精度试验具有同等重要性。惯性器件及系统是其所服务的载体中最为敏感因而也是最为脆弱的部分之一,载体的可靠性在很大程度上取决于其惯性器件及系统的可靠性。目前惯性器件及系统可靠性试验技术已比较成熟,已建立了相关的试验条件及试验标准,一般可靠性试验项目包括环境应力筛选(ESS)、可靠性研制试验(RDT)、可靠性增长试验(RGT)、可靠性鉴定试验(RQT)和可靠性验收试验(RAT)。其中,可靠性研制试验、可靠性增长试验和可靠性鉴定试验是针对设计的,是在研制过程中进行的试验;环境应力筛选和可靠性验收试验是针对产品的,主要是批量生产过程中进行试验。

11.3　惯性测试设备

惯性测试设备是用来产生精密的角度、角速度、比力以及其他的诸如温度、湿度、气压等环境基准和条件的设备。这些设备为各种各样的加速度计、陀螺仪及由它们组成的惯性测量单元提供精密的输入量,然后根据它们的输出将惯性仪表的误差模型系数辨识出来,以在系统应用中加以补偿或衡量惯性仪表的精度水平。

11.3.1　精度测试设备

根据测试对象的静、动态特性和测试基准的差异,惯性器件及系统的精度测试设备通常分成重力场测试设备、高过载测试设备和动态测试设备。

重力场测试设备包括具有位置、速率及伺服功能的各类装置和转台。它们利用重力场作为标准激励,主要用于对惯性器件及系统进行静态误差测试。

高过载测试设备包括离心机和低频线振动台。利用离心机的向心加速度和振动台的振动加速度对惯性器件及系统进行激励,主要用于测试与加速度高次方有关的误差。

动态测试设备包括线振动台和角振动台。它们对惯性器件及系统进行线、角振动激励,主要用于测试它们的各项动态误差。下面介绍几种常用的精度测试设备。

1. 位置给定设备

位置给定设备是在重力场条件下提供精密空间位置,以重力向量的投影产生标准激励,因此,凡是能够为惯性仪表和惯性系统提供空间精密角坐标定位的装置都可以作为位置给定设备。对惯性器件及系统进行静态特性测试的最基本测试设备通常有以下几种。

1) 多面体

多面体是一类最简单、最方便使用的能够提供精密空间坐标位置的测试装置,多面体的角度精度可达 1″以内。常用的多面体主要有四面体、六面体、八面体等结构形式,可对惯性器件及系统进行确定角度的多位置测试,是惯性器件及系统在生产、加工、调试过程中进行精度测试的最基本、最常用的设备。

2）端齿盘

端齿盘是利用齿数、齿形、直径均相同的一对端面齿盘，在不同位置啮合而进行圆周分度的器具。常用端齿盘有 360 齿盘、391 齿盘。360 齿盘能给出 360°范围内整角度值，用于整角度标准值给定。391 齿盘主要用于在 360°范围内提供 K 倍于 360/391 的标准角度值（其中 K 是齿数）。端齿盘的分度精度可达 0.2″。

端齿盘作为角度计量标准器具，用于角度精密测量，也可作为惯性器件及系统多位置测试的位置给定装置。

3）位置转台

位置转台是惯性器件及系统进行静态误差测试的最基本的测试设备，通常有单轴、双轴、三轴位置转台。位置转台的典型技术参数如下。

回转精度：0.5″～1″；

各轴间及轴与台面不垂直度：1″～1.5″；

分辨率：0.18″～0.36″；

重复性：0.1″～0.2″；

位置精度（峰-峰值）：1″～1.5″。

为了对惯性器件及系统运行所处的环境作精确的温度、湿度控制，改善其性能，位置转台常配备温度、湿度控制箱。

2. 速率转台

速率转台又称角速度转台，它主要用于测定陀螺仪的特性，速率转台均具有位置转台的特性，按转轴数目可分为单轴、双轴及三轴，如图 11.2、图 11.3 所示。速率转台的典型技术参数如下。

速率范围：一般 0.0001°/s～5000°/s；

速率精度：当角度间隔 360°时，1×10^{-5}°/s；

当角度间隔 10°时，2×10^{-4}°/s；

当角度间隔 1°时，2×10^{-3}°/s；

速率平稳性：当角度间隔 360°时，1×10^{-5}°/s；

当角度间隔 10°时，2×10^{-4}°/s；

当角度间隔 1°时，2×10^{-3}°/s。

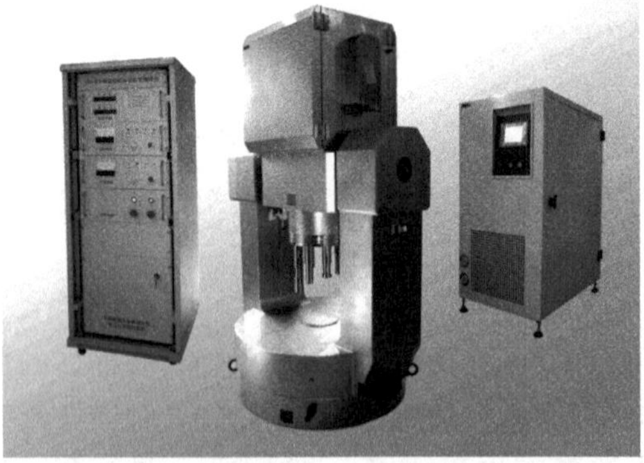

图 11.2　带温控试验箱的双轴测试转台

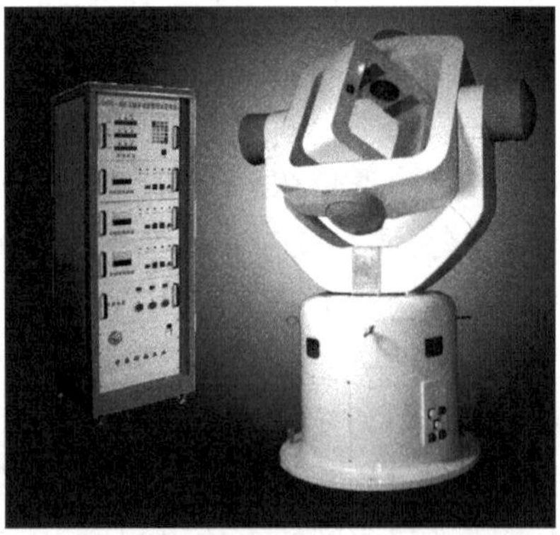

图 11.3　三轴多功能惯性导航系统测试转台

3. 伺服转台

伺服转台主要用于测试陀螺仪的长期漂移特性，其工作状态可以模拟陀螺仪在惯性平台系统中的工作情况，此外，还具有精密位置和精密速率功能。根据具有伺服功能的轴数不同，分成单轴、双轴和三轴伺服转台。测试陀螺仪漂移时可用单轴伺服转台，或双、三轴伺服转台，使其中一个轴工作在伺服状态，其他轴工作于精密位置状态。伺服转台的主要性能指标，除位置、速率指标外，伺服工作状态的指标如下。

伺服刚度：一般为 1N · m/(″)～5N · m/(″)；

伺服带宽：一般为 3～12Hz；

跟踪精度：一般优于±1″；

一次连续工作时间：不少于 24h。

4. 角振动台

角振动台也称摇摆台，角振动台主要是为了测试当外界输入有角加速度时，陀螺仪输出的动态误差特性，有时也可用角速率突停台来实现上述目的。根据转动轴个数的不同，分为单轴、双轴和三轴角振动台，以模拟一维、二维及三维角运动状态。双轴、三轴角振动台根据需要，可绕一个或多个正交轴按给定的幅值、频率做正弦角运动。

除了正弦角运动工作方式，角振动台一般均具有定位和速率工作方式，从而能够实现在一次安装、一次通电的条件下完成动、静态试验及其结果比较。

某三轴角振动台在振动工作状态下的典型性能参数如下。

最大速率：60°/s；

最大加速度：$1500°/s^2$(内框)，$500°/s^2$(中框)，$400°/s^2$(外框)；

频率范围：0.5 ～ 20Hz(内框)，0.5 ～ 15Hz(中框)，0.5 ～ 10Hz(外框)；

失真度：5%。

5. 精密线振动台

精密线振动台用于测试惯性器件及系统的线振动误差。目前只有单轴振动台，可以产生精确的正弦波形线振动。精密线振动台的典型性能参数如下。

振动加速度范围：0～50g；

振动频率范围：5～1000Hz；

振动加速度精度：$\leqslant 10^{-3}$；

波形失真度：$\leqslant 10^{-2}$；

侧向干扰加速度：$\leqslant 10^{-5}g$。

6. 精密离心机

离心机是利用物体在转动中所承受的向心加速度来建立高过载条件的测试设备。精密离心机是进行惯性器件及系统与加速度有关误差的测试设备，其精度要远高于一般环境试验的普通离心机。各国精密离心机的主要性能参数如表 11.5 所示。

表 11.5　精密离心机主要性能参数

国家	半径	加速度范围	加速度不确定度
美国	0.150～9.8m	$0.01g$～$170g$	2.5×10^{-6}～5×10^{-5}
俄罗斯	0.15～2.7m	$10^{-5}g$～$380g$	10^{-7}～3.5×10^{-1}
法国	0.4～2m	$1g$～$200g$	1×10^{-5}
中国	0.469～2.5m	$0.01g$～$200g$	7×10^{-6}～2×10^{-5}

7. 运动模拟台

运动模拟台广泛应用于各种载体和设备的运动仿真，如图 11.4 为多自由度摇摆台，图 11.5 所示为三轴飞行仿真试验转台。惯性器件及系统可以利用运动模拟器进行功能测试和某些精度项目的测试，精度测试项目主要包括动基座初始对准精度测试、动基座误差标定精度测试、动基座导航/制导精度测试。用于惯性系统运动模拟的设备主要有飞行仿真转台和采用 Stewart 并联机构的六自由度运动模拟设备等。

图 11.4　多自由度摇摆台

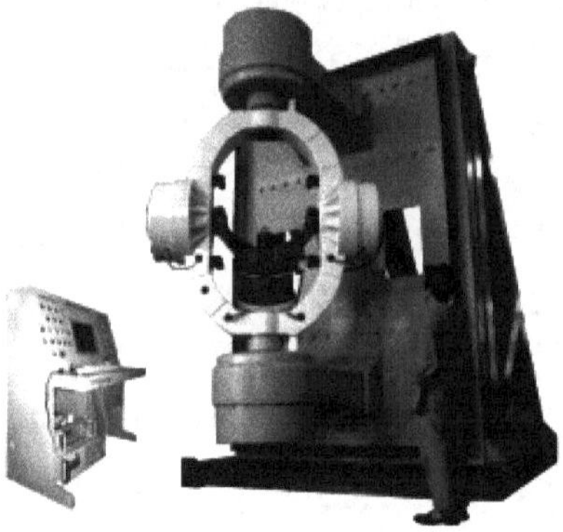

图 11.5　三轴飞行仿真试验转台

11.3.2　环境试验设备

惯性器件及系统的环境条件种类通常有气候环境、力学环境、电磁环境和空间环境等。气候环境包括温度环境、压力环境、湿度环境、砂尘环境、烟雾环境等，力学环境包括加速度环境、振动环境、冲击环境和噪声环境等，电磁环境包括电场环境、磁场环境，空间环境包括高真空环境、微重力环境、高能带电粒子环境等。模拟这些环境的试验设备有许多种，在惯性器件及系统可靠性试验中最常用的有温度/湿度试验箱、压力箱、冲击台、振动台等，在此不再详细介绍。

思　考　题

1. 惯性测试有什么意义?
2. 进行加速度计的零偏标定一般需要采用什么测试设备?
3. 常用的精度测试设备有哪些?
4. 要进行陀螺仪的标度系数测试，可以采用什么方法? 需要哪些设备?

参考文献

陈永冰,钟斌．2007. 惯性导航原理[M]. 北京:国防工业出版社

邓正隆．2006. 惯性技术[M]. 哈尔滨:哈尔滨工业大学出版社

邓志红,刘亚辰,王清哲,等．2009. 转台角位置基准误差对激光捷联惯导标定的影响分析[J]. 中国惯性技术学报,17(4):498-504

付梦印,邓志红,闫莉萍,等．2024. Kalman滤波理论及其在导航系统中的应用[M]. 3版. 北京:科学出版社

郭秀中．1996. 惯性导航系统陀螺仪理论[M]. 北京:国防工业出版社

JEKELI C. 2023. 惯性导航系统在大地测量学中的应用[M]. 李海兵,等译. 北京:中国宇航出版社

李茂春,赵小明. 2024. [110]光子晶体光纤陀螺技术[M]. 北京:国防工业出版社

李润兵,姚战伟,鲁思滨,等. 2021. 原子干涉陀螺仪精密测量及应用[J]. 导航定位与授时,8(2): 8-17

黄勇军,李昕蔚,吴江波,等. 2022. 新型微光机电系统惯性测量技术研究进展[J]. 导航定位与授时,9(3):1-13

寇义民．2010. 地磁导航关键技术研究[D]. 哈尔滨:哈尔滨工业大学

李润兵,王谨,詹明生．2008. 冷原子干涉仪及空间应用[J]. 物理,37(9):652-657

李新刚,袁建平．2003. 微机械陀螺的发展现状[J]. 力学进展,33(3):289-301

李绪友,何周,张勇,等．2010. 受激布里渊光纤陀螺拍频稳定性[J]. 中国惯性技术学报,18(3):338-342

刘峰,徐丹,尚克军,等．2009. 基于导航误差的系统级标定方法中时间参数选取原则分析[J]. 中国惯性技术学报,17(6): 643-647

刘付成,赵万良,宋丽君. 2019. 半球谐振陀螺惯性敏感器及其空间应用[M]. 北京:中国宇航出版社

刘俊,石云波,李杰．2005. 微惯性技术[M]. 北京:电子工业出版社

刘亚辰．2009. 激光捷联惯性导航系统的数据采集与标定技术研究[D]. 北京:北京理工大学

刘延柱. 2018. 陀螺力学[M]. 北京:科学出版社

刘院省,阚宝玺,石猛,等. 2018. 原子陀螺仪技术研究进展[C]. 第四届航天电子战略研究论坛论文集(新型惯性器件专刊). 2018:8

陆元九．1990. 惯性器件[M]. 北京:宇航出版社

骆曼箬,李绍良,黄艺明,等. 2023. 原子陀螺研究进展及展望[J]. 测控技术,42(10):1-10

孟至欣,颜培强,王圣哲,等. 2022. 原子干涉陀螺仪研究现状及分析[J]. 导航与控制, 21(Z2): 19-32

秦永元．2020. 惯性导航[M]. 3版. 北京:科学出版社

秦永元,张洪钺,汪叔华．1998. 卡尔曼滤波与组合导航原理[M]. 西安:西北工业大学出版社

邱嘉莘,王磊,黄腾超,等. 2022. 干涉式光纤陀螺技术发展综述[J]. 光学学报,42(7):1706004

石雷. 2022. 长航时惯导系统误差控制技术研究[D]. 北京:北京理工大学

孙付平,朱欣慧. 2023. 导航时空基准[M]. 北京:科学出版社

万德钧,房建成．1998. 惯性导航初始对准[M]. 南京:东南大学出版社

万顺平,田芊,孙利群. 2007. LD光纤耦合泵浦单频双向连续固体环形激光器[J]. 红外与激光工程,36(4): 488-492

汪进文. 2023. 制导炮弹高动态姿态感知技术研究[D]. 北京:北京理工大学

王一松,胡姝玲,张雍丰. 2022. 惯导应用中光力加速度计前沿研究综述[J]. 激光与光电子学进展,59(11): 123-135

王宇. 2025. 水下重力辅助导航定位关键技术研究[D]. 北京:北京理工大学

魏浩翰,沈飞,桑文刚,等. 2020. 北斗卫星导航系统原理与应用[M]. 南京:东南大学出版社

吴俊伟．2002. 惯性技术基础[M]. 哈尔滨:哈尔滨工程大学出版社

严恭敏，翁浚. 2023. 捷联惯导算法与组合导航原理[M]. 2 版. 西安：西北工业大学出版社

杨立溪 . 2013. 惯性技术手册[M] . 2 版 . 北京：宇航出版社

袁洪，魏东岩. 2021. 多源融合导航技术及其演进[M]. 北京：国防工业出版社

张淋，高伟，李倩. 2018. 冷原子干涉陀螺仪实现及其性能分析[J]. 仪器仪表学报，39(7)：11-18. DOI：10.19650/j. cnki. cjsi. J1803359

张树侠，孙静 . 1992. 捷联式惯性导航系统[M]. 北京：国防工业出版社

张天光 . 2007. 捷联惯性导航技术[M]. 2 版 . 北京：国防工业出版社

张小红. 2017. 导航学[M]. 武汉：武汉大学出版社

张晓明. 2016. 地磁导航理论与实践[M]. 北京：国防工业出版社

赵龙. 2020. 惯性导航原理与系统应用设计[M]. 北京：北京航空航天大学出版社

中国惯性技术学会. 2009. 惯性技术词典[M]. 北京：中国宇航出版社

中国学科及前沿领域发展战略研究(2021-2035)项目组. 2023. 中国定位、导航与授时 2035 发展战略. 北京：科学出版社

朱启举，王小旭，梅春波，等. 2022. 微光机电系统加速度计技术现状与应用展望[J]. 前瞻科技，1(4)：81-98；doi：10. 3981/j. issn. 2097-0781. 2022. 04. 006

BARBOUR N. M. 2007. Intertial Navigation Sensors[R]. 2011

FINK M，STEINLECHNER F，HANDSTEINER J，et a1. 2019. Entanglement-enhanced optical gyroscope[J]. New Journal of Physics，21(5)：053010

HSIAO H K，WINICK K A. 2007. Planar glass waveguide ring resonators with gain[J]. Opt Express，15(26)：17783-17797

LAUTIER J，VOLODIMER L，HARDIN T，et al. Hybridizing matter-wave and classical accelerometers [J]. Applied Physics Letters，2014，105(14) ：144102

QIAN G，TANG J，ZHANG X Y，et al. 2014. Low-loss polymer-based ring resonator for resonant integrated optical gyroscopes [J]. Journal of Nanomaterials，(3)：1-6

SAVAGE P G. 1998a. Strapdown inertial navigation integration algorithm design part 1：Attitude algorithms [J]. Journal of Guidance，Control，and Dynamics，21(2)：19-28

SAVAGE P G. 1998b. Strapdown inertial navigation integration algorithm design part 2：Velocity and position algorithms[J]. Journal of Guidance，Control，and Dynamics，21(2)：208-221

SAVAGE P G. 2007. Strapdown Analytics[M]. Maple Plain，Minnesota：Strapdown Associates，Inc.

SPALDING K，MISSOURI S L. 1992. An efficient rapid transfer alignment filter[C]// AIAA Guidance，Navigation and Control Conference，Hilton Head Island，SC，1276-1286

YIM S H，LEE S B，KWON T Y，et al. 2014. Optical phase locking of two extended-cavity diode lasers with ultra-low phase noise for atom interferometry [J]. Applied Physics B，115(4) ：491-495